U0192571

建筑工程招标投标与合同管理案头书

主　编　王俊遐
副主编　贺太全　李伟才
参　编　杨晓方　李少奎　肖玉锋
　　　　刘彦林　张计锋　徐树峰
　　　　孙兴雷　李志刚

机械工业出版社
CHINA MACHINE PRESS

本书内容主要包括工程项目招标投标简介、建筑工程招标、建筑工程投标、一般建筑工程项目合同及其管理、PPP项目承建的合同主要条款及管理、工程总承包合同管理、全过程工程咨询项目合同管理等。

本书介绍了当前工程项目招标投标以及合同管理方面具体实务及应注意的和容易忽视的问题，并用相应案例加以解读，是针对实际业务工程管理方面的实用参考书。

本书主要读者对象为建筑工程项目承发包双方负责人、PPP项目负责人、全过程工程咨询项目相关管理人员及建筑工程项目管理相关专业师生。

图书在版编目（CIP）数据

建筑工程招标投标与合同管理案头书/王俊遐主编．—北京：机械工业出版社，2020.1（2023.3重印）
ISBN 978-7-111-64047-9

Ⅰ．①建… Ⅱ．①王… Ⅲ．①建筑工程－招标②建筑工程－投标③建筑工程－工程施工－经济合同－管理 Ⅳ．①TU723

中国版本图书馆 CIP 数据核字（2019）第 230486 号

机械工业出版社（北京市百万庄大街22号 邮政编码100037）
策划编辑：薛俊高 责任编辑：薛俊高 刘 晨
责任校对：刘时光 封面设计：张 静
责任印制：李 昂
北京捷迅佳彩印刷有限公司印刷
2023年3月第1版第3次印刷
184mm×260mm · 24.5印张 · 703千字
标准书号：ISBN 978-7-111-64047-9
定价：69.00元

电话服务 网络服务
客服电话：010-88361066 机 工 官 网：www.cmpbook.com
010-88379833 机 工 官 博：weibo.com/cmp1952
010-68326294 金 书 网：www.golden-book.com
封底无防伪标均为盗版 机工教育服务网：www.cmpedu.com

F 前言
FOREWORD

如今，工程招标投标在工程建设、货物采购和服务领域得到了广泛的应用。工程招标投标是市场经济特殊性的表现，其以竞争性承发包的方式，为招标方提供择优手段，为投标方提供竞争平台。招标投标制度对于推进市场经济、规范市场交易行为、提高投资效益发挥了重要的作用。建设工程招标投标作为建筑市场中的重要工作内容，在建设工程交易中心应依法按程序进行。面对当前快速发展的建筑业，公平竞争、公正评判、高效管理是建筑市场健康发展的保证。

工程招标投标与合同管理知识是工程管理人员必须掌握的专业知识，进行工程招标投标和合同管理是工程管理人员必备的能力。

本书结合建设工程招标投标市场管理和运行中出现的新政策、新规范、新理念，系统地阐述了建设工程招标投标、政府采购、货物招标投标和 PPP 项目招标、投标以及应遵循的工作程序。依据建设工程交易过程中招标方与投标方的工作程序和工作内容，重点介绍了招标投标的各项程序和工作。本书在编写中力求学习过程与工作过程相一致，理论与实际操作相结合，对工程、咨询服务、政府采购货物和服务招标投标全过程的实务操作能力进行了系统的讲解，以满足建设工程招标投标管理中相关技术领域和岗位工作的操作技能要求。

本书内容通俗易懂、理论简洁明了、案例典型实用，特别注重实用性。与同类书相比具有以下显著特点。

（1）紧跟当前形势，内容涉及 PPP 项目、工程总承包及全过程工程咨询项目招标投标与合同管理的实务等。

（2）知识点分门别类，包含全面，由浅入深，便于学习。

（3）知识讲解前呼后应，结构清晰，层次分明。

（4）理论和实际相结合，举一反三，学以致用。

本书对建设工程招标投标的理论、方法、要求等做了详细的阐述，可作为从事工程项目投资决策、规划、设计、施工与咨询等工作的工程管理人员、工程技术人员和工程经济专业人员学习用书，还可供建筑工程技术管理人员和有关岗位培训人员学习参考，也可作为高职高专建筑工程技术、工程管理、工程造价、工程监理等土建施工类专业的教材。

本书在编写过程中，得到了许多同行的支持与帮助，在此一并表示感谢。由于编者水平有限，书中难免有错误和不妥之处，望广大读者批评指正。

编　者

目 录
CONTENTS

第一章　工程项目招标投标简介

第一节　工程承发包的方式

工程承发包也称工程招标承包制，通过招标投标的一定程序建立工程买方与卖方、发包与承包的关系，是工程招标承包制的一种经营方式。招标是卖方的活动，投标是买方的活动。通过招标承包制使买方通过竞争来获得工程，使卖方选择适当的施工单位。

工程承发包属于一种商业交易行为，是指交易的一方负责为交易的另外一方完成某项工作、供应某些货物或者提供某项服务，并按照一定的价格取得一定报酬的一种交易。按时完成而取得报酬的一方称为承包人。委托任务并且负责支付报酬的一方称为发包人；承发包双方当事人通常通过签订合同或者协议报酬达成交易，该合同或者协议具有法律效力，双方必须遵守和履行。

建设工程承发包是一种商业行为，指建筑企业（承包商）作为承包人（称为施工方），建设单位（项目业主）作为发包人（称为建设方），由建设方把建设工程任务委托给施工方，双方在平等互利的基础上签订工程合同，明确双方各自的权利与义务，承包商为业主完成工程项目的全部或部分项目建设任务，并从项目业主处获取相应的报酬，属于一种经营方式。

建设工程承发包方式，是指发包人与承包商之间的经济关系形式。从承发包的范围、承包人所处的地位、合同计价方法、获得承包任务的途径不同的角度，通常其主要的分类如下。

一、按照承发包范围划分

按照承发包的范围划分，工程的承发包方式可以分为建设全过程承发包、阶段承发包、专项承发包和建筑—经营—转让承发包四种。

1. 建设全过程承发包

建设全过程承发包也叫"统包"或"一揽子承包"，就是通常所说的"交钥匙"。采用这种承发包方式，建设单位一般只要提出使用要求和竣工期限或对其他重大决策性问题做出决定，承包单位即可对项目建议书、可行性研究、勘察设计、设备询价与选购、材料订货、工程施工、职工培训、竣工验收，直到投产使用和建设后评估等全部过程实行全面的总承包，并负责对各项分包任务进行综合管理和监督。

为了有利于建设的衔接，必要的时候也可以吸收建设单位的部分力量，在承包公司的统一组织下，参加工程建设的有关工作。这种承包方式要求承发包双方密切配合，设计决策性质的重大问题仍然应该由建设单位或者其上级主管部门做最后的决定。

这种承发包方式主要适用于各种大中型建设项目。大中型建设项目由于工程规模大、技术复杂，要求工程的承包公司必须由具有雄厚的技术经济能力和丰富的组织管理经验的总承包公司（集团）担任。为了适应这种要求，国外的某些大承包商往往和勘察设计企业组成一体化的承包公司，或者更进一步地扩大到若干专业承包商的器材生产供应厂商，形成横向的经济联合体。这是近几十年来建筑业一种新的发展趋势。改革开放以来，我国各地建立的建设工程承包公司就属于这种承包单位。这种承发包方式的好处是：由专职的工程承包公司承包，可以充分利用其丰富的经验，还可以进一步积累经验，节约投资，缩短建设周期并保证建设项目的质量，提高经济效益。

2. 阶段承发包

阶段承发包是指发包人和承包商就建设过程中某一阶段或者某些阶段的工作（如可行性研究、勘察、设计或施工、材料设备供应等）进行发包承包。例如，由设计机构承担勘察设计，由施工单位承担工业与民用建筑施工，由设备安装公司承担设备安装任务。其中，施工阶段的承发包还可依承发包的具体内容不同，细分为以下三种形式。

（1）包工包料，即工程施工所用的全部人工和材料由承包商负责。这是国际上采用较为普遍的施工承包方式。其优点是：可以调剂余缺，合理组织供应，加快工程的建设速度，促进施工单位加强其企业管理的力度，减少不必要的损失和浪费；有利于合理使用材料，降低工程造价，减轻建设单位的负担。

（2）包工部分包料，即承包者只负责提供施工的全部所需工人和一部分材料，材料的其余部分由建设单位或总承包单位负责供应。我国在改革开放以前曾实行多年的施工单位承包全部用工和地方材料，建设单位供应统配和部管材料及某些特殊材料，就属于典型的包工部分包料承包方式。改革开放以后逐步过渡到包工包料方式。

（3）包工不包料，即承包商（大多是分包人）仅提供劳务而不承担供应任何材料的义务，此种方式又称为"包清工"，实质上是劳务承包。目前，在国内外的建设工程中都存在这种承发包方式。

3. 专项承发包

专项承发包是指发包人和承包商就某建设阶段中的一个或几个专门项目进行发包承包。由于专门项目的专业性较强，多由有关的专业承包单位承包，所以专项承发包也称为专业承发包。专项承发包主要适用于可行性研究中的辅助研究项目；勘察设计阶段的工程地质勘察、供水水源勘察，基础或结构工程设计、工艺设计，供电系统、空调系统及防灾系统的设计，施工阶段的深基础施工、金属结构制作和安装、通风设备和电梯安装等建设准备阶段的设备选购和生产技术人员培训等专门项目。

4. 建设—经营—转让承发包

这种承发包方式在国际上通常称为 BOT 方式，即建设—经营—转让的英文 Build Operate-Transfer 缩写。这是 20 世纪 80 年代中后期新兴的一种带资承包方式。其含义是一个承建人或发起人（非国有部门）从委托人处（通常为政府）获得特许权，成为特许权的所有者后着手从事项目的融资、建设和经营，并在特许期内拥有该项目的经营权和所有权，特许期结束后将项目无偿地转让给委托人。在特许期内，项目公司通过对项目的良好经营得到利润，用于收回融资成本并取得合理收益。通常投资者组成项目公司，从项目所在国政府获取特许权协议，作为项目开发和安排融资的基础。

BOT 方式的程序一般由一个或者几个大的承包商或开发商牵头，联合金融界组成财团，就某一工程项目向政府提出建议和申请，取得建设和经营该项目的许可。这些一般都是大型公共工程和基础设施，如隧道、港口、高速公路、电厂等。政府若同意建议和申请，则将建设和经营该项目的特许权授予财团。财团负责资金筹集、工程设计和施工的全部工作；竣工后，在特许期内经营该项目，通过向用户收取费用，回收投资，偿还货款并获取利润；特许期满即将该项目无偿地移交给政府经营管理。对项目所在国来说，采用这种方式可以解决政府建设资金短缺的问题且不形成债务，又可解决本国缺少建设、经营管理能力等困难，而且不用承担建设、经营中的风险。所以，在许多发展中国家得到欢迎和推广。对承包商来说，则跳出了设计、施工的小圈子，实现工程项目前期和后期全过程总承包，竣工后并参与经营管理，利润来源也不限于施工阶段，而是向前后延伸到可行性研究、规划设计、器材供应及项目建成后的经营管理，从被招标的经营方式转向主动为政府、业主和财团提供超前服务，从而扩大了经营范围。当然，这难免会增加风险，所以要求承包商有高超的融资能力和技术经济管理水平，还要有风险的防范能力。

二、 按获得承包任务的途径划分

1. 计划分配

在传统的计划经济体制下，由中央和地方政府的计划部门分配建设工程任务，由设计、施工单位与建设单位签订承包合同。在我国，计划分配曾是多年来采用的主要方式，改革开放后已为数不多，较为罕见。

2. 投标竞争

通过投标竞争，优胜者获得工程任务，与建设单位签订承包合同，这是国际上通用的获得承包任务的主要方式。我国建筑业和基本建设管理体制改革的主要内容之一，就是从以计划分配工程任务为主逐步过渡到以政府宏观调控下实行投标竞争为主的承包方式。我国现阶段的工程任务是以投标竞争为主的承包方式。

3. 委托承包

委托承包也称协商承包，即不经过投标竞争，而由建设单位与承包商协商，签订委托其承包某项工程任务的合同，主要适用于投资额较小的小型工程。

4. 指令承包

指令承包就是由政府主管部门依法指定工程承包单位。这是一种具有强制性的行政措施，仅适用于某些特殊情况。我国《建设工程招标投标暂行规定》中有"少数特殊工程或偏僻地区的工程，投标企业不愿投标者，可由项目主管部门或当地政府指定投标单位"的条文，实际上就是带有指令承包的性质。

三、 按承包者所处的地位划分

在工程承包中，一个建设项目往往有不止一个承包单位。不同承包单位之间，承包单位与建设单位之间的关系不同，就形成不同的承发包方式。

1. 总承包

总承包简称总包。一个建设项目的建设全过程或其中某个阶段的全部工作，由一个承包单位负责组织实施。这个承包单位可以将若干个专业性工作交给不同的专业承包单位去完成，并统一协调和监督他们的工作。在一般情况下，业主仅同这个承包单位发生直接关系，而不同各专业承包单位发生直接关系，这样的承包方式叫总承包。承担这种任务的单位叫总承包单位，或简称总包单位，通常有咨询公司、勘察设计机构、一般土建公司及设计施工一体化的大建筑公司等。我国新兴的工程承包公司也是总承包单位的一种组织形式。

2. 分承包

分承包简称分包，是相对总承包而言的，即承包者不与建设单位发生直接关系，而是从总承包单位分包某一分项工程（如土方、模板、钢筋等）或某种专业工程（如钢结构制作和安装、卫生设备安装、电梯安装等），在现场由总承包单位统筹安排其活动，并对总承包单位负责。分包单位通常为专业工程公司，如工业锅炉公司、设备安装公司、装饰工程公司等。国际上现行的分包方式主要有两种：一种是由建设单位指定分包单位，与总承包单位签订分包合同；另一种是总承包单位自行选择分包单位，经建设单位同意后签订分包合同。可见，分包都要经过建设单位同意方可进行。

在此需要注意的是，分包单位承包的工程不能是总承包范围内的主体结构工程或关键部分（主要部分），主体结构工程或关键部分（主要部分）必须由总承包单位自己完成。

3. 独立承包

独立承包是指承包单位依靠自身的力量完成承包的任务，而不实行分包的承包方式。

通常仅适用于规模较小、技术要求比较简单的工程及修缮工程。

4. 联合承包

联合承包是相对于独立承包而言的承包方式，即由两个以上承包单位联合起来承包一项工程任务，由参加联合的各单位推荐代表统一与建设单位签订合同，共同对建设单位负责，并协调他们之间的关系。但参加联合的各单位仍是各自独立经营的企业，只是在共同承包的工程项目上，根据预先达成的协议，承担各自的义务和分享共同的收益，包括投入资金数额、工人和管理人员的派遣、机械设备和临时设施的费用分摊、利润的分享及风险的分担等。

这种承包方式由于多家联合，资金雄厚，技术和管理上可以取长补短，发挥各自的优势，有能力承包大规模的工程任务。同时由于多家共同作价，在报价及投标策略上互相交流经验，也有助于提高竞争力，较易中标。在国际工程承包中，外国承包企业与工程所在国承包企业联合经营，有利于了解和适应当地的国情民俗、法规条例，便于工作的开展。所以，在市场竞争日益激烈的今天，联合承包逐步得到推广。

5. 直接承包

直接承包就是在同一工程项目上，不同承包单位分别与建设单位签订承包合同，各自直接对建设单位负责。各承包商之间不存在总、分包关系，现场的协调工作可由建设单位（发包人）自己做，或委托一个承包商牵头做，也可聘请专门的项目经理（建造师）来加以管理。

四、 按合同计价方法划分

1. 固定总价合同

固定总价合同又称总价合同，是指发包人要求承包商按商定的总价承包工程。这种方式通常适用于规模较小、风险不大、技术简单、工期较短的工程。其主要做法是以图纸和工程说明书为依据，明确承包内容和计算承包价，总价一次包死，一般不予变更。这种方式的优点是，因为有图纸和工程说明书为依据，发包人、承包商都能较准确地估算工程造价，发包人容易选择承包商。其缺点主要是对承包商有一定风险，因为如果设计图纸和工程说明书不太详细，未知数比较多，或者遇到材料突然涨价、地质条件变化和气候条件恶劣等意外情况，承包商承担的风险就会增大，风险加大不利于降低工程造价，最终对发包人也不利。

2. 计量估价合同

计量估价合同是指以工程量清单和单价表为计算承包价依据的承包方式。通常的做法是由发包人或委托具有相应资质的中介咨询机构提出工程量清单，列出分部（分项）工程工程量，由承包商根据发包人给出的工程量，经过复核并填上适当的单价，再算出总造价，发包人只要审核单价是否合理即可。这种承发包方式，结算时单价一般不能变化，但工程量可以按实际工程量计算，承包商承担的风险较小，操作起来也比较方便。

3. 单价合同

单价合同是指以工程单价结算工程价款的承发包方式，其特点是工程量实量实算，以实际完成的数量乘以单价结算。

具体包括以下两种类型：

（1）按分部（分项）工程单价承包。即由发包人列出分部（分项）工程名称和计量单位，由承包商逐项填报单价，经双方磋商确定承包单价，然后签订合同，并根据实际完成的工程数量，按此单价结算工程价款。这种承包方式主要适用于没有施工图、工程量不同而且需要开工的工程。

（2）按最终产品单价承包。即按每平方米住宅、每平方米道路等最终产品的单价承包。其报价方式与按分部（分项）工程单价承包相同。这种承包方式通常适用于采用标准设计的住宅、宿舍和通用厂房等房屋建筑工程。但对其中因条件不同而造价变化较大的基础工程，则大多采用按计量估价承包或分部（分项）工程单价承包的方式。

4. 成本加酬金合同

成本加酬金合同又称成本补偿合同，是指按工程实际发生的成本结算外，发包人另加上商定好的一笔酬金（总管理费和利润）支付给承包商的一种承发包方式。工程实际发生的成本主要包括人工费、材料费、施工机械使用费、其他直接费和现场经费及各项独立费等。其主要做法有成本加固定酬金、成本加固定百分比酬金、成本加浮动酬金、目标成本加奖罚。

（1）成本加固定酬金。这种承包方式的工程成本实报实销，但酬金是事先商量好的一个固定数目。

这种承包方式的酬金不会因成本的变化而改变，它不能鼓励承包商降低成本，但可鼓励承包商为尽快取得酬金而缩短工期。有时，为鼓励承包商更好地完成任务，也可在固定酬金之外，再根据工程质量、工期和降低成本情况另加奖金，且奖金所占比例的上限可以大于固定酬金。

（2）成本加固定百分比酬金。这种承包方式的工程成本实报实销，但酬金是事先商量好的以工程成本为计算基础的一个百分比。

这种承包方式对发包人不利，因为工程总造价随工程成本增大而相应增大，不能有效地鼓励承包商降低成本、缩短工期。现在这种承包方式已很少采用。

（3）成本加浮动酬金。这种承包方式通常是由双方事先商定工程成本和酬金的预期水平，然后将实际发生的工程成本与预期水平相比较，如果实际成本恰好等于预期成本，则工程造价就是成本加固定酬金；如果实际成本低于预期成本，则增加酬金；如果实际成本高于预期成本，则减少酬金。

这种承包方式的优点是对发包人、承包商双方都没有太大风险，同时也能促使承包商降低成本和缩短工期。缺点是在实践中估算预期成本比较困难，要求承发包双方具有丰富的经验。

（4）目标成本加奖罚。这种承包方式是在初步设计结束后，工程迫切开工的情况下，根据粗略计算的工程量和适当的概算单价表编制概算，作为目标成本，随着设计逐步具体化，目标成本可以调整。另外以目标成本为基础规定一个百分比作为酬金，最后结算时：如果实际成本高于目标成本并超过事先商定的界限（如 5%），则减少酬金；如果实际成本低于目标成本（也有一个幅度界限），则增加酬金。

此外，还可另加工期奖罚。这种承包方式的优点是可促使承包商降低成本和缩短工期，而且由于目标成本是随设计的进展而加以调整才确定下来的，所以发包人、承包商都不会承担过大风险。缺点是目标成本的确定较困难，要求发包人、承包商都具有比较丰富的经验。

5. 按投资总额或承包工程量计取酬金的合同

这种方式主要适用于可行性研究、勘察设计和材料设备采购供应等承包业务。例如，承包可行性研究的计费方法通常根据委托方的要求和所提供的资料情况拟定工作内容，估计完成任务所需各种专业人员的数量和工作时间，据此计算工资、差旅费及其他各项开支，再加上企业总管理费，汇总即可得出承包费用总额。勘察费的计费方法是按完成的工作量和相应的费用定额计取的。

第二节　工程承发包活动的管理

一、 建筑市场管理机构及其职能

在社会主义市场经济体制下，为培育和发展建筑市场，保持公平合理的竞争，保护建筑交易活动当事人的合法权益，维护建筑市场的正常秩序，有关部门要对以工程承发包活动为主要内容的建筑市场进行必要的宏观管理。

建筑市场的管理机构是各级人民政府的建设行政主管部门和工商行政管理机关。他们的共同职能是对建筑市场的参加者进行资质管理和市场行为管理，但又有分工和协作。

1. 建设行政主管部门的主要管理职责

（1）贯彻国家有关工程建设的方针政策和法规，会同有关部门草拟或制定建筑市场管理法规。

（2）总结交流建筑市场管理经验，指导建筑市场的管理工作。

（3）根据工程建设任务与设计、施工力量，建立平等竞争的市场环境。

（4）审核工程发包条件与承包方的资质等级，监督检查建筑市场管理法规和工程建设标准、规范的执行情况。

（5）依法查处违法行为，维护建筑市场情况。

2. 工商行政管理机关的主要管理职责

（1）会同建设行政主管部门草拟或制定建筑市场管理法规，宣传并监督执行有关建筑市场管理的工商行政管理法规。

（2）依据建设行政主管部门颁发的资质证书，依法颁发勘察设计企业和施工单位的营业执照。

（3）根据《中华人民共和国合同法》（以下简称《合同法》）的有关规定，确认和处理无效建设工程合同，负责合同纠纷的调解、仲裁，并根据当事人的申请或地方人民政府的规定，对建设工程合同进行签证。

（4）依法审查建筑经营当事人的经营资格，确认其经营管理行为的合法性。

（5）依法查处违法行为，维护建筑市场秩序。

二、 招标投标管理机构

建设工程招投标由行政主管部门或其授权的招投标管理机构实行分级管理。其管理机构有：住建部；各个省、自治区、直辖市建设行政主管部门；各级施工招标投标办事机构；国务院有关部门。

1. 住建部的职责

住建部是负责全国工程建设、施工招标投标的最高管理机构。其主要职责如下。

（1）贯彻执行国家有关工程建设招标投标的法律、法规、方针和政策，制定施工招标投标的规定和办法。

（2）指导、检查各地区、各部门招标投标工作。

（3）总结、交流招标工作的经验，提供服务。

（4）维护国家利益，监督重大工程的招标投标活动。

（5）审批跨省的施工招标代理机构。

2. 地区行政部门的职责

省、自治区、直辖市建设行政主管部门负责管理本行政区域内的施工招标投标工作。其主要职责如下。

（1）贯彻执行国家有关工程建设招标投标的法规和方针、政策，制定施工招标投标实施办法。

（2）监管、检查有关施工招标投标活动，总结、交流工作经验。

（3）审批咨询、监理等单位代理施工招标投标业务的资格。

（4）调解施工招标投标纠纷。

（5）否决违反招标投标规定的定标结果。

3. 各级施工招标投标办事机构的职责

省、自治区、直辖市建设行政主管部门可以根据需要报请同级人民政府批准，确定各级施工招投标办事机构的设置及其经费来源。

根据同级人民政府建设行政主管部门的授权，各级施工招标投标办事机构具体负责本行政区域内招标投标的管理工作。其主要职责如下。

(1) 审查招标单位的资质。

(2) 审查招标申请书和招标文件。

(3) 审批标底。

(4) 监督开标、评标、定标。

(5) 调解招投标活动中的纠纷。

(6) 否决违反招标投标规定的行为。

(7) 处罚违反招标投标规定的行为。

(8) 监督承发包合同的签订、履行。

4. 国务院有关部门的职责

国务院工业、交通等部门要会同地方建设行政主管部门，做好本部门直接投资和相关投资公司投资的重大建设项目施工招标管理工作。其主要职责如下。

(1) 贯彻国家有关工程建设招标投标的法规、方针和政策。

(2) 指导、组织本部门直接投资公司的重大工程建设项目的施工招标工作和本部门直属施工单位的投标工作。

(3) 监督、检查本部门有关单位从事施工招标投标活动。

(4) 向项目所在的省、自治区、直辖市建设行政主管部门办理招标等事宜。

三、 承发包单位的资质管理

发包单位和承包单位的资质管理，就是政府主管部门对这些单位的资格和素质提出明确要求，根据它们各自的具体条件，确定发包单位是否具备发包建设项目的资格，核定承包单位的资质等级和相应的营业范围。

1. 工程发包单位应具备的条件

按我国现行法律规定，工程项目的发包单位必须是法人、依法成立的其他组织或公民个人，并有与发包项目相适应的技术和经济管理人员；实行招标的，应当具有编制招标文件和组织开标、评标、决标的能力。不具有这些人员和能力的，必须委托具有相应资质的建设监理或咨询单位代理。

工程施工任务必须发包给持有营业执照和相应资质证书的施工单位。

建筑构配件、非标准设备的加工生产，必须发包给具有生产许可证或经有关主管部门依法批准生产的企业。

2. 工程承包单位的资质管理

我国现行工程承包单位资质管理的法规是建设部于 2007 年 9 月 1 日起施行的《建筑业企业资质管理规定》。其主要内容如下。

(1) 资质管理的权限。国务院建设主管部门负责全国建筑业企业资质的统一监督管理。国务院铁路、交通、水利、信息产业、民航等有关部门配合国务院建设主管部门实施相关资质类别建筑业企业资质的管理工作。

省、自治区、直辖市建设行政主管部门负责本行政区域内建筑业企业资质的统一监督管理。省、自治区、直辖市交通、水利、信息产业等有关部门配合同级建设行政主管部门实施本行政区域内相关资质类别建筑业企业资质的管理工作。

(2) 资质管理的对象为所有从事土木建设工程，线路、管道及设备安装工程，装修装饰工程等新建、改建活动的建筑业企业。

（3）首次申请或者增项申请建筑业企业资质，应当提交以下材料：

1）建筑业企业资质申请表及相应的电子文档。

2）企业法人营业执照副本。

3）企业章程。

4）企业负责人和技术、财务负责人的身份证明、职称证书、任职文件及相关资质标准要求提供的材料。

5）建筑业企业资质申请表中所列注册执业人员的身份证明、注册执业证书。

6）建筑业企业资质标准要求的非注册的专业技术人员的职称证书、身份证明及养老保险凭证。

7）部分资质标准要求企业必须具备的特殊专业技术人员的职称证书、身份证明及养老保险凭证。

8）建筑业企业资质标准要求的企业设备、厂房的相应证明。

9）建筑业企业安全生产条件有关材料。

10）资质标准要求的其他有关材料。

（4）建筑业企业申请资质升级的，除必须提交上述1）、2）、4）、5）、6）、8）、10）外，还应当提交以下材料：

1）企业原资质证书副本复印件。

2）企业年度财务、统计报表。

3）企业安全生产许可证副本。

4）满足资质标准要求的企业工程业绩的相关证明材料。

（5）取得建筑业企业资质的企业，申请资质升级、资质增项，在申请之日起前一年内有下列情形之一的，资质许可机关不予批准企业的资质升级申请和增项申请：

1）超越本企业资质等级或以其他企业的名义承揽工程，或允许其他企业或个人以本企业的名义承揽工程的。

2）与建设单位或企业之间相互串通投标，或以行贿等不正当手段谋取中标的。

3）未取得施工许可证擅自施工的。

4）将承包的工程转包或违法分包的。

5）违反国家工程建设强制性标准的。

6）发生过较大生产安全事故或者发生过两起以上一般生产安全事故的。

7）恶意拖欠分包企业工程款或者农民工工资的。

8）隐瞒或谎报、拖延报告工程质量安全事故或破坏事故现场、阻碍对事故调查的。

9）按照国家法律、法规和标准规定需要持证上岗的技术工种的作业人员未取得证书上岗，情节严重的。

10）未依法履行工程质量保修义务或拖延履行保修义务，造成严重后果的。

11）涂改、倒卖、出租、出借或者以其他形式非法转让建筑业企业资质证书的。

12）其他违反法律、法规的行为。

四、 建筑市场行为管理

市场行为管理的作用在于为建筑市场参加者制定在交易过程中应共同或者各自遵守的行为规范，并监督检查其执行情况，防止违规行为，以保证市场有序地正常运行。

1. 工程发包单位的行为规范

符合规定条件的工程发包单位就是建筑市场上合格的买主，可以通过招标或其他合法方式自主发包工程。不论勘察设计或施工任务，都不得发包给不符合规定的资质等级和营业范围的单位承担，更不得利用发包权索贿受贿或收取"回扣"，有此行为者将被没收非法所得，并处以罚款。

2. 工程承包单位的行为规范

工程承包企业在建筑市场上只能按资质等级规定的承包范围承包工程，不得无证、无照或超级承揽任务，非法转包、出卖、出租、转让、涂改、伪造资质证书或营业执照及银行账号等，以及利用行贿、"回扣"等手段承揽工程任务，或以介绍工程任务为手段收取费用。有此等行为之一者，将依情节轻重，给予警告、通报批评、没收罚款。在工程中指定使用没有出厂合格证或质量不合格的建筑材料构配件及设备，或因设计、施工不遵守有关标准、规范，造成工程质量事故或人身伤亡事故的，应按有关的法规处理。

3. 中介机构和人员的行为规范

中介机构和人员是在建筑市场上为工程承发包双方提供专业知识服务的，主要指建设监理和招投标咨询服务。工程建设监理单位和人员的行为规范，在《建设监理试行规定》中已有明文规定。咨询服务活动在我国尚不发达，咨询机构和人员必须正直、公平、尽心竭力为客户和雇主服务；不得领取客户和雇主以外的他人支付的酬金；不得泄露和使用由于业务关系得知的客户的秘密（如招标工程的标底），不得利用施加不正当压力、行贿、自吹自擂、抬高自己、贬低别人等不正当手段在同行中进行承揽业务的竞争。

4. 建筑市场管理人员的行为规范

市场管理人员要恪尽职守，依法秉公办事，维护市场秩序。不得以权谋私、敲诈勒索、徇私舞弊。有此行为者由其所在单位或上级主管部门给予行政处分。

5. 建筑市场参加者违规行为的处罚

建筑市场参加者的违规行为，由建设行政主管部门和工商行政管理机关按照各自的职责进行查处。有构成犯罪行为的，由司法机关依法追究刑事责任。

第三节　建筑工程招标投标的原则与管理

建筑工程招标投标是指以建筑产品作为商品进行交换的一种交易形式，它由唯一的卖主设定标准，招请若干个买主通过秘密报价进行竞争，卖主从中选择优胜者并与之达成交易协议，随后按照协议实现招标。

工程招标是指建设单位（业主）就拟建的工程发布通告，用法定方式吸引项目的承包单位参加竞争，进而通过法定程序从中选择条件优越者来完成工程建设任务的一种法律行为。

工程投标是指经过特定审查而获得投标资格的项目承包单位，按照招标文件的要求，在规定的时间内向招标单位填报投标书，争取中标的法律行为。

工程招标投标是在社会主义市场经济条件下进行工程活动的一种主要的竞争形式和交易方式，是引入竞争机制订立合同的一种法律形式。建设工程招标投标是以工程勘察、设计或施工等为对象，在招标人和若干个投标人之间进行的交易方式，是商品经济发展到一定阶段的产物。招标人通过招标活动来选择条件优越者，使其力争用最优的技术、最佳的质量、最低的价格和最短的周期完成工程项目任务。投标人也通过这种方式选择建设项目和招标人，使自己获得丰厚的利润。

《中华人民共和国招标投标法》经国务院指标，国家计委明确规定在我国境内进行的项目，包括项目勘察、设计、施工、监理及与工程有关的重要设备、材料等采购必须进行招标投标。

一、　工程招标投标的特点

工程招标投标的目的是在工程建设中引入竞争机制，择优选定勘察、设计、设备安装、施工、装饰装修、材料设备供应、监理和工程总承包单位，以保证缩短工期、提高工程质量和节约建设资金。一般来说，工程招标投标总的特点：一是通过竞争机制，实行交易公开；二是鼓励竞争、防止垄断、优胜劣汰，实现投资效益；三是通过科学合理和规范化的监管机制与运作程序，有效地杜绝不正之风，保证交易的公正和公平。

但是，工程招标投标按照标的内容不同具体可以分为工程勘察设计招标投标、施工招标投标、工程监理招标投标、材料设备采购招标投标、工程总承包招标投标等几类。由于各类建设工程招标投标的内容不尽相同，因而有不同的招标投标意图或侧重点，在具体操作上也有细微的差别，呈现出不同的特点。下面将对不同种类的工程招标投标的具体特点做一简单介绍。

1. 工程勘察设计招标投标的特点

工程勘察和工程设计是两个既有密切联系但又不同的工作。工程勘察是指依据工程建设目标，通过对地形、地质、水文等要素进入测绘、勘探及综合分析测定，查明建设场地和有关范围内的地质地理环境特征，提供工程建设所需的资料及与其相关的活动。具体包括工程测量、水文土质勘察和工程地质勘察。工程设计是指依据工程建设目标，运用工程技术和经济方法，对建设工程的工艺、技术、经济、资源、环境等系统进行综合策划、论证，编制工程建设所需要的文件及与其相关的活动。具体包括总体规划设计（或总体设计）、初步设计、技术设计、施工图设计和设计概（预）算编制。

（1）工程勘察招标投标的主要特点。

1）有批准的项目建议书或者可行性研究报告、规划部门同意的用地范围许可文件和要求的地形图。

2）采用公开招标或邀请招标方式。

3）申请办理招标登记，招标人自己组织招标或委托招标代理机构代理招标，编制招标文件，对投标单位进行资格审查，发放招标文件，组织勘察现场和进行答疑，投标人编制的递交投标书，开标、评标、定标，发出中标通知书，签订勘察合同。

4）在评标、定标上，着重考虑勘察方案的优劣，同时也考虑勘察进度的快慢，勘察收费依据与取费的合理性、正确性，以及勘察资历和社会信誉等因素。

（2）工程设计招标投标的主要特点。

1）设计招标在招标的条件、程序、方式上，与勘察招标相同。

2）在招标的范围和形式上，主要实行设计方案招标，可以一次性总招标，也可以分单项、分专业招标。

3）在评标、定标上，强调把设计方案的优劣作为择优、确定中标的主要依据，同时也考虑设计经济效益的好坏、设计进度的快慢、设计费报价的高低，以及设计资历和社会信誉等因素。

4）中标人应承担初步设计和施工图设计，经招标人同意也可以向其他具有相应资格的设计单位进行一次性委托分包。

2. 施工招标投标的特点

建设工程施工是指把设计图纸变成预期的建筑产品的活动。施工招标投标是目前我国建设工程招标投标中开展得比较早、比较多、比较好的一类，其程序和相关制度具有代表性、典型性，甚至可以说，建设工程其他类型的招标投标制度，都是承袭施工招标投标制度而来的。就施工招标投标本身而言，其特点主要是：

（1）在招标条件上，比较强调建设资金的充分到位。

（2）在招标方式上，强调公开招标、邀请招标，议标方式受到严格限制甚至被禁止。

（3）在投标和评标、定标中，要综合考虑价格、工期、技术、质量、安全、信誉等因素，价格因素所占分量比较突出，可以说是关键的一环，常常起决定性作用。

3. 工程建设监理招标投标的特点

工程建设监理是指具有相应资质的监理单位和监理工程师，受建设单位或个人的委托，独立对工程建设过程进行组织、协调、监督、控制和服务的专业化活动。工程建设监理招标投标的主要特点是：

（1）在性质上，属工程咨询招标投标的范畴。

（2）在招标的范围上，可以包括工程建设过程中的全部工作，如项目建设前期的可行性研究、项目评估等，项目实施阶段的勘察、设计、施工等，也可以只包括工程建设过程中的部分工作，通常主要是施工监理工作。

（3）在评标、定标上，综合考虑监理规划（或监理大纲）、人员素质、监理业绩、监理取费、检测手段等因素，但其中最主要的考虑因素是人员素质，分值所占比重较大。

4. 材料设备采购招标投标的特点

建设工程材料设备是指用于建设工程的各种建筑材料和设备。材料设备采购招标投标的主要特点是：

（1）在招标形式上，一般应优先考虑在国内招标。

（2）在招标范围上，一般为大宗的而不是零星的建设工程材料设备采购，如锅炉、电梯、空调等的采购。

（3）在招标内容上，可以就整个工程建设项目所需的全部材料设备进行总招标；也可以就单项工程所需材料设备进行分项招标或者就单件（台）材料设备进行招标；还可以进行从项目的设计，材料设备生产、制造、供应和安装调试到试用投产的工程技术材料设备的成套招标。

（4）在招标中，一般要求做标底，标底在评标、定标中具有重要意义。

（5）允许具有相应资质的投标人就部分或者全部招标内容进行投标，也可以联合投标，但应在投标文件中明确一个总牵头单位承担全部责任。

5. 工程总承包招标投标的特点

工程总承包，简单地讲，是指对工程全过程的承包。按其具体范围，可分为三种情况：一是对工程建设项目从可行性研究、勘察、设计、材料设备采购、施工、安装，直到竣工验收、交付使用、质量保修等的全过程实行总承包，由一个承包商对建设单位或个人负总责任，建设单位或个人一般只负责提供项目投资、使用要求，以及竣工、交付使用期限，这也就是所谓的交钥匙工程。二是对工程建设项目实施阶段从勘察、设计、材料设备采购、施工、安装，直到交付使用等的全过程实行一次性总承包。三是对整个工程建设项目的某一阶段（如施工）或某几个阶段（如设计、施工、材料设备采购等）实行一次性总承包。工程总承包招投标的主要特点是：

（1）它是一种带有综合性的全过程的一次性招标投标。

（2）投标人在中标后应当自行完成中标工程的主要部分（如主体结构等），对中标工程范围内的其他部分，经发包人同意，有权作为招标人组织分包招标投标或依法委托具有相应资质的招标代理机构组织分包招标投标，并与中标的分包投标人签订工程分包合同。

（3）分包招标投标的运作一般按照有关总承包招标投标的规定执行。

二、 建设工程招标投标的基本原则

建设工程招标投标的基本原则是指在建设工程招标投标过程中自始至终应该遵循的最基本的原则。《中华人民共和国招标投标法》（以下简称《招标投标法》）规定："招标投标活动应当遵循公开、公平、公正和诚实信用的原则。"《中华人民共和国建筑法》（以下简称《建筑法》）第十六条规定："建筑工程发包与承包的招标投标活动，应当遵循公开、公正、平等竞争的原则，择优选择承包单位"。这两部法律明确确定了我国招标投标活动的基本原则。

1. 公开原则

招标投标活动的公开原则，首先是进行招标活动的信息要公开。采用公开招标方式，必须依法发布招标项目的招标公告，必须通过国家指定的报刊、信息网络或者其他公共媒介发布。无论是招标公告、资格预审公告，还是投标邀请书，都应当载明能大体满足潜在投标人决定是否参加投标竞争所需要的信息。另外，开标的程序、评标的标准和程序、中标的结果等都应当公开。

但是，信息的公开是相对的，对于一些需要保密的信息是绝对不可以公开的。例如，评标委员会成员的名单在确定中标结果以前不可以公开。

2. 公平原则

招标投标活动的公平原则，要求招标人或评标委员会严格按照规定的条件和程序办事，同等地对待每一个投标竞争者，不得对不同的投标竞争者采用不同的标准。招标人不得以任何方式限制或者排斥本地区、本系统以外的法人或者其他组织参加投标。

3. 公正原则

在招标投标活动中招标人或评标委员会的行为应当公正，对所有的投标竞争者都应平等对待，不能有特殊。特别是在评标时，评标标准应当明确、严格，对所有在投标截止日期以后送到的投标书都应拒收，与投标人有利害关系的人员都不得作为评标委员会的成员。招标人和投标人双方在招标投标活动中的地位平等，任何一方不得向另一方提出不合理的要求，不得将自己的意志强加给对方。

4. 诚实信用原则

诚实信用是民事活动的一项基本原则，招标投标活动是以订立采购合同为目的的民事活动，当然也适用这一原则。诚实信用原则要求招标投标各方都要诚实守信，不得有欺骗、背信的行为。

严格意义上说，诚实信用原则是市场经济交易当事人应该严格遵循的道德准则。将道德规范的诚实信用通过法律规定被确认为法律规则以后，虽然没有失去伦理道德的内涵，但是已经使之成为法律上的一项重要原则。在法律上，诚实信用原则属于强制性规范，当事人不得以任何理由加以排除和规避。

5. 求效、择优原则

求效、择优原则，是建设工程招标投标的终极原则。实行建设工程招标投标的目的就是追求最佳的投资效益，在众多的竞争者中选择出最优秀、最理想的投标人作为中标人。讲求效益和择优定标是建设工程招标投标活动的主要目标。在建设工程招标投标活动中，除了要坚持合法、公开、公正等前提性、基础性原则外，还必须贯彻求效、择优的目的性原则。贯彻求效、择优原则，最重要的是要有一套科学合理的招标投标程序和评标、定标办法。

三、 建设工程招标投标主体的权利与义务

1. 招标人

建设工程招标人是指依法提出招标项目，进行招标的法人或者其他组织，通常为该建设工程的投资人即项目业主或建设单位。建设工程招标人在建设工程招标投标活动中起主导作用。

在我国，随着投资管理体制的改革，投资主体已由过去单一的政府投资发展为国家、集体、个人多元化投资。与投资主体多元化相适应，建设工程招标人也多种多样，出现了多样化趋势，包括各类企业单位、机关、事业单位、社会团体、合伙企业、个人独资企业、外国企业及企业的分支机构等。下面将与招标人有关的知识做一简单介绍。

（1）建设工程招标人的招标资质。

建设工程招标人的招标资质又称招标资格，是指建设工程招标人能够自己组织招标活动所必须具备的条件和素质。由于招标人自己组织招标是通过其设立的招标组织进行的，因此招标人的招标资质实质上就是招标人设立的招标组织的资质。建设工程招标人自行办理招标必须具备的条件有下面几点：

1）具有法人资格，或依法成立的其他组织。

2）有与招标工程相适应的经济、技术管理人员。

3）有组织编制招标文件的能力。

4）有审查投标单位资质的能力。

5）有组织开标、评标、定标的能力。

从条件要求来看，主要指招标人必须设立专门的招标组织；必须有与招标工程规模和复杂程度相适应的工程技术、预算、财务和工程式管理等方面的专业技术力量；有从事同类工程建设招标的经验；熟悉和掌握招标投标法及有关法律规章。凡符合上述要求的，招标人应向招标投标管理机构备案后组织招标。招标投标管理机构可以通过申报备案制度审查招标人是否符合条件。招标人不具备上述1）~5）项条件的，不得自行组织招标，只能委托招标代理机构或代理组织招标。

对建设工程招标人招标资质的管理，目前国家只是通过向招标投标管理机构备案进行监督和管理，没有具体的等级划分和资质认定标准，随着建设工程项目招标投标制度的进一步完善，我国应该建立一套完整的对招标人进行资质认定和管理的办法。

（2）建设工程招标人的权利。

1）自行组织招标或者委托招标的权利。招标人是工程建设项目的投资责任者和利益主体，也是项目的发包人。招标人发包工程项目，凡具备招标资格的，有权自己组织招标，自行办理招标事宜；不具有招标资格的，则要委托具备相应资质的招标代理机构或代理组织招标、代为办理招标事宜的权利。招标人委托招标代理机构进行招标时，享有自由选择招标代理机构并核验其资质证书的权利，同时享有参与整个招标过程的权利，招标人代表有权参加评标组织。任何机关、社会团体、企事业单位和个人不得以任何理由为招标人指定或变相指定招标代理机构，招标代理机构只能由招标人选定。在招标人委托招标代理机构代理招标的情况下，招标人对招标代理机构办理的招标事务要承担法律后果，因此不能随便委托了事，必须对招标代理机构的代理活动，特别是评标、定标代理活动进行必要的监督，这就要求招标人在委托招标时仍需保留参与招标全过程的权利，其代表可以进入评标组织，作为评标组织的组成人员之一。

2）进行投标资格审查的权利。对于要求参加投标的潜在投标人，招标人有权要求其提供资质情况的资料，进行资质审查、筛选，拒绝不合格的潜在投标人参加投标。

招标单位对参加投标的承包商进行资格审查，是招标过程中的重要一环。招标单位（或委托咨询、监理单位）对投标人的审查，要着重掌握投标者的财政状况、技术能力、管理水平、资信能力和商业信誉，以确保投标人能胜任投标的工程项目承揽工作。招标单位对投标人的资格审查内容主要包括：①企业注册证明和技术等级；②主要施工经历；③质量保证措施；④技术力量简况；⑤正在施工的承建项目；⑥施工机械设备简况；⑦资金或财务状况；⑧企业的商业信誉；⑨准备在招标工程上使用的施工机械设备；⑩准备在招标工程上采用的施工方法和施工进度安排。

3）择优选定中标人的权利。招标的目的是通过公平、公开、公正的市场竞争，确定最优中标人，以顺利地完成工程建设项目。招标过程其实就是一个优选过程。择优选定中标人，就是根据评标组织的评审意见和推荐建议确定中标人。这是招标人最重要的权利。

4）享有依法约定的其他各项权利。建设工程招标人的权利是依据法律规定而确定的，法律、法规有规定的应该依据法律、法规；法律、法规无规定时，则依双方约定，但双方的约定不得违法或损害社会公共利益和公共秩序。

（3）建设工程招标人的义务。

1）遵守法律、法规、规章和方针、政策。社会主义市场经济是法治经济，在社会主义市场经济条件下，任何行为都必须依法进行，建设工程招标行为也不例外。建设工程招标人的招标活动必须依法进行，违法或违规、违章的行为不仅不受法律保护，而且还要承担相应的法律责任。遵纪守法是建设工程招标人的首要义务。

2）接受招标投标管理机构管理和监督的义务。为了保证建设工程招标投标活动公开、公平、公正，建设工程招标投标活动必须在招标投标管理机构的行政监督管理下进行。

3）不侵犯投标人合法权益的义务。招标人、投标人是招投标活动的双方，他们在招标投标中的地位是完全平等的，各方在招标投标过程中都是为了自身利益而努力的，因此，招标人在行使自己权利的时候，不得侵犯投标人的合法权益，不得妨碍投标人公平竞争。

4）委托代理招标时向代理机构提供招标所需资料、支付委托费用等义务。

招标人委托招标代理机构进行招标时，应承担的义务主要包括：①招标人对于招标代理机构在委托授权的范围内所办理的招标事务的后果直接接受并承担民事责任；②招标人应向招标代理机构提供招标所需的有关资料，提供为办理受托事务必需的费用；③招标人应向招标代理机构支付委托费或报酬。支付委托费或报酬的标准和期限依法律规定或合同的约定；④招标人应赔偿招标代理机构在执行受托任务中非因自己过错所遭受的损失。

5）保密的义务。建设工程招标投标活动应当遵循公开原则，但对可能影响公平竞争的信息，招标人必须保密。招标人设有标底的，标底必须保密。尤其在现阶段市场竞争日益激烈的情况下，保密义务尤显重要。

6）与中标人签订并履行合同的义务。招标投标的最终结果是择优确定中标人，与中标人签订并履行合同。如果无故不签订和履行合同，则应该依法承担法律责任。

7）承担依法约定的其他各项义务。在建设工程招标投标过程中，招标人与他人依法约定的义务，也应认真履行。但是，需要注意的是，约定不能违反法律规定，违反法律的约定属于无效约定；并且，约定必须双方自愿，不得强迫或欺诈。

2. 投标人

建设工程投标人是建设工程招标投标活动中的另一主体，是指响应招标并购买招标文件参加投标的法人或其他组织。投标人应当具备承担招标项目的能力。参加投标活动必须具备一定的条件，不是所有感兴趣的法人或其他组织都可以参加投标的。《招标投标法》第二十六条规定："投标人应当具备承担招标项目的能力；国家有关规定对投标人资格条件有要求或者招标文件对投标人资格条件有规定的，投标人应当具备规定的资格条件。"投标人通常应具备的基本条件主要有下面几点：①必须有与招标文件要求相适应的人力、物力和财力；②必须有符合招标文件要求的资质证书和相应的工作经验与业绩证明；③必须有符合法律、法规规定的其他条件。

建设工程项目投标人主要是指勘察设计企业、施工单位、建筑装饰装修企业、工程材料设备供应（采购）单位、工程总承包单位及咨询、监理单位等。

（1）建设工程投标人的投标资质。根据《建筑法》的有关规定，承包建筑工程的企业应当持有依法取得的资质证书，并在其资质等级许可的范围内承揽工程。禁止建筑施工单位超越本企业资质登记许可的业务范围或以任何形式用其他施工单位的名义承揽工程。《建筑业企业资质管理规定》和《建设工程勘察设计企业资质管理规定》中规定各等级具有不同的承担工程项目的能力，各企业应当在其资质等级范围内承揽工程。

建设工程投标人的投标资质又称投标资格，是指建设工程投标人参加投标所必须具备的条件和素质，包括资历、业绩、人员素质、管理水平、资金数量、技术力量、技术装备、社会信誉等几个方面的因素。对建设工程投标人的投标资质进行管理，主要是政府主管机构对建设工程投标人的投标资质提出认定和划分标准，确定具体等级，发放相应证书，并对证书的使用进行监督检查。由于我国已对从事勘察、设计、施工、建筑装饰装修、工程材料设备供应、工程总承包及咨询、监理等活动的企业实行了从业资格认证制度，以上企业必须依法取得相应等级的资质证书，并在其资质等级许可的范围内从事相应的工程建设活动。应禁止无相应资质的企业进入工程建设市场。所以，在建设工程招标投标管理中，一般可不再对勘察设计企业、施工单位、建筑装饰装修企业、工程材料设备供应单位、工程总承包单位及咨询、监理单位等发放专门的投标资质证书，只需对它们已取得的相应等级的资质证书进行验证，即将工程勘察、设计、施工、建筑装饰装修、工程材料设备供应、工程总承包及咨询、监理等资质证书直接确认为相应的投标资质证书。实践中也有核发投标许可证的，对外地的承包商审核其资质后发放投标许可证。这种投标许可证实际上是一种地方保护措施，而不是对投标资质进行管理的手段。还有一种投标许可证，是根据承包商已取得的勘察、设计、施工、监理和材料设备采购等从业资质的情况对所有承包商核发的，是一种专门对承包商投标资质进行管理的措施。承包商在实际参加投标时，只要持有这种投标许可证即可，不需要再提交勘察、设计、施工、监理、材料设备采购等从业资质证件，这对投标人和招标投标管理者来说都比较方便。

1）建设工程勘察设计企业：建设工程勘察设计企业参加建设工程勘察设计招标投标活动必须持有相应的勘察设计资质证书，并在其资质证书许可的范围内进行。建设工程勘察设计企业的专业技术人员参加建设工程勘察设计招标投标活动应持有相应的执业资格证书，并在其执业资格证书许可的范围内进行。

建设工程勘察设计企业资质管理的法律依据为建设部2001年7月25日发布并实施的第93号令《建设工程勘察设计企业资质管理规定》。根据该规定，工程勘察资质分为工程勘察综合资质、工程勘察专业资质、工程勘察劳务资质；工程设计资质分为工程设计综合资质、工程设计行业资质、工程设计专项资质，每种资质各有其相应等级（如工程勘察、设计综合资质只设甲级）。

2）施工单位和项目经理：施工单位参加建设工程招标投标活动，应当在其资质证书许可范围内进行。少数市场信誉好、素质较高的企业，经征得业主同意和工程所在地省、自治区、直辖市建设行政主管部门批准后，可适度超出资质证书所核定的承包工程范围，投标承揽工程。施工单位的专业技术人员参加建设工程施工招标投标活动，应持有相应的执业资格证书，并在其执业资格证书许可范围内进行。

此外，在建设工程项目招标中，国内实行项目经理认证制度。项目经理是一种岗位职务，指受企业法定代表人委托对工程项目全过程全面负责的项目管理者，是企业法定代表人在工程项目上的代表。因此，要求企业在投标承包工程时，应同时报出承担工程项目管理的项目经理的资质情况，接受招标人的审查和招投标管理机构的复查。没有与工程规模相适应的项目经理资质证书的，不得参与投标和承接工程任务。

在我国，项目经理资质分为一级、二级、三级。工作年限、施工经验和职称符合住建部有关规定的施工单位人员，必须参加有关单位举办的项目经理培训班并经考试合格后，才能向有关部门申请相应级别的项目经理资质证书。

为了保证建设工程的质量，并考虑项目经理的工作精力，一个项目经理原则上只能承担一个与其资质等级相适应的工程项目的管理工作，不得同时兼管多个工程。但当其负责管理的施工项目临近竣工阶段，经建设单位同意，可以兼任另一项工程的项目管理工作，否则不得私自让一个项目经理兼管多个工程。

在中标工程的实施过程中，因施工项目发生重大安全、质量事故或项目经理违法、违纪时需要更换项目经理的，企业应提出具有与工程规模相适应的资质证书的项目经理人选，征得建设单位的同意后方可更换，并报原招标投标管理机构备案。

各级项目经理的资质证书核发单位和承担建设工程项目管理的范围必须严格依据法律规定执行，如表1-1所示。

表1-1　项目经理的资质证书核发单位与承担工程项目管理范围

项目经理等级	资质证书核发单位	建设工程项目管理范围
一级	国家住建部	可承担特级和一级资质施工单位营业范围内的工程项目管理

项目经理等级	资质证书核发单位	建设工程项目管理范围
二级	(1) 企业属于地方的，由地方建行政主管部门核发 (2) 直属国务院有关部门的，由有关部门核发	可承担二级和二级资质施工单位营业范围内的工程项目管理
三级	(1) 企业属于地方的，由地方建行政主管部门核发 (2) 直属国务院有关部门的，由有关部门核发	可承担三级和三级资质施工单位营业范围内的工程项目管理

注：施工单位营业范围，依照国家住建部颁布的《建筑业企业资质等级》的有关规定执行。

3）建设监理单位的投标资质：建设监理单位参加建设工程监理招标投标活动，必须持有相应的建设监理资质证书，并在其资质证书许可的范围内进行。建设监理单位的专业技术人员参加建设工程监理招标投标活动，应持有相应的执业资格证书，并在其执业资格许可的范围内进行。

4）建设工程材料设备供应单位的投标资质：建设工程材料设备供应单位，包括具有法人资格的建设工程材料设备生产、制造厂家、材料设备公司、设备成套承包公司等。目前，我国实行资质管理的建设工程材料设备供应单位主要是混凝土预制构件生产企业、商品混凝土生产企业和机电设备成套供应单位。

混凝土预制构件生产企业和商品混凝土生产企业参加建设工程材料设备招标投标活动，必须持有相应的资质证书，并在其资质证书许可的范围内进行。混凝土预制构件生产企业、商品混凝土生产企业的专业技术人员参加建设工程材料设备招投标活动，应持有相应的执业资格证书，并在其执业资格证书许可的范围内进行。

机电设备成套供应单位参加建设工程材料设备招投标活动，必须持有相应的资质证书，并在其资质证书许可的范围内进行。机电设备成套供应单位的专业技术人员参加建设工程材料设备招标投标活动，应持有相应的执业资格证书，并在其执业资格证书许可的范围内进行。

5）工程总承包单位的投标资质：工程总承包又称工程总包，是指业主将一个建设项目的勘察、设计、施工、材料设备采购等全过程或者其中某一阶段或多阶段的全部工作发包给一个总承包商，由该承包商统一组织实施和协调，对业主负全面责任。工程总承包是相对于工程分承包（又称分包）而言的，工程分承包是指总承包商把承包工程中的工程发包给具有相应资质的分承包商，分承包商不与业主发生直接经济关系，而在总承包商统筹协调下完成分包工程任务，对总承包商负责。

工程总承包单位，按其总承包业务范围，可以分为项目全过程总承包单位、勘察总承包单位、设计总承包单位、施工总承包单位、材料设备采购总承包单位等。目前我国实行资质管理的工程总承包单位主要是勘察设计总承包单位、施工总承包单位等。

工程总承包单位参加工程总承包招标投标活动，必须具有相应的工程总承包资质，并在其资质证书许可的范围内进行。工程总承包单位的专业技术人员参加建设工程总承包招标投标活动，应持有相应的执业资格证书，并在其执业资格证书许可的范围内进行。

(2) 建设工程投标人的权利。

1）有权平等获得和利用招标信息。招标信息是投标决策的基础和前提。投标人不掌握招标信息，就不可能参加投标。投标人掌握的招标信息是否真实、准确、及时、完整，对投标工作具有非常重要的影响。投标人主要是通过招标人发布的招标公告获得招标信息，也可以从政府主管部门公布的工程报建登记处获得。能够保证投标人平等获得招标信息，是招标人和政府主管部门的重要义务。

2）有权按照招标文件的要求自主投标或组成联合体投标。为了更好地把握投标竞争机会，提高中标率，投标人可以根据自身的实力和投标文件的要求，自主决定是独自参加投标竞争还是与其他投标人组成一个联合体以一个投标人的身份共同投标。在此需要注意的是，联合体投标是一种联营行为，联合体各方对招标人承担连带责任，与串通投标是性质完全不同的两个概念。有关联合体投标需要了解的几个问题，下面将做一简单介绍。

①联合体承包的各方为法人或者法人之外的其他组织。形式可以是两个以上法人组成的联合体、两个以上非法人组织组成的联合体或者是法人与其他组织组成的联合体。

②联合体是一个临时性的组织，不具有法人资格。组成联合体的目的是增强投标竞争能力，减少联合体各方因支付巨额履约保证而产生的资金负担，分散联合体各方的投标风险，弥补有关各方技术力量的相对不足，提高共同承担的项目完工的可靠性。如果属于共同注册并进行长期经营活动的"合资公司"等法人形式的联合体，则不属于《招标投标法》所称的联合体。

③是否组成联合体由联合体各方自己决定。

④联合体对外"以一个投标人的身份"共同投标。

⑤联合体各方均应具备相应的资格条件。由同一专业的单位不同资质等级的各方组成的联合体，按照资质等级较低的单位确定资质等级。

3）有权要求对招标文件中的有关问题进行答疑。对招标文件中的有关问题进行答疑是指招标人或招标代理机构的答疑。投标人参加投标，必须编制投标文件。而编制投标文件的基本依据就是招标文件。正确理解和领会招标文件是编制投标文件的前提。对招标文件不清楚和有疑问的问题，投标人有权要求给予澄清或解释，以利于准确领会和把握招标意图。所以，投标人有权要求招标人或招标代理机构对相关问题进行答疑。

4）有权确定自己的投标报价。投标人参加投标，是参加建筑市场的竞争活动，各个投标人之间是一种市场竞争关系。投标竞争是投标人自主经营、自负盈亏、自我发展壮大的强大动力。所以，建设工程招标投标活动必须按照市场经济的规律办事。对投标人的投标报价，由投标人根据自身的情况自主确定，任何单位和个人都不得非法干涉。投标人根据自身的经营状况、利润目标和市场行情，科学合理地确定投标报价，是整个投标活动中关键的一环。

5）有权参与或放弃投标竞争。在社会主义市场经济条件下，投标人应该有平等参与投标竞争的权利。既然参与投标竞争是投标人的权利，那么投标人就有权决定参与或放弃。对于投标人来说，参加不参加投标，是否参加到底，完全是投标人依据自己的愿望自主决定的。任何单位不得强迫、胁迫投标人参加投标，更不得强迫或变相强迫投标人"陪标"，也不能阻止投标人中途放弃投标。

6）有权要求优质优价。价格（包括取费、酬金等）问题，属于招标投标中的一个核心问题。在实践中，很多投标人为了取得建设项目的中标而互相盲目压价，从而不利于建设质量的提高，也有害于建设工程市场的良性发展。为了保证建设工程的安全和质量，必须防止和克服只为争得项目中标而不切实际或盲目降低压价现象，投标人有权要求实行优质优价，避免投标人之间的恶性竞争。

7）有权控告、检举违法或违规行为。在建设工程的招标投标活动中，投标人和其他利害关系人认为招标投标活动有违反法律、法规的，有权向招标人提出异议或者依法向有关行政监督部门控告、检举。

（3）建设工程投标人的义务。

1）遵守法律、法规、规章和方针、政策。建设工程投标人的投标活动必须依法进行，在法治经济条件下，遵纪守法是建设工程投标人的首要义务。违法、违规行为应承担相应的法律责任。

2）接受招标投标管理机构的监督管理。《招标投标法》规定："招标投标活动应当遵循公开、公平、公正和诚实信用的原则。"为了保证建设工程招标投标活动公开、公平、公正竞争，建设工程招标投标活动必须在招标投标管理机构的监督管理下进行。

3）保证所提供文件的真实性，提供投标保证金或其他形式的担保。投标人在投标过程中所提供的投标文件必须真实、可靠，并对此予以保证。让投标人提供投标保证金或其他形式的担保属于一种保障措施，目的在于使投标人的保证落到实处，使招投标活动保持应有的严肃性和规范性，建立和维持招标投标活动的正常秩序，最终能够圆满实现招标投标。

4）按招标人或招标代理人的要求对投标文件的有关问题进行答疑。投标文件是在招标文件的基础上编制的。正确理解投标文件，是准确判断投标文件是否实质性响应招标文件的前提。所以，能否正确理解投标文件是至关重要的问题，对投标文件中不清楚的问题，投标人有义务向招标人或招标代理机构进行答疑。

5）中标后与招标人签订合同并履行合同。中标后投标人与招标人签订合同并实际履行合同，是实现招标投标制度的目的所在。中标的投标人签订合同后必须亲自履行，不得私自将中标的建设工程任务转手给他人承包。如果需要将中标项目的部分非主体、非关键性工作进行分包，则应该在投标文件中予以说明，并经招标人认可后才能进行分包。

6）履行依法约定的其他义务。在建设工程招标投标过程中，投标人和招标人、招标代理人可以在遵守法律的前提下互相协商，约定一定的义务。双方自愿约定的义务也是具有法律效力的，也必须依法履行，否则要承担相应的法律责任。

四、 招标投标行政监管机关

建设工程招标投标涉及国家利益、社会公共利益和公众安全，因而必须对其实行强有力的政府监管。建设工程招标投标活动及其当事人应当依法接受相关监督管理。

1. 建设工程招标投标监管体制

建设工程招标投标涉及各行各业的较多部门，如果都各自为政，必然会导致建筑市场的混乱无序，难以管理。为了维护我国建筑市场的统一性、有序性和开放性。我国法律规定最高建设行政主管部门——住建部作为全国最高招标投标管理机构。在住建部的统一监管下，实行省、市、县三级建设行政主管部门对所辖行政区内的建设工程招标投标分级管理。

各级建设行政主管部门作为本行政区域内建设工程招标投标工作的统一监督管理部门，其主要职责是：

（1）指导建筑活动，规范建筑市场，发展建筑产业，制定有关建设工程招标投标的发展战略、规划、行业规范和相关方针、政策、行为规则、标准和监管措施，组织宣传、贯彻有关建设工程招标投标的法律、法规、规章，进行执法检查及监督。

（2）指导、检查和协调本行政区域内建设工程的招标投标活动，总结交流经验，提供高效率的规范化服务。

（3）负责对当事人的招标投标资质、中介服务机构的资质和有关专业技术人员的执业资格的监督，开展招标投标管理人员的岗位培训。

（4）会同有关专业主管部门及其直属单位办理有关专业工程招标投标事宜。

（5）调解建设工程招标投标纠纷，查处建设工程招标投标违法、违规行为，否决违反招标投标规定的定标结果。

2. 建设工程招标投标分级管理

建设工程招标投标分级管理是指省、市、县三级建设行政主管部门依照各自的权限，对本行政区域内的建设工程招标投标分别管理，即分级属地管理。

实行建设行政主管部门系统内的分级属地管理，是现行建设工程项目投资管理体制的要求，是进一步提高招标工作效率和质量的重要措施，有利于更好地实现建设行政主管部门对本行政区域建设工程招标投标工作的统一监管。

3. 建设工程招标投标监管机关

建设工程招标投标监管机关是指经政府主管部门批准设立的隶属于同级建设行政主管部门的省、市、县建设工程招标投标办公室。

各级建设工程招标投标监管机关从机构设置、人员编制来看，其性质是代表政府行使行政监管职能的事业单位。建设行政主管部门与建设工程招标投标监管机关之间是领导与被领导的关系。省、市、县建设工程招标投标监管机关的上级与下级之间有业务上的指导和监督关系。在此需要注意的是，为了保证建设工程招标投标监管机关能够充分发挥作用，建设工程招标投标监管机关必须与建设工程交易中心和建设工程招标代理机构进行机构分设，职能分离。

建设工程招标投标监管机关的职权，概括起来可以分为两个方面，一方面是承担具体负责建设工程招标投标管理工作的职责。也就是说，建设行政主管部门作为本行政区域内建设工程招标投标工作统一归口管理部门的职责，具体是由建设工程招标投标监管机关全面承担的。这时，建设工程招标投标监管机关行使职权是在建设行政主管部门的名义下进行的。另一方面是在招标投标管理活动中享有可独立以自己的名义行使的管理职能。根据我国法律规定，建设工程招标投标监管机关的职权具体来说主要有：

（1）办理建设工程项目报建登记。

（2）审查发放招标组织资质证书、招标代理人及标底编制单位的资质证书。

（3）接受招标申请书，对招标工程应该具备的招标条件、招标人的招标资质、招标代理人的招标代理资质、采用的招标方式进行审查认定。

（4）接受招标文件并进行审查认定，对招标人要求变更发出后的招标文件进行审批。

（5）对投标人的投标资质进行审查。

（6）对标底进行审定。

（7）对评标、定标办法进行审查认定，对招标投标活动进行全过程监督，对开标、评标、定标活动进行现场监督。

（8）核发或者与招标人联合发出中标通知书。

（9）审查合同草案，监督承发包合同的签订和履行。

（10）调解招标人和投标人在招标投标活动中或合同履行过程中发生的纠纷。

（11）查处建设工程招标投标方面的违法行为，接受委托依法实施相应的行政处罚。

第二章　建筑工程招标

第一节　工程项目招标准备

建筑工程招标，是指招标人将其拟发包工程的内定、要求等对外公布，招引和邀请多家承包单位参与承包工程建设任务的竞争，以便择优选择承包单位的活动。

一、招标备案

工程建设项目由建设单位或其代理机构在工程项目可行性研究报告或其他立项文件批准后 30 日内，向相应级别的建设行政主管部门或其授权机构，领取工程建设项目报建表进行报建。建设单位在工程建设项目报建时，其基建管理机构如不具备相应资质条件，应委托建设行政主管部门批准的具有相应资质条件的社会建设监理单位代理。

工程建设项目报建手续办理完毕之后，由建设单位或建设单位委托的具有法人资格的建设工程招标代理机构，负责组建一个与工程建设规模相符的招标工作班子。招标工作班子的首要工作是进行招标备案。

1. 备案程序

招标人自行办理施工招标事宜的，应当在发布招标公告或者发出投标邀请书的 5 日前，向工程所在地的县级以上地方人民政府建设行政主管部门或者受其委托的工程招标投标监督管理机构备案，并报送相应资料。

工程所在地的县级以上地方人民政府建设行政主管部门或者工程招标投标监督管理机构自收到备案材料之日起 5 日内没有异议的，招标人可以自行办理施工招标事宜；不具备规定条件的，不得自行办理招标。

2. 要提交的资料

办理招标备案应提交以下资料：

（1）建设项目的年度投资计划和工程项目报建备案登记表。

（2）建设工程施工招标备案登记表。

（3）项目法人单位的法人资格证明书和授权委托书。

（4）招标公告或投标邀请书。

（5）招标机构有关工程技术、概预算、财务以及工程管理等方面专业技术人员名单、职称证书或执业资格证书及其工作经历的证明材料。

二、招标公告的编制

招标人采用公开招标方式的，应当发布招标公告。依法必须进行招标的项目的招标公告，可通过国家指定的报刊、信息网络或者其他媒介公开发布。

招标广告亦称为招标通告，其主要内容是：

（1）招标人的名称和地址。

（2）招标项目的内容、规模、资金来源。

（3）招标项目的实施地点和工期。

（4）获取招标文件或者资格预审文件的地点和时间。

（5）对招标文件或者资格预审文件收取的费用。

（6）对投标人的资质等级的要求。

（7）其他要说明的问题。

施工招标公告一般格式范例如下：

＿＿＿＿＿（项目名称）＿＿＿＿＿标段施工招标公告

1. 招标条件

　　本招标项目＿＿＿＿（项目名称）已由＿＿＿＿（项目审批、核准或备案机关名称）以＿＿＿＿（批文名称及编号）批准建设，招标人（项目业主）为＿＿＿＿，建设资金来自＿＿＿＿（资金来源），项目出资比例为＿＿＿＿。项目已具备招标条件，现对该项目的施工进行公开招标。

2. 项目概况与招标范围

　　＿＿＿＿（说明本招标项目的建设地点、规模、合同估算价、计划工期、招标范围、标段划分（如果有）等。

3. 投标人资格要求

　　3.1　本次招标要求投标人须具备＿＿＿＿资质，＿＿＿＿（类似项目描述）业绩，并在人员、设备、资金等方面具有相应的施工能力，其中，投标人拟派项目经理须具备专业＿＿＿＿级注册建造师执业资格，具备有效的安全生产考核合格证书，且未担任其他在施建设工程项目的项目经理。

　　3.2　本次招标＿＿＿＿（接受或不接受）联合体投标。联合体投标的，应满足下列要求：＿＿＿＿＿＿＿＿。

　　3.3　各投标人均可就本招标项目上述标段中的＿＿＿＿（具体数量）个标段投标，但最多允许中标＿＿＿＿（具体数量）个标段（适用于分标段的招标项目）。

4. 投标报名

　　凡有意参加投标者，请于＿＿＿＿年＿＿＿＿月＿＿＿＿日至＿＿＿＿年＿＿＿＿月＿＿＿＿日（法定公休日、法定节假日除外），每日上午＿＿＿＿时至＿＿＿＿时，下午＿＿＿＿时至＿＿＿＿时（北京时间，下同），在＿＿＿＿（有形建筑市场/交易中心名称及地址）报名。

5. 招标文件的获取

　　5.1　凡通过上述报名者，请于＿＿＿＿年＿＿＿＿月＿＿＿＿日至＿＿＿＿年＿＿＿＿月＿＿＿＿日（法定公休日、法定节假日除外），每日上午＿＿＿＿时至＿＿＿＿时，下午＿＿＿＿时至＿＿＿＿时，在＿＿＿＿（详细地址）持单位介绍信购买招标文件。

　　5.2　招标文件每套售价＿＿＿＿元，售后不退。图纸押金＿＿＿＿元，在退还图纸时退还（不计利息）。

　　5.3　邮购招标文件的，需另加手续费（含邮费）＿＿＿＿元。招标人在收到单位介绍信和邮购款（含手续费）后＿＿＿＿日内寄送。

6. 投标文件的递交

　　6.1　投标文件递交的截止时间（投标截止时间，下同）为＿＿＿＿年＿＿＿＿月＿＿＿＿日＿＿＿＿时＿＿＿＿分，地点为＿＿＿＿（有形建筑市场交易中心名称及地址）。

　　6.2　逾期送达的或者未送达指定地点的投标文件，招标人不予受理。

---

7. 发布公告的媒介

　　本次招标公告同时在_____（发布公告的媒介名称）上发布。

8. 联系方式

招 标 人：_____	招标代理机构：_____
地　　址：_____	地　　址：_____
邮　　编：_____	邮　　编：_____
联 系 人：_____	联 系 人：_____
电　　话：_____	电　　话：_____
传　　真：_____	传　　真：_____
电子邮件：_____	电子邮件：_____
网　　址：_____	网　　址：_____
开户银行：_____	开户银行：_____
账　　号：_____	账　　号：_____

　　_____年_____月_____日

　　说明："招标公告"按招标项目相关审批手续及招标人要求填写。资格预审公告亦可采用
　　　　本公告格式。

　　依法必须进行招标的项目的资格预审公告和招标公告，应当在国务院发展改革部门依法指定的媒介发布。在不同媒介发布的同一招标项目的资格预审公告或者招标公告的内容应当一致。指定媒介发布依法必须进行招标的项目的境内资格预审公告、招标公告，不得收取费用。

三、　资格预审文件的编制

　　招标人采用资格预审办法对潜在投标人进行资格审查的，应当发布资格预审公告、编制资格预审文件。编制依法必须进行招标的项目的资格预审文件和招标文件，应当使用国务院发展改革部门会同有关行政监督部门制定的标准文本。资格预审文件的内容包括资格预审通告、资格预审须知及有关附件和资格预审申请的有关表格。

　　1. 资格预审通告

　　通告的主要内容应包括以下方面：

　　（1）资金的来源。

　　（2）对申请预审人的要求。主要写明投标人应具备以往类似的经验和在设备、人员及资金方面完成本工作能力的要求。有时，还对投标人员的其他方面提出要求。例如，我国对外招标，对投标方的一个基本要求是必须承认、遵守我国的各项法律法规。

　　（3）招标人的名称和邀请投标人对工程项目完成的工作，包括工程概述和所需劳务、材料、设备和主要工程量清单。

　　（4）获取进一步信息和资料预审文件的办公室名称和地址、负责人姓名、购买资格预审文件的时间和价格。

　　（5）资格预审申请递交的截止日期。

　　（6）向所有参加资格预审的投标人公布人选名单的时间。

　　2. 资格预审须知

　　资格预审须知应包括以下内容：

　　（1）总则。分别列出工程建设项目或其各种资金来源，工程概述，工程量清单，对申请人的基本要求。

（2）申请人须提交的资料及有关证明。一般有：申请人的身份和组织机构；申请人过去的详细履历（包括联营体各成员）；可用于本招标工程的主要施工设备的详细情况；工程的主要人员的资历和经验。

（3）资格预审通过的强制性标准。强制性标准以附件的形式列入，它是指通过资格预审时对列入工程项目一览表中主要项目提出的强制性要求，包括强制性经验标准、强制性财务、人员、设备、分包、诉讼及履约标准等。

（4）对联合体提交资格预审申请要求。两个以上法人或者其他组织组成一个联合体，以一个投标人的身份共同投标，则联合体各方面应当具备规定的相应资格条件。由同一专业的单位组成的联合体，按照资质等级较低的单位确定资质等级。

（5）对通过资格预审单位所建议的分包人的要求。由于对资格预审申请者所建议的分包人也要进行资格预审，通过资格预审后如果对所建议的分包人有变更时，必须征得招标人的同意，否则，对其资格预审将被视为无效。

（6）对申请参加资格预审的国有企业的要求。凡参加资格预审的企业应满足如下要求方可投标。该企业必须是从事商业活动的法律实体，不是政府机关，有独立的经营权、决策权的企业，可自行承担合同义务，具有对员工的解聘权。

（7）其他规定。包括递交资格预审文件的份数、递交地址、邮编、联系电话、截止日期等，资格预审的结果和已通过资格预审的申请者的名单将以书面形式通知每一位申请人。

3. 资格预审须知的有关附件

（1）工程概述。工程概述内容一般包括项目的环境，如地点、地形与地貌、地质条件、气象水文、交道能源及服务设施等。工程概况主要说明所包含的主要工程项目的概况，如结构工程、土方工程、合同标段的划分、计划工期等。

（2）主要工程一览表。用表格的形式将工程项目中各项工程的名称、数量、尺寸和规格用表格列出，如果一个项目分几个合同招标的话，应按招标合同分别列出，使人看起来一目了然。

（3）强制性标准一览表。对于各工程项目通过资格预审的强制性要求，要求用表格的形式列出，并要求申请人填写详细情况，该表分为三栏：提出强制性要求的项目名称；强制性业绩要求；申请人满足或超过业绩要求的评述（由申请人填写）。

（4）资格预审时间表。表中列出发布资格预审通告的时间、出售资格预审文件的时间、交资格预审申请书的最后日期和通知资格预审合格的投标人名单的日期等。

4. 资格预审申请书的表格

为了让资格预审申请者按统一的格式递交申请书，在资格预审文件中按通过资格预审的条件编制成统一的表格，让申请者填报，以便进行评审。申请书的表格通常包括如下表格：

（1）申请人表。主要包括申请者的名称、地址、电话、电传、传真、成立日期等。如果是以联合体形式投标的，应首先列明牵头的申请者，然后是所有合伙人的名称、地址等，并附上每个公司的章程、合伙关系的文件等。

（2）申请合同表。如果一个工程项目分几个合同招标，应在表中分别列出各合同的编号和名称，以便让申请人选择申请资格预审的合同。

（3）组织机构表。它包括公司简况、领导层名单、股东名单、直属公司名单、驻当地办事处或联络机构名单等。

（4）组织机构框图。主要叙述并用框图表示申请者的组织机构，与母公司或子公司的关系，总负责人和主要人员。如果是联营体应说明合作伙伴关系及在合同中的责任划分。

（5）财务状况表。它的基本数据包括注册资金、实有资金、总资产、流动资产、总负债、流动负债、未完成工程的年投资额、未完成工程的总投资额、年均完成投资额（近 3 年）、最大施工能力等。近 3 年度营业额和为本项目合同工程提供的营运资金，现在正进行的工程估价，今后两年的财务预算、银行信贷证明，并随附由审计部门或由省市公证部门公证的财务报表，包括损益表、资产负债表及其他财务资料。

（6）公司人员表。公司人员表包括管理人员、技术人员、工人及其他人员的数量，拟为本合同提供的各类专业技术人员数及其从事本专业工作的年限。公司主要人员表，其中包括一般情况和主要工作经历。

（7）施工机械设备表。它包括拟用于本合同自有设备，拟新购置设备和租用设备的名称、数量、型号、商标、出厂日期、现值等。

（8）分包商表。它包括拟分包工程项目的名称，占总工程价的百分数，分包商的名称、经验、财务状况、主要人员、主要设备等。

（9）已完成的同类工程项目表。包括项目名称、地点、结构类型、合同价格、竣工日期、工期、业主或监理工程师的地址、电话、电传等。

（10）在建项目表。它包括正在施工和已知意向但未签订合同的项目名称、地点、工程概况、完成日期、合同总价等。

（11）介入诉讼条件表。详细说明申请者或联营体内合伙人介入诉讼或仲裁的案件。

对于以上表格可根据要求的内容和需要自行设计，力求简单明了，并注明填表的要求，特别应该注意的是对于每一张表格都应有授权人的签字和日期，对于要求提供证明附件的应附在表后。

四、 招标文件的编制

1. 招标文件编制原则

招标文件的编制必须做到系统、完整、准确、明了，即提出要求的目标明确，使投标人一目了然。编制招标文件的依据和原则是：

（1）首先要确定建设单位和建设项目是否具备招标条件。不具备条件的须委托具有相应资质的咨询、监理单位代理招标。

（2）必须遵守《招标投标法》及有关贷款组织的要求。因为招标文件是中标者签订合同的基础。按《合同法》规定，凡违反法律、法规和国家有关规定的合同属于无效合同。招标文件必须符合《招标投标法》《合同法》等多项有关法规、法令等。

（3）应公正、合理地处理招标人与投标人的关系，保护双方的利益。如果招标人在招标文件中不恰当地过多将风险转移给投标人一方，势必迫使投标人加大风险费用，提高投标报价，而最终还是招标人一方增加支出。

（4）招标文件应正确、详尽地反映项目的客观真实情况，这样才能使投标者在客观可靠的基础上投标，减少签约、履约过程中的争议。

（5）招标文件各部分的内容必须统一。这一原则是为了避免各份文件之间的矛盾。招标文件涉及投标者须知、合同条件、规范、工程量表等多项内容。如果文件各部分之间矛盾多，就会给投标工作和履行合同的过程中带来许多争端，甚至影响工程的施工。

2. 招标文件的内容

招标文件是招标单位编制的工程招标的纲领性、实施性文件，是各投标单位进行投标的主要客观依据。

招标人根据施工招标项目的特点和需要编制招标文件。招标文件一般包括下列内容：投标邀请书；投标人须知；合同主要条款；投标文件格式；采用工程量清单招标的，应当提供工程量清单；技术条款；设计图纸；评标标准和方法；投标辅助材料。

招标人应当在招标文件中规定实质性要求和条件，并用醒目的方式标明。

（1）投标邀请书。投标邀请书是发给通过资格预审投标人的投标邀请信函，并请其确认是否参与投标。

（2）投标人须知。投标人须知是对投标人投标时的注意事项的书面阐述和告知。投标人须知包括两部分：第一部分是投标须知前附表，第二部分是投标须知正文，主要内容包括对总则、招标文件、投标文件、开标、评标、授予合同等方面的说明和要求。投标须知前附表是投标人须知正文部分的概括和提示，排序在投标人须知正文前面，不仅利于引起投标人注意，也便于查阅检索。其常用格式见范例见表2-1。

表2-1 投标须知前附表

条款号	内容	说明与要求
1.1	工程名称	××住宅项目施工
	建设地点	××区
	建设规模	本标段建筑面积约36540.24m²
	承包方式	施工总承包
	质量目标	合格
2.1	招标范围	标段4：A7楼本标段土建、采暖、给水排水、电气、消防工程（工程量清单和招标图纸中包含的全部内容）
2.2	工期要求	计划开工日期：2014年3月25日 计划竣工日期：2015年4月30日 从接到建设方进场通知后开始施工
3.1	资金来源	非政府投资
4.1	资质等级要求	房屋建筑工程施工总承包一级以上（含一级）资质
4.3	资格审查方式	资格预审
13.1	工程报价方式	工程量清单报价
15.1	投标有效期	为：60日历天（从投标人提交投标文件截止之日算起）
16.1	投标保证金的递交	投标保证金金额：80万元 提交保证金时间：2014年2月10日11:00前 提交保证金地点：××路10号401室××招标公司 招标代理机构开户行：××支行 账　　　号：231000662010××000000 开户名称：××招标公司 投标保证金形式：支票、电汇或银行汇票 投标保证金必须从投标人基本账户拨付，否则视为未交投标保证金
5	踏勘现场	时间：2014年2月10日9:00 集合地点：××公司门前
6	问题的提交	投标人提出的问题在2014年2月10日11:00时前以电子邮件形式向招标代理机构提交
	投标预备会（答疑会）	时　间：2014年2月10日14:00 地　点：××路10号
17	投标人的替代方案	不接受
18.1	投标文件份数	投标人应分标段制作投标文件，各标段份数如下： 正本1份，副本5份 电子版文件1套（包括商务标电子标书2张专用光盘、1张普通光盘或U盘）

（续）

条款号	内容	说明与要求
21.1	投标文件提交地点及截止时间	收件人：××招标公司 地点：××街122号，××市建设工程交易中心 开始接收时间：2014年2月25日8:00 投标截止时间：2014年2月25日9:00
25.1	开标	开标时间：2014年2月25日9:00 开标地点：××街××号，××市建设工程交易中心
32.4	评标方法及标准	综合评估法，详见招标文件第九章评标标准和办法
37	履约担保金额	投标人提供的履约担保金额为合同总价的5%，形式为银行保函、电汇、银行汇票
未尽事项或其他	投标限价	本次招标设最高限价，投标人的报价必须低于或等于此限价，否则废标。投标限价的金额将在投标截止日3天前公布并书面通知所有招标文件收受人

（3）合同主要条款。我国建设工程施工合同包括"建设工程施工合同条件"和"建设工程施工合同协议条款"两部分。"合同条件"为通用条件，共计10方面41条；"协议条款"为专用条款。合同条款是招标人与中标人签订合同的基础。在招标文件中发给投标人，一方面要求投标人充分了解合同义务和应该承担的风险责任，以便在编制投标文件时加以考虑；另一方面允许投标人在投标书中以及合同谈判时提出不同意见，如果招标人同意也可以对部分条款的内容予以修改。

（4）投标文件格式。投标书是由投标人授权的代表签署的一份投标文件，一般都是由招标人或咨询工程师拟定好的固定格式，由投标人填写。

（5）采用工程量清单招标的，应当提供工程量清单。工程量清单是表现拟建工程的分部（分项）工程项目、措施项目、其他项目、规费项目和税金项目名称和相应数量的明细清单。工程量清单是由封面、总说明、分部（分项）工程量清单、措施项目清单、其他项目清单、规费项目清单、税金项目清单表七个部分组成。

（6）技术条款。这部分内容是投标人编制施工规划和计算施工成本的依据。一般有三个方面的内容：一是提供现场的自然条件；二是现场施工条件；三是本工程采用的技术规范。

（7）设计图纸。图纸是招标文件和合同的重要组成部分，是投标人在拟定施工方案、确定施工方法以及提出替代方案、计算投标报价必不可少的资料。图纸的详细程度取决于设计的深度与合同的类型。

（8）评标标准和方法。评标标准和方法应根据工程规模和招标范围详细地确定出来。

（9）投标辅助材料。投标辅助材料主要包括项目经理简历表、主要施工管理人员表、主要施工机械设备表、项目拟分包情况表、劳动力计划表、现金流量表、施工方案或施工组织设计、施工进度计划表、临时设施布置及临时用地表等。

招标文件编制完毕后需报上级主管部门审批。因此，招标工作小组必须填写"建设工程施工招标文件报批表"，见表2-2。

表2-2 建设工程施工招标文件报批表

招标文件				
招标工程名称		本表报批日期		年　月　日
招标文件编制单位		资质等级		
招标文件文号		招标文件		共　页　附后

（续）

招标单位：（盖章）

法人代表：（盖章）

年　　月　　日

核准意见

核准单位：（盖章）

核准日期：年月日

注：本表申报二份，核准后退还一份。

五、 编制、 审核标底

招标人可以自行决定是否编制标底。一个招标项目只能有一个标底。招标人设有标底的，《招标投标法》第二十二条规定，招标人不得向他人透露已获取招标文件的潜在的投标人的名称、数量以及可能影响公平竞争的有关招标投标的其他情况。标底必须保密，标底编制应符合实际，力求准确、客观、公正，不超出工程投资总额。

接受委托编制标底的中介机构不得参加受托编制标底项目的投标，也不得为该项目的投标人编制投标文件或者提供咨询。

招标人设有最高投标限价的，应当在招标文件中明确最高投标限价或者最高投标限价的计算方法。招标人不得规定最低投标限价。

1. 标底的作用

标底既是核算预期投资的依据和衡量投标报价的准绳，又是评价的主要尺度和选择承包企业报价的经济界限。

2. 编制标底应遵循的原则和依据

（1）标底编制的原则。

1）根据设计图纸及同有关资料、招标文件，参照国家规定的技术、经济标准定额及范例，确定工程量和编制标底。

2）标底价格应由成本、利润、税金组成。一般应控制在批准的总概算及投资包干的限额内。标底的计算内容、计算依据应与招标文件一致。

3）标底价格作为建设单位的期望计划价，应力求与市场的实际变化吻合，要有利于竞争和保证工程质量。

4）标底应考虑人工、材料、机械台班等价格变动因素，还应包括施工不可预见费、包干费和措施费等。

5）一个工程只能有一个标底。

（2）标底的编制依据。

1）已批准的初步设计、投资概算。

2）国家颁发的有关计价办法。

3）有关部委及省、自治区、直辖市颁发的相关定额。

4）建筑市场供求竞争状况。

5）根据招标工程的技术难度、实际发生而必须采取的有关技术措施等。

6）工程投资、工期和质量等方面的因素。

（3）标底的审核。标底必须报经招标投标办事管理机构审定。

标底编制完后必须报经招标投标办事机构审核、确定批准。经核准后的标底文件及其标底总价由招标投标管理单位负责向招标人进行交底，密封后，由招标人取回保管。核准后的标底总价为招标工程的最终标底价，未经招标投标管理单位的同意，任何人无权再改变标底总价。标底文件及其标底，一经审定应密封保存至开标时，所有接触到标底的人员均负有保密责任，自编制之日起至公布之日止应严格保守秘密。

六、 编制招标文件注意事项

（1）评标原则和评标办法细则，尤其是计分方法在招标文件中要明确。

（2）投标价格中，一般结构不太复杂或工期在12个月以内的工程，可以采用固定价格，考虑一定的风险系数。结构较复杂的工程或大型工程，工期在12个月以上的，应采用调整价格。价格的调整方法及调整范围应在招标文件中明确。

（3）在招标文件中应明确投标价格计算依据，主要有以下几个方面：工程计价类别；执行的概预算定额及费用定额；执行的人工、材料、机械设备政策性调整文件；材料、设备计价方法及采购、运输、保管的责任；工程量清单。

（4）质量标准必须达到国家施工验收规范合格标准，对于要求质量达到优良标准时，应计取补偿费用，补偿费用的计算方法应按国家或地方有关文件规定执行，并在招标文件中明确。

（5）招标文件中的建设工期应参照国家或地方颁发的工期定额来确定，如果要求的工期比工期定额缩短20%以上（含20%）的，应计算赶工措施费。赶工措施费如何计取应在招标文件中明确。由于施工单位原因造成不能按合同工期竣工时，计取赶工措施费的须扣除，同时还应赔偿由于误工给建设单位带来的损失。其损失费用的计算方法或规定应在招标文件中明确。

（6）如果建设单位要求按合同工期提前竣工交付使用，应考虑计取提前工期奖，提前工期奖的计算办法应在招标文件中明确。

（7）在招标文件中应明确投标保证金数额，一般投标保证金数额不超过投标总价的2%，投标保证金有效期应当与投标有效期一致。依法必须进行招标的项目的境内投标单位，以现金或者支票形式提交的投标保证金应当从其基本账户转出。招标人不得挪用投标保证金。

（8）中标单位应按规定要向招标单位提交履约担保，履约担保可采用银行保函或履约担保书。履约担保比率应在招标文件中明确。一般情况下，银行出具的银行保函为合同价格的5%；履约担保书为合同价格的10%。

（9）材料或设备采购、运输、保管的责任在招标文件中明确，如建设单位提供材料或设备，应列明材料或设备的名称、品种或型号、数量以及提供日期和交货地点等；还应在招标文件中明确招标单位提供的材料或设备计价和结算退款方式。

（10）关于工程量清单，招标单位按国家颁布的统一工程项目划分，统一计量单位和统一的工程量计算规则，根据施工图计算工程量，提供给投标单位作为投标报价的基础。结算拨付工程款时以实际工程量为依据。

（11）招标人可以依法对工程以及与工程建设有关的货物、服务全部或者部分实行总承包招标。以暂估价形式包括在总承包范围内的工程、货物、服务属于依法必须进行招标的项目范围且达到国家规定规模标准的，应当依法进行招标。

暂估价是指总承包招标时不能确定价格而由招标人在招标文件中暂时估定的工程、货物、服务的金额。

（12）对技术复杂或者无法精确拟定技术规格的项目，招标人可以分两阶段进行招标。

第一阶段，投标人按照招标公告或者投标邀请书的要求提交不带报价的技术建议，招标人根据投标人提交的技术建议确定技术标准和要求，编制招标文件。

第二阶段，招标人向在第一阶段提交技术建议的投标人提供招标文件，投标人按照招标文件的要求提交包括最终技术方案和投标报价的投标文件。

招标人要求投标人提交投标保证金的，应当在第二阶段提出。

第二节　招标代理机构

建设工程招标代理机构是依法设立，接受招标人的委托，从事招标代理业务并提供相关服务的社会中介组织，并且要求其与行政机关和其他国家机关不存在隶属关系或者其他利益关系。招标代理机构是独立法人，实行独立核算、自负盈亏，在实践中主要表现为工程招标公司、工程招标（代理）中心、工程咨询公司等。随着建设工程招标投标活动在我国的开展，这些招标代理机构也发挥着越来越重要的作用。

招标人有权自行选择招标代理机构，委托其办理招标事宜。任何单位和个人不得以任何方式为招标人指定招标代理机构。招标人具有编制招标文件和组织评标能力的，可以自行办理招标事宜，任何单位和个人不得强制其委托招标代理机构办理招标事宜。依法必须进行招标的项目，招标人自行办理招标事宜的，应当向有关行政监督部门备案。

一、　建设工程招标代理的概念

建设工程招标代理，是指建设工程招标人将建设工程招标事务委托给招标代理机构，由该招标代理机构在招标人委托授权的范围内以委托人的名义同他人独立进行工程招标投标活动，法律后果由委托人承担。

在建设工程招标代理关系中，接受委托的代理机构称为代理人；委托代理机构的招标人称为被代理人或者本人；与代理人进行建设工程招标活动的人称为第三人（相对人）。在建设工程招标代理关系中存在三方面的关系：

（1）被代理人和代理人之间基于委托授权而产生的法律关系。

（2）代理人和第三人（相对人）之间做出或接受有关招标事务意思表示的关系。

（3）被代理人和第三人（相对人）之间承受招标代理行为产生的法律后果的关系。

在上述三方面关系中，第三个关系是建设工程招标代理关系的目的和归宿。

二、　建设工程招标代理的特征

建设工程招标代理行为和其他法律行为一样也具有自己的特征，正确理解建设工程招标代理行为的特征有利于依法进行建设工程招标代理行为。建设工程招标代理行为的特征主要有：

（1）建设工程招标代理人以被代理人的名义办理招标事务。

（2）建设工程招标代理人具有在授权范围内独立进行意思表示的职能。

（3）建设工程招标代理行为必须在委托授权的范围内进行，否则属于无权代理。

（4）建设工程招标代理行为的法律后果归属于被代理人。

三、　建设工程招标代理机构的资质

建设工程招标代理机构的资质，是指从事招标代理活动应当具备的条件和素质。招标代理人从事招标代理业务，必须依法取得相应的招标资质证书，并在资质证书许可的范围内开展招标代理业务。

我国对招标代理机构的条件和资质有专门的规定。住建部于2015年5月4日发布的《工程建设项目招标代理机构资格认定办法》（修正版）第八条规定，申请工程招标代理机构资格的单位应当具备下列条件：

（1）是依法设立的中介组织。

（2）与行政机关和其他国家机关没有行政隶属关系或者其他利益关系。

（3）有固定的营业场所和开展工程招标代理业务所需设施及办公条件。

（4）有健全的组织机构和内部管理的规章制度。

（5）具有编制招标文件和组织评标的相应专业力量。

（6）具有可以作为评标委员会成员人选的技术、经济等方面的专家库。

实践中，由于建设工程招标一般都是在固定的建设工程交易场所进行的，因此该固定场所（建设工程交易中心）设立的专家库可以作为各类招标代理人直接利用的专家库，招标代理人一般不需要另建专家库。但是，需要注意的是，专家库中的专家要求应当从事相关领域工作满八年并具有高级职称或者具有同等专业水平。

从事工程建设项目招标代理业务的招标代理机构，其资格由国务院或者省、自治区、直辖市人民政府的建设行政主管部门认定，具体办法由国务院建设行政主管部门会同国务院有关部门制定。从事其他招标代理业务的招标代理机构，其资格认定的主管部门由国务院规定。招标代理机构可以跨省、自治区、直辖市承担工程招标代理业务，其代理资质分为甲、乙两级。

除了满足上述六个条件外，甲级招标代理机构还要满足下列要求：

（1）近3年内代理中标金额3000万元以上的工程不少于10个，或者代理招标的工程累计中标金额在8亿元以上。

（2）具有工程建设类执业注册资格或者中级以上专业技术职称的专职人员不少于20人，其中具有造价工程师执业资格人员不少于两人。

（3）法定代表人、技术经济负责人、财会人员为本单位专职人员，其中技术经济负责人具有高级职称或者相应执业注册资格，并有10年以上从事工程管理的经验。

（4）注册资金不少于100万元。

乙级招标代理机构还要满足下列要求：

（1）近3年内代理中标金额1000万元以上的工程不少于10个，或者代理招标的工程累计中标金额在3亿元以上。

（2）具有工程建设类执业注册资格或者中级以上专业技术职称的专职人员不少于10人，其中具有造价工程师执业资格人员不少于两人。

（3）法定代表人、技术经济负责人、财会人员为本单位专职人员，其中技术经济负责人具有高级职称或者相应执业注册资格，并有7年以上从事工程管理的经验。

（4）注册资金不少于50万元。招标代理机构从事招标代理业务，应当在其资质证书许可的范围内办理招标事宜，并遵守法律关于招标人的规定。甲级招标代理资质证书的业务范围是代理任何建设工程的全部（全过程）或者部分招标工作。乙级招标代理资质证书的业务范围是只能代理建设工程总投资额（不含征地费、大市政配套费和拆迁补偿费）在3000万元以下的建设工程的全部（全过程）或者部分招标工作。

四、 建设工程招标代理机构的权利

建设工程招标代理机构的权利主要有以下几个方面：

（1）组织和参与招标活动。招标人委托代理人的目的是让其代理自己办理有关招标事务。组织和参与招标活动既是代理人的权利也是其义务。

（2）依据招标文件的要求审查投标人资质。

（3）按规定标准收取代理费用。

（4）招标人授予的其他权利。

五、　建设工程招标代理机构的义务

建设工程招标代理机构的义务主要有以下几个方面：

（1）遵守法律、法规、规章和方针、政策。

（2）维护委托人的合法权利。

（3）组织编制解释招标文件。

（4）接受招投标管理机构的监督管理和招标行业协会的指导。

（5）履行依法约定的其他义务。

第三节　工程建设项目施工招标程序

工程建设项目施工招标程序，是指在工程建设项目施工招标活动中，按照一定的时间、空间顺序运作的次序、步骤、方式。工程建设项目施工招标投标是一个整体活动，涉及招标人和投标人两个方面，招标作为整体活动的一部分主要是从招标人的角度揭示其工作内容，但同时又应注意到招标与投标活动的关联性，不能将两者割裂开。所谓招标程序是指招标活动内容的逻辑关系，不同的招标方式（公开招标和邀请招标）具有不同的活动内容。

一、　工程建设项目施工公开招标程序

由于公开招标是工程建设项目施工招标程序最为完整、规范、典型的招标方式，所以掌握公开招标的程序，对于承揽工程任务，签订相关合同具有格外重要的意义。

公开招标的程序为：工程建设项目报建→审查建设单位资质→招标申请→资格预审文件、招标文件编制与送审→发布资格预审通告及招标通告→资格预审→发放招标文件→现场勘察→招标预审会→工程标底的编制与送审→投标文件的接收→开标→评标→定标→签订合同。

1. 工程建设项目报建

根据《工程建设项目报建管理办法》的规定，凡在我国境内投资兴建的工程建设项目都必须实行报建制度，接受当地建设行政主管部门的监督管理。

工程建设项目报建，是建设单位招标活动的前提，报建范围包括各类房屋建筑（包括新建、改建、扩建、翻修等）、土木工程（包括道路、桥梁、房屋基础打桩等）、设备安装、管道线路铺设和装修等建设工程。报建的内容主要包括工程名称、建设地点、投资规模、资金投资额、工程规模、发包方式、计划开/竣工日期和工程筹建情况等。办理工程建设项目报建时应该交验的文件资料包括立项批准文件或年度投资计划、固定资产投资许可证、建设工程规划许可证、验资证明。

在工程建设项目的立项批准文件或投资计划下达后，建设单位根据《工程建设项目报建管理办法》规定的要求进行报建，并由建设行政主管部门审批。具备招标条件的，可开始办理建设单位资质审查。

2. 审查建设单位资质

即审查建设单位是否具备招标条件，不具备有关条件的建设单位应委托具有相应资质的中介机构代理招标。建设单位与中介机构签订委托代理招标的协议，并报招标投标管理机构备案。

3. 招标申请

招标申请是指招标单位向政府主管部门提交的开始组织招标、办理招标事宜的一种法律行为。招标单位进行招标，要向招标投标管理机构申报招标申请书，填写"建设工程招标申请表"，并经上级主管部门批准后，连同"工程建设项目报建审查登记表"报招标投标管理机构审批。

申请表的主要内容包括工程名称、建设地点、招标建设规模、结构类型、招标范围、招标方

式、要求施工单位等级、施工前期准备情况（土地征用、拆迁情况、勘察设计情况、施工现场条件等）、招标机构组织情况等。申请书批准后，就可以编制资格预审文件和招标文件了。

4. 资格预审文件、招标文件编制与送审

公开招标时，只有通过资格预审的施工单位才可以参加投标。不采用资格预审的公开招标应进行资格后审，即在开标后进行资格审查。资格预审文件和招标文件应报招标投标管理机构审查，审查同意后可刊登资格预审通告、招标通告。

5. 刊登资格预审通告、招标通告

《招标投标法》规定，招标人采用公开招标形式的应当发布招标公告。依法必须进行招标的项目，其招标公告应该通过国家指定的报刊、信息网络或者其他媒介发布。建设项目的公开招标应该在建设工程交易中心发布信息，同时也可通过报刊、广播、电视或信息网络发布资格预审通告或招标通告。

6. 资格预审

对申请资格预审的投标人送交填报的资格预审文件和资料进行评比分析，确定出合格的投标人的名单，并报招标投标管理机构核准。

7. 发放招标文件

将招标文件、图纸和有关技术资料发放给通过资格预审获得投标资格的投标单位。投标单位收到招标文件、图纸和有关技术资料后，应认真核对，核对无误后应以书面形式予以确认。

8. 勘察现场

招标人组织投标人进行勘察现场的目的在于了解工程场地和周围环境情况，使投标单位可以获取其认为有必要的信息。

9. 招标预备会

招标预备会的目的在于澄清招标文件中的疑问，解答投标人对招标文件的疑问和勘察现场后所提出的问题。

10. 工程标底的编制与送审（如有标底）

招标文件的商务条款一经确定，即可进入标底编制阶段。标底编制完后应将必要的资料报送招投标管理机构审定。

11. 投标文件的接收

投标人根据招标文件的要求，编制投标文件，并进行密封和标志，在投标截止时间前按规定的地点递交至招标人。招标人接收投标文件并将其秘密封存。

12. 开标

在投标截止日期后，按规定时间、地点，在投标人法定代表人或授权代理人在场的情况下举行开标会议，按规定的议程进行开标。

13. 评标

由招标代理、建设单位上级主管部门协商，按有关规定成立评标委员会，在招标投标管理机构监督下，依据评标原则、评标方法，对投标单位的报价、工期、质量、主要材料用量、施工方案或施工组织设计、以往业绩、社会信誉、优惠条件等方面进行综合评价，公正、合理择优选择中标单位。

根据《房屋建筑和市政基础设施工程施工招标投标管理办法》第四十一条规定评标可以采用综合评估法、经评审的最低投标价法或者法律法规允许的其他评标方法。

（1）综合评估法（综合定量评估法或百分制定量计分法）：是指对投标人投标文件提出的投标价格、工程质量、施工安全、施工工期、施工组织设计方案、投标人及项目经理等内容满足招标人要求的程度进行量化计分，得分高者为中标第一排序人或者中标人。

（2）经评审的最低投标价法（综合定性评价法或技术、商务两阶段评标法）：是指投标人能

够满足招标文件的实质性要求，且技术标科学、合理、可行，商务标报价经评审属合理最低者（不低于成本价格）即为中标人或以此确定中标候选人的排序。

14. 定标

中标单位选定后由招标投标管理机构核准，获准后招标单位发出"中标通知书"。

15. 合同签订

招标人与中标人应当自中标通知书发出之日起30日内，按照招标文件和中标人的投标文件签订工程承包合同。

二、 工程建设项目施工邀请招标程序

邀请招标程序是直接向适于本工程施工的单位发出邀请，其程序与公开招标大同小异。其不同点主要是没有资格预审的环节，但增加了发出投标邀请书的环节。

这里的发出投标邀请书是指招标人可直接向有能力承担本工程的施工单位发出投标邀请书。

三、 工程建设项目施工招标资格审查的种类

一般来说，资格审查可分为资格预审和资格后审。资格预审是指在投标前对潜在的投标人进行的资格审查。资格后审是指在投标后（开标后）对投标人进行的资格审查。

通常公开招标采用资格预审，只有资格预审合格的施工单位才可以参加投标；不采用资格预审的公开招标应进行资格后审，即在开标后进行资格审查。

资格预审主要是审查投标人或潜在投标人是否符合下列条件：

（1）具有独立订立合同的权利。

（2）具有圆满履行合同的能力，包括专业、技术资格和能力，资金、设备和其他物质设施状况，管理能力，经验、信誉和相应的工作人员；（3年内）没有与骗取合同有关的犯罪或严重违法行为。此外，如果国家对投标人的资格条件另有规定的，招标人必须依照其规定，不得与这些规定相冲突或低于这些规定的要求。如在国家重大工程建设项目的施工招标中，国家要求一级施工单位才能承包，招标人不能让二级及以下的施工单位参与投标。在不损害商业秘密的前提下，投标人或潜在投标人应向招标人提交能证明上述有关资质和业绩情况的法定证明文件或其他资料。这样能预先淘汰不合格的投标人，减少评标阶段的工作时间和费用，也使不合格的投标人节约购买招标文件、现场考察和投标的费用。

四、 工程建设项目施工招标资格预审程序

资格预审程序一般为编制资格预审文件、刊登资格预审通告、出售资格预审文件、对资格预审文件的答疑、报送资格预审文件、澄清资格预审文件、评审资格预审文件，最后招标人以书面形式向所有参加资格预审者通知评审结果，在规定的日期、地点向通过资格预审的投标人出售招标文件。

五、 工程建设项目施工招标资格预审文件的内容

资格预审文件的内容应包括以下几个方面。

1. 资格预审公告

资格预审公告包括以下内容：①招标人的名称和地址；②招标项目的性质和数量；③招标项目的地点和时间要求；④获取资格预审文件的办法、地点和时间；⑤对资格预审文件收取的费用；⑥提交资格预审申请书的地点和截止时间；⑦资格预审的日程安排。

2. 资格预审须知

资格预审须知应包括以下内容。

（1）总则。在总则中分别列出工程招标人名称、资金来源、工程名称和位置、工程概述（当中包括"初步工程量清单"中的主要项目和估计数量、申请人有资格执行的最小合同规模，以及资格预审时间表等，可用附件形式列出）。

（2）要求投标人应提供的资料和证明。在资格预审须知中应说明对投标人提供资料内容的要求，一般包括以下内容：①申请人的身份及组织机构，包括该公司或合伙人或联合体各方的章程或法律地位、注册地点、主要营业地点、资质等级等原始文件的复印件；②申请人（包括联合体的各方）在近三年内完成的与本工程相似的工程的情况和正在履行的合同的工程情况；③管理和执行本合同所配备的主要人员的资历和经验；④执行本合同拟采用的主要施工机械设备情况；⑤提供本工程拟分包的项目及拟承担分包项目分包人情况；⑥提供近两年经审计的财务报表，今后两年的财务预测，以及申请人出具的允许招标人在其开户银行进行查询的授权书；⑦申请人近两年介入的诉讼情况。

（3）资格预审通过的强制性标准。强制性标准以附件的形式列入。它是资格预审时对列入工程项目一览表中的各主要项目提出的强制性要求，包括强制性经验标准（指主要工程一览表中主要项目的业绩要求）；强制性财务、人员、设备、分包、诉讼及履约标准等。达不到标准的，资格预审不能通过。

（4）对联合体提交资格预审申请的要求。对于一个合同项目能凭一家的能力通过资格预审的，应当鼓励以单独的身份参加资格预审。但在许多情况下，对于一个合同项目，往往一家不能单独通过资格预审，需要两家或两家以上组成联合体才能通过，因此在资格预审须知中应对联合体通过资格预审做出具体规定，一般规定如下：

1）对于达不到联合体要求的，或企业单位既以单独身份又以联合体身份向同一合同投标时，资格预审申请都应遭到拒绝。

2）招标人不得强制投标人组成联合体共同投标，不得限制投标人之间的竞争。

3）每个联合体的成员应满足的要求是，联合体各方均应当具备承担招标项目的相应能力；由同一专业的单位组成的联合体，按照资质等级较低的单位确定资质等级；联合体的每个成员必须各自提交申请资格预审的全套文件；对于通过资格预审后参加投标的投标文件以后签订的合同，对联合体各方都产生约束力；联合体协议应随同投标文件一起提交，该协议要规定出联合体各方对项目承担的共同和分别的义务，并声明联合体各方提出的参加并承担本项目的责任和份额，以及承担其相应工程的足够能力和经验；联合体必须指定某一成员作为主办人，负责与招标人联系；在资格预审结束后新组成的联合体或已通过资格预审的联合体内部发生了变化，应征得招标人的书面同意，新的组成或变化不允许从实质上降低竞争力，不得包括未通过资格预审的单位和降低到资格预审所能接受的最低条件以下的单位；提出联合体各方合格条件的能力要求，如可以要求联合体各方都应具有不低于各项资格要求的25%的能力，对联合体的主办人应具有不低于各项资格要求的40%的能力，所承担的工程应不少于合同总价格的40%；申请并接受资格预审的联合体不能在提出申请后解体或与其他申请人联合而通过资格预审。

（5）对通过资格预审的投标人所建议的分包人的要求。由于对资格预审投标人所建议的分包人也要进行资格预审，所以通过资格预审后，如果投标人对其所建议的分包人有变更，则必须征得招标人的同意，否则，他们的资格预审视为无效。

（6）对通过资格预审的国内投标人的优惠。世界银行贷款项目对于通过资格预审的国内投标人，在投标时能够提出令招标人满意的、符合优惠标准的文件证明，在评标时其投标报价可以享受优惠。一般享受优惠的标准条件为：投标人在工程所在国注册；工程所在国的投标人持有绝大多数股份；分包给国外工程量不超过合同价的50%。具备上述三个条件者，其投标报价在评标排名次时可享受7.5%的优惠。

（7）其他规定：包括递交资格预审文件的份数，送交单位的地址、邮编、电话、传真、负责人、截止日期；招标人要求申请人提供的资料要准确、详尽，并有对资料进行核定和澄清的权利，对于弄虚作假、不真实的介绍可拒绝其申请；资格预审者的数量不限，并且有资格参与投一个或多个合同的标；资格预审的结果和已通过资格预审的申请人的名单将以书面形式通知每一位申请人，申请人在收到通知后的规定时间内（如48小时）回复招标人，确认收到通知。

资格预审须知的有关附件应包括如下内容：

1）申请人表。主要包括申请人的名称、地址、电话、电传、传真、成立日期等。如果是联合体，应首先列明牵头的申请人，然后是所有合伙人的名称、地址等，一并附上每个公司的章程、合伙关系的文件等。

2）申请合同表。如果一个工程项目分为几个合同招标，应在表中分别列出各合同的编号和名称，以便让申请人选择申请。

3）组织机构表。包括公司简况、领导层名单、股东名单、直属公司名单、驻当地办事处或联络机构名单等。

4）组织机构框图。主要用叙述或附图表示申请者的组织机构，与母公司或子公司的关系，总负责人和主要人员。如果是联合体，则应说明合作伙伴关系及在合同中的责任划分。

5）财务状况表。包括注册资金、实有资金、总资产、流动资产、总负债、流动负债、未完成工程的年投资额、未完成工程的总投资额、年均完成投资额（近三年）、最大施工能力等；近三年年度营业额和为本项目合同工程提供的营运资金、现在正进行的工程估价、今后两年的财务预算、银行信贷证明；并随附由审计部门审计或由省、市公证部门公证的财务报表，包括损益表、资产负债表及其他财务资料。

6）公司人员表。包括管理人员、技术人员、工人及其他人员的数量；拟为本合同提供的各类专业技术人员的数量及其从事本专业工作的年限；公司主要人员的一般情况和主要工作经历。

7）施工机械设备表。包括拟用于本合同自有设备、拟新购置设备和租用设备的名称、数量、型号、商标、出厂日期、现值等。

8）分包商表。包括拟分包工程项目的名称，占总工程价的百分数，分包人的名称、经验、财务状况、主要人员、主要设备等。

9）业绩。已完成的同类工程项目表，包括项目名称、地点、结构类型、合同价格、竣工日期、工期、招标人或监理工程师的地址、电话、电传等。

10）在建项目表。包括正在施工和准备施工的项目名称、地点、工程概况、完成日期、合同总价等。

11）介入诉讼事件表。详细说明申请人或联合体各方介入诉讼或仲裁的案件。应该注意，每一张表格都应有授权人的签字和日期，对于要求提供的证明附件应附在表后。

六、资格预审文件的填报

对投标人来说，填好资格预审文件是能否购买招标文件，进行投标的第一步，因此，填写资格预审文件一定要认真细心，严格按照要求逐项填写，不能漏项，每项内容都要填写清楚。投标人应特别注意要根据所投标工程的特点，有重点地填写，对在评审中可能占有较大比重的内容多填写，有针对性地多报送资料，并强调本公司的财务、人员、施工设备、施工经验等方面的优势。对报送的预审文件内容应简明准确，装帧美观大方，给招标人一个良好的印象。

要做到在较短的时间内填报出高质量的资格预审文件，平时要做好公司在财务、人员、施工设备和施工经验等各方面原始资料的积累与整理工作，分门别类地存在计算机中，随时可以调用和打印出来。例如，公司施工经验方面应详细记录公司近5～10年来所完成的和目前正在施工的工程项目名称、地点、规模、合同价格、开工/竣工的时间；招标人名称、地址、监理单位名称、地址；在工程中本公司所担任的角色，是独家承包还是联合承包，是联合体负责人还是合伙人，是总承包商还是分承包商；公司在工程建设项目实施中的地位和作用等。

七、 资格预审评审

由评审委员会进行资格预审评审工作。评审委员会一般由招标人负责组织，参加人员由招标人的代表，有关专业技术、财务经济等方面的专家 5 人以上单数组成。

1. 评审标准

资格预审是为了检查、评估投标人是否具备能令人满意地执行合同的能力。只有表明投标人有能力胜任，公司机构健全，财务状况良好，人员技术、管理水平高，施工设备适用，有丰富的类似工程经验，有良好信誉，才能被招标人认为是资格预审合格。

2. 评审方法

（1）对收到的资格预审文件进行整理，看是否对资格预审文件做出了实质性的响应，即是否满足资格预审文件的要求。检查资格预审文件的完整性，检查资格预审强制性标准的合格性。如投标人（包括联合体成员）营业执照和授权代理人授权书应有效。投标人（包括联合体成员）企业资质和资信登记等级应与拟承担的工程标准和规模相适应；如以联合体形式申请资格预审，则应提交联合体协议，明确联合体主办人。如有分包，则应满足主体工程限制分包的要求。投标人提供的财务状况、人员与设备情况及履行合同的情况应满足要求。

只有对资格预审文件做出实质性响应的投标人才能参加进一步评审。

（2）一般情况下资格预审都采用评分法进行，按一定评分标准逐项打分。评选结果按淘汰法进行，即先淘汰明显不符合要求的投标人，对于满足资格预审文件要求的投标人按组织机构与经营管理、财务状况、技术能力、施工经验四个方面逐项打分。只有每项得分超过最低分数线，而且四项得分之和高于 60 分（满分为 100 分）的投标人才能通过资格预审。资格预审评审时，上述评分的四个方面中每个方面还可以进一步细分为若干因素，分别打分。上述各个方面各个因素所占评分权重应根据项目的性质及它们在项目实施中的重要性而定。如果是复杂的工程建设项目，人员素质与施工经验应占更大比重。

最低合格分数线应根据参加资格预审的投标人的数量来决定，如果投标人的数量比较多，则适当提高最低合格分数线，这样可以多淘汰一些水平较低的投标人，使通过资格预审的投标人的数量不致太多。

八、 资格预审评审报告

资格预审评审委员会对评审结果要给出书面报告，评审报告的主要内容包括工程项目概要、资格预审工作简介、资格预审评价标准、资格预审评审程序、资格预审评审结果、资格预审评审委员会名单、资格预审评分汇总表、资格预审分项评分表、资格预审评审细则等。资格预审评审报告应上报招标投标管理机构审查。资格预审评审结果应在其文件规定的期限内通知所有投标人，同时向通过资格预审的投标人发出投标邀请。

九、 投标人资格审查应注意的问题

（1）通过建筑市场的调查确定资格条件。根据拟建工程的特点和规模进行建筑市场调查。调查与本工程项目相类似的已建成工程和拟建工程的施工单位资质及施工水平，调查可能来此项目投标的投标人数量等。依此确定实施本工程项目施工单位的资质和资格条件。该资格条件既不能过高，减少竞争，也不能过低，增加其评标工作量。

（2）资格审查文件的文字和条款要求严密、明确，一旦发现条款中存在问题，特别是影响资格审查时，应及时修正和补遗。但必须在递交资格预审截止日前 14 天或 28 天发出，否则投标人来不及做出响应，影响评审的公正性。

（3）应审查资格审查资料的真实性。当投标人提供的资格审查资料是编造的或者不真实时，招标人有权取消其资格申请，而且可不做任何解释。因此，投标人编制资格审查文件时切忌弄虚作假，此外还要加强资格审查文件的编后审查工作，尽量减少不必要的损失。

十、　资格后审

对于一些开工期要求比较早，工程不算复杂的项目，为了争取早日开工，有时不进行资格预审，而进行资格后审。资格后审是在招标文件中加入资格审查的内容。投标人在填报投标文件的同时，按要求填写资格审查资料。评标委员会在正式评标前先对投标人进行资格审查，对资格审查合格的投标人进行评标；对不合格的投标人，不进行评标。资格后审的内容与资格预审的内容大致相同，主要包括投标人的组织机构、财务状况、人员与设备情况、施工经验等方面。

第四节　建设工程招标文件及标底的编制

建设部 2008 年颁布的《建设工程施工招标文件范本》和 2003 年 2 月 17 日颁布的《建设工程工程量清单计价规范》规定了公开招标的招标文件的内容和邀请招标的招标文件内容，除无资格审查表以外，其余内容和公开招标的招标文件的内容相同。

建设工程招标文件一般包含下列几方面的内容，即投标邀请书、投标须知、合同通用条款、合同专用条款、合同格式、技术规范、图纸等，下面分别介绍。

一、　投标邀请书

投标邀请书是用来邀请资格预审合格的投标人按招标人规定的条件和时间前来投标。它一般应说明以下各点：

（1）招标人单位、招标性质。

（2）资金来源。

（3）工程简况、分标情况、主要工程量、工期要求。

（4）承包商为完成本工程所需提供的服务内容，如施工、设备和材料采购、劳务等。

（5）发售招标文件的时间、地点、售价。

（6）投标文件送交的地点、份数和截止时间。

（7）提交投标保证金的规定额度和时间。

（8）开标的日期、时间和地点。

（9）现场考察和召开标前会议的日期、时间和地点。

二、　投标须知

投标须知中首先列出前附表，将投标须知各条款中论述的关于投标的重要时间表、地址、投标书副本份数、工程项目资金来源、投标保证金数额等集中列在表中，便于投标人做好投标工作安排。主要内容如下。

1. 总则

（1）工程描述。说明本工程的名称、地理位置、工程规模和性质、工程分标情况及本合同的工作范围等。

（2）资金来源。说明招标项目的资金来源。

（3）资格与合格条件要求。投标人应提交独立法人资格和相应的施工资质证书。提供令招标人满意的资格文件，包括拟实施本合同的人员、机械情况、以往类似工程的施工经验、经过审计的主要财务报表等，以证明投标人具有履行合同的能力。两个或两个以上施工单位组成的联合体投标时，每一个成员均应提交上述符合资格与要求的资料，应指定其中一家联合体成员作为主办人，由联合体所有成员法人、代表签署提交一份授权书，以证明其主办人资格。联合体各成员之间签订的联合体协议书副本应随投标文件一起递交。协议书中应明确各个成员为实施合同共同或分别承担的责任。

（4）投标费用。投标单位应承担其编制投标文件与递交投标文件所涉及的一切费用，不管投标结果如何，招标人对上述费用不负任何责任。

（5）现场考察。投标人按招标人的要求和时间考察现场。

三、 招标文件

（1）招标文件的内容，据 2007 版《标准施工招标文件》的规定（其他部门招标文件范本的内容大同小异），对于公开招标的招标文件，分为四卷，共八章，其内容的目录如下：

第一卷
第一章　招标公告、投标邀请书
第二章　投标人须知
第三章　评标办法
第四章　合体条款及格式
第五章　工程量清单
第二卷
第六章　图纸
第三卷
第七章　技术标准和要求
第四卷
第八章　投标文件格式

（2）招标文件的澄清。投标人发现招标文件中有遗漏、错误、词义含糊等情况，应按规定的时间限制通过书面向招标人质询。招标人将书面答复所有质询的问题，送交全部投标人，但不涉及问题的由来。

四、 合同通用条款

合同通用条款一般采用标准合同文本，如采用国家工商行政管理局和住建部最新颁布的《建设工程施工合同文本》的有关规定。新修订的《建设工程施工合同文本》由《协议书》《通用条款》《专用条款》三部分组成，在招标文件中可以采用。

五、 合同专用条款

合同专用条款一般包括合同文件、双方一般责任、施工组织设计和工期、质量与验收、合同价款与支付、材料和设备供应、设计变更、竣工结算、争议、违约和索赔。

六、 合同格式

合同格式主要包括合同协议书格式、银行履约保函格式、履约担保书格式、预付款银行保函格式。合同格式的各种形式将在后面做详细介绍，此不赘述。

七、 技术规范

技术规范的内容主要包括说明建设工程现场的自然条件、施工条件及本工程施工技术要求和采用的技术规范。

八、 图纸

建设工程图纸也属于建设工程招标文件的重要组成部分,不可缺少。

九、 投标文件参考格式

建设工程投标文件参考格式包括投标书及投标书附录、工程量清单与报价表、辅助资料表、资格审查表(未进行资格预审时采用)。

十、 建设工程招标文件的编制原则

1. 编制原则

(1) 遵守国家的法律、法规,如合同法、建筑法、招标投标法等。

(2) 如果是国际组织贷款,则应符合该组织的各项规定和要求。

(3) 公正、合理地处理招标人和投标人(或供货商)的关系,要使投标人(或供货商)能获得合理的利润。如果不恰当地将过多的风险转移给投标人,势必迫使投标人加大风险金,提高投标报价,最终还是招标人增加支出。

(4) 招标文件应该正确、详细地反映项目的客观情况,以使投标人的投标建立在可靠的基础上,这样也可减少履约过程中产生争议。

(5) 招标文件所包括的众多内容应力求统一、明确,尽量减少和避免相互矛盾,招标文件的矛盾会为投标人创造索赔机会。招标文件用语应力求严谨、明确,以便在产生争端时易于根据合同文件判断解决。

(6) 利用国家相关部门编制有关建设工程招标文件范本,规范招标文件的内容和格式,节约招标文件编写的时间,提高招标文件的质量。

2. 招标文件编制注意事项

(1) 评标原则和评标办法细则,尤其是计分方法在招标文件中要明确。

(2) 投标价格中,一般结构不太复杂或工期在 12 个月以内的工程,可以采用固定价格,考虑一定的风险系数;结构复杂或大型工程,工期在 12 个月以上的,应采用调整价格,调整方法和调整范围在招标文件中明确。

(3) 在招标文件中应该明确投标价格计算依据。

(4) 质量标准必须达到国家施工验收规范合格标准,当要求质量达到优良标准时,应计取补偿费用,补偿费用的计算办法应按照国家或地方的有关文件执行,并在招标文件中明确。

(5) 招标文件中的建设工期应该参照国家或地方颁发的工期定额确定,如果要求的工期比工期定额缩短 20% 以上(含 20%),应计算赶工措施费。赶工措施费如何计取应该在招标文件中明确。由于施工单位原因造成不能按照合同工期竣工的,计取赶工措施费的需扣除,同时还应该承担给建设单位带来的损失。损失费用的计算方法或规定应该在招标文件中明确。

(6) 如果建设单位要求按合同工期提前竣工交付使用,则应该考虑计取提前工期奖,提前工期奖的计算方法应在招标文件中明确。

(7) 招标文件中应该明确投标准备时间。即从开始发放招标文件之日至投标截止时的时间期限,最短不得少于 20 天。

(8) 在招标文件中应明确投标保证金数额,一般该保证金数额不超过投标总价的 2%,投标保证金的有效期应超过投标有效期。

(9) 中标单位应按规定向招标单位提交履约担保,履约担保可采用银行保函或履约担保书。履约担保比率一般为:银行出具的银行保函为合同价格的 5%;履约担保书为合同价格的 10%。

（10）投标有效期应视工程情况确定，结构不太复杂的中、小型工程的投标有效期可定为 28 天以内；结构复杂的大型工程投标有效期可定为 56 天内。

（11）材料或设备采购、运输、保管的责任应该在招标文件中明确。如果由建设单位提供材料或设备，则应列明材料或设备名称、品种或型号、数量，以及提供日期和交货地点等；还应该在招标文件中明确招标单位提供的材料或设备计价和结算退款的方式、方法。

（12）关于工程量清单，招标单位按照国家颁布的统一工程项目划分，统一计量单位和统一工程量计算规则，根据施工图纸计算工程量，提供给投标单位作为投标报价的基础。结算拨付工程款时以实际工程量为依据。

（13）合同专用条款的编写，招标单位在编制招标文件时，应该根据《合同法》和《建设工程施工合同管理办法》的规定及工程具体情况确定"招标文件合同专用条款"内容。

（14）投标单位在收到招标文件后，若有问题需要澄清，应于收到招标文件后以书面形式向招标单位提出，招标单位将以书面形式或投标预备会的方式予以解答，答复将送给所有获得招标文件的投标单位。

（15）招标人对已经发出的招标文件进行必要澄清或修改的，应当至少在招标文件要求的提交投标文件截止时间前 15 日以书面形式通知所有招标文件收受人。该澄清或修改内容为招标文件的组成部分。

十一、 工程招标标底的编制

建设工程招标标底是建筑安装工程造价的表现形式之一，是指由招标人（业主）自行编制的，或者委托具有编制标底资格和能力的中介机构代理编制，并按规定报经审定的招标工程的预期价格。在建设工程招标投标过程中起至关重要的作用。

1. 标底的作用

招标的评标可以采取有标底评标方式，也可以采取无标底评标方式。但是无论评标是否采用标底，标底都具有以下作用：

（1）标底是招标人为招标项目确定的预期价格，能预先明确自己在拟建工程上应该承担的财务义务。

（2）给上级主管部门提供核实建设规模的依据。

（3）衡量投标单位标价的准绳。只有有了标底，才能正确判断投标人所投报价的合理性、可靠性。

（4）标底是评标的重要尺度。有了科学的标底，在定标时才能做出正确的选择，防止评标的盲目性。

2. 标底的组成

标底的组成内容主要有下列几点：

（1）标底的综合编制说明。

（2）标底价格审定书、标底价格计算书、带有价格的工程量清单、现场因素、各种施工措施费的测算明细及采用固定价格时的风险系数测算明细等。

（3）主要材料用量。

（4）标底附件，如各项交底纪要、各种材料及设备的价格来源、现场地质、水文、地上情况的有关资料、编制标底所依据的施工方案或施工组织设计等。

3. 编制标底的原则

（1）根据国家公布的统一工程项目划分、统一计量单位、统一工程量计算规则及施工图纸、招标文件，并参照国家制定的基础定额和国家、行业、地方规定的技术标准规范，以及要素市场价格确定工程量和编制标底。

（2）标底价格应由成本、利润、税金组成，一般应控制在批准的总概算（或修正概算）及投资包干的限额内。

（3）标底价格作为建设单位的期望计划价，应力求与市场的实际变化吻合，要有利于竞争和保证工程质量。

（4）标底价格应考虑人工、材料、机械台班等价格变动因素，还应包括施工不可预见费（特殊情况）、预算包干费、措施费（赶工措施费、施工技术措施费）、现场因素费、保险及采用固定价格的工程风险金等。工程要求优良的，还应增加相应费用。

（5）一个工程只能编制一个标底。

（6）标底编制完成后，应密封报送招标投标管理机构审定。审定后必须及时妥善封存直至开标，所有接触过标底价格的人员均负有保密责任，不得泄露。

4. 编制标底的主要程序

招标文件中的商务条款一经确定，即可进入标底编制阶段。工程标底的编制程序通常如下：

（1）确定标底的编制单位。

（2）提供以下相关资料，以便进行标底计算：①全套施工图纸及现场地质、水文、地上情况的有关资料；②招标文件；③领取标底价格计算书、报审的有关表格。

（3）参加交底会及现场勘察。标底编审人员均应该参加施工图交底、施工方案交底及现场勘察、招标预备会，以便于标底的编审工作。

（4）编制标底。

5. 编制标底的主要依据

根据《建设工程施工招标文件范本》的规定，标底的编制依据主要有：

（1）招标文件的商务条款。

（2）工程施工图纸、工程量计算规则。

（3）施工现场地质、水文、地上情况的有关资料。

（4）施工方案或施工组织设计。

（5）现场工程预算定额、工期定额、工程项目计价类别及取费标准、国家或地方有关价格调整文件规定。

（6）招标时，建筑安装材料及设备的市场价格。

6. 编制标底的方法

当前，我国建设工程招标标底主要采用工料单价法和综合单价法编制。下面分别进行简单介绍。

（1）工料单价法。具体做法是根据施工图纸及技术说明，按照预算定额规定的分部（分项）工程子目，逐项计算出工程量，填入工程量清单内，再套用定额单价（或单位估价）计算出招标项目的全部工程直接费，然后按规定的费用定额确定其他直接费、现场经费、间接费、计划利润和税金，还要加上材料调价系数和适当的不可预见费，汇总后即为工程预算总价，也就是标底的基础。

在实施中工料单价法也可采用工程概算定额，对分项工程子目做适当的归并和综合，使标底价格的计算有所简化。采用概算定额编制标底，通常适用于技术设计阶段即进行招标的工程。在施工图设计阶段招标，也可按施工图计算工程量，按概算定额和单价计算直接费，既可提高计算结果的可靠性，又可以减少工作量，节省人力和时间。

运用工料单价法编制招标工程的标底大多是在工程概算定额或预算的基础上做出的，但它不完全等同于工程概算或施工图预算。编制一个合理、可靠的标底还必须在此基础上考虑以下因素：

1）标底必须适应目标工期的要求，对提前工期因素有所反映。应将目标工期对照工期定额，按照提前天数给出必要的赶工费和奖励，并列入标底。

2）标底必须适应招标方的质量要求、对高于国家验收规范的质量应给予一定的费用补偿。

3）标底必须适应建筑材料采购渠道和市场价格的变化，考虑材料差价因素，并将差价列入标底。

4）标底必须合理考虑招标工程的自然地理条件和招标工程范围等因素。应将地下工程及"三通一平"等招标工程范围内的费用正确地计入标底价格。由于自然条件导致的施工不利因素也应考虑计入标底。

（2）综合单价法。用综合单价法编制标底，其各分部（分项）工程的单价应包括人工费用、材料费、机械费、间接费、有关文件规定的调价、利润、税金及采用固定价格的风险金等全部费用。综合单价确定后，再与各分部（分项）工程的工程量相乘汇总，即可得标底价格。

1）一般住宅和公用设施工程中，以平方米造价包干为基础编制标底。这种标底主要适用于采用标准图大量建造的住宅工程。一般做法是由地方工程造价管理部门经过多年实践，对不同结构体系的住宅造价进行测算分析，制定每平方米造价包干标准。在具体的工程招标时，再根据装修、设备情况进行适当调整，确定标底综合价格。考虑到基础工程因地基条件不同而有很大差别，平方米造价多以工程的±0以上为对象，基础及地下室仍以施工图预算为基础编制标底，二者之和构成完整标底。

2）在工业项目工程中，尽管其结构复杂、用途各异，但整个工程中分部工程的构成则大同小异，主要有土方工程、桩基工程、砌筑工程、混凝土及钢筋混凝土工程、防腐防水工程、管道工程、金属结构工程、机电设备安装工程等。按照分部工程分类，在施工图、材料、设备及现场条件具备的情况下，经过科学的测算，可以得出综合单价。有了这个综合单价就可以计算出该工业项目的标底。

7. 标底的审定

工程施工招标的标底价格应该在投标截止日期后、开标之前按照规定报招标投标管理机构审查，招标投标管理机构在规定的时间内完成标底的审定工作，未经审查的标底一律无效。

（1）标底审查时应提交的各类文件。标底报送招标投标管理机构审查时，应提交工程施工图纸、方案或施工组织设计、填有单价与合价的工程量清单、标底计算书、标底汇总表、标底审定书、采用固定价格的工程的风险系数测算明细，以及现场因素、各种施工措施测算明细、主要材料用量、设备清单等。

（2）标底审定内容。

1）采用工料单价法编制的标底价格，主要审查以下内容：

①标底计价内容，包括承包范围、招标文件规定的计价方法及招标文件的其他有关条款。

②预算内容，包括工程量清单单价、补充定额单价、直接费、其他直接费、有关文件规定的调价、间接费、现场经费、预算包干费、利润、税金、设备费及主要材料设备数量等。

③预算外费用包括材料或设备的市场供应价格、措施费（赶工措施费、施工技术措施费）、现场因素费、不可预见费（特殊情况）、材料设备差价，以及对于采用固定价格合同方式计价后的工程，在其施工周期中出现的因价格波动导致的风险系数等。

2）采用综合单价法编制的标底价格，主要审查以下内容：

①标底计价内容，包括承包范围、招标文件规定的计价方法及招标文件的其他有关条款。

②工程量清单单价组成分析，人工、材料、机械台班计取的价格、直接费、其他直接费、有关文件规定的调价、间接费、现场经费、预算包干费、利润、税金、采用固定价格合同方式计价后的工程，在其施工周期中出现的因价格波动导致的风险系数、不可预见费（特殊情况），以及主要材料数量等。

③设备的市场供应价格、措施费（赶工措施费、施工技术措施费）、现场因素费用等。

（3）标底审定时间。

标底审定时间一般在投标截止日后、开标之前，结构不太复杂的中、小型工程为 7 天以内，结构复杂的大型工程为 14 天以内。

需要注意的是，标底的编制人员应该在保密的环境中编制，标底完成后应该密封送审，审定完后应该及时封存，直至开标。

第五节　工程招标邀请函及投资预审

一、发布招标公告或投标邀请函

建设单位的招标申请经招标投标办事机构批准，并备妥招标文件之后，即可发出资格预审公告、招标公告或投标邀请书。招标公告一般在开标前 1～3 个月发出。

实行公开招标的工程，必须在有形建筑市场（即建设工程交易中心）或建设行政主管部门指定的报刊上发布招标公告，也可以同时在其他全国性或国外报刊上刊登招标公告，在信息网络或其他媒介发布。要积极创造条件，逐步实行工程信息的计算机联网。

实行邀请招标的工程，也应当在有形建筑市场发布招标信息，由招标单位向符合承包条件的单位发出"施工投标邀请书"。施工投标邀请书一般格式范例如下：

＿＿＿＿（项目名称）＿＿＿＿标段施工投标邀请书

＿＿＿＿（被邀请单位名称）：

1. 招标条件

本招标项目＿＿＿＿（项目名称）已由＿＿＿＿（项目审批、核准或备案机关名称）以＿＿＿＿（批文名称及编号）批准建设，招标人（项目业主）为＿＿＿＿，建设资金来自＿＿＿＿（资金来源），出资比例为＿＿＿＿。项目已具备招标条件，现邀请你单位参加＿＿＿＿（项目名称）标段施工投标。

2. 项目概况与招标范围

＿＿＿＿［说明本招标项目的建设地点、规模、合同估算价、计划工期、招标范围、标段划分（如果有）等］。

3. 投标人资格要求

3.1　本次招标要求投标人具备＿＿＿＿资质，＿＿＿＿（类似项目描述）业绩，并在人员、设备、资金等方面具有相应的施工能力。

3.2　你单位＿＿＿＿（可以或不可以）组成联合体投标。联合体投标的，应满足下列要求：＿＿＿＿。

3.3　本次招标要求投标人拟派项目经理具备＿＿＿＿专业＿＿＿＿级注册建造师执业资格，具备有效的安全生产考核合格证书，且未担任其他在施建设工程项目的项目经理。

4. 招标文件的获取

4.1　请于＿＿＿＿年＿＿＿＿月＿＿＿＿日至＿＿＿＿年＿＿＿＿月＿＿＿＿日（法定公休日、法定节假日除外），每日上午＿＿＿＿时至＿＿＿＿时，下午＿＿＿＿时至＿＿＿＿时（北京时间，下同），在＿＿＿＿（详细地址）持本投标邀请书购买招标文件。

4.2　招标文件每套售价＿＿＿＿元，售后不退。图纸押金＿＿＿＿元，在退还图纸时退还（不计利息）。

4.3 邮购招标文件的，需另加手续费（含邮费）_____元。招标人在收到邮购款（含手续费）后_____日内寄送。

5. 投标文件的递交

5.1 投标文件递交的截止时间（投票截止时间，下同）为_____年_____月_____日_____时_____分，地点为_____（有形建筑市场/交易中心名称及地址）。

5.2 逾期送达的或者未送达指定地点的投标文件，招标人不予受理。

6. 确认

你单位收到本投标邀请书后，请于_____（具体时间）前以传真或快递方式予以确认。

7. 联系方式

招 标 人：_____	招标代理机构：_____
地 址：_____	地 址：_____
邮 编：_____	邮 编：_____
联 系 人：_____	联 系 人：_____
电 话：_____	电 话：_____
传 真：_____	传 真：_____
电子邮件：_____	电子邮件：_____
网 址：_____	网 址：_____
开户银行：_____	开户银行：_____
账 号：_____	账 号：_____

_____年_____月_____日

说明："施工投标邀请书"按招标项目填写，如被邀请投标人有五个，则分别向五个投标人签发投标邀请书。

在发出招标公告或投标邀请书后，招标人一般不得随便更改广告上的内容和条件，更不允许无故撤销广告。否则，就应承担由此给投标人造成的经济损失。除遇有不可抗力的原因外，不得终止招标。

二、 对投标人进行资格预审

1. 投标人资格审查的方式

资格审查分为资格预审和资格后审。

资格预审，是指在投标前对潜在投标人进行的资格审查。

资格后审，是指在开标后对投标人进行的资格审查。

进行资格预审的，一般不再进行资格后审，但招标文件另有规定的除外。

通常公开招标采用资格预审，只有资格预审合格的施工单位才准许参加投标；不采用资格预审的公开招标应进行资格后审，即在开标后进行资格审查。

2. 投标人资格审查的目的和内容

（1）投标人资格预审的目的和内容。招标人采用公开招标时，面对不熟悉的、众多的潜在投标人，要经过资格预审从中选择合格的投标人参与正式投标。

1）投标人资格预审的目的。

①提供投标信息，易于招标人决策。经资格预审可了解参加竞争性投标的投标人数目、公司性质、组成等。使招标人针对各投标人的实力进行招标决策。

②通过资格预审可以使招标人和工程师预先了解应邀投标公司的能力，提前进行资信调查，了解潜在投标人的信誉、经历、财务状况以及人员和设备配备的情况等，以确定潜在投标人是否有能力承担拟招标的项目。

③防止皮包公司参加投标，避免给招标人的招标工作带来不良影响和风险。

④确保具有合理竞争性的投标。具有实力的和讲信誉的大公司，一般不愿参加不做资格预审招标的投标，因为这种无资格限制的招标并不总是有利于合理竞争。高水平的优秀的投标，往往因其投标报价较高而不被接受。相反，资格差的和低水平的投标，可能由于投标报价低而被接受，这将给招标人造成较大的风险。

⑤对投标人而言，可使其预先了解工程项目条件和招标人要求，初估自身条件是否合格，以及初步估计可能获得的利益，以便决策是否正式投标。对于那些条件不具备，将来肯定被淘汰的投标人也是有好处的，可尽早终止参与投标活动，节省费用。同时，可减少评标人评标工作量。

2）投标人资格预审的内容。招标人对投标人的资格预审通常包括如下内容：

①投标人投标合法性审查。包括投标人是否正式注册的法人或其他组织；是否具有独立签约的能力；是否处于正常的经营状态，即是否处于被责令停业，有无财产被接管、冻结等情况；是否有相互串通投标等行为；是否正处于被暂停参加投标的处罚期限内等。经过审查，确认投标人有不合法情形的，应将其排除。

②审查投标人的经验与信誉。看其是否有曾圆满完成过与招标项目在类型、规模、结构、复杂程度和所采用的技术以及施工方法等方面相类似项目的经验，或者具有曾提供过同类优质货物服务的经验，是否受到以前项目业主的好评，在招标前一个时期内的业绩如何，以往的履约情况如何等。

③审查投标人的财务能力。主要审查其是否具备完成项目所需的充足的流动资金以及有信誉的银行提供的担保文件，审查其资产负债情况。

④审查投标人的人员配备能力。主要是对投标人承担招标项目的主要人员的学历、管理经验进行审查，看其是否有足够的具有相应资质的人员具体从事项目的实施。

⑤审查拟完成项目的设备配备情况及技术能力。看其是否具有实施招标项目的相应设备和机械，并是否处于良好的工作状态，是否有技术支持能力等。

资格审查时，招标人不得以不合理的条件限制、排斥潜在投标人或者投标人，不得对潜在投标人或者投标人实行歧视待遇。任何单位和个人不得以行政手段或者其他不合理方式限制投标人的数量。

（2）投标人资格后审的目的和内容。一般情况下，无论是否经过资格预审，在评标阶段对所有的投标人进行资格后审目的是核查投标人是否符合招标文件规定的资格条件，不符合资格条件者，招标人有权取消其投标资格。防止皮包公司参与投标，防止不符合要求的投标人中标给发包人带来风险。

如果投标资格后审的评审内容与资格预审的内容相同，投标前已进行了资格预审，则资格后审主要评审参与本项目实施的主要管理人员是否有变化，变化后给合同实施可能带来的影响；评审财务状况是否有变化，特别是核查债务纠纷，是否被责令停业清理，是否处于破产状态；评审已承诺和在建项目是否有变化，如有增加时，应评估是否会影响本项目的实施等。

3. 资格预审程序

（1）编制资格预审文件。由招标人组织有关专业人员编制，或委托招标代理机构编制。资格预审文件的主要内容有：工程项目简介、对投标人的要求、各种附表等。资格预审文件应报请有关行政监督部门审查。

（2）刊登资格预审公告。资格预审公告应刊登在国内外有影响的、发行面比较大的有关报刊上，邀请有意参加工程投标的承包人申请投标资格预审。资格预审公告的格式范例如下：

_____(项目名称)_____ 标段施工招标

资格预审公告（代招标公告）

1. 招标条件

本招标项目_____（项目名称）已由_____（项目审批、核准或备案机关名称）以_____（批文名称及编号）批准建设，项目业主为_____，建设资金来自_____（资金来源），项目出资比例为_____，招标人为_____，招标代理机构为_____。项目已具备招标条件，现进行公开招标，特邀请有兴趣的潜在投标人（以下简称申请人）提出资格预审申请。

2. 项目概况与招标范围

_____[说明本次招标项目的建设地点、规模、计划工期、合同估算价、招标范围、标段划分（如果有）等]。

3. 申请人资格要求

3.1 本次资格预审要求申请人具备_____资质，_____（类似项目描述）业绩，并在人员、设备、资金等方面具备相应的施工能力，其中，申请人拟派项目经理须具备专业_____级注册建造师执业资格和有效的安全生产考核合格证书，且未担任其他在施建设工程项目的项目经理。

3.2 本次资格预审_____（接受或不接受）联合体资格预审申请。联合体申请资格预审的，应满足下列要求：_____。

3.3 各申请人可就本项目上述标段中的_____（具体数量）个标段提出资格预审申请，但最多允许中标_____（具体数量）个标段（适用于分标段的招标项目）。

4. 资格预审方法

本次资格预审采用_____（合格制/有限数量制）。采用有限数量制的，当通过详细审查的申请人多于_____家时，通过资格预审的申请人限定为_____家。

5. 申请报名

凡有意申请资格预审者，请于_____年_____月_____日至_____年_____月_____日（法定公休日，法定节假日除外），每日上午_____时至_____时，下午_____时至_____时（北京时间，下同），在_____（有形建筑市场/交易中心名称及地址）报名。

6. 资格预审文件的获取

6.1 凡通过上述报名者，请于_____年_____月_____日至_____年_____月_____日（法定公休日、法定节假日除外），每日上午_____时至_____时，下午_____时至_____时，在（详细地址）持单位介绍信购买资格预审文件。

6.2 资格预审文件每套售价_____元，售后不退。

6.3 邮购资格预审文件的，需另加手续费（含邮费）_____元。招标人在收到单位介绍信和邮购款（含手续费）后_____日内寄送。

7. 资格预审申请文件的递交

7.1 递交资格预审申请文件截止时间（申请截止时间，下同）为_____年_____月_____日_____时_____分，地点为_____（有形建筑市场/交易中心名称及地址）。

7.2 逾期送达或者未送达指定地点的资格预审申请文件，招件人不予受理。

8. 发布公告的媒介

　　本次资格预审公告同时在＿＿＿＿＿＿＿＿＿（发布公告的媒介名称）上发布。

9. 联系方式

招标人：＿＿＿＿＿＿＿＿＿＿	招标代理机构：＿＿＿＿＿＿＿＿＿＿
地　　址：＿＿＿＿＿＿＿＿＿＿	地　　　　址：＿＿＿＿＿＿＿＿＿＿
邮　　编：＿＿＿＿＿＿＿＿＿＿	邮　　　　编：＿＿＿＿＿＿＿＿＿＿
联 系 人：＿＿＿＿＿＿＿＿＿＿	联 　系　 人：＿＿＿＿＿＿＿＿＿＿
电　　话：＿＿＿＿＿＿＿＿＿＿	电　　　　话：＿＿＿＿＿＿＿＿＿＿
传　　真：＿＿＿＿＿＿＿＿＿＿	传　　　　真：＿＿＿＿＿＿＿＿＿＿
电子邮件：＿＿＿＿＿＿＿＿＿＿	电 子 邮 件：＿＿＿＿＿＿＿＿＿＿
网　　址：＿＿＿＿＿＿＿＿＿＿	网　　　　址：＿＿＿＿＿＿＿＿＿＿
开户银行：＿＿＿＿＿＿＿＿＿＿	开 户 银 行：＿＿＿＿＿＿＿＿＿＿
账　　号：＿＿＿＿＿＿＿＿＿＿	账　　　　号：＿＿＿＿＿＿＿＿＿＿

＿＿＿＿＿＿年＿＿＿＿＿＿月＿＿＿＿＿＿日

　　（3）出售资格预审文件。在指定的时间、地点开始出售资格预审文件。资格预审文件售价以收取工本费为宜。资格预审文件发售的持续时间为从开始发出至截止接受资格预审申请时间为止。

　　（4）对资格预审文件的答疑。在资格预审文件发售之后，购买资格预审文件的投标人可能对资格预审文件提出各种疑问，这种疑问可能是由于投标人对资格预审文件理解困难，也可能是资格预审文件中存在着疏漏或需进一步说明的问题。投标人应将这些疑问以书面形式（如信函、传真、电报等）提交招标人；招标人应以书面形式回答，并同时通知所有购买资格预审文件的投标人。

　　（5）报送资格预审文件。投标人应在规定的截止日期之前报送资格预审文件。在报送截止时间之后，招标人不接受任何迟到的资格预审文件。已报送的资格预审文件在规定的截止时间之后不得做任何修改。

　　（6）澄清资格预审文件。招标人在接受投标人报送的资格预审文件后，可以找投标人澄清报送的资格预审文件中的各种疑点，投标人应按实回答，但不允许投标人修改报送的资格预审文件的内容。

　　（7）评审资格预审文件。组成资格预审评审委员会，对资格预审文件进行评审。资格审查包括准备工作、资格初步审查、资格详细审查。

　　1）资格审查的准备工作。资格审查的准备工作主要包括审查委员会成员签到、审查委员会的分工、熟悉文件资料、对申请文件进行基础性数据分析与整理工作。

　　2）资格初步审查。资格初步审查的具体程序为：

　　①审查委员会根据规定的审查因素和审查标准，对申请人的资格预审申请文件进行审查，并使用附表记录审查结果。

　　②提交和核验原件。

　　③澄清、说明或补正。

　　④申请人有任何一项初步审查因素不符合审查标准的，或者未按照审查委员会要求的时间和地点提交有关证明和证件的原件、原件与复印件不符或者原件存在伪造嫌疑且申请人不能合理说明的，不能通过资格预审。

　　3）资格详细审查。资格详细审查的具体程序为：

①只有通过了初步审查的申请人可进入详细审查。

②审查委员会根据规定的程序、标准和方法，对申请人的资格预审申请文件进行详细审查，并使用附表记录审查结果。

③联合体申请人的资质认定和可量化审查因素（如财务状况、类似项目业绩、信誉等）的指标考核。

④澄清、说明或补正。

⑤审查委员会应当逐项核查申请人是否存在规定的不能通过资格预审的任何一种情形。

⑥不能通过资格预审。申请人有任何一项详细审查因素不符合审查标准的，或者存在规定的任何一种情形的，均不能通过详细审查。

（8）向投标人通知评审结果。招标人以书面形式向所有参加资格预审者通知评审结果，在规定的日期、地点向通过资格预审的投标人出售招标文件。资格预审通过通知书是以施工投标邀请书的形式发出的，其格式范例如下：

投标邀请书
备案编号：SG×××××

×× 招标公司受 ×× 住房管理中心的委托对 "×× 住宅工程项目施工" 进行国内公开招标。欢迎资格预审合格的投标人就该工程的施工提交密封投标。

1. 招标内容：本项目一期总建筑面积约 50 万平方米，地上商服、地下车库、地下人防等多种用途建筑。共划分 9 个标段：

标段一：A1 楼、A3 楼。

标段二：A2 楼、A4 楼。

标段三：A5 楼、A6 楼。

标段四：A7 楼。

标段五：A8 楼、A9 楼、A11 楼、A12 楼。

标段六：A13 楼、A14 楼、A15 楼。

标段七：C1 楼、C3 楼、C5 楼。

标段八：C2 楼、C4 楼、C6 楼。

标段九：C7 楼、C9 楼。

2. 工程地点：××市××区。

3. 本工程对投标人的资格审查采用资格预审方式，只有资格预审合格的投标人才能购买招标文件。招标文件发售时间、地点：2014 年 2 月 5 日起至 2014 年 2 月 9 日止每日 9:00—16:00，在 ×× 招标公司 401 室（×× 路 10 号）。

4. 招标文件售价：2000 元人民币/标段，招标文件售后不退。

5. 投标截止时间及开标时间：2014 年 2 月 25 日 9:00。

6. 投标文件递交及开标地点：××市建设工程交易中心（××街×××号）。

招标人：×× 住房管理中心

地　　址：×× 街 ×× 号

联 系 人：×××　　　　电　　话：0451-×××××××

招标代理：×× 招标公司

地　　址：×× 路 10 号。

```
联 系 人：          电子信箱：×××5@126.com
电  话：           传  真：
开户名称：××招标公司
开户银行：××支行
账  号：
```

国际工程资格预审程序框图如图2-1所示。

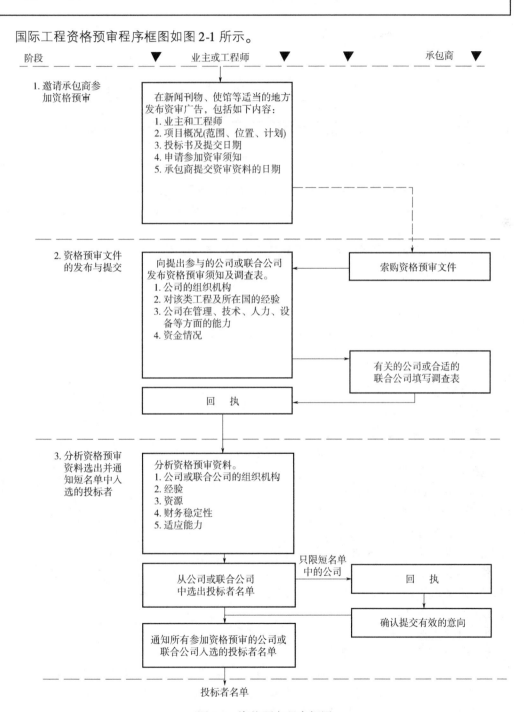

图2-1　资格预审程序框图

4. 资格预审的评审方法

资格预审的评审标准必需考虑到评标标准，一般凡属评标时考虑的因素，资格预审评审时可不必考虑。反过来，也不应该把资格预审中已包括的标准再列入评标的标准。

资格预审的评审方法一般采用评分法。将预审应该考虑的各种因素分类，确定它们在评审中应占的比分，见表2-3。

表2-3 预审各种因素评分占比

序号	评分项目	分值
1	机构及组织	10分
2	人员	15分
3	设备、机械	15分
4	经验、信誉	30分
5	财务状况	30分
	总分	100分

一般申请人所得总分在70分以下，或其中有一类得分不足最高分的50%者，视为不合格；各类因素的权重数应根据招标项目性质以及在实施中的重要程度而有调整，如对于复杂的特、大工程项目，人员素质、工业设施项目、设备项目应占更大比重。

评审时，在每一因素下面还可以进一步分若干参数，常用参数如下：

（1）组织及计划。

1）总的项目实施方案。

2）分包给分包商的计划。

3）以往未能履约导致诉讼、损失赔偿及延长合同的情况。

4）管理机构情况以及对现场实施指挥的情况。

（2）人员简介。

1）经理和主要人员胜任程度。

2）专业人员胜任程度。

（3）主要施工设施及设备。

1）适用性（型号、工作能力、数量）。

2）已使用年份及状况。

3）来源及获得该设施的可能性。

（4）经理（过去三年）。

1）技术方面的介绍。

2）所完成相似工程的合同额。

3）获优、优良工程情况。

（5）财务状况。

1）银行介绍的函件。

2）平均年营业额。

3）流动资产与目前负债的比值。

4）过去三年中完成合同总额。在同一类中，每个参数可占一分。如果不能令人满意，或所提供的信息不当，可以不给分。能完成项目要求具有一定余力者可以给最高分。如某项工程需要推土机20台，而申请人有30台可供使用，则可给满分（为2分），更多的推土机没有必要，所以不给更高的分数，给分标准可定为30台或30台以上者给2分，20~30台给1分，不足20台给

0 分。

有些参数是定性问题，如主要人员胜任程度。这种参数可用高、中、低、不能胜任四级表示，每级分别分为 6 分、4 分、2 分、0 分。

资格预审的评审标准应视具体招标工程、具体情况而定。如财务状况中，招标人要求投标申请人出具一定资金，垫支一部分工程款，也可以采用申请人能取得银行信贷额多少来垫支工程款或其他参数的办法。

5. 确定资格合格投标人短名单

（1）合格条件的要求。资格预审采用及格/不及格制。申请投标人的资格是否合格，不仅看其最终总分的多少，还要检查各单项得分是否满足最低要求的得分。如果一个申请投标人资格预审的总分不低，但其中的某一项得分低于该项预先设定的最低分数线，仍应判定他的资格不合格，因为通过资格预审后即认为他具备实施招标工程的能力，若其投标中标将会在施工阶段给发包人带来很大的风险。通过资格预审申请人的数量不足 3 个的，招标人可重新组织资格预审或不再组织资格预审而直接招标。

（2）确定投标人短名单。目前确定短名单有如下两种方式：

1）不限定合格者数量。为了体现公平竞争原则，所有总分在录取线以上的申请投标人均认为合格，有资格参与投标竞争。但录取线应为满足资格预审预先设定满分为总分的 80%。使用世界银行、亚洲开发银行或其他国际金融组织贷款实施的工程项目通常都采用这种方式。

2）限定合格者数量。对得分满足总分 60% 以上的申请投标人按照投标须知中说明的预先确定数量（5～7 家），从高分向低分录取。对合格的投标人发出邀请函并请其回函确认是否参加投标，如果某一投标人放弃投标，则以候补排序最高的投标人递补，以保证投标竞争者的数量。目前国内招标的工程项目中，由于国内同一资质的施工企业之间的能力差异不是很大，如果不限定数量往往超过预定合格标准的投标人很多，不能达到突出投标竞争、减少评标工作的目的，因此现在采用这种方式的较多。

资格预审后，招标人应当向所有投标申请人通告资格预审结果，并向资格预审合格的投标申请人发出资格预审合格通知书，告知获取招标文件的时间、地点和方法。经过资格预审合格的申请投标人，均可以参加投标。应当要求合格的投标人在规定时间内以书面形式确认是否参与投标，若有不参加投标者且本次资格预审采用预定数量确定的投标人短名单，则应补充通知记分排名下一位申请人购买招标文件，以保持投标具有竞争性。

6. 资格预审评审报告

资格预审完成后，评审委员会应向招标人提交资格预审报告，并报建设行政主管部门备案。评审报告的主要内容包括：

（1）工程项目概况。

（2）资格预审简介。

（3）资格预审评审标准。

（4）资格预审评审程序。

（5）资格预审评审结果。

（6）资格预审评审委员会名单及附件。

（7）资格预审评分汇总表。

（8）资格预审分项评分表。

（9）资格预审详细评审标准等。

7. 投标人资格审查应注意事项

（1）通过对建筑市场的调查确定主要实施经验方面的资格条件。实施经验是资格审查的重要条件，应依据拟建项目的特点和规模进行建筑市场调查。调查与本项目相类似已完成和准备建设项目的企业资质和施工水平的状况，调查可能参与本项目投标的投标人数目等。依此确定实施本项目企业的资质和资格条件，该资质和资格条件既不能过高，减少竞争；也不能过低，增加评标工作量。还应补充说明的是，我国目前对资质条件过分重视，而轻视资格条件，这是一个误区，随着我国改革开放的不断深入，招标投标事业的发展和建筑市场的不断完善，"资格比资质更重要"的理念会逐步被大家所接受。这也是 WTO 规则所要求的，因国际承包商没有我国施工企业的等级，所以资质的问题要与国际经济接轨，从这里也可以看出，我国的施工企业也必须从小到大、从低到高、从浅到深地进入其他领域建设，才能成为与国际工程公司竞争的多功能的施工企业。

（2）资格审查文件的文字和条款要求严谨和明确。一旦发现条款中存在问题，特别是影响资格审查时，应及时修正和补遗。但必须在递交资格审查申请截止日前 14 天发出，否则投标人来不及做出响应，影响评审的公正性。

（3）应公开资格审查的标准。将资格合格标准和评审内容明确地载明在资格审查文件中，即让所有投标人都知道资质和资格条件，以使他们有针对性地编制资格审查申请文件。评审时只能采用上述标准和评审内容，不得采用其他标准，暗箱操作，或限制、排斥其他潜在投标人。

（4）审查投标人提供的资格审查资料的真实性。应审查投标人提供的资格审查资料的真实性，在评审的过程中如发现投标人提供的评审资料有问题时，应及时去相关单位或地方调查，核实其真实性。如果投标人提供的资格审查资料是编造的或者不真实时，招标人有权取消其资格申请，而且可不作任何解释。另外还应特别防止假借其他有资格条件的公司名义提报资格审查申请，无论是在投标前的资格预审，还是投标后的资格后审，一经发现，既要取消其资格审查申请，也要向行政监督部门投诉，并可要求给予相应处罚。

（5）招标人不得限制、排斥潜在投标人或投标人。《中华人民共和国招标投标法实施条例》（以下简称《招标投标法实施条例》）第三十二条规定，招标人不得以不合理的条件限制、排斥潜在投标人或者投标人。

招标人有下列行为之一的，属于以不合理条件限制、排斥潜在投标人或者投标人：

1）同一招标项目向潜在投标人或者投标人提供有差别的项目信息。

2）设定的资格、技术、商务条件与招标项目的具体特点和实际需要不相适应或者与合同履行无关。

3）依法必须进行招标的项目以特定行政区域或者特定行业的业绩、奖项作为加分条件或者中标条件。

4）对潜在投标人或者投标人采取不同的资格审查或者评标标准。

5）限定或者指定特定的专利、商标、品牌、原产地或者供应商。

6）依法必须进行招标的项目非法限定潜在投标人或者投标人的所有制形式或者组织形式。

7）以其他不合理条件限制、排斥潜在投标人或者投标人。

第六节　开标、评标与定标

一、开标

1. 确定开标工作机构

一般情况下，开标应以召开开标会议的形式进行；开标会议由招标人在有关管理部门的监督下主持进行。在招标人委托招标代理机构代理招标时，开标也可由该代理机构主持。主持人按照规定的程序负责开标的全过程，其他开标工作人员办理开标作业及制作记录等事项。

为了体现工程招标的平等竞争原则，使开标具有公开性，让投标人的投标为各投标及有关方面所共知，应当邀请所有投标人和相关单位的代表作为参加人出席开标。邀请所有的投标人或其代表出席开标，可以使投标人得以了解开标是否依法进行，使投标人相信招标人不会任意做出不适当的决定；同时，也可以使投标人了解其他投标人的投标情况，做到知己知彼，大体衡量一下自己中标的可能性，这对招标人的中标决定也将起到一定的监督作用；投标人还可以收集资料，积累经验，进一步了解竞争对手的情况，为以后的投标工作提供资料。此外，为了保证开标的公正性，一般还会邀请相关单位的代表参加，如招标项目主管部门的人员、评标委员会成员、监察部门代表、经办银行代表等。有些招标项目，招标人还可以委托公证部门的公证人员对整个开标过程依法进行公证。

2. 开标的时间与开标的地点

《招标投标法》规定："开标应当在招标文件确定的提交投标文件截止时间的同一时间公开进行。"开标时间就是提交投标文件截止时间，如某年某月某日几时几分。之所以这样规定开标时间，是为了防止投标截止时间之后与开标之前仍有一段时间间隔。如有间隔，也许会给不端行为留有可乘之机。

为了防止投标人因不知地点变更而不能按要求准时提交投标文件，开标地点应当为招标文件中预先确定的地点。如招标机构鉴于某种原因变更开标日期和地点，必须以书面形式提前通知所有的投标人。已经建立建设工程交易中心（有形建设市场）的，开标地点应设在建设工程交易中心。

3. 确定开标形式

开标的形式主要有公开开标、有限开标和秘密开标三种。

（1）公开开标。邀请所有的投标人参加开标仪式，其他愿意参加者也不受限制，当众公开开标。

（2）有限开标。只邀请投标人和有关人员参加开标仪式，其他无关人员不得参加，当众公开开标。

（3）秘密开标。开标只有负责招标的组织成员参加，不允许投标人参加开标，然后将开标的名次结果通知投标人，不公开报价，其目的是不暴露投标人的准确报价数字。这种方式多用于设备招标。

采用何种开标方式应由招标机构和评标小组决定。目前在我国主要采取公开开标。

4. 确定开标程序

（1）投标人签到。签到记录是投标人是否出席开标会议的证明。

（2）招标人主持开标会议。主持人介绍参加开标会议的单位、人员及工程项目的有关情况；宣布开标人员名单、招标文件规定的评标定标办法和标底。开标主持人检查各投标单位法定代表人或其他指定代理人的证件、委托书、确认无误。

（3）组织开标。

1）检验各标书的密封情况。由投标人或其推选的代表检查各标书的密封情况，也可以由公证人员检查并公证。

2）唱标。经检验确认各标书的密封无异常情况后，按投递标书的先后顺序，当众拆封投标文件，宣读投标人名称、投标价格和标书的其他主要内容。投标截止时间前收到的所有投标文件都应当众予以拆封和宣读。

3）开标过程记录。开标过程应当做好记录，并存档备查。投标人也应做好记录，以收集竞争对手的信息资料。

4）当众公布标底。招标项目如果设有标底的，招标人应当在开标时公布。标底只能作为评标的参考，不得以投标报价是否接近标底作为中标条件，也不得以投标报价超过标底上下浮动范围作为否决投标的条件。

5. 开标记录

开标记录一般应记载下列事项，由主持人和专家签字确认（表2-4）：

（1）有案号的其案号，如 SG××××××（招标编号）。

（2）招标项目的名称及数量摘要。

（3）投标人的名称。

（4）投标报价。

（5）开标日期。

（6）其他必要的事项。

表2-4　招标工程开标汇总表

投标单位	报价/万元			工期			法定代表人签名
	总计	土建	安装	施工日历天	开工日期	竣工日期	
××建设工程公司	5874.32	4863.47	1010.85	370	2014.3.25	2015.3.30	程××
……	……	……	……	……	……	……	……

6. 重新招标

（1）确定无效投标文件的条件。开标时，发现有下列情形之一的投标文件时，其为无效投标文件，不得进入评标，如发现无效标书，必须经有关人员当场确认，当场宣布，所有被宣布为废标的投标书，招标机构应退回投标文件。

1）投标文件未按照招标文件的要求予以密封或逾期送达的。

2）投标函未加盖投标人的公章及法定代表人印章或委托代理人印章的，或者法定代表人的委托代理人没有合法有效的委托书（原件）。

3）投标文件的关键内容字迹模糊、无法辨认的。

4）投标人递交两份或多份内容不同的投标文件，或在一份投标文件中对同一招标项目有两个或多个报价，而未声明哪一个有效（招标文件规定提交备选方案的除外）。

5）投标人未按照招标文件的要求提供投标保证金或没有参加开标会议的。

6）组成联合体投标，但投标文件未附联合体各方共同投标协议的。

7）投标人名称或组织机构与资格预审时不一致的（无资格预审的除外）。

（2）上报重新招标工作情况。《工程建设项目勘查设计招标投标办法》（八部委2号令）第四十八条规定：在下列情况下，招标人应当依照本办法重新招标：

1）资格预审合格的潜在投标人不足三个的。

2）在投标截止时间前提交投标文件的投标人少于三个的。

3）所有投标均被作废标处理或被否决的。

4）评标委员会否决不合格投标或者界定为废标后，因有效投标不足三个使得投标明显缺乏竞争，评标委员会决定否决全部投标的。

5）根据第四十六条规定，同意延长投标有效期的投标人少于三个的。

投标截止期满后投标人少于三个时，不能保证必要的竞争程度，招标人应当依照《招标投标法》和《条例》重新招标。投标人对开标有异议的，应当在开标现场提出，招标人应当当场做出答复，并制作记录。

二、 评标

1. 确定评标的原则

（1）公平原则。所谓"公平"，主要是指评标委员会要严格按照招标文件规定的要求和条件，对投标文件进行评审时，不带任何主观意愿，不得以任何理由排斥和歧视任何一方，对所有投标人应一视同仁。保证投标人在平等的基础上竞争。

（2）公正原则。所谓"公正"，主要是指评标委员会成员具有公正之心，评标要客观全面，不倾向或排斥某一特定的投标。要做到评标客观公正，必须做到以下几点：

1）要培养良好的职业道德，不为私利而违心地处理问题。

2）要坚持实事求是的原则，不唯上级或某些方面的意见是从。

3）要提高综合分析问题的能力，不为局部问题或表面现象而模糊自己的"观点"。

4）要不断提高自己的专业技术能力，尤其是要尽快提高综合理解、熟练运用招标文件和投标文件中有关条款的能力，以便以招标文件和投标文件为依据，客观公正地综合评价标书。

（3）科学原则。所谓"科学"，是指评标工作要依据科学的方案，要运用科学的手段，要采取科学的方法。对于每个项目的评价要有可靠依据，要用数据说话。只有这样，才能做出科学合理的综合评价。

1）科学的计划。就一个招标工程项目的评标工作而言，科学的方案主要是指评标细则。它包括：评标机构的组织计划；评标工作的程序；评标标准和方法。总之，在实施评标工作前，要尽可能地把各种问题都列出来，并拟定解决办法，使评标工作中的每一项活动都纳入计划管理的轨道。更重要的是，要集思广益，充分运用已有的经验和智慧，制订出切实可行、行之有效的评标细则，指导评标工作顺利地进行。

2）科学的手段。单凭人的手工直接进行评标，是最原始的评标手段。科学技术发展到今天，必须借助于先进的科学仪器，才能快捷准确做好评标工作，如已普遍使用的计算机技术等。

3）科学的方法。评标工作的科学方法主要体现评标标准的设立以及评价指标的设置；体现在综合评价时，要"用数据说话"；尤其体现在要开发、利用计算机软件，建立起先进的数据和评价体系。

（4）择优原则。所谓"择优"，就是用科学的方法、科学的手段，从众多投标文件中选择最佳的方案。评标时，评标委员会成员应全面分析、审查、澄清、评价和比较投标文件，防止重价格、轻技术和重技术、轻价格的现象，对商务和技术不可偏一，要综合考虑。

2. 明确评标的特征

《招标投标法》第三十八条规定："招标人应当采取必要的措施，保证评标在严格保密的情况下进行。任何单位和个人不得非法干预、影响评标的过程和结果。"本条规定指的就是评标具有保密性和不受外界干预性。

（1）评标的保密性。所谓评标的保密性，就是评标在封闭状态下进行，评标委员会成员不得与外界有任何接触，有关检查、评审和授标的建议等情况，均不得向投标人透露。一般情况下，评标委员会成员的名单，在中标结果确定前也属于保密内容。

由于招标文件中对评标的标准和方法进行了规定，列明了价格因素和价格因素之外的评标因素及其量化计算方法，因此，所谓评标保密，并不是在这些标准和方法之外另搞一套标准和方法进行评审和比较，而是这个评审过程是招标人及其评标委员会的独立活动，有权对整个过程保密，以免投标人及其他有关人员知晓其中的某些意见、看法或决定，而想方设法干扰评标活动的进行，也可以制止评标委员会成员对外泄露和沟通有关情况，造成评标不公。

（2）评标不受外界干预性。评标活动本是招标人及其评标委员会的独立活动，不应受到外界的干预和影响。这是我国项目法人责任制和企业经营自主权的必然要求。但在现实生活中，一些国家机关及其工作人员特别是领导干部，往往从地方保护主义甚至个人利益出发，通过批条子、打电话、找谈话等方式，向评标委员会施加种种压力，非法干预、影响评标过程和评标结果，有的甚至直接决定中标人，或者擅自否决、改变中标结果，严重侵犯招标人和投标人的合法权益，使工程招标丧失了平等竞争、公平竞争的原则。所以评标必须具备不受外界干预性。

3. 确定评标委员会

（1）评标组织机构含义。为了保证评标的公正性，防止招标人左右评标结果，评标不能由招标人或其代理机构独自承担，而应组成一个由有关专家和人员参加的组织机构。这个在招标投标管理机构的监督下，由招标人设立的负责某一招标工程评标的临时组织就是评标组织机构。根据招标工程的规模情况、结构类型不同，评标组织机构又分为评标委员会和评标工作小组。

（2）评标组织机构职责。

1）根据招标文件中规定的评标标准和评标方法，对所有有效投标文件进行综合评价。

2）写出评标报告，向招标人推荐中标候选人或者直接确定中标人。

（3）评标委员会的组成。评标由招标人依法组建的评标委员会负责。依法必须进行招标的项目，其评标委员会由招标人的代表和有关技术、经济等方面的专家组成，成员人数为五人以上单数，其中技术、经济等方面的专家不得少于成员总数的三分之二，招标单位的人员不应超过三分之一。评标委员会负责人由评标委员会成员推荐产生或者由招标人确定，评标委员会负责人与评标委员会的其他成员有同等的表决权。招标投标管理机构派人参加评标会议，对评标活动进行监督。

（4）评标委员会的组成方式。评标专家独立公正地履行职责，是确保招标投标成功的关键环节之一。为规范和统一评标专家专业分类，切实提高评标活动的公正性，建立健全规范化、科学化的评标专家专业分类体系，推动实现全国范围内评标专家资源共享，国家发展改革委等十部委于2010年7月15日共同颁布了《评标专家专业分类标准（试行）》（发改法规〔2010〕1538）。省级人民政府和国务院有关部门应当组建综合评标专家库。

为了防止招标人在选定评标专家时的主观随意性，招标人应从国务院或省级人民政府有关部门组建的综合评标专家库中，确定评标专家。一般招标项目可以从评标专家库内相关专业的专家名单中以随机抽取方式确定；有些特殊的招标项目，如科研项目、技术特别复杂的项目等，由于采取随机抽取方式确定的专家可能不能胜任评标工作或者只有少数专家能够胜任，因此招标人可以直接确定专家人选。任何单位和个人不得以明示、暗示等任何方式指定或者变相指定参加评标委员会的专家成员。

依法必须进行招标的项目的招标人非因《招标投标法》和《招标投标法实施条例》规定的事由，不得更换依法确定的评标委员会成员。更换评标委员会的专家成员应当依照规定进行。

有关行政监督部门应当按照规定的职责分工，对评标委员会成员的确定方式、评标专家的抽取和评标活动进行监督。行政监督部门的工作人员不得担任本部门负责监督项目的评标委员会成员。评标委员会成员的名单在中标结果确定前应当保密。

（5）评标委员会成员的职责。评标委员会成员的职责主要包括：

1）评标委员会成员和参与评标的有关工作人员不得透露对投标文件的评审和比较、中标候选人的推荐情况以及与评标有关的其他情况。

2）评标委员会成员应当客观、公正地履行职责，遵守职业道德，依法对投标文件进行独立评审，提出评审意见，对所提出的评审意见承担个人责任，不受任何单位和个人的非法干预或影响。

3）评标委员会成员不得对其他评委的评审意见施加影响，不得将投标文件带离评标地点评审，不得无故中途退出评标，不得复印、带走与评标有关的资料。

4）评标委员会成员不得与任何投标人或者与招标结果有利害关系人进行私下接触，不得收受投标人、中介人、其他利害关系人的财物或者其他好处。

5）在评标过程中，除非根据评标委员会的要求，投标人不得主动与招标人和评标委员会成员接触，不得有任何游说、贿赂等影响评标委员会成员客观和公正地进行评标的行为。投标人对招标人或评标委员会成员施加影响的任何企图和行为，将导致其投标无效。

（6）评标委员会成员的回避更换制度与禁止性行为。

1）回避更换制度。所谓回避更换制度，就是指与投标人有利害关系的人应当回避，不得进入评标委员会；已经进入评标委员会的，应予以更换。

根据《评标委员会和评标方法暂行规定》，有下列情形之一的，不得担任评标委员会成员：①投标人或者投标人主要负责人的近亲属；②项目主管部门或者行政监督部门的人员；③与投标人有经济利益关系，可能影响对投标公正评审的；④曾因在招标投标以及其他与招标投标有关活动中从事违法行为而受过行政处罚或刑事处罚的。

评标委员会成员如有上述规定情形之一的，应当主动提出回避。

2）评标委员会成员的禁止性行为。评标委员会成员有下列行为之一的，由有关行政监督部门责令改正；情节严重的，禁止其在一定期限内参加依法必须进行招标的项目的评标；情节特别严重的，取消其评标委员会成员的资格：①应当回避而不回避；②擅离职守；③不按照招标文件规定的评标标准和方法评标；④私下接触投标人；⑤向招标人征询确定中标人的意向或者接受任何单位或者个人明示或者暗示提出的倾向或者排斥特定投标人的要求；⑥对依法应当否决的投标不提出否决意见；⑦暗示或者诱导投标人做出澄清、说明或者接受投标人主动提出的澄清、说明；⑧其他不客观、不公正履行职务的行为。

4. 确定评标标准和办法

简单地讲，评标是对投标文件的评审和比较。根据什么样的标准和方法进行评审，是一个关键问题，也是评标的原则性问题。在招标文件中，招标人列明了评标的标准和方法，目的就是让各潜在投标人知道这些标准和方法，以便考虑如何进行投标，才能获得成功。那么，这些事先列明的标准和方法在评标时能否真正得到采用，是衡量评标是否公正、公平的标尺。为了保证评标的公正和公平性，评标必须按照招标文件规定的评标标准和方法，不得采用招标文件未列明的任何标准和方法，也不得改变招标确定的评标标准和方法。这一点，也是世界各国的通常做法。所以，作为评标委员在评标时，必须弄清评标的依据和标准，熟悉并掌握评标的方法。

（1）评标的标准。评标的标准，一般包括价格标准和价格标准以外的其他有关标准（又称"非价格标准"），及如何运用这些标准来确定中选的投标。

价值标准比较直观具体，都是以货币额表示的报价。非价格标准内容多而复杂，在评标时应可能使非价格标准客观和定量化，并用货币额表示，或规定相对的权重，使定性化的标准尽量定量化，这样才能使评标具有可比性。

通常来说，在货物评标时，非价格标准主要有运费、保险费、付款计划、交货期、运营成本、货物的有效性和配套性、零配件和服务的供给能力、相关的培训、安全性和环境效益等。在服务评标时，非价格标准主要有投标人及参与提供服务的人员的资格、经验、信誉、可靠性、专业和管理能力等。在工程项目评标时，非价格标准主要有工期、施工方案、施工组织、质量保证措施、主要材料用量、施工人员和管理人员的素质、以往的经验、企业的综合业绩等。

（2）评标的方法。评标的方法，是运用评标标准评审、比较投标的具体方法。评标的方法的科学性对于实施平等的竞争、公正合理地选择中标者是极端重要的。评标涉及的因素很多，应在分门别类、有主有次的基础上，结合工程的特点确定科学的评标方法。

《评标委员会和评标方法暂行规定》第二十九条规定，评标方法包括经评审的最低投标价法、综合评估法或者法律、行政法规允许的其他评标方法。

评标方法除了国家规定的以外，还有很多，如接近标底法、低标价法、费率费用评标法等。

1）经评审的最低投标价法。经评审的最低投标价法是指能够满足招标文件的实质性要求，并且经评审的投标价格最低（但投标价格低于成本的除外），按照投标价格最低确定中标人。该方法适用于招标人对工程的技术性能没有特殊要求，承包人采用通用技术施工即可达到性能标准的招标项目。

评审比较的程序如下：

①投标文件做出实质性响应，满足招标文件规定的技术要求和标准。

②根据招标文件中规定的评标价格调整方法，对所有投标人的投标报价以及投标文件的商务部分作必要的价格调整。

③不再对投标文件的技术部分进行价格折算，仅以商务部分折算的调整值作为比较基础。

④经评审的最低投标价的投标，应当推荐为中标候选人。

2）综合评估法。综合评估法包括综合评分法和评标价法。综合评分法是指将评审内容分类后分别赋予不同权重，评标委员依据评分标准对各类内容细分的小项进行相应的打分，最后计算的累计分值反映投标人的综合水平，以得分最高的投标书为最优。这种方法由于需要评分的涉及面较广，每一项都要经过评委打分，可以全面地衡量投标人实施招标工程的综合能力。

《施工招标文件范本》中规定的评标办法，能最大限度满足招标文件中规定的各项综合评价标准的投标人为中标人，可以参照下列方式：

①得分最高者为中标候选人

$$N = A_1 + J + A_2 S + A_3 X$$

式中　　N——评标总得分；

　　　　J——施工组织设计（技术标）评审得分；

　　　　S——投标报价（商务标）评审得分，以最低报价（但低于成本的除外）得满分，其余报价按比例折减计算得分；

　　　　X——投标人的工程质量、综合实力、工期得分；

A_1，A_2，A_3——分别为各项指标所占的权重。

②得分最低的为中标候选人

$$N' = A_1 J' + A_2 S' + A_3 X'$$

式中　　N'——评标总得分；

　　　　J'——施工组织设计（技术标）评审得分排序，从高至低排序，$J' = 1$，2，3，……；

　　　　S'——投标报价（商务标）评审得分排序，按报价从低至高排序（报价低于成本的除外），$S' = 1$，2，3，……；

　　　　X'——投标人的质量、综合实力、工期得分排序，按得分从高至低排序，$X' = 1$，2，3，……；

A_1，A_2，A_3——分别为各项指标所占的权重。

建议：一般 A_1 取 20%~70%，A_2 取 70%~30%，A_3 取 0~20%，且 $A_1 + A_2 + A_3 = 100\%$。

两种方法的主要区别在 J，S 和 X 记分的取值方法不同。第一种方法按与标准值的差取值；而第二种方法仅按投标书此项的排序取值。第二种方法计算相对简单，但当偏差较大时，最终得分值的计算不能反映具体的偏差度，可能导致报价最低但综合实力不够强或施工方案不是最优的投标人中标。

3）评标价法。评标价法是指仅以货币价格作为评审比较的标准，以投标报价为基数，将可以用一定的方法折算为价格的评审要素加减到投标价上去，而形成评审价格（或称评标价），以评标价最低的标书为最优。具体步骤如下：

①首先按招标文件中的评审内容对各投标书进行审查，淘汰不满足要求的标书。

②按预定的方法将某些要素折算为评审价格。内容一般可包括以下几方面：

a. 对实施过程中必然发生的，而标书又属明显漏项部分，给予相应的补项增加到报价上去。

b. 工期的提前给项目带来的超前收益，以月为单位，按预定的比例数乘以报价后，在投标价内扣减该值。

c. 技术建议可能带来的实际经济效益，也按预定的比例折算后，在投标价内减去该值。

d. 投标书内所提出的优惠可能给项目法人带来好处，以开标日为准，按一定的换算方法贴现折算后，作为评审价格因素之一。

e. 对于其他可折算为价格的要素，按对项目法人有利或不利的原则，增加或减少到投标价上去。

4）接近标底法。接近标底法，即投标报价与评标标底价格相比较，以最接近评标标底的报价为最高分。投标价得分与其他指标的得分合计最高分者中标。如果出现并列最高分时，则由评委在并列最高分者之间无记名投票表决，得票多者为中标单位。这种方法比较简单，但要以标底详尽、正确为前提。

下面以某地区规定为例说明该方法的操作过程。

①评价指标和单项分值。评价指标及单项分值一般设置如下：报价50分；施工组织设计30分；投标人综合业绩20分。

以上各单项分值，均以满分为限。

②投标报价打分。投标报价与评标标底价相等者得50分。在有效浮动范围内，高于评标标底者按每高于一定范围扣若干分，扣完为止；低于评标标底者，按每低于一定范围扣若干分，扣完为止。为了体现公正合理的原则，扣分方法还可以细化。如在合理标价范围内，合理标价范围一般为标底的 $\pm 5\%$，报价比标底每增减 1% 扣 2 分；超过合理标价范围的，不论上下浮动，每增加或减少 1% 都扣 3 分。

例如，某工程标底价为400万元，现有甲、乙、丙三个投标人，投标价分别为370万元、415万元、430万元。根据上述规定对投标报价打分如下：

确定合理标价范围为380万～420万元。

分别确定各方案分值：

甲标：370万元比标底价低 7.5%，超出 5% 合理标价范围，在合理标价范围 -5% 内扣 $2 \times 5 = 10$ 分，在 $-7.5\% \sim -5\%$ 内扣 $3 \times 2.5 = 7.5$ 分，合计扣分 17.5 分，报价得分为 $50 - 17.5 = 32.5$ 分。

乙标：415万元比标底价高 3.75%，在 5% 合理标价范围内扣分为 $2 \times 3.75 = 7.5$ 分，报价得分为 $50 - 7.5 = 42.5$ 分。

丙标：430万元比标底价高 7.5%，合计扣分为 $2 \times 5 + 3 \times 2.5 = 17.5$ 分，报价得分为 32.5 分。

③施工组织设计。施工组织设计包括下列内容，最高得分为 30 分。

全面性。施工组织设计内容要全面，包括：施工方法、采用的施工设备、劳动力计划安排；确定工程质量、工期、安全和文明施工的措施；施工总进度计划；施工平面布置；采用经专家鉴定的新技术、新工艺；施工管理和专业技术人员配备。

可行性。各项主要内容的措施、计划，流水段的划分，流水步距、节拍，各项交叉作业等是否切合实际，合理可行。

针对性。优良工程的质量保证体系是否健全有效，创优的硬性措施是否切实可行；工程的赶工措施和施工方法是否有效；闹市区内的工程安全、文明施工和防止扰民的措施是否可靠。

④投标单位综合业绩。投标单位综合业绩最高得分20分。具体评分规定如下：

投标人在投标的上两年度内获国家、省建设行政主管部门颁发的荣誉证书，最高得分15分。证书范围仅限工程质量、文明工地及新技术推广示范工程荣誉证书等三种。

工程质量获国家级"鲁班奖"得5分，获省级奖得3分；文明工地获"省文明工地样板"得

5 分；获"省文明工地"得 3 分；新技术推广示范工程获"国家级示范工程"得 5 分；获"省级示范工程"得 3 分。

以上三种证书每一种均按获得的最高荣誉证书计分，计分时不重复、不累计。

投标人拟承担招标工程的项目经理，上两年度内承担过的工程（已竣工）情况核评，最高得 5 分。

承担过与招标工程类似的工程；工程履约情况；工程质量优良水平及有关工程的获奖情况；出现质量安全事故的应减分。

以上证明材料应当真实、有效，遇有弄虚作假者，将被拒绝参加评标。开标时，投标人携带原件备查。

在使用此方法时应注意，若某标书的总分不低，但某一项得分低于该项预定及格分时，也应充分考虑授标给该投标人后，实施过程中可能的风险。

5）低标价法。低标价法是在通过严格地资格预审和其他评标内容的要求都合格的条件下，评标只按投标报价来定标的一种方法。世界银行贷款项目多采用此种评标方法。低标价法主要有以下两种方式：

①将所有投标人的报价依次排列，从中取出 3～4 个最低报价，然后对这 3～4 个最低报价的投标人进行其他方面的综合比较，择优定标。实质上就是低中取优。

②"A＋B值"评标法，即以低于标底一定百分数以内的报价的算术平均值为 A，以标底或评标小组确定的更合理的标价为 B，然后以"A＋B"的平均值为评标标准价，选出低于或高于这个标准价的某个百分数的报价的投标者进行综合分析，择优定标。

6）费率费用评标法。费率费用评标法适用于施工图未出齐或者仅有扩大初步设计图纸，工程量难以确定又急于开工的工程或技术复杂的工程。投标单位的费率、费用报价，作为投标报价部分得分，经过对投标标书的技术部分评标计分后，两部分得分合计最高者为中标单位。

此法中费率是指国家费用定额规定费率的利润、企业管理费等。费用是指国家费用定额规定的"有关费用"及由于施工方案不同产生造价差异较大、定额项目无法确定、受市场价格影响变化较大的项目费用等。

费率、费用标底应当经招标投标管理机构审定，并在招标文件中明确费率、费用的计算原则和范围。

5. 整理评标依据

评标委员会成员评标的依据主要有下列几项：

（1）招标文件。
（2）开标前会议纪要。
（3）评标定标办法及细则。
（4）标底。
（5）投标文件。
（6）其他有关资料。

6. 确定评标程序

评标程序主要包括：
（1）组成评标委员会。
（2）评标准备。
（3）初步评审。
（4）详细评审。
（5）提出评标报告。
（6）推荐中标候选人。

7. 评标处理内容

（1）初步评审。初步评审，又称投标文件的符合性鉴定。通过初评，将投标文件分为响应性投标和非响应性投标两大类。响应性投标是指投标文件的内容与招标文件所规定的要求、条件、合同协议条款和规范等相符，无显著差别或保留，并且按照招标文件的规定提交了投标担保的投标；非响应性投标是指投标文件的内容与招标文件的规定有重大偏差，或者是未按招标文件的规定提交担保的投标。通过初步评审，响应性投标可以进入详细评标，而非响应性投标则淘汰出局。

初步评审的主要内容有：投标文件排序；审查投标文件；确定废标。

1）初步评审前的工作。

①评标委员会成员应当编制供评标使用的相应表格，认真研究招标文件，至少应了解和熟悉以下内容：

a. 招标的目标。

b. 招标项目的范围和性质。

c. 招标文件中规定的主要技术要求、标准和商务条款。

d. 招标文件规定的评标标准、评标方法和在评标过程中考虑的相关因素。

②招标人或者其委托的招标代理机构应当向评标委员会提供评标所需的重要信息和数据。招标人设有标底的，标底应当保密，并在评标时作为参考。

③评标委员会应当根据招标文件规定的评标标准和方法，对投标文件进行系统的评审和比较。招标文件中没有规定的标准和方法不得作为评标的依据。

招标文件中规定的评标标准和评标方法应当合理，不得含有倾向或者排斥潜在投标人的内容，不得妨碍或者限制投标人之间的竞争。

2）投标文件排序。评标委员会应当按照投标报价的高低或者招标文件规定的其他方法对投标文件排序。以多种货币报价的，应当按照中国银行在开标日公布的汇率中间价换算成人民币。

招标文件应当对汇率标准和汇率风险做出规定。未作规定的，汇率风险由招标人承担。

3）审查投标文件。评标委员会应当审查每一投标文件是否对招标文件提出的所有实质性要求和条件做出响应。未能在实质上响应的投标，应作为废标处理。

评标委员会应当根据招标文件审查并逐项列出投标文件的全部投标偏差。

投标偏差分为重大偏差和细微偏差。

①投标文件重大偏差及处理。

a. 没有按照招标文件要求提供投标担保或者所提供的投标担保有瑕疵。

b. 投标文件没有投标人授权代表签字和加盖公章。

c. 投标文件载明的招标项目完成期限超过招标文件规定的期限。

d. 明显不符合技术规格、技术标准的要求。

e. 投标文件载明的货物包装方式、检验标准和方法等不符合招标文件的要求。

f. 投标文件附有招标人不能接受的条件。

g. 不符合招标文件中规定的其他实质性要求。

投标文件有上述情形之一的，为未能对招标文件做出实质性响应，作废标处理。招标文件对重大偏差另有规定的，从其规定。

②细微偏差及处理。细微偏差是指投标文件在实质上响应招标文件要求，但在个别地方存在漏项或者提供了不完整的技术信息和数据等情况，并且补正这些遗漏或者不完整不会对其他投标人造成不公平的结果。

细微偏差不影响投标文件的有效性。属于存在细微偏差的投标书，评标委员会可以书面方式要求投标人在评标结束前，对投标文件中含义不明确、对同类问题表述不一致或者有明显文字和计算错误的内容作必要的澄清、说明或者纠正。澄清、说明或者补正应以书面方式进行，并不得超出投标文件的范围或者改变投标文件的实质性内容。

投标文件中的大写金额和小写金额不一致的，以大写金额为准。总价金额与单价金额不一致的，以单价金额为准，但单价金额小数点有明显错误的除外。对不同文字文本投标文件的解释发生异议的，以主导语言文本为准。

评标委员会应当书面要求存在细微偏差的投标人在评标结束前予以补正。拒不补正的，评标委员会在详细评审时可以对细微偏差作不利于该投标人的量化，量化标准应当在招标文件中规定。

4）确定废标。在评标过程中，评标委员会发现下列情况时应作废标处理。

①投标人以他人的名义投标、串通投标、以行贿手段谋取中标或者以其他弄虚作假方式投标的，该投标人的投标应作废标处理。

②投标人以低于成本报价竞标的。投标人的报价明显低于其他投标报价或者在设有标底时明显低于标底，使得其投标报价可能低于其个别成本的，应当要求该投标人做出书面说明并提供相关证明材料。投标人不能合理说明或者不能提供相关证明材料的，由评标委员会认定该投标人以低于成本报价竞标，其投标应作废标处理。

③投标人资格条件不符合国家有关规定和招标文件要求的，或者拒不按照要求对投标文件进行澄清、说明或者补正的，评标委员会可以否决其投标。

④未在实质上响应招标文件的投标。非响应性投标将被拒绝，并且不允许修改或补充。

评标委员会根据规定否决不合格投标或者界定为废标后，因有效投标不足三个使得投标明显缺乏竞争的，评标委员会可以否决全部投标。投标人少于三个或者所有投标被否决的，招标人应当依法重新招标。

（2）详细评标。经初步评审合格的投标文件．评标委员会应当根据招标文件确定的评标标准和方法，对其技术部分和商务部分作进一步评审、比较。

1）评标方法包括经评审的合理最低投标价法、综合评估法或者法律、行政法规允许的其他评标方法。

①经评审的合理最低投标价法。

a. 经评审的合理最低投标价法一般适用于具有通用技术、性能标准或者招标人对其技术、性能没有特殊要求的招标项目。

b. 根据经评审的合理最低投标价法，能够满足招标文件的实质性要求，并且经评审的最低投标价（但应高于企业的个别成本）的投标，应当推荐为中标候选人。

c. 采用经评审的合理最低投标价法的，评标委员会应当根据招标文件中规定评标价格调整方法，对所有投标人的投标报价以及投标文件的商务部分作必要的价格调整。

采用经评审的最低投标价法的，中标人的投标应当符合招标文件规定的技术要求和标准，但评标委员会无须对投标文件的技术部分进行价格折算。

d. 根据评审的合理最低投标价法完成详细评审后，评标委员会应当拟定一份"标价比较表"，连同书面评标报告提交招标人。"标价比较表"应当载明投标人的投标报价、对商务偏差的价格调整和说明以及经评审的最终投标价。

②综合评估法。

a. 不宜采用经评审的最低投标价法的招标项目，一般应当采取综合评估法进行评审。

b. 根据综合评估法，最大限度地满足招标文件中规定的各项综合评价标准的投标，应当推荐为中标候选人。衡量投标文件是否最大限度地满足招标文件中规定的各项评价标准，可以采取折算为货币的方法、打分的方法或者其他方法。需量化的因素及其权重应当在招标文件中明确规定。

c. 评标委员会对各个评审因素进行量化时，应当将量化指标建立在同一基础或者同一标准上，使各投标文件具有可比性。

对技术部分和商务部分进行量化后，评标委员会应当对这两部分的量化结果进行加权，计算出每一投标的综合评估价或者综合评估分。

d. 根据综合评估法完成评标后，评标委员会应当拟定一份"综合评估比较表"，连同书面评标报告提交招标人。"综合评估比较表"应当载明投标人的投标报价、所做的任何修正、对商务偏差的调整、对技术偏差的调整、对各评审因素的评估以及对每一投标的最终评审结果。

2）评标的具体工作。评标阶段的主要工作有投标文件的符合性鉴定、技术标评审、商务标评审、综合评审、投标文件的澄清、答辩、资格后审等。

①投标文件的符合性鉴定。所谓符合性鉴定是检查投标文件是否实质上响应招标文件的要求，实质上响应的含义是其投标文件应该与招标文件的所有条款、条件规定相符，无显著差异或保留。符合性鉴定一般包括下列内容。

a. 投标文件的有效性。投标人以及联合体形式投标的所有成员是否已通过资格预审，获得投标资格。

投标文件中是否提交了承包人的法人资格证书及投标负责人的授权委托证书；如果是联合体，是否提交了合格的联合体协议书以及投标负责人的授权委托证书。

投标保证的格式、内容、金额、有效期、开具单位是否符合招标文件要求。

投标文件是否按规定进行了有效的签署等。

b. 投标文件的完整性。

投标文件中是否包括招标文件规定应递交的全部文件，如标价的工程量清单、报价汇总表、施工进度计划、施工方案、施工人员和施工机械设备的配备等，以及应该提供的必要的支持文件和资料。

c. 与招标文件的一致性。

凡是招标文件中要求投标人填写的空白栏目是否全都填写，做出明确的回答，如投标书及其附录是否完全按要求填写。

对于招标文件的任何条款、数据或说明是否有任何修改、保留和附加条件。

通常符合性鉴定是评标的第一步，如果投标文件实质上不响应招标文件的要求，将被列为废标予以拒绝，并不允许投标人通过修正或撤销其不符合要求的差异或保留，使之成为具有响应性投标。

②技术标评审。技术标评审的目的是确认和比较投标人完成本工程的技术能力，以及他们的施工方案的可靠性。技术标评审的主要内容如下。

a. 施工方案的可行性。对各类分部（分项）工程的施工方法、施工人员和施工机械设备的配备、施工现场的布置和临时设施的安排、施工顺序及其相互衔接等方面的评审，特别是对该项目的关键工序的施工方法进行可行性论证，应审查其技术的最难点或先进性和可靠性。

b. 施工进度计划的可靠性。审查施工进度计划是否满足对竣工时间的要求，并且是否科学合理，切实可行。同时还要审查保证施工进度计划的措施，例如施工机具、劳务的安排是否合理和可能等。

c. 施工质量保证。审查投标文件中提出的质量控制和管理措施，包括质量管理人员的配备、质量检验仪器的配置和质量管理制度。

d. 工程材料和机器设备供应的技术性能符合设计技术要求。审查投标文件中关于主要材料和设备的样本、型号、规格和制造厂家名称、地址等，判断其技术性能是否达到设计标准。

e. 分包商的技术能力和施工经验。如果投标人拟在中标后将中标项目的部分工作分包给他人完成，应当在投标文件中载明。应审查拟分包的工作必须是非主体，非关键性工作；审查分包人应当具备的资格条件，完成相应工作的能力和经验。

f. 对于投标文件中按照招标文件规定提交的建议方案做出技术评审。如果招标文件中规定可以提交建议方案，则应对投标文件中的建议方案的技术可靠性与优缺点进行评估，并与原招标方案进行对比分析。

③商务标评审。商务标评审的目的是从工程成本、财务和经验分析等方面评审投标报价的准确性、合理性、经济效益和风险等，比较投标给不同的投标人产生的不同后果。商务标评审在整个评标工作中通常占有重要地位。商务标评审的主要内容如下：

a. 审查全部报价数据计算的正确性。通过对投标报价数据全面审核，看其是否有计算上或累计上的算术错误，如果有按"投标者须知"中的规定改正和处理。

b. 分析报价构成的合理性。通过分析工程报价中分部分项工程费、措施项目费、其他项目费、规费和税金的比例关系；主体工程各专业工程价格的比例关系等，判断报价是否合理。用标底与投标书中的各项工作内容的报价进行对比分析，对差异较大之处找出原因，并评定是否合理。

c. 分析前期工程价格提高的幅度。虽然投标人为了解决前期施工中资金流通的困难，可以采用不平衡报价法投标，但不允许有严重的不平衡报价。过大地提高前期工程的支付要求，会影响项目的资金筹措计划。

d. 分析标书中所附资金流量表的合理性。它包括审查各阶段的资金需求计划是否与施工进度计划相一致，对预付款的要求是否合理，调价时取用的基价和调价系数的合理性等内容。

④综合评审。

综合评审是在以上工作的基础上，根据事先拟定好的评标原则、评价指标和评标办法，对筛选出来的若干个具有实质性响应的招标文件综合评价与比较，最后选定中标人。

评标委员会汇总评审结果的程序是：

a. 评标委员会各成员进行评分汇总并计算各有效投标的加权得分；再将评标委员会成员的加权得分，进行最终汇总并计算各有效投标加权得分的平均值；并按照加权得分平均分值由高至低的次序，对各有效投标进行排序；如果出现加权得分平均分值相同的情况，则按照优先排名次序的确定标准进行排序。

b. 评标委员会各成员对本人的评审意见写出说明并签字。

c. 评标委员会各成员对本人评审意见的真实性和准确性负责，不得随意涂改所填内容。

（3）与投标人澄清的有关事宜。

1）投标人对投标文件的澄清。提交投标截止时间以后，投标文件就不得被补充、修改，这是招标投标的基本规则。但评标时，若发现投标文件的内容有含义不明确、不一致或明显打字（书写）错误或纯属计算上的错误的情形，评标委员会则应通知投标人做出澄清或说明，以确认其正确的内容。对明显打字（书写）错误或纯属计算上错误，评标委员会应允许投标人补正。澄清的要求和投标人的答复均应采取书面的形式。投标人的答复必须经法定代表人或授权代理人签字，作为投标文件的组成部分。

但是，投标人的澄清或说明，仅仅是对上述情形的解释和补正，不得有下列行为：

①超出投标文件的范围。如投标文件没有规定的内容，澄清时候加以补充；投标文件规定的是某一特定条件作为某一承诺的前提，但解释为另一条件等。

②改变或谋求、提议改变投标文件中的实质性内容。所谓改变实质性内容，是指改变投标文件中的报价、技术规格（参数）、主要合同条款等内容。这种实质性内容的改变，目的就是为了使不符合要求的投标成为符合要求的投标，或者使竞争力较差的投标变成竞争力较强的投标。例如，在挖掘机招标中，招标文件规定发动机冷却方式为水冷，某一投标人用风冷发动机投标，但在澄清时，该投标人坚持说是水冷发动机，这就改变了实质性内容。

如果需要澄清的投标文件较多，则可以召开澄清会。澄清会应当在招标投标管理机构监督下进行。在澄清会上由评标委员会分别单独对投标人进行质询，先以口头形式询问并解答，随后在规定的时间内投标人以书面形式予以确认，做出正式书面答复。

另外，投标人借澄清的机会提出的任何修正声明或者附加优惠条件不得作为评标定标的依据。

投标人也不得借澄清机会提出招标文件内容之外的附加要求。

2）禁止招标人与投标人进行实质性内容的谈判。《招标投标法》规定："在确定中标人前，招标人不得与投标人就投标价格、投标方案等实质性内容进行谈判。"其目的是为了防止出现所谓的"拍卖"方式，即招标人利用一个投标人提交的投标对另一个投标人施加压力，迫其降低报价或使其他方面变为更有利的投标。许多投标人都避免参加采用这种方法的投标，即使参加，他们也会在谈判过程中提高其投标价或把不利合同条款变为有利合同条款等。

虽然相关法律、法规禁止招标人与投标人进行实质性谈判，但是，在招标人确定中标人前，往往需要就某些非实质性问题，如具体交付工具的安排，调试、安装人员的确定，某一技术措施的细微调整等，与投标人交换看法并进行澄清，则不在禁止之列。另外，即使是在中标人确定后，招标人与中标人也不得进行实质性内容的谈判，以改变招标文件和投标文件中规定的有关实质性内容。

（4）废除所有投标的条件。

1）评标无效。评标过程有下列情况之一的，评标无效，应当依法重新进行评标或者重新进行招标，有关行政监督部门可处三万元以下的罚款：

①使用招标文件没有确定的评标标准和方法的。

②评标标准和方法含有倾向或者排斥投标人的内容，妨碍或者限制投标人之间竞争，且影响评标结果的。

③应当回避担任评标委员会成员的人参与评标的。

④评标委员会的组建及人员组成不符合法定要求的。

⑤评标委员会及其成员在评标过程中有违法行为，且影响评标结果的。

2）废除所有投标及重新招标。通常情况下，招标文件中规定招标人可以废除所有的投标，但必须经评标委员会评审。评标委员会经评审，认为所有投标都不符合招标文件要求的，可以否决所有投标。

废除所有的投标一般有两种情况：一是缺乏有效的竞争，如投标不满三家；二是大部分或全部投标文件不被接受。

《条例》第五十一条规定有下列情形之一的，评标委员会应当否决其投标：

①投标文件未经投标单位盖章和单位负责人签字。

②投标联合体没有提交共同投标协议。

③投标人不符合国家或者招标文件规定的资格条件。

④同一投标人提交两个以上不同的投标文件或者投标报价，但招标文件要求提交备选投标的除外。

⑤投标报价低于成本或者高于招标文件设定的最高投标限价。

⑥投标文件没有对招标文件的实质性要求和条件做出响应。

⑦投标人有串通投标、弄虚作假、行贿等违法行为。

判断投标是否符合招标文件的要求，有两个标准：①只有符合招标文件中全部条款、条件和规定的投标才是符合要求的投标；②投标文件有些小偏离，但并没有根本上或实质上偏离招标文件载明的特点、条款、条件和规定，即对招标文件提出的实质性要求和条件做出了响应，仍可被看作是符合要求的投标。这两个标准，招标人在招标文件中应事先列明采用哪一个，并且对偏离尽量数量化，以便评标时加以考虑。

依法必须进行招标的项目的所有投标被否决的，招标人应当依照《招标投标法》重新进行招标。如果废标是因为缺乏竞争性，应考虑扩大招标公告的范围。如果废标是因为大部分或全部投标不符合招标文件的要求，则可以邀请原来通过资格预审的投标人提交新的投标文件。这里需要注意的是，招标人不得单纯为了获得最低价而废标。

三、定标

1. 确定中标条件

《招标投标法》规定："中标人的投标应当符合下列条件之一：（一）能够最大限度地满足招标文件中规定的各项综合评价标准；（二）能够满足招标文件的实质性要求，并且经评审的投标价格最低；但是投标价格低于成本的除外。"由此规定可以看出中标的条件有两种，即获得最佳综合评价的投标中标，最低投标价格中标。

（1）获得最佳综合评价的投标中标。所谓综合评价，就是按照价格标准和非价格标准对投标文件进行总体评估和比较。采用这种综合评标法时，一般将价格以外的有关因素折成货币或给予相应的加权计算，以确定最低评标价（也称估值最低的投标）或最佳的投标。被评为最低评标价或最佳的投标，即可认定为该投标获得最佳综合评价。所以，投标价格最低的不一定中标。采用这种评标方法时，应尽量避免在招标文件中只笼统地列出价格以外的其他有关标准。例如，对如何折成货币或给予相应的加权计算没有规定下来，而在评标时才制订出来具体的评标计算因素及其量化计算方法，这样做会使评标带有明显有利于某一投标的倾向性，违背了公平、公正的原则。

（2）最低投标价格中标。所谓最低投标价格中标，就是投标报价最低的中标，但前提条件是该投标符合招标文件的实质性要求。如果投标文件不符合招标文件的要求而被招标人所拒绝，则投标价格再低，也不在考虑之列。

在采用这种条件选择中标人时，必须注意的是，投标价不得低于成本。这里所指的成本，是招标人和投标人自己的个别成本，而不是社会平均成本。由于投标人技术和管理等方面的原因，其个别成本有可能低于社会平均成本。投标人以低于社会平均成本，但不低于其个别成本的价格投标，应该受到保护和鼓励。如果投标人的价格低于招标人的个别成本或自己的个别成本，则意味着投标人取得合同后，可能为了节省开支而想方设法偷工减料、粗制滥造，给招标人造成不可挽回的损失。如果投标人以排挤其他竞争对手为目的，而以低于个别成本的价格投标，则构成低价倾销的不正当竞争行为，违反《价格法》和《反不正当竞争法》的有关规定。因此，投标人投标价格低于个别成本的，不得中标。

一般情况下，招标人采购简单商品、半成品、设备、原材料以及其他性能、质量相同或容易进行比较的货物时，价格可以作为评标时考虑的唯一因素，这种情况下，最低投标价中标的评标方法就可以作为选择中标人的尺度。因此，在这种情况下，合同一般授予投标价格最低的投标人。但是，如果是较复杂的项目，或者招标人招标主要考虑的不是价格而是投标人的个人技术和专门知识及能力，那么，最低投标价中标的原则就难以适用，而必须采用综合评价方法，评选出最佳的投标，这样招标人的目的才能实现。

2. 明确中标通知书的性质及法律效力

（1）中标通知书的性质。中标人确定后，招标人应迅速将中标结果通知中标人及所有未中标的投标人。《招标投标管理办法》规定为7日内发出通知，有的国家和地区规定为10日。中标通知书就是向中标的投标人发出的告知其中标的书面通知文件。

《合同法》规定，订立合同采取要约和承诺的方式。要约是希望和他人订立合同的意思表示，该意思表示内容具体，且表明经受要约人承诺，要约人即受该意思表示的约束；承诺是受要约人同意要约的意思表示，应当以通知的方式做出，但根据交易习惯或者要约表明可以通过行为做出承诺的除外。据此可以认为，投标人提交的投标属于一种要约，招标人的中标通知书则为对投标人要约的承诺。

（2）中标通知书的法律效力。中标通知书作为招标投标法规定的承诺行为，与合同法规定的一般性的承诺不同，它的生效不能采用"到达主义"，而应采取"发信主义"，即中标通知书发出时生效，对中标人和招标人产生约束力。理由是，按照"到达主义"的要求，即使中标通知书及时发出，也可能在传递过程中并非因招标人的过错而出现延误、丢失或错投，致使中标人未能在有效期内收到该通知，招标人则丧失了对中标人的约束权。而按照"发信主义"的要求，招标人的上述权利可以得到保护。

《招标投标法》规定，中标通知书发出后，招标人改变中标结果的，或者中标人放弃中标项目的，应当依法承担法律责任。《合同法》规定，承诺生效时合同成立。因此，中标通知书发出时，即发生承诺生效、合同成立的法律效力。投标人改变中标结果，变更中标人，实质上是一种单方面撕毁合同的行为；投标人放弃中标项目的，则是一种不履行合同的行为。两种行为都属于违约行为，所以应当承担违约责任。

3. 确定中标人并签发中标通知书

（1）确定中标人。评标委员会按评标办法对投标书进行评审后，提出评标报告，推荐中标候选人（一般为 1~3 个），并标明排列顺序。招标人应当接受评标委员会推荐的中标候选人，最后由招标人确定中标人，不得在评标委员会推荐的中标候选人之外确定中标人；在某些情况下，招标人也可以授权评标委员会直接确定中标人。

依法必须进行招标的项目，招标人应当自收到评标报告之日起 3 日内公示中标候选人，公示期不得少于 3 日。招标人一般应当在 15 日内确定中标人，但最迟应当在投标有效期结束日 30 个工作日前确定。

（2）签发中标通知书。中标人确定后，由招标人向中标人发出中标通知书，并同时将中标结果通知所有未中标的投标人（即发出中标结果通知书）；中标通知书和中标结果通知书参考格式如下：

中 标 通 知 书

　×× 建设工程公司　（中标人名称）：

　　你于　2017 年 3 月 7 日　（投标日期）所递交　×× 工程项目施工　（项目名称）　四　标段施工投标文件已被我方接受，被确定为中标人。

　　中 标 价：　67773717.80　元。

　　工　　期：　410　日历天。

　　工程质量：符合　合格　标准。

　　项目经理：　刘 ××　（姓名）。

　　请你方在接到本通知书后的　30　日内到　×× 市 × 街 × 号　（指定地点）与我方签订施工承包合同，在此之前按招标文件第二章"投标人须知"第 37 款规定向我方提交履约担保。

　　特此通知。

　　　　　　　　　　招标人：　×× 住房管理中心　（盖单位章）

　　　　　　　　　法定代表人：　王 ××　（签字）

说明：中标通知书由招标人签发。

中标结果通知书

××建设工程公司 （未中标人名称）：

我方已接受 ××建设工程公司 （中标人名称）于 2017年3月7日 （投标日期）所递交的 ××工程项目施工 （项目名称） 五 标段施工投标文件，确定 ××建设工程公司 （中标人名称）为中标人。

感谢你单位对我方工作的大力支持！。

招标人： ××住房管理中心 （盖单位章）

法定代表人： 王×× （签字）

2017 年 4 月 8 日

说明：中标结果通知书由招标人签发。

招标人与中标人应当自中标通知书发出之日起30天内，依照《招标投标法》和《条例》的规定签订书面合同，合同的标的、价款、质量、履行期限等主要条款应当与招标文件和中标人的投标文件的内容一致，招标人和中标人不得再行订立背离合同实质性内容的其他协议，招标文件要求中标人提交履约保证金的，中标人应当按照招标文件的要求提交。履约保证金不得超过中标合同金额的10%。

招标人与中标人签订书面合同后5个工作日内，应向中标人和未中标的投标人退还投标保证金及银行同期存款利息。另外招标人还要在发出中标通知书之日起15日内向招标投标管理机构提交书面报告备案，至此招标即告圆满成功。

4. 投标人投诉与处理

招标人全部或部分使用非中标单位投标文件中的技术成果和技术方案时，需征得其书面同意，并给予一定的经济补偿。

如果投标人或者其他利害关系人对依法必须进行招标的项目的评标结果有异议的，应当在中标候选人公示期间提出。招标人应当自收到异议之日起3日内做出答复；做出答复前，应当暂停招标投标活动。

投标人或者其他利害关系人认为招标投标活动不符合法律、行政法规规定的，可以自知道或者应当知道之日起10日内向有关行政监督部门投诉。投诉应当有明确的请求和必要的证明材料。

投标人针对《条例》规定的对招标文件有异议的、对开标有异议的、对评标结果有异议的事项投诉的，应当先向招标人提出异议，异议答复期间不计算在规定的期限内。

投诉人就同一事项向两个以上有权受理的行政监督部门投诉的，由最先收到投诉的行政监督部门负责处理。

行政监督部门应当自收到投诉之日起3个工作日内决定是否受理投诉，并自受理投诉之日起30个工作日内做出书面处理决定；需要检验、检测、鉴定、专家评审的，所需时间不计算在内。

投诉人捏造事实、伪造材料或者以非法手段取得证明材料进行投诉的，行政监督部门应当予以驳回。

行政监督部门处理投诉，有权查阅、复制有关文件、资料，调查有关情况，相关单位和人员应当予以配合。必要时，行政监督部门可以责令暂停招标投标活动。

行政监督部门的工作人员对监督检查过程中知悉的国家秘密、商业秘密，应当依法予以保密。

5. 中标备案

招标投标结果的备案制度，是指依法必须进行招标的项目，招标人应当自确定中标人之日起15日内，向有关行政监督部门提交招标投标情况的书面报告。

书面报告至少应包括下列内容：

（1）招标范围。

（2）招标方式和发布招标公告的媒介。

（3）招标文件中投标人须知、技术条款、评标标准和方法、合同主要条款等内容。

（4）评标委员会的组成和评标报告。

（5）中标结果。

由招标人向国家有关行政监督部门提交招标投标情况的书面报告，是为了有效监督这些项目的招标投标情况，及时发现其中可能存在的问题。值得注意的是，招标人向行政监督部门提交书面报告备案，并不是说合法的中标结果和合同必须经行政部门审查批准后才能生产，但是法律另有规定的除外。也就是说，中标结果上报只是备案，而不是去经审查批准。

6. 中标无效处理

（1）认知中标无效的情形。

所谓中标无效，就是招标人确定的中标失去了法律约束力。也就是说依照违法行为获得中标的投标人丧失了与招标人签订合同的资格，招标人不再负有与中标人签订合同的义务；在已经与招标人签订了合同的情况下，所签合同无效。中标无效为自始无效。

《招标投标法》规定中标无效主要有以下六种情况：

1）招标代理机构违反本法规定，泄露应当保密的与招标投标活动有关的情况和资料，或者与招标人、投标人串通损害国家利益、社会公共利益或者他人合法权益的行为影响中标结果的，中标无效。

2）招标人向他人透露已获取招标文件的潜在投标人的名称、数量或者可能影响公平竞争的有关招标投标的其他情况，或者泄露标底的行为影响中标结果的，中标无效。

3）投标人相互串通投标，投标人与招标人串通投标的，投标人以向招标人或者评标委员会行贿的手段谋取中标的，中标无效。

①《工程建设项目施工招标投标办法》规定，下列行为均属投标人串通投标报价：

a. 投标人之间相互约定抬高或压低投标报价。

b. 投标人之间相互约定，在招标项目中分别以高、中、低价位报价。

c. 投标人之间先进行内部竞价，内定中标人，然后再参加投标。

d. 投标人之间其他串通投标报价的行为。

②下列行为均属招标人与投标人串通投标：

a. 招标人在开标前开启招标文件，并将投标情况告知其他投标人，或者协助投标人撤换投标文件，更改报价。

b. 招标人向投标人泄露标底。

c. 招标人与投标人商定，投标时压低或抬高标价，中标后再给投标人或招标人额外补偿。

d. 招标人预先内定中标人。

其他串通投标行为。

4）投标人以他人名义投标或者以其他方式弄虚作假，骗取中标的，中标无效。以他人名义投标，指投标人挂靠其他施工单位，或从其他单位通过转让或租借的方式获取资格或资质证书，或者由其他单位及其法定代表人在自己编制的投标文件上加盖印章和签字等行为。

5）依法必须进行招标的项目，招标人违反本法规定，与投标人就投标价格、投标方案等实质性内容进行谈判的行为影响中标结果的，中标无效。

6）招标人在评标委员会依法推荐的中标候选人以外确定中标人的，依法必须进行招标的项目在所有投标被评标委员会否决后自行确定中标人的，中标无效。

从以上六种情况看，导致中标无效的情况可分为两大类：一类为违法行为直接导致中标无效，如3）、4）、6）条的规定；另一类为只有在违法行为影响了中标结果时，中标才无效，如1）、2）、5）条的规定。

（2）认知中标无效的法律规定。

1）串通投标的处罚规定。投标人相互串通投标或者与招标人串通投标的，投标人向招标人或者评标委员会成员行贿谋取中标的，中标无效；构成犯罪的，依法追究刑事责任；尚不构成犯罪的，依照《招标投标法》第五十三条的规定处罚。投标人未中标的，对单位的罚款金额按照招标项目合同金额依照招标投标法规定的比例计算。

投标人有下列行为之一的，属于《招标投标法》第五十三条规定的情节严重行为，由有关行政监督部门取消其1年至2年内参加依法必须进行招标的项目的投标资格：

①以行贿谋取中标。

②3年内2次以上串通投标。

③串通投标行为损害招标人、其他投标人或者国家、集体、公民的合法利益，造成直接经济损失30万元以上。

④其他串通投标情节严重的行为。

投标人自本条第二款规定的处罚执行期限届满之日起3年内又有该款所列违法行为之一的，或者串通投标、以行贿谋取中标情节特别严重的，由工商行政管理机关吊销营业执照。

法律、行政法规对串通投标报价行为的处罚另有规定的，从其规定。

2）弄虚作假投标的处罚规定。投标人以他人名义投标或者以其他方式弄虚作假骗取中标的，中标无效；构成犯罪的，依法追究刑事责任；尚不构成犯罪的，依照《招标投标法》第五十四条的规定处罚。依法必须进行招标的项目的投标人未中标的，对单位的罚款金额按照招标项目合同金额依照《招标投标法》规定的比例计算。

投标人有下列行为之一的，属于《招标投标法》第五十四条规定的情节严重行为，由有关行政监督部门取消其1年至3年内参加依法必须进行招标的项目的投标资格：

①伪造、变造资格、资质证书或者其他许可证件骗取中标。

②3年内2次以上使用他人名义投标。

③弄虚作假骗取中标给招标人造成直接经济损失30万元以上。

④其他弄虚作假骗取中标情节严重的行为。

投标人自本条第二款规定的处罚执行期限届满之日起3年内又有该款所列违法行为之一的，或者弄虚作假骗取中标情节特别严重的，由工商行政管理机关吊销营业执照。

3）认知中标无效的法律后果。中标无效的法律后果主要分两种情况，即没有签订合同时中标无效的法律后果和签订合同中标无效的法律后果。

①尚未签订合同中标无效的法律后果。在招标人尚未与中标人签订书面合同的情况下，招标人发出的中标通知书失去了法律约束力，招标人没有与中标人签订合同的义务，中标人失去了与招标人签订合同的权利。其中标无效的法律后果有以下两种：

a. 招标人依照法律规定的中标条件从其余投标人中重新确定中标人。

b. 没有符合规定条件的中标人的，招标人应依法重新进行招标。

②签订合同中标无效的法律后果。招标人与投标人之间已经签订合同的，所签合同无效。根据《民法通则》和《合同法》的规定，合同无效产生以下后果：

a. 恢复原状。根据《合同法》的规定，无效的合同自始没有法律约束力。因该合同取得的财产，应当予以返还；不能返还或者没有必要返还的，应当折价补偿。

b. 赔偿损失。有过错的一方应当赔偿对方因此所受的损失。如果招标人、投标人双方都有过错的，应当各自承担相应的责任。另外根据《民法通则》的规定，招标人知道招标代理机构从事违法行为而不作反对表示的，招标人应当与招标代理机构一起对第三人负连带责任。

c. 重新确定中标人或重新招标。

第七节　PPP 项目招标

一、PPP 项目招标建议

1. PPP 项目社会资本采购

无论采取何种招标采购方式，做好 PPP 项目前期论证是保障 PPP 项目顺利实施的关键。《国家发展改革委关于切实做好传统基础设施领域政府和社会资本合作有关工作的通知》（发改投资 [2016] 1744 号）提出，"做好项目决策。加强项目可行性研究，依法依规履行投资管理程序。对拟采用 PPP 模式的项目，要将项目是否适用 PPP 模式的论证纳入项目可行性研究论证和决策"。《财政部关于在公共服务领域深入推进政府和社会资本合作工作的通知》（财金 [2016] 90 号）提出，"扎实做好项目前期论证。在充分论证项目可行性的基础上，各级财政部门要及时会同行业主管部门开展物有所值评价和财政承受能力论证"。国家发改委和财政部两个部委都充分意识到，做好 PPP 项目前期论证工作是确保 PPP 项目采购质量、项目后续成功实施的关键。

可以说，不管采用何种采购方式，PPP 项目的前期论证充分、核心边界条件明确，是实现 PPP 项目顺利落地的关键和前提。

2. 实施方案编制

PPP 项目的招标或采购，编制好实施方案是关键。实施方案编制过程中，可进行充分的市场测试，为选择合适的招标采购方式奠定良好的基础。如果在实施方案论证阶段没有进行充分的市场测试，那么在招标采购实际操作过程中，无论是竞争性磋商的磋商阶段还是公开招标的两阶段招标模式，均难以实现采购人与社会资本对价均等的效果，为 PPP 项目的后期落地留下了隐患。因此，建议在 PPP 项目的实施方案论证阶段进行充分的市场测试，根据市场测试结果，及时调整实施方案，在开展招标采购工作前进行充分的论证，明确必要的核心边界条件，根据市场测试情况选择适合的招标采购方式，以保证 PPP 项目的顺利落地。

3. PPP 项目选择社会资本宜优先采用的招标方式

《招标投标法实施条例》第九条第三款规定，"已通过招标方式选定的特许经营项目投资人依法能够自行建设、生产或者提供"可以不进行招标。这意味着，采用公开招标或者邀请方式的特许经营项目，投资人依法能够自行建设、生产或者提供的，采用"两招并一招"的模式有法可依。而其他非招标采购方式采购社会资本的"两招并一招"模式缺乏上位法的有力支撑。

因此，从稳妥的角度来讲，建议对拟采用"两招并一招"模式的 PPP 项目选择社会资本宜优先采用公开招标方式。对于前期达到以工程量清单计价方式深度的 PPP 项目适用于采取"两招并一招"的模式选择社会资本。

目前，采用工程总承包为建设方式的 PPP 项目，在选择社会资本时大部分都采取了"两招并一招"的模式。但并非所有的 PPP 项目都适合采用"两招并一招"的模式。其中，部分以工程建设为主要内容的 PPP 项目，在社会资本方招标时，项目的建设规模、前期投资、项目成本等因素尚未确定，无法合理测算项目建设完成后的付费金额和运营成本，导致难以选择有效的竞标因素，或采用的竞标因素仅能供评标使用，不能真实反映合同执行中的实际成本和风险。这类项目如采用"两招并一招"的模式，不仅不能体现"两招并一招"的程序优势，还极有可能引发合同执行中的争议和履约风险，导致项目中止。

可见，"两招并一招"的模式需要在招标采购阶段同时兼顾社会资本和工程建设单位的选择，结合工程施工总承包招标的做法，笔者认为对于前期达到以工程量清单计价方式深度进行选择社会资本的PPP项目适用于采取"两招并一招"的模式。

二、 PPP 项目招标程序

1. 一般 PPP 项目招标程序

政府和社会资本合作（PPP项目）模式主要包括特许经营和政府购买服务两类。根据国家发改委《关于开展政府和社会资本合作的指导意见》（发改投资［2014］2724号）及《传统基础设施领域实施政府和社会资本合作项目工作导则》（发改投资［2016］2231号）的规定，特许经营类：PPP项目的操作流程是：项目储备→项目论证→社会资本选择→项目执行→项目评价。

而根据财政部《关于印发政府和社会资本合作模式操作指南（试行）的通知》（财金［2014］113号）的规定，PPP政府采购类（主要是购买服务类项目）的操作流程一般为：项目识别→项目准备→项目采购→项目执行→项目移交。投资规模较大、需求长期稳定、价格调整机制灵活、市场化程度较高的基础设施及公共服务类项目，适宜采用政府和社会资本合作模式。

这两类项目的流程大同小异，但也有相当多的步骤执行并不一致，另外，各地方政府执行这些流程也并不见得非常规范。本章依然按照基础设施的特许经营和PPP政府采购项目两大类来介绍。

（1）PPP特许经营类项目的一般流程。

1）方式。《基础设施和公用事业特许经营管理办法》第五条规定，基础设施和公用事业特许经营可以采取以下方式：

①在一定期限内，政府授予特许经营者投资新建或改扩建、运营基础设施和公用事业，期限届满移交政府。

②在一定期限内，政府授予特许经营者投资新建或改扩建、拥有并运营基础设施和公用事业，期限届满移交政府。

③特许经营者投资新建或改扩建基础设施和公用事业并移交政府后，由政府授予其在一定期限内运营。

④国家规定的其他方式。

新建项目优先采用建设—运营—移交（BOT）、建设—拥有—运营—移交（BOOT）、设计—建设—融资—运营—移交（DBFOT）、建设—拥有—运营（BOO）等方式。存量项目优先采用改建—运营—移交（ROT）方式。同时，各地区可根据当地实际情况及项目特点，积极探索、大胆创新，灵活运用多种方式，切实提高项目运作效率。

图2-2列出了基础设施特许经营类PPP项目的操作程序。

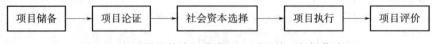

图 2-2　基础设施特许经营类 PPP 项目的一般操作流程

2）项目储备。目前，我国各级发展改革部门会同有关行业主管部门，在投资项目在线审批监管平台（重大建设项目库）基础上，已建立了各地区各行业传统基础设施PPP项目库，并统一纳入国家发改委传统基础设施PPP项目库，并建立了贯通各地区各部门的传统基础设施PPP项目信息平台。

入库情况将作为安排政府投资、确定与调整价格、发行企业债券及享受政府和社会资本合作专项政策的重要依据。发改部门实行的基础设施类 PPP 项目入库，目的是发挥 PPP 项目发展规划、投资政策的战略引领与统筹协调作用。

列入各地区各行业传统基础设施 PPP 项目库的项目，实行动态管理、滚动实施、分批推进。对于需要当年推进实施的 PPP 项目，应纳入各地区各行业 PPP 项目年度实施计划。需要使用各类政府投资资金的传统基础设施 PPP 项目，应当纳入三年滚动政府投资计划。

对于列入年度实施计划的 PPP 项目，应根据项目性质和行业特点，由当地政府行业主管部门或其委托的相关单位作为 PPP 项目实施机构，负责项目准备及实施等工作。鼓励地方政府采用资本金注入方式投资传统基础设施 PPP 项目，并明确政府出资人代表，参与项目准备及实施工作。

3）项目论证。项目论证又包括 PPP 项目实施方案编制、项目审批（核准或备案）、PPP 合同起草等环节或步骤。

①PPP 项目实施方案编制。纳入年度实施计划的 PPP 项目，应编制 PPP 项目实施方案。PPP 项目实施方案由实施机构组织编制，内容包括项目概况、运作方式、社会资本方遴选方案、投融资和财务方案、建设运营和移交方案、合同结构与主要内容、风险分担、保障与监管措施等。为提高工作效率，对于一般性政府投资项目，各地可在可行性研究报告中包括 PPP 项目实施专章，内容可以适当简化，不再单独编写 PPP 项目实施方案。

实施方案编制过程中，应重视征询潜在社会资本方的意见和建议。要重视引导社会资本方形成合理的收益预期，建立主要依靠市场的投资回报机制。如果项目涉及向使用者收取费用，要取得价格主管部门出具的相关意见。

②项目审批（核准或备案）。政府投资项目的可行性研究报告应由具有相应项目审批职能的投资主管部门等审批。可行性研究报告审批后，实施机构根据经批准的可行性研究报告有关要求，完善并确定 PPP 项目实施方案。重大基础设施政府投资项目，应重视项目初步设计方案的深化研究，细化工程技术方案和投资概算等内容，作为确定 PPP 项目实施方案的重要依据。

实行核准制或备案制的企业投资项目，应根据《政府核准的投资项目目录》及相关规定，由相应的核准或备案机关履行核准、备案手续。项目核准或备案后，实施机构依据相关要求完善和确定 PPP 项目实施方案。

纳入 PPP 项目库的投资项目，应在批复可行性研究报告或核准项目申请报告时，明确规定可以根据社会资本方选择结果依法变更项目法人。鼓励地方政府建立 PPP 项目实施方案联审机制。按照"多评合一，统一评审"的要求，由发改部门和有关行业主管部门牵头，会同项目涉及的财政、规划、国土、价格、公共资源交易管理、审计、法制等政府相关部门，对 PPP 项目实施方案进行联合评审。必要时可先组织相关专家进行评议或委托第三方专业机构出具评估意见，然后再进行联合评审。一般性政府投资项目可行性研究报告中的 PPP 项目实施专章，可结合可行性研究报告审批一并审查。通过实施方案审查的 PPP 项目，可以开展下一步工作；按规定需报当地政府批准的，应报当地政府批准同意后开展下一步工作。未通过审查的，可在调整实施方案后重新审查；经重新审查仍不能通过的，不再采用 PPP 模式。

③PPP 合同草案起草。PPP 项目实施机构依据审查批准的实施方案，组织起草 PPP 合同草案，包括 PPP 项目主合同和相关附属合同（如项目公司股东协议和章程、配套建设条件落实协议等）。PPP 项目合同主要内容参考国家发改委发布的《政府和社会资本合作项目通用合同指南（2014 年版）》。

4）社会资本选择。项目资本选择包括社会资本方遴选、PPP 合同确认谈判和 PPP 项目合同签订等环节。对于社会资本选择，本章和本书后续章节将作重点介绍。

①社会资本方遴选。依法通过公开招标、邀请招标、两阶段招标、竞争性谈判等方式，公平择优选择具有相应投资能力、管理经验、专业水平、融资实力以及信用状况良好的社会资本方作为合作伙伴。其中，拟由社会资本方自行承担工程项目勘察、设计、施工、监理以及与工程建设

有关的重要设备、材料等采购的，必须按照《招标投标法》的规定，通过招标方式选择社会资本方。在遴选社会资本方资格要求及评标标准设定等方面，要客观、公正、详细、透明，禁止排斥、限制或歧视民间资本和外商投资。我国鼓励社会资本方成立联合体投标，同时鼓励设立混合所有制项目公司。

社会资本方遴选结果要及时公告或公示，并明确申诉渠道和方式。国家发改委要求各地要积极创造条件，采用多种方式保障PPP项目建设用地。如果项目建设用地涉及土地招拍挂，鼓励相关工作与社会资本方招标、评标等工作同时开展。

②PPP合同确认谈判。PPP项目实施机构根据需要组织项目谈判小组，必要时邀请第三方专业机构提供专业支持。谈判小组按照候选社会资本方的排名，依次与候选社会资本方进行合同确认谈判，率先达成一致的即为中选社会资本方。项目实施机构应与中选社会资本方签署确认谈判备忘录，并根据信息公开相关规定，公示合同文本及相关文件。

③PPP项目合同签订。PPP合同确认谈判之后，就可以进行合同的签订了。PPP项目实施机构应按相关规定做好公示期间异议的解释、澄清和回复等工作。公示期满无异议的，由项目实施机构会同当地投资主管部门将PPP项目合同报送当地政府审核。政府审核同意后，由项目实施机构与中选社会资本方正式签署PPP项目合同。对于那些需要设立项目公司的，待项目公司正式设立后，由实施机构与项目公司正式签署PPP项目合同，或签署关于承继PPP项目合同的补充合同。

5）项目执行。项目执行阶段，包括项目公司成立、项目融资建设、项目移交等环节。

PPP项目融资责任由项目公司或社会资本方承担，当地政府及其相关部门不应为项目公司或社会资本方的融资提供担保。项目公司或社会资本方未按照PPP项目合同约定完成融资的，政府方可依法提出履约要求，必要时可提出终止PPP项目合同。

PPP项目建设应符合工程建设管理的相关规定。工程建设成本、质量、进度等风险应由项目公司或社会资本方承担。政府方及政府相关部门应根据PPP项目合同及有关规定，对项目公司或社会资本方履行PPP项目建设责任进行监督。

对于有的PPP项目，需要设计项目公司的，社会资本方可依法设立项目公司。政府指定了出资人代表的，项目公司由政府出资人代表与社会资本方共同成立。项目公司应按照PPP合同中的股东协议、公司章程等设立。项目公司负责按PPP项目合同承担设计、融资、建设、运营等责任，自主经营，自负盈亏。除PPP项目合同另有约定外，项目公司的股权及经营权未经政府同意不得变更。

此外，有的PPP项目，可能还牵涉项目法人的变更问题。PPP项目法人选择确定后，如与审批、核准、备案时的项目法人不一致，应按照有关规定依法办理项目法人变更手续。

在PPP项目合作期限内，如出现重大违约或者不可抗力导致项目运营持续恶化，危及公共安全或重大公共利益时，政府要及时采取应对措施，必要时可指定项目实施机构等临时接管项目，切实保障公共安全和重大公共利益，直至项目恢复正常运营。不能恢复正常运营的，要提前终止，并按PPP合同约定妥善做好后续工作。

对于PPP项目合同约定期满移交的项目，政府应与项目公司或社会资本方在合作期结束前一段时间（过渡期）共同组织成立移交工作组，启动移交准备工作。移交工作组按照PPP项目合同约定的移交标准，组织进行资产评估和性能测试，保证项目处于良好运营和维护状态。项目公司应按PPP项目合同要求及有关规定完成移交工作并办理移交手续。

6）项目评价。为了评估PPP项目的效果，需要对项目进行评价。这种评价是后评价，因为PPP项目一般投资巨大，建设周期较长，为提高运营绩效，必须进行项目评价。PPP项目合同中应包含PPP项目运营服务绩效标准。项目实施机构应会同行业主管部门，根据PPP项目合同约定，定期对项目运营服务进行绩效评价，绩效评价结果应作为项目公司或社会资本方取得项目回报的依据。

项目实施机构应会同行业主管部门，自行组织或委托第三方专业机构对项目进行中期评估，及时发现存在的问题，制订应对措施，推动项目绩效目标顺利完成。

（2）PPP项目采购类。按照《财政部关于推广运用政府和社会资本合作模式有关问题的通知》（财金〔2014〕76号）和《关于印发政府和社会资本合作模式操作指南（试行）的通知》（财金〔2014〕113号）的规定，PPP项目政府采购类项目的操作流程分为项目识别→项目准备→项目采购→项目执行→项目移交。图2-3列出了政府采购类项目的一般操作流程。

图2-3 政府采购类PPP项目操作的一般流程

1）项目识别。项目识别，就是PPP项目是否值得投资，通常应进行物有所值（Value for Money，VFM）的论证，此外，还包括项目的发起、项目筛选等环节。

①PPP项目的发起主体。PPP项目由政府或社会资本发起，以政府发起为主，项目遴选和发起的主要责任在各级政府。政府发起主要是通过财政部门向交通、住建、环保、能源、教育、医疗、体育健身和文化设施等行业主管部门征集潜在政府和社会资本合作项目。行业主管部门可从国民经济和社会发展规划及行业专项规划中的新建、改建项目或存量公共资产中遴选潜在项目，尤其要按照行业主管部门的职责，分别从市政基础设施、交通运输、水利、环境保护、农业、林业、科技、保障性安居工程、医疗、卫生、养老、教育、文化、体育、旅游等公共服务领域中遴选，审核和汇总潜在PPP项目，向财政部门推荐。

社会资本发起的项目，应以项目建议书的方式向财政部门和行业主管部门推荐潜在政府和社会资本合作项目。财政部门要会同行业主管部门对潜在PPP项目进行评估筛选，确定备选项目，并报政府研究，制订项目年度和中期开发计划。市、县财政部门应做好PPP项目的储备工作，要建立市级PPP项目储备库（项目备选库），统一接受各县区和行业主管部门PPP项目的上报及汇总，并按照项目的成熟度和条件，积极申报省级项目库和财政部示范库。

②PPP项目的筛选。PPP项目的筛选环节，对于PPP操作流程的启动和可行性论证至关重要，这是开展项目物有所值评价和财政承受论证的通行证，做好项目前期的筛选工作对于PPP全生命周期顺利实施具有十分重要的意义。在PPP项目筛选过程中，需要把握好"五个度"：

a. PPP项目的成熟度。按照国家基本建设程序，PPP项目的筛选需要项目本身具备一定的前期手续。具体来讲，项目需要符合国家的产业政策、符合城市总体规划、符合国家土地供给政策、符合环境保护要求，通过这些条件对项目进行成熟度分析，手续越完善，项目成熟度越高。

b. 社会的需求度。项目需求包括公众需求和政府需求，归根结底是为了提供公共产品，完善公共服务体系，满足公共服务需求。随着城镇化进程的加快，人民群众快速增长的基本公共服务需求与基本公共服务总体供给不足、质量低下、供给不均等之间的矛盾日益凸显。因此，在筛选项目时，要充分考虑当地政府公共服务的供需矛盾和项目的迫切性，优先推出补短板、惠民生、解决历史欠账的基础设施和公共服务类项目。

c. 政府的承受度。PPP项目涉及众多的公共部门和领域，无论是经营性的、准经营性的还是非经营性的，都涉及项目的公益性，有公益性就与政府的职能和责任有关，特别是与政府公共财政的拨付和支持有关。《政府和社会资本合作项目财政承受能力论证指引》要求："每一年度全部PPP项目需要从预算中安排的支出责任，占一般公共预算支出比例应当不超过10%。"这就需要我们在PPP项目筛选环节就政府公共财政可行性支出做出初步判断和评估，区分项目轻重缓急，编制项目年度和中期开发计划，有效防范和控制财政风险，实现PPP可持续发展。

d. 项目的物有所值度。对PPP项目进行物有所值评价，能够为政府进行项目采购提供科学理论依据，从而提高政府决策水平，通过物有所值评价，有利于政府选择更为经济、更加有效的采购模式，进而提高项目的价值。姜爱华从经济学、新公共管理等多视角分析政府将"物有所值"作为采购目标的原因，认为资源的稀缺性使得物有所值成为政府采购的原动力。为了推动公共服务市场化改革进程，作为评价市场主体和所提供公共服务质量的标准，物有所值与政府职能转变、服务型政府建设密切相关。

通过物有所值来判断基础设施项目是否采用 PPP 模式时，政府主要是通过多目标的定量和定性分析，评价 PPP 模式是否比传统的政府采购模式更加物有所值，即在 PPP 模式下是否能够最大化发挥资金的效用，以此来选择更为合适的采购模式。低价不再是政府采购决策的唯一目标，政府采购从"节资防腐"向"物有所值"转变。物有所值是政府采购行为活动的基准，同时也是政府采购的最终目标。政府以物有所值为基准和目标，进行科学决策，实现资金效用最大化。政府通过矫正市场失灵得以更为有效地行使职能，最终实现物有所值。

通常，物有所值可以由风险转移、合同长期性、竞争、性能测量和规范性输出、绩效评估和激励以及私人部门的管理技能六个决定性因素来判定。英国、澳大利亚、加拿大、日本等较早将 PPP 模式应用于基础设施项目，在 PPP 决策与评估方面建立了较为完善的 VFM 评价体系。

为推动 PPP 项目物有所值评价工作规范有序开展，财政部立足国内实际，借鉴国际经验，制订了《PPP 物有所值评价指引（试行）》（财金〔2015〕167 号），来指导物有所值的评价工作。

定性评价重点关注项目采用政府和社会资本合作模式与采用政府传统采购模式相比能否增加供给、优化风险分配、提高运营效率、促进创新和公平竞争等。定量评价主要通过对政府和社会资本合作项目全生命周期内政府支出成本现值与公共部门比较值进行比较，计算项目的物有所值量值，判断政府和社会资本合作模式是否降低项目全生命周期成本。通过物有所值评价和财政承受能力论证的项目，可进行项目准备。

e. 行业的平衡度。社会公众对公共服务的需求是多领域和多方位的，有些需要政府提供产品和服务，有些需要政府提供秩序和规则。但不管怎么说，公共服务不能集中在某一领域和某个产品上，不能只做供水或者只做道路，需要更全面、公平、公正地满足社会公众多领域和多方位的服务需求。我们在筛选项目时，要根据 PPP 模式适用的行业和领域范围以及经济社会发展需要和公众对公共服务的需求，平衡不同行业和领域，通过 PPP 模式实现公共产品供给的多样性。

2）项目准备。项目准备包括管理构架组建、实施方案编制和实施方案审核等环节。

①管理构架组建。管理架构包括协调机制的建立以及项目实施机构的组建。县级（含）以上地方人民政府可成立某 PPP 项目工作小组，由政府有关部门组成，形成 PPP 项目的专门协调机制，主要负责项目评审、组织协调和检查督导等工作，实现简化审批流程、提高工作效率的目的。

②实施方案编制。项目实施方案是项目在开发准备环节，作为发起人或者牵头方的企业（即项目方），在项目识别阶段的项目建议书和初步实施方案基础上进行编制；项目实施方案一般包括：项目概况、风险分担与收益共享、项目运作方式、交易结构、合同体系以及监管架构等内容。

③实施方案审核。在 PPP 项目正式实施以前，要对 PPP 方案进行审核，以确保项目的顺利运行。对方案进行审核的重点仍然是物有所值评价（VFM）以及财政承受能力验证两方面内容。财政部门应对项目实施方案进行物有所值和财政承受能力验证，通过验证的，由项目实施机构报政府审核；未通过验证的，可在实施方案调整后重新验证；经重新验证仍不能通过的，不再采用 PPP 模式。通过验证的实施方案经项目实施机构报地方政府进行方案审核，经过审批后才能组织实施。地方政府或授权的 PPP 项目工作小组可邀请相关部门和行业专家、法律专家、财务专家对实施方案进行审核，并按照要求对实施方案进行公示。

3）项目采购。项目采购包括资格预审、采购文件编制与采购、响应文件评审、谈判与合同签署等环节。

①资格预审。

a. 项目实施机构准备资格预审文件，发布资格预审公告，邀请社会资本参与资格预审，并将资格预审的评审报告提交财政部门备案。

b. 项目有3家以上社会资本通过资格预审的，项目实施机构可准备采购文件；不足3家的，项目实施机构调整实施方案重新资格预审；重新资格预审合格的社会资本仍不够3家的，可依法调整实施方案选择的采购方式。

②采购文件编制与采购。

a. 采购文件内容包括采购邀请、竞争者须知、竞争者应提供的资格、资信及业绩证明文件、采购方式、政府对项目实施机构的授权、实施方案的批复和项目相关审批文件、采购程序、响应文件编制要求、提交响应文件截止时间、开启时间及地点、强制担保的保证金交纳数额和形式、评审方法、评审标准、政府采购政策要求、项目合同草案及其他法律文本等。

b. 采购方式有公开招标、邀请招标、竞争性谈判、竞争性磋商、单一来源采购方式，执行政府采购法律法规等规定。本章后续内容将进行详细介绍。

③响应文件评审。评审小组由项目实施机构代表和评审专家共5人以上单数组成，其中评审专家人数不得少于评审小组成员总数的2/3。因PPP项目主要是法律问题与财务问题，规定评审小组至少包括1名法律专家与1名财务专家。

④谈判与合同签署。项目实施机构成立采购结果确认谈判工作组，进行合同签署前确认谈判；签署确认谈判备忘录；公示采购结果和合同文件；公告期满，政府审核同意后项目实施机构与中选社会资本签署合同。

4）项目执行。项目执行包括项目公司设立、融资管理、绩效监测与支付、中期评估等环节。与基础设施特许经营类PPP的项目执行流程有较多的共同点。

①项目公司设立。

a. 社会资本可设立项目公司。政府可指定相关机构依法参股项目公司。

b. 项目实施机构和财政部门监督社会资本按时足额出资设立项目公司。

②融资管理。

a. 社会资本或项目公司负责项目融资。社会资本或项目公司应及时开展融资方案设计、机构接洽、合同签订和融资交割等工作。

b. 未完成融资的，政府可提取履约保函直至终止项目合同。项目出现重大经营或财务风险，威胁或侵害债权人利益时，债权人可约社会资本或项目公司要求改善管理等。财政部门（PPP中心）和项目实施机构应做好监督管理工作，防止企业债务向政府转移。

③绩效监测与支付。

a. 项目实施机构定期监测项目产出绩效指标，编制季报和年报，并报财政部门（PPP中心）备案。

b. 政府有支付义务的，项目实施机构应按照实际绩效直接或通知财政部门向社会资本或项目公司及时足额支付。项目实施机构依约监管社会资本或项目公司履约情况。

④中期评估。

项目实施机构应每3~5年对项目进行中期评估，重点分析项目运行状况和项目合同的合规性、适应性和合理性；及时评估已发现问题的风险，制订应对措施，并报财政部门（政府和社会资本合作中心）备案。

5）项目移交。

①移交准备。项目实施机构或政府指定机构组建项目移交工作组。移交分期满终止移交和提前终止移交，还可以分为无偿移交和有偿移交。移交的内容包括项目资产、人员、文档和知识产权等。

②性能测试。

a. 项目移交工作组按照性能测试方案和移交标准对移交资产进行性能测试。性能测试结果不达标的，移交工作组应要求社会资本或项目公司进行恢复性修理、更新重置或提取移交维修保函。

b. 项目移交工作组委托具有相关资质的资产评估机构，按照项目合同约定的评估方式，对移交资产进行资产评估，作为确定补偿金额的依据。

③资产交割。社会资本或项目公司应将满足性能测试要求的项目资产、知识产权和技术法律文件，连同资产清单移交项目实施机构或政府指定的其他机构，办妥相关移交手续。社会资本或项目公司应配合做好移交及其后续工作。

④绩效评价。移交完成后，财政部门（政府和社会资本合作中心）应对项目产出、成本效益、监管成效、可持续性、政府和社会资本合作模式应用等进行绩效评价，公开评价结果。

图2-4列出了政府采购类PPP项目的操作流程。

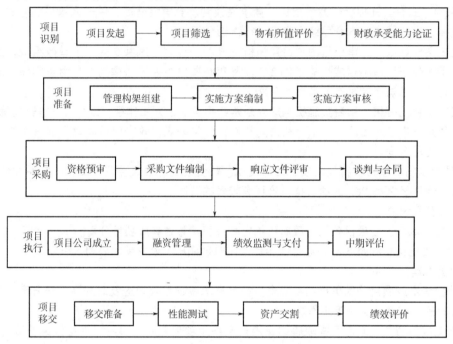

图2-4　政府和社会资本合作项目操作流程图

2. 基础设施特许经营 PPP 项目的招标程序

（1）基础设施特许类PPP项目招标的法律依据。《基础设施和公用事业特许经营管理办法》第十五条规定，实施机构根据经审定的特许经营项目实施方案，应当通过招标、竞争性谈判等竞争方式选择特许经营者。特许经营项目建设运营标准和监管要求明确、有关领域市场竞争比较充分的，应当通过招标方式选择特许经营者。

《传统基础设施领域实施政府和社会资本合作项目工作导则》（发改投资〔2016〕2231号）第十三条规定，社会资本方的遴选，应依法通过公开招标、邀请招标、两阶段招标、竞争性谈判等方式，公平择优选择具有相应投资能力、管理经验、专业水平、融资实力以及信用状况良好的社会资本方作为合作伙伴。其中，拟由社会资本方自行承担工程项目勘察、设计、施工、监理以及与工程建设有关的重要设备、材料等采购的，必须按照《招标投标法》的规定，通过招标方式选择社会资本方。

实际上，不管是《基础设施和公用事业特许经营管理办法》还是《传统基础设施领域实施政府和社会资本合作项目工作导则》，有关基础实施特许经营类的PPP项目，如何进行社会资本遴选或如何进行招标，都是非常粗略的，只是提到了要依照《招标投标法》的规定，通过招标方式选择社会资本，或者规定要通过竞争性的方式来遴选。不过，有的地方政府有一些更详细的细则规定。如《安徽省城市基础设施领域 PPP 模式操作指南》（2014 年 9 月）规定，"应按《招标投标法》规定的公开招标方式，综合经营业绩、技术和管理水平、资金实力、服务价格、信誉等因素，择优选择合作伙伴"。

关于基础设施的特许经营，对社会资本的遴选方式，最主要的还是公开招标。公开招标是最繁琐、最复杂的一种方式。大多数建筑工程，如果必须招标，都是走公开招标的方式。那么，特许经营的基础设施、PPP 项目与一般的建设工程招标投标，虽然都是执行的招标投标及其实施条例，那么，是不是程序都一样呢？答案是否定的。图 2-5 列出了一般的建设项目的招标程序。

图 2-5 中，所列出的是一般的建设项目的招标程序，并不是每个建设项目都需要走这个程序。例如，有的项目并不进行资格预审，而是进行资格后审。还有的项目取消资格预审程序，直接进入招标环节。此外，有的建设项目招标，还有定标环节，即评标与定标相分离。但是，无论什么项目，无论走什么程序，所依据的都是《招标投标法》及其实施条例所规定的招标投标规章制度。

在《招标投标法》的修订中也需要明确规定，已通过招标方式选定的政府与社会资本合作项目（不仅限于特许经营项目）社会投资人依法能够自行建设、生产或者提供实施项目所需的工程、设备和原材料等货物及相关服务，可以由社会资本自行建设、生产或提供，不再另行招标。在 2012 年实施的《招标投标法实施条例》中第九条第三款中也有规定，已经通过招标方式取得特许经营投资人资格，自己有能力生产、施工的，可以不再进行第二次招标。

2018 年 4 月 13 日，在国家发改委主办的全国促进民间投资经验交流现场会上，国家发改委法规司巡视员郝雅风透露，法规司正在着手制定《基础设施政府和社会资本合作项目社会资本招标投标管理办法》，对 PPP 项目实际操作予以规范

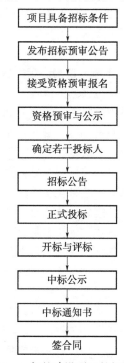

图 2-5 一般的建设项目的招标程序

指引。期待即将制定的《基础设施政府和社会资本合作项目社会资本招标投标管理办法》能在《招标投标法》及其实施条例的原则框架下，出台细则来指引此类 PPP 项目的招标投标。

对于特许经营类的 PPP 项目，与一般的建设工程招标相比，有以下几个方面的不同：

第一，是招标文件（招标协议）不同。特许经营的 PPP 项目，招标文件要比一般的建设工程的招标文件复杂得多。特许经营协议也是 PPP 项目所特有的。特许经营协议应包含项目的技术、商务边界条件（如：投资、运营成本与收益测算，回购总价、回购期限与方式，回购资金来源安排和支付计划）；落实建设内容分工、投资范围（投资建设期限、工程质量要求和监管措施）；研究和编制项目协议等法律文件（项目移交方式及程序、项目履约保障措施、项目风险和应对措施等）；落实招标条件。有关特许经营协议在后续章节会继续详细介绍。

第二，PPP 项目的招标程序，还包括两阶段招标、竞争性谈判等，以下将详细介绍两阶段招标和竞争性谈判。

第三，PPP 项目，可能牵涉要设立特许经营的项目公司。PPP 项目合同签订，与普通的建设工程中标合同有很大的差别。公示期满无异议的，由项目实施机构会同当地投资主管部门将 PPP 项目合同报送当地政府审核。政府审核同意后，由项目实施机构与中选社会资本方正式签署 PPP 项目合同。需要设立项目公司的，待项目公司正式设立后，由实施机构与项目公司正式签署 PPP 项目合同，或签署关于承继 PPP 项目合同的补充合同。

（2）两阶段招标。《招标投标法实施条例》第三十条中规定了对技术复杂或者无法精确拟定技术规格的项目，招标人可以分两阶段进行招标。第一阶段，投标人按照招标公告或者投标邀请书的要求提交不带报价的技术建议，招标人根据投标人提交的技术建议确定技术标准和要求，编制招标文件。第二阶段，招标人向在第一阶段提交技术建议的投标人提供招标文件，投标人按照招标文件的要求提交包括最终技术方案和投标报价的投标文件。

对于复杂的 PPP 项目，如采用两阶段招标程序选择社会资本，可解决具体服务要求不能明确或技术规格难以确定等问题。在第一阶段解决技术复杂与招标的边界条件问题，在第二阶段进行费用、期限、补贴、收益等方面的投标竞争。但两个阶段均属于同一项目的招投，参与第二阶段投标的社会资本如对第一阶段确定的方案不满意，有可能退出第二阶段的投标，并导致第二阶段的投标不足 3 家、无法继续开标。如此，则项目需重新组织招标。这种招标周期方面的不确定性，令项目实施结构在采取两阶段招标时有较大顾虑。

（3）竞争性谈判。竞争性谈判本来是政府采购法中规定的采购方式之一。在《招标投标法》中并无竞争性谈判的规定。

基础设施特许经营类的 PPP 项目，需要进行竞争性谈判才能进行合同确认。《传统基础设施领域实施政府和社会资本合作项目工作导则》第十四条规定，PPP 项目实施机构根据需要组织项目谈判小组，必要时邀请第三方专业机构提供专业支持。

谈判小组按照候选社会资本方的排名，依次与候选社会资本方进行合同确认谈判，率先达成一致的即为中选社会资本方。项目实施机构应与中选社会资本方签署确认谈判备忘录，并根据信息公开相关规定，公示合同文本及相关文件。

社会资本方的排名是怎么来的呢？这是根据招标文件，由评标委员会通过招标的方式确定的。通过公开招标、评标后评委会（谈判小组）推荐候选人，依次与候选人进行澄清谈判，这是任何一个 PPP 项目必须经过的环节，也是与一般的招标投标程序的本质区别。与项目实施机构率先达成一致的投标人就是中标人。

但是，《传统基础设施领域实施政府和社会资本合作项目工作导则》有关谈判的规定，与《招标投标法》第四十三条中规定是相悖的。该条规定：在确定中标人前，招标人不得与投标人就投标价格、投标方案等实质性内容进行谈判。《招标投标法实施条例》第五十五条和第五十七条规定，依法必须进行招标的项目，招标人应当确定排名第一的中标候选人为中标人，排名第一的中标候选人放弃中标、因不可抗力不能履行合同、不按照招标文件要求提交履约保证金，或者被查实存在影响中标结果的违法行为等情形，不符合中标条件的，招标人可以按照评标委员会提出的中标候选人名单排序依次确定其他中标候选人为中标人，也可以重新招标。合同的标的、价款、质量、履行期限等主要条款应当与招标文件和中标人的投标文件的内容一致。招标人和中标人不得再行订立背离合同实质性内容的其他协议。

在实际的 PPP 项目招标过程中，如果在合同确认谈判过程中与排名第一的中标候选人未达成一致、而排名第一的中标候选人又不放弃中标，能否选择其他中标候选人作为中标人；在合同确认谈判过程中，哪些可以双方进行谈判、哪些不可以进行谈判等问题，目前在《招标投标法》体系中均无法找到明确的依据，项目实施机构对能否通过合同谈判解决招标灵活性差的问题心存顾虑。期待法律进行修改以便能更好地符合 PPP 招标的实际。

3. PPP 项目的政府采购程序

PPP 项目政府采购的一般程序如下：PPP 项目的一般采购流程包括资格预审、采购文件的准备和发布、提交采购响应文件、采购评审、采购结果确认谈判、签署确认谈判备忘录、成交结果及拟定项目合同文本公示、项目合同审核、签署项目合同、项目合同的公告和备案等若干基本环节。

（1）资格预审。根据《政府和社会资本合作项目政府采购管理办法》（以下简称《PPP 项目采购办法》）第五条，PPP项目采购应当实行资格预审。项目实施机构应当根据项目需要准备资格预审文件，发布资格预审公告，邀请社会资本和与其合作的金融机构参与资格预审，验证项目能否获得社会资本响应和实现充分竞争。

一般的政府采购中，资格预审并非采购的必经前置程序，然而，PPP项目中，无论采取何种采购方式，均应进行资格预审程序。这是由于PPP项目作为一种新型的政府采购服务，建立了政府与企业间的长期合作关系，政府希望通过前置的资格预审程序，实现项目实施机构对参与PPP项目的社会资本进行更为严格的筛选和把控，保障项目安全。

根据《招标投标法实施条例》、113号文和《PPP项目采购办法》等规定，PPP项目资格预审流程如图2-6所示。

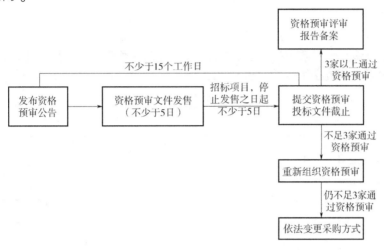

图2-6　PPP项目政府采购资格预审的一般流程

（2）公开招标和邀请招标。根据《政府采购法》《政府采购法实施条例》《政府采购货物和服务招标投标管理办法》、113号文和《PPP项目采购办法》等规定，通过公开招标及邀请招标方式采购PPP项目的流程如图2-7所示。要通过公开招标的方式公开、公平、公正地以竞争性方式遴选社会资本。当然，因为PPP项目的特殊性，有的地方是把PPP项目作为招商引资的形式来与

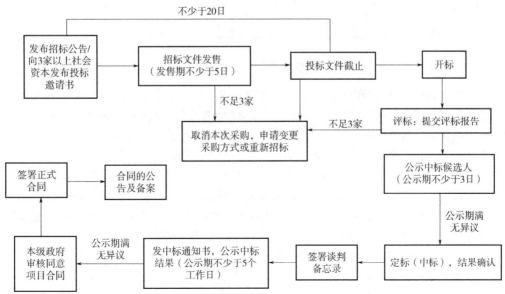

图2-7　公开招标及邀请招标方式采购PPP项目的一般流程

政府合作的。所以有一种说法，说某些 PPP 项目招标就是走形式，早就内定了，谁早期没介入，谁就没有机会中标。这种认识是片面的，PPP 项目在实施方案拟定阶段确实需要接触社会资本并征询社会资本意见，但是方案成熟后，在招标采购程序上依然是公开公正的，带有一定竞争性的，谁综合实力强，投标方案优，谁中标可能性就大。

PPP 项目采购评审采用综合评分法。项目实施机构应当综合考虑社会资本竞争者的技术方案、商务报价、融资能力等因素合理设置采购评审标准，确保项目的长期稳定运营和质量效益提升。

在遴选社会资本方评标标准设定等方面，要客观、公正、详细、透明，禁止排斥、限制或歧视民间资本和外商投资。公开招标中，评审因素应当细化和量化，且与相应的商务条件和采购需求对应。商务条件和采购需求指标有区间规定的，评审因素应当量化到相应区间，并设置各区间对应的不同分值。

（3）竞争性谈判。根据《政府采购法》《政府采购法实施条例》、113 号文、《政府采购非招标采购方式管理办法》和《政府和社会资本合作项目政府采购管理办法》等规定，通过竞争性谈判方式采购 PPP 项目的流程如图 2-8 所示。

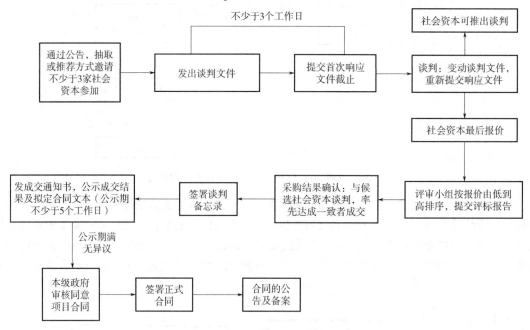

图 2-8　竞争性谈判方式采购 PPP 项目的流程

就竞争性谈判和竞争性磋商采购方式，需要特别说明是：《政府采购法》规定的政府采购方式并不包括竞争性磋商，竞争性磋商是财政部于 2014 年依法创新的政府采购方式。竞争性磋商和竞争性谈判相比，二者关于采购程序、供应商（即 PPP 项目中的社会资本，下同）来源方式、采购公告要求、响应文件要求、磋商或谈判小组组成等方面的要求基本一致。

（4）竞争性磋商。竞争性磋商的特点在于确定最终采购需求方案时，评审小组可以与社会资本进行多轮谈判，谈判过程中可实质性修订采购文件的技术、服务要求以及合同草案条款（采购文件中规定的不可谈判核心条件的除外）；候选社会资本的名单是以评审小组对社会资本提交的最终响应文件进行综合评分排序的；最后再确认谈判环节项目实施机构，成立专门的采购结果确认谈判工作组。按照候选社会资本的排名，依次与候选社会资本及与其合作的金融机构就合同中可变的细节问题进行合同签署前的确认谈判，率先达成一致的即为中选者。这种模式就不再是以最低报价中标，这就形成了政府与投资人之间的双向选择，在政府推进 PPP 合作模式的当下，竞争性磋商这种模式适应当前大量政府服务采购需求。

根据《政府采购法》《政府采购法实施条例》、113 号文、《政府采购竞争性磋商采购方式管理暂行办法》和《PPP 项目采购办法》等规定，通过竞争性磋商方式采购 PPP 项目的流程如图 2-9 所示。

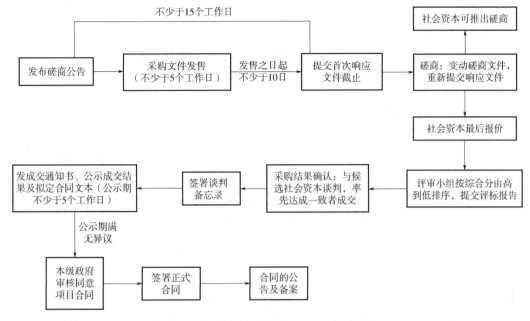

图 2-9　竞争性磋商方式采购 PPP 项目的流程

但是，在采购评审阶段，竞争性磋商采用了类似招标采购方式中的"综合评分法"，从而区别于竞争性谈判的"最低价成交"。财政部有关负责人在就《政府采购竞争性磋商采购方式管理暂行办法》《PPP 项目采购办法》有关问题答记者问中解读："之所以这样设计，就是为了在需求完整、明确的基础上实现合理报价和公平交易，并避免竞争性谈判最低价成交可能导致的恶性竞争，将政府采购制度功能聚焦到'物有所值'的价值目标上来，达到'质量、价格、效率'的统一。"

根据《政府采购非招标采购方式管理办法》和《政府采购竞争性磋商采购方式管理暂行办法》的一般性规定，供应商的来源方式均包括以下三种：

1）采购人/采购代理机构发布公告。

2）采购人/采购代理机构从省级以上财政部门建立的供应商库中随机抽取。

3）采购人和评审专家分别以书面推荐的方式邀请符合相应资格的供应商参与采购。

但是，针对采用竞争性磋商方式进行采购的 PPP 项目，113 号文第十七条第二款规定，"项目采用竞争性磋商采购方式开展采购的，按照下列基本程序进行：（一）采购公告发布及报名：竞争性磋商公告应在省级以上人民政府财政部门指定的媒体上发布……"

上述 113 号文规定中，供应商的来源仅涉及通过发布公告一种方式，而并未涉及采购人/采购代理机构从供应商库中随机抽取及采购人和评审专家分别书面推荐邀请两种方式。

上述规定究竟为立法疏漏抑或是相关立法针对 PPP 项目采购的特别规定，财政部目前出台的相关文件中尚未给出答案；而在实务操作中，对于以竞争性磋商方式进行采购的 PPP 项目，对于上述文件，我们通常从严格解释的角度建议项目实施机构以发布公告作为供应商的唯一来源方式。

（5）单一来源采购。单一来源采购是指只能从唯一供应商处采购、不可预见的紧急情况、为了保证一致或配套服务从原供应商添购原合同金额 10% 以内的情形的政府采购项目，采购人向特定的一个供应商采购的一种政府采购方式。即适合单一来源采购的条件比较苛刻，只有满足上述三种条件之一时才能适用。

根据《政府采购法》《政府采购法实施条例》、113号文、《政府采购非招标采购方式管理办法》和《PPP项目采购办法》等规定，通过单一来源采购方式采购PPP项目的流程如图2-10所示。

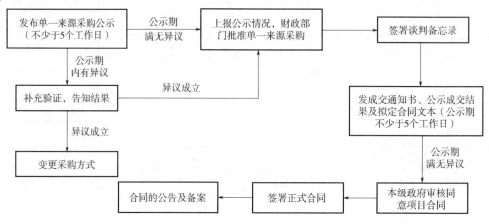

图2-10　PPP项目采购方式单一来源采购流程

4. 招标与采购程序的风险

不管是基础设施的特许经营招标还是PPP项目的政府采购，在程序上均存在风险：

（1）公开招标和竞争性磋商在PPP项目实操中面临的问题与困惑。依据《招标投标法》，招标分为公开招标和邀请招标。《政府采购法》第二十六条规定，政府采购方式包括公开招标、邀请招标、竞争性谈判、单一来源采购、询价和国务院政府采购监督管理部门认定的其他采购方式。根据《政府采购竞争性磋商采购方式管理暂行办法》（财库［2014］214号）的规定，增加了竞争性磋商采购方式。根据《政府采购非招标采购方式管理办法》（财政部令第74号）第二条规定，非招标采购方式是指竞争性谈判、单一来源采购和询价采购方式。即：无论是《招标投标法》体系还是《政府采购法》体系，均认为公开招标和邀请招标属于招标方式，除此以外的采购方式均属于非招标采购方式。

财政部《关于印发政府和社会资本合作模式操作指南（试行）的通知》（财金［2014］113号）、关于印发《政府和社会资本合作项目政府采购管理办法》的通知（财库［2014］215号）提出：PPP项目采购方式包括公开招标、邀请招标、竞争性谈判、竞争性磋商和单一来源采购。由此可见，上述五种采购方式中，前两种属于招标方式，后三种属于非招标采购方式。

1）磋商谈判环节易形成风险。为提高采购过程的灵活性，促进政府和社会资本合作并更好地实现共赢，增设磋商环节。在磋商环节，磋商小组可以集中与单一供应商分别谈判，视需要修改磋商文件；潜在社会资本根据修改后的磋商文件，可以重新提交响应文件和最后报价。根据不同的情况分为以下三种情形：

一是经采购人代表确认，磋商小组磋商后对磋商文件中的技术、服务要求以及合同草案条款可以作实质性变动。基于PPP项目特点及其在政府工作中的重要性和关注度，磋商文件在发售前必须经过实施机构和政府相关部门多方的确认。因此，磋商文件实质性变动内容通常会涉及重要交易条款，采购人代表在短时间内无法完成系统调研和分析，迫于时间压力，只能仓促地做出决定，给项目成功落地和实施留下隐患。

二是对于能够详细列明采购标的的技术、服务要求的磋商文件，如磋商后磢商文件的技术、服务要求以及合同草案条款发生变动，则参加磋商的供应商需要在规定时间内提交最后报价。对于绝大部分社会资本，PPP项目的最初报价均需经过公司高层领导慎重研究和测算后确定，如要求在短时间内对其进行调整并提供最后报价，可能使社会资本的决定无法充分考虑自身能力和利益，为 PPP 合同的实施留下风险隐患。

三是对于采购前不能详细列明采购标的的技术、服务要求的项目，如采用竞争性磋商方式，效果可能适得其反。PPP 项目在采购前若未进行充分论证，不确定性较大，则在磋商时，容易造成参与各方磋商标准和基础不一致，导致反复拉锯战，最后不仅达不到简化采购程序的目的，反而使采购过程久拖不决，大大增加了交易成本。

2）磋商底线难以把控。在采用竞争性磋商方式选择社会资本时，可以实质性变动采购需求中的技术、服务要求以及合同草案条款，实操过程中，由于可实质性变动的标准和内容在采购前未经过充分论证且未予以明确，使得磋商底线难以把控，采购人和采购代理机构对于磋商内容和尺度难以界定，实际磋商过程中操作方式也比较混乱。磋商底线把控困难，导致 PPP 采购的公正性和规范性大打折扣，很大程度影响采购时间和采购效率，甚至最终导致采购失败。

3）整体采购周期短的优势无法有效发挥。根据财库〔2014〕214 号文，采用竞争性磋商方式时，自采购文件发出之日起，至初次提交响应文件截止之日止，不得少于 10 日，采购周期相关的强制规定时间较短，符合 PPP 项目主要参与方急于推进项目的要求，但与 PPP 项目自身特点不相适应。PPP 项目涉及的交易结构、边界条件和技术服务内容比较复杂，响应文件的编制时间通常较长。如果社会资本未对 PPP 项目进行充分论证即参与磋商，易造成后续磋商周期大幅延长、甚至磋商无果，也增加了项目后续落地实施的风险。

（2）"两招并一招"模式缺乏上位法支撑。目前，大部分将工程勘察、设计、采购、施工等纳入交易范围的 PPP 项目，在采用竞争性磋商方式采购社会资本时，在社会资本确定后，不再对工程建设部分进行招标，直接由具备相应资质的社会资本自行承揽工程建设及其相关任务，即所谓"两招并一招"。

结合财金〔2016〕90 号文第九条规定："对于涉及工程建设、设备采购或服务外包的 PPP 项目，已经依据政府采购法选定社会资本合作方的，合作方依法能够自行建设、生产或者提供服务的，按照《招标投标法实施条例》第九条规定，合作方可以不再进行招标。"根据该条规定，对于采用招标方式实现"两招并一招"提供了政策依据，而竞争性磋商属于非招标采购方式，因此采用竞争性磋商方式采购社会资本的"两招并一招"在模式上缺乏上位法的有力支撑。

（3）PPP 项目招标与采购和传统的项目招标采购程序有较大的不同。PPP 项目的招标与政府采购的工程招标相比，还是有很大区别的。PPP 项目的招标与采购业务链更长、涉及的专业也更多。

1）招标标的是不一样的。PPP 项目的标的内涵更广泛，它要求提供的是一种运营模式或管理模式，包含了投资、建设和运营等多项相互之间内在关系复杂的内容，远比单纯的工程、设备或服务采购的要求要高。通常的政府采购合同以交易方面的合同为主，而 PPP 项目包含了一个复杂的合同体系，既包括公法也包括私法，涉及的法律部门相对多得多。地方政府重视 PPP 项目，往往由政府主要领导亲自负责，项目参与方更多，因此对代理机构人员的综合素质要求更高，项目负责人除需具有较高的专业技能外，还应具备较高的沟通和协调能力。

2）与传统的政府采购项目招标相比，PPP 项目招标涉及的领域更宽。不同的项目特点和需求所采用的合作模式和运作方式均不相同，因此 PPP 项目的招标更为复杂。PPP 项目招标是从传统的重程序向咨询型、专业化、复合创新型的全过程服务的转化。PPP 项目牵涉的面广，复杂程度也高，对法律、财务、投资和工程等相关专业要求都很高。

由于 PPP 项目周期较长，政策环境目前还不完善、项目审批流程比较复杂，PPP 项目的参与者一般是资本密集型加技术与管理密集型的专业机构。因此，招标代理机构应当根据 PPP 项目的采购需求特点，依法选择适当的采购方式，以适用政府采购 PPP 项目，让 PPP 项目采购更具可操作性。

PPP 项目具备以往政府采购项目所没有的项目特征。在实施 PPP 项目采购时，与政府采购招标也有区别：一是 PPP 项目采购要求先实行资格预审，以验证项目能否获得社会资本响应和实现充分竞争；二是 PPP 项目的供应商资格条件是社会资本；三是 PPP 项目的合同文本与以往政府采购项目有所不同。PPP 项目的采购合同必须报请本级人民政府审核同意后方才生效。而以往的货物、服务类政府采购项目，中标（成交）供应商拿着领到的中标（成交）通知书即可与采购人协商签订合同，然后按合同履约。

三、 PPP 项目招标文件及编制

1. 一般 PPP 项目招标文件

（1）招标文件的重要性。招标文件是招标人向潜在投标人发出并告知项目需求、招标投标活动规则和合同条件等信息的要约邀请文件，是项目招标投标活动的主要依据，对招标投标活动各方均具有法律约束力。招标文件是国家相关法律规范、规章制度在 PPP 项目中的表达和体现，也是招标方技术需求和商务需求的说明书。

招标文件既应该合法合规，也应该完整、科学、合理。同时，招标文件也是联系招标人、投标人的根本性纽带，招标文件是告诉投标人工程、货物、服务、合同等要求的纲领性文件，说是招标过程中的"宪法"也不为过，在招标采购过程中起着至关重要的作用。

招标文件是招标人根据招标项目的特点和需要，将招标项目的特征、技术要求、服务要求和质量标准、工期要求、对投标人组织实施要求、投标报价要求和评标标准等所有实质性要求和条件以及拟签订合同的主要条款进行展示和概括的文件。是投标人准备投标文件和参加投标的依据，是招标投标活动当事人的行为准则，也是评标委员会评审投标文件中推荐中标候选人的重要依据，是合同签订的主要依据和组成部分，是一份具有法律效力的文件。

本章所论述的招标文件，还涵盖了资格预审文件。由于 PPP 项目的独特性，招标文件中也包含了特许经营协议，所以将特许经营协议也进行分析和论述。前述章节已经论述，PPP 项目分基础设施特许经营类和政府采购类，相应的法律法规通过《招标投标法》和《政府采购法》来规范和约束。由于基础设施特许经营类的 PPP 项目大都是建设工程，走的工程招标的路线，本章将重点放在政府采购类的招标文件论述上。按约定俗成的说法，政府购买服务类的 PPP 项目，一般不叫招标文件而叫采购文件，但本章或本书并没有严格区分招标文件或采购文件的说法。

（2）PPP 项目招标文件的编制要求。PPP 项目一般都是大型项目，特别是入选国家级 PPP 项目库的推介项目，投资大、建设期长、分项工程多、涉及领域广、复杂程度高、不同行业的技术标准和管理要求差异大、不可预测因素多。为选择合适且综合实力强的合作伙伴，PPP 项目采购采用公开招标方式的较为常见，招标程序与招标文件的编制也更严谨。值得注意的是，无论是哪类 PPP 项目的招标或采购，国家层面或部门都没有标准或统一的 PPP 招标文件，目前尚无标准文本可循，但一些地方政府有类似的招标标准文件发布。

PPP 项目采购分三步走，其招标文件由资格预审文件、采购文件和 PPP 项目协议三部分组成。这三部分是投标人编制投标文件的依据，是评审专家的评审依据，也是项目合作期内处理一系列经济纠纷的法律依据。

编制招标文件必须做到"五清楚"。

一是招标范围要清楚。招标文件中，关于 PPP 项目的建设内容、建设规模，不仅要对每项分项工程进行准确地表述，还要有明确的数量及规模。

二是招标条件及条件的边界要清楚。招标条件包括投标人为承接本项目所必备的资格资质等，以及其他有针对性的特殊要求。其中有些条件是招标文件发出后不可修改、不可谈判的核心条件，招标人应认真研究确定。如，条件是什么，边界在哪里，技术经济参数是多少，均应有定性与定量的界定。例如某大型高速公路工程，设置的资质条件为"有公路工程施工总承包一级或以上资质"，设置的业绩条件为"有 2 个（含）以上总投资不低于 5 亿元的类似工程业绩"等。

三是评分标准要清楚。中标候选人及排序是评审专家通过对投标文件响应招标条件程度并加以量化，再依据评分标准由高分至低分确定的。响应招标条件程度至哪一个量化分值可得 10 分，至哪一个量化分值可得 8 分，应界线分明。其中，有选择余地且主观意识强的内容分值可设区间值，如某方案的分值设为 15～20 分，以便评审专家发挥独立评审能力，依据专业、经验作出判断。

四是加分、扣分及废标条件要清楚。这些关键要素若设置不当，易导致评审专家判断不准，将原本较为理想的投标人拒之门外，或招致质疑投诉。

五是采购结果确认谈判的底线要清楚。谈判底线包括不可谈判的核心条件，以及项目合同中可变细节的内容与区间值。这两条底线有的已明确在招标文件中，有的则需谈判小组临场研究决定。

（3）PPP 项目招标文件的常见风险。

1）法律风险。

①时间方面的风险。

a. 资格预审文件或招标文件发售期的法律风险。对于基础设施类特许经营的 PPP 项目，是否属于依法必须进行招标的项目，还是属于自愿招标的项目，根据《基础设施和公用事业特许经营管理办法》第十五条的规定，如果该政府与社会资本合作模式（PPP）项目建设运营标准和监管要求明确、有关领域市场竞争比较充分的，应当通过招标方式选择特许经营者。根据《招标投标法实施条例》第十六条的规定："招标人应当按照资格预审公告、招标公告或者投标邀请书规定的时间、地点发售资格预审文件或者招标文件。资格预审文件或者招标文件的发售期不得少于 5 日。"但是，在招标人或招标代理机构编制政府与社会资本合作模式（PPP）项目招标文件或资格预审文件时，往往为了提前结束招标投标工作，忽略了法定的招标文件或资格预审文件发售期，往往少于 5 日。

同时值得注意的是，本条针对的是所有的招标项目，不管是依法必须进行招标的项目，还是自愿招标的项目，资格预审文件或者招标文件的发售期均不得少于 5 日。

对于政府采购类的 PPP 项目，从审慎合规的角度出发，还是建议将提交资格预审申请文件的时间，留足到自资格预审文件停止发售之日起不少于 5 日的期限，从而避免相应的法律风险。

b. 招标文件提交期限的法律风险。根据《招标投标法》第二十四条的规定："招标人应当确定投标人编制投标文件所需要的合理时间；但是，依法必须进行招标的项目，自招标文件开始发出之日起至投标人提交投标文件截止之日止，最短不得少于 20 日。"因此，如果以招标的方式选择基础设施特许经营类的 PPP 项目，建议将招标文件的提交期限留足至少 20 日。

c. 对资格预审文件或招标文件异议期的法律风险。根据《招标投标法实施条例》第二十二条的规定："潜在投标人或者其他利害关系人对资格预审文件有异议的，应当在提交资格预审申请文件截止时间 2 日前提出；对招标文件有异议的，应当在投标截止时间 10 日前提出。招标人应当自收到异议之日起 3 日内作出答复；做出答复前，应当暂停招标投标活动。"

②审查标准和方法的风险。

a. 资格预审文件与招标文件是否编制为同一份文件。为加强招标工作管理，规范招标文件的编制工作，2017 年 9 月 4 日，国家发改委会同交通运输部等九部委，以发改法规［2017］1606 号的形式，共同发布了新修订和完善的《标准设备采购招标文件》《标准材料采购招标文件》《标准勘察招标文件》《标准设计招标文件》《标准监理招标文件》（以下如无特别说明，统一简称为《标准文件》），《标准文件》自 2018 年 1 月 1 日起实施。

对于基础设施类特许经营的 PPP 项目，《标准文件》将资格预审文件与招标文件合二为一。而发改委等五部委发布的《基础设施和公用事业特许经营管理办法》在选择社会资本时，并没有强调是否要进行资格预审。但是，我们知道，按财政部的《政府和社会资本合作项目政府采购管理办法》，PPP 项目是要进行这个预审的。这里面是有风险的。因此，从审慎、合理、合法等的角度出发，建议将资格预审文件与招标文件分开制作，不要合在一起，除非是采取资格后审的方式。

b. 编制资格预审审查标准和方法中的法律风险。根据《招标投标法实施条例》第十八条第一款的规定："资格预审应当按照资格预审文件载明的标准和方法进行。"因此，招标人或招标代理机构在编制资格预审文件时，对资格预审审查的标准和方法，必须详细、具体、明确、可操作。如《标准文件》第三章详细列出了资格审查办法前附表、审查方法、审查标准（初步审查的标准与详细审查的标准等）、审查程序、审查结果等。

根据《招标投标法实施条例》第十九条的规定："资格预审结束后，招标人应当及时向资格预审申请人发出资格预审结果通知书。未通过资格预审的申请人不具有投标资格。通过资格预审的申请人少于 3 个的，应当重新招标。"

2）技术风险。

①招标文件描述表达不准的风险。招标投标实质上是一种买卖的交易，这种买卖完全遵循公开、公平、公正的原则，必须按照法律法规规定的程序和要求进行。招标文件应该将招标人对所需产品名称、规格、数量、技术参数、质量等级要求、工期、保修服务要求和时间等各方面的要求和条件完全准确表述在招标文件中，这些要求和条件是投标人做出回应的主要依据。招标文件中没有规定的标准和方法不得作为评标的依据。这一规定，招标文件若描述不准确，则投标人也许无所适从或胡乱应付。

为防止因为招标文件描述不准确而给招标人带来法律责任和经济、时间上的损失，在编制招标文件时，应非常清楚了解项目特点和需要，项目前期筹备单位或实施机构应高度重视对招标文件的编制、研讨会审、修订工作，必要时邀请专家和政府有关部门进行论证，尽量使招标文件做到"详""尽""准"。

②招标文件中合同条款或特许经营协议拟定不完善引起的风险。招标文件是招标人和投标人签订合同的基础，招标文件中完整、严谨的合同条款或特许经营协议应尽量完善，有一定的预见性和前瞻性，应考虑社会环境的变化。招标人或采购人应在合同或特许经营协议中约定好各自的权利和义务，明确各自的风险以及应对纠纷的处理方式。在一般的合同或特许经营协议中，通用条款一般不可变动，但专用条款是可以尽量完善的。

比如，办理各种施工许可和征地的时间要求以及因为各种不可抗外力所造成的工期延误所造成的损失，该如何认定或索赔，应在合同和协议中进行完善。

3）合同价格风险。特许经营协议或合同中，有关价格的变动或特许经营期限的变化，要特别注意。此外，为防止低价中标和抢标的出现，招标文件应规定对于低于成本价的具体约定。一些比较有益的经验是，有些招文规定投标人低于最高控制价的 80%，则要求提供详细的说明分析或已有的合同来进行佐证；有的招文规定投标价不能低于其他有效投标人平均报价的 80%（具体可根据实际情况变动），否则应做出书面分析。

2. 基础设施特许经营类 PPP 项目的招标文件

2017 年，是我国招标投标领域法律法规密集出台和变化较大的一年。十八大以来，全面深化改革不断深入，简政放权、放管结合、优化服务"三管齐下"，取得了阶段性进展，有必要将改革成果纳入招标投标领域相关标准文本，这是适应全面深化改革的需求。

2017 年，我国对《招标投标法》进行了修订。此外，作为建设领域和工程交易领域的配套条例和实施意见也密集出台。2017 年 2 月 21 日，《国务院办公厅关于促进建筑业持续健康发展的意见》（国办发［2017］19 号）发布。2017 年 9 月 4 日，发改委等 9 部委以发改法规［2017］1606 号的形式，发布了《标准设备采购招标文件》《标准材料采购招标文件》《标准勘察招标文件》《标准设计招标文件》《标准文件》。《标准文件》自 2018 年 1 月 1 日起实施。

2017 年 11 月 23 日，《招标公告和公示信息发布管理办法》（国家发展改革委第 10 号令）发布，2018 年 1 月 1 日施行。此外，住建部、财政部也发布了各种文件和办法。如《住房城乡建设部关于印发工程造价事业发展"十三五"规划的通知》（建标〔2017〕164 号）、《住房城乡建设部关于加强和改善工程造价监管的意见》（建标〔2017〕209 号）、《建筑市场信用管理暂行办法》（建市〔2017〕241 号）、《建设工程质量保证金管理办法》（建质〔2017〕138 号）（住建部、财政部）、《建筑工程设计招标投标管理办法》（住建部令 2017 年第 33 号）等。这些办法和意见对促进我国招标投标的顺利发展，适应招标投标工作的正常开展发挥了重要作用。

前面已经反复介绍过，基础设施特许经营类的 PPP 项目，国家层面的标准招标文件是不存在的。但基础设施类的 PPP 项目几乎都是工程交易项目，因此，目前的情况是适用工程招标的招标文件。但这类 PPP 项目毕竟不是普通的工程项目，完全套用工程招标文件其实并不合适。

基础设施类的 PPP 项目其核心特征之一是具有长期性，即双方通过对权利和义务关系的明确，并在此基础上进行深入合作获得相应而稳定回报，合作周期可能长达 30 年，这是其他任何一般的建设工程项目所不具备的。此外，在 PPP 项目中，公共部门与私营部门合理分担风险的这一特征，是其区别于公共部门与私营部门其他交易形式的显著标志。还有牵涉融资、收费等其他方面的特性。因此，在招标文件中，必须明确、准确地列出特许经营协议。

（1）招标文件的一般内容。一般来说，招标文件的内容应包括以下几个方面：

1）投标人须知：招标说明；项目概况；特许经营内容；投标人资格要求；投标文件编制要求；投标要求；开标评标安排；投标有效期；评标方法和标准；要求投标人提交的投标函、授权委托书、投标保证金等担保形式；进行国际招标的，有关文件中语言文字的使用和解释。

2）特许经营项目基本情况、相关条件及主要经济技术指标要求。

3）特许经营者应当具备的条件。

4）基础资料，主要包括投标人应提交的有关方案（开发方案、设计方案、融资方案、货物和服务采购方案、运营方案、移交方案等），项目可行性研究报告、图纸及有关资料。

5）要求投标人提交的投标函、授权委托书、投标人资格和资信证明、投标保证金或者其他担保形式。

6）特许经营协议的主要条款。

7）特许经营项目产品或提供服务的价格要求及其计算方法；采用国际招标的，应当规定报价的货币及其汇率计算要求、汇率风险责任等。

8）其他需要说明的问题。

《基础设施和公用事业特许经营管理办法》规定，实施机构应当在招标或谈判文件中载明是否要求成立特许经营项目公司。关于特许项目经营公司的设立，是招标文件编制的重点，下面将重点论述。

招标公告的内容主要包括：项目概况、特许经营内容、投标人的资格条件、招标人的名称和地址、获取招标文件的方法和途径、递交投标文件的方法和途径、投标截止时间以及其他需要在招标公告中说明的事项。

采用邀请招标方式的，应当向三个以上具备承担特许经营项目能力、资信良好的法人或者其他组织发出投标邀请书。

如果需要对招标文件进行澄清或修改，则应以书面的形式，且应进行公告。对招标文件的修改，应当作为招标文件的组成部分。修改内容涉及改变招标方案有关内容的，应当报实施机关审定。

在投标截止时间至少 15 日前，应当将招标文件中澄清或者修改的内容，以书面形式通知所有招标文件的收受人。

（2）资格预审文件的内容。资格预审文件主要包括以下内容：项目主要情况与要求、有关政府承诺、资格预审方法、资格要求及入围条件、投标申请人应提交的资料、文件目录及其有关格式规定与要求等。

根据项目特点，需要进行资格预审的，应当发布资格预审公告。资格预审公告至少应该包括项目名称、特许经营内容、资格预审文件获取方式、资格预审申请书的提交方式和地点以及其他需要公告的内容。

资格预审应当严格按照预审文件中规定的标准和方法来确定预审入围者。资格预审结束后，实施机关向预审入围者发出资格预审合格通知书，同时将资格预审结果告知其他申请人。

（3）特许经营 PPP 项目招标文件的编制难点。

1）是否设立项目公司及注册资金的规定。PPP 项目，根据具体情况可以选择是否设立项目公司。如果设立项目公司，则需要考虑项目公司注册资本的具体金额。对于如何合理设置项目公司注册资本的具体金额，在实际操作中，出现了不同的情况，有的将项目资本金等同于项目公司注册资本，完全按照项目资本金的金额设置项目公司注册资本，而有的又远远低于项目资本金。

项目公司注册资本与项目资本金属于完全不同的两个概念。项目公司注册资本具体金额由股东认缴。自 2013 年 12 月 28 日《全国人民代表大会常务委员会》关于修改〈中华人民共和国海洋环境保护法〉等七部法律的决定》以后，除特殊类型的公司外，公司的注册资本的具体金额由股东认缴，不存在法律、法规或政策规定的最低金额限制。如《中华人民共和国公司法》第二十六条的规定："有限责任公司的注册资本为在公司登记机关登记的全体股东认缴的出资额。法律、行政法规以及国务院决定对有限责任公司注册资本实缴、注册资本最低限额另有规定的，从其规定。"因此，对于 PPP 项目成立的项目公司，从《中华人民共和国公司法》的角度来说，注册资本为 100 万元，或 1000 万元，或 10 亿元，均未违反法律的规定。

项目资本金的具体金额不得低于规定的项目资本金的比例，我国最早在《国务院关于固定资产投资项目试行资本金制度的通知》（国发［1996］35 号）中予以定义和规定："投资项目资本金，是指在投资项目总投资中，由投资者认缴的出资额，对投资项目来说是非债务性资金，项目法人不承担这部分资金的任何利息和债务；投资者可按其出资的比例依法享有所有者权益，也可转让其出资，但不得以任何方式抽回。"并要求从 1996 年开始，对各种经营性投资项目，包括国有单位的基本建设、技术改造、房地产开发项目和集体投资项目，试行资本金制度，投资项目必须首先落实资本金才能进行建设。个体和私营企业的经营性投资项目参照本通知的规定执行。公益性投资项目不实行资本金制度。外商投资项目（包括外商独资、中外合资、中外合作经营项目）按现行有关法规执行。

在投资项目的总投资中，除项目法人（依托现有企业的扩建及技术改造项目，现有企业法人即为项目法人）从银行或资金市场筹措的债务性资金外，还必须拥有一定比例的资本金。

因此，虽然 PPP 项目的项目公司注册资本的具体金额可以相对任意设置，但 PPP 项目的项目资本金，国务院规定了最低比例，不得突破也不得随意设置，在 PPP 项目公司注册资本具体金额的设置上，就需要根据 PPP 项目的具体情况，综合考虑政府方和拟以什么方式吸引社会资本方的情况，以及财务测算情况，具体予以设置。

一句话：项目公司注册资本，可高于项目资本金，可等于项目资本金，也可少于项目资本金。具体多少金额，须结合 PPP 项目具体情况予以确定。只要合法、合规、合理即可。

2）合作期满后项目公司的股权的处理。PPP 项目合同属于 PPP 项目招标文件的重要组成部分，在 PPP 项目合同中，一般会约定是否成立项目公司。如果成立项目公司的，一般由社会资本控股项目公司，项目合作期满后，社会资本一般将项目公司持有的项目全部资产、资料、设备等无偿移交给政府方。但是对于合作期满后项目公司的股权该如何处理，实践中出现了各种不同的方式。

①留白，不约定 PPP 项目公司的股权该如何处理。对于此种留白的规定，如果没有在成立项目公司的《公司章程》及其《出资协议》中再予以补充规定，笔者不太建议此种方式，理由

如下：

一是项目公司的股权属于无形资产。当然，合作期满后将项目的全部资产、设备、权益等移交给政府方后，项目公司有可能是一个"空壳公司"，甚至有可能因还有未偿还的负债导致项目公司的股权是"负资产"。但不管如何，应对此股权的处理予以约定，而不应留待其"自生自灭"。

二是项目公司终有解散清算的一天。项目公司均有经营期限，经营期限一般等于或大于PPP项目的合作期限。根据《中华人民共和国公司法》第一百八十条的规定："公司因下列原因解散：（一）公司章程规定的营业期限届满或者公司章程规定的其他解散事由出现……"项目公司经营期满解散的，应当在解散事由出现之日起十五日内成立清算组，开始清算。公司清算后，有可能社会资本持有的项目公司的股权还享有相应的剩余财产可供分配。那么，就应当对项目合作期满后项目公司的股权该如何处理，做出相应的约定。

②回购，由政府方回购PPP项目公司的股权。第一种情况是合作期内逐年回购社会资本持有项目公司的股权，合作期满日回购完毕。第二种情况是合作期限内出现约定的特定条件，由政府方回购项目公司的股权。第三种情况是合作期满后将项目公司的股权以一定的价格转让给政府方。

③无偿转让，社会资本将其持有的PPP项目公司的股权全部无偿转让给政府方。比如某水利枢纽PPP项目，在其招标文件中所附PPP项目合同中如此规定："特许经营期限届满，项目公司取得的经营权终止，并无偿移交发起人退出，且社会资本方持有的项目公司股权无偿移交发起人或发起人指定的单位。"但是，采取此种方式的前提是项目公司须作为独立法人，项目公司自负盈亏，在PPP项目合作期限内，项目公司会存在负债及或有负债情况，对此需要规定合作期满后社会资本方促使项目公司或代项目公司偿还完毕全部债务且对债务有一定的担保措施后，才可予以使用。否则，政府方承接的有可能是一个资不抵债的项目公司。

因PPP项目的复杂性，对于具体的PPP项目，应视该PPP项目的具体情况，区别予以处理。但值得注意的是，相关的设置须满足合法性和合规性，对于"通过保底承诺、回购安排、明股实债等方式进行变相融资，将项目包装成PPP项目"的股权回购安排，则属于财政部禁止之列。对于其他方式的股权处理，在风险合理分担、风险可控的前提下，须审慎予以约定。

3. 政府采购类PPP项目的采购文件

PPP项目采购方式包括公开招标、邀请招标、竞争性谈判、竞争性磋商和单一来源采购。项目实施机构应当根据PPP项目的采购需求特点，依法选择适当的采购方式。公开招标主要适用于采购需求中核心边界条件和技术经济参数明确、完整、符合国家法律法规及政府采购政策，且采购过程中不作更改的项目。

（1）采购方式的资格预审文件。

1）资格预审的法律规定。按照财政部《政府和社会资本合作项目政府采购管理办法》（财库[2014] 215号文）第五条的规定，PPP项目应当实行资格预审。"PPP项目采购应当实行资格预审。项目实施机构应当根据项目需要准备资格预审文件，发布资格预审公告，邀请社会资本和与其合作的金融机构参与资格预审，验证项目能否获得社会资本响应和实现充分竞争"。这表明，按照财政部的规定，PPP项目采购必须实行资格预审，资格预审为"规定动作"，必不可少，且强制使用。

与非PPP项目政府采购其他招标方式不同的是，PPP项目的资格预审除了要发布资格预审公告外，还应当准备资格预审文件并发放。因为财政部门对此没有详细的界定，在实践中，有一些项目并未严格实施资格预审，而是采用资格后审或者模糊用语的"资格审查"。有的采购代理机构进行了资格预审，但并没有发放资格预审文件。PPP项目对社会资本的资格条件要求比较综合，一般都要求有融资、投资、建设、运营等各种能力，因此，笔者认为PPP项目进行资格预审也是必须的。

资格预审公告应当在省级以上人民政府财政部门指定的政府采购信息发布媒体上发布。资格预审合格的社会资本在签订 PPP 项目合同前资格发生变化的，应当通知项目实施机构。资格预审公告应当包括项目授权主体、项目实施机构和项目名称、采购需求、对社会资本的资格要求、是否允许联合体参与采购活动、是否限定参与竞争的合格社会资本的数量及限定的方法和标准，以及社会资本提交资格预审申请文件的时间和地点。

2）编制资格预审文件的要点。

①公告发布媒介明确。财金〔2014〕113 号明确约定，资格预审公告应在省级以上人民政府财政部门指定的媒体上发布。根据 2017 年 10 月 1 日施行的《政府采购货物和服务招标投标管理办法》（以下简称"财政部令第 87 号"）第十六条规定，资格预审公告内容应当以省级以上财政部门指定媒体发布的公告为准，而且公告期限自省级以上财政部门指定媒体最先发布公告之日起算。明确的公告媒介，利于潜在的社会资本关注 PPP 项目的开展，把握 PPP 项目资格预审的进程。

②申请文件提交时间准确。《中华人民共和国政府采购法实施条例》（以下简称《政府采购法实施条例》）第二十一条规定，提交资格预审申请文件的时间自公告发布之日起不得少于 5 个工作日。财政部令第 87 号第十六条规定，招标公告、资格预审公告的公告期限为 5 个工作日。

而 PPP 项目的资格预审，不同于上述政府采购或一般工程项目的资格预审，其资格预审文件响应期相对长些，在财金〔2014〕113 号文中约定，提交资格预审申请文件的时间自公告发布之日起不得少于 15 个工作日。《政府和社会资本合作项目政府采购管理办法》（财库〔2014〕215 号文）规定，提交资格预审申请文件的时间自公告发布之日起不得少于 15 个工作日。之所以如此规定，是因为：PPP 项目投资规模大，涉及融资、建设、运营、维护等多方面内容。

③结果及时告知和备案。根据财库〔2014〕215 号文第八条的规定，资格预审无论是采取有限数量制还是合格制，项目有 3 家以上社会资本通过资格预审的，项目实施机构可以继续开展采购文件准备工作；同时，在资格预审结束后，资格预审结果应当告知所有参与资格预审的社会资本，并将资格预审的评审报告提交财政部门（政府和社会资本合作中心）备案。"项目有 3 家以上社会资本通过资格预审的，项目实施机构可以继续开展采购文件准备工作；项目通过资格预审的社会资本不足 3 家的，项目实施机构应当在调整资格预审公告内容后重新组织资格预审；项目经重新资格预审后合格社会资本仍不够 3 家的，可以依法变更采购方式。资格预审结果应当告知所有参与资格预审的社会资本，并将资格预审的评审报告提交财政部门（政府和社会资本合作中心）备案"。

3）门槛设置要合理。

①杜绝不合理的条件设置。根据财库〔2014〕215 号文第六条的规定，"……资格预审公告应当包括项目授权主体、项目实施机构和项目名称、采购需求、对社会资本的资格要求、是否允许联合体参与采购活动、是否限定参与竞争的合格社会资本的数量及限定的方法和标准以及社会资本提交资格预审申请文件的时间和地点……"尤其是对社会资本的资格要求，需要合理设置，目前存在的不合理设置条件，主要有如下几种情形：

a. 任意提高融资额度。如一些资格预审文件中，在申请人资格条件中要求社会资本方具有投融资能力，能够提供合法有效的金融机构授信证明或银行资金证明，且额度远远高于该项目总投资额的数倍，此要求明显扩大了社会资本的融资能力，同时排除了一些民营企业投标的资格。

b. 限定具体项目。个别资格预审文件在申请人资格条件中，要求社会资本方具有在当地某个范围内投资不低于一定数额的项目。无论是对地域、范围、数额、项目等都进行了限制约定，明显存在以不合理条件排斥其他社会资本的嫌疑。

c. 承诺引入外资的数额。有的资格预审文件，在申请人资格条件中，明确要求社会资本具有引入外资的实力，承诺引入不低于一定数额的外资。笔者认为，该条件的设置作为申请人的资格条件不合理，有锁定社会资本的嫌疑，更容易导致竞争不充分，从而造成流标的风险。

d. 文件编制不清晰、不合理。在资格预审文件团队成员的资质要求中，对项目负责人是否属于团队成员没有明确约定，导致团队成员的资质文件份数缺少时，评审专家对能否采用项目负责人的资质文件存在不同意见。另外，对社会资本的团队成员要求具有比较冷门的专业资质。这些约定均不利于资格预审工作的顺利开展。

②合理设置门槛的几点要求。

a. 不得存在差别待遇或者歧视待遇。根据财政部令第87号文的规定，资格预审文件在编制时，不得将投标人的注册资本、资产总额、营业收入、从业人员、利润、纳税额等规模条件作为资格要求或者评审因素，也不得通过将除进口货物以外的生产厂家授权、承诺、证明、背书等作为资格要求，对投标人实行差别待遇或者歧视待遇。尤其是注册资本、资产总额、营业收入，在以后的资格文件编制时，防范将它们作为申请人资格条件进行设置。但是，此处需要注意的一点是，不得将从业人员的规模条件作为资格要求或者评审因素，但并不是说不得将相关从业人员的资质条件作为资格要求进行设置，换句话说，依然可以对项目负责人或者团队负责人的资格条件进行设置。

b. 合理设置最高限价。财政部令第87号文要求，不仅在公开招标公告，而且在资格预审公告中，也必须包括"采购项目的名称、预算金额，设定最高限价的，还应当公开最高限价"。但是，需要在此提及的是，可以在采购预算额度内合理设定最高限价，但不得设定最低限价。

c. 关注"两标变一招"的约定。PPP采购项目目前招标多数采用"两标变一招"，在《关于在公共服务领域深入推进政府和社会资本合作工作的通知》（财金［2016］90号）中，也明确提出，"对于涉及工程建设、设备采购或服务外包的PPP项目，已经依据政府采购法选定社会资本合作方的，合作方依法能够自行建设、生产或者提供服务的，按照《招标投标法实施条例》第九条规定，合作方可以不再进行招标"。一些资格预审文件在"拟纳入招标合作的工程范围"中，往往只约定了工程范围，却忽视是否采取"两标变一招"，后期很容易对选择何种采购方式而陷入被动。

为此，在设置资格预审文件时，如果意向采取"两标变一招"，一般会在"拟纳入招标合作的工程范围"中明确约定，"本项目拟纳入招标合作范围的工程施工可不再另行招标，由履行了项目出资义务的社会资本直接实施"。

d. 明确设置合格社会资本的限定方法。PPP项目一般不对通过资格审查的社会资本进行数量限制，即采取合格制。但是，如果通过市场测试，发现该PPP项目存在大量的潜在社会资本，即便设置了合理的门槛，也将会有较多的社会资本来投标，实践中一般会通过设置有限数量制的方式，如选择排名前8名的社会资本通过资格审查，以此来减轻后期的采购工作量。

e. 事无巨细，减少失误。如关于联合体的约定，如果不接受联合体，一定要在资格预审文件中明确约定不接受，不要回避或者不予以说明。否则，根据财政部令第87号文的规定，在资格预审公告中，如未载明是否接受联合体投标，则不得拒绝联合体投标。

又如，资格预审文件应当免费提供，不得在资格预审文件中再出现"资格预审文件费用××元人民币，售后一概不退"的表述。

总之，实施机构对资格预审文件的编制要设置合理，否则，门槛设置过低易于造成大量的社会资本投标，不仅加大资格预审评审工作量，而且不利于选择出优质的社会资本；门槛设置过高，又会造成以不合理条件排斥潜在社会资本，引起不公平竞争。

4）资格预审文件与招标文件要分开编制。实施机构在编制资格预审文件时，除了上述问题，还要注意与招标文件是否分开编制的问题。原则上只有参与资格预审并通过资格审查的社会资本才能参与投标（也允许未进行资格预审的社会资本参与投标，这就需要实施机构在资格预审公告和磋商文件中明确)，才能获得招标信息。

同时，财政部令第87号文规定，"公开招标进行资格预审的，招标公告和资格预审公告可以合并发布，招标文件应当向所有通过资格预审的供应商提供"，言外之意，招标公告和资格预审公告可以合并发布，但是招标文件依然是向通过资格预审的投标人提供。所以，从审慎、合理、提高效率等的角度出发，建议将资格预审文件与招标文件分开编制，不要合在一起。

如果该 PPP 项目采取资格后审，根据财金〔2014〕113 号文第十二条规定："允许进行资格后审的，由评审小组在响应文件评审环节对社会资本进行资格审查"，是可以将资格后审文件与采购招标文件编制在一起的。但是，在实践中，PPP 项目应以资格预审为常规方式，资格后审为例外方式。

5）资格预审评审的内容。PPP 项目政府采购项目资格预审文件在国家级层面，没有统一和标准的格式。但有的省市和地方政府制定了本省或本行政区域内的资格预审标准范本。一般说来，完整而齐全的资格预审文件应包括但不限于如下方面的内容：

①第一章资格预审公告：包括招标条件、项目概况及采购内容、采购需求、申请人资格要求、资格预审方法、政府采购政策、资格预审文件的获取、资格预审申请文件的提交、发布公告的媒介、项目资料目录、联系方式等。

②第二章申请人须知：包括申请人须知前附表、总则或概述（定义、项目概况、采购需求、申请人资格要求、语言文字、费用承担）、资格预审文件（资格预审文件的组成、资格预审文件的澄清和修改）、资格预审申请文件的编制（资格预审申请文件的组成、资格预审申请文件的编制要求）、资格预审申请文件的递交（资格预审申请文件的密封和标识、资格预审申请文件的递交）、资格预审申请文件的审查（评审小组、资格审查）、通知和确认（通知、解释、确认）、重新资格预审、申请人的资格改变、纪律与监督（严禁贿赂和弄虚作假、不得干扰资格审查工作、保密、质疑、投诉处理）、需要补充的其他内容等。

③第三章资格审查办法：包括审查方法、评审标准（资格性检查评审标准、符合性检查评审标准）、评审程序（资格性检查、符合性检查、资格预审申请文件的澄清）、审查结果（提交评审报告、停止评审）等。

④第四章采购需求：包括各种采购数量和各种技术要求、各种强制性条款等。

⑤第五章资格预审申请文件格式：包括资格预审申请函、法定代表人身份证明、授权委托书、联合体协议书（如有）、申请人基本情况表、近年财务状况表、近年类似项目情况表、投融资初步方案及能力说明、声明、其他资料等。这是在资格预审文件中，提供给投标人的参考格式。

（2）PPP 项目采购方式的采购文件。

1）采购文件的内容。资格预审结束后，若通过资格预审的社会资本数量符合规定，则需编制项目采购文件。按照所选择的采购方式，PPP 项目采购文件可分为招标文件、竞争性谈判文件、竞争性磋商文件、单一来源采购文件。无论是何种采购文件，其内容一般都应包括采购邀请，项目内容和要求，合同主要条款，竞争者须知，竞争者的资格、资质要求以及应提交的资格、资质、资信及业绩证明文件，竞争者须提交响应文件的格式、内容和编制要求，对采购程序的规定和相关政策依据说明，提交响应文件截止时间、开启时间及地点、保证金交纳的数额和方式及不予退还的情形，项目评审方法、评审标准，确定中标或成交的原则以及具体程序，对签订项目合同的程序和要求等内容。

应注意的是，PPP 项目与一般政府采购项目的显著区别在于，PPP 项目的实施需要取得政府对项目实施机构的授权。因此，PPP 项目采购文件中需明确政府对实施方案的批复和项目立项的相关审批文件，还应明确项目合同必须报请本级人民政府审核同意，在获得政府同意前合同不得生效。PPP 项目评审结束后，还要经过采购结果确认谈判、签署采购结果确认谈判备忘录并公示谈判结果后才能最终确定中标、成交社会资本。因此，需在采购文件中对采购结果确认谈判、签署谈判结果备忘录及采购结果公示做出规定。在 PPP 项目合同方面，如果项目实施机构需要成立项目公司，则需在合同签订后，就项目公司与社会资本签订补充合同的内容和程序做出相应规定。此外，由于 PPP 项目采购必须进行资格预审，采购文件中还应明确是否允许未参加资格预审的社会资本参与竞争并进行资格后审等内容。

采用竞争性谈判或者竞争性磋商采购方式的，项目采购文件除上款规定的内容外，还应当明确评审小组根据与社会资本谈判情况可能实质性变动的内容，包括采购需求中的技术、服务要求以及项目合同草案条款。

2）采购文件的编制和澄清。PPP 项目采购文件在采购流程中占据着非常重要的地位。PPP 项目采购的内容涉及非常广泛，内容要求必须完整，文字表述必须清楚、准确，不能含糊其辞，语言要精练，逻辑性要清晰。

PPP 项目采购文件可以进行澄清或修改，操作应遵循以下规定：提交首次投标文件或响应文件截止之日前，项目实施机构可以对已发出的采购文件进行必要的澄清或修改，澄清或修改的内容应作为采购文件的组成部分。澄清或修改的内容可能影响响应文件编制的，项目实施机构应在提交首次响应文件截止时间至少 5 日前，以书面形式通知所有获取采购文件的社会资本；不足 5 日的，项目实施机构应顺延提交响应文件的截止时间。

四、 一般 PPP 项目评标方法

PPP 项目评标方法非常重要，对于中标结果有决定性的作用。评标方法也是招标文件的重要组成内容之一。对于招标人或采购人来说，评标办法是否科学、合理、合法，既能体现招标文件的质量，也能体现是否实现招标人或采购人的意图。《招标投标法》第四十一条规定，"中标人的投标应当符合下列条件之一：（1）能够最大限度地满足招标文件中规定的各项综合评价标准。（2）能够满足招标文件的实质性要求，并且经评审的投标价格最低；但是投标价格低于成本的除外。"

因此，狭义的评标方法只有两种方法：第一种方法可以称为综合评分法（也有称综合评估法或综合评价法的，本书不严格区分）；第二种方法可以称为最低投标价（或评标价）法。在这两种方法的基础上，可以引申出若干种评标方法。

值得注意的是，评标方法与评标办法是两个不同的概念。评标办法的范畴大于评标方法。评标办法通常包括下列内容：评标原则、评标委员会的组成、评标方法的选择和相应的评标细则、评标程序、评标结果公示、中标人的确定等。

评标办法非常重要，是决定某投标人是否中标的关键因素。一些招标人，为了达到明招暗定或虚假招标的目的，除了在资质、资格等投标准入门槛设定以外，最常见的是在评标办法上量身定做。

PPP 项目分两大类：一类是基础设施类的特许经营项目，这类项目总体是依照《招标投标法》及其实施条例的规定进行评标，《招标投标法》第四十条规定，"……应当按照招标文件确定的评标标准和方法，对投标文件进行比较"，《招标投标法实施条例》第四十九条规定："……应当依照《招标投标法》和本条例的规定，按照招标文件规定的评标标准和方法，客观、公正地对投标文件提出评审意见。招标文件没有规定的评标标准和方法不得作为评标的依据。"第二类 PPP 项目，是政府采购类的项目，评标依照的是《政府采购法》及其实施条例等法律法规。如《政府采购法实施条例》第三十二条："招标文件应当包括……评标方法、评标标准……"第三十四条："政府采购招标评标方法分为最低评标价法和综合评分法"；财政部《政府采购货物和服务招标投标管理办法》（财政部令第 87 号，2017 年）第五十三条规定："评标方法分为最低评标价法和综合评分法。"这两类 PPP 项目，既有相同的评标方法，如综合评分法、最低价法等，也有各自不同的评标办法。为论述方便，本章将进行综合论述、分别介绍，介绍各种评标办法的优缺点及应用场合。

除了《招标投标法》中规定的两种评标方法外，还有各部委、各地方政府和各行业主管部门制定的评标方法。在《招标投标法实施条例》颁布以前，各部委根据实际情况，自行颁布了各领域的评标方法，表 2-5 总结了各部委颁发的各种评标方法。值得注意的是，目前施行的各种评标方法（下文论述的摇号法除外），都是上述《招标投标法》中规定的"综合评分法"和"最低价法"两种评标方法的变种。另外,这些部委所颁布的有关招标投标办法,有部分规定不适应当前PPP项目的招标。

表 2-5 各部委发布的评标方法

发布机关	法规标题	发布文号	发布日期	规定的评标方法
商务部	机电产品国际招标投标实施办法(试行)	部令 2014 年第 1 号	2014-2-21	综合评价法、最低评价法
财政部	政府采购货物和服务招标投标管理办法	财政部 2017 年第 87 号令	2004-8-11	最低评标价法、综合评分法
发改委等	工程建设项目货物招标投标办法	七部委第 27 号令(2013 年修订)	2005-1-18	经评审的最低投标价法、综合评估法
	工程建设项目勘察设计招标投标办法	国家八部委第 2 号令(2013 年修订)	2003-6-12	综合评估法
	评标委员会和评标方法暂行规定	七部委第 12 号令(2013 年修订)	2001-7-5	经评审的最低投标价法、综合评估法或者法律、行政法规允许的其他评标方法
住建部	建筑工程设计招标投标管理办法	住建部令第 33 号	2017-1-24	评标方法由招标文件规定
	房屋建筑和市政基础设施工程施工招标投标管理办法	建设部发布第 89 号令	2001-6-1	评标可以采用综合评估法、经评审的最低投标价法或者法律法规允许的其他评标方法
交通运输部	经营性公路建设项目投资人招标投标管理规定	交通部令第 8 号(2014 年修改)	2015-6-24	综合评估法或者最短收费期限法
	公路工程施工招标投标管理办法	交通部令 2015 年第 24 号	2015-12-8	经评审的最低投标价法、综合评估法(含合理低价法、技术评分最低标价法和综合评分法)
	公路工程标准文件	交通部令 2018 年第 25 号	2018-3-2	经评审的最低投标价法、综合评估法、合理低价法、技术评分最低标价法
	水运工程施工监理招标投标管理办法	交通部令 2012 年第 11 号	2012-11-27	最低投标价法、综合评分法
中国铁路总公司	铁路建设项目施工招标投标实施细则	铁总建设 2018 第 146 号	2015-4-30	综合评估法和经评审的最低投标价法
水利部	水利工程建设项目监理招标投标管理办法	水建管〔2002〕587 号	2002-12-25	综合评分法、两阶段评标法和综合评议法
	水利工程建设项目重要设备材料采购招标投标管理办法	水建管〔2002〕585 号	2002-12-25	经评审的合理最低投标价法、最低评标价法、综合评分法、综合评议法(包括寿命期费用评标价法)以及两阶段评标法等评标方法
	水利工程建设项目招标投标管理规定	水利部令第 14 号	2001-10-29	综合评分法、综合最低评标价法、合理最低投标价法、综合评议法及两阶段评标法

五、 基础设施类特许经营 PPP 项目的评标方法

基础设施类的 PPP 项目招标，国家并没有对评标方法进行具体的规定。如前所述，援引的还是《招标投标法》及其实施条例中的各种评标方法。各行业主管部门规定了本行业内工程招标的评标方法。如国家住房和城乡建设部办公厅、国家发展和改革委员会办公厅在《关于开展房屋建筑和市政基础设施工程招标投标改革试点工作的通知》（建办市［2017］53 号）中规定：采用招标发包方式的，建设单位可自主依法确定招标代理、招标方式、评标办法、评标委员会成员、交易平台、交易场所、投标人、中标人、监督方式。对 PPP 项目评标标准和办法要客观、具体、透明，禁止排斥、限制或歧视民间资本和外商投资，鼓励社会投资人联合体投标，鼓励设立混合所有制项目公司。

国家发改委发布的《传统基础设施领域实施政府和社会资本合作项目工作导则》（发改投资［2016］2231 号）第十三条规定："社会资本方遴选，依法通过公开招标、邀请招标、两阶段招标、竞争性谈判等方式，公平择优选择具有相应投资能力、管理经验、专业水平、融资实力以及信用状况良好的社会资本方作为合作伙伴。其中，拟由社会资本方自行承担工程项目勘察、设计、施工、监理以及与工程建设有关的重要设备、材料等采购的，必须按照《招标投标法》的规定，通过招标方式选择社会资本方。在遴选社会资本方资格要求及评标标准设定等方面，要客观、公正、详细、透明，禁止排斥、限制或歧视民间资本和外商投资。鼓励社会资本方成立联合体投标。鼓励设立混合所有制项目公司。社会资本方遴选结果要及时公告或公示，并明确申诉渠道和方式。"

2017 年 2 月，交通运输部公路局为进一步规范公路建设 PPP 项目投资人招标投标管理，提高公路建设管理水平，按照《公路法》《招标投标法》《政府采购法》《收费公路管理条例》《招标投标法实施条例》和《政府采购法实施条例》等法律法规，组织对《经营性公路建设项目投资人招标投标管理规定》（部令 2015 年第 13 号）进行了修订，形成了《政府和社会资本合作（PPP）公路建设项目投资人招标投标管理办法》（征求意见稿），要求交通行业相关单位于 2017 年 2 月 17 目前将有关意见函复公路局。征求意见稿中第三十六条规定："PPP 公路建设项目投资人招标的评标办法可以采用综合评估法或者法律、行政法规允许的其他评标办法。采用综合评估法的，应当在招标文件中载明对投标报价（收费期限、需要政府给予的财政补贴额度、投资人提出的合理投资回报率、政府承诺的通行费收入最低需求、投资人承诺的收费权转让费等）、相应管理经验、专业能力、投资能力、融资实力以及信用状况等评价内容的评分权重和评分方法，根据综合得分由高到低推荐中标候选人。"不过令人遗憾的是，直到 2017 年 12 月 27 日，交通运输部公路局发布公告说，这份征求意见稿分歧意见比较大，未能决定最终采用结果。待研究结果成熟后，公路局将会以公文的形式发布。

2018 年 4 月 13 日，在国家发改委主办的全国促进民间投资经验交流现场会上，国家发改委法规司巡视员郝雅风透露，国家发改委法规司正在着手制定《基础设施政府和社会资本合作项目社会资本招标投标管理办法》，对 PPP 项目实际操作予以规范指引。其背景是结合正在修订的《招标投标法》和正着手制定的《基础设施政府和社会资本合作项目社会资本招标投标管理办法》，对 PPP 项目实际操作予以规范指引。国家发改委将与有关部门共同努力，尽快形成《基础设施和公共服务领域政府和社会资本合作条例》送审稿，上报国务院审议。

总之，基础设施领域内的 PPP 特许经营项目，国家层面还没有发布过专门的评标方法。目前，只能在《招标投标法》及其实施条例的框架内寻找评标方法。这些方法就是各部委和各地方所发布的评标方法。

基础设施领域 PPP 项目的评标方法，除了工程招标普通的评标方法以外，还有专门面向 PPP 项目的评标方法。目前常用的 BOT/PPP 项目特许权招标评标方法主要有三种：

（1）最短运营年限中标法。这种方法的评标过程简单，可最大限度减少人为因素，加剧投标者之间的竞争，但并不一定能够完全反应投标者的整体综合实力。

（2）最低收入现金净现值中标法。即当特许权中标者从项目中所得净收益的净现值达到投标值时，特许经营期终结，项目移交政府。可见，这种方法所选中标者的特许期将随特许权人的收入状况变化，但不能激励特许权人缩短建设工期，也不能激励特许权人通过改进服务的方式来增加收入。

（3）综合评分法。即综合考虑投标者对标的响应程度以及在融资、设计、建设和运营维护项目等方面所提出的方案进行评审。该方法的优势在于适用面广，能够全面综合判断投标者的情况，但不能排除评标过程中的人为因素。

关于综合评分法，下面会结合 PPP 项目政府采购进行重点介绍，此处略过。

六、 政府采购类 PPP 项目的评标办法

政府采购类的 PPP 项目，相对工程类的项目，其评标方法没有那么复杂，并且操作性要强一些。这是因为，政府采购类的 PPP 项目，由财政部一个部门管理和规范。而工程类的项目，主管部门包括了建设、水利、发改、交通等各个部门，容易造成多头管理，招标投标协调起来难度相对较大。《政府和社会资本合作项目政府采购管理办法》（财库〔2014〕215 号文）第十二条规定，评审小组成员应当按照客观、公正、审慎的原则，根据资格预审公告和采购文件规定的程序、方法和标准进行资格预审和独立评审。

政府采购类的 PPP 项目，其采购方式包括了公开招标、邀请招标、竞争性谈判、竞争性磋商和单一来源采购。公开招标是最主要的招标方式。政府采购法实施条例第三十四条规定："政府采购招标评标方法分为最低评标价法和综合评分法"；财政部《政府采购货物和服务招标投标管理办法》（财政部令第 87 号，2017 年）第五十三条规定："评标方法分为最低评标价法和综合评分法。"竞争性谈判采用的是最低投标价法，而竞争性磋商采用综合评分法。

七、 综合评分法

1. 综合评分法的优缺点

（1）优点。综合评分法具有更科学、更量化的优点，对各个评审因素引入数值的概念，评标结果更具有科学性，有利于发挥评标专家的作用，且能有效防止恶性低价竞争。采用综合评分法比较容易制定具体项目的评标办法和评标标准，且能够兼顾投标人各方面的评审因素，符合《招标投标法》和《政府采购法》中关于中标人综合最优的原则。《综合评标法》中，无论是工程类的 PPP 项目还是服务类的 PPP 项目，其技术分值的评定，一般是属于主观分，评标委员会有较大的自由裁量权，招标人或采购人不容易操纵评委。而评委评审时，评委容易对照标准"打分"，工作量也不大。

（2）缺点。但综合评分法也有它不足的地方，首先是评标因素权重难以合理确定。评标因素及数值确定比较复杂，用户往往希望产品性能占较高权重，而财政部门往往希望价格占较高权重，很难做到真正的科学合理，这种评标方法也赋予了评委较大权力，对评委约束较小，有可能出现人情标，尤其是在业主代表参加评标的情况下，如果业主代表有意图一般都能实现，这种现象容易滋生。采用综合评分法技术、商务、价格的权重比较难于制定，另外也难于找出制定技术和价格等标准分值之间的平衡关系；有时候很难招标到"价廉物美"或"物有所值"的投标人，所以比较难于最大程度地满足招标人的愿望。如果评分标准细化不足，则评委在打分时的"自由裁量权"容易过大，客观度又不够。如果各项评分标准非常客观且评委没有多少自由裁量权，这种评标方法容易发生"最高价者中标"现象，容易引起对政府采购和招标投标的质疑。

2. 综合评分法的评审要点

（1）工程交易类。鉴于基础设施 PPP 项目的特点如投资大、建造和运营周期长、外部社会与环境影响大、合同和融资关系复杂等，政府实施项目的目标不应当是单一的经济目标，而应综合考虑效率、公平、福利、环保、可持续发展等目标，因此综合评分法是最适用于基础设施 PPP 项目的评标方法。综合评分法对投标人资质、业绩、财务状况、实施方案、拟投入人员、设备等多方面进行综合评审，能综合评选出各方面都较好的投标人。

工程类的 PPP 项目评审，综合评分的组成一般是技术、商务、价格和诚信。各部分的具体比例，各部委有规定。不管是什么类型的工程项目，综合评分法适用于比较复杂的工程项目。2010 年以后，工程施工招标中，除大型复杂工程仍采用综合评分法外，一般小型、技术简单工程不再采用综合评分法。

在建筑工程类 PPP 项目的招标中，采用综合评分法确定价格分时，实践中有以下几种方式来确定评标基准价：由所有通过符合性审查的投标人报价的平均值确定；由所有有效投标人的平均报价再乘以某一个随机抽取的下浮率作为基准价；所有有效投标人报价去掉最低、最高价后的算术平均值作为基准价；在第一次算术平均基准价的基础上，与最高或最低值再平均的值作为基准价等。

（2）政府采购类。评标委员会对所有通过初步评审和详细评审的投标文件的评标价、财务能力、技术能力、管理水平以及业绩与信誉进行综合评分，按综合评分由高到低排序，推荐综合评分得分最高的三个投标人为中标候选人。即先进行符合性审查，再进行技术评审打分，然后进行商务评审打分，最后进行价格评审打分，最后再将技术、商务和价格各子项分数相加，总分为 100 分，以综合得分最高者为中标人。

综合评分的主要因素是：价格、技术、财务状况、信誉、业绩、服务、对招标文件的响应程度，以及相应的比重或者权值等，上述因素应当在招标文件中事先规定。评标时，评标委员会各成员应当独立对每个有效投标人的标书进行评价、打分，然后汇总每个投标人每项评分因素的得分。

综合评分法的计算公式是：

$$评标总得分 = F_1 \times A_1 + F_2 \times A_2 + \cdots\cdots + F_n \times A_n$$

式中　F_1、F_2、……、F_n——各项评分因素的汇总得分。

A_1、A_2、……、A_n——各项评分因素所占的权重（$A_1 + A_2 + \cdots\cdots + A_n = 1$）。

财政部令第 87 号文明确规定：采用综合评分法的，货物项目的价格分值占总分值的比重不得低于 30%；服务项目的价格分值占总分值的比重不得低于 10%。执行国家统一定价标准和采用固定价格采购的项目，其价格不列为评审因素。一般在实践中，技术的权重为 40%～60%，商务的权重为 10%～30%，价格的权重为 30%～50%。采购人或业主可以在此范围内灵活变动。

在政府采购货物或服务时，一般以所有有效投标人的最低报价为基准价，基准价与各投标人的报价比较后，再乘以价格分的权重得到各投标人的价格分。即投标报价得分 =（评标基准价/投标报价）×价格权值×100。因落实政府采购政策进行价格调整的，以调整后的价格计算评标基准价和投标报价。

（3）竞争性磋商的评标方法。在政府采购类的 PPP 项目中，有一类特殊的采购方式，就是竞争性磋商采购方式。本章将这种评标方法单列出来进行介绍。2014 年 12 月 31 日，财政部以财库〔2014〕214 号印发《政府采购竞争性磋商采购方式管理暂行办法》。该《办法》分总则、磋商程序、附则 3 章 38 条，自发布之日起施行。

竞争性磋商采购方式是财政部首次依法创新的采购方式，核心内容是"先明确采购需求、后竞争报价"的两阶段采购模式，倡导"物有所值"的价值目标。值得注意的是，竞争性磋商可以采购工程建设项目。"按照《招标投标法》及其实施条例必须进行招标的工程建设项目以外的工程建设项目"。

竞争性磋商的评标方法只有一种，那就是综合评分法。经磋商确定最终采购需求和提交最后报价的供应商后，由磋商小组采用综合评分法对提交最后报价的供应商的响应文件和最后报价进行综合评分。

综合评分法是指响应文件满足磋商文件全部实质性要求且按评审因素的量化指标评审得分最高的供应商为成交候选供应商的评审方法。

综合评分法货物项目的价格分值占总分值的比重（即权值）为30%～60%，服务项目的价格分值占总分值的比重（即权值）为10%～30%。采购项目中含不同采购对象的，以占项目资金比例最高的采购对象确定其项目属性。符合本《办法》第三条第三项的规定和执行统一价格标准的项目，其价格不列为评分因素。有特殊情况需要在上述规定范围外设定价格分权重的，应当经本级人民政府财政部门审核同意。

综合评分法中的价格分统一采用低价优先法计算，即满足磋商文件要求且最后报价最低的供应商的价格为磋商基准价，其价格分为满分。其他供应商的价格分统一按照下列公式计算：

磋商报价得分 =（磋商基准价/最后磋商报价）×价格权值×100

项目评审过程中，不得去掉最后报价中的最高报价和最低报价。

3. 综合评分法的注意事项

对于工程类的PPP项目，《招标投标法实施条例》第三十二条规定：招标人不得以不合理的条件限制、排斥潜在投标人或者投标人。招标人有下列行为之一的，属于以不合理条件限制、排斥潜在投标人或者投标人：设定的资格、技术、商务条件与招标项目的具体特点和实际需要不相适应或者与合同履行无关；依法必须进行招标的项目以特定行政区域或者特定行业的业绩、奖项作为加分条件或者中标条件。

即在评标方法中，各种商务打分环节，切忌将某些业绩、奖项作为不必要的评分条件。在招标中，如果资格预审设置太多的限制条件，或由于资格资质条件设置的不合理，会导致"歧视性"条款，造成潜在投标人的不公质疑和投诉。如果在符合性审查中标注太多"□"，可能会导致不满足三家投标人而流标。因此，把需要标注"□"改成打分项目，可能比较合理。

综合评分法，一般要设立标底，或设定投标价上限。同时，分数值的标准不宜太笼统。要说明各投标人的具体分数值如何计算；还应细分每一项的指标，包括"技术分"包括哪些评分指标，如何计算给分或者扣分的标准办法。必须在招标文件中，事先列出需要考评的具体项目和指标以及分数值；且要按照有关法律法规来制定评标标准，不得擅自修改。

对于政府采购类的PPP项目，则在评标方法中应注意以下事项：

（1）评审因素的设定应当与投标人所提供货物服务的质量相关，包括投标报价、技术或者服务水平、履约能力、售后服务等。资格条件不得作为评审因素。评审因素应当在招标文件中规定。《政府采购法实施条例》第二十条规定：设定的资格、技术、商务条件与采购项目的具体特点和实际需要不相适应或者与合同履行无关；或者以特定行政区域或者特定行业的业绩、奖项作为加分条件或者中标、成交条件，这些都属于对供应商实行差别待遇或者歧视待遇。评审因素应当细化和量化，且与相应的商务条件和采购需求对应。商务条件和采购需求指标有区间规定的，评审因素应当量化到相应区间，并设置各区间对应的不同分值。

（2）目前在一些政府采购中采用综合评分法，综合得分采用几个评委中去掉最高分和最低分的做法再平均的办法，这是违反相关规定财政部令第87号文的。虽然这些做法已形成了习惯性操作，并屡试不爽。财政部令第87号文第五十五条明确规定："评标时，评标委员会各成员应当独立对每个投标人的投标文件进行评价，并汇总每个投标人的得分。""评标过程中，不得去掉报价中的最高报价和最低报价"。也就是说，每个评委的分都应进行统计汇总，去掉一个最高分和最低分，也许合理，但并不合法。

八、 最低评标价法

最低评标价法是工程系列的 PPP 项目和政府采购服务系列 PPP 项目评标都使用的方法。不过这两种 PPP 项目的评审方法并不相同，操作起来也有很大的差异。

所谓最低评标价法，是指投标文件满足招标文件全部实质性要求，且投标报价最低的投标人为中标候选人的评标方法。最低评标价法中，投标人的报价不能低于合理的价格。采用最低评标价法进行评标时，中标人须满足两个必要条件：第一，能满足招标文件的实质性要求；第二，经评审投标价格为最低。但投标价格低于成本的除外，否则就是不符合要求的投标。

1. 最低评标价法的应用范围

对于工程系列的 PPP 项目，最低评标价法是《招标投标法》规定的两种评标方法之一。这种评标方法，也许还有新的变种，如合理低价法。对于政府采购类的 PPP 服务项目，最低评标价法是财政部令第 87 号文规定的政府采购货物和服务两种评标方法之一，最适用于标准定制商品及通用服务项目的评审。目前，最低评标价法在政府采购活动中得到广泛运用，究其原因，是低价评标价法相对简单和灵活、资格性门槛低、投标人质疑少，再加之采购时间短，采购组织者和采购人在采买货物金额不多的项目中乐于采用此法。特别是《关于加强政府采购货物和服务项目价格评审管理的通知》下发后，采购组织机构在办理政府采购活动采用竞争性谈判、询价采购方式时，很多地方政府都倾向于采用最低评标价法。如福建省就规定一些通信设备、发电设备、医疗设备、交通设备等必须适用最低评标价法。

在建筑工程领域，除简易工程外，其他工程均不适合采用最低价法。

值得注意的是，最低评标价法是国家惯例。不过，在我国，很多采购人或招标人并不希望低价中标，不希望采用最低评标价法。

2. 最低评标价法的优缺点

（1）优点。最低评标价法最大的优点是节约资金，对招标人或采购人有利。据统计，深圳市自采用最低评标法定标以来，在 2003 年 1～6 月的 274 项招标工程中，其投标价格相对标底平均下浮 13.7%；厦门市在采取最低价中标法后，所有工程的造价在承诺保证工期、质量目标的前提下均有较大幅度的降低，根据对已开标项目的统计，中标价比工程预算控制价平均降低 23.86%。激烈的市场竞争，以及最低价中标的本质要求，使业主基本上能达到最低价中标的愿望。

最低评标价法由于投标人最低价中标，所以完全排除了招标投标过程中的人为影响。最低评标价法不编标底甚至公开标底，明确标底只是在评标时作为参考，有效地防止了"围标""买标""卖标""泄标""串标"等违纪违法行为的发生，最大限度地减少了招标投标过程中的腐败行为。最低评标价法彻底打击了行业保护，真正体现了"优胜劣汰、适者生存"的基本原则。最低评标价法抓住了招标的核心，符合市场经济竞争法则，能够充分发挥市场机制的作用。价格是投标人最有杀伤力的武器。招标遵循"公开、公平、公正"的原则，其中最一目了然的就是投标人的投标价格。随着我国市场经济体制的完善与健全，符合资格审查条件的企业间的竞争主要是企业自主报价的价格竞争，这是招标投标竞争的核心。

由于投标人是低价中标，在施工质量上更是不敢有一点马虎，不能造成返工，一旦返工将造成双倍成本，直接影响中标人的经济效益，因此，有时候这种评标方法反而有利于促进投标人提高管理水平和工艺水平，降低生产成本，保证工程质量。

最低价中标法是一种有效的国际通用模式，尤其是在市场经济比较发达的国家和地区，如英国、美国、日本等，他们的建设工程不论是政府投资还是私人投资，都是通过招标投标由市场形成工程产品价格，造价最低的拥有承包权，政府通过严格的法律体系规范市场行为。我国的公路施工企业必将发展为一专多能的综合型建筑企业，随着我国加入 WTO，在全球经济一体化和国际竞争日益激烈的形势下，建筑市场将进一步对外开放，只有推行国际通行的招标投标方法，才能为建筑市场主体创造一个与国际惯例接轨的市场环境，使之尽快适应国际市场的需要，有利于提高我国工程建设各方主体参与国际竞争的能力，有利于提高我国工程建设的管理水平。

另外，最低评标价法还能减少评标的工作量。从最低价评起，评出符合中标条件的投标时，高于该价格的投标便无须再进行详评。因此，节约了评标时间，减少了评标工作量。同时，最大限度减少了评标工作中的人为因素。由于定标标准单一、清晰，因此，简便易懂，方便监督，能最大限度地减少评标工作中的主观因素，降低了"暗箱操作"的概率。

（2）缺点。尽管最低评标价法有着操作简易等优点，但由于满足基本要求后价格因素占绝对优势，因此也存在一定的局限性。如采购人的需求很难通过招标文件全面地体现，投标人的竞争力也很难通过投标文件充分体现。因此，最低评标价法缺乏普遍适用性。

采用最低评标价法，价格是唯一的武器，因此，不少投标人为了中标，将不惜代价做低价抢标。如四川省交通厅在实行公路招标时，采用的是最低评标价法，在实行的初期曾出现了大量的恶性压价现象。其中有一条高速公路全线16个标段投标价普遍低于业主估算价的35%以下，平均中标价为业主评估价的60.9%。如此大大低于成本的中标价格，要保质按时完成施工任务，必然给合同的履行带来困难。业主面临投标人利用信息不对称来侵犯业主利益而导致工程承包合同执行失灵的问题，即交付给业主的是伪劣工程或"豆腐渣工程"。由于公开招标面向全社会，难免出现鱼目混珠的局面，即规模小或是使用劣质建筑产品的投标价较低，而规模大或是全部采用优质材料和产品投标的报价必然较高，招标人在缺乏信息的条件下无法全面了解各投标人的信用和实力情况，难以甄别报价的真实性，因而在这样的条件下就容易选择实力差、信用低的单位中标。

最低评标价法也使投标人增加了承包风险，在大规模的建设工程面前，由于投标人在提交正常履约保函的基础上，往往需提交大量的履约保证金额度（现金），使原本用于企业再发展的微利全用于支付银行利息上，故造成企业在资金周转上的极大困难。有时投标人为了生存，会发生恶意抢标的行为，且发生概率大大增加，在几乎无利润可得的情况下硬性中标，而某一两个低价项目则可能拖垮整个公司。

采用最低评标价法，表面看似乎能节省投资，但是羊毛出在羊身上，不少投标人不管什么项目，先低价中标再说。然后以工程需要变更为由要求业主追加投资，造成招标后续工作非常被动，甚至价格出奇的高。合理的设计变更，是保证工程质量的一个环节。然而，有些中标人却把变更设计当成违规谋利的"突破口"。

3. 最低评标价法的要点

（1）工程系列的PPP项目评审。最低评标价法是《招标投标法》规定的评标方法之一。不过，《招标投标法实施条例》并没有进行具体的规定。2017年9月4日，国家发改委等9部委以发改法规［2017］1606号文的形式，颁布了《标准设备采购招标文件》《标准材料采购招标文件》《标准勘察招标文件》《标准设计招标文件》《标准文件》，《标准文件》自2018年1月1日起实施。这个《标准文件》中，列出了最低评标价法的操作细则。在此基础上，交通运输部于2017年11月30日正式发布了适用于所有公开招标的公路工程的《公路工程标准文件》，该文件已于2018年3月1日正式实施。在公路工程版的标准文件中，最低评标价法也是作为一种主要的评标方法。

采用经评审的最低投标价法的，中标人的投标应当符合招标文件规定的技术要求和标准。通过评审的最低投标价法完成详细评审后，编制"标价比较表"，"标价比较表"应当载明投标人的投标报价、对商务偏差的价格调整和说明以及经评审的最终投标价。

当最低评标价相同时，则可以规定技术、商务、信誉、报价优者，排名靠前，这可以由招标人自己确定。如交通运输部2018版的《公路工程标准文件》规定：经评审的最低投标价相等时，投标报价低的优先；诚信高的优先。

最低评标价和最低投标价有时并不相同。原因是投标价有可能错漏，需要修正。另外，最低评标价可能是计算或比对过后的某个价格。

（2）政府采购类的 PPP 项目。最低评标价法适用于标准定制商品及通用服务项目。财政部令第 87 号文第五十四条规定："技术、服务等标准统一的货物服务项目，应当采用最低评标价法。"

采用最低评标价法的，评标结果按投标报价由低到高的顺序排列。投标报价相同的并列。投标文件满足招标文件全部实质性要求且投标报价最低的投标人为排名第一的中标候选人。

采用最低评标价法的采购项目，提供相同品牌产品的不同投标人参加同一合同项下投标的，以其中通过资格审查、符合性审查且报价最低的参加评标；报价相同的，由采购人或者采购人委托评标委员会按照招标文件规定的方式确定一个参加评标的投标人，招标文件未规定的采取随机抽取方式确定，其他投标无效。这是财政部令第 87 号文的规定，与财政部以前通过的财政部令第 18 号文有极大的不同。

4. 最低评标价法的注意事项

在建筑工程类 PPP 项目中，最低评标价法应注意以下事项：

（1）在建筑工程类投标中，投标人容易出现低价或超低价者抢标的现象，甚至低价抢标、高价索赔的心理，一些投标人先低价中标，然后提出种种理由，要求变更设计，追加投资，等于中标后变相提高价格，或偷工减料、降低质量。因此，对于出现低于正常报价 15% 以下时，需要证明，否则做废标处理，以防止这样的投标人入围甚至中标。建议最好招标人设立标底，严格控制低价抢标行为，标底应在开标时公布。

（2）在建筑工程类招标中，采用最低评标价评标时，在资格审查和符合性审查时要严一些，特别是在公司资质、防止分包转包、施工人员、设备的进场要求、工程进度要求、验收要求、违约责任、工程变更和处理措施等方面要进行明确。因为采用最低评标价法评标时，价格是定标的唯一因素。

（3）这种评标方法中，要配套严格执行招标文件履约保证金和质量保证金制度。按招标文件中的规定，根据中标价低于招标人成本价的不同比例分别向中标单位收取不同比例的履约保证金和质量保证金，并要求以现金或银行支票的形式先行提交。否则，不予签订施工合同。

在政府采购类的 PPP 项目中，这种评标方法非常简单，由于最低评标价法没有严格的法律规定，从《政府采购法》及其实施条例以及财政部令第 87 号文等法律法规的规定来看，"在全部满足招标文件实质性要求前提下，依据统一的价格要素评定最低报价，以提出最低报价的投标人作为中标候选供应商"，及按"符合采购需求、质量和服务相等且报价最低的原则确定成交供应商"；或采用最低评标价法的，"按投标报价由低到高顺序排列"等，这些规定对最低评标价法的规定过于笼统。特别是关于低于成本价中标的问题很容易发生，且不容易把握，采购人和评委面对这种情况，经常无可奈何。那么，采用这种方法则应注意：

（1）最低评标价法操作者不能过于教条，甚至是唯低价才买。低价中标应以投标人响应招标文件实质性要求为前提。招标采购单位在选择最低评标价法后，应量化相应的评审指标，确保产品的价格基于同一标准。不同技术参数的产品在质量方面是有差异的，价格自然也会不同。如空调设备，技术参数不一样，价格就不同，质量上也有差距，耗电量和噪声差别也很大。家具采购也很典型，只要稍微有些规模的家具厂都能做，都能响应招标文件的要求，但是价格相差是很大的，产品质量也相差很大。

（2）最低评标价法对优于招标文件是否优惠应小心处理。如某电脑采购的招标中，采购人对显示器的要求是 19 英寸。有代理机构却在招标文件中规定，高于招标文件要求的，评审时将给予 1% ~5% 幅度不等的价格扣除。开标时，有供应商提供的是 21 英寸的显示器，得到 2% 的价格扣除。最终，因为这 2% 的价格扣除而如愿中标了。这种情况其实并不适用于最低评标价法。

（3）低于成本价的问题。比如 2017 年 3 月 20 日，上海移动与云赛智联股份有限公司、中国电信也曾以 0 元的价格中标上海市金额为 1200 万元的电子政务云项目；2017 年 3 月 17 日，据中国政府采购网公告，腾讯集团旗下腾讯云计算公司，以 0.01 元中标厦门市政务外网云服务项目。该项目原计划预算金额为 495 万元；2017 年 3 月 31 日，中国电信用一分钱拿下辽阳市政务云项目，而这个项目的预算金额是 892.95 万元。这种所谓一分钱或 0 元中标的现象，在近年来政府采购中并不罕见。这种现象，违法违规是毫无疑问的，政府采购不能低于成本价。但成本价的认定，则大有学问。这就得看招标文件的具体规定和评委的判断能力了。其实，这类采购是赔本赚吆喝，短期亏，长期赚，先占领市场，是一种策略。这种采购方式，是羊毛出在狗身上，猪买单的方式，是近年来所谓互联网思维在政府采购中的一种反映，应是值得注意的现象，但无论如何，合理的事情未必合法，在政府采购方面，最重要的是要符合程序的规定，符合相关法律法规的规定。

九、 其他评标方法

其他的评标方法，包括性价比法、合理低价法、经评审的技术低价法甚至抽签法。这些评审方法都不是《招标投标法》及其实施条例、《政府采购法》及其实施条例以及财政部令第 87 号文中所规定的方法。

1. 合理最低评标价法

这是工程招标中所特有的评标方法。合理最低评标价法就是项目招标人通过招标选择承包人，在所有的投标人中报价的合理最低价者，即成为工程的中标人。但是，这种合理最低评标价法，并不同于上文所介绍的最低评标价法。这里的"合理最低价"，指应当能够满足招标文件的实质性要求，并且是经评审的投标价格最低，但投标价格低于企业自身成本的除外，评标价最低的投标价不一定是投标报价最低的投标价。

评标价是一个以货币形式表现的衡量投标竞争力的定量指标，它除了考虑价格因素外，还综合考虑施工组织设计、质量、工期、承包人的以往施工经验及施工新技术的采用等因素。合理低价法是综合评分法的评分因素中评分加得分为 100 分，其他因素评分为 0 分的特例，合理低价法中，商务技术应当采用合格制。即技术商务合格的话，价格优先。

2. 价性比法

（1）价性比法的定义。价性比（或性价比）评标办法是一种特殊的综合评标办法，是财政部令第 18 号文规定的三种评标方法之一，不过在 2017 年发布的财政部令第 87 号文中，已经见不到这种评标方法了。在一些建设工程的设备与货物招标中，也有应用此方法进行评标的。

价性比法，是指按照要求对投标文件进行评审后，计算出每个有效投标人除价格因素以外的其他各项评分因素（包括技术、财务状况、信誉、业绩、服务、对招标文件的响应程度等）的汇总得分，以投标人的投标报价除以该汇总得分，以商数（评标总得分）最低的投标人为中标候选供应商或者中标供应商的评标方法（如性价比为最高者中标）。价性比评标方法是双信封评标的其中一种方法，原因是这种评标方法需要开两次标，价格标（报价、清单）与商务、技术标分别密封，分两次开标，先开技术标和商务标，再开价格标（密封于信封中）。

（2）价性比法的计算方法。评标过程一般是这样：评标委员会先进行符合性审查，只有通过符合性审查才能进行技术、商务评审。技术和商务分之和作为性能分。在实践中也有规定技术评审要达到 75 分，才能进入价性比。还有的招标文件在打技术分之前必须先进行定档，每个专家的打分必须落在统计后的定档区间才能有效。技术分和商务分之和即为性能分，当性能分超过某个分值时，进入下一轮评审，一般在评出的投标人中取前三名，再开报价标。价性比的计算如公式：

$$V = \frac{P}{C}$$

式中 V——价性比总分，价性比总分作为评标总得分，以值为小者为佳；

P——价格分，为投标人的投标报价或报价分数；

C——性能分。

性能分 C 的计算如公式，性能分包括技术和商务的评审，为综合总得分。

$$C = F_1 \times A_1 + F_2 \times A_2 + \cdots\cdots + F_n \times A_n$$

式中　A_1、A_2、$\cdots\cdots$、A_n——除价格因素以外的其他各项评分因素的汇总得分，一般商务各项评分因素为 20%，技术各项评分因素为 80%；

F_1、F_2、$\cdots\cdots$、F_n——除价格因素以外的其他各项评分因素所占的权重。

$$F_1 + F_2 + \cdots\cdots + F_n = 1$$

这种评标方法广泛适用于大型公共建筑中的设备招标。如城市地铁、城市污水处理招标项目中的设备单独招标项目。

对于某些技术特别复杂的项目，或者技术要求高的项目，可以提高技术得分的比重，如把技术得分评审出来后，可以乘上一个大于 1 的系数，这个系数相当于放大器的作用，然后得出的技术分再与商务分相加作为性能总得分，再与价格进行相除。当然，对于技术含量要求不高的项目，或者以价格占考虑优势的项目，也可以根据实际需要降低技术分的权重。

如果不对各投标人的报价进行技术处理，这个时候进入价性比的各投标人，经价性比计算后分数最低者的投标报价就是中标价，此时评审价即为中标价。为防止各投标人串通哄抬价格，对于各投标人的投标报价也可以进行技术处理。如可以把所有通过符合性审查和技术评审的各合格投标人（特别进入价性比的投标人大于 4 家以上的情况）的投标价按 [70% ×进入价性比的投标最高报价，进入价性比的投标最高报价] 区间取为评审价格区间，进入此价格区间的投标报价的平均值作为投标报价参考值，然后在 −3%、−5%、−8%（可以根据需要设定下浮率）的下浮率中摇珠随机产生一个下浮率，用此下浮率再乘以投标报价参考值，得到评审价，各投标人的投标报价与此评审价负偏或正偏均扣分，如每偏离 1% 扣 1 分，直至 0 分。此时，各投标人的报价已换算为价格分数 P，然后用此价格分数与性能分数 C 相除，得到价性比 V 最小的投标人为中标者。此时，中标价与评审价并不一致，但最终报价依然是投标人的报价，也是评审价。

采用价性比评标方法的缺点是评标程序比较复杂、时间较长，但可以消除技术部分和投标报价的相互影响，更显公平，特别是能使性价比最优的投标人和方案入选。只要操作得当，可以降低评标价格，但是并不能完全消除围标。这种方法要注意的是，在评标期间要注意技术分各因素的权重以及投标报价信封的保管工作。

（3）价性比法举例。某市地铁四号线北延线两个站及其区间强、弱电安装工程限价 4500 万元，由某甲级招标代理机构负责招标评审。该工程在某工程交易中心刊登公告后，共有 A、B、C、D、E、F、G 七家公司购买标书并提交保证金（表 2-6），后有 A、C、D、E、F 五家公司出席开标会，经资格预审后这 5 家公司都通过。工程交易中心随机抽取 14 名专家（7 名技术专家和 7 名经济专家）分别组成技术、商务评审小组。经技术评审小组进行符合性审查，A、C、D、E、F 五家公司全部通过。经技术、商务独立专家评审小组独立打分评审，以技术、商务分之和的总得分作为性能分，性能分超过 70 分者进入价性比，最终有 A（88 分）、C（85 分）、E（83 分）三家公司进入最后一轮价性比评审。按 [70% ×进入价性比的投标最高报价，进入价性比的投标最高报价] 区间取为评审价格区间，进入价性比的三家公司中 A 公司的报价最高，为 3605 万元，此报价作为区间上限，区间上限（3605 万元）的 70% 为 2524.9 万元，A、C、E 三家公司的报价都在此区间范围内，故其平均值为 3602.6 万元，随机抽取的价格下浮率为 5%，平均值 3602.6 万元乘以下浮率 5% 为 3422.53 万元，此价格作为评审价。各公司的价格与评审价正、负偏离 1%，则扣分 1 分，A、C、E 三家公司均负偏离，故换算后价格分分别为 94.9 分、95.1 分和 94.9 分，各公司的价格分除以各自的性能分 C，分别得到价性比 V 为 1.07、1.12 和 1.14，按价性比最低排序原则，A 公司为第一中标候选人，中标价格为 3605 万元。

表2-6　某市地铁四号线北延线两个站及其区间强、弱电安装工程评审

投标人	是否递交投标文件	是否通过资格预审	是否通过符合性审查	技术、商务分（性能分C）	是否进入价性比	投标报价/万元	按［70%×进入价性比的投标最高报价，进入价性比的投标最高报价］		价格分P	价性比V	价性比顺序
A	是	是	是	88	是	3605			94.9	1.07	第一
B	否	—	—	—	—	—			—	—	—
C	是	是	是	85	是	3599	3%、5%、7%摇珠随机抽取的下浮率：5%	进入价性比最高价：3605万 评审价：3422.53万	95.1	—	—
D	是	是	是	67	否	3607			—	1.12	第二
E	是	是	是	83	是	3604			94.9	1.14	第三
F	是	是	是	68		3598					
G	否	—	—	—	—	—			—	—	—

由于A、B、C、D、E、F、G有五家公司属于××铁集团的，且各家公司的报价非常接近，统一比招标的限价低20%左右，另外各公司中最高报价与最低报价相差不到1%，这在投标过程中非常罕见，因此有围标、串标的嫌疑。B、G两家公司作为××铁集团之外的公司，可能是知道了另外五家公司的背景后主动放弃递交投标文件。因此，虽然此次招标也算圆满成功，但并不能算非常理想的招标过程。

3. 技术评分最低标价法

技术评分最低标价法，也是PPP工程项目评标时所特有的评标方法，在政府采购类的PPP项目中没有进行规定。在2018年交通运输部发布的《公路工程标准文件》中，作为四种评标方法之一。这种评标方法的评审步骤：

（1）第一信封初步评审（技术、商务资格审查，按招标文件中的投标人须知的条款进行资格审查）。

（2）第一信封详细评审（技术、商务打分）。

第一信封按技术商务总分之和的高低排序，取前×名（由招文规定）通过第一信封的详细评审（即进入价格排序）。

（3）第二信封（价格标）开标。

（4）第二信封初步评审（是否需要工程量及价格调整）。

（5）第二信封详细评审。

其报价明显低于其他报价或低于个别成本的，可要求投标人提供说明。不能说明其理由的，可否决。

当价格的评标价相等时，可以选以下几种方式确定排名的顺序（由招文规定）：价格低的优先；诚信高的优先；技术、商务分高者优先。

4. 摇号评标法

严格地说，摇号评标法不是法律规定和认可的一种评标方法，在招标投标相关法律法规中看不到这种评标方法，在各部委的各种规定中也看不到这种评标方法。不过，在财政部令第87号文中，如果是邀请招标，则可以"通过抽签等能够保证所有符合资格条件供应商机会均等的方式选定供应商。随机抽取供应商时，应当有不少于两名采购人工作人员在场监督，并形成书面记录，随采购文件一并存档"。但是，近年来，在各地工程招标的评标实践中，摇号评标又应用得非常广泛。因此，这种评标方法，自诞生之日起就受到很多非议。

（1）定义。摇号法（或摇珠法）就是对报名的投标人进行资格审查后，按照公开、公平、公

正的原则，运用市场机制，通过投标人充分的投标竞价（报价），经专家合理评审确定若干入围投标人后，采取摇号方式产生中标候选人的评标方法。可见，摇号评标并不是没有资格审查完全属于抓阄式的随机确定中标人的一种评标方法。

但是，实际上，这种评标方法一出现就有很大争议，甚至没有法律依据。《招标投标法》第四十一条规定："中标人的投标应当符合下列条件之一：①能够最大限度地满足招标文件中规定的各项综合评价标准；②能够满足招标文件的实质性要求，并且经评审的投标价格最低；但是投标价格低于成本的除外。"

显然，摇号评标法就算各环节都很公开、公正、公平，但随机性实在太大，中标人的中标价格、服务、技术等各方面的条件都是未知的、充满随意性的，根本无法做到"最大限度地满足招标文件中规定的各项综合评价标准"。

这种评标方法受到广泛质疑是肯定的，通过类似于彩票中奖或古老的"抓阄"方法来确定工程招标，其科学决策是无法体现的，也未必能达到业主的招标要求。但是，目前有的地方却把摇号评标方法作为一种遏制不正之风的评标方法。

（2）摇号评标法的优缺点。

①优点。摇号评标运用统计学的随机原理，如果操作得当，在招标中可以做到最大限度的"公平、公开和公正"。能够有效解决各种评标过程中的人为操控行为，在一定程度上遏制了围标、串标等现象的产生，也因此减少腐败行为。

另外，这种评标方法简单易行，花时很少。

②缺点。严格地说，摇号评标法不是法律规定和认可的一种评标方法。所谓摇号评标法是指中标人的产生完全是由随机的摇号过程产生的。《政府采购法》《招标投标法》、财政部令第87号文等法律、法规和条例中并没有规定这种评标方法。从理论上看，摇号评标法似乎符合"公开、公平、公正"的原则。

（3）摇号评标法操作实务。首先确定摇号人。摇号人为入围投标人，即入围的投标法人代表或其授权委托人。摇号球珠数量及球号范围一般为30个，球号为1~30号，也可视投标人数的实际情况增减。摇号球珠须经监督人员的检验后，放入透明的摇号机中。摇号分两次进行，第一次摇取顺序号；第二次摇取中标号。摇号顺序按入围投标人当天签到的顺序，依次由入围投标人随机摇取顺序号（摇出的球珠，不再放入摇号机内）。顺序号按从小到大的顺序排列。按顺序号则依次由入围投标人随机摇取中标号（摇出的球珠，不再放入摇号机内）。中标号按从大到小排列，球号最大的为第一中标候选人。评标结果要当场公布。

摇号评标法还有另外一些变化形式，如先摇号，即先从购买标书的所有投标人中摇号挑选若干投标人，然后再按其他评标方法进行评标并确定中标候选人。还有一种形式刚好相反，先按正常程序和规则进行评审，在通过资格审查、符合性审查、技术、商务评审后不排顺序，而是在进入最后环节的3~6家完全达标的投标人中，再随机用摇号方式产生中标候选人。这两种摇号评审方法，并不是纯粹的摇号评标法，属于复合式的评标方法，虽然法律没有规定，在实践中已慢慢被投标人所接受。最常见的是某些大型的市政工程如地铁土建工程招标中，投标人数量非常之多，如达到几十家，常用摇号方式缩小评标范围。

5. 二次平均法

所谓二次平均法就是先对所有投标人的所有有效报价进行一次平均，再对不高于第一次平均值的报价进行第二次平均，其第二次平均价作为最佳报价的一种评标方法。这种评标方法中，第一次平均价就是所有有效投标人的投标价的简单平均，但是，第二次平均价的算法各地在实践中有很大的差异。严格地讲，二次平均法也不是法律规定的一种评标方法，属于评标方法中价格分计算方法的一种子方法。二次平均法的法律依据是"能够最大限度地满足招标文件中规定的各项综合评价标准"。严格地说，二次平均法并不是一种评标方法，这只是一种用于价格分计算的方法。

6. 二次平均法的评审方法与要点

（1）评审方法。二次平均法评标也分为资格预审（由招标机构代替）、符合性审查（或初步评审）和详细评审等。初步评审阶段，对通过资格审查所有投标报价采用二次平均法获得第一次平均价，即对所有有效投标报价进行简单算术平均，第一次平均价再与所有有效投标中的最低价平均，得到第二次平均价，然后取投标报价与评标基准价之差的绝对值由小至大依次排序进入详细评审。第二次平均价就是评标基准价或评标价。如果各投标人的投标价与第二次平均价的正、负偏离程度相同，则以负偏离（即低于第二次平均价）的投标价优于正偏离的投标价。在实践中，也有用第一次平均价与第一次平均价以下（含平均值）的其他所有报价进行第二次算术平均，或者将进入第一次平均的所有报价去掉最高和最低报价后再次进行平均的做法，第二次平均价作为评标基准价，然后取投标报价与评标基准价之差绝对值由小至大依次进入详细评审。详细评审阶段，技术标采用合格制评审，商务标应对投标报价的范围、数量、单价、费用组成和总价进行全面审阅和对比分析，对比较简单的工程，在实践中也有忽略商务和技术评审而只做符合性审查。最后，推荐绝对值最接近评标基准价的有效投标人 1 ~ 3 名为中标候选人。绝对值相同的，取低报价为中标候选人，当出现报价完全相同时，抽签确定中标候选人。

（2）评标要点。

1）第一次平均价的确定。如果投标人数比较多，可以先对所有投标人作符合性审查。如果通过符合性审查的合格投标人比较多（多于6家），一般可以考虑去掉最高、最低报价再进行第一次平均。若有效标书少于四家，则不去掉最高和最低价。

2）第二次平均价的确定。第二次平均价的确定比第一次平均价复杂。对于投标人非常多的情况（比如超过了10家），也可以以第一次平均的某个有效范围作为筛选条件，如规定投标人报价超过第一次平均价的120%和低于第一次平均价的80%作为有效范围，超出报价有效范围的投标文件做废标处理。

3）浮动系数。采用"二次平均法"评标时，基本上都是投标价格低的投标人中标（理论上是最接近于平均价的容易中标），由于现在的投标人预先能知道评标方法，如果采用"二次平均法"，许多投标人在经过了多次的投标实践后，也都总结出类似的"规律"。这样潜在投标人就很有可能按照"规律"，进行围标和有针对性的报价投标。而采用所谓"浮动系数法"可以在一定程度上解决这个问题，通常做法就是在开标现场宣读投标人的投标报价后再随机抽签确定浮动系数，浮动系数再与第二次平均价相乘得到评标价，即为评标基准价＝二次平均价×（1＋浮动调整系数）。由于抽签本身就是随机的，无规律可循，因此，投标人无法预测会抽到什么浮动系数，从而可在一定程度上防止投标人的事先围标。

4）中标价的确定。如果所有投标人的报价均高于第二次平均价即评标价，中标价一般就是评标价，如果第一中标候选人的投标报价低于评标价，一般以第一中标候选人的投标报价作为中标价，这可以节省资金。

7. 二次平均法的优缺点

（1）优点。二次平均法的评标价产生复杂，不容易猜测。特别是投标人比较多时，评标价与各投标人的报价有关。因此，在评标时引入二次平均法，能有效预防投标单位恶意低价中标或"超低价竞标"情况，不失为治理当前"超低价竞标"的一剂良药。如果是招标文件中不设标底或限价，还能防止恶意围标。由于这种评标的优点，其他一些评审方法中，也往往使用二次平均法来确定评标价。

（2）缺点。二次平均法程序繁杂，如果投标人数多，又不采用电子自动评标的话，二次评标法相对比较复杂。另外，通过符合性审查后，技术因素只作合格性评审，其他基本上由价格决定，专家基本上无自由裁量操作空间，不能充分发挥专家的咨询作用。

8. 二次平均法的应用范围

二次平均法的应用范围广泛，除了一些小额的政府货物采购和服务评审不合适外，均可以使用二次平均法评标。无论是非常复杂的工程招标，还是一般的简易工程、小型零星工程招标都可以使用二次平均法。一些地方则明确规定某些必须使用二次平均法进行评标。

如山东省威海市规定各类房屋建筑及其附属设施和与其配套的线路、管道、设备安装工程及室内外装饰装修工程；各类市政基础设施工程（城市道路、公共交通、供水、排水、燃气、热力、园林、环卫、污水处理、垃圾处理、防洪、地下公共设施及附属设施的土建、管道、设备安装工程）必须进行招标，而且只能使用二次平均法评标。

9. 二次平均法评审举例

××大学东校区××学院办公室、实验室装修工程，投标限价为 168 万元（人民币，下同）。招标机构网上发布招标公告以后，共有 9 家单位购买标书，其中 7 家单位出席开标会。评标采用二次平均法。现分析其评标过程和结果。

通过随机抽取 5 名评审专家，评审专家先对出席开标会的 7 家公司进行符合性评审，符合性评审主要考察各投标人的资质。招标文件规定，合格投标人必须注册资本 100 万元（人民币，下同），消防施工、机电和装修各二级资质；项目经理资质二级；有 B 类安全证书。经专家审查，有一家投标人的投标书正、副本均没有 B 类安全证书（其实在报名时已验过原件），但根据招标文件要求，5 名专家根据少数服从多数的原则，4 名专家认为不符合资质要求，因此，共有 6 家投标人符合资质要求而进入下一轮评审。根据招标文件规定，通过符合性审查的合格投标人多于 6 家（含 6 家，见表 2-7），去掉最高报价 1617023 元（D 投标人）和最低报价 1385027 元（E 投标人），剩余四家投标人的报价算术平均，得到第一次平均价 1478298 元，然后第一次平均价与 6 个有效投标标价中最低的报价 1385027 元再进行算术平均，得到第二次平均价 1431662 元。第二次平均价再乘以随机抽取的浮动系数 +3%（即上浮 3%），得到评标基准价 1474611 元。最后根据各投标人的标价与评标基准价的偏离程度，得到 A、B、C、D、E、G 的偏离程度分别为 0.765%、2.000%、−1.112%、3.905%、−6.075% 和 −0.651%。排名前三位的投标人依次为 A、G、C，推荐为第一、第二、第三中标候选人。

表 2-7　　××大学东校区××学院办公室、实验室装修工程评标

投标人	符合性审查	投标报价/元	第一次平均价/元	第二次平均价/元	随机抽取的浮动系数	评标基准价/元	偏离程度（%）	中标顺序
A	合格	1485896					+0.765	1
B	合格	1504131					+2.000	4
C	合格	1458168					−1.112	3
D	合格	1617023	1478298	1431662	+3%	1474611	+9.657	6
E	合格	1385027					−6.075	5
F	不合格	—					—	
G	合格	1465000					−0.651	2

进一步分析发现，如果不设置随机抽取的浮动系数 +3% 得到评标基准价，而直接采取第一次平均价与最低投标价相加的算术平均值作为第二次平均价得到评标基准价 1431662 元，则第一中标候选人为报价第二低（1458168 元）的 C 公司，符合我们前面关于第二次平均价中标的一般规律，因此，这个例子说明了设置随机抽取浮动系数的意义，也能成功阻止围标和猜测。同时，这个案例也说明，只要采用二次平均法，无论是否采用浮动系数，最低价中标几乎不可能。

十、 财政部 PPP 示范项目的评审标准

为了剔除假的 PPP 项目，化解地方债务风险，财政部推行了 PPP 项目入库制度，也推广了一批 PPP 示范项目。因为 PPP 项目至今存在较大的争议，实践中大量存在将一些伪项目作为 PPP 项目，打着 PPP 名义签订合同的情形。为此，财政部于 2018 年 6 月，发布了《关于组织开展第三批政府和社会资本合作示范项目申报筛选工作的通知》，并列出了 PPP 示范项目的评审标准，评审标准对辨别是否属于 PPP 项目，具有借鉴意义。PPP 示范项目评审包括定性评审和定量评审两部分，通过定性评审的项目方可进入定量评审。

1. PPP 示范项目定性评审标准

项目定性评审主要审查项目的合规性，具体包括主体合规、客体合规、程序合规三部分内容：

（1）PPP 相关参与主体是否适合。有下列情形之一的，不再列为备选项目：

1）政府方：国有企业或融资平台公司作为政府方签署 PPP 项目合同的。

2）社会资本方：未按国办发〔2015〕42 号文要求剥离政府性债务、并承诺不再承担融资平台职能的本地融资平台公司作为社会资本方的。

（2）项目的适用领域、运作方式、合作期限是否合规。有下列情形之一的，不再列为备选项目：

1）适用领域：不属于公共产品或公共服务领域的。

2）运作方式：采用建设—移交（BT）方式实施的。

3）合作期限：合作期限（含建设期在内）低于 10 年的。

4）变相融资：采用固定回报、回购安排、明股实债等方式进行变相融资的。

（3）项目实施程序是否合规。有下列情形之一的，不再列为备选项目：

1）规划立项：项目不符合城市总体规划和各类专项规划的，新建项目未按规定程序完成可行性研究、立项等项目前期工作的。

2）两个论证：未按财政部相关规定开展物有所值评价或财政承受能力论证的。

3）政府采购：已进入采购阶段或执行阶段的项目，未按政府采购相关规定选择社会资本合作方的。

2. PPP 示范项目定量评审标准

定量评审指标及评分权重如下：

（1）项目材料规范性。项目是否经过各级部门认真审核把关，申报材料真实性、完整性、规范性是否符合规定要求（10%）。

（2）项目实施方案。项目实施方案内容是否完整，交易边界、产出范围及绩效标准是否清晰，风险识别和分配是否充分、合理，利益共享机制能否实现激励相容，运作方式及采购方式选择是否合理合规，合同体系、监管架构是否健全等（25%）。

（3）项目物有所值评价。是否按要求开展并通过物有所值评价，定性评价的方法和过程是否科学合理；是否同时开展物有所值定量评价，定量评价的方法和过程是否科学合理（10%）。

（4）项目财政承受能力。是否按要求开展并通过财政承受能力论证，论证方法和过程是否科学（15%）。

（5）项目实施进度。项目方案论证、组织协调等前期准备工作是否充分，立项、土地、环评等审批手续是否完备，所处阶段及社会资本响应程度如何，是否具备在入选一年内落地的可能性（15%）。

（6）项目示范推广价值。项目是否符合行业或地区发展方向和重点，是否具备较好的探索创新价值和推广示范意义（25%）。

第八节　全过程工程咨询项目招标采购阶段咨询服务

建设项目的招标采购阶段，是在前期阶段形成的咨询成果［如可行性研究报告、投资人需求书、相关专项研究报告、不同深度的勘察设计文件（含技术要求）、造价文件等］基础上进行招标策划，并通过招标采购活动，选择具有相应能力和资质的中标人，通过合约进一步确定建设产品的功能、规模、标准、投资、完成时间等，并将招标人和中标人的责权利予以明确。招标采购阶段是实现投资人建设目标的准备阶段，该阶段确定的中标人是将前期阶段的咨询服务成果建成优质建筑产品的实施者。

根据现行的《招标投标法》《招标投标法实施条例》招标采购活动包括招标策划、招标、投标、开标、评标、中标、定标、投诉与处理等一系列流程。招标采购活动应当遵循公开、公平、公正和诚实信用的原则。

这里从全过程工程咨询单位的角度出发，在建设项目招标采购阶段，全过程工程咨询单位承担"1＋N"的任务，本章根据综述中"1"和"N"的描述，招标采购阶段的具体咨询工作见表2-8。

表2-8　"1＋N"模式招标采购阶段全过程工程咨询内容

"1＋N"模式	工作内容
"1"招标采购项目管理业务	①协助招标人制定招标采购管理制度 ②招标采购策划 ③招标采购过程管理 ④合同管理 ⑤招标采购项目后评估
"N"招标采购代理业务	①招标或资格预审公告的编制及发布 ②资格预审及招标文件编制及发布 ③勘察现场（根据实际情况决定） ④招标答疑 ⑤开标、评标、定标 ⑥中标公示 ⑦投诉质疑处理 ⑧发中标通知书 ⑨签订合同

一、招标采购阶段项目整体规划

1. 依据

（1）相关法律法规、政策文件、标准规范等。

（2）项目可行性研究报告、投资人需求书、相关利益者需求分析、不同深度的勘察设计文件（含技术要求）、决策和设计阶段造价文件等。

（3）投资人经营计划，资金使用计划和供应情况，项目工期计划等。

（4）项目资金来源、项目性质、项目技术要求、投资人对工程造价、质量、工期的期望以及资金的充裕程度等。

（5）承包人专业结构和市场供应能力分析。

（6）项目建设场地供应情况和周边基础设施的配套情况。

（7）潜在投标人专业结构和市场供应能力分析。

（8）项目建设场地供应情况和周边基础设施的配套情况。

（9）招标过程所形成书面文件。

（10）合同范本。

2. 内容

招标策划工作的重点内容包括：投资人需求分析、标段划分、招标方式选择、合同策划、时间安排等。充分做好这些重点工作的策划、计划、组织、控制的研究分析，并采取有针对性的预防措施，减少招标工作实施过程中的失误和被动局面，保证招投标质量。

（1）投资人需求分析。全过程工程咨询单位可通过实地调查法、访谈法、问卷调查法、原型逼近法等收集投资人对拟建项目质量控制、造价控制、进度控制、安全环境管理、风险控制、系统协调性和程序连续性等方面的需求信息，编制投资人需求分析报告，主要内容如图 2-11 所示。

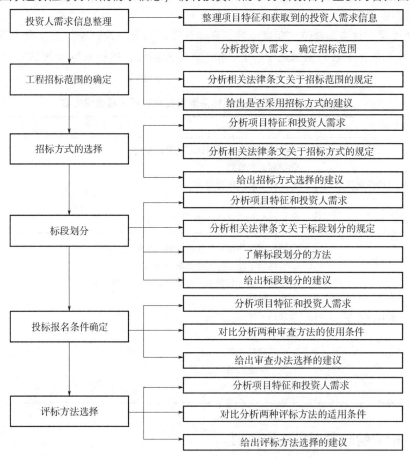

图 2-11　投资人需求分析主要内容

（2）标段划分策划。

1）标段划分的法律规定。招标法第九条规定：招标项目需要划分标段、确定工期的，招标人应当合理划分标段、确定工期，并在招标文件中说明。

招标法实施条例第二十四条规定：招标人对招标项目划分标段的，应当遵守招标投标法的有关规定，不得利用划分标段限制或者排斥潜在投标人。依法必须进行招标的项目的招标人不得利用划分标段规避招标。

2）标段划分的基本原则。划分标段应遵循的基本原则：合法合规、责任明确、经济高效、客观务实、便于操作。

3）影响标段划分的因素。建设方可以把设计施工合并为一个标段；也可以把设计、施工划分为二个标段；还可以把设计划分为数个标段，如勘察、设计各为一个标段，把施工划分为若干标段，如把主体工程划为一个标段，配套工程按专业划分为相应的标段。影响上述工程标段划分的主要因素为：

①工程的资金来源。

②工程的性质。一般来说，建设方能够准确全面地提出规模、功能、技术要求的项目，可以采用把设计施工合并为一个标段的形式，不具备上述条件的，宜采用设计、施工分别划分为不同标段的形式进行招标。

③工程的技术要求。

④对工程造价的期望。

⑤对工期的期望。

⑥对质量的期望。

⑦资金的充裕程度。

以上是通用的影响标段划分形成的因素，不同的工程还有其特殊的因素，就是上述通用的因素，应用到具体的工程中，各个因素应予以考虑的权重也是各不相同的，只有充分遵循上述标段划分的原则，才能客观地评价和平衡影响标段划分的因素，以达到合理划分工程标段的目的。

因此，全过程工程咨询单位应根据拟建项目的内容、规模和专业复杂程度等提出标段划分的合理化建议。

（3）招标方式选择。全过程工程咨询单位应分析建设项目的复杂程度、项目所在地自然条件、潜在承包人情况等，并根据法律法规的规定、项目规模、发包范围以及投资人的需求，确定是采用公开招标还是邀请招标。

1）公开招标。公开招标是指招标人以招标公告方式，邀请不特定的符合公开招标资格条件的法人或者其他组织参加投标，按照法律程序和招标文件公开的评标方法、标准选择中标人的招标方式。依法必须进行货物招标的招标公告，应当在国家指定的报刊或者信息网络上发布。

根据国家发展改革委第 16 号令《必须招标的工程项目规定》的第二条全部或者部分使用国有资金投资或者国家融资的项目包括：

①使用预算资金 200 万元人民币以上，并且该资金占投资额 10% 以上的项目。

②使用国有企业事业单位资金，并且该资金占控股或者主导地位的项目。

2）邀请招标。邀请招标是指招标人邀请符合资格条件的特定的法人或者其他组织参加投标，按照法律程序和招标文件公开的评标方法、标准选择中标人的招标方式。邀请招标不必发布招标公告或招标资格预审文件，但应该组织必要的资格审查，且投标人不应少于 3 个。

①《招标投标法》规定，国家发展改革委确定的重点项目和省、自治区、直辖市人民确定的地方重点项目不适宜公开招标的，经国家发展改革委或省、自治区、直辖市人民政府批准，可以进行邀请招标。

②《招标投标法实施条例》规定，国有资金投资占控股或者主导地位的依法必须进行招标的项目，应当公开招标；但有下列情形之一的，可以进行邀请招标：

a. 技术复杂、有特殊要求或者受自然环境限制，只有少量潜在投标人可供选择。

b. 采用公开招标方式的费用占项目合同金额的比例过大。

有本款所列情形，属于规定的需要履行项目审批、核准手续的依法必须进行招标的项目，由项目审批、核准部门在审批、核准项目时做出认定；其他项目由招标人申请有关行政监督部门做出认定。

③《工程建设项目勘察设计招标投标办法》规定，依法必须进行勘察设计招标的工程建设项

目，在下列情况下可以进行邀请招标：

a. 项目的技术性、专业性强，或者环境资源条件特殊，符合条件的潜在投标人数量有限。

b. 如采用公开招标，所需费用占工程建设项目总投资比例过大的。

c. 建设条件受自然因素限制，如采用公开招标，将影响项目实施时机的。

④《工程建设项目施工招标投标办法》规定，国家发展改革委确定的重点项目和省、自治区、直辖市人民政府确定的地方重点项目，以及全部使用国有资金投资或者国有资金投资控股或者占主导地位的工程建设项目，应当公开招标；有下列情形之一的，经批准可以进行邀请招标：

a. 项目技术复杂或有特殊要求，只有少量几家潜在投标人可供选择的。

b. 受自然地域环境限制的。

c. 涉及国家安全、国家秘密或者抢险救灾，适宜招标但不适宜公开招标的。

d. 拟公开招标的费用与项目的价值相比，不值得的。

e. 法律、法规规定不宜公开招标的。

⑤《工程建设项目货物招标投标办法》规定，国家发展改革委确定的重点项目和省、自治区、直国务院发展改革部门确定的国家重点建设项目和各省、自治区、直辖市人民政府确定的地方重点建设项目，其货物采购应当公开招标；有下列情形之一的，经批准可以进行邀请招标：

a. 货物技术复杂或有特殊要求，只有少量几家潜在投标人可供选择的。

b. 涉及国家安全、国家秘密或者抢险救灾，适宜招标但不宜公开招标的。

c. 拟公开招标的费用与拟公开招标的节资相比得不偿失的。

d. 法律、行政法规规定不宜公开招标的。

采用邀请招标方式的，招标人应当向三家以上具备货物供应的能力、资信良好的特定的法人或者其他组织发出投标邀请书。

（4）招标合同策划。合同策划包括合同种类选择和合同条件选择。合同种类基本形式有单价合同、总价合同、成本加酬金合同等。不同种类的合同，其应用条件、权利和责任的分配、支付方式以及风险分配方式均不相同，应根据建设项目的具体情况选择合同类型。

合同条件的选择。投资人应选择标准招标文件中的合同条款，没有标准招标文件的宜选用合同示范文本的合同条件，结合招标投标目标进行调整完善。

合同策划是全过程工程咨询单位组织招标策划和开展承发包阶段咨询服务的一项重点工作，具体内容详见本章第三节。

（5）招标时间安排。全过程工程咨询单位需要合理制订招标工作计划，既要和设计阶段设计划、建设资金计划、征地拆迁计划、工期计划等相呼应，又要考虑合理的招标时间间隔，特别有关法律法规对招标时间的规定，并且要结合招标项目规模和范围，合理安排招标时间。依据现行国家法律法规的规定，各阶段招标时限的规定总结见表2-9。各行业的部门规章或各地的地方性法规、规章有可能对部分事项时限有与此不一致的规定，可以根据各地政策和项目特点进行调整。

表2-9　依法必须招标的工程建设项目招标投标事项时限规定汇总

工作内容（事项）	时　限
招标文件（资格预审文件）发售时间	最短不得少于5日
提交资格预审申请文件的时间	自资格预审文件停止发售之日起不得少于5日
递交投标文件的时间	自招标文件开始发出之日起至投标文件递交截止之日止最短不少于20天。大型公共建筑工程概念性方案设计投标文件编制时间一般不少于40日。建筑工程实施性方案设计投标文件编制时间一般不少于45日
对资格预审文件进行澄清或者修改的时间	澄清或者修改的内容可能影响资格预审申请文件编制的，应当在提交资格预审申请文件截止时间至少3日前发出

（续）

工作内容（事项）	时　限
对资格预审文件异议与答复的时间	对资格预审文件有异议的，应当在提交资格预审申请文件截止时间 2 日前提出，投资人应当自收到异议之日起 3 日内做出答复，做出答复前，应当暂停招标投标活动
对招标文件进行澄清或者修改的时间	澄清或者修改的内容可能影响投标文件编制的，应当在提交投标文件截止时间至少 15 日前发出
对招标文件异议与答复的时间	对招标文件有异议的，应当在提交投标文件截止时间 10 日前提出，投资人应当自收到异议之日起 3 日内做出答复，做出答复前，应当暂停招标投标活动
对开标异议与答复时间	承包人对开标有异议的，应当在开标现场提出，投资人应当当场做出答复
评标时间	投资人应当根据项目规模和技术复杂程度等因素合理确定评标时间。超过三分之一的评标委员会成员认为评标时间不够的，投资人应当适当延长
开始公示中标候选人时间	自收到评标报告之日起 3 日内
中标候选人公示时间	不得少于 3 日
对评标结果异议与答复时间	承包人对评标结果有异议的，应当在中标候选人公示期间提出，投资人应当自收到异议之日起 3 日内做出答复。做出答复前，应当暂停招标投标活动
投诉人提起投诉的时间	自知道或者应当知道其权益受到侵害之日起 10 日内向有关行政监督部门投诉。异议为投诉前置条件的，异议答复期间不计算在投诉限制期内
对投诉审查决定是否受理的时间	收到投诉书 5 日内
对投诉做出处理决定的时间	受理投诉之日起 30 个工作日内；需要检验、检测、鉴定、专家评审的，所需时间不计算在内
投资人确定中标人时间	最迟应当在投标有效期满 30 日前确定
向监督部门提交招标投标情况书面报告备案的时间	自确定中标人之日起 15 日内
投资人与中标人签订合同时间	自中标通知书发出之日起 30 日内
退还投标保证金时间	招标终止并收取投标保证金的，应及时退还；承包人依法撤回投标文件的，自收到撤回通知之日起 5 日内退还；投资人与中标人签订合同后 5 个工作日内退还

3. 程序

全过程工程咨询单位通过了解拟建项目情况、投资人需求分析、标段划分、招标方式选择、合同策划、招标时间安排等细节工作，将工作关键成果进行汇总整理，编写形成招标策划书。工作程序如图 2-12 所示。

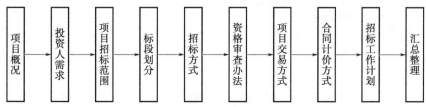

图 2-12　招标策划书编写程序

4. 注意事项

全过程工程咨询单位在招标采购策划过程中，应根据项目的进展情况和项目的特点，着重注意以下方面，以更好地开展项目的咨询策划工作。

（1）全过程工程咨询单位在组织招标策划过程中，应对社会资源供需进行深入分析，如拟招标项目需要开挖土方和运输，若项目所在地附近存在土方需求的，则应考虑将开挖土方供应给临近的需求者，以求降低成本、提高社会效益。

（2）应充分考虑项目功能、未来产权划分对标段影响，招标策划工作中应根据投资人的需要，对优先使用的功能、产权明晰的项目优先安排招标和实施。

（3）项目招标策划应与项目审批配套执行，充分考虑审批时限对招标时间安排的影响和带来的风险，避免项目因审批尚未通过而导致招标无效，影响项目建设程序。

（4）招标策划应充分评估项目建设场地的准备情况，特别需要在招标前完成土地购置和征地拆迁工作，现场三通一平条件充足，避免招标结束后承包人无法按时进场施工导致索赔或纠纷问题。

二、 招标采购阶段项目管理

全过程工程咨询单位应组织建立招标采购管理制度，确定招标采购流程和实施方式，规定管理与控制的程序和方法。需要特别强调的是，招标采购活动应当是在国家相关部门监督管理下有秩序地进行的一项涉及面广、竞争性强、利益关系敏感的经济活动。因此，招标投标活动及其当事人应当接受依法实施的监督，这对招标投标的当事人来说是一项法定的义务。由于招标投标活动范围很广，专业性又强，很难由一个部门统一进行监督，而是由各个不同的部门根据规定和各自的具体职责分别进行监督。各省、自治区、直辖市人民政府从本地实际出发，对各部门招标投标监督职责分工有具体规定，建设项目的招标采购管理应同时遵守工程建设项目所在地的规定。

1. 全过程工程咨询单位在招标采购阶段需要管理的内容

（1）招标采购策划管理。

（2）招标采购制度管理。

（3）招标采购过程管理。

（4）招标采购合同管理。

（5）招标采购流程评价。

2. 依据

（1）相关法律法规、政策文件、标准规范等。

（2）项目可行性研究报告、投资人需求书、相关利益者需求分析、不同深度的勘察设计文件（含技术要求）、决策和设计阶段造价文件等。

（3）招标人经营计划，资金使用计划和供应情况，项目工期计划等。

（4）项目资金来源、项目性质、项目技术要求、投资人对工程造价、质量、工期的期望以及资金的充裕程度等。

（5）潜在投标人专业结构和市场供应能力分析。

（6）项目建设场地供应情况和周边基础设施的配套情况。

（7）招标过程所形成书面文件。

（8）合同范本。

3. 内容

（1）招标采购策划管理。全过程工程咨询单位对项目进行招标策划：根据工程的勘察、设计、监理、施工以及与工程建设有关的重要设备（进口机电设备除外）、材料采购的费用投资估算或批准概算来进行招标策划，明确哪些须招标，哪些可不用招标，并编制相应的招标文件，通过一系列的招标活动完成对中标人的招标。具体的招标采购策划见本章第二节。

（2）招标采购制度管理。全过程工程咨询单位应协助招标人制定招标采购阶段的管理制度，招标采购管理制度中应包含招标采购组织机构及职责、招标采购工作准则、招标采购工作流程、质疑投诉处理、资料移交、代理服务费支付、招标代理机构的考核制度、招标采购人员职业规范、奖励与处罚，以及招标人和招标代理机构等各参建方在招标采购过程的会签流程等内容，本着规范招标、采购行为，保障招标人的根本利益，兼顾质量和成本，提高工作效率和市场竞争力的原则，完善招标采购制度。

（3）招标采购过程管理。建设项目招标采购过程管理主要包含招标程序管理及各阶段的主要工作内容管理。

招标程序是相应法律法规规定的招标过程中各个环节承前启后、相互关联的先后工作序列。招标程序对招标投标各方当事人具有强制约束力。违反法定程序需承担法律责任。

各阶段的主要工作内容是指招标人在招标、投标、开标、评标、定标、签订合同等阶段所要做的或监督委托的招标代理机构应做主要事项，包括但不限于组织参建单位相关人员进行招标文件（资格预审文件）的讨论审核、工程量清单及控制价的审核、组织相关方人员进行招标答疑、招标流程合规化的监督、协助处理投诉质疑等主要管理工作。

1）招标文件（资格预审文件）。

①资格预审文件：

a. 招标范围。

b. 投标人资质条件。

c. 资格审查方法（有限数量制或合格制）。

d. 资格审查标准。

②招标文件：

a. 招标范围。

b. 投标人资质条件。

c. 投标报价要求和内容。

d. 评标办法。

e. 主要合同条款。

f. 价款的调整及其他商务约定。

2）工程量清单及控制价的审核。工程量清单编制完成后应进行审核，主要审核内容详见"工程量清单审核程序"中的内容。

3）组织相关方人员进行招标答疑。全过程工程咨询单位组织相关参与单位，在开标之前进行招标答疑活动，招标人对任何一位投标人所提问题的回答，必须发送给每一位投标人，保证招标的公开和公平。回答函件作为招标文件的组成部分，如果书面解答的问题与招标文件中的规定不一致，以函件的解答为准。

4）招标流程合规化的监督。全过程工程咨询单位"协助招标人"严格把关招标流程，从"市场调研、评委抽取、招标条件、资格审查、评标过程、中标结果、合同签订、合同履行"八个关键环节入手，细化为具体监督内容的监督流程，由监督人员在招投标监督过程中执行。

5）协助处理投诉质疑。全过程工程咨询单位耐心做好质疑答复工作，严防事态升级，重视投诉质疑回复工作。质疑投诉回复是质疑投诉处理的阶段性工作标志，对它的把握要做到恰到好处。全过程工程咨询单位"须协助招标人"耐心做好质疑答复工作，严防事态升级，重视投诉质疑回复工作。要做到按所提疑问逐条仔细给予回复，答复时用词要精准不能产生歧义。

（4）招标采购合同管理。

1）依据。

①法律法规。

a. 《中华人民共和国合同法》（主席令第15号）。

b. 《中华人民共和国标准施工招标文件》（2007版）。

c. 《建设工程施工合同（示范文本）》GF—2017—0201。

d. 其他相关法律法规、政策文件、标准规范等。

②建设项目工程资料。

a. 项目决策、设计阶段的成果文件，如可行性研究报告、勘察设计文件、项目概预算、主要的工程量和设备清单。

b. 投资人和全过程工程咨询单位提供的有关技术经济资料。

c. 类似工程的各种技术经济指标和参数以及其他有关的资料。

d. 项目的特征，包含项目的风险、项目的具体情况等。

e. 招标策划书。

f. 其他相关资料。

2）内容。施工合同是保证工程施工建设顺利进行、保证投资、质量、进度、安全等各项目标顺利实施的统领性文件。施工合同应该体现公平、公正和双方真实意愿反映的特点，施工合同只有制定科学才能避免出现争议和纠纷，确保建设目标的实现。

①合同条款拟订。全过程工程咨询单位须根据项目实际情况，依据《建设工程施工合同（示范文本）》GF—2017—0201，科学合理拟订项目合同条款。

a. 合同协议书。合同协议书主要包括：工程概况、合同工期、质量标准、签约合同价和合同价格形式、项目经理、合同文件构成、承诺以及补充协议等重要内容，集中约定了合同当事人基本的合同权利义务。

b. 通用合同条款。通用合同条款是合同当事人根据《建筑法》《合同法》等法律法规的规定，就工程建设的实施及相关事项，对合同当事人的权利义务做出的原则性约定。

c. 专用合同条款。专用合同条款是根据不同建设工程的特点及具体情况，对通用合同条款原则性约定的细化、完善、补充、修改或另行约定的条款。

d. 补充合同条款。通用合同条款和专用合同条款未有约定的，必要时可在补充合同条款加以约定。

②要点分析。

a. 承包范围以及合同签约双方的责权利和义务。明确合同的承包范围以及合同签约双方的责权利和义务才能从总体上控制好工程质量工程进度和工程造价，合同的承包范围以及合同签约双方的责权利和义务的描述不应采用高度概括的方法，应对承包范围以及合同签约双方的责权利和义务进行详尽地描述。

b. 风险的范围及分担办法。在合同的制定中，合理确定风险的承担范围是非常重要的，首先，风险的范围必须在合同中描述清楚，合理分担风险，避免把一切风险都推给中标人承担的做法。

c. 严重不平衡报价的控制。"不平衡报价"是中标人普遍使用的一种投标策略，其目的是为了"早拿钱"（把前期施工的项目报价高）和"多拿钱"（把预计工程量可能会大幅增加的项目报价高），一定幅度的"不平衡"是正常的，但如果严重的不平衡报价，将严重影响造价的控制。为了控制严重不平衡报价的影响，在合同中应明确对严重不平衡报价的处理办法：投资人有权进行清标并调整的办法；在合同中设定对工程量增加或减少超过工程量清单中提供的数量的一定幅度（如10%）时，超出或减少部分工程量的单价要进行调整的办法。通过这些条款的设置就能从招标环节杜绝不平衡报价的影响，实现造价的主动控制。

d. 进度款的控制支付。进度款的支付条款应清楚支付的条件、依据、比例、时间、程序等。

工程款的支付方式包括：预付款的支付与扣回方式、进度款的支付条件、质保金的数量与支付方式及工程款的结算等。

e. 工程价款的调整、变更签证的程序及管理。合理设置人工、材料、设备价差的调整方法，明确变更签证价款的结算和支付条件。

f. 违约及索赔的处理办法。清晰界定正常变更和索赔，明确违约责任及索赔的处理办法。合理利用工程保险、工程担保等风险控制措施，使风险得到适当转移、有效分散和合理规避，确保有效履约合同，实现投资控制目标。

3）程序。全过程工程咨询单位的合同条款策划的程序如图 2-13 所示。

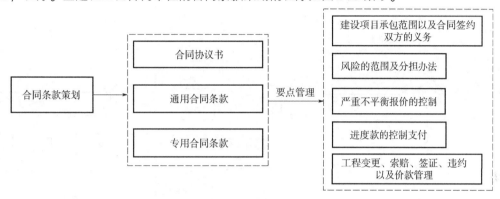

图 2-13　合同策划程序图

4）注意事项。合同条款策划应注意以下问题：

①合同条款策划要符合合同的基本原则，不仅要保证合法性、公正性，而且要合理分担风险，促使各方面的互利合作，确保高效率地完成项目目标。

②合同条款策划应保证项目实施过程的系统性、协调性和可实施性。

③合同承包范围应清晰，合同主体和利益相关方责权利和义务明确。

④合同管理并不是在合同签订之后才开始的，招标过程中形成的大部分文件，在合同签订后都将成为对双方当事人有约束力的合同文件的组成文件。该阶段合同管理的主要内容有：审核资格预审文件（采用资格预审时），对潜在投标人进行资格预审；审核招标文件，依法组织招标；必要时组织现场踏勘；审核潜在投标人编制投标方案和投标文件；审核开标、评标和定标工作；合同分析和审查工作；组织合同谈判和签订，落实履约担保；合同备案等。对中标人的投标文件进行审核，再签订合同。

（5）招标采购流程评价。在项目招标采购完成之后，全过程工程咨询单位应对招标采购流程进行评估。将合同各参与主体在执行过程中的利弊得失、经验教训总结出来，为投资人同类型招标采购提供借鉴，为项目部及公司决策层提供参考。

4. 程序

全过程工程咨询单位在招标采购阶段的项目管理工作，通过前期协助招标人制定招标采购管理的制度，组织策划招标采购流程，管理招标采购的过程，同时，对招标投标的合同进行管理，招标投标活动完成后，开展招标采购项目后评估。

全过程工程咨询单位的招标采购工作的程序如图 2-14 所示。

5. 注意事项

（1）全过程工程咨询单位在招标采购项目过程中，应对社会资源供需进行深入分析，如拟招标项目需要开挖土方和运输，若项目所在地附近存在土方需求的，则应考虑将开挖土方供应给临近的需求者，以求降低成本、提高社会效益。

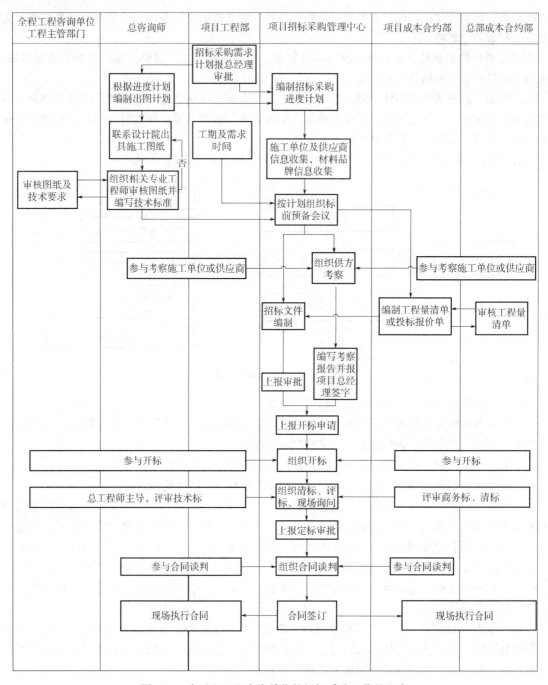

图 2-14　全过程工程咨询单位的招标采购工作的程序

（2）应充分考虑项目功能、未来产权划分对标段影响，招标策划工作中应根据投资人的需要，对优先使用的功能、产权明晰的项目优先安排招标和实施。

（3）项目招标策划应与项目审批配套执行，充分考虑审批时限对招标时间安排的影响和带来的风险，避免项目因审批尚未通过而导致招标无效，影响项目建设程序。

（4）招标策划应充分评估项目建设场地的准备情况，特别需要在招标前完成土地购置和征地拆迁工作，现场三通一平条件充足，避免招标结束后中标人无法按时进场施工导致索赔或纠纷问题。

三、 招标采购代理

工程招标代理，是指工程招标代理机构接受招标人的委托，从事工程的勘察、设计、施工、监理以及与工程建设有关的重要设备（进口机电设备除外）、材料采购招标的代理业务。工程招标代理工作包括：与招标人签订招标代理合同，拟定招标方案，提出招标申请，发布招标公告或发出投标邀请书，编制、发售资格预审文件，审查投标申请人资格，编制并发售招标文件，编制标的或投标控制价，踏勘现场与答疑，组织开标，组织评标定标与发出中标通知书，招标投标资料汇总与书面报告，协助招标人签订合同、合同备案等。

1. 依据

（1）法律法规。

1）相关法律法规、政策文件、标准规范等。

2）《中华人民共和国标准施工招标文件》（2007 年版）。

3）《建设工程招标控制价编审规程》CECAGC 6—2011。

4）《建设项目全过程造价咨询规程》CECA/GC 4—2017。

5）《中华人民共和国招标投标法》（2017 年修订）。

6）《中华人民共和国招标投标法实施条例》（2017 年修订）。

7）《建设工程造价咨询成果文件质量标准》CECA/GC 7—2012。

（2）建设项目工程资料

1）项目可行性研究报告、投资人需求书、相关利益者需求分析、不同深度的勘察设计文件（含技术要求）、决策和设计阶段造价文件等。

2）投资人资金使用计划和供应情况，项目工期计划等。

3）项目建设场地供应情况和周边基础设施的配套情况。

4）潜在投标人技术、管理能力、信用情况等。

5）材料设备市场供应能力。

6）合同范本。

7）招标策划书。

2. 内容

全过程工程咨询单位对项目进行招标策划并编制完招标文件后，需要通过一系列招标活动完成对中标人的招标。

（1）招标公告。按现行有关规定，招标公告的基本内容包括：

1）招标条件。包括招标项目的名称、项目审批、核准或备案机关名称及批准文件编号，招标人的名称，项目资金来源和出资比例，阐明该项目已具备招标条件，招标方式为公开招标。

2）招标项目的建设地点、规模、计划工期、招标范围、标段划分等。

3）对投标人的资质等级与资格要求。申请人应具备的资质等级、类似业绩、安全生产许可证、质量认证体系，以及对财务、人员、设备、信誉等方面的要求。

4）招标文件或资格预审文件获取的时间、地点、方式、招标文件的售价，图纸押金等。

5）投标文件递交的截止时间、地点。

6）公告发布的媒体。依法必须招标项目的招标公告应当在国家指定的媒体发布，对于不属于必须招标的项目，招标人可以自由选择招标公告的发布媒介。

7）联系方式，包括招标人和招标代理机构的联系人、地址、邮编、电话、传真、电子邮箱、开户银行和账号。

8）其他。

对有关部委结合行业的具体特点进行了一些特殊规定如表 2-10 所示。

表 2-10　不同类型项目招标公告内容（包括但不限于）

类型	招标公告内容
工程建设项目勘察设计招标投标	①工程概况 ②招标方式、招标类型、招标内容及范围 ③投标人承担设计任务范围 ④对投标人资质、经验及业绩的要求 ⑤购买招标文件的时间、地点 ⑥招标文件工本费收费标准 ⑦投标截止时间、开标时间及地点 ⑧联系人及联系方式等
工程建设项目施工招标投标	①招标人的名称和地址 ②招标项目的内容、范围、规模、资金来源 ③招标项目的实施地点和工期 ④获取招标文件或资格预审文件的地点和时间 ⑤对招标文件或资格预审文件收取的费用 ⑥对投标人的资格等级要求 ⑦投标截止时间、开标时间及地点
工程建设项目货物招标投标	①投标人的名称和地址 ②招标货物的名称、数量、技术规格、资金来源 ③交货的地点和时间 ④获取招标文件或资格预审文件的地点和时间 ⑤对招标文件或资格预审文件收取的费用 ⑥提交资格预审申请或投标文件的地点和截止日期 ⑦对投标人的资格要求

此外，招标人采用邀请招标方式的，应当向 3 个以上具备承担招标项目能力、资信良好的特定法人或其他组织发出投标邀请书。投标邀请书的内容和招标公告的内容基本一致，但无须说明发布公告的媒介，需增加要求潜在投标人确认是否收到了投标邀请书的内容。

公开招标的项目，招标人采用资格预审办法对潜在投标人进行资格审查的，应当发布资格预审公告、编制资格预审文件。资格预审公告的基本内容和招标公告的内容基本一致，只需增加资格预审方法，表明是采用合格制还是有限数量制；资格预审结束后，向投标人发送资格预审合格通知书的同时发送投标邀请书。

（2）资格审查。为了保证潜在投标人能够公平地获取投标竞争的机会，确保投标人满足招标项目的资格包括条件，同时避免招标人和投标人不必要的资源浪费，招标人应当对投标人资格进行审查。资格审查分为资格预审和资格后审两种。

1）资格预审。资格预审是指招标人采用公开招标方式，在投标前按照有关规定程序和要求公布资格预审公告和资格预审文件，对获取资格预审文件并递交资格预审申请文件的潜在投标人进行资格审查。一般适用于潜在投标人较多或者大型、技术复杂的工程项目。

①资格预审主要审查潜在投标人或者投标人是否符合下列条件：

具有独立订立合同的权利。

具有履行合同的能力，包括专业、技术资格和能力，资金、设备和其他物质设施状况，管理能力，经验、信誉和相应的从业人员。

没有处于被责令停业，投标资格被取消，财产被接管、冻结、破产状态。

在最近 3 年内没有骗取中标和严重违约及重大工程质量问题。

法律、行政法规规定的其他资格条件等。

资格审查时，招标人不得以不合理的条件限制、排斥潜在投标人或投标人，不得对潜在投标人或者投标人实行歧视待遇。任何单位和个人不得以行政手段或其他不合理方式限制投标人的数量。

②资格预审的程序。

编制资格预审文件。

发布资格预审公告。

出售资格预审文件。

对资格预审文件的澄清、修改。

潜在投标人编制并递交资格预审申请文件。

组建资格审查委员会。

资格审查委员会对资格预审申请文件进行评审并编写资格评审报告。

招标人审核资格评审报告，确定资格预审合格申请人。

向通过资格预审的申请人发出投标邀请书（代资格预审合格通知书），并向未通过资格预审的申请人发出资格预审结果的书面通知。

③资格预审文件。资格预审文件是告知申请人资格预审条件、标准和方法，并对申请人的经营资格、履约能力进行评审，确定合格中标人的依据。资格预审文件编制程序如图 2-15 所示。

2）资格后审。是指在开标后，在评标过程中对投标申请人进行的资格审查。采用资格后审的，对投标人资格要求的审查内容、评审方法和标准与资格预审基本相同，评审工作由招标人依法组建的评标委员会负责。招标人应当在招标文件中载明对投标人资格要求的条件、标准和方法。

经过资格预审的，一般不再进行资格后审，但招标文件另有规定的除外。

（3）招标文件编制。招标文件是招标人向潜在投标人发出的要约邀请文件，是告知投标人招标项目内容、范围、数量与招标要求、投标资格要求、招标投标程序、投标文件编制与递交要求、评标标准和方法、合同条款与技术标准等招标投标活动主体必须掌握的信息和遵守的依据，对招标投标各方均具有法律约束力。

1）编制招标文件应遵循的原则和要求。招标文件的编制必须遵守国家有关招标投标的法律、法规和部门规章的规定，应遵循下列原则和要求：

①招标文件必须遵循公开、公平、公正的原则，不得以不合理的条件限制或者排斥潜在投标人，不得对潜在投标人实行歧视待遇。

②招标文件必须遵循诚实信用的原则，招标人向投标人提供的工程项目情况，特别是工程项目的审批、资金来源和落实等情况，都要确保真实和可靠。

③招标文件介绍的工程项目情况和提出的要求，必须与资格预审文件的内容相一致。

④招标文件的内容要能清楚地反映工程项目的规模、性质、商务和技术要求等内容，设计图纸应与技术规范或技术要求相一致，使招标文件系统、完整、准确。

⑤招标文件规定的各项技术标准应符合国家强制性标准。

⑥招标文件不得要求或者标明特定的专利、商标、名称、设计、原产地或材料、构配件等生

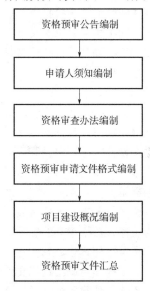

图 2-15　资格预审文件编制程序

（流程图内容：）
资格预审公告编制 → 申请人须知编制 → 资格审查办法编制 → 资格预审申请文件格式编制 → 项目建设概况编制 → 资格预审文件汇总

产供应者，以及含有倾向或者排斥投标申请人的其他内容。如果必须引用某一生产供应者的技术标准才能准确或清楚地说明拟招标项目的技术标准时，则应当在参照后面加上"或相当于"的字样。

⑦招标人应当在招标文件中规定实质性要求和条件，并用醒目的方式标明。

2）招标文件的内容。

①按现行有关规定，招标文件的基本内容包括：

招标公告或投标邀请书。采用资格预审的形式时，投标邀请书可代资格预审通过通知书，是用来邀请资格预审合格的投标人投标的；在邀请招标时，不发布招标公告，是用投标邀请书直接邀请潜在投标人参加投标。

投标人须知。包括工程概况，招标范围，资格审查条件，工程资金来源或者落实情况，标段划分，工期要求，质量标准，现场踏勘和投标预备会，投标文件编制、提交、修改、撤回的要求，投标报价要求，投标有效期，开标的时间和地点等。

评标标准和评标方法。包括选择评标方法、确定评审因素和标准以及确定评标程序。

技术条款（含技术标准、规格、使用要求以及图纸等）。

投标文件格式。包括投标函、投标函附录投标担保书、投标担保银行保函格式、投标文件签署授权委托书及招标文件要求投标人提交的其他投标资格格式。

拟签订合同主要条款及合同格式。一般分为通用条款和专用条款两部分。通用条款具有普遍适用性；专用条款是针对某一特定工程项目合同的具体规定，是对通用条款的补充和修改。

附件和其他要求投标人提供的材料。

对不同类型项目招标文件的内容，有关部委结合行业的具体特点做出一些特殊规定。

②对工程勘察设计招标文件，《工程建设项目勘察设计招标投标办法》规定，勘察设计招标文件应当包括下列内容：

投标须知。

投标文件格式及主要合同条款。

项目说明书，包括资金来源情况。

勘察设计范围，对勘察设计进度、阶段和深度的要求。

勘察设计基础资料。

勘察设计费用支付方式，对未中标人是否给予补偿及补偿标准。

投标报价要求及投标有效期。

对投标人资格审查的标准。

评标标准和方法。

③对工程项目施工招标文件，《工程建设项目施工招标投标办法》规定，招标人根据施工招标项目的特点和需要编制招标文件。招标文件一般包括下列内容：

投标邀请书。

投标人须知。

合同主要条款。

投标文件格式。

采用工程量清单招标的，应当提供工程量清单。

技术条款。

设计图纸。

评标标准和方法。

投标辅助材料。

招标人应当在招标文件中规定实质性要求和条件，并用醒目的方式标明。

④对工程项目货物招标文件，《工程建设项目货物招标投标办法》规定，一般包括下列内容：

投标邀请书。

投标人须知。

投标文件格式。

技术规格、参数及其他要求。

评标标准和方法。

合同主要条款。

招标人应当在招标文件中规定实质性要求和条件，说明不满足其中任何一项实质性要求和条件的投标将被拒绝，并用醒目的方式标明；没有标明的要求和条件在评标时不得作为实质性要求和条件。对于非实质性要求和条件，应规定允许偏差的最大范围、最高项数，以及对这些偏差进行调整的方法。

国家对招标货物的技术、标准、质量等有特殊要求的，招标人应当在招标文件中提出相应特殊要求，并将其作为实质性要求和条件。

3）招标文件的发放。招标代理机构应当以书面的形式通知选定的符合资质条件的投标申请人领取招标文件，书面通知中应包括获取招标文件的时间、地点和方式。

4）编制招标文件中需要注意事项（需增加内容）：

①招标文件评分细则中专家打分不能存在空档，量化具体评分分值，如下错误案例：招标文件的评分细则中规定：工程质量保证措施全面、具体、可行性等，评标专家可据实给出一般：1～3分；良：4～6分；优7～9分等。

②投标文件的内容及格式应与其他章节相对应，不得提出违反法律法规或不合理的其他要求。

③招标文件中答疑时间、投标截止时间等节点时间满足相关法律法规要求。

④《合同条款》《投标人须知》《工程量清单》等每个环节是否符合相关规定。

⑤必要时，可通过图纸查看招标文件描述的工程概况（规模）、类似业绩要求的规模是否与图纸一致。

（4）现场踏勘与答疑。

1）现场踏勘。招标人组织现场踏勘和招标文件答疑会，应对特别注意的是不得向任何单位和个人透露参加现场踏勘和出席交底答疑会的投标人的情况。签到应采取分别签到记录。

2）答疑或投标预备会。投标人对有需要解释的问题，以书面形式在招标文件或招标人规定的时间内向招标人提出。招标人对有必要解释说明的问题以补充招标文件的形式发放给投标人。

（5）组织评标委员会。招标人或招标代理机构根据招标建筑工程项目特点和需要组建评标委员会，一般工程项目按照当地有关规定执行。大型公共建筑工程或具有一定社会影响的建筑工程，以及技术特别复杂、专业性要求特别高的建筑工程等情况，经主管部门批准，招标人可以从设计类资深专家库中直接确定，必要时可以邀请外地或境外资深专家参加评标。评标委员会成员名单在中标人确定前应当保密。

（6）接受投标有关文件。在投标过程中，全过程工程咨询单位主要的工作内容是接收中标人提交的投标文件和投标保证金等，并审核投标文件和投标保证金是否符合招标文件和有关法律法规的规定。

（7）开标。

1）开标应当在招标文件确定的提交投标文件截止时间的同一时间公开进行，开标地点应当为招标文件中预先确定的地点。

2）开标时，由中标人或者其推选的代表检查投标文件的密封情况，也可以由投资人委托的公证机构检查并公证；经确认无误后，由工作人员当众拆封，宣读中标人名称、投标价格和投标文件的其他主要内容。

(8) 清标。在全过程工程咨询服务中，针对项目的需要，专业咨询工程师（招标代理）在开标后、评标前对投标报价进行分析，编制清标报告成果文件。清标报告应包括清标报告封面、清标报告的签署页、清标报告编制说明、清标报告正文及相关附件。及时检查评标报告内容是否完整和符合有关规定，然后提交总咨询师和投资人复核确认。

清标报告正文宜阐述清标的内容、清标的范围、清标的方法、清标的结果和主要问题等。一般应主要包括：

1）算术性错误的复核与整理，不平衡报价的分析与整理，错项、漏项、多项的核查与整理。

2）综合单价、取费标准合理性分析和整理。

3）投标报价的合理性和全面性分析与整理，投标文件中含义不明确、对同一问题表述不一致、明显的文字错误的核查与整理等。

4）投标文件和招标文件是否吻合；招标文件是否存在歧义问题，是否需要组织澄清等问题。

(9) 评标。

1）投资人或其委托的全过程工程咨询单位应依法组建的评标委员会，与中标人有利害关系的人不得进入相关项目的评标委员会。

2）评标委员会可以要求中标人对投标文件中含义不明确的内容作必要的澄清或者说明，但是澄清或者说明不得超出投标文件的范围或者改变投标文件的实质性内容（如有时）。

3）评标委员会应当按照招标文件确定的评标标准和方法，对投标文件进行评审和比较，设有标底的，应当参考标底。评标委员会完成评标后，应当向投资人提出书面评标报告，并推荐合格的中标候选人。

(10) 定标（发中标通知书）。

1）根据评标委员会提出的书面评标报告和推荐的中标候选人确定中标人。投资人也可以授权评标委员会直接确定中标人。

2）中标人确定后，投资人应当向中标人发出中标通知书，并同时将中标结果通知所有未中标的投标人。

3）中标通知书对投资人和中标人具有法律效力。中标通知书发出后，投资人改变中标结果的，或者中标人放弃中标项目的，应当依法承担法律责任。

全过程咨询机构到相关行政监督部门将定标结果进行备案（或按项目所在地规定）并公示中标候选人。

(11) 签订合同。

根据《招标投标法》，投资人和中标人应当自中标通知书发出之日起三十日内，按照招标文件和中标人的投标文件订立书面合同。全过程工程咨询单位应协助投资人进行合同澄清、签订合同等工作，同时根据投资人的需求和项目需要，可协助投资人进行合同谈判、细化合同条款等内容。投资人和中标人不得再行订立背离合同实质性内容的其他协议。

3. 程序

全过程工程咨询单位须严格执行有关法律法规和政策规定的程序和内容，规范严谨组织项目招标采购过程管理，具体程序如图 2-16 所示。

4. 注意事项

(1) 全过程工程咨询单位、投资人、中标人和相关利益方应依法做好廉洁管理工作，确保项目招标投标工作公正公平开展。

(2) 招标文件、资格预审文件的发售、澄清、修改的时限，或者确定的提交资格预审申请文件、投标文件的时限需符合招标投标法律法规规定。不得擅自更改招标文件规定的投标截止时间和递交地点。

(3) 超过规定的比例收取投标保证金、履约保证金或者不按照规定退还投标保证金及银行同

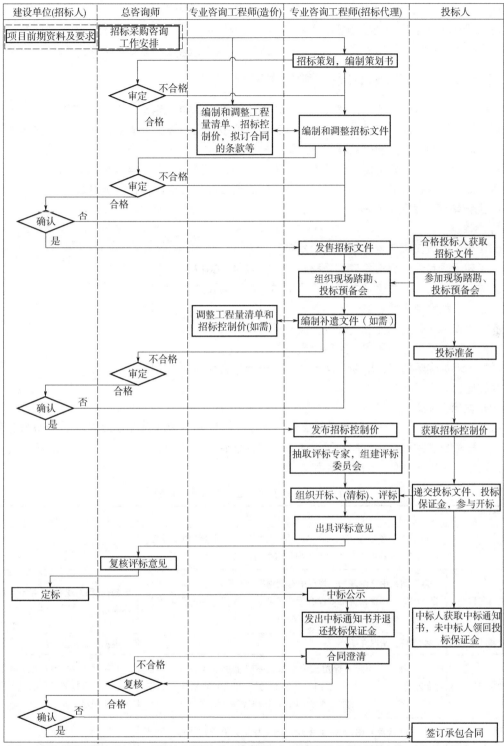

备注：如采用资格预审方式招标，则须在发售招标文件前编制和公布资格预审公告和预审文件、组织资格预审

图2-16　全过程工程咨询单位招标采购阶段工作程序图

期存款利息。

（4）投资人应按规定时限发出中标通知书，中标通知书发出后无正当理由不得改变中标结果。

（5）投资人应按规定时限与中标人订立合同；不得在订立合同时向中标人提出附加条件。

（6）投资人和中标人应按照招标文件和中标人的投标文件订立合同，合同的主要条款与招标文件、中标人的投标文件的内容应一致，投资人、中标人不得订立背离合同实质性内容的协议。

四、 全过程咨询项目招标采购投资控制

招标采购阶段投资管控作为建设项目全过程投资管控的重要组成部分，是工程投资事前控制的主要手段，不仅为施工阶段和工程竣工结算阶段的投资管控奠定了基础，而且对于提升建设项目投资管理水平和投资控制效果具有十分重要的意义。

招标采购阶段，是确定合同价款的一个重要阶段，它通过施工图实际算量，已经比较接近工程的实际造价和对建筑成品已经能初步体现，对后期工程竣工结算有着直接的影响。

1. 工程量清单编制与审核

（1）依据。

①现行《建设工程工程量清单计价规范》。

②《建设项目全过程造价咨询规程》CECA/GC 4—2017。

③国家或省级、行业建设主管部门颁发的计价定额和办法。

④建设工程设计文件。

⑤与建设项目有关的标准、规范、技术资料。

⑥招标文件及其补充通知、答疑纪要。

⑦施工现场实际情况、地勘水文资料、工程特点及常规施工方案。

⑧其他相关资料。

（2）内容。

1）分部（分项）工程工程量清单编制。分部（分项）工程工程量清单是指表示拟建工程分项实体工程项目名称和相应数量的明细清单，应该包括项目编码、项目名称、项目特征、计量单位和工程量五个部分。具体编制要件和要点见表2-11。

表2-11 分部（分项）工程工程量清单编制

要件	编制要点	备注
项目编码	12位阿拉伯数字表示，1~9位按《13规范》附录的规定设置，10~12位应根据拟建工程的工程量清单项目名称设置	不得有重码
项目名称	施工图纸中有体现的，规范中有列项则直接列项，计算工程量；施工图纸有体现，规范中没有相应列项，项目特征和工程内容都没提示，则补项，在编制说明中注明	根据《13规范》结合工程实际确定
项目特征描述	根据项目情况介绍	根据项目情况介绍
计量单位	以"吨"为单位，保留三位小数，第四位小数四舍五入；以"立方米""米""千克"保留两位小数，第三位四舍五入；以"个""项""樘""套"等为单位的，应取整数	有两个或两个以上计量单位的，应结合拟建工程项目选择其中一个确定
工程量计算	按《13规范》附录A—F中规定的工程量计算规则计算。另外对于补充工程量计算规则必须符合下述原则；第一具有可算性，第二计算结果具有唯一性	工程量计算要准确

补充项目为附录中未包括的项目，有补充项目时，编制人应作补充，并报省级或行业工程造价管理机构备案，省级或行业工程造价管理机构应汇总报住房城乡建设部标准定额研究所。

2）措施项目清单编制。措施项目清单是未完成工程项目施工，发生于该工程施工前、施工

过程中技术、生活、文明、安全等方面的非实体工程实体项目清单。编制时需考虑多方面的因素，除工程本身，还涉及气象、水文、环境、安全等因素。措施项目清单应根据拟建工程的实际情况列项，若清单计价规范中存在未列项目，可根据实际情况进行补充。

①措施项目清单的编制依据：

a. 拟建工程的施工组织设计。

b. 拟建工程的施工技术方案。

c. 与拟建工程相关的工程施工规范和工程验收规范。

d. 招标文件。

e. 设计文件。

②措施项目清单的确定要按照以下要求：

a. 参考拟建工程的施工组织设计，以确定环境保护、安全文明施工、二次搬运等项目。

b. 参考施工技术方案，以确定夜间施工、混凝土模板与支架、施工排水、施工降水、垂直运输机械、大型机械设备进出场及安拆、脚手架等项目。

c. 参考相关施工规范与工程验收规范，以及技术方案没有表述但是为了实现施工规范和验收规范要求而必须发生的技术措施。

d. 确定设计文件中一些不足以写进技术方案的，但是要通过一定的技术措施才能实现的内容。

e. 确定招标文件中提出的某些必须通过一定的技术措施才能实现的要求。

3）其他项目清单编制。其他项目清单是指除分部分项工程量清单、措施项目清单所包含的内容以外，因招标人的特殊要求而发生的与拟建工程有关的其他费用项目和相应数量的清单。其影响因素包括工程建设标准的高低、工程的复杂程度、工程的工期长短、工程的组成内容、发包人对工程管理要求等。其他项目清单的内容包括暂列金额、暂估价、计日工和总承包服务费，未包含项目需要补充。

①暂列金额指招标人在工程量清单中暂定并包括在合同价款中的一笔款项。用于施工合同签订时尚未确定或者不可预见的所需材料、设备、服务的采购，施工中可能发生的工程量变更、合同约定调整因素出现时的工程价款调整以及发生的索赔、现场签证等费用。

暂估价是指招标人在工程量清单中提供的用于支付必然发生但暂时不能确定价格的材料的单价以及专业工程的金额。

②在工程实施中，暂列金额、暂估价所包含的工作范围和图纸、标准深化固定后，按照工程专业、设备、材料类别等分类汇总的金额，达到法定招标范围标准的，应由招标人同中标人联合招标，确定承包人和承包价格。

③在工程实施中，暂列金额、暂估价所包含的工作范围和图纸、标准深化固定后，按照工程专业、设备、材料类别等分类汇总的金额，未达到法定招标范围标准但适用政府采购规定的，应按照政府采购规定确定承包人和承包价格。

④在工程实施中，暂列金额、暂估价所包含的工作范围和图纸、标准深化固定后，按照工程专业、设备、材料类别等分类汇总的金额，未达到法定招标范围标准也不适用政府采购规定，承包人有法定的承包资格的，由承包人承包，承包人无法定的承包资格但有法定的分包权的，由承包人分包，招标人同承包人结算的价格按招标投标文件相关规定确定。

⑤在工程实施中，暂列金额、暂估价所包含的工作范围和图纸、标准深化固定后，按照工程专业、设备、材料类别等分类汇总的金额，未达到法定招标范围标准也不适用政府采购规定，承包人既无法定的承包资格又无法定的分包权的，由招标人另行发包。

⑥在工程实施中，暂列金额、暂估价所包含的工作范围由其他承包人承包的，纳入项目总承包人的管理和协调范围，由其他承包人向项目总承包人承担质量、安全、文明施工、工期责任，

项目总承包人向招标人承担责任。

4）规费、税金项目清单编制。

规费项目清单应包括工程排污费、社会保障会（养老保险、失业保险、医疗保险）、住房公积金、危险作业意外伤害保险费。税金项目清单包括营业税、城市建设维护税、教育费附加。

（3）程序。

1）工程量清单编制流程。依据《建设工程工程量清单计价规范》GB 50500—2013 和《建设项目全过程造价咨询规程》CECA/GC 4—2017 实施手册，建设项目工程量清单编制流程图如图 2-17所示。

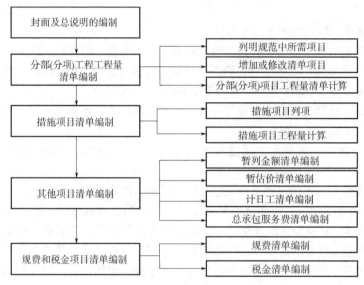

图 2-17　工程量清单编制程序图

2）工程量清单审核程序。工程量清单的审核可以分为对封面及相关盖章的审核、工程量清单总说明的审核、分部（分项）工程工程量清单的审核、措施项目清单的审核、其他项目清单的审核、规费税金项目清单的审核及补充工程量清单项目的审核。

工程量清单审核流程如图 2-18 所示。

（4）注意事项。在编制工程量清单时，应当做好以下工作：

1）充分理解招标文件的招标范围，协助投资人完善设计文件。

2）认真查看现场，措施项目应该与施工现场条件和项目特点相吻合。

3）工程量清单应表达清晰，满足投标报价要求。

4）在工程量清单中应明确相关问题的处理及与造价有关的条件的设置，如暂估价；工程一切险和第三方责任险的投保方、投保基数及费率及其他保险费用；特殊费用的说明；各类设备的提供、维护等的费用是否包括在工程量清单的单价与总额中；暂列金额的使用条件及不可预见费的计算基础和费率。

5）工程量清单的编制人员要结合项目的目的要求、设计原则、设计标准、质量标准、工程项目内外条件，及相关资料和信息全面兼顾进行，不能仅仅依靠施工图进行编制，还应分析研究施工组织设计、施工方案，只有这样才可以避免由于图纸设计与实际要求不吻合造成的设计变更。

2. 招标控制价编制与审核

（1）依据。

1）现行《建设工程工程量清单计价规范》《建设项目全过程造价咨询规程》CECA/GC 4—2017。

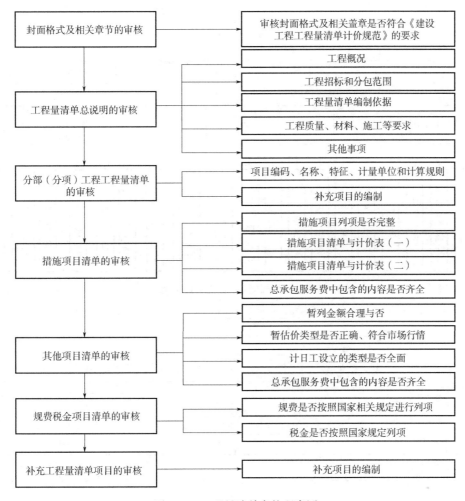

图 2-18 工程量清单审核程序图

2）国家或省级、行业建设主管部门颁发的计价依据和办法。

3）经过批准和会审的全部建设工程设计文件及相关资料，包括施工图纸等。

4）与建设项目有关的标准、规范、技术资料。

5）招标文件及其补充通知、答疑纪要。

6）施工现场情况、工程特点及常规施工方案。

7）批准的初步设计概算或修正概算文件。

8）工程造价管理机构发布的工程造价信息及市场价格。

9）招标控制价编制委托代理合同。

10）其他相关资料。

对于实际工程项目编制招标控制价的依据采用编制前期准备工作中所收集的相关资料和文件作为依据。

（2）内容。招标控制价计价的内容应该根据《建设工程工程量清单计价规范》GB 50500—2013 的具体要求来编制，具体如图 2-19 所示。

（3）程序。

1）招标控制价编制程序。招标控制价编制工作的基本程序包括编制前准备、收集编制资料、编制招标控制价价格、整理招标控制价文件相关资料、形成招标控制价编制成果文件。具体如图 2-20 所示。

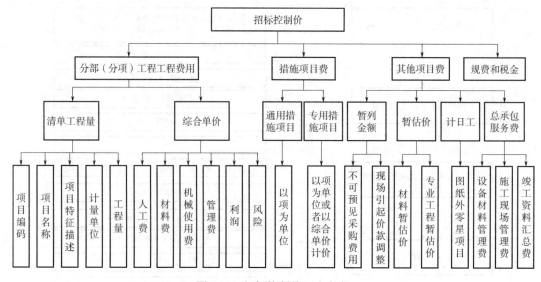

图 2-19　招标控制价组成内容

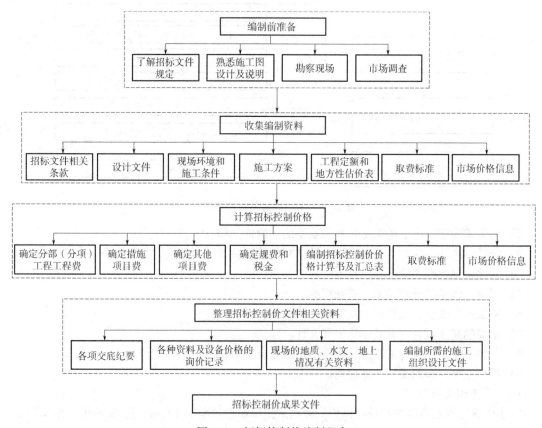

图 2-20　招标控制价编制程序

2）招标控制价审核程序。招标控制价审核工作的基本流程包括审核前准备，审核招标控制价文件，形成招标控制价审核成果文件，具体如图 2-21 所示。

（4）注意事项。

1）编制招标控制价应与招标文件（含工程量清单和图纸）相吻合，并结合施工现场情况确定，确保招标控制价的编制内容符合现场的实际情况，以免造成招标控制价与实际情况脱离。

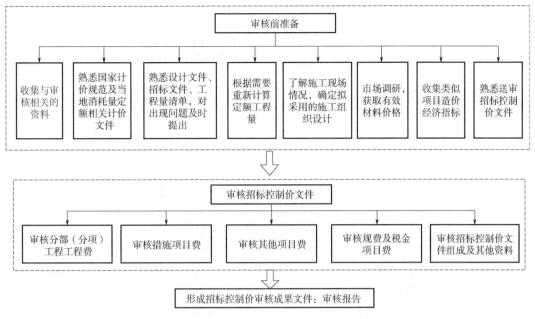

图 2-21 招标控制价审核程序

2）招标控制价确定既要符合相关规定，也要有可靠的信息来源，又要与市场情况相吻合。

3）措施项目费用的计取范围、标准必须符合规定，并与拟定的合适的施工组织设计和施工方案相对应。

4）在编制招标控制价时，要有对招标文件进行进一步审议的思路，对存在的问题及时反馈处理，避免合同履行时的纠纷或争议等问题。

3. 合同价款的约定

（1）签约合同价与中标价的关系。

1）签约合同价是指合同双方签订合同时在协议书中列明的合同价格。

2）对于以单价合同形式招标的项目，工程量清单中各种价格的合计即为合同价。

3）签约合同价就是中标价，因为中标价是指评标时经过算术修正的、并在中标通知书中申明招标人接受的投标价格。

（2）合同价款约定的规定和内容。

1）合同签订的时间及规定。

招标人和中标人应当在投标有效期内自中标通知书发出之日起 30 天内按招标文件和投标文件订立合同。

①中标人违约。中标人无正当理由拒签合同的，招标人取消其中标资格，其投标保证金不予退还；给招标人造成的损失超过投标保证金数额的，中标人还应当对超过部分予以赔偿。

②招标人违约。发出中标通知书后，招标人无正当理由拒签合同的，招标人向中标人退还投标保证金；给中标人造成损失的，还应当赔偿损失。

招标人与中标人签订合同后 5 日内，应当向中标人和未中标的投标人退还投标保证金及银行同期存款利息。

2）合同价款类型的选择。招标的工程：价款依据招标投标文件在书面合同中约定。不得违背招标投标文件中关于工期、造价、质量方面的实质性内容。招标与投标文件不一致，以投标文件为准。

不招标的工程：招标投标双方认可的合同价款基础上，在合同中约定。

①鼓励采用单价方式：实行工程量清单计价的建筑工程。

②总价方式：技术难度较低，工期较短的建设工程。

③成本加酬金方式：紧急抢险、救灾以及施工技术特别复杂的建设工程。

4. 其他

（1）中标后，对中标人投标书的复核。评标结果出来，当初步确定中标人后，需要对中标人投标书的复核或进行清标工作。

（2）清标。

1）清标的定义和目的：所谓清标就是通过采用核对、比较、筛选等方法，对投标文件进行的基础性的数据分析和整理工作。

其目的是找出投标文件中可能存在疑义或者显著异常的数据，为初步评审以及详细评审中的质疑工作提供基础。技术标和商务标都有进行清标的必要，但一般清标主要是针对商务标（投标报价）部分。

清标也是国际上通行的做法，在现有建设工程招标投标法律法规的框架体系内，清标属于评标工作的范畴。

清标的实质是通过清标专家对投标文件客观、专业、负责的核查和分析，找出问题、剖析原因，给出专业意见，供评标专家和投资人参考，以提高评标质量，并为后续的工程项目管理提供指引。

2）清标工作组的组成。清标应该有清标工作组完成，也可以由招标人依法组建的评标委员会进行，招标人也可以另行组建清标工作组负责清标。清标工作组应该由招标人选派或者邀请熟悉招标工程项目情况和招标投标程序、专业水平和职业素质较高的专业人员组成，招标人也可以委托工程招标代理单位、工程造价咨询单位或者监理单位组织具备相应条件的人员组成清标工作组。清标工作组人员的具体数量应该视工作量的大小确定，一般建议应该在3人以上。

3）清标工作的原则。清标工作是评标工作的基础性工作。清标工作是仅对各投标文件的商务标投标状况做出客观性比较，不能改变各投标文件的实质性内容。清标工作应当客观、准确、力求全面，不得营私舞弊、歪曲事实。

清标小组的任何人员均不得行使依法应当由评标委员会成员行使的评审、评判等权力。

清标工作组同样应当遵守法律、法规、规章等关于评标工作原则，评标保密和回避等国家相关的关于评标委员会的评标的法律规定。

4）清标工作的主要内容。

①算术性错误的复核与整理。

②不平衡报价的分析与整理。

③错项、漏项、多项的核查与整理。

④综合单价、取费标准合理性分析与整理。

⑤投标报价的合理性和全面性分析与整理。

⑥形成书面的清标情况报告。

5）清标的重点有以下几项。

①对照招标文件，查看投标人的投标文件是否完全响应招标文件。

②对工程量大的单价和单价过高于或过低于清标均价的项目要重点查。

③对措施费用合价包干的项目单价，要对照施工方案的可行性进行审查。

④对工程总价、各项目单价及要素价格的合理性进行分析、测算。

⑤对投标人所采用的报价技巧，要辩证地分析判断其合理性。

⑥在清标过程中要发现清单不严谨的表现所在，妥善处理。

6）清标报告的内容。清标报告是评标委员会进行评审的主要依据，它的准确与否将可能直接影响评标委员会的评审结果和最终的中标结果，因此，至关重要，清标报告一般应包括如下内容：

①招标工程项目的范围、内容、规模等情况。

②对投标价格进行换算的依据和换算结果。

③投标文件算术计算错误的修正方法、修正标准和建议的修正结果。

④在列出的所有偏差中，建议作为重大偏差的情形和相关依据。

⑤在列出的所有偏差中，建议作为细微偏差的情形和进行相应补正所依据的方法、标准。

⑥列出投标价格过高或者过低的清单项目的序号、项目编码、项目名称、项目特征、工程内容、与招标文件规定的标准之间存在的偏差幅度和产生偏差的技术、经济等方面原因的摘录。

⑦投标文件中存在的含义不明确、对同类问题表述不一致或者有明显文字错误的情形。

⑧其他在清标过程中发现的，要提请评标委员会讨论、决定的投标文件中的问题。

（3）审核评标方法和评分标准。

1）审核拟采用的评标方法：在《标准施工招标文件》中给出了经评审的最低投标价法和综合评估法，审核项目的评标方法是否适合项目的特点。

2）审核评分标准：在招标文件的"评标办法前附表"中，招标代理机构对各项评分因素均制定了评分标准，并确定了施工组织设计、项目管理机构、投标报价、其他评分因素的权重，还确定了评标基准价的计算方法。对上述评分标准进行审核时应掌握下列原则：

①施工组织设计评分标准要强调投标人对工程项目特点、重点、难点的把握，以及施工组织和施工方案的针对性、科学性和可行性。

②项目管理机构评分标准要强调项目经理和技术负责人的任职资格学历和实实在在的业绩，应要求附证明材料；强调项目管理机构人员的到位承诺；应增加对项目经理、技术负责人等主要成员面试的评分。

③投标报价的权重要适当，对技术不复杂，规模不太大或对投标人均比较了解，且对各投标人均较信任情况下，权重宜加大；反之，权重不宜过大。

④其他评分因素可增加对各投标单位考察的结果、施工单位及项目经理的信用评分（市场与现场管理联动）等项内容，使评标不只是评委对投标文件的评审，应综合投标人的实际素质、能力、业绩和信用程度。

（4）投标人对清标存在问题给予书面答复澄清承诺函，最终经评标委员会提出的书面评标报告和推荐的中标候选人确定中标人。

全过程咨询机构到相关行政监督部门将定标结果进行备案（或按项目所在地规定）并公示中标候选人。

（5）合同洽谈及签订。全过程工程咨询单位应协助投资人进行合同澄清、洽谈、细化合同条款等工作，投资人和中标人应当自中标通知书发出之日起三十日内，按照招标文件和中标人的投标文件订立书面合同。

第九节　工程总承包模式的承发包招标

《国务院办公厅关于促进建筑业持续健康发展的意见》（国办发〔2017〕19号）明确提出："完善工程建设组织模式，加快推行工程总承包。"工程总承包（英文简称EPC），是指从事工程总承包的单位按照与投资人签订的合同，对工程项目的设计、采购、施工等实行全过程或者若干阶段承包，并对工程的质量、安全、工期和造价等全面负责的工程建设组织实施方式。

工程总承包模式是国际上常用的工程项目的承发包模式之一，它可以从根本上解决了传统承发包模式下设计和施工不协调而造成的弊端,由承包人承担工程项目的勘察、设计、采购、施工、试运行等全过程的工作,从而保证项目建设过程的流畅性和协作性,然而,它对投资人的要求也更加严格,要求投资人必须提出明确的建设需求和建设目标,项目具备相应的发包条件。本节简要阐述在工程总承包模式下,全过程工程咨询单位如何开展承发包阶段咨询服务工作。

一、 工程总承包模式承发包介入分析

由于中国特定的市场环境,在项目实施初期,无法完全确定投资人和产权人之间的关系,建设产品需要在实施阶段不断完善、逐渐明晰,导致 EPC 模式施行条件不充分,再加上缺乏经验积累和完整的法律法规体系,EPC 模式实施缺乏有效的指引。当前,国家大力推行 EPC 模式,本书通过分析研究该模式的原理,结合国内 EPC 的实施情况,认为有必要对招标发起的时点、招标条件、投资人和承包人所需要承担的风险等进行正确引导,以便更好地发挥 EPC 模式的积极作用。

EPC 模式与 DBB 模式在承发包流程、要点基本相同,但承发包条件、内容和风险分担有区别。

在 EPC 模式下,投资人必须提出明确的建设需求和建设目标。因此,承发包最早的介入时间应该在项目决策完成后,最好介入时间在初步设计文件获审批后,最晚不晚于施工图设计完成。即建设项目的全过程工程咨询服务的承发包阶段可以前移至决策阶段之后和施工图设计完成之前。

合理确定 EPC 模式招标的介入时点,明确承发包条件是项目采用工程总承包模式的重要准备工作,是确保 EPC 项目成功实施的关键因素。

1. 介入时点分析

根据住房城乡建设部《关于进一步推进工程总承包发展的若干意见》(建市〔2016〕93 号)(简称"93 号文")的规定,投资人可以根据项目的特点,在可行性研究、方案设计或者初步设计完成后,按照确定的建设规模、建设标准、投资限额、工程质量和进度要求等进行工程总承包项目发包。全过程工程咨询单位为 EPC 项目提供承发包咨询服务,介入时间节点可参照如图 2-22 所示,并根据拟建项目的时间情况选定具体时点,以保证承发包双方准备充分、招标投标流程的顺利实施。

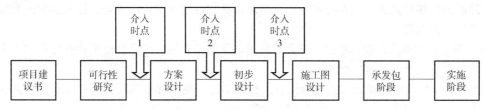

图 2-22 工程总承包招标介入时点嵌入图

各省市政府行政主管部门出台的关于工程总承包模式招标的介入时点不完全相同,有的省市是两个介入时点,有的省市则是三个介入时点,也有个别模式只有一个介入时点,但与"93 号文"规定的时间节点基本一致。不同的介入时点对应的招标条件不同,全过程咨询机构对招标管理的工作内容也不同。

2. 介入时点选择的影响要素分析

工程总承包项目在招标过程中选择的介入时点可能不同,而且不同的介入时点所对应的项目准备工作也不一样。一方面表现在工程项目的基本建设程序上,另一方面表现在项目自身的要求上。根据各地和各行业的项目实施经验,项目所属行业规范成熟度、项目自身特点、投资人控制能力和承包人管理能力是影响工程总承包模式介入时点的重要因素。全过程工程咨询单位应根据项目的自身情况,科学有效选定项目承发包的时间节点,一方面保证咨询工作顺利开展,确保 EPC 项目顺利实施,另一方面为投资人提高项目效益。

（1）行业规范成熟度对工程总承包模式介入时点的影响。各地实施工程总承包的相关管理办法中，大致可分为两大介入时点，即项目可行性研究（估算）完成或初步设计（概算）完成。该类原则的设定来源于生产类（工业）项目采用工程总承包模式的情形。

工业建筑和民用建筑工程中的居住建筑中，由于设备类型相对固定、建筑结构形式类似、功能需求明确、技术方法相对成熟，投资人仅需提供准确的功能需求，便可设置出稳定的造价指标，由此，方案设计、初步设计图纸与施工图纸的变化不大，在工程总承包人与投资人的可控范围之内，介入时点的选择可相对前移到时点1。

土木工程（包括道路、轨道交通、城市道路、桥涵、隧道、水工、矿山、架线与管沟、其他土木工程）其建设目标、功能需求非常明确，技术方法相对成熟，而潜在承包人的经验如果能主动用到项目的实施阶段，将更有利于项目的节约、高效实施，品质的提升，因此，介入时点的选择可相对前移到时点2。

除居住建筑外的民用建筑，建设功能复杂多样；使用需求千差万别；投资人和产权人角色可能不一致，存在在项目建成后才确定产权人的情况；导致产品标准化程度不高，个性化特征明显，规范程度相对有限，即使信任水平再高，也存在风险难以把控，标准难以统一的情况，因此，介入时点的选择应在初步设计之后完成，即时点3。

（2）项目自身特点对工程总承包模式介入时点的影响。根据项目所属行业的不同，项目的属性也有所不同，导致工程总承包模式招标的介入时点也会不同。

1）项目目标的明确性：投资人对于项目目标的明确程度不同，导致招标会在不同的时点进行。如果投资人在前期决策阶段对于项目的目标、规模、标准都很明确，就可以选择在可行性研究之后进行招标，但是如果条件不明确，则需要考虑在初步设计完成后，项目的建设规模和标准确定之后进行招标。

2）项目的约束性：通常工程总承包项目会受到工期、成本、质量和空间等条件的约束。这些约束条件是否明确以及它们是否合理，是导致工程总承包模式介入时点不同的重要原因。一旦在可行性研究阶段项目的约束条件明确且合理，根据类似项目的历史资料，投资人可以选择在可行性研究之后进行招标。但是如果项目的约束条件模糊或者约束条件苛刻，投资人则需要通过完成初步设计来明确和落实项目约束条件的可行性，来保证项目在此约束条件下能够顺利完成，吸引总承包进行投标。

3）项目的风险性和管理复杂性：如果项目参照类似已完工程，能够明确未来可能发生的风险，会降低未来投资人和承包人进行项目管理的复杂性，因此可以选择在可行性研究之后的招标介入时点。如果项目未来不确定性很强且风险不可控，则对承发包双方的管理能力要求很高，因此，投资人完成项目的初步设计后进行招标以满足双方对于未来风险预估和项目可控的要求。

（3）投资人控制能力对工程总承包模式介入时点的影响。作为工程项目的重要一方，投资人对于本项目的要求以及项目特点的了解是工程总承包项目前期决策和准备的重要工作。如果投资人在项目的决策阶段和可行性研究阶段，对项目的功能要求和建筑实体有明确的规划，就可以选择提早进行总承包人的招标，将明确的投资人要求写进招标文件中，以保证承包人能够在考虑项目需求结合自身能力的基础上进行投标。

（4）承包人管理能力对工程总承包模式介入时点的影响。工程总承包人是工程总承包项目的重要执行者，在行业内总承包人的能力和信誉是投资人选择招标介入时点的一个重要因素，总承包人不仅要使项目能够满足投资人的要求，更要保证工程可以成功实施。以公路工程为例，该行业内的工程总承包人都有着丰富的公路工程经验，对于公路工程的实施和管理有着很强的控制能力，因此投资人在选择何时进行招标时，可以根据承包人的信誉和业绩来选择更有能力和更有经验的承包人来帮助自己完成线路优化，并结合承包人积累的历史数据完成设计、管理和施工，力求保证项目的成功完成。

二、 工程总承包模式承发包条件

工程总承包项目建设的前期准备工作是投资人为投资计划从设想到顺利实现逐步创造条件的工作，是工程项目投资决策逐步深入、完善和具体化的工作，是全过程工程咨询单位协助投资人通过招标方式选择总承包的前置条件。前期准备工作包括城市规划、项目建议书、可行性研究和设计任务书、场地进入条件等，这是中国工程项目基本建设的必要程序。

结合我国国情，工程总承包项目的招标可以发生在不同的介入时点（包括介入时点 1、2、3），但对所有工程项目，必须完成如下前期准备工作，包括城市规划、项目建议书和可行性研究报告，具备场地进入条件，其他前期准备工作结合不同招标介入时间点再下确定。

所有条件必须满足相关规定：可行性研究报告的编制需要满足《投资项目可行性研究指南（试行版）》对可行性研究报告的编制深度要求；设计文件需要满足《建筑工程设计文件编制深度规定》（2016 版）的要求；场地必须保证产权明晰没有纠纷，同时明确土地拆迁、安置、补偿的相关协议书，而投资人应是实际的土地拆迁、安置、补偿责任主体。

1. 工程总承包项目招标的前期准备是必须完成的基本建设程序

截至 2017 年底，住房城乡建设部以及有关省市主管部门陆续制定了一系列关于推进工程总承包的政策文件。经梳理和归纳，按照国家及本市有关规定的政策文件对工程总承包项目招标条件的规定是明确的，包括：项目建议书已完成审批、核准或者备案手续，建设资金来源已经落实，可行性研究报告及投资估算已取得国家有关部门批复、核准或备案文件等；可在实际实施过程中，存在后置审批情况，建议进一步规范实施行为，有效发挥 EPC 模式的积极作用。

2. 工程总承包项目招标的前期准备是项目自身必须具备的条件

各地方的招标条件中除了对工程总承包项目不同招标介入时点下的必要流程进行了规定，同时部分省市也对工程总承包项目自身的条件进行规定，包括细化建设规模、细化建设标准、划分工作责任等。本书对于工程总承包项目不同介入时点下项目前期准备工作的研究，不仅包括项目的基本建设程序，也包括项目的自身条件，为工程总承包模式下，投资人做好招标的前置条件提供了标准和规范，保证在不同介入时点下工程总承包项目招标过程的顺利进行。

全过程工程咨询单位应积极发挥专业作用，在工程总承包项目前协助投资人做好前期工作，深入研究工程项目建设方案，在可行性研究、方案设计或者初步设计完成后，在项目承发包范围、建设规模、建设标准、功能需求、投资限额、工程质量和进度要求确定后，进行工程总承包项目承发包。若项目建设范围、建设规模、建设标准、功能需求不明确等，前期条件不充分的，不宜采用工程总承包方式和开展工程总承包发包工作。

三、 工程总承包模式承发包招标文件编制

全过程工程咨询单位接受投资人的委托，根据投资人的要求和项目前期资料，科学合理开展工程总承包项目承发包咨询工作，招标过程可参考本章第二节的内容，但由于工程总承包项目自身特殊性，全过程工程咨询单位的总咨询师、专业咨询工程师（招标代理、造价等）在开展承发包咨询服务时应重点做好以下几方面的工作：

1. 发包方式选择

工程总承包项目可以依法采用招标（公开招标、邀请招标）或者直接发包的方式选择工程总承包人。工程总承包项目范围内的设计、采购或者施工中有任意一项属于依法必须招标的，应当采用招标的方式选择工程总承包单位。

2. 招标文件编制

工程总承包项目由于其发标前具备的准备条件，与传统的项目承发包模式所具备的条件不同，全过程工程咨询单位在编制招标文件时，应重点关注下列内容：

（1）发包前完成的水文、地勘、地形等勘察和地质资料的整理供承包人参考，收集工程可行性研究报告、方案设计文件或者初步设计文件等基础资料，确保其完整性和准确性。

（2）招标的内容及范围，主要包括设计、采购和施工的内容及范围、规模、标准、功能、质量、安全、工期、验收等量化指标。

（3）投资人与中标人的责任和权利，主要包括工作范围、风险划分、项目目标、价格形式及调整、计量支付、变更程序及变更价款的确定、索赔程序、违约责任、工程保险、不可抗力处理条款、投资人指定分包内容等。

（4）要求利用采用建筑信息模型或者装配式技术等新技术的，在招标文件中应当有明确要求和费用的分担。

3. 评标办法

工程总承包项目评标一般采用综合评估法，评审的主要因素包括承包人企业信用、工程总承包报价、项目管理组织方案、设计方案、设备采购方案、施工组织设计或者施工计划、工程质量安全专项方案、工程业绩、项目经理资格条件等。全过程工程咨询单位应结合拟建项目情况，针对上述主要评审因素进行认真研究，科学制订项目的评标办法和细则。

4. 合同计价方式

工程总承包项目宜采用固定总价合同。全过程工程咨询单位应依据住房城乡建设主管部门制定的计价规则，为投资人拟订合法科学的计价方式和条款，并协助投资人和总承包人在合同中约定具体的工程总承包计价方式和计价方法。

依法必须招标的工程项目，合同固定价格应当在充分竞争的基础上合理确定。除合同约定的变更调整部分外，合同固定价格一般不予调整。

5. 风险分担

全过程工程咨询单位应协助投资人加强风险管理，在招标文件、合同中约定合理的风险分担方法。投资人承担的主要风险一般包括：

（1）投资人提出的建设范围、建设规模、建设标准、功能需求、工期或者质量要求的调整。

（2）主要工程材料价格和招标时基价相比，波动幅度超过合同约定幅度的部分。

（3）因国家法律法规政策变化引起的合同价格的变化。

（4）难以预见的地质自然灾害、不可预知的地下溶洞、采空区或者障碍物、有毒气体等重大地质变化，其损失和处置费由投资人承担；因工程总承包单位施工组织、措施不当等造成的上述问题，其损失和处置费由工程总承包单位承担。

（5）其他不可抗力所造成的工程费用的增加。

除上述投资人承担的风险外，其他风险可以在合同中约定由工程总承包人承担。

第十节　国际工程招标

国际工程是指一个工程项目的策划、咨询、融资、采购、承包、管理以及培训等各个阶段或环节，其主要参与者（单位或个人、产品或服务）来自不止一个国家或地区，并且按照国际上通用的工程项目管理理念进行管理的工程。国际工程包括我国公司去海外参与投资或实施的各项工程，也包括国际组织或国外的公司到中国来投资和实施的工程。

招标是一种国际上普遍应用的、有组织的市场采购行为，是建筑工程项目、货物及服务中广泛使用的买卖交易方式。

招标是国际通用的一种发包方式之一。多数国家都制定了适合本国特点的招标法规，以统一其国内招标办法，但还没有形成一种各国都应遵守的带有强制性的招标规定。国际工程招标，也都根据国家或地区的习惯选用一种具有代表性、适用范围广并且适用本地区的某一国家的招标法规，如世界银行贷款项目招标和采购法规、英国招标法规和法国使用的工程招标制度等。

世界银行制定的一套包括国际竞争性招标、国内竞争性招标、有限国际性招标等一整套工程采购招标体系。在执行中，普遍认为该招标体系能够体现该行的采购政策。世界银行的采购政策要点是：既经济，又有效益；开展卖方之间公平自愿参加竞争，形成买方市场，取得交易活动的主导地位，在卖方的竞争中，合理取得各种对买方有利的条件；招标程序公开，机会均等，手续严密，评定公正；适当保护和扶植借款国的工业建筑发展。世界银行的招标方法，相对更适合发展中国家情况。

一、 国际工程招标投标的特点

1. 法规性强

招标和投标是市场上购买大宗商品的基本方法。在市场经济条件下，招标投标既对市场规范化管理，也有利于社会资源的有效利用。国内外项目招标投标有相应的规定，工程招标投标必须遵循相应的法律法规。

2. 专业性强

工程招标投标涉及工程技术、工程质量、工程经济、合同、商务、法律法规等，专业性强。主要体现在：

(1) 工程技术专业性强。

(2) 招标投标工作专业性要求高。

(3) 招标与投标的法律法规的专业性强。

3. 透明度高

在整个招标和招标过程中必须遵循"公平，公正，公开"的原则。招标过程中的高透明度是保证招标公平公正的前提。

4. 风险性高

工程招标投标都是一次性的，确定买卖双方经济合同关系在前，产品或服务的提供在后。买卖双方以未来产品的预期价格进行交易，招标投标的市场交易方式的这种特殊性，决定了其风险性。产品是未来即将生产或提供的，产品生产的质量、提供的服务要等到得到产品后或服务完成后才可确知；交易价格是根据一定原则预期估计的，产品的最终价格也要到提供产品或服务终了时才能最后确定。这些无论对业主还是承包人都具有风险。加强招标投标中的风险控制是保证企业经营目标实现的重要手段。

5. 理论性与实践性强

工程招标投标的基本原理、招标工作程序、招标投标文件的组成、标底标价的计算、投标策略以及所涉及的各个方面都具有很强的理论性。同时，工程项目招标投标也具有很强的实践性，只有通过实际编制招标投标文件、参加工程招标投标工作实践，才能全面掌握工程招标投标技术的实际应用。

二、 国际工程招标方式

目前国际上采用的招标方式基本上可以归纳为四类：公开招标、邀请招标、两阶段招标和议标。

1. 公开招标

公开招标，也称为无限竞争性公开招标（Unlimited Competitive Open Bidding）。这种招标方式先由招标人在国内外有关报纸及刊物上刊登招标广告，凡对该招标项目感兴趣的投标人，都有同等的机会了解投标要求，进行投标，以形成尽可能广泛的竞争格局。

公开招标方式多用于政府投资的工程，也是世界银行贷款项目招标采购方式之一。

公开招标具有代表性的做法有世界银行贷款项目公开招标方式和英国、法国的公开招标方式。

（1）世界银行贷款项目的公开招标方式。世界银行公开招标方式包括国际竞争性招标和国内竞争性招标两种。

1）国际竞争性招标。国际竞争性招标，是世界银行贷款项目的一种主要招标方式，该行规定，限额以上的货物采购和工程合同，都必须采用此种招标方式。限额是指对一般借款国，限额界限在 10 万 ~25 万美元。我国在世界银行贷款项目金额都比较大，故对我国的限额放宽一些，目前我国和世界银行商定，限额在 100 万美元以上的采用国际竞争性招标。

国际竞争性招标有很多特点，但有三点是最基本的：

①广泛地通告投标机会，使所有合格的国家里一切感兴趣并且合格的企业都可以参加投标。通告可以用各种方式进行，经常是多种形式结合使用：在一种官方杂志上公布；在国内报纸上登广告；通知驻该国首都的各国使馆；以及（对于大的、特殊的或重要的合同）在国际发行的报纸或有关的外贸杂志或技术杂志上登广告。除了使用期刊或报纸刊登广告外，世界银行、美洲开发银行、亚洲开发银行和联合国开发计划署现在还要求必须通过《联合国发展论坛报》（商业版）的《一般采购通告》栏目发布采购机会。

②必须公正地表述准备购买的货物或正好进行的工程技术的说明书，以保证不同国籍的合格企业能够尽可能广泛地参与投标。

③必须根据标书中具体说明的评标的标准，一般是将评标价格最低的合格投标人为中标人。这条规则对于保证竞争程序得以公平地进行时很重要的。

国际竞争性招标最适用于采购大型设备及大型土木工程施工，这些项目不同国籍的承包商都会有兴趣参加投标。

国际竞争性招标虽然耗时长，但还是各国适用的采购场合中达到其采购目的的最佳办法。

2）国内竞争性招标。国内竞争性招标，顾名思义，是通过在本国国内刊登广告，按照国内招标办法进行。在不需要或不希望外商参加投标的情况下，政府倾向于国内竞争性招标；也有些工程规模小、地点分散或属于劳动密集型工程，外商对此缺乏兴趣，因此，采用国内竞争性招标。

国内竞争性招标与国际竞争性招标的不同点表现在：

①广告只限于刊登在国内报纸或官方杂志，广告语言可用本国语言，不必通知外国使馆驻工程所在国的代表。

②招标文件和投标文件均可用本国文字编写；投标银行保函可由本国银行出具；投标报价和付款一般使用本国货币；评价价格基础可为货物使用现场价格；不实行国内优惠和借款人规定的其他优惠；履约银行保函可由本国银行出具；仲裁在本国进行；从刊登广告或发出招标文件到截至投标准备时间为：设备采购不少于 30 天，工程项目不少于 45 天。

除上述不同点外，其他程序与国际竞争性招标相同，也必须考虑公开、经济和效益因素。

（2）英、法的公开招标方式。英国和法国的招标制度，也具有一定的代表性。

1）英国的公开招标方式。英国的公开招标方式，是由招标人公开发布广告或登报，投标人自愿投标，投标人的数目不限。承包商报的投标书均原封保存，直至招标截止时才由有关负责人当众启封。按照这种招标方式，往往会形成低价中标。英国公开招标方式，多用于政府投资工程，私人投资工程一般不采用这种方式。

2）法国的公开招标方式。法国的公开招标有两种方式，即价格竞争性公开招标和竞争性公开招标。据法国《公共事业法典》规定，公开招标需在官方公报发表通告，愿参加投标的法人企业均可申报。价格竞争性公开招标，在工程上规定限价，招标只能在此范围内进行；竞争性公开招标不规定该工程的上限价格，而是综合考虑包括价格以外的其他要素然后决定中标者。实际上，90% 的招标都是最低价中标。

3）公开招标标的特点。

①为一切有能力的承包商提供一个平等的竞争机会（A Fair Competitive Opportunity）。

②业主可以选择一个比较理想的承包商：丰富的工程经验；必要的技术条件；良好的资金状况。

③利于降低工程造价。

④有可能出现投机商，应加强资格预审，认真评标。这些投机商会故意压低报价以挤掉其他态度严肃认真而报价较高的承包商。也可能在中标后，在某一施工阶段以各种借口要挟业主。

2. 邀请招标

邀请招标，也称为有限竞争性选择招标（Limited Competitive Selected Bidding）。这种招标方式一般不在报上登广告，业主根据自己的经验和资料或请咨询公司提供承包商的情况，然后根据企业的信誉、技术水平、过去承担过类似工程的质量、资金、技术力量、设备能力、经营能力等条件，邀请某些承包商来参加投标。

（1）邀请招标的步骤。邀请招标的具体做法一般包括以下几个步骤：

1）招标人在自己熟悉的承包商（供货商）中选择一定数量的企业，或者采取发布通告的方式在报名的企业中选定。然后审查选定企业的资质，做出初步选择。

2）招标人向初步选中的投标人征询是否愿意参加投标。在规定的最后答复日期之前，选择一定数量同意参加投标的施工企业，制定招标名单。要适当确定邀请企业的数量，不宜过多。限制邀请投标人的数量，除了减少审查投标书等工作量和节省招标费用外，还因为施工企业参加投标后，需做大量的工作：查勘现场、参加标前会、编制标书等，都需要支付较大的费用。邀请的单位越多，耗费的投标费用越大。对不中标的施工企业来说，支出的费用最终还是要在其他工程项目中得到补偿，这就必然导致工程造价的提高。所以，对一些投标费用较高的特殊工程，邀请单位还可适当减少。

制订邀请名单，应尽可能保证选定的单位都是符合招标条件的。这样，在评标时就可以主要依靠报价（或性价比）的高低来选定中标单位。对那些未被选中的投标人，应当及时通知他们。

3）向名单上的企业发出正式邀请和招标文件。

4）投标人递交投标文件，选定中标单位。

（2）邀请招标的特点。这种方式由于参加投标施工企业的数量有限，不仅可以节省招标的费用，缩短招标的时间，也增加了投标人的中标概率，对双方都有一定的好处。但这种方式限制了竞争范围，可能会把一些很有实力的竞争者排除在外。因此，有些国家和地区，国家投资项目等特别强调自由竞争、机会均等公正原则时，对招标中使用邀请招标的方式制订了严格的限制条件。这些条件一般包括：

1）项目性质特殊，只有少数企业可以承担。

2）公开招标需要的费用太高，与招标所能得到的好处不成比例。

3）公开招标未能产生中标单位。

4）因工期紧迫和保密等特殊要求，不宜公开招标。

国外私人投资的项目，多采用邀请招标。

3. 两阶段招标

两阶段招标（Two-stage bidding），也称为两段招标。实质上是一种公开招标和邀请招标综合起来的招标方式。第一段，按公开招标方式进行招标，经过开标和评标之后，再邀请最有资格的数家承包商进行第二阶段投标报价，最后确定中标者。世界银行的两步招标法及法国的指定招标就属于这种方式。

（1）两阶段招标的适用范围。在两阶段招标一般适用于下列两种情况：

1）在第一阶段报价、开标、评标之后，如最低标价超出标底20%，且经过减价之后仍达不到要求时，可邀请其中标价最低的几家商谈，再做第二阶段投标报价。

2）对一些大型、复杂的项目，可考虑采用两阶段招标。先要求投标人提交"技术标"，即进行技术方案招标。通过技术标的投标人才能提交商务标。

有时，承包商在投标时把技术标与商务标分开包装。先评技术标，技术标通过，打开其商务标；技术标未通过者，商务标原封不动，退还给投标人。

（2）两阶段招标的特点。

1）应用一些专业化强的项目，如一些大型化工设备安装就常常采用这种方式。

2）投标过程较长，在十分必要时才采用。

4. 议标

议标，也称为谈判招标或指定招标（Negotiated Bidding）。招标人与几家潜在的投标人就招标事宜进行协商，达成协议后将工程委托承包（或指定供货）。

（1）议标的优点。这种招标方式的优点是不需要准备完整的招标文件，节约时间，可以较快地达成协议，开展工作。

（2）议标的缺点。议标的缺点很明显，但由于议标背离了公开竞争的原则，必然导致一些弊病。如招标人反复压价；招标投标双方互相勾结，损害国家的利益；招标过程不公开、不透明，失去了公正性。

（3）议标的适用范围。一般来说，只有特殊工程才采用议标确定中标商。这里所说的特殊工程主要包括以下几种情况：因需要专门技术或设备、军事保密性工程或设备、抢险救灾项目、小型项目等。

第十一节　电子招标投标模式

国家发展和改革委员会、住房城乡建设部等八部委颁布的《电子招标投标办法》对电子招标投标进行了定义：电子招标投标活动是指以数据电文形式，依托电子招标投标系统完成的全部或者部分招标投标交易、公共服务和行政监督活动。

根据《电子招标投标办法》中规定，电子招标投标活动是指以数据电文形式，依托电子招标投标系统完成的全部或者部分招标投标交易、公共服务和行政监督活动。对其进行分析可知，电子招标投标活动，一是招标投标文本、程序采用数据电文形式；二是依托构成的电子招标投标网络系统；三是具有完成交易、信息服务和在线监督三项职能的综合交易平台。交易平台是以数据电文形式完成招标投标交易活动的信息平台；公共服务平台是满足交易平台之间信息交换、资源共享需要，并为市场主体、行政监督部门和社会公众提供信息服务的信息平台；行政监督平台是行政监督部门和监察机关在线监督电子招标投标活动的信息平台。

在招标投标涉及的三大平台中，交易平台是招标投标相对人招标采购的交易市场，体现了相对人的私有权利，其组建运营应当依靠市场在竞争中发展，政府的作用是提供维持公平市场秩序的保障，权力不应当干预交易平台的建立、运行和竞争，不能指定运营商或进行地区保护等；服务平台是为社会提供公共信息服务的平台，属于公益性质。可以由政府或协会、招标投标交易场所等部门以公益为目的按专业或行业建立、运营；在线监督平台属于行政权力维持和保证市场秩序的渠道，监督平台由政府行政监督部门和监察部门依照法定分工组建和维持其运行并开展监督活动。三大平台所展现的功能涵盖工程项目招标投标的不同方面，功能相互补充，全方位互联互通，共同促进电子招标投标系统的全面发展。

电子招标投标市场发展的最终目标，是在全国范围内建立起交易平台、公共服务平台、行政监督平台三大平台，以及分类清晰、功能互补、互联互通的电子招标投标系统，最终实现所有招标项目全过程电子化。电子招标投标的推广提升了对招标投标市场的管理机制，基于企业内部网络和外部互联网，建立一个多方、多部门、多层级协同工作的物资采购网上招标投标平台，全面实现网上招标投标建立物资供应商信用及准入控制机制，对中标人进行跟踪监管和闭环管理，促进和物资供应商重视诚信，重视竞争，促进中标人不断提高履约质量。

一、电子招标模式

电子招标投标的发展对于我国的招标投标市场建设至关重要，电子招标系统模式是整个电子招标投标活动应用的基础，从我国电子招标投标市场的发展历程来看，在招标投标市场运行的电子招标应用模式主要有离线评标模式和全过程在线模式两种，在这两种电子招标应用模式中，大部分的电子招标投标系统都包含了在线发布招标公告、出售标书、在线答疑和在线开标功能，部分公司在先前简单开标模式的基础上进一步研发，实现了电子招标系统离线评标功能，随着我国信息化技术的快速发展，成熟的 IT 网络环境及高度标准化的业务流程使得部分公司实现了全过程的在线开标评标功能，为电子招标投标市场的逐步完善起到重要作用。电子招标模式主要有以下两种：

1. 离线评标模式

离线评标模式是在简单开标模式的基础上发展起来的。通过对我国电子招标投标市场相关信息技术与网络环境的进一步建设，优化各个阶段的操作流程，离线评标模式基本上能够将招标投标信息电子化和招标投标服务在线化的功能覆盖到招标投标的各个环节，因此离线评标模式比简单的开标模式在操作功能上和信息安全功能上优势更明显，能够处理很多关于招标投标活动出现的复杂情况，同时也避免了很多招标投标的电子信息安全问题。离线评标模式的评标过程是在与互联网隔离的环境下进行的，将该功能模块分割出来主要是考虑评标过程的安全问题而采用的一种过渡方案，该电子招标模式随着市场成熟度的发展而发展的，在整个社会和相关企业的信用环境和网络安全环境、网络安全保障技术成熟了之后可以采用全过程的在线电子评标模式。离线评标模式的具体功能展示如图 2-23 所示。

图 2-23　离线评标模式流程

2. 全过程在线模式

全过程在线的电子招标投标模式是将招标投标相关活动网络化的最优模式，电子招标投标的所有活动均在线进行，统一的网络环境使得招标方、投标方、评标专家以及相关招标投标代理机构之间的联系更为方便快捷，是一个完整而统一的电子招标应用系统。在整个的电子招标投标模式的应用过程中，整体的网络环境和统一的操作流程使得电子招标投标活动变得更加便捷和流畅，有效地节省了复杂的招标投标活动所带来的时间成本和经济成本，而整体的网络数据库存储，使得电子招标投标有迹可循，相关的电子招标投标活动依据和档案查找方便，电子化、网络化的电子招标投标信息以及相关信息的储存为招标投标的存档带来了极大的方便，也便捷了政府相关部门对招标投标活动的监督与管理，有效地促进了我国电子招标投标市场整体的发展。全过程的在线化加快了招标投标参与方之间的信息共享与信息流动，提高了招标投标的工作效率，全过程在线模式的具体功能展示如图 2-24 所示。

　　我国的电子招标采购工作已经有了一定的应用基础。在一些国际招标领域，以及一些企业单位，其电子招标采购工作已经开始。中国采购与招标网已经实现了标书网上下载、评标专家网上抽取、开标过程网上公示等功能。当然据了解，在大多数行业的电子招标应用过程中，投标、开标、评标等环节的电子化程度还普遍偏低。电子招标投标作为一种新型的招标模式，已经引起了国家相关部门的高度重视。

　　相比传统招标模式，电子招标的优势主要在于：提高招标投标的效率、以网络为载体减少监管机构压力、便于数据存取和获得、减少废标率、建立招投标市场诚信等，总之，招标投标电子化，有利于我国加快建设资源节约型、环境友好型社会。

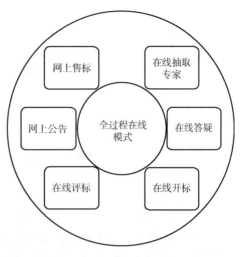

图 2-24　全过程在线模式图

二、　电子招标投标与传统招标投标风险的差异性分析

1. 风险来源分析

　　对工程项目的传统招标投标方式进行风险分析，发现风险来源主要集中在两个方面，一个是招标投标的过程风险，另一个是招标投标的外部环境风险，传统招标方式包括招标准备阶段、招标阶段、评标阶段和招标程序。风险源于整个招标过程中涉及的招标方式、招标文件和招标风险的准备、资格预审风险和评估方法风险、合同管理风险和重新招标风险。传统招标模式的外部环境风险包括保险管理、市场风险和法律风险。根据电子招标模型分析发现，电子招标不仅包括招标投标的过程风险和招标投标的外部环境风险，还包括电子招标信息技术风险。电子投标模式是依靠先进的电子信息技术和综合网络环境进行电子投标平台招标、评标、电子投标信息传输、数据存储、网络运行安全等一系列活动。它是保障电子招标模式应用的基础，也是电子信息技术风险的主要来源。除电子信息技术风险外，网络运行监督风险、政府权力和干预风险是电子竞价模式的风险来源。这表明电子招标模式的风险来源比传统招标模式更为广泛和复杂。

2. 风险影响分析

　　不同性质类型的风险对传统招标和电子招标有不同的影响。招标风险分为内部流程风险和外部环境风险。内部风险是影响招标投标活动的主要因素。它对招标和招标活动产生了更大的影响。风险造成的后果更为严重。外部风险是影响招标活动的次要因素，对招标投标活动的影响有一定的局限性。在传统模式下，招标过程中的大部分风险都是部分风险，在风险发生时不会影响风险。电子招标模式风险的发生，特别是电子信息技术风险的发生，不仅会导致项目招标投标活动的失败，而且会对整个电子招标行业产生一系列不利影响。由于电子投标的所有信息都是基于电子信息网络和数据库存模型，一旦电子投标信息和企业相关信息泄露，将对整个招标和招标市场产生巨大影响，影响整个招标投标市场的发展。因此，应根据不同类型风险的特点制定风险应对策略，全过程工程咨询单位坚决控制整体风险的发生，避免或减少当地风险带来的损失。

第三章 建筑工程投标

第一节 投标准备

建设工程项目施工投标是一项系统工程，全面而充分的投标准备工作是中标的前提与保障。投标人的投标准备工作主要有建立投标工作机构、投标决策（投标前的决策、投标过程决策）、办理投标有关事宜、研究招标有关文件、现场踏勘、参加标前答疑会。

一、 建立投标工作机构

对投标人而言，建设工程项目施工投标，关系到建筑安装企业的经营与发展，随着建筑领域科学技术的进步，"新材料、新工艺、新技术"的推广与应用，BIM 管理技术在招标投标及工程项目管理中的广泛应用，建筑工程越来越多的是技术密集型项目，这样势必给投标人带来两方面的挑战：一方面是技术上的挑战，要求投标人具有先进的科学技术，能够完成高、新、尖、难工程；另一方面是管理上的挑战，要求投标人具有现代先进的组织管理水平，能以较低价（必须合理）中标。实践证明投标人建立一个组织完善、业务水平高、强有力的投标机构是获取中标的根本保证。

1. 建设工程项目施工投标工作机构形式

建设工程项目施工投标工作机构有两种形式：一种是常设固定机构；另一种是临时机构。

（1）常设固定投标机构。一般情况下，大型集团（企业）常设专门机构或职能部门从事较大工程项目投标或工程施工投标。中标后将其中标的项目根据集团公司的内部管理下发给各下属部门。该形式机构有如下特点：

1）能够充分发挥投标企业资质、人员、财力、技术装备、经验、业绩及社会信誉等方面的优势参与国内外投标竞争。

2）机构人员相对固定，机构内部分工明确，职责清晰，分析、比较以往投标成败原因，总结投标经验，收集数据、持续改进成为常态化的管理工作。

3）公司管理成本因该常设机构而略有增加。

4）组织机构管理层次一般为三个层次，即负责人、职能小组负责人、职员。

①负责人：一般由集团（企业）的技术负责人或主管生产经营副总经理担任。主要职责是负责投标全过程的决策。

②职能小组负责人：按专业划分，负责审核技术方案、投标报价及金融等投标其他事务性管理工作。

③职员：包括工程技术类人员、经济管理类人员和综合事务性人员。工程技术类人员按专业划分，负责编制投标工程施工方案、拟定保证措施、编制施工进度计划；经济管理类人员按专业划分，负责编制各专业工程投标报价；综合事务性人员负责市场调查，收集项目投标相关的重要信息。

（2）临时机构。通常情况下，企业的下属部门是具有独立法人单位或企业分支机构，在获取招标信息并决定投标后，组建临时投标工作机构，并代表该企业进行投标。该机构的成员大部分为项目中标后施工项目部成员，这种投标机构具有如下特点：

1）机构灵活，可根据招标项目的内容聘请相关人员。

2）投标工作与机构中的每个人的利益密切相关，使投标工作机构人员工作态度积极、严谨，投标方案更加成熟合理。

3）投标成本相对低，但有时因人员缺乏或专业等其他原因，致使投标工作遇到困难，或影响投标文件质量。

2. 投标工作机构人员素质要求

（1）决策及经营管理类人才素质。是指专门从事工程承包经营管理，制订和贯彻经营方与规划、负责全面筹划和安排的决策人才，这类人应具备的素质为：

1）专业技术素质：知识渊博、较强的专业水平，对其他相关学科也应有相当的知识水平，能全面、系统地观察和分析问题。

2）法律与管理素质：具有一定的法律知识和实际工作经验，充分了解国内外有关法律及国际惯例，对开展投标业务所遵循的各项规章制度有充分的了解，有丰富的阅历和预测、决策能力。

3）社会活动能力：有较强的思辨能力和社会活动能力，视野广阔、有胆识、勇于开拓，具有综合、概括分析预测、判断和决策能力，在经营管理领域有造诣，具有较强的谈判交流能力。

（2）专业技术类人才素质。所谓专业技术类人才，是指工程设计、施工中的各类技术人员，如建造师、结构工程师、造价师、土木工程师、电气工程师、机械工程师、暖通工程师等各专业技术人员。他们应具备深厚的理论又具备熟练的实际操作能力，在投标时能够根据项目招标范围、发包方式、招标人实质性要求，从本公司的实际技术优势及综合实力出发，编制科学合理的施工方案、技术措施、进度计划及合理的工程投标报价。

（3）报价及商务金融类人才素质。所谓报价及商务金融类人才，是指从事投标报价、金融、贸易、税法、保险、预决算等专业知识方面人才，财务人员需具有会计师资格。

以上是对投标机构人员个体素质的基本要求，一个投标班子仅仅个体素质良好还不够，还需要各方的共同参与、协同作战，充分发挥集体力量。

二、投标决策

在市场经济条件下，承包商获得工程项目承包任务的主要途径是投标，但是作为承包商，并不是逢标必投，应根据诸多影响因素来确定投标与否。投标决策的正确与否，关系到能否中标和中标后的效益以及企业的发展前景。所谓决策包括三个面的内容：

（1）针对招标投标项目，根据投标人的实力决定是否投标。

（2）倘若投标，是投什么性质的标。

（3）在投标中如何采用以长制短、优胜劣汰的策略和技巧。

投标决策分两阶段进行，即投标决策的前期阶段和投标决策的后期阶段。

1. 投标决策的前期阶段

投标决策的前期阶段是指在购买投标人资格预审资料前后完成的决策研究阶段，此阶段必须对投标与否做出论证。

（1）决定是否投标的原则。

1）承包投标工程的可行性和可能性。如本企业是否有能力承揽招标工程，竞争对手是否有明显的优势等，对此要进行全面分析。

2）招标工程的可靠性。如建设工程的审批程序是否已经完成，资金是否已经落实等。

3）招标工程的承包条件。如承包条件苛刻，企业无力完成施工，则应放弃投标。

（2）明确投标人应具备的条件。投标人应当具备承担招标项目的能力。投标活动对参加人有一定的要求，不是所有感兴趣的法人或其他组织都可以参加投标，投标人必须按照招标文件的要求，具有承包建设项目的资质条件、技术装备、经验、业绩，以及财务能力，必须满足项目招标人的要求。

（3）投标决策时应考虑的基本因素。工程项目施工投标决策考虑的因素主要有两个方面，即主观因素和客观因素。主观因素主要包括如下几个方面：

1）技术因素。

①工程技术管理人员的专业水平是否与招标项目相适应。

②机械装备是否满足招标工作要求。

③是否具有与招标项目类似工程施工管理经验。

2）经济因素。

①是否具有招标人要求的垫付资金的能力。

②是否具有新增或租赁机械设备的资金。

③是否具有支付或办理担保能力。

④是否具有承担不可抗力风险能力。

3）管理因素。

①是否具备适应建设领域先进管理技术与方法，例如 BIM 技术在施工全过程的管理与应用。

②是否具备可操作的质量控制、安全管理、工期控制、成本控制的经验与方法。

③是否具备对技术、经济等突发事件的处理能力。

4）信誉因素。企业是否具有良好的商业信誉，是否获得关于履约的奖项。客观因素主要包括如下几个方面：

①发包人和监理人情况。

a. 发包人的民事主体资格、支付能力、履约信誉、工作方式。

b. 监理工程师以往在工程中是否客观、公正、合理地处理问题。

②项目情况。

a. 招标工程项目的技术复杂程度及要求。

b. 对投标人类似工程经验的要求。

c. 中标承包后对本企业今后的影响。

③竞争对手和竞争形势。

a. 竞争程度是否激烈。

b. 竞争对手的优势、历年的投标报价水平、在建工程项目以及自有技术等。

c. 市场资源供给及价格情况。

（4）投标决策的定量分析方法。进行投标决策时，只有把定性分析和定量方法结合起来，才能定出正确决策。决策的定量分析方法有很多，如投标评价表法、概率分析法、线性规划法等。下面具体叙述投标评价表法的应用：

1）根据具体情况，分别确定影响因素及其重要程度。

2）逐项分析各因素预计实现的情况。可以划分为上、中、下三种情况。为了能进行定量分析，对以上三种情况赋予一个定量的数值。如"上"得10分，"中"得5分，"下"得0分。

3）综合分析。根据经验统计确定可以投标的最低总分，再针对具体工程评定各项因素的加权综合总分，与"最低总分"比较，即可做出是否可以投标的决策。举例见表3-1。

表 3-1　投标评价表

| 八项标准 | 权数 | 判断等级 | | | 得分 |
		上（10分）	中（5分）	下（0分）	
1. 工人和技术人员的操作技术水平	20	10	—	—	200

（续）

八项标准	权数	判断等级			得分
		上（10分）	中（5分）	下（0分）	
2. 机械设备能力	20	—	5	—	100
3. 设计能力	5	10	—	—	50
4. 对工程的熟悉程度和管理经验	15	10	—	—	150
5. 竞争的程度是否激烈	10	—	5	—	50
6. 器材设备的交货条件	10	—	—	0	0
7. 对今后机会的影响	10	10	—	—	100
8. 以往对类似工程的经验	10	10	—	—	100
合计	100				750
可接受的最低分值					650

该工程投标机会评价值为 750 分，而该承包商规定可以投标最低总分为 650 分。故可以考虑参加投标。

（5）放弃投标的项目。通常情况下，下列招标项目应放弃投标：

1）定量分析法中投标综合总分值低于规定最低总分值的项目。

2）本企业主管和兼营能力之外的项目。

3）工程规模、技术要求超过本施工企业技术等级的项目。

4）本企业生产任务饱满，而招标工程的盈利水平较低或风险较大的项目。

5）本企业技术等级、信誉、施工水平明显不如竞争对手的项目。

2. 投标决策的后期阶段

如果决定投标，即进入投标决策的后期阶段，它是指从申报资格预审至投标报价前完成的决策研究阶段。即依据招标文件的实质性要求确定本企业本次投标的目的（保本、盈利、占领市场或扩大市场）从工程技术人员配备，机械设备投入，是否使用新材料、新工艺、新技术以及自有技术的应用等方面进行决策，重点投标报价要合理、施工方案要科学合理，如何应用 BIM 技术进行工程项目方案的展示以及项目施工的全过程的管理，以确保投标获得成功。

三、办理投标有关事宜

1. 投标报名

（1）投标报名的形式。投标报名方式通常有两种，一种是现场报名；另一种是网上报名。

1）现场报名。拟投标人根据获取的资格预审公告（或招标公告），按其要求的时间地点携带其法人单位的营业执照、资质证书和相关介绍信等手续报名参加资格预审或投标。资质条件不符合招标人要求的法人单位或组织不能参与投标竞争。

2）网上报名。拟投标人根据获取的资格预审公告（或招标公告），按其要求的时间及指定的网址上传本单位的营业执照、资质证书以及公告要求提交的其他文件（包括各类证明文件），并保证其上传文件的真实性及有效性。

（2）异地投标报名。《招标投标法》第六条规定，依法必须进行招标的项目，其招标投标活动不受地区或者部门的限制。任何单位或各人不得违法限制或者排斥本地区、本系统以外的法人或其他组织参加投标，不得以任何方式非法干涉招标投标活动。

有些工程项目招标时，对项目所在省、地区以外的投标人，作了相关的规定。摘录本教材案例如下：

> ············
> 4. 合格的投标人
> 4.1 投标人的资质等级要求见投标须知前附表第9项。
> 4.2 投标人合格条件：
> ············
> 4.2.8 投标人如果是非本省注册企业，应到××省住房和城乡建设厅办理备案手续，开具针对本项目投标的"外省建筑业企业投标备案介绍信"。

2. 购买资格预审文件或招标文件

拟投标人根据资格预审公告或招标公告要求，凭法人或其他组织相关证书、证明文件方可购买资格预审文件或招标文件。

3. 提交投标保证金

投标保证金是指在招标投标活动中，投标人随投标文件一同递交给招标人的一定形式和金额的投标责任担保。

《政府采购法实施条例》释义：当招标文件规定了投标人应当提交投标保证金后，投标保证金就属于投标的一部分了。投标人应当按照招标文件的规定提交保证金。《条例》规定，投标人未按照招标文件规定提交保证金的，其投标无效。

（1）投标保证金的作用。投标保证金最基本的功能是对投标人的投标行为产生约束作用。投标保证金为招标活动提供保障。

招标投标是一项严肃的法律活动，招标人的招标是一种要约行为，投标人作为要约人，向招标人（要约邀请方）递交投标文件之后，意味着响应招标人发出的要约邀请。在投标文件递交截止时间至招标人确定中标人的这段时间内，投标人不能要求退出竞争或修改投标文件。而一旦招标人发出中标通知书，做出承诺，则合同即告成立，中标的投标人必须接受，并受到约束。否则，投标人要承担合同订立过程中的缔约过失责任，就要承担投标保证金被招标人没收的法律后果。

（2）投标保证金的数额。根据国家七部委颁发的第30号令《工程建设项目施工招标投标办法》第三十七条规定，投标保证金一般不得超过项目估算价的2%，但最高不得超过八十万元人民币。投标保证金有效期应当与投标有效期一致。

投标人在递交投标文件之前或同时，按投标人须知前附表规定的金额、担保形式和投标保证金格式递交投标保证金，并作为其投标文件的组成部分。联合体投标的，其投标保证金由牵头人递交，并应符合投标人须知前附表的规定。投标人不按要求提交投标保证金的，其投标文件作废标处理。

（3）现金形式。根据国家七部委颁发的第30号令《工程建设项目施工招标投标办法》第三十七条规定："招标人可以在招标文件中要求投标人提交投标保证金。投标保证金除现金外，可以是银行出具的银行保函、保兑支票、银行汇票或现金支票。"

投标保证金有如下几种形式：

1）现金。通常适用于投标保证金额度较小的招标活动。

2）银行汇票。由银行开出，交由汇款人转交给异地收款人，该形式适用于异地投标。

3）银行本票。本票是出票人签发，承诺自己在见票时无条件将确定的金额给收款人或者持票人的票据。对于用作投标保证金的银行本票而言，则是由银行开出，交由投标人递交给招标人，招标人再凭银行本票至银行兑取现金。

4）支票。对于作为投标保证金的支票而言，支票是由投标人开出，并由投标人交给招标人，招标人再凭支票在自己的开户行存款。

5）投标保函。投标保函是投标人申请银行开立的保证函，保证投标人在中标人确定之前不得撤销投标，在中标后应该按照招标文件和投标文件与招标人签订合同。如果投标人违反规定，开立保证函的银行将根据招标人的通知，支付银行保函规定数额的资金给招标人。

（4）投标保证金提交的时间（招标投标法规定）。在潜在投标人资格预审合格后，购买招标文件时提交，或在提交投标文件时提交，或在招标文件规定的截止时间提交。

（5）投标保证金没收。出现下列情形之一投标保证金被没收：

1）投标人在投标函格式规定的投标有效期内撤回其投标。

2）中标人在规定的时间内未能与招标人签订合同。

3）根据招标文件规定，中标人未提交履约保证金。

4）投标人采用不正当手段骗取中标。

（6）投标保证金退还。《工程建设项目施工招标投标管理办法》（七部委30号令）第六十三条规定：招标人最迟应当在与中标人签订合同后五日内，向中标人和未中标的投标人退还投标保证金及银行同期存款利息。

四、 研究招标有关文件

投标人必须研究招标相关文件，即研究资格预审文件和招标文件。

1. 研究资格预审文件

通常拟投标人从如下几个方面研究资格预审文件：

（1）资格预审申请人的基本要求。

（2）申请人须提交的有关证明。

（3）资格预审通过的强制性标准（人员、设备、分包、诉讼以及履约等）。

（4）对联合体的提交资格预审的要求。

（5）对通过预审单位建议分包的要求。

2. 研究招标文件

通常拟投标人研究招标文件主要研究投标须知、合同条款、评标标准和办法、技术要求及工程图纸、工程量清单等。

（1）研究投标须知。重点了解投标须知中的招标范围、计划开竣工时间、合同工期、投标人资质条件、信誉、是否接受联合体投标、现场勘察形式及时间、预备会时间、投标截止日期和时间、投标有效期、分包、偏离、投标保证金金额和形式及提交时间、财务状况、投标文件的形式和份数、开标时间及地点、招标控制价等。

（2）研究合同条款。

1）要确定下列时间：合同计划开竣工时间、总工期和分阶段验收的工期、工程保修期等。

2）关于延误工期赔偿的金额和最高限定，以及提前工期奖等。

3）关于保函的有关规定。

4）关于付款的条件，有否预付款；关于工程款的支付以及拖期付款有否利息、扣留保修金的比例及退还时间等。

5）关于材料供应，有否甲供材料或材料的二次招标。

6）关于合同价格调整条款。

7）关于工程保险和现场人员事故保险等。

8）关于不可抗力造成的损失的赔偿办法。

9）关于争议的解决。

（3）研究招标项目技术要求及工程图纸。招标文件对工程内容、技术要求、工艺特点、设备、材料和安装方法等均作了规定和要求。近年的特大异形建筑层出不穷，招标人通常要求投标人应用 BIM 技术相关软件建模、模拟施工全过程。投标人则应按招标人提出的要求完成所有需要通过 BIM 技术展示的投标。

研究图纸要从各专业图纸进行研究，即研究土建（建筑、结构）、给水排水、暖通、电气等专业图纸，如果图纸中存在缺陷或错误，投标人在规定的时间向招标人提出并得到澄清。

（4）核算工程量清单。目前大多数工程投标报价采用工程量清单计价方式，工程量清单随附于招标文件，工程量清单中的"项"与"量"的准确与否关系到投标报价的准确程度，并直接影响到中标以后的合同管理工作，投标人在投标文件编制之前必须对工程量清单的"项"与"量"进行核定。核算工程量清单具体工作如下：

1）依据图纸核定清单项目设置是否有错、重、漏现象，清单项目特征描述是否与图纸相符。

2）依据各专业图纸进行工程量的计算，核定工程量清单中的量的准确性，并核对计量单位的准确性。

3）工程量清单存在的问题汇总待预备会或答疑时提出，并要获得招标人对此做出的回复。

五、 调查投标环境

投标环境是招标工程项目施工的自然、经济和社会条件。这些条件都是工程施工的制约因素，必然影响工程成本及其他管理目标的实现。施工现场勘察是投标人必须经过的投标程序。按照国际惯例，投标人提出的报价单一般被认为是在现场勘察的基础上编制的。一旦报价单提出之后，投标人就无权因为现场勘察不周、情况了解不细或因素考虑不全面而提出修改投标书、调整报价或提出补偿等要求。

1. 国内投标环境调查要点

（1）施工现场条件。

1）施工场地周边情况，布置临时设施、生活暂设的可能性，现场是否具备开工条件。

2）进入现场的通道，给水排水（是否有饮用水）、供电和通信设施。

3）地上、地下有无障碍物，有无地下管网工程。

4）附近的现有建筑工程情况。

5）环境对施工的限制。

（2）自然地理条件。

1）气象情况，包括气温、湿度、主导风向和风速、年降雨量以及雨季的起止期。

2）场地的地理位置、用地范围。

3）地质情况，地基土质及其承载力，地下水位。

4）地震及其抗震设防烈度，洪水、台风及其他自然灾害情况。

（3）材料和设备供应条件。

1）砂石等大宗材料的采购和运输条件。

2）须在市场采购的钢材、水泥、木材、玻璃等材料的可能供应来源和价格。

3）当地供应构配件的能力和价格。

4）当地租赁建筑机械的可能性和价格等。

5）当地外协加工生产能力等。

（4）其他条件。

1）工地现场附近的治安情况。

2）当地的民风民俗。

3）专业分包的能力和分包条件。

4）业主的履约情况。

5）竞争对手的情况。

2. 国际投标环境调查要点

（1）政治情况。

1）工程所在国的社会制度和政治制度。

2）政局是否稳定。

3）与邻国关系如何，有无发生边境冲突和封锁边界的可能。

4）与我国的双边关系如何。

（2）经济条件。

1）工程项目所在国的经济发展情况和自然资源状况。

2）外汇储备情况及国际支付能力。

3）港口、铁路和公路运输以及航空交通与电信联络情况。

4）当地的科学技术水平。

（3）法律方面。

1）工程项目所在国的宪法。

2）与承包活动有关的经济法、工商企业法、建筑法、劳动法、税法、外汇管理法、经济合同法及经济纠纷的仲裁程序等。

3）民法和民事诉讼法。

4）移民法和相关外事管理法。

（4）社会情况。

1）当地的风俗习惯。

2）居民的宗教信仰。

3）民族或部落间的关系。

4）工会的活动情况。

5）治安状况。

（5）自然条件。

1）工程所在地的地理位置、地形、地貌。

2）气象情况，包括气温、湿度、主导风向和风力，年平均和最大降雨量等。

3）地质情况，地基土质构造及特征，承载能力，地下水情况。

4）地震、洪水、台风及其他自然灾害情况。

（6）市场情况。

1）建筑和装饰材料、施工机械设备、燃料、动力、水和生活用品的供应情况，价格水平，过去几年的物价指数以及今后的变化趋势预测。

2）劳务市场状况，包括工人的技术水平、工资水平，有关劳动保险和福利待遇的规定，在当地雇用熟练工人、半熟练工人和普通工人的可能性，以及外籍工人是否被允许入境等。

3）外汇汇率和银行信贷利率。

4）工程所在国本国承包企业和注册的外国承包企业的经营情况。

六、　汇编释疑文件

投标人在完成研究招标文件、熟悉图纸、核算工程量清单以及现场勘察工作后，针对招标文件存在疑问及现场的疑问，需以书面形式进行汇总形成释疑文件，并按招标文件要求的时间地点提交。通常释疑文件采用如下形式（见工程案例释疑申请文件范例）。

释 疑 申 请

致：××管理中心

我方是××工程项目施工招标的投标人，经研究招标编号×××××××××第七标段《招标文件》之文本部分、图纸部分、工程量清单部分以及现场勘察后，有如下疑问：

一、文本部分

1. 第×部分，第×条："……"（第×页）

2. 第×部分，第×条："……"（第×页）

3. 第×页投标文件格式要求：提交近三年的财务状况表，目前是 3 月份，财务审计报告在 5 月底才能完成，近三年是从哪一年计

…………

二、图纸部分

（一）土建工程

1. 建筑图：××图 ××问题

2. 结构图：××图 ××问题

（二）给水排水工程

1. 给水系统……

2. ××立面图

（三）通风空调工程

1. ××图××设备标高……

2. ××图××风管标高……

（四）电气工程

1. 低压系统图第××回路与××系图线路规格不一致

2. ××系统图有×条工作回路、×条备用回路，在平面图中仅有×条回路……

（五）弱电系统

1. ……

2. ……

三、工程量清单部分

（一）项的偏差

1. 土建部分

（1）编号 01××××××××××与×××××××项是否有重复

…………

（n）编号 01×××××××02 项目特征描述与图纸有偏差

2. 给水排水部分

××规格的给水管，清单项目未见

…………

3. 电气部分

××规格导线动力回路未列清单项目

（二）工程量偏差

1. 土建部分

（1）编号 01 ×××××××03 经我方核算其工程量为 ×××m³

…………

（n）编号 01 ×××××××02 经我方核算其工程量为 ×××m²

2. 给水排水部分

编号 ×××××××××项目 ××规格的给水管，经我方核算其工程量为 ×××m

…………

3. 电气部分

编号 ×××××××××项目 ××规格导线管内穿线工程量为 ×××m

四、现场勘察部分

　　××××年×月×日经招标人组织（或经招标人允许自行）勘察位于××××地点招标项目施工场地发现有如下情况与招标文件不一致：

1. 现场仍有大量苗木

2. 现场与交通主干道接壤道路尚未铺通

3. 局部低洼相对 −1000mm

如上四个方面的疑问敬请释疑。

投标人：××建设工程公司（公章）

法人代表：之钟印×（签字或盖章）

××××年×月×日

七、 参加投标预备会

　　投标预备会召开的目的是向投标人进行工程项目技术要求交底，以及澄清招标文件的疑问，解答投标人对招标文件和勘察现场中所提出的疑问。

　　招标文件一般均规定在投标前召开标前会议。投标人应在参加标前会议之前把招标文件中存在的问题以及疑问整理成书面文件，按照招标文件规定的方式、时间和地点要求，送到招标人或招标代理机构处。一些共性问题一般在标前会议上得到解决，但关于图纸、清单等问题通常是以"答疑文件"形式在规定时间内下发给所有获得招标文件的投标人，无论其是否提出了疑问。《招标投标法》第二十三条规定："招标人对已发出的招标文件进行必要的澄清或修改的，应当在招标文件要求提交投标文件截止时间至少十五日以前，以书面形式通知所有招标文件收受人。该澄清或者修改的内容为招标文件的组成部分。"

　　招标人对投标人提出的疑问的答复的书面文件通常称为"答疑文件"。答疑文件是招标文件的组成部分，是投标人编制投标文件的重要依据，是合同文件的组成部分，是合同履行过程中解决争议的重要依据。

　　投标人在接到招标人的书面澄清文件后，依据招标文件以及澄清文件编制投标文件。

第二节　投标及投标技巧

一、建设工程投标程序

建设工程投标人在取得投标资格后参加投标一般要经过以下几个程序：

（1）投标人了解并跟踪招标信息，提出投标申请。建筑企业根据招标广告或投标邀请书，分析招标工程的条件，依据自身的实力，选择并确定投标工程。向招标人提出投标申请，并提交有关资料。

（2）接受招标人的资质审查。

（3）购买招标文件及有关技术资料。

（4）参加现场踏勘，并对有关疑问提出质询。

（5）编制投标书及报价。投标书是投标人的投标文件，是对招标文件提出的要求和条件做出的实质性响应。

（6）参加开标会议。

（7）接受中标通知书，与招标人签订合同。

二、投标策略与技巧

投标策略（技巧），是指投标人在投标竞争中的指导思想与系统工作部署，以及其参与投标竞争的方式和手段。投标策略作为投标取胜的方式、手段和艺术，贯穿于投标竞争的始终，内容十分丰富。在投标与否、投标项目的选择、投标报价等方面，无不包含投标策略。

尤其需要注意的是，投标策略在投标报价过程中的作用更为显著。恰当的报价是能否中标的关键，但恰当的报价并不一定是最低报价。实践表明，标价过高，无疑会失去竞争力而落标；而标价过低（低于正常情况下完成合同所需的价格或低于成本），也会成为废标而不能入围。

投标策略的种类较多，下面简单地介绍几种在投标过程中常见的策略，希望能对大家有所启发，以便可以在日后的实际投标过程中举一反三，不断提高。

1. 增加建议方案

有时招标文件中规定，可以提出一个建议方案，即可以修改原设计方案，提出投标者的方案。投标者这个时候应抓住机会，组织一批有经验的设计和施工工程师，对原招标文件的设计和施工方案进行仔细研究，提出更为合理的方案以吸引业主，促成自己的方案中标。这种新建议方案可以降低总造价或缩短工期，或使工程运用更合理。但是需要注意对原招标方案一定也要报价。建议方案不要写得太具体，要保留方案的技术关键，防止业主将此建议方案交给其他承包商。

同时需要强调的是，建议方案一定要比较成熟，有很好的操作性和可行性，不能空谈而不切实际。

2. 不平衡报价法

所谓不平衡报价，是对常规报价的优化，其实质是在保持总报价不变的前提下，通过提高工程量清单中一些基价细目的综合单价，同时降低另外一些细目的单价来使所获工程款收益现值最大。即对施工方案实施可能性大的报高价，对实施可能性小的报低价，目的是"早收钱"或"快收钱"。即赚取由于工程量改变而引起的额外收入，改善工程项目的资金流动，赚取由通货膨胀引起的额外收入。

原则一般有以下几条：

（1）先期开工的项目（如开办费及土方、基础等隐蔽工程）的单价报价高，后期开工的项目

（如高速公路的路面、交通设施、绿化等附属设施）的单价报价低。

（2）经过核算工程量，估计到以后会增加工程量的项目的单价报价高，工程量会减少的项目的单价报价低。

（3）图纸不明确或有错误的，估计今后会修改的项目的单价报价高，估计今后会取消的项目的单价报价低。

（4）没有工程量，只填单价的项目（如土方工程中挖淤泥、岩石及土方超运等备用单价）其单价报价高（这样既不影响投标总价，又有利于多获利润）。

（5）对暂定金额项目，分析其让承包商做的可能性大时，其单价报价高；反之，报价低。

（6）零星用工（记日工）单价一般可稍高于工程中的工资单价，因为记日工不属于承包总价的范围，发生时实报实销。但如果招标文件中已经假定了记日工的"名义工程量"，则需要具体分析是否报高价，以免提高总报价。

（7）对于允许价格调整的工程，当利率低于物价上涨时，后期施工的工程细目的单价报价高；反之，报价低。

对于不平衡报价法，有些问题是需要注意的，简单介绍如下：

（1）不平衡报价要适度，一般浮动不要超过30%，否则，"物极必反"。因为近年业主评标时，对报价的不平衡系数要分析，不平衡程度高的要扣分，严重不平衡报价的可能会成为废标。

（2）对"钢筋"和"混凝土"等常规项目最好不要提高单价。

（3）如果业主要求提供"工程预算书"，则应使工程量清单综合单价与预算书一致。

（4）同一标段中工程内容完全一样的计价细目的综合单价要一致。

例如，在广州市"花旗银行"基础工程的投标中，广东某水电公司就是采用此方案而夺标的。"花旗银行"基础工程主要包括地下室四层及挖孔桩。该公司投标时考虑到其地处广州市繁华的商业区和密集的居民区，是交通十分繁忙的交通枢纽，采用爆破方法不太可行，因此在投标时将该方案的单价报得很低；而将采用机械辅以工人破碎凿除基岩方案报价较高。由于按原设计方案报价较低而中标。施工中，正如该公司预料的以上因素，公安部门不予批准爆破，业主只好同意采用机械辅以工人破碎开挖，使其不但中标，而且取得了较好的经济效益。

3. 突然袭击法

由于投标竞争激烈，为迷惑对方，可在整个报价过程中仍然按照一般情况进行，甚至有意泄露一些虚假情况，如宣扬自己对该工程兴趣不大，不打算参加投标（或准备投高标），表现出无利可图不想干等假象，到投标截止前几小时，突然前往投标，并压低投标价（或加价），从而使对手措手不及而败北。

4. 多方案报价法

对于一些招标文件，如果发现工程范围不明确，条款不清楚或很不公正，技术规范要求过于苛刻时，要在充分估计投标风险的基础上，按多方案报价法处理，即将原招标文件报一个价，然后再提出，如果某某条款做些变动，报价可降低多少，由此可报出一个较低的价。这样可以降低总价，吸引业主。

5. 优惠取胜法

向业主提出缩短工期、提高质量、降低支付条件，提出新技术、新设计方案，提供物资、设备、仪器（交通车辆、生活设施）等，以优惠条件取得业主赞许，争取中标。

6. 以人为本法

注重与业主当地政府搞好关系，邀请他们到本企业施工管理过硬的在建工地考察，以显示企业的实力和信誉。按照社会主义的思想、品质、道德和作风的要求去处理好人与人之间的关系，求得理解与支持，争取中标。

7. 扩大标价法

这种方法也比较常用，即除了按正常的已知条件编制价格外，对工程中变化较大或没有把握的工作，采用扩大单价，增加"不可预见费"的方法来减少风险。但是这种方法往往因为总价过高而不易中标。

8. 联合保标法

在竞争对手众多的情况下，可以几家实力雄厚的承包商联合起来控制标价，一家出面争取中标，再将其中部分项目转让给其他承包商分包，或轮流相互保标。

9. 低价投标夺标法

这是一种非常手段，承包商为了打进某一地区，为减少大量窝工损失或为挤走竞争对手保住自己的地盘，依靠自身的雄厚资本实力，采取一种不惜代价、只求中标的低价投标方案。应用这种方法的承包商必须有较好的资信条件，并且提出的施工方案也先进可行。

三、 投标报价

投标报价是投标书的核心组成部分，招标人往往将投标人的报价作为主要标准来选择中标人，同时也是招标人与中标人就工程标价进行谈判的基础。因此，报价的策略、技巧、标价评估与决策是做出合适的投标报价，使其能否中标的关键。

1. 投标报价的主要依据

（1）设计图。

（2）工程量表。

（3）合同条件，尤其是有关工期、支付条件、外汇比例的规定。

（4）相关的法律、法规。

（5）拟采用的施工方案、进度计划。

（6）施工规范和施工说明书。

（7）工程材料、设备的价格及运费。

（8）劳务工资标准。

（9）当地的物质生活价格水平。

除了依据上述因素以外，投标报价还应该考虑各种相关的间接费用。

2. 投标报价的步骤

做好投标报价工作，需充分了解招标文件的全部含义，采用已熟悉的投标报价程序和方法；应对招标文件有一个系统而完整的理解，从合同条件到技术规范、工程设计图，从工程量清单到具体投标书和报价单的要求，都要严肃认真对待。其步骤一般为：

（1）熟悉招标文件，对工程项目进行调查与现场考察。

（2）结合工程项目的特点、竞争对手的实力和本企业的自身状况、经验、习惯，制定投标策略。

（3）核算招标项目实际工程量。

（4）编制施工组织设计。

（5）考虑土木工程承包市场的行情，以及人工、机械及材料供应的费用，计算分项工程直接费用。

（6）分摊项目费用，编制单价分析表。

（7）计算投标基础价。

（8）根据企业的管理水平、工程经验与信誉、技术能力与机械装备能力、财务应变能力、抵御风险的能力、降低工程成本增加经济效益的能力等进行获胜分析与盈亏分析。

（9）提出备选投标报价方案。

（10）编制出合理的报价，以争取中标。

3. 投标报价的原则

建设工程投标报价时，可参照下述原则确定报价策略：

（1）按招标文件要求的计价方式确定报价内容及各细目的计算深度。

（2）按经济责任确定报价的费用内容。

（3）充分利用调查资料和市场行情资料。

（4）以施工组织设计确定的基本条件为依据。

（5）投标报价计算方法应简明适用。

4. 国际工程投标报价的组成和计算

工程项目投标报价的具体组成应随投标的工程项目内容和招标文件进行划分。国际工程招标一般采用最低价中标或合理低价中标方式，投标价的确定要经过工程成本测算和标价确定两个阶段。标价是由成本、利润和风险费组成的，其中工程成本包括直接费用和间接费用。工程成本包含费用内容和测算方式，与国内工程差异较大，其具体计算方法如下：

（1）直接费用。是指由工程本身因素决定的费用。其构成受市场现行物价影响，但不受经营条件的影响。工程直接费用一般由人工费、施工机械费、材料设备费等组成。

1）人工费。人工费单价需根据工人来源情况确定。我国到国外承包工程，劳动力来源主要有两个方面，一是国内派遣工人；二是雇用当地工人（包括第三国工人）。人工费单价的计算就是指国内派出工人和当地雇用工人平均工资单价的计算。在分别计算出这两类工人的工资单价后，再考虑工效和其他一些有关因素，就可以确定在工程总用工量中这两类工人完成工日所占的比重，进而加权平均算出平均工资单价。

考虑到当地雇用工人的工效可能较低，而当地政府又规定承包商必须雇用部分当地工人，因此计算工资单价时还应把工效考虑在内，根据已经掌握的当地雇用工人的工效和国内派出工人的工效，确定一个大致的工效比（通常为小于1的数字），用下式计算：

考虑工效的平均工资单价 = (国内派出工人工资单价 × 国内派出工人工日占总工日的百分比 + 当地雇用工人工资单价 × 当地工人工日占总工日的百分比) / 工效比

①国内派出工人工资单价，可按下式计算：

国内派出工人工资单价 = 一个工人出国期间的全部费用 / (一个工人参加施工年限 × 年工作日)

出国期间的全部费用应当包括从工人准备出国到回国休整结束后的全部费用，可由国内和国外两部分费用构成。

工人施工年限应当以工期为基础，由多数或大多数工人在该工程的工作时间来确定。

工人的年工作日是工人在一年内的纯工作天数。一般情况下可按年日历天数扣除休息日、法定节假日和天气影响的可能停工天数计算。实际报价计算中，每年工作日不少于300天，以利于提高报价的竞争能力。

②当地雇用工人工资单价。当地工人包括工程所在国具有该国国籍的工人和在当地的外籍工人。当地雇用工人工资单价主要包括下列内容：

a. 日标准工资（国外一般以小时为单位）。

b. 带薪法定假日、带薪休假日工资。

c. 夜间施工或加班应增加的工资。

d. 按规定由承包商支付的所得税、福利费、保险费等。

e. 工人招募和解雇费用。

f. 工人上、下班交通费。

g. 按有关规定应支付的各种津贴和补贴等 [如高空或地下作业津贴和上、下班时间（视离家距离而定）补贴]，该项开支有时可高达工资数的 20% ~ 30%。

在计算报价时，一般直接按工程所在地各类工人的日工资标准的平均值计算。

若所计算的国内派出工人工资单价和当地雇用工人工资单价相差甚远，还应当进行综合考虑和调整。当国内派出工人工资单价低于当地雇用工人工资单价时，固然是竞争的有利因素，但若采用较低的工资单价就会减少收益，从长远考虑更不利，应向上调整。调整后的工资单价以略低于当地雇用工人工资单价 5% ~ 10% 为宜。当国内派出工人工资单价高于当地雇用工人工资单价时，如在考虑了当地雇用工人的工效、技术水平后，国内派出工人工资单价仍有竞争力，就不用调整；反之，应向下调。若下调后的工资单价仍不理想，就要考虑不派或少派国内工人。

国际承包工程的人工费有时占到总造价的 20% ~ 30%，大大高于国内工程的比率。确定一个合适的工资单价，对于做出有竞争力的报价是十分重要的。

2）施工机械费。是指用于工程施工的机械和工器具的费用。由于工程建设项目大都采用机械化施工，所以施工机械费用占直接费用的主要部分。该费用在工程建成后不构成发包人的固定资产，而是承包商的设备。其主要施工机械费以台时费为单位，辅助施工机械费则只计算总费用，类似于国内概预算中的小型机具使用费。主要施工机械台时费为：施工机械折旧费、施工机械海洋运保费、施工机械陆地运保费、施工机械进口税、施工机械安装拆卸费、施工机械修理费、施工机械燃料费和施工机械操作人工费。

以上八项费用合计成施工机械台时费，其中属于固定费用的有施工机械折旧费、施工机械海洋运保费、施工机械陆地运保费、施工机械进口税等，这些费用即使不运转也要计算。属于运转费用的有施工机械安装拆卸费、施工机械修理费、施工机械燃料费、施工机械操作人工费。

国外承包工程施工机械除了承包企业自行购买外，有些还可以租赁使用，如果决定租赁机械，则施工机械费（台班单价）就可以根据事先调查的市场租赁价来确定。

3）材料设备费。材料和（永久）设备费用在直接费用中所占的比例很大，准确计算材料、设备的预算价格是计算投标报价的重要一环。为了准确确定材料、设备的预算价格，我国有些对外公司根据对外承包工程的经验，依据材料、设备来源的不同，制定出两种表格，一种是当地市场材料、设备优选价格统计表；另一种是国内和第三国采购材料、设备价格比较表。在计算报价时，通过这两种价格表的比较，进行材料、设备的选择。上述价格表一般每半年调整一次，以保证其准确性。下面介绍不同来源的材料、设备单价计算。

①国内和第三国采购材料、设备单价的计算，主要包括以下几部分内容：

a. 采购材料、设备的价格。包括材料、设备出厂价及包装费，还应考虑因满足承包工程对材料、设备质量及运输包装的特殊要求而增加的费用。

b. 全程运杂费。即由材料、设备厂家到工地现场存储处所需的运输费和杂费。对于设备，还要加上设备安装费和运行调试费（如果在工程量清单中这两项不单列的话）及备用件费用。若业主对设备采用单独招标的方式，则承包商在报价中仅考虑设备安装费和运行调试费。全程运杂费包括国内段运杂费、海运段运保费和当地运杂费。

国内段运杂费是指由厂家到出口港装船的一切费用，其计算一般采用综合费率法：

$$国内段运杂费 = 运输装卸费 + 港口仓储装船费$$

$$运输装卸费 = （10\% ~ 12\%）\times 材料采购价格$$

$$港口仓储装船费 = （3\% ~ 5\%）\times 材料采购价格$$

海运段运保费是指材料由出口港到卸货港之间的海运费和保险费。具体计算应包括材料的基本运价、附加费和保险费。其中，基本运价是按有关海运公司规定的不同货物品种、等级、航线的运输基价计算；附加费是指燃油附加、超重附加、直航附加、港口附加等费用；保险费则按有关的保险费率计算。

当地运杂费是指材料由卸货现场到工地现场存储地所需的一切费用：

$$当地运杂费 = 上岸费 + 运距 \times 运价 + 装卸费$$

②当地采购材料、设备。一般按当地材料、设备供应商报价，由供应商运到工地。有些材料也可自己组织运输。另外，对一些大宗材料，如块石、石子、卵石和砂子等，也可自己组织开采和加工，其预算价格按实际消耗费用计算。

材料消耗定额可根据招标文件中有关技术规范要求，结合工程条件、机械化施工程度，参照国内定额确定。材料的运输损耗和加工损耗计入材料用量，不增加单价。

（2）间接费用。间接费用是指除直接费用以外的经营性费用。它直接受市场状况变化的影响，另外还要依据招标文件的规定，对间接费用构成项目进行增删。间接费用一般由如下费用组成：

1）临时设施工程费。包括全部生产、生活和办公所需的临时设施，施工区内道路、围墙及水、电、通信设施等费用。如果在工程量清单通用费项目中有大型临时设施项目，如砂石料加工系统、混凝土拌和系统、附属加工车间等（一般用项目总包干价投标），则间接费用中仅包括小型临时设施费用。

2）保函手续费。是指投标保函、预付款保函、履约保函（或履约担保）、保留金保函等缴纳的手续费。银行保函均要按保函金额的一定比例，由银行收取手续费。例如，中国银行一般收取保函金额的0.4%～0.6%年手续费。外国银行一般收取保函金额的1%年手续费。

3）保险费。承包工程中一般的保险项目有工程保险、施工机械保险、第三者责任险、人身意外保险、材料和永久设备运输保险、施工机械运输保险。其中，后三种险已计入人工、材料和永久设备、施工机械单价中，不要重复计算。而工程保险、第三者责任险、施工机械保险、发包人和监理工程师人身意外险的费用，一般为合同总价的0.5%～1.0%。

4）税金。应按招标文件规定及工程所在国的法律计算。各国情况不同，税种也不同。由于各国对承包工程的征税办法及税率相差极大，因此应预先做好调查。一般常见税金项目有合同税、利润所得税、营业税、增值税、社会福利税、社会安全税、养路及车辆牌照税、关税、商检等。上述税种中额度最大的是利润所得税或营业税，有的国家分别达到30%或40%以上。

5）业务费（包括投标费、监理工程师和发包人费、代理人佣金、法律顾问费）。

①投标费。包括购买资格预审文件和招标文件费用、投标期间差旅费、编制资格预审申请和投标文件费。

②监理工程师（或称工程师）和发包人费。是指承包商为他们提供现场工作和生活环境而支付的费用。主要包括办公和居住用房，以及其室内全部设施和用具、交通车辆等费用。有的招标文件在工程量清单中对上述费用开发项目有明确的规定，投标人可按此要求填报该项费用。也可按招标文件的规定由投标人配备，并计入间接费用中的业务费。

③代理人佣金。投标人通过代理人协助收集、通报消息，并帮助投标，以及中标后协助承包商了解当地政治、社会和经济状况，解决工作和生活等的困难问题而支付的费用。其费用按实际情况计列，代理费一般约为总合同价的0.5%～3%。小工程费率高些，大工程费率低些。上述情况适用于我国施工单位参加国际招标的投标。我国境内工程建设项目进行国际招标时，外国公司参与投标，一般也雇用代理人，以便尽快了解国情和市场情况。但是，国内招标时国内施工单位是无须雇用代理人的。

④法律顾问费。一般是雇用当地法律顾问支付固定的月工资。当受理法律事务时，还需增加一定数量的酬金。

6）管理费。包括施工管理费和总部管理费。

①施工管理费。包括现场职员的工资和补贴、办公费、差旅费、医疗费、文体费、业务经营费、劳动保护费、生活用品费、固定资产使用费、工具/用具使用费、检验和试验费等。应根据实

际需要逐项计算其费用，一般情况下为投标总价的1%~2%。

②总部管理费。是指上级管理总部对所属项目管理企业收取的管理费，一般为投标总价的2%~4%。

7）财务费。主要是指承包商为实施承包工程向银行贷款而支付的资金利息，并计入成本。首先应编制工程进度计划投入的资金、预计工程各项收入及各项支出，以季度为单位的资金平衡表（即工程资金流量表）。根据资金平衡表算出施工期间各个时期承包商垫付资金数量及垫付时间，再计算资金利息。

另外，发包人为解决资金不足的问题，应在招标文件中规定由承包商贷款先垫付部分或全部工程款项，并规定还款的时间和年限，以及规定应给的利息。承包商应对银行贷款利率做出评估，应将此利息差计入投标报价中，即计入成本中。

（3）利润和风险费。

1）利润。按照国内概预算编制办法的规定，施工单位承包工程任务时计取的计划利润为工程成本的7%（或分为施工技术装备费与计划利润，两项合计7%）。但是建筑市场竞争激烈，工程利润也是随市场需求而变化的。一般按工程成本价格3%~10%估算。

2）风险费。其内容及费率由投标人根据招标文件要求及竞争状况自行确定。基本上包括备用金（也称暂定金额）和风险基金等。

①备用金，是指发包人在招标文件中和工程量清单中以备用金标明的金额，是供任何部分施工，或提供货物、材料、设备或服务，或供不可预料事件的费用的一项金额。这项金额应按监理工程师的指示全部或部分使用，或根本不动用。投标人的投标报价中只能把备用金列入工程总报价，不能以间接费用的方式分摊入各项目单价中。

②风险基金，风险基金对投标人来说是一项很难估算的费用。对那些在合同实施过程中通过索赔可补偿的风险不计在风险基金之中，以免投标总价过高而影响中标。

（4）工程综合单价的确定。以投标人在施工组织设计中确定的施工方法、施工强度、施工机械型号和选定的生产效率为前提，同时对项目设计、技术质量要求及施工活动进行分析，制定出合适的施工机械组合和人员配备。再以上述各项费用为计算基础，据此用实物法分别计算完成各项目工程任务时所消耗的各种材料（永久设备的安装）数量和费用；所消耗施工机械的工时和费用（按施工机械的生产效率计算投入工时，按施工机械的固定费和运转费计算台时费）；所使用人工工时和费用（按劳动效率计算投入工时，按工资、补贴和福利等费用计算工时费用）。

此项目产出的工程数量除以上述各项资源投入费用之和，即为此项目的基础单价。有经验的成熟投标人为发挥自己企业的优势，以及加快计算投标报价的速度，往往运用自己的施工实践确定工程项目的保本价，计算各项目的基础单价（考虑施工条件差异后的修正价）。这种做法既准确又快捷，是首选的方法；而对未经历过的承包项目采用上述方法计算基础单价。各基础单价乘以工程量清单中各项工程数量，然后相加汇总即得出直接费用总额。进而根据上述各项费用，计算出间接费用、利润和风险基金等总额，并全部摊入各工程项目中，最后计算出各工程项目（即工程量清单中各项目）综合单价。按此综合单价填入工程量清单表，即成为投标人已报价的工程量清单表。

计算综合单价公式为：

$$某项目综合单价 = \left(1 + \frac{间接费 + 利润 + 风险基金}{直接费总额}\right) \times 某项基础单价$$

各项综合单价乘以相应项目工程数量即为各项目合价，合价相加汇总再加上通用费（包括进场费、退场费、各大型临时设施费等以总价或费率包干费用）和备用金，即为投标人投标报价的总价。

间接费用、利润和风险基金总额，在实际投标中要依据竞争情况确定摊入项目。如早期施工项目多摊入，后期施工项目少摊入，投标总价不变，这样做可以在工程施工初期将多结算的工程价款作为承包商的流动资金，以减少银行贷款的额度，从而减少发包人支付银行贷款的利息，降低投标人"评标价格"，增加中标的概率。

5. 国内工程投标报价的组成和计算

《建筑工程施工发包与承包计价管理办法》（以下简称《办法》）第五条规定，施工图预算、招标标底和投标报价由成本（直接费用、间接费用）、利润和税金构成。其编制可以采用以下计价方法：

（1）工料单价法。分部（分项）工程工程量的单价为直接费用。直接费用由人工、材料、机械的消耗量及其相应价格确定。间接费用、利润、税金按照有关规定另行计算。

（2）综合单价法。分部（分项）工程工程量的单价为全费用单价。全费用单价综合了分部（分项）工程所发生的直接费用、间接费用、利润、税金。

第三节　投标文件的编制

一、　投标文件的主要内容

投标文件应严格按照招标文件的各项要求来编制，一般来说投标文件的内容主要包括以下几点：①投标书；②投标书附录；③投标保证金；④法定代表人；⑤授权委托书；⑥具有标价的工程量清单与报价表；⑦施工组织设计；⑧辅助资料表；⑨资格审查表；⑩对招标文件的合同条款内容的确认和响应；⑪按招标文件规定提交的其他资料。

二、　投标文件编制要点

（1）招标文件要研究透彻，重点是投标须知、合同条件、技术规范、工程量清单及图纸。

（2）为编制好投标文件和投标报价，应收集现行定额标准、取费标准及各类标准图集，收集掌握政策性调价文件及材料、设备价格情况。

（3）投标文件编制中，投标单位应依据招标文件和工程技术规范要求，并根据施工现场情况编制施工方案或施工组织设计。

（4）按照招标文件中规定的各种因素和依据计算报价，并仔细核对，确保准确，在此基础上正确运用报价技巧和策略，并用科学方法做出报价决策。

（5）填写各种投标表格。招标文件所要求的每一种表格都要认真填写，尤其是需要签章的一定要按要求完成，否则有可能会因此导致废标。

（6）投标文件的封装。投标文件编制完成后要按招标文件要求的方式分装、贴封、签章。

三、　编制资格预审申请文件

资格预审申请文件是拟投标人向招标人提交的证明其具备完成招标项目的资质与能力的文件，是招标人对投标人进行投标资格预审的重要依据。

1. 资格预审申请文件的内容

根据住房和城乡建设部建市［2010］88号文颁布的《房屋建筑和市政工程标准施工招标资格预审文件》（2010年版）规定，投标资格预审申请文件包括以下内容：

（1）资格预审申请函。

（2）法定代表人身份证明和授权委托书。

（3）联合体协议书。

（4）申请人基本情况表。

（5）近年财务状况表。

（6）近年完成的类似项目情况表。

（7）正在施工的和新承接的项目情况表。

（8）近年发生的诉讼和仲裁情况。

（9）其他材料。

1）其他企业信誉情况表（年份同诉讼及仲裁情况年份要求）。

2）拟投入主要施工机械设备情况表。

3）投入项目管理人员情况表。

4）其他。

招标人可根据招标项目的特点对资格预审申请文件另作要求。

2. 资格预审申请文件形式

资格预审申请文件的形式有两种，一种是纸制文件，通常工程项目要求递交纸质资格预审申请文件；另一种是电子版文件，适用电子招标，资格预审文件直接上传至指定的网址。

3. 资格预审申请文件数量

招标人如果要求提供纸质申请文件，其数量在该招标项目《资格预审文件》的"申请人须知"中说明；如果招标人要求提交电子版文件，提交一份电子版文件即可。

4. 资格预审申请文件编制依据

（1）拟投标人依据招标项目《资格预审文件》、招标人给定的《资格预审申请文件》格式及要求编写。

（2）依据申请人（拟投标人）资质条件、业绩、财务状况、技术装备、自身的实力和能力据实编写。

（3）依据拟派往招标项目的项目经理组织机构情况编写。

5. 资格预审申请文件编制方法

资格预审申请文件按招标项目资格预审文件提供的格式、内容和要求编写。具体方法见教材"工程案例"资格预审申请文件范例：

封面

××住宅　　工程项目施工第七标段施工招标

资格预审申请文件

正本

申请人：　　××建设工程公司×　　（盖单位章）

法定代表人或其委托代理人：　王×　（签字）

2017　年　3　月　7　日

注："资格预审申请文件封面"填写时需加盖公章，法人代表或授权人签字。

主要项目管理人员简历表

岗位名称	安全员		
姓名	管××	年龄	27
性别	女	毕业学校	黑龙江建筑职业技术学院
学历和专业	大学工程监理	毕业时间	2007 年
拥有的执业资格	安全员	专业职称	助理工程师
执业资格证书编号	158××××××××	工作年限	10 年
主要工作业绩及担任的主要工作	×××项目安全员 2007××大学学生公寓工程项目见习技术员 2011××住宅小区安全员助理 2012×××广场项目安全员		

-37-

说明：主要项目管理人员是指项目副经理、技术负责人、合同商务负责人、专职安全生产管理人员等岗位人员。应附注册资格证书、身份证、职称证、学历证、养老保险复印件，专职安全生产管理人员应附有效的安全生产考核合格证书，主要业绩须附合同协议书。

承　诺　书

××××管理中心（招标人名称）：

我方在此声明，我方拟派往　××工程项目施工　（项目名称）×标段施工（以下简称"本工程"）的项目经理张××（项目经理姓名）现阶段没有担任任何在施建设工程项目的项目经理。

我方保证上述信息的真实和准确，并愿意承担因我方就此弄虚作假所引起的一切法律后果。

特此承诺

申请人：　　××建设工程公司××　　（盖单位章）

法定代表人或其委托代理人：　　　王×　　

2017　年　5　月　7　日

说明："承诺书"必须由法定代表人签署。

6. 资格预审申请文件编写注意事项

（1）投标资格预审申请文件，严格按照招标项目《资格预审文件》中申请人须知，申请文件格式及审核内容编写，如有必要，可以增加内容，并作为资格预审申请文件的组成部分。

（2）文件填写的有关数据、经验业绩或在建工程名称要准确，并且随附证明文件要齐全。

（3）有关证明类文件要具有真实性、有效性和时效性。

（4）资格预审申请文件所有需签字盖章的文件要有效签署。

（5）文件形式、装订、标识、数量或包封要符合资格预审文件的要求。

四、 编制投标文件投标函部分

投标文件是投标人对招标文件提出的实质性要求和条件做出响应的书面文件。

投标文件是招标人对投标人评审的依据，是投标人中标后与招标人签订合同的依据，投标文件是合同文件的组成部分。

1. 投标文件组成

我国目前由国务院发展改革部门会同有关行政监督部门和住房和城乡建设部制定的标准文本主要有：现行《中华人民共和国标准施工招标文件》《中华人民共和国房屋建筑和市政工程标准施工招标文件》，现行《中华人民共和国简明标准施工招标文件》。

（1）《中华人民共和国标准施工招标文件》（2007 版）（国家发展和改革委员会、财政部、建设部等九部委 56 号令发布）适用于依法必须进行招标的工程建设项目，一定规模以上，且设计和施工不是由同一承包商承担的工程施工招标。投标文件包括下列内容：

1）投标函及投标函附录。

2）法定代表人身份证明及授权委托书。

3）联合体协议书。

4）投标保证金。

5）已标价工程量清单。

6）施工组织设计。

附表一：拟投入本标段的主要施工设备表。

附表二：拟配备本标段的试验和检测仪器设备表。

附表三：劳动力计划表。

附表四：计划开、竣工日期和施工进度网络图。

附表五：施工总平面图。

附表六：临时用地表。

7）项目管理机构。

①项目管理机构组成表。

②主要人员简历表。

8）拟分包项目情况表。

9）资格审查资料。

①投标人基本情况表。

②近年财务状况表。

③近年完成的类似项目情况表。

④正在施工的和新承接的项目情况表。

⑤近年发生的诉讼及仲裁情况。

10）其他材料。

（2）现行《中华人民共和国房屋建筑和市政工程标准施工招标文件》是《中华人民共和国标准施工招标文件》的配套文件，适用于一定规模以上，且设计和施工不是由同一承包人承担的房屋建筑和市政工程的施工招标。投标文件包括下列内容：

1）投标函及投标函附录。

2）法定代表人身份证明或授权委托书。

3）联合体协议书。

4）投标保证金。

5）已标价工程量清单。

6）施工组织设计。

附表一：拟投入本工程的主要施工设备表。

附表二：拟配备本工程的试验和检测仪器设备表。

附表三：劳动力计划表。

附表四：计划开、竣工日期和施工进度网络图。

附表五：施工总平面图。

附表六：临时用地表。

附表七：施工组织设计（技术暗标部分）编制及装订要求。

7）项目管理机构。

①项目管理机构组成表。

②主要人员简历表。

8）拟分包计划表。

9）资格审查资料。

①投标人基本情况表。

②近年财务状况表。

③近年完成的类似项目情况表。

④正在施工的和新承接的项目情况表。

⑤近年发生的诉讼和仲裁情况。

⑥企业其他信誉情况表（年份要求同诉讼及仲裁情况年份要求）。

⑦主要项目管理人员简历表。

10）其他材料。

（3）现行《中华人民共和国标准设计施工总承包招标文件》适用于设计施工一体化的总承包招标，投标文件包括下列内容：

1）投标函及投标函附录。

2）法定代表人身份证明或授权委托书。

3）联合体协议书。

4）投标保证金。

5）价格清单。

6）承包人建议书。

7）承包人实施方案。

8）资格审查资料。

9）其他资料。

（4）现行《中华人民共和国简明标准施工招标文件》适用于工期不超过12个月、技术相对简单且设计和施工不是由同一承包人承担的小型项目施工招标，投标文件包括下列内容：

1）投标函及投标函附录。

2）法定代表人身份证明。

3）授权委托书。

4）投标保证金。

5）已标价工程量清单。

6）施工组织设计。

7）项目管理机构。

8）资格审查资料。

依据上述国家颁发的标准文件，招标人可根据招标项目的具体情况进行内容的增减。招标人可在招标文件中对投标文件内容组成进行组合，但实质内容不发生改变，通常具体工程项目施工招标文件中对投标文件的组成及格式有明确要求。例如本教材案例中投标文件由三个部分组成，即投标函部分、商务部分、技术部分；因案例招标项目采用资格预审，所以投标文件不包括资格审查部分。

2. 投标文件编制依据

（1）依据工程项目《招标文件》（包括招标人下发的答疑文件或招标文件的澄清文件、招标文件随附的工程量清单、图纸），编制投标文件（全部内容），并且必须对招标文件的实质要求做出响应。

（2）依据投标人的资格条件及相关信息编制投标函。

（3）依据工程项目招标文件规定遵循的国家或项目所在地区的工程质量标准、规范编制投标文件的技术方案。

（4）依据工程项目招标文件确定的计价依据、招标项目所在地点的市场供给和物价水平，以及本企业的自给情况和施工方案确定投标报价。

3. 投标文件编制步骤

投标文件的编制步骤如图3-1所示。

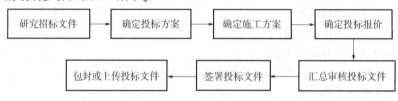

图3-1　投标文件编制步骤示意图

（1）研究招标文件（包括随附文件）。

（2）确定投标方案，是指确定报价策略及工程技术方案策略。

（3）确定施工方案，是指经投标班子决策后采取的技术方案，比如是否采用企业自有技术，是否采用"新材料、新工艺、新技术"，在招标文件允许的前提下是否建议采取其他方案等，但施工方案必须实质性响应招标文件要求，并达到科学合理的水平。

（4）确定投标报价，是指根据招标文件的招标范围、图纸、工程量清单（如有时）、计价规范、评标标准和办法、市场材料价格、是否有外协加工、工程施工方案以及报价策略最终确定投标报价。

（5）汇总审核投标文件，是指投标文件各个组成部分编写完成后，对文件进行的组合，以及对文件进行全面的审核。

（6）签署投标文件，是指投标文件审核无误后，对文件进行签字或盖章。

（7）包封或上传投标文件，是指投标文件签署完成后并按招标文件要求进行装订、包封和标识；如果是电子招标，则根据招标文件要求进行上传。

4. 投标函编制方法

投标函是指投标人按照招标文件的条件和要求，向招标人提交的关于投标人有关报价、质量或承诺等说明的函件。工程项目施工招标文件一般要求投标函部分包括法定代表人身份证明、授权委托书、投标函、投标函附录、投标文件对招标文件的商务和技术偏离、招标文件要求投标人提交的其他投标资料，有的招标文件将投标保证金提交情况作为投标函部分的文件。

投标函部分编制范例如下：

（1）投标函部分首页。

××工程项目施工（项目名称）
投 标 文 件
备案编号：SG××××××××××
标　段：七

项目名称：　　××工程项目施工

投标文件内容：　　投标文件投标函部分

投　标　人：　　××建设工程公司（盖公章）

法定代表人或其委托代理人：　　钟×　　（签字并盖章）

日　期：××××年　×　月　××　日

说明：投标文件投标函部分的首页必须按招标文件给定的格式填写并签字，盖章。

（2）招标文件要求投标人提交的其他投标资料。

六、招标文件要求投标人提交的其他投标资料
——投标保证金交接收据

收　据

交款单位：　　××建设工程公司　　收款方式；　　支票

人民币（大写）　　　　　　　　　　￥××××元

收款事由：　　"××工程项目施工"第四标段投标保证金

××××年×月×日

单位盖章：

财务主管：
记　　账：
出　　纳：
经　　办：

-6-

说明："招标文件要求投标人提交的其他资料"如果投标保证金在购买招标文件时提交，该部分通常将投标保证金提交证明文件附于其中。

五、 编制投标文件商务部分

投标文件中商务部分（也称经济标）的主要内容是建设工程投标报价，它是投标人计算和确定承包该项工程的投标总价格。投标报价应根据招标文件规定的报价范围、计价依据以评标标准和办法以及工程的性质、规模、结构特点、技术复杂难易程度、施工现场实际情况、当地市场技术经济条件及竞争对手情况等，确定经济合理的报价。并且达到总价合理、分部分项报价合理、项目（定额项目、清单项目）单价合理。

通常招标文件要求投标文件商务部分为投标报价部分。文件一般包括投标总价、总说明、工程项目投标报价汇总表、单项工程投标报价汇总表、单位工程投标报价汇总表、分部（分项）工程工程量清单与计价表等计价表格。

六、 编制投标文件技术部分

1. 投标文件技术部分的组成
招标文件通常要求投标文件技术部分包括两部分内容，即施工组织设计和项目组织机构。

2. 投标文件技术部分编制依据
投标文件技术部分编制依据国家现行的技术质量验收标准、招标项目技术要求并结合投标人综合实力确定科学合理的项目组织机构与实施方案。

（1）施工组织设计编制。施工组织设计是对招标项目工程施工活动实施科学管理的重要依据。施工组织设计要对工程在人力、物力、时间和空间以及技术组织等方面做出统筹安排，施工组织设计内容如下：

1）工程概况。

2）目标部署。

3）编制依据。

4）施工方案［分部（分项）工程施工］：①施工准备；②分部（分项）工程内容；③施工流程；④分部（分项）工程施工方法。

5）技术组织保证措施：①保证安全技术组织措施；②保证质量技术组织措施；③保证工期技术组织措施；④成本管理技术组织措施；⑤保证文明施工技术组织措施；⑥成品与半成品保护技术组织措施；⑦季节性施工技术组织措施。

6）计划：

①劳动力组织安排。

②物资采购计划：主要和辅助材料计划；周转材料计划；设备、机具购置或租赁计划。

③拟投入的施工机械（包括机具、仪器、仪表）。

④临时用地计划。

⑤临时用电计划。

⑥施工进度计划（网络图、横道图）。

7）应急预案。

8）施工平面布置图。

（2）项目组织机构部分。依据招标文件要求（专业、执业资格、工作经验、安全生产考核等）配备项目组织机构成员，并说明项目组织运行管理制度、岗位责任制度以及管理工作流程等。

投标文件技术部分编写范例如下：

××工程项目施工（项目名称）

投标文件

备案编号：×××××××××

标　段：七

项　目　名　称：　××工程项目施工

投标文件内容：　投标文件技术部分

投　标　人：　××建设工程公司　　（盖公章）

法定代表人或其委托代理人：　钟×　之钟×印×　（签字并盖章）

日　期：××××年　×月　××日

说明：投标文件技术部分的首页必须按招标文件给定的格式填写并签字，盖章。

（三）项目管理机构配备承诺

承诺书

  我公司承诺按下表配备项目管理机构人员，一旦中标将在 5 个工作日内将所有项目管理机构人员的岗位证书、建造师和安全员的安全生产考核合格证送至××市建设工程招标投标办公室查验及存押，如未按要求进行存押或证件查验不合格，视为我公司自动放弃中标权利。

  特此承诺。

岗位	注册专业	最低职称	备注
建造师	建筑工程技术专业	高级工程师	
技术负责人	建筑工程技术专业	高级工程师	
工长	建筑工程技术专业	工程师	
安全员	建筑工程监理专业	助理工程师	
质检员	建筑工程技术专业	助理工程师	
造价员	工程造价专业	助理工程师	

投标人或联合体牵头人：＿＿＿＿＿＿＿＿＿＿＿＿（盖章）

法定代表人或其委托代理人：＿＿＿＿＿＿＿＿＿（签字或盖章）

第三部分 "措施费项目"的施工组织说明

  说明："措施费项目"按投标报价措施项目分别说明各项措施内容。

第四部分 招标文件要求投标人提交的其他技术资料

  说明："招标人要求投标人提交的其他技术资料"根据具体的招标文件要求填写，如果投标人无特殊说明或无须提供其他资料则该部分可以写"无"。

3. 投标文件目录编制及封面设计

（1）封面设计。建筑工程施工项目投标文件封面设计原则是在保证信息完整前提下，达到宣传投标人的企业方针，综合实例的效果，例如可以将投标项目的 BIM 模型以图片形式置于封面，封面力求简洁美观、色调庄重。

（2）目录编制。投标文件的目录分为一级、二级目录，投标文件编制完成后，按招标文件的要求进行组合及排序后，最终决定目录。通常一级目录包括投标文件各组成部分名称，二级目录包括各组成部分的子目录。工程案例投标文件目录范例如下：

目　　录

第一章　投标函部分

一、法定代表人身份证明

二、授权委托书

三、投标函

四、投标函附录

五、投标文件对招标文件的商务和技术偏离

六、招标文件要求投标人提交的其他投标资料

第二章　商务部分

一、投标总价

二、附表

表 1　总说明

表 2　工程项目投标报价汇总表

表 3　单项工程投标报价汇总表

表 4　单位工程投标报价汇总表

表 5　分部（分项）工程工程量清单与计价表

表 6　工程量清单综合单价分析表

表 7　措施项目清单与计价表（一）

表 8　措施项目清单与计价表（二）

表 9　其他项目清单与计价汇总表

　　表 9-1　暂列金额明细表

　　表 9-2　材料暂估单价表

　　表 9-3　专业工程暂估价表

　　表 9-4　计日工表

　　表 9-5　总承包服务费计价表

表 10　规费、税金项目清单与计价表

表 11　投标主要材料设备表

第三章 技术部分

第一部分 施工组织设计

一、目标部署

二、工程概况

三、编制依据

四、施工方案

（一）建筑工程施工方案

（二）给水排水工程施工方案

（三）电气工程施工方案

五、确保安全生产技术组织措施

六、确保工程质量技术组织措施

七、确保工期技术组织措施

八、确保成本技术组织措施

九、确保文明施工技术组织措施

十、季节性施工措施（冬雨期施工，已有设施、管线的加固、保护等特殊情况下
　　的施工措施等）

十一、关键施工技术、工艺及工程项目实施的重点、难点和解决方案

十二、成品保护措施

十三、应急预案

十四、拟投入主要施工机械

十五、拟投入主要物资计划

（一）主要材料计划

（二）周转材料计划

（三）设备装置采购计划

十六、劳动力安排计划

十七、施工进度计划（网络图）

十八、施工总平面布置图

第二部分 "措施费项目"的施工组织说明

第三部分 项目管理机构配备情况

第四部分 招标文件要求投标人提交的其他技术资料

　　说明："目录"需标注页码，通常投标文件的整体目录如上所示，但本教材工程案例招标文件要求投标文件技术标与商务标单独包封，则分册编目。

　　（3）内外包封封贴。范例如下：

××住宅　工程项目施工

投标文件

（正本）

标　段：四

投标人：××建设工程公司

地　址：××市××××路×××号

邮　编：1500××

招标人：×××××住房管理中心

地　址：××市××路

××××年×月××日9:00 时前不得开封

　　说明：内包封贴严格按照招标文件关于内包封的标识要求不得做任何增加、修改或删除，按招标文件要求分为正本内包封贴和副本内包封贴。

×× 工程项目施工

招标文件

标　段：七

备案编号：×××××××××××

标　段：七

招标人：×××××住房管理中心

地　址：××市××路

×××年×月××日9:00时前不得开封

说明：外包封严格按照招标文件关于外包封的标识要求不得做任何增加、修改或删除。

第四节　投标文件审核与包封

投标文件是投标人应招标文件的要求编制的实质响应性文件，文件组成、内容、格式，以及应招标文件需提供的证明投标人资质、经验、业绩、财务状况、技术准备以及信誉必须真实有效，投标文件编制完成后，要依据招标文件的规定对投标文件进行全面审核。

一、审核投标有关文件的符合性

投标有关文件主要是指资格审查申请文件和投标文件。资格审查申请文件符合性主要包括：

（1）满足资格预审文件的强制性的标准。如：企业资质、经验、经营情况、项目经理资质等。

（2）证明类的文件必须是真实、有效并具有时效性。

（3）文件的格式必须与资格审查申请文件相一致，不得删改。

（4）文件签署必须符合要求。

1）投标文件的符合性。所谓符合性鉴定是检查投标文件是否实质上响应招标文件的要求，实质上响应的含义是其投标文件应该与招标文件的所有条款、条件规定相符，无显著差异或保留。符合性鉴定一般包括投标文件响应性、投标文件完整性以及投标文件一致性。

2）投标文件的响应性。

①投标人以联合体形式投标的所有成员是否已通过资格预审，获得投标资格。

②投标文件中是否提交了承包人的法人资格证书及投标负责人的授权委托证书；如果是联合体，投标是否提交了合格的联合体协议书以及投标负责人的授权委托证书。

③投标保证的格式、内容、金额、有效期、开具单位是否符合招标文件要求。

④投标文件是否按规定进行了有效的签署等。

3）投标文件的完整性。投标文件中是否包括招标文件规定应递交的全部文件，如标价的工程量清单、报价汇总表、施工进度计划、施工方案、施工人员和施工机械设备的配备等，以及应该提供的必要的支持文件和资料。

4）与招标文件的一致性。

①凡是招标文件中要求投标人填写的空白栏目是否全都填写，做出明确的回答，如投标书及其附录是否完全按要求填写。

②对于招标文件的任何条款、数据或说明是否有任何修改、保留和附加条件。

通常符合性鉴定是评标的第一步，如果投标文件实质上不响应招标文件的要求，将被列为废标予以拒绝，并不允许投标人通过修正或撤销其不符合要求的差异或保留，使之成为具有响应性投标。

二、审核投标有关文件的有效性

投标文件的有效性主要包括投标文件中所有的文件有效签署、投标文件分册有效包封和投标文件的有效标识。例如，案例中的标识要求如下：

> 18.2　投标文件的正本和副本均需打印或使用不褪色的墨水笔书写，字迹应清晰、易于辨认，并应在投标文件封面的右上角清楚地注明"正本"或"副本"。正本和副本如有不一致之处，以正本为准。投标报价电子光盘与文本文件正本不一致时，以文本文件为准。
>
> 18.3　投标文件封面（或扉页）、投标函均应加盖投标人印章并经法定代表人或其委托代理人签字或盖章。由委托代理人签字或盖章的在投标文件中须同时提交授权委托书。授权委托书格式、签字、盖章及内容均应符合要求，否则授权委托书无效。委托代理人必须是投标企业正式职工，投标文件中必须提供委托代理人在投标企业缴纳社会保险的证明（必须是社保局出具的社会保险的证明，企业自行出具的无效）。
>
> 18.4　除投标人对错误处须修改外，全套投标文件应无涂改或行间插字和增删。如有修改，修改处应由投标人加盖投标人的印章或由投标文件签字人签字或盖章。

三、投标文件包封与装订

如果投标文件要求以纸质形式文件提交，文件的装订与包封应严格按照招标文件进行。例如，工程案例中的对投标文件的要求如下：

19. 投标文件的装订、密封和标记

19.1 投标文件的装订要求一律用 A4 纸装订成册，商务标与投标函共同装订、技术标单独装订。每份投标文件的商务标和投标函可以装订成一册或多册，具体册数由投标人根据投标文件厚度自行决定，但技术标必须装订成一册。

19.2 投标文件是否设内层密封袋、如何设内层密封袋及如何密封标记均由投标人自行决定（开标时对内层密封袋不查验）。投标文件的商务标与投标函可以密封在一个或多个外层密封袋中（外层密封袋个数由投标人自行决定），投标文件的技术标必须密封在一个外层密封袋中，各外层投标文件的密封袋上应标明：招标人名称、地址、工程名称、项目编号、标段、商务标或技术标，并注明开标时间前不得开封的字样。外层密封袋的封口处应加盖密封章，外层密封袋上可以有投标单位的名称或标志。

19.3 对于投标文件没有按本投标须知第 19.1 款、第 19.2 款的规定装订和加写标记及密封，招标人将不承担投标文件提前开封的责任。

内外包封封贴范例如下：

（1）内包封贴。

×× 工程项目施工

投标文件

（正本）

标 段：七

投标人：××建设工程公司

地　址：××市××区××路×××号

邮　编：×××××

招标人：×××××管理中心

地　址：××市××路

×××年×月××日 9：00 时前不得开封

说明：内包封贴严格按照招标文件关于内包封的标识要求不得做任何增加、修改或删除，按招标文件要求分为正本内包封贴和副本内包封贴。

(2) 外包封贴。

×× 工程项目施工

招标文件

标　段：七

备案编号：×××××××××××

标　　　段：　　　　七

招标人：×××××住房管理中心

地　址：××市××路

×××年×月××日 9：00 时前不得开封

说明：外包封贴严格按照招标文件关于外包封贴的标识要求不得做任何增加、修改或删除。

图3-2 所示为投标文件包封图片。

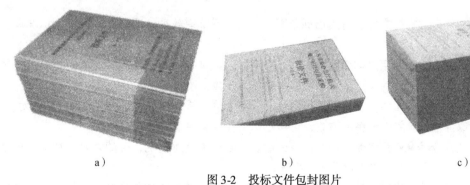

a)　　　　　　　　　　　b)　　　　　　　　　　　c)

图 3-2　投标文件包封图片

a）未包封的投标文件　b）投标文件正本或副本内包封　c）投标文件外包封

四、 投标文件递送

投标文件按招标文件包封（不包括网上投标）标识后，按招标文件指定的时间地点及须携带的证件，递送投标文件，案例中递送文件的相关规定如下：

20. 投标文件的提交

投标人应按本须知前附表第17项所规定的地点，于投标截止时间前提交投标文件。

21. 投标文件提交的截止时间

21.1 投标文件的截止时间见本须知前附表第17项规定。

21.2 招标人可按本须知第9条规定以修改补充通知的方式，酌情延长提交投标文件的截止时间。在此情况下，投标人的所有权利和义务以及投标人受制约的截止时间，均以延长后新的投标截止时间为准。

21.3 到投标截止时间止，招标人收到的投标文件少于3个的，招标人将依法重新组织招标。

22. 迟交的投标文件

招标人在本须知第21条规定的投标截止时间以后收到的投标文件，将被拒绝参加投标并退回给投标人。

23. 投标文件的补充、修改与撤回

23.1 投标人在提交投标文件以后，在规定的投标截止时间之前，可以书面形式补充修改或撤回已提交的投标文件，并以书面形式通知招标人。补充、修改的内容为投标文件的组成部分。

23.2 投标人对投标文件的补充、修改，应按本须知第19条有关规定密封、标记和提交，并在内外层投标文件密封袋上清楚标明"补充、修改"或"撤回"字样。

23.3 在投标截止时间之后，投标人不得补充、修改投标文件。

23.4 在投标截止时间至投标有效期满之前，投标人不得撤回其投标文件，否则其投标保证金将被没收。

五、 编制投标文件应注意的事项

（1）投标文件应按招标文件提供的投标文件格式进行编写，如有必要，表格可以按同样格式扩展或增加附页。

（2）投标函在满足招标文件实质性要求的基础上，可以提出比招标文件要求更有利于招标人的承诺。

（3）投标文件应对招标文件的有关招标范围、工期、投标有效期、质量要求、技术标准等实质性内容做出响应。

（4）投标文件中的每一空白都必须填写，如有空缺，则被视为放弃意见。实质性的项目或数字（如工期、质量等级、价格等）未填写的，将被作为无效或废标处理。

（5）计算数字要准确无误。无论单价、合价、分部合价、总标价及大写数字均应仔细核对。

（6）投标保证金、履约保证金的方式，可按招标文件的有关条款规定选择。

（7）投标文件应尽量避免涂改、行间插字或删除。若出现上述情况，改动之处应加盖单位章或由投标人的法定代表人或授权的代理人签字确认。

（8）投标文件必须由投标人的法定代表人或其委托代理人签字或盖单位章。委托代理人签字的，投标文件应附法定代表人签署的授权委托书。

（9）投标文件应字迹清楚、整洁、纸张统一、装帧美观大方。

（10）投标文件的正本为一份，副本份数按招标文件前附表规定执行。正本和副本的封面上应清楚地标记"正本"或"副本"的字样。当副本与正本不一致时，以正本为准。

（11）投标文件的正本与副本应分别装订成册，并编制目录，具体装订要求按招标文件前附表规定执行。

第五节　PPP 项目投标文件

一、 合格 PPP 投标人的条件

1. 基础设施特许经营 PPP 项目

投标人是指响应招标、参加投标竞争的法人或其他组织。所谓响应投标，是指获得招标信息或收到投标邀请书后购买投标文件，并接受资格审查后，按照招标文件的要求编制投标文件等系列活动。

按照《招标投标法》的规定，除依法允许个人参加投标的科研项目外，其他项目的投标人必须是法人或其他经济组织，自然人不能成为建设工程的投标人。为保证招标投标的"三公原则"，《工程建设项目施工招标投标办法》中还规定：招标人为任何不具备独立法人资格的附属机构和附属单位，或为招标项目的前期准备或监理工作提供设计、咨询服务的任何法人及其任何附属机构和附属单位，都不允许参加该施工项目招标的投标。

为保证建设工程的顺利完成，《招标投标法》规定：投标人应当具备承担招标项目的能力；国家有关规定对投标人资格条件或者招标文件对投标人资格条件有规定的，投标人应当具备规定的资格条件。

投标人在向招标人提出投标申请时，应附带有关投标资格的资料，以供招标人审查，这些资料应表明自己存在的合法地位、资质等级、技术与装备水平、资金与财务状况、近期经营状况及以前所完成的与招标工程有关的业绩。

《招标投标法实施条例》规定：投标人参加依法必须进行招标的项目的投标，不受地区或者部门的限制，任何单位和个人不得非法干涉。与招标人存在利害关系可能影响招标公正性的法人、其他组织或者个人，不得参加投标。单位负责人为同一人或者存在控股、管理关系的不同单位，不得参加同一标段投标或者未划分标段的同一招标项目投标。违反这些规定的，相关投标均无效。

值得注意的是，投标人发生合并、分立、破产等重大变化的，应当及时书面告知招标人。投标人不再具备资格预审文件、招标文件规定的资格条件或者其投标影响招标公正性的，其投标无效。

2. 政府采购 PPP 项目

对于政府采购的 PPP 项目，投标人一般称为供应商。财政部颁布的《政府和社会资本合作项目政府采购管理办法》，是根据《中华人民共和国政府采购法》和有关法律法规制定的。PPP 项目的实施机构（采购人）在项目实施过程中选择合作社会资本（供应商）就是选择投标人。供应商在中标后就成为中标供应商或中标人。不过，在《政府采购法》和《政府采购法实施条例》中，多处出现供应商，也有多处出现投标人。也就是说，《政府采购法》系列也没有严格区分投标人和供应商。

《政府采购法》第二十二条规定，供应商参加政府采购活动应当具备下列条件：

（1）具有独立承担民事责任的能力。

（2）具有良好的商业信誉和健全的财务会计制度。

（3）具有履行合同所必需的设备和专业技术能力。

（4）有依法缴纳税收和社会保障资金的良好记录。

（5）参加政府采购活动前三年内，在经营活动中没有重大违法记录。

（6）法律、行政法规规定的其他条件。

无论是基础设施特许经营 PPP 项目还是政府采购 PPP 项目，上述合格投标人只是一般的规定，要成为合格投标人，还必须符合招标文件或采购文件的规定，即满足招标文件或采购文件的资质和资格要求。比如，投标人进行 PPP 项目的投标，国资委《关于加强中央企业 PPP 业务风险管控的通知》（国资发财管〔2017〕192 号）就规定了投标人不能参与 PPP 项目投标的情况。即"纳入中央企业债务风险管控范围的企业集团，累计对 PPP 项目的净投资原则上不得超过上一年度集团合并净资产的 50%，不得因开展 PPP 业务推高资产负债率"；"资产负债率高于 85% 或近 2 年连续亏损的子企业不得单独投资 PPP 项目"。

二、 投标文件的作用和意义

投标文件是指投标人应招标文件要求编制的响应性文件，一般由商务文件、技术文件、报价文件和其他部分组成。投标是为了中标。参加投标活动需要制作文件，一份好的投标文件对于是否中标起着至关重要的作用。投标文件既是投标人用来展示企业的实力、技术力量、经验和投标诚意的平台，也是投标人响应招标文件的具体表现。投标文件既是投标人对招标人或采购人的承诺依据，也是对评标专家的投标介绍，表明投标人自己对招标文件要求的理解程度和对自身能力的推介。投标文件相当于投标人宣传的金名片，直接代表了投标人的形象，一份良好的投标文件，能极大地提升投标人中标的概率。

对于投标人来说，最痛苦的莫过于辛辛苦苦、加班熬夜做的投标文件，在评标会上，不到几分钟就被评委否决了。如果是投标人自身实力不行，那也可以理解。但是，如果是没有意识到投标文件的重要性，在制作投标文件的过程中，因为大意、马虎或者对投标过程不重视，对招标文件研究不够深入，细节处理失当而导致的投标否决，则是非常遗憾的低级行为，数千万元乃至数十亿元的业务就会与投标人失之交臂。

三、 投标文件的组成

PPP 项目的投标文件包含资格审查文件（多为资格预审）、商务文件、技术文件、报价文件和根据招标文件要求的其他部分。

资格审查文件主要是为了审查企业的综合能力情况，包括企业资质、信用、业绩、财务情况等。

商务部分包括公司资质、公司情况介绍等一系列内容，同时也是招标文件要求提供的其他文件等相关内容，包括公司的业绩和各种证件、报告等。商务部分文件包括投标函、法定代表人身份证明或授权委托书、联合体协议书、拟投入的主要管理人员情况、企业财务信用情况、可体现企业综合能力情况的资料等。

技术文件包括财务方案、施工建设方案、运营维护方案、移交方案、经营方案等。技术部分包括工程的描述、设计和施工方案等技术方案，工程量清单、人员配置、图纸、表格等和技术相关的资料。

报价文件包括投标报价说明、投标总价、主要材料价格表等。报价文件一般需要填写下浮率及综合回报率。

当然，一份完整的投标文件，内容绝不是只有上述组成部分，还包括投标函、投标承诺、合同条款等其他重要内容。关于投标文件的内容以及各式要求，主要应参考招标文件的要求，进行针对性的响应。

四、 投标文件编制

1. 投标文件的编制要求

（1）投标文件的内容要求。《招标投标法》第二十七条规定："投标人应当按照招标文件的要求编制投标文件。投标文件应当对招标文件提出的实质性要求和条件做出响应。招标项目属于建设施工的，投标文件的内容应当包括拟派出的项目负责人与主要技术人员的简历、业绩和拟用于完成招标项目的机械设备等。"

所谓实质性要求和条件，是指招标项目的价格、项目进度计划、技术规范、合同的主要条款等，投标文件必须对之做出响应，不得遗漏、回避，更不能对招标文件进行修改或提出任何附带条件。对于建设工程施工招标，投标文件还应包括拟派出的项目负责人与主要技术人员的简历、业绩和拟用于完成工程项目的机械设备等内容。投标人拟在中标后将中标项目的部分非主体、非关键性工作进行分包的还应在投标文件中载明。

（2）投标文件的数量要求。《招标投标法》第二十八条规定："投标人少于三个的，招标人应当依照本法重新招标。"当投标文件的数量少于三个时，就会缺乏竞争，投标人可能会提高承包条件，损害招标人的利益，从而与招标项目的初衷相背离，所以必须重新组织招标，这也是国际上的通行做法。在国外，这种情况称之为"流标"。

（3）投标文件的其他要求。

1）保密要求。由于投标是一次性的竞争行为，为保证其公正性，就必须对当事人各方提出严格的保密要求。例如：投标文件及其修改、补充的内容都必须以密封的形式送达，招标人签收后必须原样保存，不得开启。对于标底和潜在投标人的名称、数量以及可能影响公平竞争的其他招标投标的情况，招标人必须保密，不得向他人透露。在实践中，投标人为保密，很少采用邮寄方式递交投标文件，也是出于保密的考虑。另外，一些地方规定投标文件采用电子文档形式递交的，一定要设密码，否则不予接收，也是为了投标文件的保密要求。投标文件的保密，既对招标人有利，因为可以防止各投标人相互串通报价；也对投标人有利，因为可以防止招标人和某些投标人相互串通。

对投标文件的密封进行检查的人，为什么没有规定为招标人？因为在开标截止时间以前提前送达招标人的任何投标文件，都是由招标人进行保存的，如果再由招标人检查这些投标文件的密封情况，就难以杜绝招标人在保存期间作弊的可能。

《招标投标法》规定：依法必须进行招标的项目的招标人向他人透露已获取招标文件的潜在投标人的名称、数量或者可能影响公平竞争的有关招标投标的其他情况的，或者泄露标底的，给予警告，可以并处一万元以上十万元以下的罚款；对单位直接负责的主管人员和其他直接责任人员依法给予处分；构成犯罪的，依法追究刑事责任。

2）合理报价要求。投标文件的重要部分之一是价格文件或报价文件。《招标投标法》规定："投标人不得以低于成本的价格报价竞标。"投标人以低于成本的价格报价，是一种不正当的竞争行为，可能会造成偷工减料、以次充好等不正当手段来降低成本从而避免亏损。这样，就会给市场经济秩序造成损害，给建设工程的质量带来隐患，因此，必须禁止。不过，一些投标人以长远利益出发，放弃短期利益，不要利润，仅以成本价投标，这也是合法的竞争手段，这是受法律保护的。这里所说的成本，应该包含社会平均成本，并综合考虑各种价格差别因素。关于合理报价的策略，在其他章节中也有论述，本章不再论述。

2. 投标文件的编制步骤

不管是基础设施的特许经营类 PPP 项目还是政府采购的 PPP 项目投标文件，编制 PPP 项目的投标文件，需遵循一读、二研、三知、四要、五检查的五步骤。

一读，即读懂招标文件，对疑点务必通过询问或质疑求得澄清，对重点、难点、关键点则要在撰写投标文件或资料准备时特别注意。即对招标文件讲了什么、要做什么、怎么做的深度了解。如，要区分是"和"还是"或"，是"、"还是"；"，是"原件"还是"复印件"等，否则可能与中标失之交臂。

二研，要认真研究招标文件，领悟招标文件精神，把握招标文件的意图。尤其要关注招标文件中的技术参数、质量要求、交货方式、付款方式、接收投标文件的截止时间，以及所需何种证明文件等。另外还要特别关注废标条款。这些要点的掌握是制作投标文件的基本前提。

三知，即知彼、知己、知风险。知彼，要知道政府对本项目的授权、批文等文件，知道合作双方的权利与义务、风险分配、回报机制以及主要经济技术参数等。知己，要知道自己有什么资质、资信、证书、业绩等能满足招标文件要求的资料，所提供的业绩等证明材料一定要实事求是。知风险，要判断 PPP 项目建设与运营中的风险源，以及应对与化解风险的思路。投标人在制作投标书的时候，往往会证明自己与招标文件要求或其他供应商的条件相比有何优势，就会列举一些以往的成功案例，或向招标人提出一些承诺和保证。通过"三知"，可真实评估自己的承接能力，确定是否投标。通过知己、知彼和知风险，才能制定合理的投标价格。价格是投标中的杀手锏，但也不是绝对的条件。价格优势往往会给投标者带来评标优势，但如果价格明显低于成本价时，也有被否决的风险。所以，投标价格的制定一定要科学测算。一般情况下制定投标价格时应当综合考虑标的数量和质量要求、付款方式（如一次付清还是分次付清，是货到付款还是先付货款）、付款期限（付款期限影响到资金的时间价值，必然会影响到标的最终报价），交货方式也是影响报价的重要因素，因为交货方式直接决定着货物的运费由谁来支付的问题。

四要，是编制 PPP 项目投标文件的基本要求。一要依据招标文件要求编制项目的投融资方案、组织管理方案、施工管理方案、运营维护方案、项目移交方案、合同响应方案等，测算相关经济数据；二要文字表述有层次，对招标文件的要求逐一作答响应；三要按招标文件要求提供必要的附件资料；四要熟悉投标文件的全部内容，以便回答评审专家的询问。

五检查，是投标文件投送前的最后步骤。一查投标文件内容是否完整，有无未响应招标文件要求的地方；二查复印资料；三查附件资料及其法律效力；四查投标文件组成、文内页码、标题、签字、盖章；五查投标文件投送份数、外包装上的项目名称、单位名称、文件清单、投送日期、密封、盖章等。

五、 投标文件的修改、 补充、 撤回和提交

1. 投标文件的补充、修改和撤回

（1）基础设施特许经营 PPP 项目。根据契约的自由原则，我国法律也规定，投标文件递交后，投标人可以进行补充、修改或撤回，但必须以书面形式通知招标人。补充、修改的内容亦为投标文件的组成部分。如我国的《招标投标法》第二十九条规定："投标人在招标文件要求提交投标文件的截止时间前，可以补充、修改或者撤回已提交的投标文件，并书面通知招标人。补充、修改的内容为投标文件的组成部分。"

在提交投标文件截止时间后，投标人不得补充、修改、替代或者撤回其投标文件。投标人补充、修改、替代投标文件的，招标人不予接受；投标人撤回投标文件的，其投标保证金将被没收。投标人撤回已提交的投标文件，应当在投标截止时间前书面通知招标人。招标人已收取投标保证金的，应当自收到投标人书面撤回通知之日起 5 日内退还。

（2）政府采购 PPP 项目。《政府采购货物和服务招标投标管理办法》（财政部令第 87 号）第三十四条规定，投标人在投标截止时间前，可以对所递交的投标文件进行补充、修改或者撤回，并书面通知采购人或者采购代理机构。补充、修改的内容应当按照招标文件要求签署、盖章、密封后，作为投标文件的组成部分。

2. 投标文件的提交

（1）基础设施特许经营 PPP 项目。投标人应当在招标文件要求提交投标文件的截止时间前，将投标文件送达投标地点。在截止时间后送达的投标文件，招标人应当拒收。如发生地点方面的误送，由投标人自行承担后果。投标人若对招标文件有任何疑问，应于投标截止日期 2 日（具体见招标文件）前以书面形式向招标人（或招标代理机构）提出澄清要求，并送至招标代理机构。

招标人应当自收到异议之日起 3 日内做出答复；做出答复前，应当暂停招标投标活动。

《招标投标法》第二十八条规定："投标人应当在招标文件要求提交投标文件的截止时间前，将投标文件送达投标地点。招标人收到投标文件后，应当签收保存，不得开启。"该条还规定："在招标文件要求提交投标文件的截止时间后送达的投标文件，招标人应当拒收。"因此，以邮寄方式递交投标文件的，投标人应留出足够的邮寄时间，以保证投标文件在截止时间前送达。另外，如发生地点方面的错送、误送，其后果应由投标人自行承担。

对于基础设施特许经营类的 PPP 项目，有时需要提交分两阶段招标。投标人需要按照招标文件的要求，按照两阶段的要求提交投标文件。《招标投标法实施条例》第三十条规定，对技术复杂或者无法精确拟定技术规格的项目，招标人可以分两阶段进行招标。第一阶段，投标人按照招标公告或者投标邀请书的要求提交不带报价的技术建议，招标人根据投标人提交的技术建议确定技术标准和要求，编制招标文件。第二阶段，招标人向在第一阶段提交技术建议的投标人提供招标文件，投标人按照招标文件的要求提交包括最终技术方案和投标报价的投标文件。那么，这种情况下，价格文件是不能装入技术文件的投标书中的。

在实践操作中，也有一些业主苦心设计规避法律和法规的限制，以抢时间为名，不顾实际工作要求，故意缩短购买标书或投标截止的日期，将购买招标文件的截止的时间安排在公告的次日，使大多数有竞争力的投标人无法参与购买。只有那些与业主有关系的投标人因事先获得消息，才可以应对自如。《招标投标法》第二十四条规定："招标人应当确定投标人编制投标文件所需要的合理时间；但是，依法必须进行招标的项目，自招标文件开始发出之日起至投标人提交投标文件截止之日止，最短不得少于二十日。"资格预审文件或者招标文件的发售期不得少于 5 日；依法必须进行招标的项目提交资格预审申请文件的时间，自资格预审文件停止发售之日起不得少于 5 日。

（2）政府采购 PPP 项目。由于政府采购的 PPP 项目应当实行资格预审。按照《政府和社会资本合作项目政府采购管理办法》的规定，提交资格预审申请文件的时间自公告发布之日起不得少于 15 个工作日。

《政府采购货物和服务招标投标管理办法》（财政部令第 87 号）第三十三条规定，投标人应当在招标文件要求提交投标文件的截止时间前，将投标文件密封送达投标地点。采购人或者采购代理机构收到投标文件后，应当如实记载投标文件的送达时间和密封情况，签收保存，并向投标人出具签收回执。任何单位和个人不得在开标前开启投标文件。

逾期送达或者未按照招标文件要求密封的投标文件，采购人、采购代理机构应当拒收。

3. 投标文件提交的案例分析

某 PPP 项目招标，某投标人在提交了投标书后，在开标前又递交了一份折扣信，在投标报价的基础上，工程量单价和总价报价各下降 3%。但是招标单位有关工作人员认为，根据"一标一投"的惯例，一个投标人不得递交两份投标文件因而拒绝该投标人的补充材料。那么这种行为是否合法呢？我们来分析一下。

根据《招标投标法》第二十八条的规定："在招标文件要求提交投标文件的截止时间后送达的投标文件，招标人应当拒收。"而第二十九条又明确规定："投标人在招标文件要求提交投标文件的截止时间前，可以补充、修改或者撤回已提交的投标文件，并书面通知招标人。补充、修改的内容为投标文件的组成部分。"因此，如果在提交投标文件的截止时间之前，投标人可以补充、修改或者撤回已提交的投标文件。换句话说，在投标文件提交时间截止之前，投标人想换几次投标文件就可以换几次，招标人或招标代理机构不能拒绝。不过，有的招标文件制作不严谨，只是说明投标的截止时间是开标前，而投标截止时间过后，招标人收取投标文件后封存起来，并不立即开标，这两个时间是不一致的。那么，很容易就投标的截止时间发生纠纷。

本案例中，该投标人将报价下降 3% 是对已提交投标文件的修改，如果招标文件明确规定投标文件提交的截止时间就是开标时间，则投标人的补充提交完全合法，招标单位有关工作人员拒绝该投标人的补充材料的做法是错误的。但是，如果招标文件规定的投标文件递交截止时间是开标前的某年某月某日某时，则过了投标文件提交的截止时间，哪怕还没有开标，也是不能再提交补充文件了。

不过，由于很多 PPP 项目的招标，投标文件提交的截止时间，往往就是规定的开标时间。很多投标人预先准备了几套投标文件或投标方案，根据开标前对投标对手的观察、接触而使用不同的投标文件，比如，如果某个投标对手没有出现在开标现场或临时放弃投标，则使用较高报价的投标文件，否则就使用有竞争力的投标报价。这样的投标策略，在国际、国内的招标实践中并不罕见。因此，这也提醒招标人和投标人，在开标前做好保密工作是非常重要的，以便防止某些投标人窥探到招标人或其他投标人的报价，做出临时决定损害自己的利益。

六、 PPP 项目投标保证金

1. 投标保证金的概念

所谓投标保证金，就是投标人保证其在投标有效期内不随意撤回投标文件或中标后按招标文件签署合同而提交的担保金。提交投标保证金是国际惯例，这也是保证投标人遵循诚实信用原则的体现，投标保证金将促使投标人以法律为基础进行投标活动，在整个投标有限期内如果不遵守招标文件的约定，将受到没收保证金的处罚。

因此，从法律角度上，投标属于要约。设立投标保证金，就是对要约应承担法律责任的担保，约束投标人在投标有效期内不能撤回投标，或中标后按时与业主签订合同。一旦违反，投标保证金就将被没收。投标人应当按照招标文件要求的方式和金额，将投标保证金随投标文件提交招标人。未提交投标保证金或未按规定方式、额度提交的或提交的投标保证金不符合招标文件约定的情况，则该投标文件被拒绝，作为废标处理。

值得注意的是，除了投标过程所交的投标保证金，还有中标以后所递交的履约保证金，这是不同阶段的保证金形式。招标文件要求中标人提交履约保证金的，中标人应当按照招标文件的要求提交。履约保证金不得超过中标合同金额的 10%。

招标人或采购人应当在招标文件中规定投标文件的编制要求、投标报价要求和投标保证金缴纳、退还方式以及不予退还投标保证金的情形。

2. 投标保证金的形式和额度

（1）投标保证金的形式。投标保证金可以选择现金、现金支票、银行汇票、保兑支票、银行保函或招标人认可的其他合法担保形式。值得注意的是，若采用现金支票或银行汇票，投标人应确保上述款项在投标文件提交截止时间前能够划拨到招标人的账户里。否则，其投标担保视为无效。依法必须进行招标的项目的境内投标单位，以现金或者支票形式提交的投标保证金应当从其基本账户转出。

若使用银行保函，其格式必须采用招标文件中所给出的标准格式。银行的级别由招标人根据招标项目的情况在《投标人须知资料表》中规定，银行保函的原件应在投标文件截止时间前由投标人单独密封到"开标一览表"中并递交给招标人。总之，投标保证金的相关证据要作为投标文件的一部分列出。

投标保证金应在开标前向招标人或其代理机构提交。值得注意的是，对于两阶段的投标，招标人要求投标人提交投标保证金的，应当在第二阶段提出。即"招标人向在第一阶段提交技术建议的投标人提供招标文件，投标人按照招标文件的要求提交包括最终技术方案和投标报价的投标文件"的阶段提出。

（2）投标保证金的额度。投标保证金的额度应由招标人在《投标人须知》前附表中写明，投标人在递交投标文件的同时，应当按照《投标人须知》前附表中规定的数额和方式提交投标保证金。为了平衡招标人与投标人的利益，根据有关法规规定，施工招标或货物招标的，投标保证金一般不得超过投标总价的 2%（国际上最多可以为 10%），但最高不得超过 80 万元人民币。勘察设计招标的，保证金数额一般不超过勘察设计费投标报价的 2%，最多不超过 10 万元人民币。在一些大的招标项目中，投标保证金一般为 0.5%~1% 的比例比较常见，而一些小的工程项目，投标保证金一般为 1%~2% 的比例比较常见。《招标投标法实施条例》第二十六条规定，招标人在招标文件中要求投标人提交投标保证金的，投标保证金不得超过招标项目估算价的 2%。但对上限没有进行规定，也就是说，只要不超过 2%，可以突破 80 万元人民币的规定。投标保证金有效期应当与投标有效期一致。《政府采购法实施条例》第三十三条也规定，招标文件要求投标人提交投标保证金的，投标保证金不得超过采购项目预算金额的 2%。但是，在各地的招标实践中，某些招标人为了某些不可告人的目的，不惜以高额的投标保证金来吓退潜在的投标人的情况并不鲜见。比如，在某医院的工程招标中，招标文件规定投标保证金占整个造价的 33% 还多，超过了履约保函最高限制（一般为合同价的 10%）的三倍多！原来，这是业主与意向中标单位勾结起来设的"陷阱"，其用意就是用巨额保证金吓退不知内幕的潜在对手。投标保证金并不是必需的，当前我国有的地方政府为了减轻投标人的投标负担，规定了免交投标保证金。这种做法当然符合法律规定。因为投标保证金只规定了上限，且由招标文件来规定。如果招标文件没有规定交保证金，投标人当然可以不交保证金。不过，地方政府规定投标人在投标时免交保证金虽然是好事，但也会给招标人带来一定的隐患，尤其是在投标人的信用市场还没有建立和完善的地方，招标的风险更大。

3. 投标保证金的有效期和退回

（1）投标保证金的有效期。在实践中，投标保证金的有效期一般与投标有效期相同，这是最常见的情况。《招标投标法实施条例》第二十六条就规定投标保证金有效期应当与投标有效期一致。也有的规定投标保证金有效期应当超过投标有效期 30 天。

（2）投标保证金的退回。基础设施特许经营的 PPP 项目，对于投标人在投标截止时间前正常终止投标的行为，投标人撤回已提交的投标文件，只要是在投标截止时间前书面通知招标人，则招标人应当自收到投标人书面撤回通知之日起 5 日内退还。

如果投标人是在投标截止时间后撤销投标文件的，招标人可以不退还投标保证金。

对于参加正常投标和开标、评标的投标人，招标人最迟应当在书面合同签订后 5 日内向中标人和未中标的投标人退还投标保证金及银行同期存款利息。

如果是政府采购类的 PPP 项目，按照《政府采购法实施条例》第三十三条的规定，采购人或者采购代理机构应当自中标通知书发出之日起 5 个工作日内退还未中标供应商的投标保证金，自政府采购合同签订之日起 5 个工作日内退还中标供应商的投标保证金。

对于非正常的投标行为，财政部令第 87 号文规定，投标人在投标有效期内撤销投标文件的，采购人或者采购代理机构可以不退还投标保证金。

4. 投标保证金被没收的情形

当发生以下情况时，招标人有权没收投标人递交的投标保证金：

（1）投标人在招标文件规定的投标有效期内撤回其投标的。

（2）中标人未能在招标文件规定期限内提交履约保证金或签署合同协议。

对于第一种情况，投标人在投标有效期内撤回投标文件，那么要在中标公示以后撤回投标文件，也可能会给招标人的招标带来一定的干扰甚至造成招标推迟、非正常流标等损害，招标人没收投标保证金是对投标人撤回投标文件的一种惩罚。对于第二种情况，中标人因故不予招标人签订中标合同，这种情况也是存在的，由于中标人无法履行合同，招标人也许会造成重大损失。如某些情况下，第一中标候选人低价中标，发现利润太低无法履行合同放弃中标，招标人可以依法选择第二中标候选人中标，而第二中标候选的中标价比第一中标候选人高很多。如果招标人选择重新招标，则会造成几个月的时间延迟，也会造成重大损失。

有时候，招标规定，若投标人被发现有串标、围标或虚假投标行为，将被处以没收投标保证金的处罚。

另外，如果投标人中标，投标保证金是可以转变为履约保证金的。"自采购合同签订之日起5个工作日内退还中标人的投标保证金或者转为中标人的履约保证金"。

七、 如何防止投标文件被否决

投标文件被否决，就是我们俗称的废标。投标是为了中标，对投标人来说，每次投标都需要花费巨大的代价和巨大的前期投入，而最痛苦的事情莫过于辛辛苦苦加班加点制作的投标文件在评标会上被否决，数千万元乃至数亿元项目付之东流，特别是由于一些低级错误所造成的投标被否决，实在是不应该的。在笔者多年的评标实践中，发现某些投标人花费了大量的人力、物力、财力去编制投标文件，但因为没有注意到一些关键的问题，致使投标文件在评标的过程中被认定为废标，不但白白浪费了人力、物力，还失去了机会。因此，掌握一些投标的技巧和经验，防止投标文件不符合招标文件的要求而被否决是非常有必要的。

1. 投标文件的重大偏差

一般来说，招标文件都会规定，投标文件有下列情况之一者，都属于重大偏差：

（1）没有按照招标文件要求提供投标担保或者所提供的投标担保有瑕疵。

（2）投标文件没有投标人授权代表签字和加盖公章。

（3）投标文件载明的招标项目完成期限超过招标文件规定的期限。

（4）明显不符合技术规格、技术标准的要求。

（5）投标文件载明的货物包装方式、检验标准和方法等不符合招标文件的要求。

（6）投标文件附有招标人不能接受的条件。

（7）不符合招标文件中规定的其他实质性要求。

投标文件有上述情形之一的，为未能对招标文件做出实质性响应，将会被认定为无效投标文件而做废标处理。

此外，投标文件有下列情形之一的，招标人可不予受理：

（1）逾期送达的或者未送达指定地点的。

（2）未按招标文件要求密封的。

投标文件有下列情形之一的，由评标委员会审查后按废标处理：

（1）无单位盖章并无法定代表人或法定代表人授权的代理人签字或盖章的。

（2）未按规定的格式填写，内容不全或关键字迹模糊、无法辨认的。

（3）投标人递交两份或多份内容不同的投标文件，或在一份投标文件中对同一招标项目报有两个或多个报价，且未声明哪一个有效，按招标文件规定提交被选投标方案的除外。

（4）投标人名称或组织结构与资格预审时不一致的。

（5）未按招标文件要求提交投标保证金的。

（6）联合体投标未附联合体各方共同投标协议的。

此外，住建部还发布了《房屋建筑和市政基础设施工程施工招标投标管理办法》，各省、市也先后出台有关招标投标的规定，其中对废标的认定，与上述规定基本相同。

2. 投标文件应被否决的情况

投标文件要有效，不被否决，关键是要符合招标文件的要求。当然，招标文件也要符合国家法律法规的要求，也就是说，有些问题即使招标文件没有规定，也有可能违反、违背国家相关法律法规的要求而被否决。

对于基础设施特许经营类PPP项目，依据的是《招标投标法》及其实施条例的规定。《招标投标法实施条例》第五十一条规定，有下列情形之一的，评标委员会应当否决其投标：

（1）投标文件未经投标单位盖章和单位负责人签字。

（2）投标联合体没有提交共同投标协议。

（3）投标人不符合国家或者招标文件规定的资格条件。

（4）同一投标人提交两个以上不同的投标文件或者投标报价，但招标文件要求提交备选投标的除外。

（5）投标报价低于成本或者高于招标文件设定的最高投标限价。

（6）投标文件没有对招标文件的实质性要求和条件做出响应。

（7）投标人有串通投标、弄虚作假、行贿等违法行为。

对于 PPP 政府采购类项目，依据的是《政府采购法》及其实施条例。财政部令第 87 号文第六十三条规定，投标人存在下列情况之一的，投标无效：

（1）未按照招标文件的规定提交投标保证金的。

（2）投标文件未按招标文件要求签署、盖章的。

（3）不具备招标文件中规定的资格要求的。

（4）报价超过招标文件中规定的预算金额或者最高限价的。

（5）投标文件含有采购人不能接受的附加条件的。

（6）法律、法规和招标文件规定的其他无效情形。

一般来说，在评标过程中，评标委员会发现投标人以他人的名义投标、串通投标、以行贿手段谋取中标或者以其他弄虚作假方式投标的，该投标人的投标应做废标处理。在评标过程中，评标委员会发现投标人的报价明显低于其他投标报价或者在设有标底时明显低于标底，使得其投标报价可能低于其个别成本的，应当要求该投标人做出书面说明并提供相关证明材料。投标人不能合理说明或者不能提供相关证明材料的，由评标委员会认定该投标人以低于成本价竞标，其投标应做废标处理。

此外，投标人资格条件不符合国家有关规定和招标文件要求的，或者拒不按照要求对投标文件进行澄清、说明或者补正的，评标委员会可以否决其投标。评标委员会应当审查每一投标文件是否对招标文件提出的所有实质性要求和条件做出响应。未能在实质上响应的投标，应做废标处理。

3. 投标文件应注意的事项

为了避免投标文件成为废标，这七点必须注意：

（1）编制投标书前和编制投标书的过程中认真阅读招标文件。这对所有投标人来说都是十分关键的一步。一般来说，招标文件对招标内容、工程量清单、技术要求、递交投标文件的地点和截止时间、投标文件的格式及其他相关要求有清楚的交代。通过阅读招标文件，对招标的要求有全面和清楚的了解，再编制投标文件，能提高效率和避免错漏。有些投标人听了招标工作人员的口头解释和说明，就急于编制投标文件，这样往往会出现问题。因为招标文件往往由专业人员编制，并经过多次的审核和修改。招标工作人员可能对相关的内容掌握不够全面，或者因为时间关系，无法将招标要求作全面的介绍。由此而出现问题的经验教训是很多的。不但在编制投标文件前要认真阅读招标文件，在编制招标文件的过程中，也应该对照招标文件进行检查，以避免出现偏差。

（2）检查投标文件前后的一致性。投标文件中，有很多内容是前后相关或前后应该一致的。因此，在投标文件编制完成后，应检查有关内容的前后一致性。比较重要的如投标总价表中各部分价格与后面各部分详细计算价格的一致，工程量与招标文件所列的工程量的一致，有关措施费与施工组织设计方案内容的对应，工期与施工组织设计中进度计划的一致，质量保证方案中的质量和技术规格、指标与招标文件所要求的质量和技术规格、指标的符合，招标文件各项要求的响应性等。

（3）检查投标价计算的正确及合理性。由于投标书编制的周期一般很短，而且对投标价格需要进行修改、调整，比较容易出现投标价格的计算错误。由于投标价计算错误而出局的示例数不胜数。因此，一定要对投标价的计算进行检查，避免出现计算错误。同时也要运用经验对投标价格进行检验、对比，看看投标价格是否超出合理的范围。

（4）检查投标文件的完整性。在开始投标文件的印刷、装订前，检查投标文件的完整性十分重要。只有投标文件完整无缺，才能确保投标书不被认定为废标。检查应对照招标文件逐项进行。

（5）检查投标文件的密封是否符合要求。在将投标文件送交招标人之前，应检查投标文件是否已按招标文件的要求密封，如果要求附上电子文档的是否已附上。当上述这些检查都完成后，就可以等待将投标文件送交招标人了。

（6）检查签名和盖章的完整性。投标文件签署和盖章完成后，要一一进行检查，避免应该签名和盖章的文件缺少签名和盖章。这一步骤也十分重要，如果重要的文件或部位没有签名和盖章，就可能使投标文件成为废标。特别是招标文件的封面，许多投标人常常没有盖章，而很多招标文件明确要求，投标文件必须加盖投标人的公章。如果不清楚某个文件或页面是否需要盖章，最好是盖上。因为多盖公章没问题，少盖一个章，投标文件就可能成为废标。

（7）绝不采用不真实的资料数据。在编制投标文件的过程中，绝不使用不真实的或编造、涂改过的材料、数据。细心和有经验的评标专家很容易发现其中的破绽。即使能蒙混过关，也随时面临被检举揭发或以后被发现的可能。这样做是得不偿失的。

综上所述，做好以上这些可以避免你的投标文件成为废标。当然，要想中标，还需要有合适的报价、优秀的施工组织设计和较强的实力、资质等条件。

4. 投标文件的检查

（1）一般检查。

1）检查项目编号与名称。应检查项目编号与名称，投标文件整篇项目编号与名称是否正确；投标人名称与营业执照、资质证书、银行资信证明等证明证书一致。

2）检查投标文件的排版。检查文本格式、字体、行数、图片是否模糊歪斜，是否按招标文件要求编辑；投标文件目录是否完整，页码是否更新；投标文件的完整性，对照目录进行逐项检查；检查投标文件是否符合招标文件规定，页码、页眉、页脚有无重页和缺页。

3）检查投标报价。注意货币单位只能有一个有效报价（按招标文件要求提交备选投标方案的除外），投标报价没有大于最高投标限价，纸质版、电子版、上传应都一致；预算书符合招标文件"预算书"的范围、数量，符合清单/预算编制的要求。

4）资质文件检查。应检查资质、资格文件的顺序及完整性检查、有无复印不清楚或歪斜，检查证明材料是否齐全；营业执照、资质、质量认证证书、安全生产许可证，有合格的营业执照，且经营范围与招标项目一致，注册资金和资质符合法律法规和招标文件要求。

5）工期、质量和技术标准。应检查工期（总进度）响应、权利义务响应符合招标文件要求；投标有效期符合招标文件要求；没有招标方不能接受的偏差内容；项目经理资格满足法律法规及招标文件的要求；检查施工业绩满足招标文件要求；工期（关键节点）符合招标文件的规定；工程质量应符合招标文件及合同的规定，技术标准和要求符合招标文件"技术标准和要求"规定。

6）其他否决其投标条件。检查没有法律法规和招标文件规定的其他否决其投标的内容。

（2）分项检查。

1）开标文件。按照投标函格式要求逐页检查是否响应、漏页；投标函中投标金额大小写检查；单价与总价金额是否正确。

2）投标保证金。投标保证金是否符合要求，金额是否符合要求。

3）商务部分。商务部分格式是否符合要求，逐页检查是否响应、漏页；商务标书完整性检查；商务标书资质证书是否在有效期内；检查企业资质齐全、有无过期；检查投标人员信息、证件对应。

4）技术部分。按照技术部分格式是否符合要求，逐页检查是否响应、漏页如：施工主要机械安排、施工范围、施工概况、施工组织方案、现场组织机构、安全保障体系及措施、质量保障体系及措施、本工程特点施工经历、同规模主体施工经历、施工总平面布置、施工网络进度计划、项目经理情况、主要技术负责人情况、主要劳动力组织计划。

5）电子光盘。按照招标文件要求检查所需导入文件，最好在三台以上的计算机验证是否可以读取文件；光盘正面填写信息是否正确。

（3）投标文件封装和签字、盖章检查。

1）法定代表人签字和授权代表签字（盖章）检查。每页检查有无签字和盖章、签字是否正确，是否和授权人相符。

2）封装方式及密封纸张检查。检查封装方式、封装纸张是否按照招标文件要求；是否按要求分装（正副本是否分开）封装包数量；根据招标文件要求，检查投标文件是否写上正本和副本、标书要求是 ____ 正 ____ 副（电子版 ____ 份）。

3）人员名称。检查授权委托人、投标人名称是否正确，所附的身份证复印件是否清晰、完整。

4）投标文件的密封。检查是否按照内封、外封要求填写信息；投标文件内需签字、盖章处是否签字、盖章；密封袋（暗标）还需要进行特殊的检查，检查招标文件对暗标的特殊要求。

（4）文件签署。检查投标函，看是否加盖单位公章或法定代表人（或委托代理人）是否签字；是否有附法定代表人授权委托书；是否加盖骑缝章，骑缝章是否覆盖每页。

（5）检查开标现场准备文件。主要委托人身份证原件、授权委托书是否携带；投标文件递交登记表是否携带；投保保证金递交函原件是否携带等。

八、投标文件案例分析

1. 投标文件没有签名盖章而废标

（1）案例背景。2018 年 8 月 27 日，××市快速交通 PPP 项目评标会在某工程交易中心举行。在评标会上，专家发现某公司的投标文件投标承诺书没有签名。于是评审专家查找投标文件的正本，发现也没有签名盖章。后来，评审专家还发现，这家公司的投标文件法人代表授权书、投标函等都没有签名盖章。因此，评审委员会在初审中依规否决了这家投标人，这家公司遗憾地失去了进行下一步评审的权利。

（2）案例分析。《招标投标法》和《招标投标法实施条例》都没有规定投标文件是否需要签名盖章才算有效。但是，一般地方政府对《招标投标法》的实施细则和招标文件都会明确规定：未按照招标文件规定要求密封、签署、盖章的，应当在资格性、符合性检查时按照无效投标处理。

因此，在实际操作中，招标文件规定，要按规定进行签名盖章。从法律上说，法人代表授权书、投标函、承诺函等，如果没有盖章和签名，则无法确认是否代表投标人公司的行为，所以进行签名盖章是必要的。

但是，一些招标过程中，规定投标文件的封面要签名盖章，甚至要盖骑缝章或每页都要盖章、签名的做法，确实是不应该的和没有必要的。不过，投标人最好按照招标文件的要求签名盖章，以避免不必要的麻烦。

2. 多家招标工程同时要"原件"

（1）案例背景。2018 年 3 月 3 日，××市××污水处理工程 PPP 项目招标在某市政府采购中心紧张举行。某公司因为在报名时招标代理公司已经查看过资质原件，加之该公司在当天也要参与另外一个工程的投标就没有携带原件。结果，业主代表以招标文件规定为由，该公司没有携带原件而失去中标资格。

（2）案例分析。该招标案件违法违规甚多。首先，业主代表仅为监督方，不能影响甚至干扰评标委员会的评标，更不能推翻评标委员会的意见。其次，该业主有歧视倾向，由于该公司以前也参加过该招标代理公司的投标，以前的惯例是招标代理公司在资格预审时查看资格证原件，在正式投标时，只需要在投标文件中附上复印件即可。

由于异地投标项目日益增多，但许多招标单位要求现场开标时必须携带获奖证书原件，否则不予加分甚至废标。施工企业的各种资质证书、获奖证书一般只有一份原件，如果一个企业在同一日期或相邻日期内遇上两个以上的异地投标，因时空距离，只能选择其一。其他项目功亏一篑，叫苦不迭，尽管前期已投入很大的人力、财力，也只能望洋兴叹。有的招标文件是原件核查，则必须提供原件；如果是原件备查，则提供复印件即可，只有当复印件不清楚或不足以证明真伪时才需要提供原件。但是，招标人或业主、招标代理机构的这些规定确实有不合理之处，不够人性化，应该改进。

3. 投标文件缺保证金文件复印件而废标

（1）案例背景。2017 年 11 月，××市××区××路 PPP 项目评标会在某市工程交易中心举行。评标委员会按程序审查、评审各投标人的投标文件。发现某公司的投标文件正、副本都缺少保证金复印件。于是按招标文件的相关规定，否决了该公司的评标资格。

（2）案例分析。在本案例中，评标会是在周一下午举行，而该投标人是在上周五通过银行汇出的保证金。按常理来说，上周五汇出的保证金，在这周一上午收到是没有问题的。由于上周五下午银行停电，该投标人的保证金没有通过银行进入招标代理机构的账户上。尽管该投标人提供了汇款的凭证，但由于招标代理机构没有查到保证金到账，因此，该公司失去了进一步评标的资格。

通过本案例可以得到，为确保意外事件发生，保证金的汇款时间要预留充足的时间，以免失去中标资格。

4. 投标文件装订混乱而废标

（1）案例背景。2017 年 12 月 13 日，××市××区某 PPP 项目招标在某招标代理公司举行。评标委员会的专家仔细而认真地进行评审，有专家发现 A 公司的投标文件中，投标货物价格明细表的表头竟然用的是 B 公司的名字。于是，评标委员会以 A、B 两家公司的投标文件存在串标嫌疑为由，依法给予 A、B 两家公司的投标文件废标。

（2）案例分析。A、B 两家公司的投标文件，公司名称混乱。评标委员会给予 A、B 两公司废标的处理是非常正确的。之所以出现这样的问题，一种情况是，A、B 两公司的投标文件是同一家打字社制作的，打字社给 A 公司做了投标文件后，为了偷懒采用原来的表格，忘记修改表格了。另外一种情况是，A、B 两公司的投标文件是同一个人或同一批人做的，这些人也犯了和打字社同样的错误。不过，从本案来说，后一种情况的可能性更大，属于典型的串通投标行为。《招标投标法》中规定的串通招投标行为的法律责任是：罚款的数额为招标项目金额的千分之五以上千分之十以下；对投标人、招标人或直接责任人的违法行为规定了一系列的行政处罚，如停止一定时期内参加强制招标项目的投标资格。

第四章 一般建筑工程项目合同及其管理

第一节 建筑工程项目合同简介

一、 施工合同签订的条件与特点

工程施工合同，是发包人（建设单位或总承包单位）和承包商（施工单位）之间，为完成商定的建筑安装工程，明确相互权利义务关系的协议。承发包双方签订施工合同必须具备相应资质条件和履行施工合同的能力。对合同范围内的工程实施建设时，发包人必须具备组织协调能力或委托给具备相应资质的监理单位承担；承包商必须具备有关部门核定的资质等级并持有营业执照等证明文件。依据施工合同，承包商应完成发包人交给的建筑安装工程任务，发包人应按合同规定提供必需的施工条件并支付工程价款。

建设工程施工合同是建设工程的主要合同，是工程建设质量控制、进度控制、投资控制的主要依据。

1. 施工合同签订的依据和条件

签订施工合同必须依据《合同法》《建筑法》《招标投标法》和《建设工程质量管理条例》等有关法律、法规，按照《建设工程施工合同示范文本》的"合同条件"，明确规定合同双方的权利、义务，并各尽其责，共同保证工程项目按合同规定的工期、质量、造价等要求完成。

签订施工合同必须具备以下条件。

（1）初步设计已经批准。

（2）工程项列入年度建设计划。

（3）有能够满足施工需要的设计文件和有关技术资料。

（4）建设资金和主要建筑材料、设备来源已经落实。

（5）招投标工程中标通知书已经下达。

（6）建筑场地、水源、电源、气源及运输道路已具备或在开工前完成等。

只有上述条件成立时，施工合同才具有有效性，并能保证合同双方都能正确履行合同，以免在实施过程中引起不必要的违约和纠纷，从而圆满地完成合同规定的各项要求。

2. 施工合同的特点

由于建筑产品是特殊的商品，且具有建筑产品的单件性、建设周期长、施工生产和技术复杂、工程付款和质量论证具备阶段性、受外界自然条件影响大等特点，因此决定了施工合同不同于其他经济合同，具有自身的特点。

（1）施工合同标的物的特殊性。施工合同的标的物是特定的各类建筑产品，不同于其他一般商品，其标的物的特殊性主要表现在：

1）建筑产品的固定性（不动产）和施工生产的流动性，这是区别于其他商品的根本特征。

2）由于建筑产品各有其特定的功能要求，其实物形态千差万别，种类繁多，所以形成建筑产品的个体性和生产的单件性。

3）建筑产品体积庞大，消耗的人力、物力、财力多，一次性投资额大。

施工合同标的物的这些特点必然会在施工合同中表现出来，使施工合同在明确标的物时，不能像其他合同那样只简单地写明名称、规格、质量就可以了，而是需要将建筑产品的幢数、面积、层数或高度、结构特征、内外装饰标准和设备安装要求等一一规定清楚。

（2）施工合同履行期限的长期性。由于建筑产品体积大、结构复杂、施工周期长，施工工期少则几个月，一般都是几年甚至十几年，在合同实施过程中不确定影响因素多，受外界自然条件影响大，合同双方承担的风险高，当主观和客观情况变化时，就有可能造成施工合同的变化，因此施工合同的变更较频繁，争议和纠纷也比较多。

（3）施工合同内容条款多样性。由于建设工程本身的特殊性和施工生产的复杂性，决定了施工合同必须有很多条款。我国建设工程施工合同示范文本通用条款就有3大部分共6万余字。施工合同一般应具备以下主要内容：

1）工程名称、地点、范围、内容，工程价款及开竣工日期。

2）双方的权利、义务和一般责任。

3）施工组织设计的编制要求和工期调整的处置办法。

4）工程质量要求，检验与验收方法。

5）合同价款调整与支付方式。

6）材料、设备的供应方式与质量标准。

7）设计变更。

8）竣工条件与结算方式。

9）违约责任与处置办法。

10）争议解决方式。

11）安全生产防护措施等。

此外，关于索赔、专利技术使用、发现地下障碍和文物、工程分包、不可抗力、工程保险、合同生效与终止等也是施工合同的重要内容。

（4）施工合同涉及面的广泛性。签订施工合同首先必须遵守国家的法律、法规，另外大量其他法规、规定和管理办法，如部门规章、地方法规、定额及相应预算价格、取费标准、调价办法等，也是签订施工合同要涉及的内容。因此，承发包双方要熟悉和掌握与施工合同相关的法律、法规和各种规定。此外，施工合同在履行过程中，不仅仅是建设单位和施工单位两方面的事，还涉及监理单位、施工单位的分包商、材料设备供应商、保险公司、保证单位等众多参与方。在施工合同监督管理上，会涉及工商行政管理部门、建设主管部门、合同双方的上级主管部门及负责拨付工程款的银行、解决合同纠纷的仲裁机关或人民法院，还有税务部门、审计部门及合同公证机关等机构和部门。

施工合同的这些特点，使得施工合同无论在合同文本结构上，还是合同内容上，都要适应其特点，符合工程项目建设客观规律的内在要求，以保护施工合同当事人的合法权益，促使当事人严格履行自己的义务和职责，提高工程项目的社会和经济效益。

3. 施工合同的作用

在社会主义市场经济条件下，施工合同的作用日益明显和重要，主要表现在以下4方面。

（1）培育、发展和完善建筑市场的需要。长期以来建筑业由于受计划经济体制的束缚和影响，建筑产品没有真正成为商品。工程建设任务用行政手段分配，建设单位投资靠国家拨款，不负任何经济责任，施工单位缺乏经营自主权，盈利上缴，亏损由国家补贴；发包方和承包方合同意识不强，合同观念淡薄；工程建设中的纠纷和争议不是依靠合同解决，而主要靠主管部门行政调解。

随着社会主义市场经济新体制的建立，建设单位和施工单位将逐渐成为建筑市场的合格主体，建设项目实行真正的业主负责制，施工单位参与市场公平竞争。在建筑商品交换过程中，双方都要利用合同这一法律形式，明确规定各方的权利和义务，以最大限度地实现自己的经济目的和经济效益。施工合同作为建筑商品交换的基本法律形式，贯穿于建筑交易的全过程。无数建设工程合同的依法签订和全面履行，是建立一个完善的建筑市场的最基本条件。因此，搞好和强化施工合同管理，对纠正目前建筑市场中存在的某些混乱现象，维护建筑市场正常秩序，培育和发展建筑市场具有重要的保证作用。

（2）政府转变职能的需要。在企业转换经营机制、建立现代企业制度的进程中，随着政企分开和政府职能的转变，政府不再直接管理企业，企业行为将主要靠合同来约束和保证，建筑市场主体之间的关系也将主要靠合同来确定和调整，市场主体的利益也要靠合同来约束，建筑市场主体之间的关系也将主要靠合同确定和调整。对施工合同的管理成为政府管理市场的一项主要内容。保证施工合同的全面、正确履行，就保护了承发包双方的合法权益，保证了建筑市场的正常秩序，也就保证了建设工程的质量、工期和效益。

（3）推行建设监理制的需要。建设监理，是20世纪80年代中后期随着我国建设管理体制改革的深化和参照国际惯例组织建设工程的需要，在我国建设领域推行的一项科学管理制度，旨在改进我国建设工程项目管理体制，提高工程项目的建设水平和投资效益。这项制度现已在全国范围内推行。建设监理的依据主要是国家关于工程建设的法律、政策、法规，以及政府批准的建设计划、规划、设计文件及依法订立的工程承包合同。国内外实践经验表明，工程建设监理的主要依据是合同。监理工程师在工程监理过程中要做到坚持按合同办事，坚持按规范办事，坚持按程序办事。监理工程师必须根据合同秉公办事，监督业主和承包商都履行各自的合同义务，因此承发包双方签订一个内容合法，条款公平、完备，适应建设监理要求的施工合同是监理工程师实施公正监理的根本前提条件，也是推行建设监理制的内在要求。

（4）企业编制计划、组织生产经营的需要。在社会主义的市场经济条件下，建筑企业主要通过招标投标活动参与市场竞争，承揽工程任务，获取工程项目的承包权。因此，建设工程合同是企业编制计划、组织生产经营的重要依据，是实行经济责任和推行项目经理负责制，加强企业经济核算，提高经济效益的法律保证。建筑企业将通过签订施工合同，落实全年任务，明确施工目标，并制订经营计划，优化配置资源，组织项目实施。因此，强化合同管理，对于提高企业素质，保证建设工程质量，提高经济效益都具有十分重要的作用。

二、施工合同的内容

建设工程施工合同中必须包括主体、客体和内容三大要素。施工合同的主体是建设单位（发包人、建设方）和建筑安装施工单位（承包商、施工方），客体是建筑安装工程项目，内容就是施工合同具体条款中规定的双方的权利和义务。

为了规范和指导合同当事人的行为，完善合同管理制度，解决施工合同中存在的合同文本不规范、条款不完备、合同纠纷多等问题，在1991年颁布的《建设工程施工合同》（GF—1991—0201）示范文本的基础上，国家建设部和国家工商行政管理局根据最新颁布和实施的工程建设有关法律、法规，总结了近几年施工合同示范文本推行的经验，结合我国建设工程施工的实际情况，借鉴国际通用土木工程施工合同的成熟经验和有效做法，于1999年12月24日又推出了修改后的新版《建筑工程施工合同》（GF—1999—0201）示范文本。该示范文本可适用于土木工程，包括公用建筑、民用住宅、工业厂房、交通设施及线路管道的施工和设备安装。2013年推出了修改后的新版《建筑工程施工合同》（GF—2013—0201）示范文本。

《建筑工程施工合同》示范文本由合同协议书、通用合同条款和专用合同条款三部分组成。

合同协议书共计13条，主要包括：工程概况、合同工期、质量标准、签约合同价和合同价格形式、项目经理、合同文件构成、承诺及合同生效条件等重要内容。通用合同条款是合同当事人根据《建筑法》《合同法》等法律法规的规定，就工程建设的实施及相关事项，对合同当事人的权利义务做出的原则性约定。

通用合同条款共计 20 条，具体条款分别为：一般约定、发包人、承包商、监理人、工程质量、安全文明施工与环境保护、工期和进度、材料与设备、试验与检验、变更、价格调整、合同价格、计量与支付、验收和工程试车、竣工结算、缺陷责任与保修、违约、不可抗力、保险、索赔和争议解决。前述条款安排既考虑了现行法律、法规对工程建设的有关要求，也考虑了建设工程施工管理的特殊需要。

专用合同条款是对通用合同条款原则性约定的细化、完善、补充、修改或另行约定的条款。合同当事人可以根据不同建设工程的特点及具体情况，通过双方的谈判、协商对相应的专用合同条款进行修改补充。在使用专用合同条款时，应注意以下事项：

（1）专用合同条款的编号应与相应的通用合同条款的编号一致。

（2）合同当事人可以通过对专用合同条款的修改，满足具体建设工程的特殊要求，避免直接修改通用合同条款。

（3）在专用合同条款中画横线的地方，合同当事人可针对相应的通用合同条款进行细化、完善、补充、修改或另行约定；如无细化、完善、补充、修改或另行约定，则填写"无"或画"/"。

《建筑工程施工合同》示范文本为非强制性使用文本，适用于房屋建筑工程、土木工程、线路管道和设备安装工程、装修工程等建设工程的施工承发包活动，合同当事人可结合建设工程具体情况，根据《建筑工程施工合同》示范文本订立合同，并按照法律、法规的规定和合同约定承担相应的法律责任及合同权利义务。

1. 词语含义及合同文件

（1）词语含义。词语含义是对施工合同中频繁出现、含义复杂、意思多解的词语或术语做出规范表示，赋予特殊而且唯一的含义。这些合同术语的含义是根据建设工程施工合同的需要而特别书写的，它可能不同于其他文件或词典内的定义或解释。在施工合同中除专用条款另有约定外，这些词语或术语只能按特定的含义去理解，不能任意解释。在通用条款中共定义了 23 个常用词或关键词。

1）通用条款。通用条款是根据法律、行政法规规定及建设工程施工的需要订立，用于建设工程施工的条款。

2）专用条款。专用条款是发包人与承包商根据法律、行政法规规定，结合具体工程实际，经协商达成一致意见的条款，是对通用条款的具体化、补充和修改。

3）发包人。发包人是指在协议书中约定，具有工程发包主体资格和支付工程款能力的当事人，以及取得该当事人资格的合法继承人。

4）承包商。承包商是指在协议书中约定，被发包人接受的具有工程施工承包主体资格的当事人，以及取得该当事人资格的合法继承人。

5）项目经理。项目经理是指承包商在专用条款中指定的负责施工管理和合同履行的代表。

项目经理是承包商在工程项目上的代表人或负责人，一般由工程项目的项目经理负责项目施工。项目经理应按合同约定，以书面形式向工程师送交承包商的要求、请求、通知等，并履行其他约定的义务。项目经理换人时，应提前 7 天书面通知发包人。在国际工程承包合同中，业主为了保证工程质量，一般对承包商的项目经理有年龄、学历、职称、经验等方面的具体要求。

6）设计单位。设计单位是指发包人委托的负责本工程设计并取得相应工程设计资质证书的单位。

7）监理单位。监理单位是指发包人委托的负责本工程监理并取得相应工程监理资质证书的单位。

8）工程师。工程师是指本工程监理单位委派的总监理工程师或发包人指定的履行本合同的代表，其具体身份和职权由发包人、承包商在专用条款中约定。

发包人可以委托监理单位，全部或部分负责合同的履行。发包人应当将委托的监理单位名称、监理内容及监理权限以书面形式通知承包商。监理单位委派的总监理工程师在施工合同中称为工程师。总监理工程师是经监理单位法定代表人授权，派驻施工现场监理机构的总负责人，行使监理合同赋予监理单位的权利和义务，全面负责受委托工程的建设监理工作。监理单位委派的总监理工程师的姓名、职务、职责应当向发包人报送，并在施工合同专用条款中写明总监理工程师的姓名、职务和职责。

发包人派驻施工现场履行合同的代表在施工合同中也称为工程师。发包人代表是经发包人法定代表人授权，派驻施工现场的负责人，其姓名、职务、职责在专用条款中约定，但其具体职责不得与监理单位委派的总监理工程师职责相互交叉。双方职责发生交叉或不明确时，由发包人明确双方职责，并以书面形式通知承包商，以避免给现场施工管理带来混乱和困难。

9）工程造价管理部门。工程造价管理部门是指国务院各有关部门、县级以上人民政府建设行政主管部门或其委托的工程造价管理机构。

10）工程。工程是指发包人和承包商在协议书中约定的承包范围内的工程。

本书中的"工程"一般指永久性工程（包含设备），不包含双方协议书以外的其他工程或临时工程。对于群体工程项目，双方应认真填写"承包商承揽工程项目一览表"作为合同附件，以进一步明确承包商承担的工程名称、建设规模、建筑面积、结构、层数、跨度、设备安装内容等。

11）合同价款。合同价款是指发包人、承包商在协议书中约定，发包人用以支付承包商按照合同约定完成承包范围内全部工程并承担质量保修责任的款项。

双方当事人应在协议书中明确承包范围内的合同价款总额。在专用条款中应明确本工程合同价款的计价方式，是采用固定价格合同、可调价格合同还是成本加酬金合同。如采用固定价格合同，则双方应约定合同价款中包括的风险范围、风险费用的计算方式、风险范围以外合同价款的调整方法。如采用可调价格合同，则应约定合同价款调整的方法。如采用成本加酬金合同，则应约定成本的计算依据、范围和方法，以及酬金的比例或数额等内容。

12）追加合同价款。追加合同价款是指在合同履行中发生需要增加合同价款的情况，经发包人确认后按计算合同价款的方法增加的合同价款。

13）费用。费用是指不包含在合同价款之内的应当由发包人或承包商承担的经济支出。是不通过承包商，由发包人直接支付与工程有关的款项，如施工临时占地费、邻近建筑物的保护费等。施工方应负担的开支也称费用。

14）工期。工期是指发包人、承包商在协议书中约定，按总日历天数（包括法定节假日）计算的承包天数。

15）开工日期。开工日期是指发包人、承包商在协议书中约定，承包商开始施工的绝对或相对的日期。

在约定具体工程的开工日期时，双方可选择以下几种方式中的一种：

①约定具体开工年、月、日。

②从签订合同后多少日算起。

③从合同公证或签证之日起多少日算起。

④从发包人移交给承包商施工场地后多少日算起。

⑤从发包人支付预付款后多少日算起。

⑥从发包人或工程师下达开工指令后多少日算起。

16）竣工日期。竣工日期是指发包人、承包商在协议书中约定，承包商完成承包范围内工程的绝对或相对日期。

通用条款规定实际竣工日期为工程验收通过，承包商送交竣工验收报告的日期。工程按发包人要求修改后通过竣工验收的，实际竣工日期为承包商修改后提请发包人验收的日期。

对于群体工程，应按单位工程分别约定开工日期和竣工日期。

17）图样。图样是指由发包人提供或由承包商提供并经发包人批准，满足承包商施工需要的所有图样（包括配套说明和有关资料）。

在专用条款中应明确写出发包人提供图样的套数、提供的时间，发包人对图样的保密要求及使用国外图样的费用承担。

18）施工场地。施工场地是指由发包人提供的用于工程施工的场所，以及发包人在图纸中具体指定的供施工使用的任何其他场所。

合同双方签订施工合同时，应按本期工程的施工总平面图确定施工场地范围，发包人移交的施工场地必须是具备施工条件、符合合同规定的合格的施工场地。

19）书面形式。书面形式是指合同书、信件和数据电文（包括电报、电传、传真、电子数据交换和电子邮件）等可以有形地表现所载内容的形式。

20）违约责任。违约责任是指合同一方当事人不履行合同义务或履行合同义务不符合约定所应承担的责任。

21）索赔。索赔是指在合同履行过程中，对于并非自己的过错，而是应由对方承担责任的情况造成的实际损失，向对方提出经济补偿和（或）工期顺延的要求。

22）不可抗力。不可抗力是指不能预见、不能避免并不能克服的客观情况。不可抗力一般是指因战争、动乱、空中飞行物体坠落或其他非发包人和承包商责任造成的爆炸、火灾，以及在专用条款中约定等级以上的风、雨、雪、地震等对工程造成损害的自然灾害。

23）小时或天。合同中规定按小时计算时间的，从事件有效开始时计算（不扣除休息时间）；规定按天计算时间的，开始当天不计入，从次日开始计算。时限的最后一天是休息日或者其他法定节假日，以节假日次日为时限的最后一天，但竣工日期除外。时限的最后一天的截止时间为当日24时。

（2）施工合同文件构成及解释顺序。组成施工合同的文件应能互相解释，互为说明。除专用条款另有约定外，其组成和优先解释顺序如下：

1）本合同协议书。

2）中标通知书。

3）投标书及其附件。

4）本合同专用条款。

5）本合同通用条款。

6）标准、规范及有关技术条件。

7）图纸。

8）工程量清单。

9）工程报价单或预算书。

合同履行中，发包人和承包商有关工程的洽商、变更等书面协议或文件视为本合同的组成部分。

上述合同文件应能够互相解释、互相说明。当合同文件中出现矛盾或不一致时，上面的顺序就是合同的优先解释顺序。在不违反法律和行政法规的前提下，当事人可以通过协商变更施工合同的内容，这些变更的协议或文件，其效力高于其他合同文件，且签署在后的协议或文件效力高于签署在前的协议或文件。

当合同文件内容出现含糊不清或不一致时，在不影响工程正常进行的情况下由双方协商解决。双方也可以提请负责监理的工程师做出解释。双方协商不成或不同意负责监理的工程师的解释时，可按争议的处理方式解决。

（3）合同文件使用的文字、标准和适用法律。合同文件使用汉语语言文字书写、解释和说明。如专用条款约定使用两种以上（含两种）语言文字时，汉语应为解释和说明本合同的标准语言文字。在少数民族地区，双方可以约定使用少数民族语言文字书写和解释、说明本合同。

本合同文件适用国家的法律和行政法规，需要明示的法律、行政法规，由双方在专用条款中约定。

双方在专用条款内约定适用国家标准、规范的名称。没有国家标准、规范但有行业标准、规范的，约定适用工程所在地地方标准、规范的名称。发包人应按专用条款约定的时间向承包商提供一式两份约定的标准、规范。

国内没有相应标准、规范的，由发包人按专用条款约定的时间向承包商提出施工技术要求，承包商按约定的时间和要求提出施工工艺，经发包人认可后执行。发包人要求使用国外标准、规范的，应负责提供中文译本，因此发生的购买或翻译标准、规范或制定施工工艺的费用，由发包人承担。

本款应说明本合同内各工程项目执行的具体标准、规范名称和编号。如一般工业与建筑应写明执行下列规范。

1）建设工程。

①土方工程。土方与爆破工程施工及验收规范。

②砌砖。砖石工程施工及验收规范。

③混凝土浇筑。钢筋混凝土工程施工及验收规范。

④粉刷。装饰工程施工及验收规范。

2）安装工程。

①暖气安装。采暖与卫生施工及验收规范。

②电气安装。电气装置工程施工及验收规范。

③通风安装。通风与空调工程施工及验收规范等。

④当需评定工程质量等级时，还要把相应工程的质量检验评定标准的名称和编号写明。

（4）图纸。工程施工应当按图施工。施工合同管理中的图纸是指由发包人提供或由承包商提供并经发包人批准，满足承包商施工需要的所有图纸（包括配套说明和有关资料）。

1）发包人提供图纸。在我国目前的工程管理体制下，施工图纸一般由发包人委托设计单位完成，施工中由发包人提供图纸给承包商。在图纸管理中，发包人应当完成以下工作。

①发包人应按专用条款约定的日期和套数，向承包商提供图纸。

②承包商需要增加图纸套数的，发包人应当代为复制，复制费用由承包商承担。发包人代为复制图纸意味着发包人对图纸的正确性和完备性负责。

③发包人对图纸有保密要求的，应承担保密措施费用。

2）承包商的图纸管理。

①承包商应在施工现场保留一套图纸，供工程师及有关人员进行工程检查时使用。

②发包人对图纸有保密要求的，承包商应在约定保密期限内履行保密义务。

③承包商需要增加图纸套数的，应承担图纸复制费用。

④承包商未经发包人同意，不得将本工程图纸转给第三人。

⑤工程质量保修期满后，除承包商存档需要的图纸外，应将全部图纸退还给发包人。

⑥如果有些合同约定由承包商完成施工图设计或工程配套设计，则承包商应当在其设计资质允许的范围内，按工程师的要求完成设计，并经工程师确认后才能施工，发生的费用由发包人承担。

如果使用国外或境外图纸但不能满足施工要求的，双方应在专用条款中约定复制、重新绘制、翻译、购买标准图纸等责任和费用分担方法。

2. 双方一般责任

（1）发包人的工作。发包人应按专用条款约定的时间和要求，完成以下工作。

1）办理土地征用、拆迁补偿、平整施工场地等工作，使施工场地具备施工条件，在开工后继续负责解决以上事项遗留问题。

2）将施工所需水、电、电信线路从施工场地外部接至专用条款约定地点，保证施工期间的需要。

3）开通施工场地与城乡公共道路的通道，以及专用条款约定的施工场地内的主要道路，满足施工运输的需要，保证施工期间的畅通。

4）向承包商提供施工场地的工程地质和地下管线资料，对资料的真实、准确性负责。

5）办理施工许可证及其他施工所需证件、批件和临时用地、停水、停电、中断道路交通、爆破作业等的申请批准手续（证明承包商自身资质的证件除外）。

6）确定水准点与坐标控制点，以书面形式交给承包商，进行现场交验。

7）组织承包商和设计单位进行图纸会审和设计交底。

8）协调处理施工场地周围地下管线和邻近建筑物、构筑物（包括文物保护建筑）、古树名木的保护工作，承担有关费用。

9）发包人应做的其他工作，双方在专用条款内约定。

发包人不按合同约定完成以上工作，导致工期延误或给承包商造成损失的，发包人应赔偿承包商有关损失，顺延延误的工期。

（2）承包商的工作。承包商应按专用条款约定的时间和内容完成以下工作。

1）根据发包人委托，在其设计资质等级和业务允许的范围内，完成施工图设计或工程配套的设计，经工程师确认后使用，发包人承担由此发生的费用。

2）向工程师提供年、季、月度工程进度计划及相应进度统计报表。

3）根据工程需要，提供和维修非夜间施工使用的照明、围栏设施，并负责安全保卫。

4）按专用条款约定的数量和要求，向发包人提供施工场地办公和生活的房屋及设施，发包人承担由此发生的费用。

5）遵守政府有关主管部门对施工场地交通、施工噪声及环境保护和安全生产的管理规定，按规定办理有关的手续，并以书面形式通知发包人，发包人承担由此发生的费用，但因承包商责任造成的罚款除外。

6）已竣工工程在交付发包人之前，承包商按专用条款约定负责已完成工程的保护工作，保护期间发生损坏，承包商自费予以修复；发包人要求承包商采取特殊措施保护的工程部位和相应的追加合同价款，由双方在专用条款内约定。

7）按专用条款约定做好施工场地地下管线和邻近建筑物、构筑物（包括文物保护建筑）、古树名木的保护工作。

8）保证施工场地清洁并符合环境卫生管理的有关规定，交工前清理现场达到专用条款约定的要求，承担因自身原因违反有关规定造成的损失和罚款。

9）承包商应做的其他工作，双方在专用条款内约定。

承包商未能履行上述各项义务，造成发包人损失的，承包商赔偿发包人有关损失。

有关施工合同的其他相关内容将在以后几章进行详细介绍。

3．工程师

（1）工程师及其代表。监理单位委派的总监理工程师在施工合同中称工程师，业主派驻或施工场地履行合同的代表在施工合同中也称工程师，但施工合同规定，两者的职权不得相互交叉。

工程师不是施工合同的主体，因此只能是受业主委托来进行合同管理，所以业主必须以明确的方式将工程师的具体情况告诉承包商。

工程师按合同约定行使职权，业主在专用条款内要求工程师在行使某些职权前需要征得业主批准的，工程师应征得业主批准。

工程师可委派工程师代表，行使合同约定的自己的职权，并可在认为必要时撤回委派。委派和撤回均应提前7天以书面形式通知承包商，负责监理的工程师还应将委派和撤回通知业主。工程师委派和撤回工程师代表的委派书和撤回通知，作为施工合同的附件，必须予以保留。

工程师代表在工程师授权范围内向承包商发出的任何书面形式的函件，与工程师发出的函件具有同等效力。承包商对工程师代表向其发出的任何书面形式的函件有疑问时，可将此函件提交工程师，工程师应进行确认。如果工程师代表发出的指令有失误，则工程师应该进行纠正。

对于实行监理的建设工程项目，监理单位应按照《建设工程监理规范》（GB/T 50319—2013）（以下简称《监理规范》）的规定，组成项目监理机构，并明确监理人员的分工。《监理规范》规定，监理单位履行施工阶段的委托监理合同时，必须在施工现场建立项目监理机构。项目监理机构在完成委托监理合同约定的监理工作后可撤离施工现场。监理人员应包括总监理工程师、专业监理工程师和监理员，必要时可配备总监理工程师代表。

1）总监理工程师。总监理工程师应履行以下职责：

①确定项目监理机构人员及其岗位职责。

②组织编制监理规划，审批监理实施细则。

③根据工程进展及监理工作情况调配监理人员，检查监理人员工作。

④组织召开监理例会。

⑤组织审核分包单位资格。

⑥组织审查施工组织设计、（专项）施工方案。

⑦审查开复工报审表，签发工程开工令、暂停令和复工令。

⑧组织检查施工单位现场质量、安全生产管理体系的建立及运行情况。

⑨组织审核施工单位的付款申请，签发工程款支付证书，组织审核竣工结算。

⑩组织审查和处理工程变更。

⑪调解建设单位与施工单位的合同争议，处理工程索赔。

⑫组织验收分部工程，组织审查单位工程质量检验资料。

⑬审查施工单位的竣工申请，组织工程竣工预验收，组织编写工程质量评估报告，参与工程竣工验收。

⑭参与或配合工程质量安全事故的调查和处理。

⑮组织编写监理月报、监理工作总结，组织整理监理文件资料。

总监理工程师可以将自己的一部分职责委托给总监理工程师代表，但《监理规范》中规定下列工作不得委托，必须由总监理工程师亲自执行：

①组织编制监理规划，审批监理实施细则。

②根据工程进展及监理工作情况调配监理人员。

③组织审查施工组织设计、（专项）施工方案。

④签发工程开工令、暂停令和复工令。

⑤签发工程款支付证书，组织审核竣工结算。

⑥调解建设单位与施工单位的合同争议，处理工程索赔。

⑦审查施工单位的竣工申请，组织工程竣工预验收，组织编写工程质量评估报告，参与工程竣工验收。

⑧参与或配合工程质量安全事故的调查和处理。

2）专业监理工程师。专业监理工程师应按照专业进行配备，专业要与工程项目相配套。专业监理工程师应履行以下职责：

①参与编制监理规划，负责编制监理实施细则。

②审查施工单位提交的涉及本专业的报审文件，并向总监理工程师报告。

③参与审核分包单位资格。

④指导、检查监理员工作，定期向总监理工程师报告本专业监理工作实施情况。

⑤检查进场的工程材料、构配件、设备的质量。

⑥验收检验批、隐蔽工程、分项工程，参与验收分部工程。

⑦处置发现的质量问题和安全事故隐患。

⑧进行工程计量。

⑨参与工程变更的审查和处理。

⑩组织编写监理日志，参与编写监理月报。

⑪收集、汇总、参与整理监理文件资料。

⑫参与工程竣工预验收和竣工验收。

3）监理员。监理员应履行以下职责：

①检查施工单位投入工程的人力、主要设备的使用及运行状况。

②进行见证取样。

③复核工程计量有关数据。

④检查工序施工结果。

⑤发现施工作业中的问题，及时指出并向专业监理工程师报告。

（2）工程师指令。

1）口头指令。对于工程师希望承包商完成的任务，一般情况下在工程例会中安排，但有时工程师也要通过指令及时安排承包商应该完成的任务。工程师发给承包商的指令一般都要采用书面形式，在《监理规范》的第三部分"表格应用"中，有"监理通知单"（表格编号 A.0.3，见表 4-1）和"工程暂停令"（表格编号 A.0.5，见表 4-2）。这两个表格通常就是工程师用来向承包商发布指令的。

表 4-1　监理通知单（A.0.3）

工程名称：　　　　　　　　　　　　　　　　　　　　　　　　　　　　　　编号：

致：
事由：
内容：
项目监理机构（盖章）
总/专业监理工程师（签字）＿＿＿＿＿＿
日　期＿＿＿＿＿＿

注：本表一式三份，项目监理机构、建设单位、施工单位各一份。

表 4-2　工程暂停令（A.0.5）

工程名称：　　　　　　　　　　　　　　　　　　　　　　　　　　　　　　编号：

致：　　　　　　　　　　　　　　　　　　　　　　　　　（承包商）
由于＿＿＿＿＿＿＿＿＿＿＿＿＿＿＿＿＿＿＿＿＿原因，现通知你方于＿＿＿＿年＿＿＿＿
月＿＿＿＿日＿＿＿＿时起，暂停＿＿＿＿部位（工序）施工，并按下述要求做好后续工作。
要求：
项目监理机构（盖章）
总/专业监理工程师（签字、加盖执业印章）＿＿＿＿＿＿
日　期＿＿＿＿＿＿

注：本表一式三份，项目管理机构、建设单位、施工单位各一份。

施工合同规定，工程师发给承包商的指令应该采取书面形式，但在确有必要时，工程师可发出口头指令，并在 48 小时内给予书面确认，承包商对工程师的指令应予以执行。工程师不能及时给予书面确认的，承包商应于工程师发出口头指令后 7 天内提出书面确认要求。工程师在收到承包商确认要求后 48 小时内不予答复的，视为口头指令已被确认。

2）执行指令。对于工程师的指令，一般情况下承包商都应予以执行。但我国施工合同也规定，如果承包商认为工程师指令不合理，应在收到指令后 24 小时内向工程师提出修改指令的书面报告，工程师在收到承包商报告后 24 小时内做出修改指令或继续执行原指令的决定，并以书面形式通知承包商。紧急情况下，工程师要求承包商立即执行的指令或承包商虽有异议，但工程师决定仍继续执行的指令，承包商应予以执行。

对于工程师指令的这一规定，是国内施工合同所特有的。一般国际上施工合同中承包商对工程师的指令都必须予以执行，如果工程师的指令有错误，承包商执行错误指令后的损失应由业主承担。我国的施工合同中，虽然提到了承包商对工程师的指令有异议时，可以向工程师提出，但是没有讲到如果认为不合理但又没有提出的情况应该怎样，所以这样的规定似乎只是起到延缓承包商执行工程师指令的作用，实际操作的意义并不大，对承包商或工程师而言也没有任何的约束力。

3）错误指令的后果。一般情况下，工程师的指令承包商都必须予以执行，工程师如果发布错误的指令，承包商根据错误指令施工后，必然导致错误的结果，而错误的结果最终还是要予以纠正的。纠正错误的代价是由于工程师的错误指令引起的，而工程师不是合同的主体，因此该代价自然由业主来承担。施工合同规定，因工程师指令错误发生的追加合同价款和给承包商造成的损失由业主承担，延误的工期相应顺延。

4）指令发布的延误。工程师应按合同约定，及时向承包商提供所需指令、批准并履行约定的其他义务。由于工程师未能按合同约定履行义务造成工期延误，业主应承担延误造成的追加合同价款，并赔偿承包商有关损失，顺延延误的工期。

第二节 合同谈判、签订及审查

一、合同的谈判

合同谈判，是工程施工合同签订双方对是否签订合同，以及对合同具体内容达成一致的协商过程。通过谈判，能够充分了解对方及项目的情况，为高层决策提供信息和依据。

开标以后，发包方经过研究，往往选择几家投标人就工程有关问题进行谈判，然后选择中标人，这一过程被称为谈判。

1. 合同谈判的目的

（1）发包方参加谈判的目的。

1）发包方可根据参加谈判的投标人的建议和要求，也可吸收其他投标人的建议，对图样、设计方案、技术规范进行某些修改，估计可能对工程报价和工程质量产生的影响。

2）了解和审查投标人的施工规划和各项技术措施是否合理，以及负责项目实施的班子力量是否足够雄厚，能否保证工程质量和进度。

3）通过谈判，发包方还可以了解投标人报价的组成，进一步审核和压低报价。

（2）投标人参加谈判的目的。

1）争取中标，即通过谈判宣传自己的优势，以及建议方案的特点等，以争取中标。

2）争取合理的价格，既要准备应对发包方的压价，又要准备当发包方拟修改设计、增加项目或提高标准时适当增加报价。

3）争取改善合同条款，主要包括：争取修改过于苛刻的不合理的条款，澄清模糊的条款和增加有利于保护投标人利益的条款。

2. 谈判的准备与内容

谈判工作的成功与否，通常取决于谈判准备工作的充分程度和在谈判过程中策略与技巧的运用。

（1）谈判的准备工作。

1）收集资料。谈判准备工作的首要任务就是要收集整理有关合同对方及项目的各种基础资料和背景材料。主要包括对方的资信状况、履约能力、发展阶段、已有成绩等；工程项目的由来、土地获得情况、项目目前的进展、资金来源等。这些资料的来源有：双方合法调查，前期接触过程中已经达成的意向书、会议纪要、备忘录、合同等，以及双方参加前期阶段谈判的人员名单及其情况等。

2）具体分析。俗话说"知彼知己"才会"百战不殆"。在收集了相关资料以后，谈判的重要准备工作就是对己方和对方进行充分分析。

①对己方的分析。签订工程施工合同之前，首先要确定工程施工合同的标的物，即拟建工程项目。发包方必须运用科学研究的成果，对拟建工程项目的投资进行综合分析和论证。发包方必须按照可行性研究的有关规定，做定性和定量的分析研究，包括工程水文地质勘查、地形测量及项目的经济、社会、环境效益的测算比较，在此基础上论证工程项目在技术上、经济上的可行性，对各种方案进行比较，筛选出最佳方案。依据获得批准的项目建议书和可行性研究报告，编制项目设计任务书并选择建设地点。建设项目的设计任务书和选点报告批准后，发包方就可以委托取得工程设计资格证书的设计单位进行设计，然后再进行招标。

对于承包方，在获得发包方发出招标公告后，不是盲目地投标，而是应该做一系列调查研究工作，主要考察的问题有：工程建设项目是否确实由发包方立项？项目的规模如何？是否适合自身的资质条件？发包方的资金实力如何？这些问题可以通过审查有关文件，如发包方的法人营业执照、项目可行性研究报告、立项批复、建设用地规划许可证等加以解决。承包方为承接项目，可以主动提出某些让利的优惠条件，但是在项目是否真实、发包方主体是否合法、建设资金是否落实等原则性问题上不能让步，否则即使在竞争中获胜，即使中标承包了项目，一旦发生问题，合同的合法性和有效性将得不到保证，此种情况下，受损害最大的往往是承包方。

②对对方的分析。对对方的基本情况的分析主要从以下几方面入手：

对对方谈判人员的分析，主要了解对手的谈判组由哪些人员组成，了解他们的身份、地位、性格、喜好、权限等，并注意与对方建立良好的关系，发展谈判双方的友谊，争取在到达谈判以前就有了亲切感和信任感，为谈判创造良好的氛围。

对对方实力的分析，主要是指对对方诚信、技术、财力、物力等状况的分析。可以通过各种渠道和信息传递手段取得有关资料。外国公司很重视这方面的工作，它们往往通过各种机构和组织及信息网络对我国公司的实力进行调研。

实践中，对于承包方而言，一要重点审查发包方是否为工程项目的合法主体。发包方作为合格的施工承发包合同的一方，是否具有拟建工程项目的地皮的立项批文、建设用地规划许可证、建设用地批准书、建设工程规划许可证、施工许可证等证件，这在《建筑法》第七条、第八条、第二十二条均做了具体的规定。二要注意调查发包方的诚信和资金情况，是否具备足够的履约能力。如果发包方在开工初期就发生资金紧张问题，则很难保证今后项目的正常进行，会出现目前建筑市场上常见的拖欠工程款和垫资施工现象。

对于发包方，则应注意承包方是否具有承包该工程项目的相应资质。对于无资质证书承揽工程或越级承揽工程，或以欺骗手段获取资质证书，或允许其他单位或个人使用该企业的资质证书、营业执照的，该施工单位应承担法律责任；对于将工程发包给不具有相应资质的施工单位的，《建筑法》也规定发包方应承担法律责任。

③对谈判目标进行可行性分析。分析工作中还包括分析自身设置的谈判目标是否正确合理、是否切合实际、是否能被对方接受，以及对方设置的谈判目标是否合理。如果自身设置的谈判目标有疏漏或错误，就盲目接受对方的不合理谈判目标，同样会造成项目实施过程中的后患。在实际中，由于承包方中标心切，往往接受发包方极不合理的要求，如带资、垫资、工期短等，造成其在今后发生回收资金、获取工程款、工期反索赔方面的困难。

④对双方地位进行分析。根据此工程项目，与对方相比分析己方所处的地位也是很有必要的。这一地位包括整体与局部的优势和劣势。如果己方在整体上存在优势，而在局部存在劣势，则可以通过以后的谈判等弥补局部的劣势。但如果己方在整体上已显示劣势，则除非能有契机转化这一情势，否则不宜再耗时耗资去进行无利的谈判。

3）拟定谈判方案。对己方与对方分析完毕之后，即可总结该项目的操作风险、双方的共同利益、双方的利益冲突，以及双方在哪些问题上已取得一致，哪些问题还存在分歧甚至原则性的分歧等，然后拟定谈判的初步方案，决定谈判的重点。

（2）明确谈判内容。

1）关于工程范围。承包方所承担的工程范围，包括施工、设备采购、安装和调试等。在签订合同时要做到范围清楚、责任明确，否则将导致报价漏项。

2）关于合同文件。在拟制合同文件时，应注意以下几个问题：

①应将双方一致同意的修改和补充意见整理为正式的"附录"，并由双方签字作为合同的组成部分。

②应当由双方同意将投标前发包方对各承包方质疑的书面答复作为合同的组成部分，因为这些答复既是标价计算的依据，也可能是今后索赔的依据。

③应该表明"合同协议同时由双方签字确认的图样属于合同文件"，以防发包方借补图样的机会增加工程内容。

④对于作为付款和结算工程价款的工程量及价格清单，应该根据议标阶段做出的修正重新审定，并经双方签字。

⑤尽管采用的是标准合同文本，但在签字前都必须全面检查，对于关键词语和数字更应该反复核对，不得有任何大意。

3）关于双方的一般义务。

①关于"工作必须使监理工程师满意"的条款。这在合同条件中常常可以见到，应该载明："使监理工程师满意"只能是施工技术规范和合同条件范围内的满意，而不是其他。合同条件中还常常规定："应该遵守并执行监理工程师的指示"。对此，承包方通常是书面记录下监理工程师对某问题指示的不同意见和理由，以作为日后付诸索赔的依据。

②关于履约保证。应该争取发包方接受由国内银行直接开出的履约保证函。有些国家的发包方一般不接受外国银行开出的履约担保，因此，在合同签订前，应与发包方选一家既与国内银行有往来关系，又能被对方接受的当地银行开具的保证函，并事先与当地银行或国内银行协商。

③关于工程保险。应争取发包方接受由中国人民保险公司出具的工程保险单，如发包方不同意接受，可由一家当地有信誉的保险公司与中国人民保险公司联合出具保险单。

④关于工人的伤亡事故保险和其他社会保险。应力争向承包方本国的保险公司投保。有些国家具有强制性社会保险的规定，对于外籍工人，由于是短期居留性质，应争取免除在当地进行社会保险。否则，这笔保险金应计入在合同价格之内。

⑤关于不可预见的自然条件和人为障碍问题。必须在合同中明确界定"不可预见的自然条件和人为障碍"的内容。若招标文件中提供的气象、地质、水文资料与实际情况有出入，则应争取

列为"非正常气象和水文情况",此时由发包方提供额外补偿费用的条款。

4）关于工程的开工和工期。

①区别工期与合同期的概念。合同期表明一份合同的有效期,即从合同生效之日至合同终止之日的一段时间。而工期是对承包方完成其工作所规定的时间:在工程承包合同中,通常合同期长于工期。

②应明确规定保证开工的措施。要保证工程按期竣工,首先要保证按时开工。将发包方影响开工的因素列入合同条件之中。如果由于发包方的原因导致承包方不能如期开工,则工期应顺延。

③施工中,如因变更设计造成工程量增加或修改原设计方案,或工程师不能按时验收工程,承包方有权要求延长工期。

④必须要求发包方按时验收工程,以免拖延付款,影响承包方的资金周转和工期。

⑤发包方向承包方提交的现场应包括施工临时用地,并写明其占用土地的一切补偿费用均由发包方承担。

⑥应规定现场移交的时间和移交的内容。所谓移交现场应包括场地测量图样、文件和各种测量标志的移交。

⑦单项工程较多的工程,应争取分批竣工,并提交工程师验收,发给竣工证明。工程全部具备验收条件而发包方无故拖延验收时,应规定发包方向承包方支付工程费用。

⑧承包方应有由于工程变更、恶劣气候影响或其他由于发包方的原因要求延长竣工时间的正当权利。

5）关于材料和操作工艺。

①对于报送给监理工程师或发包方审批的材料样品,应规定答复期限。发包方或监理工程师在规定答复期限不予答复,则视作"默许"。经"默许"后再提出更换,应该由发包方承担延误工期和原报批的材料已订货而造成的损失。

②当发生材料代用、更换型号及标准问题时,承包方应注意两点:其一,将这些问题载入合同"附录"中;其二,如有可能,可趁发包方提出材料代用的意见时,更换那些原招标文件中高价或难以采购的材料,并提出用承包方熟悉的货源并可获得优惠价格的材料代替。

③对于应向监理工程师提供的现场测量和试验的仪器设备,应在合同中列出清单,写明名称、型号、规格、数量等。如果超出清单内容,则应由发包方承担超出的费用。

④关于工序质量检查问题。如果监理工程师延误了上道工序的检查时间,往往使承包方无法按期进行下一道工序,从而使工程进度受到严重影响。因此,应对工序检验制度做出具体规定。特别是对需要及时安排检验的工序要有时间限制。超出限制时,监理工程师未予检查,则承包方可认为该工序已被接受,可进行下一道工序的施工。

⑤争取在合同或"附录"中写明材料化验和试验的权威机构,以防止对化验结果的权威性产生争执。

6）关于施工机具、设备和材料的进口。承包方应争取用本国的机具、设备和材料去承包涉外工程。许多国家允许承包方从国外运入施工机具、设备和材料为该工程专用,工程结束后再将机具和设备运出国境。如有此规定,应列入合同"附录"中。另外,还应要求发包方协助承包方取得施工机具、设备和材料的进口许可。

7）关于工程维修。应当明确维修工程的范围、维修期限和维修责任。一般工程维修期届满应退还维修保证金。承包方应争取以维修保函替代工程价款的保证金。因为维修保函具有保函有效期的规定,可以保障承包方在维修期满时自行撤销其维修责任。

8）关于工程的变更和增减。工程变更应有一个合适的限额,超过限额,承包方有权修改单价。对于单项工程的大幅度变更,应在工程施工初期提出,并争取规定限期。超过限期大幅度增加单项工程,由发包方承担材料、工资价格上涨而引起的额外费用;大幅度减少单项工程,发包方应承担因材料已订货而造成的损失。

9）关于付款。承包方最关心的问题就是付款问题。发包方和承包方发生的争议多数集中在付款问题上。付款问题可归纳为三个方面，即价格问题、支付方式问题、货币问题。

①价格问题。国际承包工程的合同计价方式有三类。如果是固定总价合同，承包方应争取订立"增价条款"，保证在特殊情况下，允许对合同价格进行自动调整。这样就将全部或部分成本增高的风险转移至发包方承担。如果是单价合同，合同总价格的风险将由发包方和承包方共同承担。其中，由于工程数量方面的变更而引起的预算价格的超出，将由发包方负担，而单位工程价格中的成本增加，则由承包方承担。对单价合同，也可带有"增价条款"。如果是成本加酬金合同，则成本提高的全部风险由发包方承担。但是承包方一定要在合同中明确哪些费用列为成本，哪些费用列为酬金。

②支付方式问题。主要有支付时间、支付方式和支付保证等问题。在支付时间上，承包方越早得到付款越好。支付的方法有预付款、工程进度付款、最终付款和退还保证金。对于承包方来说，一定要争取到预付款，而且最好预付款的偿还按预付款与合同总价的同一比例每次在工程进度款中扣除。对于工程进度付款，不仅包括当月已完成的工程价款，还包括运到现场的合格材料与设备费用。最终付款意味着工程的竣工，承包方有权取得全部工程合同价款中一切尚未付清的款项。承包方应争取将工程竣工结算和维修责任予以区分，可以用一份维修工程的银行担保函来担保自己的维修责任，并争取早日得到全部工程价款。关于退还保证金问题，承包方争取降低扣留金额的数额，使之不超过合同总价的5%；并争取工程竣工验收合格后全部退还，或者用维修保函代替扣留的应付工程款。

③货币问题。主要是货币兑换限制、货币汇率浮动、货币支付问题。货币支付条款主要有：固定货币支付条款，即合同中规定支付货币的种类和各种货币的数额，今后按此付款，而不受货币价值浮动的影响；选择性货币条款，即可在几种不同的货币中选择支付，并在合同中用不同的货币标明价格。这种方式也不受货币价值浮动的影响，但关键在于选择权的归属问题，承包方应争取主动权。

10）关于争端、法律依据及其他。

①应争取用协商和调解的方法解决双方争端。因为协商解决灵活性比较大，有利于双方经济关系的进一步发展。如果协商不成需调解解决，则争取用中国的涉外调解机构调解；如果调解不成需仲裁解决，则争取由"中国国际经济贸易仲裁委员会"仲裁。

②应注意税收条款。在投标之前应对当地税收进行调查，将可能发生的各种税收计入报价中，并应在合同中规定，对合同价格确定以后由于当地法令变更而导致税收或其他费用的增加，应由发包方按票据进行补偿。

③合同规定管辖的法律通常是当地法律。因此，应对当地相关法律进行一定的了解。

总之，需要谈判的内容非常多，而且双方均以维护自身利益为核心进行谈判，更加使得谈判复杂化、艰难化。因而，需要精明强干的投标班子或者谈判班子进行仔细、具体的谋划。

3. 谈判的策略和技巧

谈判是通过不断的会晤确定各方权利、义务的过程，它直接关系到双方最终利益的得失。因此，谈判不是一项简单的机械性工作，而是集合了策略与技巧的艺术。下面介绍几种常见的谈判策略和技巧。

（1）高起点战略。谈判的过程是双方妥协的过程，通过谈判，双方或多或少都会放弃部分利益以求得项目的进展。而有经验的谈判者在谈判之初就会有意识地向对方提出苛求的谈判条件。这样对方会过高估计己方的谈判底线，从而在谈判中做出更多让步。

（2）掌握谈判议程，合理分配各议题的时间。工程建设的谈判一定会涉及诸多需要讨论的事项，而各谈判事项的重要性并不相同，谈判双方对同一事项的关注程度也并不相同。成功的谈判者善于掌握谈判的进程，在充满合作气氛的阶段，展开自己所关注议题的商讨，从而抓住时机，达成有利于己方的协议。而在气氛紧张时，引导谈判进入双方具有共识的议题，一方面缓和气氛，另一方面缩小双方差距，推进谈判进程。同时，谈判者应懂得合理分配谈判时间。对于各议题的商讨时间应得当，不要过多拘泥于细节性问题。这样可以缩短谈判时间，降低交易成本。

（3）注意谈判氛围。谈判各方往往存在利益冲突，想"兵不血刃"就获得谈判成功是不现实的。但有经验的谈判者会在各方分歧严重、谈判气氛激烈的时候采取润滑措施，舒缓压力。在我国最常见的方式是饭桌式谈判。通过餐宴，联络谈判对方的感情，拉近双方的心理距离，进而在和谐的氛围中重新回到议题。

（4）避实就虚。这是《孙子兵法》中提出的策略，谈判各方都有自己的优势和弱点。谈判者应在充分分析形势的情况下做出正确判断，利用对方的弱点，猛烈攻击，迫其就范，做出妥协。而对于己方的弱点，则要尽量注意回避。

（5）拖延和休会。当谈判遇到障碍、陷入僵局的时候，拖延和休会可以使明智的谈判方有时间冷静思考，在客观分析形势后提出替代性方案。在一段时间的冷处理后，各方都可以进一步考虑整个项目的意义，进而弥合分歧，将谈判从低谷引向高潮。

（6）充分利用专家的作用。现代科技发展使个人不可能成为各方面的专家，而工程项目谈判又涉及广泛的学科领域，充分发挥各领域专家的作用，既可以在专业问题上获得技术支持，又可以利用专家的权威性给对方以心理压力。

（7）分配谈判角色。任何一方的谈判团都由众多人士组成，谈判中应利用各人不同的性格特征各自扮演不同的角色，有的唱红脸，有的唱白脸，这样软硬兼施，可以事半功倍。

二、 合同的订立

施工合同的订立，指发包人和承包商之间为了建立承发包合同关系，通过对工程合同具体内容进行协商而形成合意的过程。

1. 订立工程合同的原则及要求

（1）平等、自愿原则。《合同法》第三条规定："合同当事人的法律地位平等，一方不得将自己的意志强加给另一方。"所谓平等是指当事人之间在合同的订立、履行和承担违约责任等方面都处于平等的法律地位，彼此的权利、义务对等。合同的当事人，无论规模和实力的大小在订立合同的过程中地位一律平等，订立工程合同必须体现发包方和承包方在法律地位上完全平等。

《合同法》第四条规定："当事人依法享有订立合同的权利，任何单位和个人不得干预。"所谓自愿原则，是指是否订立合同、与谁订立合同、订立合同的内容及是否变更合同，都要由当事人依法自愿决定，订立工程合同必须遵守自愿原则。实践中，有些地方行政管理部门，如消防、环保、供气等部门通常要求发包方、总承包方接受并与其指定的专业承包商签订专业工程分包合同。发包方、总承包方如果不同意，上述部门在工程竣工验收时就会故意找麻烦，拖延验收、通过。此行为严重违背了在订立合同时当事人之间应当遵守的自愿原则。

（2）公平原则。《合同法》第五条规定："当事人应当遵循公平原则确定各方的权利和义务。"所谓公平原则是指当事人在订立合同的过程中以利益均衡作为评判标准。该原则最基本的要求即是发包方与承包方的合同权利、义务、承担责任要对等而不能显失公平。实践中，发包方常常利用自身在建筑市场的优势地位，要求工程质量达到优良标准，但又不愿优质优价；要求承包方大幅度缩短工期，但又不愿支付赶工措施费；竣工日期提前，发包方不支付奖励或奖励很低，竣工日期延迟，发包方却要承包方承担逾期竣工一倍、有时甚至几倍于奖金的违约金。上述情况均违背了订立工程合同时承包方、发包方应该遵循的公平原则。

（3）诚实信用原则。《合同法》第六条规定："当事人行使权利、履行义务应当遵循诚实信用原则。"诚实信用原则主要指当事人在缔约时诚实并且不欺不诈，在缔约后守信和自觉履行。在工程合同的订立过程中，常常会出现这样的情况，经过招标投标过程，发包方确定了中标人，却不愿与中标人订立工程合同，而另行与其他承包商订立合同。发包方此种行为严重违背了诚实信用原则，按《合同法》规定应承担缔约过失责任。

（4）合法原则。《合同法》第七条规定："当事人订立、履行合同应当遵守法律、行政法规……"所谓合法原则主要指在合同法律关系中，合同主体、合同的订立形式、订立合同的程序、合同的内容、履行合同的方式、对变更或者解除合同权利的行使等都必须符合我国的法律、行政法规。实践中，下列工程合同常常因为违反法律、行政法规的强制性规定而无效或部分无效：没有从事建筑经营活动资格而订立的合同；超越资质等级订立的合同；未取得《建设工程规划许可证》或者违反《建设工程规划许可证》的规定进行建设，严重影响城市规划的合同；未取得《建设用地规划许可证》而签订的合同；未依法取得土地使用权而签订的合同；必须招标投标的项目，未办理招标投标手续而签订的合同；根据无效中标结果所订立的合同；非法转包合同；不符合分包条件而分包的合同；违法带资、垫资施工的合同等。

2. 订立工程合同的形式和程序

（1）订立工程合同的形式。《合同法》第十条规定："当事人订立合同，有书面合同、口头形式和其他形式。法律、行政法规规定采用书面形式的，应当采用书面形式。当事人约定采用书面形式的应当采用书面形式。"书面形式是指合同书、信件和数据电文（包括电报、电传、传真、电子数据交换和电子邮件）等可以有形地表现所载内容的形式。

工程合同由于涉及面广、内容复杂、建设周期长、标的金额大，《合同法》第二百七十条规定："工程施工合同应当采用书面形式"。

（2）订立工程合同的程序。《合同法》第十三条规定："当事人订立合同，采取要约、承诺方式。"

1）要约。要约是希望和他人订立合同的意思表示，该意思表示应当符合下列规定：①内容具体、确定；②表明经受要约人承诺，要约人即受该意思表示约束。

要约邀请不同于要约，要约邀请是希望他人向自己发出要约的意思表示。寄送的价目表、拍卖公告、招标公告、招股说明书、商业广告等为要约邀请。

2）承诺。承诺是受要约人同意要约的意思表示。承诺应当具备的条件：承诺必须由受要约人或其代理人做出；承诺的内容与要约的内容应当一致；承诺要在要约的有效期内做出；承诺要送达要约人。

承诺可以撤回但是不得撤销。承诺通知到达受要约人时生效。不需要通知的，根据交易习惯或者要约的要求做出承诺的行为时生效。一承诺生效时，合同成立。

根据《招标投标法》对招标、投标的规定，招标、投标、中标实质上就是要约、承诺的一种具体方式。招标人通过媒体发布招标公告，或向符合条件的投标人发出招标文件，为要约邀请；投标人根据招标文件内容在约定的期限内向招标人提交投标文件，为要约；招标人通过评标确定中标人，发出中标通知书，为承诺；招标人和中标人按照中标通知书、招标文件和中标人的投标文件等订立书面合同时，合同成立并生效。

3. 工程合同的文件组成及主要条款

（1）工程合同文件的组成及解释次序。不需要通过招标投标方式订立的工程合同，合同文件常常就是一份合同或协议书，最多在正式的合同或协议书后附一些附件，并说明附件与合同或协议书具有同等的效力。

通过招标投标方式订立的工程合同，因经过招标、投标、开标、评标、中标等一系列过程，合同文件不单单是一份协议书，而通常由以下文件共同组成：本合同协议书；中标通知书；投标书及其附件；本合同专用条款；本合同通用条款；标准、规范及有关技术文件；图纸；工程量清单；工程报价书或预算书。

当上述文件间前后矛盾或表达不一致时，以在前的文件为准。

（2）工程合同的主要条款。一般合同应当具备如下条款：当事人的名称或姓名和住所，标的，数量，质量，价款或者酬金，履行期限、地点和方式，违约责任，争议的解决方法。工程施工合同应当具备的主要条款如下。

1）承包范围。建筑安装工程通常分为基础工程（含桩基工程）、土建工程、安装工程、装饰工程，合同应明确哪些内容属于承包方的承包范围，哪些内容由发包方另行发包。

2）工期。承发包双方在确定工期的时候，应当以国家工期定额为基础，根据承发包双方的具体情况并结合工程的具体特点，确定合理的工期；工期是指自开工日期至竣工日期的期限，双方应对开工日期及竣工日期进行精确的定义，否则日后易起纠纷。

3）中间交工工程的开工和竣工时间。确定中间交工工程的工期，其需与工程合同确定的总工期相一致。

4）工程质量等级。工程质量等级标准分为不合格、合格和优良，不合格的工程不得交付使用。承发包双方可以约定工程质量等级达到优良或更高标准，但是应根据优质优价原则确定合同价款。

5）合同价款。又称工程造价，通常采用国家或者地方定额的方法进行计算确定。随着市场经济的发展，承发包双方可以协商自主定价，而无须执行国家、地方定额。

6）施工图纸的交付时间。施工图纸的交付时间必须满足工程施工进度要求。为了确保工程质量，严禁边设计、边施工、边修改的"三边"工程。

7）材料和设备供应责任。承发包双方需明确约定哪些材料和设备由发包方供应，以及在材料和设备供应方面双方各自的义务和责任。

8）付款和结算。发包人一般应在工程开工前支付一定的备料款（又称预付款），工程开工后按工程进度按月支付工程款，工程竣工后应当及时进行结算，扣除保修金后应按合同约定的期限支付尚未支付的工程款。

9）竣工验收。竣工验收是工程合同重要条款之一，实践中常见有些发包人为了达到拖欠工程款的目的，迟迟不组织验收或者验而不收。因此，承包商在拟定本条款时应设法预防上述情况的发生，争取主动。

10）质量保修范围和期限。建设工程的质量保修范围和保修期限应当符合《建设工程质量管理条例》的规定。

11）其他条款。工程合同还包括隐蔽工程验收、安全施工、工程变更、工程分包、合同解除、违约责任、争议解决方式等条款，双方均要在签订合同时加以明确约定。

三、 合同的审查

1. 合同效力的审查

依法成立的合同，自成立时生效。《合同法》第八条规定："依法成立的合同，对当事人具有法律约束力。当事人应当按照约定履行自己的义务，不得擅自变更或解除合同。依法成立的合同，受法律保护。"第四十四条规定："依法成立的合同，自成立时生效。法律、行政法规规定应当办理批准、登记等手续生效的，依照其规定。"有效的工程施工合同，有利于建设工程顺利地进行。

对工程施工合同效力的审查，基本从合同主体、客体、内容三方面加以考察。结合实践情况，主要审查以下几个方面。

（1）订立合同的双方是否具有经营资格。工程施工合同的签订双方是否有专门从事建筑业务的资格，是合同有效、无效的重要条件之一。

1）作为发包方的房地产开发公司应有相应的开发资格。《中华人民共和国城市房地产管理法》第三十条规定，"房地产开发企业是以营利为目的，从事房地产开发和经营的企业。设立房地产开发企业，应当具备下列条件：①有自己的名称和组织机构；②有固定的经营场所；③有符合国务院规定的注册资本；④有足够的专业技术人员；⑤法律、行政法规规定的其他条件。设立房地产开发企业，应当向工商行政管理部门申请设立登记。工商行政管理部门对符合本法规定条件的，应当予以登记，发给营业执照；对不符合本法规定条件的，不予登记。"由此可见，房地产开发公司必须是专门从事房地产开发和经营的公司，如无此经营范围而从事房地产开发并签订工程施工合同的，该合同无效。

2) 作为承包方的勘察、设计、施工单位均应有其经营资格。《建筑法》对"从业资格"做了明确规定，"从事建筑活动的建筑施工单位、勘察单位、设计单位和工程监理单位，应当具备下列条件：①有符合国家规定的注册资本；②有与其从事的建筑活动相适应的具有法定执业资格的专业技术人员；③有从事相关建筑活动所应有的技术装备；④法律、行政法规规定的其他条件。"因此，发包方在招标时必须审查承包方的营业执照，以此来判断承包方的经营资格。

(2) 工程施工合同的主体是否缺少相应资质。由于建设工程是一种特殊的"不动产"产品，因此工程施工合同的主体不仅具备一定的资产、正规的组织机构和固定的经营场所，还必须具备与建设工程项目相适应的资质条件，而且也只能在资质证书核定的范围内承接相应的建设工程项目，不得擅自越级或超越规定的范围。

国务院于 2000 年 1 月 30 日发布的《建设工程质量管理条例》第十八条规定："从事建设工程勘察、设计的单位应当依法取得相应等级的资质证书，并在其资质等级许可的范围内承揽工程。禁止勘察、设计单位超越其资质等级许可的范围或者以其他勘察、设计单位的名义承揽工程。禁止勘察、设计单位允许其他单位或者个人以本单位的名义承揽工程。"第二十五条规定："施工单位应当依法取得相应等级的资质证书，并在其资质等级许可的范围内承揽工程。禁止施工单位超越本单位资质等级许可的业务范围或者以其他施工单位的名义承揽工程。禁止施工单位允许其他单位或者个人以本单位的名义承揽工程。"第三十四条规定："工程监理单位应当依法取得相应等级的资质证书，并在其资质等级许可的范围内承担工程监理业务。禁止工程监理单位超越本单位资质等级许可的业务范围或者以其他工程监理单位的名义承揽工程。禁止工程监理单位允许其他单位或者个人以本单位的名义承揽工程监理业务。"由此可见，我国法律、行政法规对建筑活动中的承包商应具备相应资质做了严格的规定，违反此规定签订的合同必然是无效的。

(3) 所签订的合同是否违反分包和转包的有关规定。《建筑法》允许建设工程总承包单位将承包工程中的部分发包给具有相应资质条件的分包单位，但是这些分包必须获得建设单位的认可。并且，建设工程主体结构的施工必须由总承包单位自行完成。也就是说，未经建设单位认可的分包和施工总承包单位将工程主体结构分包出去所订立的分包合同均为无效。此外，将建设工程分包给不具备相应资质条件的单位或分包后将工程再分包的，均是法律禁止的。

《建筑法》对转包行为均做了严格禁止。转包，包括承包单位将其承包的全部建设工程转包给其他单位或承包单位将其承包的全部建设工程肢解以后以分包的名义分别转包给其他单位。属于转包性质的合同均是违法的，也是无效的。

(4) 订立的合同是否违反法定程序。订立合同由要约与承诺两个阶段构成。在工程施工合同尤其是总承包合同订立中，通常通过招标投标的程序，招标为要约邀请，投标为要约，中标通知书的发出意味着承诺。对通过这一程序缔结的合同，我国《招标投标法》有着严格的规定。

1)《招标投标法》对必须进行招标投标的项目做了限定。《招标投标法》第三条规定，"在中华人民共和国境内进行下列工程建设项目包括项目的勘察、设计、施工、监理以及与工程建设有关的重要设备、材料等的采购，必须进行招标：①大型基础设施、公用事业等关系社会公共利益、公众安全的项目；②全部或者部分使用国有资金投资或者国家融资的项目；③使用国际组织或者外国政府贷款、援助资金的项目。"第四条规定："任何单位和个人不得将依法必须进行招标的项目化整为零或者以其他任何方式规避招标。"如属于上述必须招标的项目却未经招标投标，由此订立的工程施工合同视为无效。

2）招标投标活动必须遵循"公开、公平、公正"的"三公"原则和诚信原则，否则将有可能导致合同无效。

所谓"公开"原则就是要求招标投标活动具有高的透明度，实行招标信息、招标程序公开，即发布招标通告，公开开标，公开中标结果，使每一个投标人获得同等的信息，知悉招标的一切条件和要求。"公平"原则就是要求给予所有投标人平等的机会，使其享有同等的权利并履行相应的义务，不歧视任何一方。"公正"原则就是要求评标时按事先公布的标准对待所有的投标人。所谓"诚实信用"原则，就是招标投标当事人应以诚实、守信的态度行使权利，履行义务，以维持双方的利益平衡，以及自身利益与社会利益的平衡。

从以上原则出发，《招标投标法》规定，不得规避招标、串通投标、泄露标底、骗取中标、非法律允许的转包，否则双方签订合同视为无效，并受到相应的处罚。

（5）所订立的合同是否违反其他法律和行政法规。如合同内容违反法律和行政法规，也可能导致整个合同的无效或合同的部分无效。例如，发包方指定承包单位购入的用于工程的建筑材料、构配件，或者指定生产厂、供应商等，此类条款均为无效。又如发包方与承包方约定的承包方带资垫资的条款，因违反我国《商业银行法》关于企业间借贷应通过银行的规定，也无效。合同中某一条款的无效，并不必然影响整个合同的有效性。

实践中，构成合同无效的情况众多，已不仅仅是上述几种情况，还需要根据《合同法》判别。因此，建议承发包双方将合同审查落实到合同管理机构和专门人员，每一项目的合同文本均须经过经办人员、部门负责人、法律顾问、总经理几道审查，批注具体意见，必要时还应听取财务人员的意见，以期尽量完善合同，确保在谈判时使本方利益能够得到最大保护。

2. 合同内容的审查

合同条款的内容直接关系到合同双方的权利、义务，在工程施工合同签订之前，应当严格审查各项合同内容，尤其应注意如下内容。

（1）确定合理的工期。工期过长，发包方不利于及时收回投资；工期过短，承包方不利于工程质量及施工过程中建筑半成品的养护。因此，对承包方而言，应当合理计算自己能否在发包方要求的工期内完成承包任务，否则应当按照合同约定承担逾期竣工的违约责任。

（2）明确双方代表的权限。在施工承包合同中通常都明确建设方代表和施工方代表的姓名和职务，但对其作为代表的权限往往规定不明。由于代表的行为代表了合同双方的行为，因此有必要对其权利范围及权利限制做一定约定。例如，约定确认工期是否可以顺延应由建设方代表签字并加盖建设方公章方可生效，此时即对建设方代表的权利做了限制，施工方必须清楚这一点，否则将有可能违背合同。

（3）明确工程造价或工程造价的计算方法。工程造价条款是工程施工合同的必备和关键条款，但通常会发生约定不明的情况，往往为日后争议与纠纷的发生埋下隐患。而处理这类纠纷，法院或仲裁机构一般委托有权审价机构鉴定造价，势必使当事人陷入旷日持久的诉累；更何况经审价得出的造价也因缺少可靠的计算依据而缺乏准确性，对维护当事人的合法权益极为不利。

如何在订立合同时就能明确工程造价？"设定分阶段决算程序，强化过程控制"将是一个有效的方法。具体而言，就是在设定承发包合同时增加工程造价过程控制的内容，按工程形象进度分段进行预决算并确定相应的操作程序，使合同签约时不确定的工程造价在合同履行过程中按约定的程序得到确定，从而避免可能出现的造价纠纷。

设定造价过程控制程序需要增加相应的条款，其主要内容为下述一系列的特别约定：

1）约定发包方按工程进度分段提供施工图的期限和发包方组织分段图纸会审的期限。

2）约定承包方得到分段施工图后提供相应工程预算，以及发包方批复同意分段预算的期限。经发包方认可的分段预算是该段工程备料款和进度款的付款依据。

3）约定承包方完成分阶段工程并经质量检查符合合同约定条件，向发包方递交该进度阶段的工程决算的期限，以及发包方审核的期限。

4）约定承包方按经发包方认可的分段施工图组织设计，按分段进度计划组织基础、结构、装修阶段的施工。合同规定的分段进度计划具有决定合同是否继续履行的直接约束力。

5）约定全部工程竣工通过验收后承包方递交工程最终决算造价的期限，以及发包方审核是否同意及提出异议的期限和方法。双方约定经发包方提出异议，承包方做修改、调整后双方能协商一致的，即为工程最终造价。

6）约定发包方支付承包方各分阶段预算工程款的比例，以及备料款、进度、工作量增减值和设计变更签证、新型特殊材料差价的分阶段结算方法。

7）约定承发包双方对结算工程最终造价有异议时的委托审价机构审价，以及该机构审价对双方均具有约束力，双方均承认该机构审定的即为工程最终造价。

8）约定结算工程最终造价期间与工程交付使用的互相关系及处理方法，实际交付使用和实际结算完毕之间的期限，是否计取利息及计取的方法。

9）约定双方自行审核确定的或由约定审价机构审定的最终造价的支付，以及工程保修金的处理方法。

（4）明确材料和设备的供应。由于材料、设备的采购和供应容易引发纠纷，所以必须在合同中明确约定相关条款，包括发包方或承包方所供应或采购的材料或设备的名称、型号、数量、规格、单价、质量要求、运送到达工地的时间、运输费用的承担、验收标准、保管责任、违约责任等。

（5）明确工程竣工交付使用。应当明确约定工程竣工交付的标准。有两种情况：第一是发包方需要提前竣工，而承包方表示同意的，则应约定由发包方另行支付赶工费，因为赶工意味着承包方将投入更多的人力、物力、财力，劳动强度增大，损耗增加。第二是承包方未能按期完成建设工程的，应明确由于工期延误要赔偿发包方的延期费。

（6）明确最低保修年限和合理使用寿命的质量保证。《建筑法》第六十条规定："建筑物在合理使用寿命内，必须确保地基基础工程和主体结构的质量。建筑工程竣工时，屋顶、墙面不得留有渗漏、开裂等质量缺陷；对已发现的质量缺陷，建筑施工单位应当修复。"《建筑法》第六十二条规定："建筑工程实行质量保修制度。建筑工程的保修范围应当包括地基基础工程、主体结构工程、屋面防水工程和其他土建工程，以及电气管线、上下水管线的安装工程，供热、供冷系统工程等项目；保修的期限应当按照保证建筑物合理寿命年限内正常使用，维护使用者合法权益的原则确定。具体的保修范围和最低保修期限由国务院规定。"

《建设工程质量管理条例》第四十条明确规定，"在正常使用条件下，建设工程的最低保修期限为：①基础设施工程、房屋建筑的地基基础工程和主体结构工程，为设计文件规定的该工程的合理使用年限；②屋面防水工程、有防水要求的卫生间、房间和外墙面的防渗漏，为五年；③供热与供冷系统，为两个采暖期、供冷期；④电气管线、给排水管道、设备安装和装修工程，为两年。其他项目的保修期限由发包方与承包方约定。建设工程的保修期，自竣工验收合格之日起计算。"

根据以上规定，承发包双方在招标投标时不仅要据此确定上述已列举项目的保修年限，并保证这些项目的保修年限等于或超过上述最低保修年限，而且要对其他保修项目加以列举并确定保修年限。

（7）明确违约责任。违约责任条款订立的目的在于促使合同双方严格履行合同义务，防止违约行为的发生。发包方拖欠工程款、承包方不能保证施工质量或不按期竣工，均会给对方及第三方带来不可估量的损失。审查违约责任条款时，要注意两点：第一，对违约责任的约定不应笼统化，而应区分情况做相应约定。有的合同不论违约的具体情况，笼统地约定一笔违约金，这没有与因违约造成的真正损失额挂钩，从而会导致违约金过高或过低的情形，是不妥当的。应当针对不同的情形做不同的约定，如质量不符合合同约定标准应当承担的责任、因工程返修造成工期延长的责任、逾期支付工程款所应承担的责任等，衡量标准均不同。第二，对双方的违约责任的约定是否全面。在工程施工合同中，双方的义务繁多，有的合同仅对主要的违约情况做了违约责任的约定，而忽视了违反其他非主要义务所应承担的违约责任。但实际上，违反这些义务极可能影响整个合同的履行。

除对合同每项条款均应仔细审查外，签约主体也是应当注意的问题。合同尾部应加盖与合同双方文字名称相一致的公章，并由法定代表人或授权代表签名或盖章，授权代表的授权委托书应作为合同附件。

第三节　合同进度管理

一、工期

1. 合同工期

发包人应按照法律规定获得工程施工所需的许可。经发包人同意后，监理人发出的开工通知应符合法律规定。监理人应在计划开工日期七天前向承包商发出开工通知，工期自开工通知中载明的开工日期起算。

除专用合同条款另有约定外，因发包人原因造成监理人未能在计划开工日期之日起九十天内发出开工通知的，承包商有权提出价格调整要求，或者解除合同。发包人应当承担由此增加的费用和（或）延误的工期，并向承包商支付合理利润。

2. 工期延误

（1）因发包人原因导致工期延误。在合同履行过程中，因下列情况导致工期延误和（或）费用增加的，由发包人承担由此延误的工期和（或）增加的费用，且发包人应支付承包商合理的利润：

1）发包人未能按合同约定提供图纸或所提供图纸不符合合同约定的。

2）发包人未能按合同约定提供施工现场、施工条件、基础资料、许可、批准等开工条件的。

3）发包人提供的测量基准点、基准线和水准点及其书面资料存在错误或疏漏的。

4）发包人未能在计划开工日期之日起七天内同意下达开工通知的。

5）发包人未能按合同约定日期支付工程预付款、进度款或竣工结算款的。

6）监理人未按合同约定发出指示、批准等文件的。

7）专用合同条款中约定的其他情形。

因发包人原因未按计划开工日期开工的，发包人应按实际开工日期顺延竣工日期，确保实际工期不低于合同约定的工期总日历天数。因发包人原因导致工期延误需要修订施工进度计划的，按照施工进度计划的修订执行。

（2）因承包商原因导致工期延误。因承包商原因造成工期延误的，可以在专用合同条款中约定逾期竣工违约金的计算方法和逾期竣工违约金的上限。承包商支付逾期竣工违约金后，不免除承包商继续完成工程及修补缺陷的义务。

3. 合同工期的顺延

实践中，施工合同受到来自各方面的影响因素很多，这些影响因素的影响结果不是工程造价提高，就是工程施工停工或施工时间增加，而且造价提高和工期延长往往同时并存。这些影响因素有的是承包商在投票时就可以预计到的，有的是不可以预计的。不论是承包商可以预计还是不可以预计的,从业主的角度都必须考虑这些影响因素应该由谁来承担。很显然,如果业主将可能出现的影响因素都转嫁给承包商来承担,则必然导致的情况就是,承包商在投标阶段必定将这些风险转变成施工成本而提高投标报价。换句话说,如果业主将这些因素都交由承包商来承担,不管这样的因素在实际施工期间是否发生,业主招标的结果必然是中标价要高些。这样对业主当然是不利的,所以国际上通常的惯例做法是将这类风险留给业主自己承担。这样做的好处是,只有该因素在施工中出现了业主才承担,不出现时业主就不承担,最终使得业主的投资没有浪费。

(1) 延误的工期。我国现行的施工合同也是参照了国际惯例,同国际惯例的做法一样,将这些风险归为应由业主承担的风险。在施工时间方面,通用条款规定,因下列原因造成的工期延误属于业主所应承担的风险,经工程师确认后,延误的工期应该由业主补给承包商:

1) 业主未能按专用条款的约定提供图纸及开工条件。

2) 业主未能按约定日期支付工程预付款、进度款,使施工不能正常进行。

3) 工程师未按合同约定提供所需指令、批准等,使施工不能正常进行。

4) 设计变更和工程量增加。

5) 一周内非承包商原因停水、停电、停气造成停工累计超过8小时。

6) 不可抗力。

7) 专用条款中约定或工程师同意工期顺延的其他情况。

(2) 工期顺延的程序。通用条款规定,在上述顺延工程工期的情况发生后十四天内,承包商就延误的工期以书面形式向工程师提出报告。

工程师在收到报告后十四天内予以确认,逾期不予确认也不提出修改意见的,视为同意顺延工期。

《监理规范》规定,当承包商提出工程延期要求符合施工合同的规定条件时,项目监理机构应予以受理。当影响工期事件具有持续性时,项目监理机构可在收到承包商提交的阶段性工程延期申请表并经过审查后,先由总监理工程师签署工程临时延期审批表并通报业主。当承包商提交最终的工程延期申请表后,项目监理机构应复查工程延期及临时延期情况,并由总监理工程师签署最终延期审批表。

工程临时或最终延期报审表应符合《监理规范》第三部分"表格应用"中表B.0.14(表4-3)的格式。

表4-3 工程临时或最终延期报审表 (B.0.14)

工程名称:××商务大厦　　　　　　　　　　　　　　　　　　　　　编号:YQ-001

致:××建设工程监理有限公司××商务大厦监理项目部(项目监理机构)

根据施工合同第2.4条、第7.5条(条款),由于非我方原因停水、停电原因,我方申请工程临时/最终延期 <u>2</u> (日历天),请予批准。
 	
    附件:
    1. 工程延期依据及工期计算:16小时/8小时=2(天);
    2. 证明材料:(1)停水通知/公告;(2)停电通知/公告。
 	
                                                              施工项目经理部(盖章)
                                                      项目经理(签字) ×××
                                                        ×××年×月×日

（续）

审核意见：

☑同意临时或最终延长工期 __2__ （日历天）。工程竣工日期从施工合同约定的 __××××__ 年 _×_ 月 _×_ 日

延迟到 __××××__ 年 _×_ 月 _×_ 日。

□不同意延长工期，请按约定竣工日期组织施工。

项目监理机构（盖章）

总监理工程师（签字　加盖执业印章） __×××__

××××年×月×日

审批意见：

同意临时延长工程工期2天。

建设单位（盖章）

建设单位代表（签字） __×××__

××××年×月×日

注：本表一式三份，项目监理机构、建设单位、施工单位各一份。

《监理规范》还规定，项目监理机构在做出临时延期批准和最终延期批准之前，均应与业主和承包商进行协商。

项目监理机构在审查工程延期时，应依下列情况确定批准工程延期的时间：

1）施工合同中有关工程延期的约定。

2）工期拖延和影响工期事件的事实和程度。

3）影响工期事件对工期的量化程度。

4. 实际施工期

从合同协议书约定的开工日期起，至承包商实际完成施工、工程实际竣工之日止的时间段，为承包商实际施工期。

实际竣工日期为工程竣工验收通过、承包商送交竣工验收申请报告的日期。工程按业主要求修改后通过竣工验收的，实际竣工日期为承包商修改后提请业主验收的日期。

我国施工合同的这种规定，与FIDIC合同的做法不同。在FIDIC合同中，实际竣工时间是由工程师掌握的，具体情况将在以后的章节进行介绍。但在我国却是以通过验收时承包商提交验收申请报告的日期为工程的实际竣工日期，仔细分析就会发现，这样的规定存在漏洞。因为按照施工合同规定，从承包商提交验收申请，到业主组织验收有不超过28天的准备时间。试想，如果承包商递交验收申请后，业主在第20天才开始验收，而验收结果是没有通过，这20天承包商可能已经没有施工任务而处于等待状态，但20天等待后却要继续返工，等其返工完毕，再提交验收申请。如果第二次验收通过，则按照施工合同的规定，实际竣工时间为返工后提交申请的时间，那自然包括了此前提到20天的等待时间。然而把这20天作为承包商的实际施工时间看待，对于承包商来说是不公平的，因为这是由业主安排竣工检验的原因引起的。

二、 进度计划

承包商编制的施工进度计划，是施工合同管理中一个极为重要的依据文件。前述如工期顺延

等问题，判别一些关键时间界限及划分责任归属的依据，就是经工程师批准执行的进度计划。进度计划经工程师批准后，不仅承包商应按照计划组织施工，业主、工程师也要按照计划履行相应的义务，所以其对承包商、业主和工程师三方均具有约束力。

1. 进度计划修改

进度计划必然受到现场各种实际因素的干扰，而当计划与现实情况不相符时，计划必须要进行修改。因此，在施工合同通用条款中，对进度计划做出如下约定：

（1）承包商应按专用条款约定的日期，将施工组织设计和工程进度计划提交工程师，工程师按照专用条款约定的时间予以确认或提出修改意见，逾期不确认也不提出书面意见的，视为同意。

（2）群体工程中单位工程分期进行施工的，承包商应按照业主提供的图纸及有关资料的时间，按单位工程编制进度计划，具体内容双方在专用条款中约定。

（3）承包商必须按工程师确认的进度计划组织施工，接受工程师对进度的检查、监管。工程实际进度与经确认的进度计划不符时，承包商应按工程师的要求提出改进措施，经工程师确认后执行。因承包商的原因导致实际进度与进度计划不符，承包商无权就改进措施提出追加合同价款。

施工过程中，各种因素引起的停工时有发生，同时由于施工合同履行期限长，履行过程中难免会发生合同变更。当工程停工、合同变更等情况出现后，都会引起计划进度与实际进度不相符，此时承包商一般都要对进度计划进行调整。

承包商对进度计划的调整，是承包商的一项义务，这是国际惯例的通行做法，如 FIDIC 施工合同条件规定，不论什么原因引起进度计划与实际进度不符，承包商都应免费调整进度计划。这就说明，即使进度计划与实际进度不相符的原因是由业主引起的，承包商也要调整进度计划，而且不能要求业主支付一笔调整进度计划的费用。

我国施工合同中没有明确说到对进度计划进行调整，而是承包商要"提出改进措施"。虽然这样的规定是放在"进度计划"的条款之下，但由于改进措施，可以是对实际施工进度而言的，也可以是其他方面，所以此处意义是不明确的。合同还提到"因承包商原因导致的实际进度与进度计划不符，承包商无权就改进措施提出追加合同价款"，如果"改进措施"是指进度计划调整，则说明由业主原因引起的实际进度与进度计划不符，承包商就有权因改进措施提出追加合同价款，这又与国际惯例不相符。

承包商修改进度计划是承包商的管理手段，承包商进行施工管理的相关费用，已经在投标报价中有所体现。因此，承包商修改进度计划是其义务，不论什么原因要修改进度计划，都应该是免费进行的，即国际惯例的通行做法是比较科学的。

2. 暂停施工

在施工过程中可能会出现暂时停工的情况，暂停施工会影响工程进度，作为工程师应该尽量避免暂停施工。实践中暂停施工有的是局部的暂停施工，有的是整个工程的暂停施工。而停工的原因来自四个方面：一定发包人原因引起暂停施工；二是承包商原因引起暂停施工；三是指示暂停施工；四是紧急情况下的暂停施工。下面将分别进行简单介绍。

（1）发包原因引起暂停施工。由发包人原因引起暂停施工的，监理人经发包人同意后，应及时下达暂停施工指示。情况紧急且监理人未及时下达暂停施工指示的，按照 13 版施工合同范本执行。

由发包人原因引起的暂停施工，发包人应承担由此增加的费用和（或）延误的工期，并支付承包商合理的利润。

（2）承包商原因引起暂停施工。由承包商原因引起的暂停施工，承包商应承担由此增加的费用和（或）延误的工期，且承包商在收到监理人复工指示后 84 天内仍未复工的，视为 13 版施工合同范本第（7）项约定的承包商无法继续履行合同的情形。

（3）指示暂停施工。监理人认为有必要时，并经发包人批准后，可向承包商做出暂停施工的指示，承包商应按监理人指示暂停施工。

（4）紧急情况下的暂停施工。因紧急情况需暂停施工且监理人未及时下达暂停施工指示的，承包商可先暂停施工，并及时通知监理人。监理人应在接到通知后24小时内发出指示，逾期未发出指示，视为同意承包商暂停施工。监理人不同意承包商暂停施工的，应说明理由，承包商对监理人的答复有异议，按照13版施工合同范本约定处理。

3. 设计变更

在施工过程中如果发生设计变更，将对施工进度产生重大影响。因此，工程师在其可能的范围内应尽量减少设计变更。如果必须对设计进行变更，应该严格按照国家的规定和合同约定的程序进行。

（1）业主要求变更。施工中业主要对原工程进行设计变更，应提前14天以书面形式向承包商发出变更通知。变更超过原设计标准或批准的建设规模时，业主应报规划管理部门和其他有关部门重新审查批准，并由原设计单位提供变更的相应图纸和说明。由此延误的工期相应顺延。

由于大部分建设工程的设计是由业主委托设计单位进行的，因此，如果设计单位要求对设计进行变更，在施工合同中也属于业主要求设计变更的情况。

（2）承包商要求变更。承包商应该严格按照图纸施工，施工中承包商不得对原工程设计进行变更。因承包商擅自变更设计发生的费用和由此导致业主的直接损失，由承包商承担，延误的工期不予顺延。

承包商在施工中提出的合理化建议涉及对设计图纸或施工组织设计的更改及对材料、设备的换用必须经工程师同意。未经同意擅自更改或换用时，承包商承担由此发生的费用，并赔偿业主的有关损失，延误的工期不予顺延。

（3）设计变更内容。能够构成设计变更的事项包括以下变更：

1）增加或减少合同中任何工作，或追加额外的工作。

2）取消合同中任何工作，但转由他人实施的工作除外。

3）改变合同中任何工作的质量标准或其他特性。

4）改变工程的基线、标高、位置和尺寸。

5）改变工程的时间安排或实施顺序。

（4）工程变更处理程序。在施工合同管理中，工程变更的情况非常常见，设计变更是工程变更的一种情况。由于设计变更一般会涉及工期与施工成本的较大调整，所以施工合同中对此做出特别的说明，而一般的工程变更则属于合同管理的内容。

发包人和监理人均可以提出变更。变更指示均通过监理人发出，监理人发出变更指示前应征得发包人同意。承包商收到经发包人签认的变更指示后，方可实施变更。未经许可，承包商不得擅自对工程的任何部分进行变更。

涉及设计变更的，应由设计人提供变更后的图纸和说明。当变更超过原设计标准或批准的建设规模时，发包人应及时办理规划、设计变更等审批手续。

《监理规范》规定，项目监理机构应按下列程序处理工程变更。

1）设计单位对原设计存在的缺陷提出的工程变更，应编制设计变更文件；业主或承包商提出的工程变更，应提交总监理工程师，由总监理工程师组织专业监理工程师审查。审查同意后，应由业主转交原设计单位编制设计变更文件。当工程变更涉及安全、环保等内容时，应按规定经有关部门审定。

2）项目监理机构应了解实际情况并收集与工程变更有关的资料。

3）总监理工程师必须根据实际情况设计变更文件和其他有关资料，按照施工合同的有关条款，在指定专业监理工程师完成下列工作后，对工程变更的费用和工期做出评估：

确定工程变更项目与原工程项目之间的类似程度和难易程度。

确定工程变更项目的单价或总价。

确定工程变更的单价或总价。

4）总监理工程师应就工程变更费用及工期的评估情况与承包单位和建设单位进行协调。

5）总监理工程师签发工程变更单。工程变更单应符合第三部分"表格应用"中表C.0.2（表4-4）的格式，并应包括工程变更要求、工程变更说明、工程变更费用和工期、必要的附件等内容，有设计变更文件的工程变更应附设计变更文件。

6）项目监理机构应根据工程变更单监督承包商实施。

表4-4　工程变更单（C.0.2）

工程名称：××商务大厦　　　　　　　　　　　　　　　　　　　　　　　编号：BG-010

致：××置业有限公司、××建筑设计研究院、××建设工程监理有限公司××商务大厦监理项目部
由于HRB335 ϕ 12 钢筋不能及时供货原因，兹提出工程19层、20层楼板钢筋改用HRB400 ϕ 12 钢筋替代，钢筋间距作相应调整工程变更，请予以审批。 　　附件： 　　☑变更内容 　　☑变更设计图 　　☑相关会议纪要 　　□其他   　　　　　　　　　　　　　　　　　　　　　　　　　　变更提出单位：_____ 　　　　　　　　　　　　　　　　　　　　　　　　　　　　负责人：××× 　　　　　　　　　　　　　　　　　　　　　　　　　　××××年×月×日

工程数量增或减	无
费用增或减	无
工期变化	无

同意 施工项目经理部（盖章） 项目经理（签字）　×××	同意 设计单位（盖章） 设计负责人（签字）　×××
同意 项目监理机构（盖章） 总监理工程师（签字）　×××	同意 建设单位（盖章） 负责人（签字）　×××

　　注：本表一式四份，建设单位、项目监理机构、设计单位、施工单位各一份。

三、竣工验收

竣工验收是业主对工程的全面检验，是保修期外的最后阶段。在竣工验收阶段，工程师对进度管理的任务就是督促承包商完成工程的扫尾工作，协调竣工验收中的各方关系，参加竣工验收。

1. 竣工验收条件

工程具备以下条件的，承包商可以申请竣工验收：

（1）除发包人同意的甩项工作和缺陷修补工作外，合同范围内的全部工程及有关工作，包括合同要求的试验、试运行及检验均已完成，并符合合同要求。

（2）已按合同约定编制了甩项工作和缺陷修补工作清单及相应的施工计划。

（3）已按合同约定的内容和份数备齐竣工资料。

2. 竣工验收程序

除专用合同条款另有约定外，承包商申请竣工验收的，应当按照以下程序进行：

（1）承包商向监理人报送竣工验收申请报告，监理人应在收到竣工验收申请报告后 14 天内完成审查并报送发包人。监理人审查后认为尚不具备验收条件的，应通知承包商在竣工验收前还需完成的工作内容，承包商应在完成监理人通知的全部工作内容后，再次提交竣工验收申请报告。

（2）监理人审查后认为已具备竣工验收条件的，应将竣工验收申请报告提交发包人，发包人应在收到经监理人审核的竣工验收申请报告后 28 天内审批完毕并组织监理人、承包商、设计人等相关单位完成竣工验收。

（3）竣工验收合格的，发包人应在验收合格后 14 天内向承包商签发工程接收证书。发包人无正当理由逾期不颁发工程接收证书的，自验收合格后第 15 天起视为已颁发工程接收证书。

（4）竣工验收不合格的，监理人应按照验收意见发出指示，要求承包商对不合格工程返工、修复或采取其他补救措施，由此增加的费用和（或）延误的工期由承包商承担。承包商在完成不合格工程的返工、修复或采取其他补救措施后，应重新提交竣工验收申请报告，并按本项约定的程序重新进行验收。

（5）工程未经验收或验收不合格，发包人擅自使用的，应在转移占有工程后 7 天内向承包商颁发工程接收证书；发包人无正当理由逾期不颁发工程接收证书的，自转移占有后第 15 天起视为已颁发工程接收证书。

除专用合同条款另有约定外，发包人不按照本项约定组织竣工验收、颁发工程接收证书的，每逾期一天，应以签约合同价为基数，按照中国人民银行发布的同期同类贷款基准利率支付违约金。

3. 业主要求提前竣工

在施工中，业主如果要求提前竣工，应当与承包商进行协商，协商一致后应签订提前竣工协议。业主应该为赶工提供方便条件。提前竣工应该包括以下几个方面的内容：

（1）提前的时间。

（2）承包商采取的赶工措施。

（3）业主为赶工提供的条件。

（4）承包商为保证工程质量采取的措施。

（5）提前竣工所需要的追加合同价款。

4. 甩项工程

因为特殊原因，业主要求部分单位工程或工程部位甩项竣工的，双方应当另行签订甩项竣工协议，明确各方的责任和工程价款的支付办法。

第四节　标准和图纸

一、概述

1. 标准

标准，是指对重复性事物和概念所做的统一性规定。它以科学技术和实践经验的综合成果为基础，经有关方面协商统一，由主管机构批准，以特写形式发布，作为共同遵守的准则和依据。

按照《标准化法》的规定，工程建设的质量必须符合一定的质量标准。工程建设标准，是指对基本建设中各类工程的规划、勘查、设计、施工、安装和验收等需要协调统一的事项所制定的标准。从不同的角度划分，工程建设标准有不同的种类。

（1）按标准内容划分，工程建设标准可分为技术标准、经济标准和管理标准。

（2）按适用范围划分，工程建设标准可分为国家标准、行业标准、地方标准和企业标准。

（3）按执行效力划分，工程建设标准可分为强制性标准和推荐性标准。

施工中所采用的施工和验收标准，都必须在签订施工合同时予以确定，因为不同的标准，对应不同的施工质量，当然也对应不同的工程造价。严格地说，工程适用的标准在招标文件中就应该确定。

施工合同规定，业主和承包商双方要在专用条款内约定工程适用的国家标准、规范的名称。没有国家标准、规范但有行业标准、规范的，约定适用行业标准、规范的名称。没有国家和行业标准、规范的，约定适用工程所在地地方标准、规范的名称。具体来说，就是要约定施工和验收采用的标准，使工程的施工和验收都依据该标准进行。

施工合同还规定，业主应按专用条款约定的时间向承包商提供一式两份约定的标准、规范。

如果国内没有相应标准、规范，业主应按专用条款约定的时间向承包商提出施工技术要求，承包商按约定的时间和要求提出施工工艺，经业主认可后执行。

业主要求使用国外标准、规范的，应负责提供中文译本。

施工合同管理者必须注意，我国《建设工程质量管理条例》规定，建设单位不得明示或者暗示设计单位或者施工单位违反工程建设强制性标准，降低建设工程质量。根据《建设工程质量管理条例》的规定，我国建设部在 2000 年 8 月发布《实施工程建设强制性标准监督规定》，规定在中华人民共和国境内从事新建、扩建、改建等工程建设活动，必须执行工程建设强制性标准，并发布了《工程建设强制性标准条文》，各建筑市场的主体在工程建设活动中都不得违背强制性标准条文的规定。

2. 图纸

建设工程施工应当按照图纸进行。在施工合同管理中的图纸是指由业主提供或者由承包商提供经工程师批准，满足承包商施工需要的所有图纸（包括配套说明和有关资料）。按时、按质、按量提供施工所需的图纸，也是保证工程施工质量的重要因素。

在国际工程中，存在由业主负责设计图纸和由承包商负责设计图纸两种情况，如 FIDIC 合同中，就有用于由业主设计的建筑和工程（For Building and Engineering Works Designed bv the Employer）的《施工合同条件》（Conditions of Contract for Construction）和由承包商设计的《设计采购施工（EPC）/交钥匙工程合同条件》（Conditions of Contract for EPC/Turnkey Projects）两种施工合同，因此图纸的提供存在两种情况，即分别由业主或承包商提供图纸。我国没有类似 FIDIC 的交钥匙合同条件，因此隐含的意思是图纸由业主提供。但是，建设工程实践中存在承包商提供图纸的情况，一般做法是承包商根据需要画出图纸，经工程师认可后，报设计单位审核。设计单位同意的，由设计单位对图纸进行确认（盖出图章）后，承包商依照施工。

（1）业主提供图纸。在我国目前的建设工程管理体制中，施工所需要的图纸主要由业主提供（业主通过设计合同委托设计单位设计）。对于业主提供的图纸，《通用条款》有以下约定：

1）业主应按专用条款约定的日期和套数，向承包商提供图纸。

2）承包商需要增加图纸套数的，业主应代为复制，复制费用由承包商承担。业主应代为复制意味着业主应当为图纸的正确性负责。

3）业主对工程有保密要求的，应在专用条款中提出保密要求，保密措施费用由业主承担，承包商在约定保密期限内履行保密义务。

4）承包商未经业主同意，不得将本工程图纸转给第三人。工程质量保修期满后，除承包商存档需要的图纸外，应将全部图纸退还给业主。

5）承包商应在施工现场保留一套完整的图纸，供工程师及有关人员进行工程检查时使用。

使用国外或者境外图纸，不能满足施工需要时，双方在专用条款内约定复制、重新绘制、翻译、购买标准图纸等责任及费用承担。

工程师在对图纸进行管理时，重点是按照合同约定按时向承包商提供图纸，同时根据图纸检查承包商的工程施工。

（2）承包商提供图纸。实践中有些工程，施工图纸的设计或者与工程配套的设计有可能由承包商完成。如果合同中有这样的约定，则承包商应当在其设计资质允许的范围内，按工程师的要求完成这些设计，经过工程师确认后使用，发生的费用由业主承担。在这种情况下，工程师对图纸的管理重点是审查承包商的设计。

二、 材料设备供应

工程建设材料设备供应的质量管理，是整个工程质量管理的基础。建筑材料、构配件生产及设备供应单位对其生产或供应的产品质量负责。而材料设备的需方则应该根据买卖合同的规定进行质量验收。

1. 业主供应的材料设备

我国施工合同允许业主提供工程建设所需要的材料、设备、构配件等，但如果业主提供这些资源，应该在招标文件中予以载明，在确定中标人后，双方签订施工合同时，就招标文件中约定的业主提供的材料设备，填写施工合同的附件之一"发包人供应材料设备一览表"。业主根据该表提供相应的材料设备，并对材料设备负责。

业主提供材料设备的情况是我国施工合同中的一个特点，但施工合同中对此规定不足，又使其成为一个在合同条文上欠考虑的合同缺陷。对于业主供应的材料设备，在施工合同通用条款中规定当事人双方在签订合同时填写"发包人供应材料设备一览表"，但合同并没有规定该材料设备必须是招标文件已经约定由业主提供。这样就会出现问题，因为承包商的投标报价是根据工程量和综合单价决定的，如果业主没有在招标文件中明确规定哪些材料设备由自己提供，则承包商的报价中包含自己的成本价格定位，就必然会存在这样的问题，当业主要求这些材料设备由自己提供时，承包商报价时这些材料设备实际价格定位是多少？如果业主在招标文件中就规定这些材料设备由自己提供，则承包商在投标时就不必考虑这些资源的成本，只要考虑除成本外的价格因素即可，当然也就不会出现上述的不足了。因此，对于业主提供的材料设备，应该在招标文件中予以规定，否则就不存在业主提供材料设备的情况，这样合同就完备了。

施工合同对于业主提供的材料设备规定如下。

（1）到货验收。业主按"发包人供应材料设备一览表"约定的内容提供材料设备，并向承包商提供产品合格证明，对其质量负责。业主在所供材料设备到货前 24 小时，以书面形式通知承包商，由承包商派人与业主共同清点。

（2）保管。业主供应的材料设备，承包商派人参加清点后由承包商妥善保管，业主支付相应保管费。因承包商原因发生丢失损坏，由承包商负责赔偿。

业主未通知承包商清点，承包商不负责材料设备的保管，丢失损坏由业主负责。

（3）检验。业主供应的材料设备使用前由承包商负责检验或试验，不合格的不得使用，检验或试验费用由业主承担。

（4）业主采购的材料设备不符合一览表要求。业主供应的材料设备与约定不符合时，业主应承担责任的具体内容，双方根据下列情况在专用条款内约定：

1）材料设备单价与一览表不符，由业主承担所有差价。

2）材料设备的品种、规格、型号和质量等级与一览表不符，承包商可拒绝接收保管，由业主运出施工场地并重新采购。

3）业主供应的材料规格、型号与一览表不符，经业主同意，承包商可代为调剂串换，由业主承担相应费用。

4）到货地点与一览表约定的不符合时，由业主负责运至一览表指定地点。

5）供应数量少于一览表约定的数量时，由业主补齐；多于一览表约定数量时，业主负责将多出部分运出施工场地。

6）到货时间早于一览表约定时间，由业主承担因此发生的保管费用；到货时间迟于一览表约定时间，业主赔偿由此造成的承包商损失，造成工期延误的，相应顺延工期。

（5）业主供应的材料设备在使用前的检验或试验。业主供应的材料设备进入施工现场后需要在使用前检验或者试验的，由业主负责，费用由业主负责。即使在承包商检验通过后，如果又发现质量有问题的，业主仍应承担重新采购及拆除重建的追加合同价款，并相应顺延由此延误的工期。

2. 承包商采购的材料设备

《建筑法》第二十五条规定："按照合同约定，建筑材料、建筑构配件和设备由工程承包单位采购的，发包单位不得指定承包单位购入用于工程的建筑材料、建筑构配件和设备或者指定生产厂、供应商。"因此，施工合同规定，由承包商采购的材料设备，业主不得指定生产厂或供应商。有关承包商采购的材料设备，施工合同中的相关规定如下。

（1）到货验收。承包商负责采购材料设备的，应按照专用条款约定及设计和有关标准要求采购，并提供产品合格证明，对材料设备质量负责。承包商在材料设备到货前24小时通知工程师验收清点。这是工程师的一项重要职责，工程师应该严格按照合同的约定和有关标准进行验收。

（2）退场。承包商采购的材料设备与设计标准要求不符时，工程师可以拒绝，承包商应按工程师要求的时间运出施工场地，重新采购符合要求的产品，承担由此发生的费用，由此延误的工期不予顺延。

（3）检验。承包商采购的材料设备需要经工程师认可后方可以使用，承包商应按工程师的要求进行检验或试验，不合格的不得使用，检验或试验费用由承包商承担。

（4）代用材料。承包商需要使用代用材料时，应经工程师认可后才能使用，由此增减的合同价款双方以书面形式议定。

对于工程建设材料设备，《建设工程质量管理条例》规定，施工单位必须按照工程设计要求、施工技术标准和合同约定，对建筑材料、建筑构配件、设备和商品混凝土进行检验，检验应当有书面记录和专人签字；未经检验或者检验不合格的，不得使用。施工人员对涉及结构安全的试块、试件及有关材料，应当在建设单位或者工程监理单位监督下现场取样，并送具有相应资质等级的质量检测单位进行检测。

《监理规范》规定，专业监理工程师应对承包商报送的拟进场工程材料、构配件和设备的工程材料/构配件/设备报审表及其质量证明资料进行审核，并对进场的实物按照委托监理合同约定或有关工程质量管理文件规定的比例采用平行检验或见证取样方式进行抽检。

对未经监理人员验收或验收不合格的工程材料、构配件和设备，监理人员应拒绝签认，并应签发监理工程师通知单，书面通知承包商限期将不合格的工程材料、构配件和设备撤出现场。

工程材料/构配件/设备报审表应符合《监理规范》第三部分"表格应用"中表 B.0.6（表4-5）的格式。

表 4-5　工程材料、构配件或设备报审表（B. 0. 6）

工程名称：　　　　　　　　　　　　　　　　　　　　　　　　　　　编号：

致：　　　　　　　　　　　　　（项目监理机构）
于＿＿＿＿年＿＿＿＿月＿＿＿＿日进场的拟用于工程＿＿＿＿＿部位的＿＿＿＿＿，经我方检验合格。现将相关资料报上，请予以审查。 附件：1. 工程材料、构配件或设备清单 　　　2. 质量证明文件 　　　3. 自检结果   　　　　　　　　　　　　　　　　　　　　　施工项目经理部（盖章）＿＿＿＿＿＿ 　　　　　　　　　　　　　　　　　　　　　　　项目经理（签字）＿＿＿＿＿＿ 　　　　　　　　　　　　　　　　　　　　　　　　　日　期＿＿＿＿＿＿
审查意见： 　　经检查上述工程材料/构配件/设备，符合/不符合设计文件和规范要求，准许/不准许进场，同意/不同意使用于拟定部位。   　　　　　　　　　　　　　　　　　　　　　　　项目监理机构（盖章） 　　　　　　　　　　　　　　　　　　　　专业监理工程师（签字）＿＿＿＿＿＿ 　　　　　　　　　　　　　　　　　　　　　　　　　日　期＿＿＿＿＿＿

注：本表一式二份，项目管理机构、施工单位各一份。

当承包单位采用新材料、新工艺、新技术和新设备时，专业监理工程师应要求承包单位报送相关的施工工艺措施和证明材料，组织专题论证，经审定后予以签认。

三、　施工单位的质量管理

施工单位的质量管理是工程师进行质量管理的出发点和落脚点。工程师应当协助和监督施工单位建立有效的质量管理体系。

建设工程施工单位的经理要对本企业的工程质量负责，并建立有效的质量保证体系。施工单位的总工程师和技术负责人要协助经理管理好质量工作。

施工单位应该逐级建立质量责任制。项目经理要对本施工现场内所有单位工程的质量负责；生产班组要对分项工程质量负责。现场施工员、工长、质量检验员和关键工种工人必须经过考核取得岗位证书后，方可以上岗。企业内各级职能部门必须按照企业规定对各自的工作质量负责。

施工单位必须设立质量检查、测试机构，并由经理直接领导，企业专职质量检查员应抽调有实践经验和独立工作的人员充任。任何人不得设置障碍，干预质量检测人员依章行使职权。

用于工程的建筑材料必须送实验室检验，经过实验室主任签字认可后才能投入使用。

实行总分包的工程，分包单位要对分包工程的质量负责，总承包单位对承包的全部工程质量负责。

国家对从事建筑活动的单位推行质量体系认证制度。施工单位根据自愿原则可以向国务院产品质量监督管理部门或者其授权的部门认可的认证机构申请质量体系认证。

四、　质量检验

工程质量检验是一项以确认工程是否符合合同规定为目的的行为，是质量控制最重要的环节。

所以，在施工合同的管理中应该予以重视。

建设工程质量，是施工合同管理的一项重要内容，不仅施工合同中有很多条款对各方进行质量管理做出约定，同时国家还有很多法律法规对建设工程质量做出强制性规定，施工合同当事人和管理者都必须遵照执行。

1. 施工组织设计方案

承包商编制的施工组织设计是指导承包商完成施工任务的纲领性文件，也是施工合同管理的重要资料之一，项目监理机构的总监理工程师必须予以特别的重视。我国《监理规范》规定，工程项目开工前，总监理工程师应组织专业监理工程师审查承包商报送的施工组织设计（方案），提出审查意见，并经总监理工程师审核、签认后报建设单位。施工组织设计（方案）报审表应符合《监理规范》的格式。

在施工过程中，当承包商对已批准的施工组织设计进行调整、补充或变动时，应经专业监理工程师审查，并应由总监理工程师签认。

专业监理工程师应要求承包商报送重点部位、关键工序的施工工艺和确保工程质量的措施，审核同意后予以签认。

2. 检查与返工

在工程施工过程中，工程师及其委派的人员对施工过程的每个环节进行检查检验，这是他们的一项日常性工作和重要职能，是他们应该履行的义务。

承包商应认真按照标准、规范和设计图纸要求，以及工程师依据合同发出的指令施工，随时接受工程师的检查、检验，并为检查、检验提供便利条件。工程质量达不到约定标准的部分，工程师应要求承包商拆除和重新施工，直到符合约定标准。承包商应该按照工程师的要求拆除并重新施工，因承包商原因达不到约定标准的，由承包商承担拆除和重新施工的费用，工期不予顺延。

检查、检验合格后，又发现因承包商引起的质量问题，由承包商承担责任，赔偿业主的直接损失，工期不应该顺延。

工程师的检查、检验不应影响施工正常进行。如影响施工正常进行，检查、检验不合格时，影响正常施工的费用由承包商承担。除此之外影响正常施工的追加合同价款由业主承担，相应顺延工期。

由于工程师的指令失误和其他非承包商原因发生的追加合同价款，由业主承担。

《建设工程质量管理条例》第三十八条规定："监理工程师应当按照工程监理规范的要求，采取旁站、巡视和平行检验等形式，对建设工程实施监理。"

建设部2002年7月发布、2003年1月1日执行的《房屋建筑工程施工旁站监理管理办法（试行)》（以下简称《旁站监理》）第二条规定："本办法所称房屋建筑工程施工旁站监理（以下简称旁站监理），是指监理人员在房屋建筑工程施工阶段监理中，对关键部位、关键工序的施工质量实施全过程现场跟班的监督活动。"

《旁站监理》所规定的房屋建筑工程的关键部位、关键工序，在基础工程方面包括土方回填，混凝土灌注桩浇筑，地下连续墙、土钉墙、后浇带及其他结构混凝土、防水混凝土浇筑，卷材防水层细部构造处理，钢结构安装；在主体结构工程方面包括梁柱节点钢筋隐蔽过程，混凝土浇筑，预应力张拉，装配式结构安装，钢结构安装，网架结构安装，索膜安装。

《旁站监理》第六条规定，"旁站监理人员的主要职责是：①检查施工单位现场质检人员到岗、特殊工种人员持证上岗以及施工机械、建筑材料准备情况；②在现场跟班监督关键部位、关键工序的施工执行方案以及工程建设强制性标准情况；③核查进场建筑材料、建筑构配件、设备和商品混凝土的质量检验报告等，并可在现场监督施工单位进行检验或委托具有资格的第三方进行复验；④做好旁站监理记录和监理日记，保存旁站监理原始资料。"

《旁站监理》第八条规定，"旁站监理人员实施旁站监理时，发现施工单位有违反工程建设强制性标准行为的，有权责令施工单位立即整改；发现其施工活动已经或者可能危及工程质量的，应当及时向监理工程师或者总监理工程师报告，由总监理工程师下达局部暂停施工指令或者采取其他应急措施。"

《监理规范》规定，总监理工程师应安排监理人员对施工过程进行巡视和检查。对隐蔽工程的隐蔽过程、下道工序施工完成后难以检查的重点部位，专业监理工程师应安排监理员进行旁站。

3. 隐蔽工程和中间验收

由于隐蔽工程在施工中一旦完成隐蔽就很难再对其进行质量检查，因此隐蔽工程必须在隐蔽前进行检查验收。对于中间验收，合同双方应该在专用条款中约定需要中间验收的单项工程和部位的名称、验收的时间和要求，以及业主应该提供的便利条件。

工程具备隐蔽条件或达到专用条款约定的中间验收部位由承包商进行自检，并在隐蔽或中间验收前48小时以书面形式通知工程师验收。验收合格，工程师在验收记录上签字后，承包商可进行隐蔽和继续施工。验收不合格，承包商在工程师限定的时间内修改后重新验收。

工程师不能按时进行验收，应在验收前24小时以书面形式向承包商提出延期要求，延期不能超过48小时。工程师未能按以上时间提出延期要求，但又不进行验收的，承包商可自行组织验收，工程师应承认验收记录。

经工程师验收，工程质量符合标准、规范和设计图纸等要求，验收24小时后，工程师未在验收记录上签字的，视为工程师已经认可验收记录，承包商可进行隐蔽或继续施工。

隐蔽工程的检查验收是工程师进行质量管理的最重要工作之一，主要因为隐蔽工程的质量问题具有隐蔽性，危害更大。《建筑法》第三十五条规定："工程监理单位不按照委托监理合同的约定履行监理义务，对应当监督检查的项目不检查或者不按照规定检查，给建设单位造成损失的，应当承担相应的赔偿责任。"

《监理规范》规定，专业监理工程师应根据承包商报送的隐蔽工程报验申请表和自检结果进行现场检查，符合要求的予以签认。对未经监理人员验收或验收不合格的工序，监理人员应拒绝签认，并要求承包商严禁进行下一道工序的施工。隐蔽工程报验申请表应符合《监理规范》第三部分"表格应用"中表 B.0.7（表4-6）的格式。

表4-6　隐蔽工程检验批报审、报验表（B.0.7）

工程名称：　　　　　　　　　　　　　　　　　　　　　　　　　　　编号：

致：　　　　　　　　　　　　　　　（项目监理机构）
我方已经完成了_____工作，经自检合格，现将有关材料报上，请予以审查或验收。 附件：   　　　　　　　　　　　　施工项目经理部（盖章）_____ 　　　　　　　　　　项目经理或项目技术负责人（签字）_____ 　　　　　　　　　　　　　　　日　期_____
审查或验收意见：   　　　　　　　　　　　　项目监理机构（盖章）_____ 　　　　　　　　　　专业监理工程师（签字）_____ 　　　　　　　　　　　　　日　期_____

4. 重新检验

保证工程质量符合合同约定的标准是工程师进行质量管理的目的，因此工程师应该有权随时对工程的任何部位进行检验。

无论工程师是否进行验收，当其要求对已经隐蔽的工程重新检验时，承包商都应按要求进行剥离或开孔，并在检验后重新覆盖或修复。

检查合格，业主承担由此发生的全部追加合同价款，赔偿承包商损失，并相应顺延工期。检验不合格，承包商承担发生的全部费用，工期不予顺延。

5. 工程试车

（1）试车的组织责任。对于设备安装工程应当组织试车，试车内容应与承包商承包的安装范围相一致。

1）单机无负荷试车。设备安装工程具备单机无负荷试车条件的由承包商组织试车。只有在单机试运转达到规定要求，才能进行联动无负荷试车。承包商应在试车前 48 小时书面通知工程师。通知包括试车内容、时间、地点。承包商准备试车记录，业主根据承包商要求为试车提供必要条件。试车通过，工程师在试车记录上签字。工程师未能按以上时间提出延期要求，不参加试车，应承认试车记录。

2）联动无负荷试车。设备安装工程具备无负荷联动试车条件的由业主组织试车，并在试车前 48 小时以书面形式通知承包商。通知包括试车内容、时间、地点和对承包商的要求，承包商按要求做好准备工作。试车合格，双方在试车记录上签字。

3）投料试车。投料试车应当在工程竣工验收后由业主全部负责。如果业主要求承包商配合或在工程竣工验收前进行，则应当征得承包商同意，另行签订补充协议。

（2）试车的双方责任。

1）由于设计原因导致试车达不到验收要求。由于设计原因导致试车达不到验收要求的，业主应要求设计单位修改设计，承包商按修改后的设计重新安装。业主承担修改设计、拆除及重新安装的全部费用和追加合同价款，工期相应顺延。

2）由于设备制造原因导致试车达不到验收要求。由于设备制造原因导致试车达不到验收要求的，由该设备采购一方负责重新购置或修理，承包商负责拆除和重新安装。设备由承包商采购的，由承包商承担修理或重新购置、拆除及重新安装的费用，工期不予顺延；设备由业主采购的，业主承担上述各项追加合同价款，工期相应顺延。

3）由于承包商施工原因导致试车达不到验收要求。由于承包商施工原因导致试车达不到验收要求的，承包商按工程师要求重新安装和试车，并承担重新安装和试车的费用，工期不予顺延。

4）试车费用。试车费用除了已经包括在合同价款之内或者专用条款另有约定外，均应该由业主承担。

另外，需要注意的是，如果工程师未在规定时间内提出修改意见，或者试车合格而不在试车记录上签字，试车结束 24 小时后记录自动生效，承包商可以继续施工或者办理竣工手续。

（3）工程师要求延期试车。工程师不能按时参加试车，必须在开始试车前 24 小时向承包商提出书面延期要求，延期不能超过 48 小时。工程师未能按以上时间提出延期要求，但又不参加试车，承包商可以自行组织试车，业主应该承认试车记录。

6. 竣工验收

竣工验收是全面考核建设工作、检查工程质量是否符合设计和要求的重要环节。只有工程质量符合设计标准，才允许工程投入使用。

建设工程竣工验收后方可交付使用；工程未经竣工验收或竣工验收没有通过的，业主不得使用。若业主强行使用，则由此发生的质量问题及其他问题由业主承担责任。

《建筑法》规定，建筑物在合理使用寿命内，必须确保地基基础工程和主体结构的质量。建筑工程竣工时，屋顶、墙面不得有渗漏、开裂等质量缺陷；对已发现的质量缺陷，建筑施工单位应当修复。

交付竣工验收的建设工程必须符合规定的建设工程质量标准，有完整的工程技术经济资料和经签署的工程保修书，并具有国家规定的其他竣工条件。

《建设工程质量管理条例》规定，建设单位收到建设工程竣工报告后，应当组织设计、施工和工程监理等有关单位进行竣工验收。

(1) 建设工程竣工验收应当具备的条件。

1) 完成建设工程设计和合同约定的各项内容。

2) 有完整的技术档案和施工管理资料。

3) 有工程使用的主要建筑材料、建筑构配件和设备的进场试验报告。

4) 有勘察、设计、施工和工程监理等单位分别签署的质量合格文件。

5) 有施工单位签署的工程保修书。

(2) 建设工程竣工验收的备案。建设单位应当严格按照国家有关档案管理的规定，及时收集、整理建设项目各环节的文件资料，建立健全的建设项目档案，并在建设工程竣工验收后，及时向城市建设档案部门移交建设项目档案。

2013年住房城乡建设部印发的《房屋建筑和市政基础设施工程竣工验收规定》，建设单位应当自工程竣工验收合格之日起15日内，依照本办法规定，向工程所在地的县级以上地方人民政府建设行政主管部门（以下简称备案机关）备案。

建设单位办理工程竣工验收备案应当提交下列文件：

1) 工程竣工验收备案表。

2) 工程竣工验收报告。竣工验收报告应当包括工程报建日期，施工许可证号，施工图设计文件审查意见，勘察、设计、施工和工程监理等单位分别签署的质量合格文件及验收人员签署的竣工验收原始文件，市政基础设施的有关质量检测和功能性试验资料，以及备案机关认为需要提供的有关资料。

3) 法律、行政法规规定应当由规划、公安消防、环保等部门出具的认可文件或者准许使用文件。

4) 施工单位签署的工程质量保修书。

5) 法规、规章规定必须提供的其他文件。

商品住宅还应当提交《住宅质量保证书》和《住宅使用说明书》。

7. 质量保修

承包商应按法律、行政法规或国家关于工程质量保修的有关规定，对交付业主使用的工程在质量保修期内承担质量保修责任，质量保修期从工程竣工验收合格之日起算。

(1) 工程质量保修范围。《建筑法》规定，建筑工程实行质量保修制度。建筑工程的保修范围应当包括地基工程、主体结构工程、屋面防水工程和其他土建工程，以及电气管线、上下水管线的安装工程，供热、供冷系统工程等项目；保修的期限应当按照保证建筑物合理寿命年限内正常使用，维护使用者合法权益的原则确定。具体的保修范围和最低保修期限由国务院规定。

(2) 工程质量保修期。质量保修期从工程竣工验收合格之日起算。分单项竣工验收的工程，按单项工程分别计算质量保修期。

合同双方可以根据国家有关规定，结合具体工程约定质量保修期，但是双方的约定不得低于国家规定的最低质量保修期。《建设工程质量管理条例》和住建部颁发的《房屋建筑工程质量保修办法》对在正常使用条件下，建设工程的最低保修期限规定为：

1) 基础设施工程、房屋建筑的地基基础工程和主体结构工程，为设计文件规定的该工程的合理使用年限。

2) 屋面防水工程、有防水要求的卫生间、房间和外墙面的防渗漏，为五年。

3) 供热与供冷系统，为两个采暖期、供冷期。

4) 电气管线、给排水管道、设备安装和装修工程，为两年。

第五节　合同变更与索赔管理

一、　索赔的基本理论

工程索赔在建筑市场上是承包商保护自身正当权益，弥补工程损失、提高经济效益的重要和有效手段。因此，应当加强对索赔理论和方法的研究，以便在实践中得到正确的运用。

工程索赔，是指在工程合同履行过程中，合同当事人一方因非自身因素或对方不履行或未能正确履行合同而受到经济损失或权利损害时，通过一定的合法程序向对方提出经济或时间补偿的要求。

索赔是一种正当的权利要求，它是业主方、监理工程师和承包商之间的一项正常的、大量发生而且普遍存在的合同管理业务，是一种以法律和合同为依据的、合情合理的正当行为，应该予以重视。

1. 索赔的特征

(1) 索赔的基本特征。从工程索赔的基本概念，可以看出索赔具有以下基本特征：

1) 索赔是双向的，不仅承包商可以向业主索赔，业主同样也可以向承包商索赔，但是在实践中业主向承包商索赔的频率较低。

2) 只有实际发生了经济损失或权利损害，一方才能向对方索赔。

3) 索赔是一种未经对方确认的单方行为，对对方尚未形成约束力，索赔的要求能否得到最终实现，必须通过确认（如双方协商、谈判、调解或仲裁、诉讼）后才能实现。

(2) 索赔的本质特征。根据索赔的基本特征进行归纳，索赔具有如下本质特征：

1) 索赔是要求给予补偿（赔偿）的一种权利、主张。

2) 索赔的依据是法律、法规、合同文件及工程建设惯例，但主要是合同文件。

3) 索赔是因非自身原因导致的，要求索赔一方没有过错。

4) 与合同相比较，已经发生了额外的经济损失或工期损害。

5) 索赔必须有切实有效的证据。

6) 索赔是单方行为，双方没有达成协议。

(3) 索赔与违约责任。在工程建设合同中有违约责任的规定，那么为什么还要索赔呢？这个问题实质上涉及了两者在法律概念上的异同。索赔与违约责任的不同主要可以归纳为以下几点：

1) 索赔事件的发生不一定在合同文件中有约定；而工程合同的违约责任一般是合同中所约定的。

2) 索赔事件的发生，可以是一定行为造成（包括作为和不作为）的，也可以是不可抗力事件引起的；而追究违约责任，必须要有合同不能履行或不能完全履行的违约事实的存在，发生不可抗力可以免除追究当事人的违约责任。

3) 索赔事件的发生，可以是合同的当事人一方引起的，也可以是任何第三方行为引起的；而违反合同则是由于当事人一方或双方的过错造成的。

4) 一定要有造成损失的后果才能提出索赔，因此索赔具有补偿性；而合同的违约不一定要造成损害后果，因为违约责任具有惩罚性。

5) 索赔的损失结果与被索赔人的行为不一定存在法律上的因果关系，如由于业主指定分包商的原因造成承包商损失的,承包商可以向业主索赔等;而违反合同的行为与违约事实之间存在因果关系。

2. 索赔的作用

事实证明,索赔的健康开展对于培养和发展社会主义建筑市场,促进建筑业的发展,提高工程建设的效益,起着非常重要的作用。

(1) 有利于促进双方加强内部管理,提高双方管理素质,加强合同的管理,维护市场正常秩序。

(2) 有利于工程造价的合理确定,可以把原来加入工程报价中的一些不可预见费用,改为实际发生的损失支付,便于降低工程报价,使工程造价更实事求是。

(3) 有利于政府转变职能,使双方依据合同和实际情况实事求是地协商工程造价和工期,从而使政府从烦琐的调整概算和协调双方关系等微观管理工作中解脱出来。

(4) 有利于双方更快地熟悉国际惯例,熟练掌握索赔和处理索赔的方法和技巧,有利于对外开放和对外工程承包的开展。

3. 索赔的起因

(1) 发包人或工程师违约。

1) 发包人没有按合同规定的时间和要求提供施工场地、创造施工条件造成违约。《建设工程施工合同(示范文本)》详细规定了专用条款约定的时间和要求所要完成的土地征用;房屋拆迁;清除地上、地下障碍;保证施工用水、用电;材料运输;机械进场;办理施工所需各种证件、批件及有关申报批准手续,提供地下管网线路资料等发包人的工作。开工日期经施工合同协议书确定后,承包商要按照既定的开工时间做好各种准备,并需提前进场做好办公、库房及其他临时设施的搭建等工作。如果发包人不能在合同规定的时间内给承包商的施工队伍进场创造条件,使准备进场的人员不能进场,准备进场的机械不能到位,应提前进场的材料运不进场,其他的开工准备工作不能按期进行,导致工期延误或给承包商造成损失的,承包商可提出索赔。

2) 发包人没有按施工合同规定的条件提供应供应的材料、设备造成违约。《建设工程施工合同(示范文本)》规定了发包人所承担的材料、设备供应责任。如果发包人所供应的材料和设备到货时间、地点、单价、种类、规格、数量、质量等级与合同附件的规定不符,导致工期延误或给承包商造成损失的,承包商可提出索赔。

3) 发包人没有能力或没有在规定的时间内支付工程款造成违约。按照《建设工程施工合同(示范文本)》规定,发包人应按照专用条款规定的时间和数额,向承包商支付预付款和工程款。当发包人没有支付能力或拖期支付及由此引发的停工,导致工期延误或给承包商造成损失的,承包商可提出索赔。

4) 工程师对承包商在施工过程中提出的有关问题久拖不定造成违约。《建设工程施工合同(示范文本)》规定,工程师应按照合同文件的要求行使自己的权力,履行合同约定的职责,及时向承包商提供所需指令、批准、图纸等。在施工过程中,承包商为了提高生产效率,增加经济效益,较早发现工程进展中的问题,并向工程师寻求解决的办法,或提出解决方案报工程师批准,如果工程师不及时给予解决或批准,将会直接影响工程的进度,形成违约事件,承包商可以索赔。

5) 工程师工作失误,对承包商进行不正确纠正、苛刻检查等造成违约。现行《建设工程施工合同(示范文本)》中对工程质量的检查、验收等工作程序及争议解决都做了明确规定。但是在实际工作中,由于具体工作人员的工作经历、业务水平、思想素质及工作方式、方法等原因,往往会造成承发包双方工作的不协调,其中因工程师造成的影响会成为索赔的起因。

①工程师的不正确纠正。在施工过程中,可能发生工程师认为承包商某施工部位或项目所采用的材料不符合技术规范或产品质量的要求,从而要求承包商改变施工方法或停止使用某种材料,但事后又证明并非承包商的过错,因此工程师的纠正是不正确的。在此情况下,承包商对不正确

纠正所发生的经济损失及时间（工期）损失提出相应补偿是维护自身利益的表现。

②工程师对正常施工工序造成干扰。一般情况下，工程师应根据施工合同发出施工指令，并可以随时对任何部位进行质量检查。但是，工程师对承包商在施工中所采用的方法及施工工序不必过多干涉，只要不违反施工合同要求和不影响工程质量就可以进行。如果工程师强制承包商按照某种施工工序或方法进行施工，就可能打乱承包商的正常工作顺序，造成工程不能按期完成或增加成本开支。

不论工程师意图如何，只要造成事实上对正常施工工序的干扰，其结果都可能导致不应有的工程停工、开工、人员闲置、设备闲置、材料供应混乱等局面，由此而产生的实际损失，承包商必然提出索赔。

③工程师对工程进行苛刻检查。《建设工程施工合同（示范文本）》规定了工程师及其委派人员有权在施工过程中的任何时候对任何工程进行现场检查。承包商应为其提供便利条件，并按照工程师及委派人员的要求返工、修改，承担由自身原因导致返工、修改的费用。毫无疑问，工程师的各种检查都会给被检查现场带来某种干扰，但这种干扰应理解为是合理的。工程师所提出的修改或返工的要求应该依据施工合同所指定的技术规范，一旦工程师的检查超出了施工合同范围的要求，超出了一般正常的技术规范要求即认为是苛刻检查。

常见的苛刻检查的种类有：对同一部分工程内容反复检查；使用与合同规定不符的检查标准进行检查；过分频繁检查；故意不及时检查等。

面对具有丰富经验的承包商，工程师对自己权力的行使应掌握好合同界限，过分地不恰当地行使自己的权力，对工程进行苛刻的检查，将会对承包商的施工活动产生影响，必然导致承包商的索赔。

（2）合同变更与合同缺陷。

1）合同变更。合同变更，是指施工合同履行过程中，对合同范围的内容进行修改或补充，合同变更的实质是对必须变更的内容进行新的要约和承诺。现代工程中，对于一个较复杂的建设工程，合同变更会有几十项甚至更多。大量的合同变更正是承包商的索赔机会，每一变更事项都有可能成为索赔依据。合同变更一般体现在由合同双方经过会谈、协商对需要变更的内容达成一致意见后，签署的会议纪要、会谈备忘录、变更记录、补充协议等合同文件中。合同变更的具体内容可划分为：工程设计变更、施工方法变更、工程师及委派人的指令等。

①工程设计变更，一般存在两种情况，即完善性设计变更和修改性设计变更。

所谓完善性设计变更，是指在实施原设计的施工中不进行技术上的改动将无法进行施工的变更。通常表现为对设计遗漏、图纸互相矛盾、局部内容缺陷方面的修改和补充。完善性设计变更，通过承发包双方协调一致后即可办理变更记录。

所谓修改性设计变更，是指并非设计原因而对原设计工程内容进行的设计修改。此类设计变更的原因主要来自发包人的要求和社会条件的变化。

对于完善性设计变更，是有经验的承包商意料之中的变更。常常由承包商发现并提交工程师进行解决，办理设计变更手续。这类变更一般情况下对工程量的影响不大，对施工中的各种计划安排、材料供应、人力及机械的调配影响不大，相对应的索赔机会也较少。

对于修改性设计变更，即使是有经验的承包商也是难以预料的。尽管这种修改性设计变更并非完全是发包人自身的原因，但其往往影响承包商的局部甚至整个施工计划的安排，带来许多对施工方面的不利因素，造成承包商重复采购、调整人力或机械调配、等待修改设计图纸、对已完工程进行拆改等，成本比原计划增加，工期比计划延长。承包商会抓住这一机会，向发包人提出因设计变更所引起的索赔要求。

②施工方法变更，是指在执行经工程师批准的施工组织设计时，因实际情况发生变化需要对某些具体的施工方法进行修改。这种对施工方法的修改必须报工程师批准方可执行。

施工方法变更，必然会对预定的施工方案、材料设备、人力及机械调配产生影响，会使施工成本加大，其他费用增加，从而引起承包商索赔。

③工程师及委派人的指令：如果工程师指令承包商加速施工、改换某些材料、采取某项措施进行某种工作或暂停施工等，则带有较大成分的人为合同变更，承包商可以抓住这一合同变更的机会，提出索赔要求。

2）合同缺陷。合同缺陷，是指承发包当事人所签订的施工合同在进入实施阶段才发现的，合同本身存在的、现在已很难再做修改或补充的问题。

大量的工程合同管理经验证明，施工合同在实施过程中，常发现有如下的情况：

①合同条款用语含糊、不够准确，难以分清双方的责任和权益。

②合同条款中存在漏洞，对实际可能发生的情况未做预料和规定，缺少某些必不可少的条款。

③合同条款之间存在矛盾，即在不同的条款中，对同一问题的规定或要求不一致。

④由于合同签订前没有就各方对合同条款的理解进行沟通，导致双方对某些条款理解不一致。

⑤对合同一方要求过于苛刻、约束不平衡，甚至发现某些条款是一种圈套，某些条款中隐含着较大风险。

按照我国签订施工合同所应遵守的合法公正、诚实信用、平等互利、等价有偿的原则，合同的签订过程是双方当事人意思自治的体现，不存在一方对另一方的强制、欺骗等不公平行为。因此，签订合同后发现的合同本身存在的问题，应按照合同缺陷进行处理。

无论合同缺陷表现为哪一种情况，其最终结果可能是以下两种：一是当事人对有缺陷的合同条款重新解释定义，协商划分双方的责任和权益；二是各自按照本方的理解，把不利责任推给对方，发生激烈的合同争议后，提交仲裁机构裁决。

总之，施工合同缺陷的解决往往是与施工索赔及解决合同争议联系在一起的。

（3）不可预见性因素。

1）不可预见性障碍。不可预见性障碍是指承包商在开工前，根据发包人所提供的工程地质勘察报告及现场资料，并经过现场调查，仍然无法发现的地下自然或人工障碍。如古井、墓坑、断层、溶洞及其他人工构筑物类障碍等。

不可预见性障碍在实际工程中表现为不确定性障碍的情况更常见。所谓不确定性障碍是指承包商根据发包人所提供的工程地质勘察报告及现场资料，或经现场调查可以发现地下存在自然的或人工的障碍，但因资料描述与实际情况存在较大差异，而这些差异导致承包商不能预先准确地制定处理方案，估计处理费用。

不确定性障碍属不可预见性障碍范围，但从施工索赔的角度看，不可预见性障碍的索赔比较容易被批准，而不确定性障碍的索赔则需要根据施工合同细则条款论证。区分不确定性障碍与不可预见性障碍的表现，采取不同的索赔方法是施工索赔管理人员应注意的。

2）其他第三方原因。其他第三方原因是指与工程有关的其他第三方所发生的问题对工程施工的影响。其表现的情况是复杂多样的，往往难以划分类型。如下述情况：

①正在按合同供应材料的单位因故被停止营业，使需要的材料供应中断。

②因铁路部门的原因，正常物资运输造成压站，使工程设备迟于安装日期到场，或不能配套到场。

③进场设备运输必经桥梁因故断塌，使绕道运费大增。诸如上述及类似问题的发生，客观上给承包商造成施工停顿、等候、多支出费用等情况。

如果上述情况中的材料供应合同、设备订货合同及设备运输路线是发包人与第三方签订或约定的，承包商可以向发包人提出索赔。

（4）国家政策、法规的变化。国家政策、法规的变化，通常是指直接影响到工程造价的某些国家政策、法规的变化。我国目前正处在改革开放的发展阶段，特别是加入 WTO 以后，正在与国际市场接轨，价格管理逐步向市场调节过渡，每年都有关于对建设工程造价的调整文件出台，这对工程施工必然产生影响。对于这类因素，承发包双方在签订合同时必须引起重视。在现阶段，因国家政策、法规变更所增加的工程费用占有相当大的比重，是一项不能忽视的索赔因素。常见的国家政策、法规的变更有：

1）由工程造价管理部门发布的建设工程材料预算价格调整。

2）建筑材料的市场价与概预算定额文件价差的有关处理规定。

3）国家调整关于建设银行贷款利率的规定。

4）国家有关部门在工程中停止使用某种设备、某种材料的通知。

5）国家有关部门在工程中推广某些设备、施工技术的规定。

6）国家对某种设备、建筑材料限制进口、提高关税的规定等。

显然，上述有关政策、法规对建设工程的造价必然产生影响，承包商可依据这些政策、法规的规定向发包人提出补偿要求。假如这些政策、法规的执行会减少工程费用，受益的无疑应该是发包人。

（5）合同中止与解除。施工合同签订后对合同双方都有约束力，任何一方违反合同规定都应承担责任，以此促进双方较好地履行合同。但是实际工作中，由于国家政策的变化，不可抗力及承发包双方之外的原因导致工程停建或缓建的情况时有发生，必然造成合同中止。另外，由于在合同履行中，承发包双方在合作中不协调、不配合甚至矛盾激化，使合同履行不能再维持下去的情况；或发包人严重违约，承包商行使合同解除权；或承包商严重违约，发包人行使合同解除权等，都会产生合同的解除。

由于合同的中止或解除是在施工合同还没有履行完毕时发生的，必然导致承发包双方经济损失，因此发生索赔是难免的。但引起合同中止与解除的原因不同，索赔方的要求及解决过程也大不一样。

4. 索赔的程序与依据

（1）索赔程序。

1）索赔程序和时限的规定。在工程项目施工阶段，每出现一个索赔事件都应按照国家有关规定、国际惯例和工程项目合同条件的规定，认真、及时地协商解决。我国《建设工程施工合同（示范文本）》中对索赔的程序和时间要求有明确而严格的规定，主要包括以下几方面。

①建设方未能按合同约定履行自己的各项义务或发生错误，以及出现应由建设方承担责任的其他情况，造成工期延误；或建设方延期支付合同价款，或因建设方原因造成施工方的其他经济损失，施工方可按下列程序以书面形式向建设方索赔：

造成工期延误或施工方经济损失的事件发生后28天内，施工方向工程师发出索赔意向通知。

发出索赔意向通知后28天内，施工方向工程师提出补偿经济损失和（或）延长工期的索赔报告及有关资料。

工程师在收到施工方送交的索赔报告和有关资料后，于28天内给予答复，或要求施工方进一步补充索赔理由和证据。

工程师在收到施工方送交的索赔报告和有关资料后28天内未予答复或未对施工方做进一步要求，则视为该项索赔已被认可。

当造成工期延误或施工方经济损失的该项事件持续进行时，施工方应当阶段性向工程师发出索赔意向，在该事件终了后28天内，向工程师送交索赔的有关资料和最终索赔报告。

②施工方未能按合同约定履行自己的各项义务或发生错误给建设方造成损失，建设方也按以上各条款规定的时限和要求向施工方提出索赔。

2）索赔的工作过程。索赔的工作过程，即索赔的处理过程。施工索赔工作一般有以下7个步骤：索赔要求的提出、索赔证据的准备、索赔文件（报告）的编写、索赔文件（报告）的报送、索赔文件（报告）的评审、索赔谈判与调解、索赔仲裁或诉讼。现分述如下。

①索赔要求的提出。当出现索赔事件时，在现场先与工程师磋商，如果不能达成妥协方案，则承包商应审慎地检查自己索赔要求的合理性，然后决定是否提出书面索赔要求。按照 FIDIC 合同条款，书面的索赔通知书，应在引起索赔的事件发生后 28 天内向工程师正式提出，并抄送业主；逾期提送，将遭业主和工程师的拒绝。

索赔通知书一般都很简单，仅说明索赔事项的名称，根据相应的合同条款，提出自己的索赔要求。索赔通知书主要包括以下内容：

引起索赔事件发生的时间及情况的简单描述。

依据合同的条款和理由。

说明将提供有关后续资料，包括有关记录和提供事件发展的动态。

说明对工程成本和工期产生不利影响的严重程度，以期引起监理工程师和业主的重视。

至于索赔金额的多少或应延长工期的天数，以及有关的证据资料，可稍后再报给业主。

②索赔证据的准备。索赔证据资料的准备是施工索赔工作的重要环节。承包商在正式报送索赔文件（报告）前，要尽可能地使索赔证据资料完整齐备，不可"留一手"待谈判时再抛出来，以免造成对方的不愉快而影响索赔事件的解决。索赔金额的计算要准确无误，符合合同条款的规定，具有说服力；力求文字清晰，简单扼要，要重事实、讲理由，语言婉转而富有逻辑性。关于索赔证据资料包括的内容，将在后面做详细介绍。

③索赔文件（报告）的编写。索赔文件（报告）是承包商向监理工程师（或业主）提交的要求业主给予一定经济（费用）补偿或工期延长的正式报告。关于索赔文件（报告）的编写内容及应注意的问题等，将在后面做详细介绍。

④索赔文件（报告）的报送。索赔文件（报告）编写完毕后，应在引起索赔的事件发生后 28 天内尽快提交给监理工程师（或业主），以正式提出索赔。索赔报告提交后，承包商不能被动等待，应隔一定的时间，主动向对方了解索赔处理的情况，根据对方所提出的问题进一步做资料方面的准备，或提供补充资料，尽量为监理工程师处理索赔提供帮助、支持和合作。

索赔的关键问题在于"索"，承包商不积极主动去"索"，业主没有任何义务去"赔"。因此，提交索赔文件（报告）虽然是"索"，但还只是刚刚开始，要让业主"赔"，承包商还有许多更艰难的工作要做。

⑤索赔文件（报告）的评审。监理工程师（或业主）接到承包商的索赔文件（报告）后，应该马上仔细阅读，并对不合理的索赔进行反驳或提出疑问，监理工程师可以根据自己掌握的资料和处理索赔的工作经验提出意见和主张。如：

索赔事件不属于业主和监理工程师的责任，而是第三方的责任。

承包商未能遵守索赔意向通知的要求。

合同中的开脱责任条款已经免除了业主补偿的责任。

索赔是由不可抗力引起的，承包商没有划分和证明双方责任的大小。

承包商没有采取适当措施避免或减少损失。

承包商必须提供进一步的证据。

损失计算夸大。

承包商以前已明示或暗示放弃了此次索赔的要求。

但监理工程师提出这些意见和主张时也应当有充分的根据和理由。评审过程中，承包商应对监理工程师提出的各种质疑给出圆满的答复。

⑥索赔谈判与调解。经过监理工程师对索赔报告的评审，与承包商进行了较充分的讨论后，监理工程师应提出对索赔处理决定的初步意见，并参加业主和承包商进行的索赔谈判，通过谈判，做出索赔的最后决定。

在双方直接谈判没能取得一致解决意见时，为争取通过友好协商办法解决索赔争端，可邀请中间人进行调解。有些调解是非正式的，例如通过有影响的人物（业主的上层机构、官方人士或社会名流等）或中间媒介人物（双方的朋友、中间介绍人、佣金代理人等）进行幕前幕后调解。也有些调解是正式性质的，例如在双方同意的基础上共同委托专门的调解人进行调解，调解人可以是当地的工程师协会或承包商协会、商会等机构。这种调解要举行一些听证会和调查研究，而后提出调解方案，如双方同意则可达成协议并由双方签字和解。

⑦索赔仲裁与诉讼。对于那些确实涉及重大经济利益而又无法用协商和调解办法解决的索赔问题，变成双方难以调和的争端，只能依靠法律程序解决。在正式采取法律程序解决之前，一般可以先通过自己的律师向对方发出正式索赔函件，此函件最好通过当地公证部门登记确认，以表示诉诸法律程序的前奏。这种通过律师致函属于"警告"性质，若多次警告而无法和解（如由双方的律师商讨仍无结果），则只能根据合同中"争端的解决"条款提交仲裁或司法程序解决。

（2）索赔依据。为了达到索赔成功的目的，承包商必须进行大量的索赔论证工作，以大量的证据来证明自己拥有索赔的权利和应得的索赔款额和索赔工期。在进行施工索赔时，承包商应善于从合同文件和施工记录等资料中寻找索赔的依据，在提出索赔要求的同时，提出必需的证据资料。可以作为索赔依据的主要有如下几种资料。

1）政策法规文件。政策法规文件是指工程所在国的政府或立法机关公布的有关国家法律、法令或政府文件，如货币汇兑限制指令、外汇兑换率的决定、调整工资的决定、税收变更指令、工程仲裁规则等，这些文件对工程结算和索赔具有重要的影响，承包商必须高度重视。

2）招标文件、合同文本及附件。如FIDIC《施工合同条件》中的通用条件和专用条件，以及我国《建设工程施工合同（示范文本）》中的通用条款和专用条款、施工技术规范、工程范围说明、现场水文地质资料和工程量表、标前会议和澄清会议资料等，不仅是承包商投标报价的依据和构成工程合同文件的基础，而且是施工索赔时计算索赔费用的依据。

3）施工合同协议书及附属文件。施工合同协议书，各种合同双方在签约前就中标价格、施工计划、合同条件等问题进行的讨论纪要文件，以及其他各种签约的备忘录和修正案等资料，都可以作为承包商索赔计价的依据。

4）往来的书面文件。在合同实施过程中，会有大量的业主、承包商、工程师之间的来往书面文件，如业主的各种认可信与通知，工程师或业主发出的各种指令，如工程变更令、加速施工令等，以及对承包商提出问题的书面回答和口头指令的确认信等，这些信函（包括电传、传真资料等）都将成为索赔的证据。因此，来往的信件一定要留存，自己的回复则要留底。同时，要注意对工程师的口头指令及时书面确认。

5）会议记录，主要有标前会议和决标前的澄清会议纪要。在合同实施过程中，业主、工程师和承包商定期和不定期的工地会议，如施工协调会议，施工进度变更会议，施工技术讨论会议等，在这些会议上研究实际情况做出的决议或决定等。这些会议记录均构成索赔的依据，但应注意这些记录若想成为证据，必须经各方签署才有法律效力。因此，对于会议纪要应建立审阅制度，即做纪要的一方写好纪要稿后，送交参会各方传阅核签，如果有不同意见应在规定期限内提出或直接修改，若不提出意见则视为同意（这个程序需由各方在项目开始前商定）。

6）批准的施工进度计划和实际进度记录。经过业主或工程师批准的施工进度计划和修改计划，实际进度记录和月进度报表是进行索赔的重要证据。进度计划中不仅指明工作间施工顺序和工作计划持续时间，而且还直接影响劳动力、材料、施工机械和设备的计划安排。如果由于非承包商原因或风险使承包商的实际进度落后于计划进度或发生工程变更，则这类资料对承包商索赔能否成功起到非常重要的作用。

7）施工现场工程文件。施工现场工程文件包括现场施工记录、施工备忘录、各种施工台账、工时记录、质量检查记录、施工设备使用记录、建筑材料进场和使用记录、工长或检查员及技术人员的工作日记、监理工程师填写的施工记录和各种签证，各种工程统计资料如周报、月报，工地的各种交接记录如施工图交接记录、施工场地交接记录、工程中停电或停水记录等资料，这些资料构成工程的实际状态，是工程索赔时必不可少的依据。

8）工程照片、录像资料。工程照片和录像作为索赔证据最直观，并且照片上最好注明日期。其内容可以包括工程进度照片和录像、隐蔽工程覆盖前的照片和录像、业主责任或风险造成的返工或工程损坏的照片和录像等。

9）检查验收报告和技术鉴定报告。在工程中的各种检查验收报告，如隐蔽工程验收报告、材料试验报告、试桩报告、材料设备开箱验收报告、工程验收报告及事故鉴定报告等，这些报告是对承包商工程质量的证明文件，因此成为工程索赔的重要依据。

10）工程财务记录文件。包括工人劳动计时卡和工资单、工资报表、工程款账单、各种收付款原始凭证、总分类账、管理费用报表、工程成本报表、材料和零配件采购单等财务记录文件，它是对工程成本的开支和工程款的历次收入所做的详细记录，是工程索赔中必不可少的索赔款额计算的依据。

11）现场气象记录。工程水文、气象条件变化，经常引起工程施工的中断或工效降低，甚至造成在建工程的破损，从而引起工期索赔或费用索赔。尤其是遇到恶劣的天气，一定要做好记录，并且请工程师签字。这方面的记录内容通常包括：每月降水量、风力、气温、水位、施工基坑地下水状况等，对地震、海啸和台风等特殊自然灾害更要随时做好记录。

12）市场行情资料。市场行情资料，包括市场价格、官方公布的物价（工资指数、中央银行的外汇比率等）资料，是索赔费用计算的重要依据。

5. 索赔费用

索赔费用的构成和施工项目中标时的合同价的构成是一致的，索赔的款项必须是施工合同中已经包括了的内容，而索赔款是超出原来报价的增加部分。从原则上说，只要是承包商有索赔权的事项，导致了工程成本的增加，承包商都可以提出费用索赔，因为这些费用是承包商完成超出合同范围的工作而实际增加的开支。一般索赔费用中主要包括以下内容。

（1）人工费。人工费是构成工程成本中直接费的主要项目之一，包括生产工人的基本工资、工资性质的津贴、辅助工资、劳保福利费、加班费、奖金等。索赔费用中的人工费，需考虑以下几个方面：

1）完成合同计划以外的工作所花费的人工费用。

2）由于非承包商责任的施工效率降低所增加的人工费用。

3）超过法定工作时间的加班劳动费用。

4）法定人工费的增长。

5）由于非承包商的原因造成工期延误致使人员窝工增加的人工费等。

（2）材料费。材料费在直接费中占有很大比重。由于索赔事项的影响，在某些情况下，会使材料费的支出超过原计划材料费支出。索赔的材料费主要包括以下内容：

1）由于索赔事项材料实际用量超过计划用量而增加的材料费。

2）对于可调价格合同，由于客观原因材料价格大幅度上涨。

3）由于非承包商责任使工期延长导致材料价格上涨。

4）由于非承包商原因致使材料运杂费、材料采购与保管费用的上涨等。

索赔的材料费中应包括材料原价、材料运输费、包装费、材料的运输损耗等。但由于承包商自身管理不善等原因造成材料损坏、失效等费用损失不能计入材料费索赔。

（3）施工机械使用费。由于索赔事项的影响，使施工机械使用费的增加，主要体现以下几个方面：

1）由于完成工程师指示的，超出合同范围的工作所增加的施工机械使用费。

2）由于非承包商的责任导致的施工效率降低而增加的施工机械使用费。

3）由于业主或者工程师原因导致的机械停工的窝工费等。

（4）管理费。

1）工地管理费。工地管理费的索赔是指承包商为完成索赔事项工作，业主指示的额外工作及合理的工期延长期间所发生的工地管理费用，包括工地管理人员的工资、办公费用、通信费、交通费等。

2）总部管理费。索赔款中的总部管理费是指索赔事项引起的工程延误期间所增加的管理费用，一般包括总部管理人员的工资、办公费用、财务管理费、通信费等。

3）其他直接费和间接费。国内工程一般按照相应费用定额计取其他直接费和间接费等项，索赔时可以按照合同约定的相应费率计取。

（5）利润。承包商的利润是其正常合同报价中的一部分，也是承包商进行施工的根本目的。所以，当一个索赔事项发生的时候，承包商会相应地提出利润的索赔。但是对于不同性质的索赔，承包商可能得到的利润补偿是不一样的。一般由于业主方工作失误造成承包商的损失，可以索赔利润，而业主方也难以预见的事项造成的损失，承包商一般不能索赔利润。在 FIDIC 合同条件中，对于以下几项索赔事项，明确规定了承包商可以得到相应的利润补偿：

1）工程师或者业主提供的施工图或指示延误。

2）业主未能及时提供施工现场。

3）合同规定或工程师通知的原始基准点、基准线、基准标高错误。

4）不可预见的自然条件。

5）承包商服从工程师的指示进行试验（不包括竣工试验），或由于业主的原因对竣工试验的干扰。

6）因业主违约，承包商暂停工作及终止合同。

7）一部分应属于业主承担的风险等。

（6）利息。在实际施工过程中，由于工程变更和工期延误会使承包商的投资增加，业主拖期支付工程款也会给承包商造成一定的经济损失，因此承包商会提出利息索赔。利息索赔一般包括以下几个方面：

1）业主拖期支付工程进度款或索赔款的利息。

2）由于工程变更和工期延长所增加投资的利息。

3）业主错误扣款的利息。

无论是什么原因使业主错误扣款，由承包商提出反驳并被证明是合理的情况下，业主错误扣除的任何款项都应该归还，并应支付扣款期间的利息。

如果工程部分进行分包，分包商的索赔款同样也包括上述各项费用。当分包商提出索赔时，其索赔要求如数列入总包商的索赔要求中，一起向工程师提交。

（7）在施工索赔中不允许索赔的几项费用。

1）承包商对索赔事项的发生原因负有全部责任的有关费用。

2）承包商对索赔事项未采取减轻措施因而扩大的费用。

3）承包商进行索赔工作的准备费用。

4）索赔款在索赔处理期间的利息。

5）工程有关的保险费用。

二、工程延期与索赔

工程工期是施工合同中的重要条款之一，涉及业主和承包商多方面的权利和义务关系。工程延期对合同双方一般都会造成损失，业主因为工程不能及时交付使用，就不能按照计划实现投资效果；承包商因为工程延期而增加工程成本，生产效率降低，企业信誉受到影响，最终还可能导致合同规定的误期损害赔偿费处罚。因此，工程延期的后果是形式上的时间损失，实质上的经济损失，无论是业主还是承包商，都不愿意无缘无故的承担由工程延期给自己造成的经济损失。

工程工期是业主和承包商经常发生争议的问题之一，工期索赔在整个索赔中占据了很高的比例，也是承包商索赔的重要内容之一。

1. 工期索赔的依据与合同规定

在工程实践中，承包商提出工期索赔的依据主要有：

(1) 合同约定的工程总进度计划。

(2) 合同双方共同认可的详细进度计划，如网络图、横道图等。

(3) 合同双方共同认可的月、季、旬进度实施计划。

(4) 合同双方共同认可的对工期的修改文件，如会谈纪要、来往信件、确认信等。

(5) 施工日志、气象资料。

(6) 业主或工程师的变更指令。

(7) 影响工期的干扰事件。

(8) 受干扰后的实际工程进度。

(9) 其他有关工期的进度等。

此外，在合同双方签订的工程施工合同中有许多关于工期索赔的规定，FIDIC 合同条件和我国建设工程施工合同条件中有关工期延误和索赔的规定，可以作为工期索赔的法律依据，在实际工作中可供参考。

2. 工期索赔的计算

在工期索赔中，首先要确定索赔事件发生对施工活动的影响及引起的变化，然后再分析施工活动变化对总工期的影响。常用的计算索赔工期的方法有如下四种。

(1) 网络分析法。网络分析法是通过分析索赔事件发生前后，网络计划工期的差异计算索赔工期的。这是一种合理的科学计算方法，适用于各类工期索赔。

(2) 对比分析法。对比分析法比较简单，适用于索赔事件仅影响单位工程，或分部（分项）工程的工期，需要由此计算对总工期的影响。计算公式为：

总工期索赔 = 原合同总工期 × （额外或新工程量价格 ÷ 原合同总价）

(3) 劳动生产率降低计算法。在索赔事件干扰正常施工导致劳动生产率降低而使工期拖延时，可以按照下列公式进行计算：

索赔工期 = 计划工期 × [（预期劳动生产率 – 实际劳动生产率）÷ 预期劳动生产率]

(4) 简单累加法。在施工过程中，由于恶劣的气候、停电、停水及意外风险造成全面停工而导致工期拖延时，可以分别列出各种原因引起的停工天数，累加结果即可作为索赔天数。应该注意的是，由多项索赔事件引起的总工期索赔，最好用网络分析法计算索赔工期。

三、 反索赔

1. 反索赔的内容

索赔管理的任务不仅在于对已产生的损失的追索，而且在于对将产生或可能产生的损失的防止。追索损失主要通过索赔手段进行，而防止损失主要通过反索赔进行。

在工程项目实施过程中，业主与承包商之间，总承包商和分包商之间，合伙人之间，承包商与材料和设备供应商之间都可能有双向的索赔和反索赔。例如，承包商向业主提出索赔，而业主反索赔；同时业主又可能向承包商提出索赔，而承包商必须反索赔。所以，在工程中索赔和反索赔的关系是很复杂的。

索赔和反索赔是进攻和防守的关系，在合同实施过程中承包商必须能攻善守，攻守结合。

在合同实施过程中，合同双方都在进行合同管理，都在寻找索赔机会，一经干扰事件发生，都在企图推卸自己的合同责任，并企图进行索赔。不能进行有效的反索赔，同样要蒙受损失，所以反索赔与索赔有同等重要的地位。

反索赔的目的是防止损失的发生，包括如下两方面内容。

（1）防止对方提出索赔。在合同实施中进行积极防御，使自己处于不被索赔的地位，这是合同管理的主要任务。积极防御通常表现如下：

1）尽量防止自己违约，使自己完全按合同办事。通过加强施工管理，特别是合同管理，使对方找不到索赔的理由和根据。工程按合同顺利实施，没有损失发生，不需提出索赔，合同双方没有争执，达到最佳的合作效果。

2）上述仅为一种理想状态，在合同实施过程中总是有干扰事件，许多干扰是承包商不能影响和控制的。一经干扰事件发生，就应着手研究，收集证据，一方面做索赔处理，另一方面又准备反击对方的索赔。这两者都不可缺少。

3）在实际工程中，干扰事件常常是双方都有责任，许多承包商采取先发制人的策略，首先提出索赔，好处如下。

尽早提出索赔，防止超过索赔有效期限制而失去索赔机会。

争取索赔中的有利地位，因为对方要花许多时间和精力分析研究，以反驳本方的索赔报告。这样打乱了对方的步骤，争取了主动权。

为最终的索赔解决留下余地。通常索赔解决中双方都必须做让步，而首先提出的，且索赔额比较高的一方更有利。

（2）反击对方的索赔要求。为了避免和减少损失，必须反击对方的索赔要求。对承包商来说，这个索赔要求可能来自业主、总（分）承包商、合伙人、供应商等。

最常见的反击对方索赔要求的措施有：

1）用本方提出的索赔要求对抗对方的索赔要求，最终是双方都做让步，互不支付。

在工程实施过程中干扰事件的责任常常是双方面的，对方也有失误和违约的行为，也有薄弱环节，因此要抓住对方的失误，提出索赔，以保证在最终索赔解决中双方都能做出让步。这就是以"攻"对"攻"，用索赔对索赔，是常用的反索赔手段。

在国际工程中，业主常常用这个措施对待承包商的索赔要求，如找出工程中的质量问题及承包商管理不善之处加重处罚，以对抗承包商的索赔要求，达到少支付或不付的目的。

2）反驳对方的索赔报告，找出理由和证据，证明对方的索赔报告不符合事实情况，不符合合同规定，没有根据，计算不准确，以推卸或减轻自己的赔偿责任，使自己不受或少受损失。

在实际工程中，这两种措施都很重要，常常同时使用，索赔和反索赔同时进行，即索赔报告中既有索赔，也有反索赔；反索赔报告中既有反索赔，也有索赔。攻守手段并用会达到很好的索赔效果。

2. 反索赔的主要步骤

在接到对方索赔报告后，应着手进行分析、反驳。反索赔与索赔有相似的处理过程。通常对对方提出重大索赔的反驳处理过程，应该按照下面几个方面进行。

（1）合同的总体分析。反索赔同样是以合同作为反驳的理由和根据。合同分析的目的是分析、评价对方索赔要求的理由和依据。在合同中找出对对方不利、对本方有利的合同条文，以构成对对方索赔要求否定的理由。合同总体分析的重点是，与对方索赔报告中提出的问题有关的合同条款，通常有：合同的法律基础及其特点；合同的组成及合同变更情况；合同规定的工程范围和承包商责任，工程变更的补偿条件、范围和方法；对方的合作责任；合同价格的调整条件、范围、方法及对方应承担的风险；工期调整条件、范围和方法；违约责任；争执的解决方法等。

（2）事态调查。反索赔仍然基于事实基础之上，以事实为根据。这个事实必须有本方对合同实施过程跟踪和监督的结果，即各种实际工程资料作为证据，用以对照索赔报告中所描述的事情经过和所附证据。通过调查可以确定干扰事件的起因、事件经过、持续时间、影响范围等真实的详细的情况。

在此应收集整理所有与反索赔相关的工程资料。

（3）三种状态分析。在事态调查的基础上，可以做如下分析工作。

1）合同状态的分析。即不考虑任何干扰事件的影响，仅对合同签订时的情况和依据进行分析，包括合同条件、当时的工程环境、实施方案、合同报价水平。这是对方索赔和索赔值计算的依据。

2）可能状态的分析。在任何工程中，干扰事件是不可避免的，所以合同状态很难保持。为了分析干扰事件对施工过程的影响并分清双方责任，必须在合同状态分析的基础上分析对方有理由提出索赔的干扰事件。这里的干扰事件必须符合两个条件：①非对方责任引起的。②不在合同规定对方应承担的风险范围内，符合合同规定的索赔补偿条件。

引用上述合同状态分析过程和方法再一次进行分析。

3）实际状态的分析。即对实标的合同实施状况进行分析。按照实际工程量、生产效率、劳动力安排、价格水平、施工方案等，确定实际的工期和费用支出。

通过上述分析可以全面地评价合同及合同实施状况，评价双方合同责任的完成情况；对对方有理由提出索赔的部分进行总概括；分析出对方有理由提出索赔的干扰事件有哪些及索赔的大约值或最高值；对对方的失误和风险范围进行具体指认，以此作为谈判中的攻击点；针对对方的失误做进一步分析，以准备向对方提出索赔。这就是在反索赔中同时使用索赔手段。国外的承包商和业主在进行反索赔时，特别注意寻找向对方索赔的机会。

（4）对索赔报告进行全面分析，对索赔要求、索赔理由进行逐条分析评价。分析评价索赔报告，可以通过索赔分析评价表进行。其中，分别列出对方索赔报告中的干扰事件、索赔理由、索赔要求，提出本方的反驳理由、证据、处理意见或对策等。

（5）起草并向对方递交反索赔报告。反索赔报告也是正规的法律文件。在调解或仲裁中，对方的索赔报告和本方的反索赔报告应一起递交给调解人或仲裁人。反索赔报告的基本要求与索赔报告相似。通常反索赔报告的主要内容有以下几项：

1）合同总体分析结果简述。

2）合同实施情况简述和评价。这里重点针对对方索赔报告中的问题和干扰事件，叙述事实情况。应包括前述三种状态的分析结果，对双方合同责任完成情况和工程施工情况做评价。重点应放在推卸本方对对方索赔报告中提出的干扰事件的合同责任。

3）反驳对方的索赔要求。按具体的干扰事件，逐条反驳对方的索赔要求，详细分析本方的反索赔理由和证据，全部或部分地否定对方的索赔要求。

4）提出索赔。对经合同分析和三种状态分析得出的对方违约责任，提出本方的索赔要求。对此，有不同的处理方法。通常，可以在本反索赔报告中提出索赔，也可另外出具本方的索赔报告。

5）总结。反索赔的全面总结通常包括如下内容：

①对合同总体分析做简要概括。

②对合同实施情况做简要概括。

③对对方索赔报告做总评价。

④对本方提出的索赔做概括。

⑤双方要求的比较，即索赔和反索赔最终分析结果比较。

⑥提出解决意见。

6）附各种证据。即本反索赔报告中所述的事件经过、理由、计算基础、计算过程和计算结果等的证明材料。

3. 反驳索赔报告

（1）索赔报告中常见的问题。反驳索赔报告，即找出索赔报告中的漏洞和薄弱环节，以全部或部分地否定索赔要求。任何一份索赔报告，即使是索赔专家做出的，仍然会有漏洞和薄弱环节，问题在于能否找到。这完全在于双方的管理水平、索赔经验及能力的权衡和较量。

对对方（业主、总承包或分承包等）提出的索赔必须进行反驳，不能直接地、全盘地认可。通常在索赔报告中有如下问题存在：

1）对合同理解的错误。对方从自己的利益和观点出发解释合同，对合同解释有片面性，致使索赔理由不足。

2）对方有推卸责任、转嫁风险的企图。在国际工程中，甚至有无中生有或恶人先告状的现象，索赔根据不足。

3）索赔报告中所述干扰事件证据不足或没有证据。

4）索赔值的计算多估冒算，漫天要价，将对方自己应承担的风险和失误也都纳入其中。

这些在承包工程索赔中屡见不鲜。

（2）索赔报告的反驳内容。对索赔报告的反驳通常可以从如下几方面着手。

1）索赔事件的真实性。不真实、不肯定、没有根据或仅出于猜测的事件是不能提出索赔的。事件的真实性可以从两种方面证实：

对方索赔报告后面的证据。不管事实怎样，只要对方索赔报告后未提出事件经过的得力的证据，本方即可要求对方补充证据，或否定索赔要求。

本方合同跟踪的结果。从中寻找对对方不利的、构成否定对方索赔要求的证据。

从这两个方面的对比，即可得到干扰事件的实情。

2）干扰事件责任分析。干扰事件和损失是存在的，但责任不在本方。通常有：

责任在于索赔者自己，由于其疏忽大意、管理不善造成损失，或在干扰事件发生后未采取得力有效的措施降低损失等，或未遵守工程师的指令、通知等。

干扰事件是其他方引起的，不应由本方赔偿。

合同双方都有责任，应按各自的责任分担损失。

3）索赔理由分析。反索赔和索赔一样，要能找到对本方有利的法律条文，推卸本方的合同责任；或找到对对方不利的法律条文，使对方不能推卸或不能完全推卸自己的合同责任。这样可以从根本上否定对方的索赔要求。例如，对方未能在合同规定的索赔有效期内提出索赔，故该索赔无效；该干扰事件（如工程量扩大、通货膨胀、外汇汇率变化等）在合同规定的对方应承担的风险范围内，不能提出索赔要求，或应从索赔中扣除这部分；索赔要求不在合同规定的赔（补）偿范围内，如合同未明确规定，或未具体规定补偿条件、范围、补偿方法等；虽然干扰事件为本方责任，但按合同规定本方没有赔偿责任。

4）干扰事件的影响分析。分析干扰事件的影响，可通过网络计划分析和施工状态分析得到其影响范围。如在某工程中，总承包商负责的某种装饰材料未能及时运达工地，使分包商装饰工程受到干扰而拖延，但拖延天数在该工程活动的时差范围内，不影响工期。且总承包商已事先通知分包商，而施工计划又允许人力调整，则不能对工期和劳动力损失索赔。又如业主拖延交付图纸造成工程延期。但在此期间，承包商未能按合同规定日期安排劳动力和管理人员进厂，则工期可以顺延，但工期延长对费用的影响很小。

5）证据分析。证据不足、证据不当或仅有片面的证据，索赔是不成立的。证据不足，即证据还不足以证明干扰事件的真相、全过程或证明事件的影响，则需要重新补充。证据不当，即证据与本索赔事件无关或关系不大。证据的法律证明效力不足。

6）索赔值的审核。如果经过上面的各种分析、评价，仍不能从根本上否定该索赔要求，则必须对最终认可的合情合理的索赔要求进行认真细致的索赔值的审核。因为索赔值的审核工作量大，涉及资料多，过程复杂，要花费许多时间和精力，这里有许多技术性工作。

实质上，经过本方三种状态的分析，已经很清楚地得到对方有理由提出的索赔值，按干扰事件和各费用项目整理，即可对对方的索赔值计算进行对比、审查与分析。双方不一致的地方也将一目了然。对比分析的重点如下：

各数据的准确性对索赔报告中所涉及的各个计算基础数据都必须审查、核对，以找出其中的错误和不恰当的地方。例如，工程量增加或附加工程的实际量结果；工地上劳动力、管理人员、材料、机械设备的实际使用量；支出凭据上的各种费用支出；各个项目的"计划和实际"量差分析；索赔报告中所引用的单价；各种价格指数等。

计算方法的选用是否合情合理。尽管通常都用分项法计算，但不同的计算方法对计算结果影响很大。在实际工程中，这种争执常常很多，对于重大的索赔，须经过双方协商谈判才能使计算方法达到一致。

第五章　PPP 项目承建的合同主要条款及管理

第一节　PPP 项目合同的参与主体

PPP 项目合同的参与主体见表 5-1。

表 5-1　PPP 项目合同的参与主体

类　别	内　　容
政府与社会资本（投资者）	**1. 政府** 　　在 PPP 项目合同中，政府参与主体一般包括各级地方人民政府及其授权机构：《基础设施和公用事业特许经营管理办法》第十四条规定，市（县）级以上人民政府应当授权有关部门或单位作为实施机构负责特许经营项目有关实施工作，并明确具体授权范围。财政部《政府和社会资本合作模式操作指南》规定，行业主管部门可从国民经济和社会发展规划及行业专项规划中的新建、改建项目或存量公共资产中遴选潜在项目。根据 PPP 项目的不同类型，项目合同的参与主体包括政府的财政、国土、交通运输、水利、价格、住建、环保、能源、教育、医疗、体育健身和文化设施等行业主管部门或其授权的机构或企业。例如，在公共交通 PPP 项目中，地方政府可以授权其下属的交通管理部门或其下属的国有企业代表政府签订项目合同。在实践中，地方政府一般不直接与社会资本（投资人）或项目公司签约，而是授权其下属行政主管部门或其下属的国有企业代为签订 PPP 项目合同 **2. 社会资本** 　　社会资本参与项目合同的主体范围比较广泛，包括境内外法人或组织。但按照国家的有关规定，并非所有的企业法人或组织都能成为 PPP 项目合同的主体 　　（1）自然人合伙组织不能作为社会资本。《基础设施和公用事业特许经营管理办法》第三条规定，基础设施和公用事业特许经营的合同主体包括中华人民共和国境内外的法人或者其他组织，但该条并没有明确规定其他组织的范围。财政部《PPP 项目合同指南》规定，社会资本是指依法成立且有效存续的具有法人资格的企业，但该项规定与实践相矛盾，如社会资本以联营体的身份参与项目投标并与政府签约是比较普遍的现象，在项目公司成立之前，联营体成员之间一般为合伙关系。因此，社会资本主体应当包括法人之间形成的合伙组织，而自然人之间形成的合伙组织不能作为社会资本与政府签订 PPP 项目合同 　　（2）本级政府的融资平台和控股国有企业不能作为社会资本参与本地区的 PPP 项目。财政部《PPP 项目合同指南》规定，社会资本是指依法设立且有效存续的具有法人资格的企业，包括民营企业、国有企业、外国企业和外商投资企业。但本级人民政府下属的政府融资平台公司及其控股的其他国有企业（上市公司除外）不得作为社会资本参与本级政府辖区内的 PPP 项目 　　（3）招标投标文件的限制。除了政策法规对社会资本或投资人的条件限制外，政府 PPP 项目实施机构或招标人也可以在招标文件中对投标人提出具体的要求和限制。但对投标人的限制不得违反公平原则，也不得设置歧视性条件 **3. 项目公司** 　　社会资本是 PPP 项目的实际投资人，但在 PPP 项目实践中，社会资本通常不直接作为 PPP 项目的合同主体，而是以投资人身份成立项目公司，由项目公司作为 PPP 项目合同的签约主体，并负责 PPP 项目的实际实施 　　项目公司是依法设立的自主运营、自负盈亏的具有独立法人资格的经营实体。项目公司可以由社会资本，即一家企业或多家企业联合出资设立，也可以由政府和社会资本共同出资设立。但按照财政部《PPP 项目合同指南》的规定，政府在项目公司中的持股比例应当低于 50%，且不具有实际控制力及管理权 　　项目公司是 PPP 项目的执行者，负责 PPP 项目中标后与政府的谈判及接受政府或实施机构授予的项目经营权，并负责 PPP 项目从融资、设计、建设和运营直至项目最后的移交等全过程的合同履行。项目经营期结束后，项目的经营权或项目资产的所有权转移时，PPP 项目公司将被清算和解散

（续）

类　别	内　容
金融机构	参与 PPP 项目合同的金融机构通常有商业银行、出口信贷机构、多边金融机构，如世界商业银行、亚洲开发商业银行等，以及非商业银行金融机构，如信托公司、保险公司和基金公司。金融机构参与 PPP 项目的方式可能因 PPP 项目的规模和融资需求不同而有所不同，如高速公路、机场等大型 PPP 项目的投资总额较大，一两家金融机构是无法承担的，可能由几家商业银行或机构共同组成银团为 PPP 项目提供贷款 金融机构的参与对 PPP 项目合同的成功履行至关重要，因此国家积极鼓励金融机构为 PPP 项目融资，并拓宽融资渠道。《基础设施和公用事业特许经营管理办法》第二十三条、第二十四条和第二十五条规定，国家鼓励金融机构为特许经营项目提供财务顾问、融资顾问、银团贷款等金融服务。政策性、开发性金融机构可以给予特许经营项目差异化信贷支持。除了金融机构为项目提供债权融资等金融服务外，国家鼓励企业以产业基金的方式，为特许经营项目提供资本金；鼓励特许经营项目公司进行结构化融资，发行项目收益票据和资产支持票据等；国家还鼓励特许经营项目以私募基金的方式，引入战略投资者。社会资本也可以发行企业债券、项目收益债券、公司债券、非金融企业债务融资工具等方式拓宽投融资渠道。市（县）级以上人民政府有关部门也可以探索与金融机构设立基础设施和公用事业的特许经营引导基金 在传统的 BOT、BT 项目合同中，商业银行仅是项目融资合同中的贷款人，但是随着经济发展的需要，商业银行逐步利用其专业优势为 PPP 项目提供金融、会计、项目风险、现金流评估等咨询服务。商业银行在 PPP 项目中承担着提供资金的重要作用，但其是否可以作为独立的社会资本直接与政府签约，对此争议很大。在实践中，有些地方政府接受商业银行作为社会资本投标，但笔者认为，商业银行作为社会资本独立地参与 PPP 项目合同，与现行的法律规定不符。理由如下：首先，商业银行作为社会资本直接投资 PPP 项目，违反了现行的商业银行法。《商业银行法》第二条规定，商业银行是依照该法和《公司法》设立的吸收公众存款、发放贷款、办理结算等业务的企业法人。该法第四十三条明确规定，商业银行在中华人民共和国境内不得从事信托投资和证券经营业务，不得向非自用不动产投资或者向非银行金融机构和企业投资，但国家另有规定的除外。从第二条和第四十三条的规定可以看出，除非国家另有规定，商业银行不能直接进行投资经营活动。截至目前，国家并没有出台商业银行可以直接投资 PPP 项目的规定 其次，商业银行作为社会资本直接参与 PPP 项目，与现行规章、规范性文件的规定不符。财政部《PPP 项目采购管理办法》第五条规定，项目实施机构应当根据项目需要准备资格预审文件，发布资格预审公告，邀请社会资本和与其合作的金融机构参与资格预审，验证项目能否获得社会资本响应和实现充分竞争。财政部《政府和社会资本合作模式操作指南》第十三条也对此做出了相同的规定。上述文件表明，商业银行可以作为社会资本的融资支持方参与项目的资格预审，但商业银行并不能作为社会资本直接投资 PPP 项目 除了商业银行在 PPP 项目合同履行中的重用作用外，保险公司作为金融机构在 PPP 项目合同履行中，可以起到分散项目建设和运营风险的作用。由于 PPP 项目的投资规模大、生命周期长，在项目建设和运营期间将面临许多难以预料的各类风险，因此项目公司以及项目的承包商、分包商、供应商、运营商等，都应合理预计未来的各类风险，并向保险公司投保，以保证项目的顺利履行
工程承包企业	目前新建、改建或扩建的 PPP 项目较多，因此政府在招标活动中一般要求投标人具有工程建设的资质证书及从事同等或类似工程项目的经验。工程承包企业（engineering contractor）作为基础设施和公用事业建设的承包商，在 PPP 项目中主要负责项目的建设，如项目的设计、采购、施工等；在项目建设中，还承担工期延误、工程质量不合格和成本超支等风险。对于规模较大的项目，工程承包企业可能会与分包商签订分包合同，以分散项目的风险。根据具体项目的不同情况，分包商可能承担其分包范围内的设计、部分非主体工程的施工，提供技术服务以及供应工程所需的货物、材料、设备等责任。承包商负责管理和协调分包商的工作，但承包商不能因为分包而免除其对项目工程质量的连带责任。对于新建、扩建和改建的 PPP 项目来说，承包商在整个 PPP 合同中的地位尤为重要，它决定项目能否按期、保证质量地完成，并影响 PPP 项目顺利运营 在实践中，如果工程承包企业具有财务能力和融资能力，在大型的基础设施项目中，政府一般会选择其作为社会资本。这是因为，在高速铁路、高速公路、机场、码头等以工程建设为主的项目中，施工企业具有明显的优势。在采用 BOT + EPC 模式的 PPP 项目中，施工企业或其母公司以社会资本的身份获得政府的项目授权，根据《招标投标法实施条例》第九条的规定，可以直接承担项目工程建设，然后转入项目运营，从而实现项目自始至终的全产业链式的资源整合。这本身也是世界工程项目管理的趋势，并早已获得我国政府的鼓励

（续）

类　别	内　　容
运营商	PPP 项目的运营关系到社会资本的投资和回报能否实现，是否能向社会提供合格的公共产品和高质量的公共服务。项目公司如果没有某些项目的运营经验，很有可能聘请专业的运营商（operator）负责项目的运营。 在 PPP 项目的运营中，根据项目的性质、风险分配以及运营商资质能力的不同，专业运营商在不同项目中所负责的工作范围和所承担的风险也会不同。例如，在一些政府付费的项目中，项目公司不承担需求风险或仅承担有限需求风险，可能独立运营；而在一些以使用者付费为主的项目中，由于需求风险较大，项目公司很可能委托专业的运营商负责项目的运营，以降低项目的运营风险
供应商与服务购买方	在一些 PPP 项目中，原料的及时、充足、稳定供应对于项目的平稳运营至关重要，因此原料供应商（supplier）也是 PPP 项目合同体系的重要参与方之一。例如，在燃煤电厂项目中，为了保证煤炭的稳定供应，项目公司通常会与煤炭供应商签订长期供应协议 在包含运营内容的 PPP 项目中，项目公司一般会以项目运营的收入来回收成本并获取利润。为了降低市场风险，在项目谈判阶段，项目公司以及融资方通常会要求确定项目产品或服务的购买方（部分项目适用），并由购买方（service buyer）与项目公司签订长期购销合同，以保证项目未来的稳定收益
律师与其他中介组织	鉴于 PPP 项目整个交易结构的长期性、专业性、复杂性以及合规性的要求，决定了专业的投资、法律、技术、财务、保险代理等咨询服务机构在项目合同履行中的重要作用 咨询服务机构凭借其在。PPP 项目方面的丰富经验，为政府和社会资本提供专业的指导和咨询服务。这些服务通常包括提供 PPP 项目的尽职调查报告，项目的设计、交易结构、财务模型的选择方案，项目的可行性分析报告，项目物有所值评价报告、财政承受能力报告，编制项目实施方案，草拟社会资本选择的招标或竞争性谈判等文件，并组织公开招标或谈判程序，参与商务谈判并协助政府与社会资本签订项目合同 值得注意的是，律师在 PPP 项目合同中发挥着日益重要的作用。律师在 PPP 项目合同履行中承担的工作通常有：为项目的可行性及风险提供法律意见；对项目及相对方的资金、信誉和其他资产状况做尽职调查；参与起草、修改招标投标文件，并对其合规性提供法律意见；参与 PPP 项目合同的起草、修改和谈判；组建项目公司的，可以帮助起草、修改项目公司的章程、文件等；为项目融资、建设、运营等提供法律意见，并参与项目执行过程中的纠纷处理等

第二节　PPP 项目承建合同主要条款及管理

一、　PPP 项目合同的总则

PPP 项目合同总则是对项目合同一般性问题的说明和解释，其具体内容如图 5-1 所示。

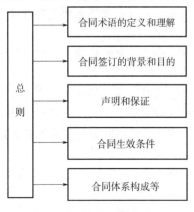

图 5-1　项目合同总则构成

1. 项目合同术语的定义和解释

定义和解释是对 PPP 项目合同中专门用语的解释和说明，其目的是防止项目履行中双方对同一术语在理解上的分歧和由此产生的纠纷。

（1）定义。本协议，指由甲方与乙方签署的项目合同，中标文件、附件，项目的补充修改协议及其附件等。

本项目，指_____市（县）_____公共交通/设施/服务 PPP 项目。

甲方，指_____市（县）政府授权实施公共交通/设施/服务 PPP 项目的实施机构。

乙方，指甲方通过 PPP 项目竞争方式选定的本项目的社会资本方。

项目公司，指乙方为履行本项目的设计、融资、建设、运营、管理及移交的目的，依照公司法的规定设立的企业法人。

1）PPP 公共设施项目。指由政府或社会资本为社会公众提供的公共建筑、设备及其服务，包括供热、供水、供电、燃气、电信、垃圾和污水处理等设施。

2）本协议中的中国不包括香港特别行政区、澳门特别行政区和台湾地区。

3）法律，指所有现行有效的中国法律、行政法规、地方性法规、自治条例和单行条例、规章、司法解释及其他有法律约束力的规范性文件。

4）特许经营权。指本协议中甲方授予乙方的、在特许经营期限和经营区域范围内设计、融资、建设、运营、维护公共设施项目、向用户提供服务并收取费用的权利。

5）生效日，指本协议条款中双方约定的本协议生效日期。

6）特许经营期，指从本协议生效日开始的____年期间，可根据本协议予以延长。

7）特许经营区域范围，指履行本协议时，附件《项目和特许经营区域范围》规定的经营和服务区域范围。

8）不可抗力，指在签订本协议时不能合理预见的、不能克服和不能避免的事件或情形。以满足上述条件为前提，不可抗力包括但不限于：①雷电、地震、火山爆发、滑坡、水灾、暴雨、海啸、台风、龙卷风或旱灾；②流行病、瘟疫；③战争行为，入侵、武装冲突或外敌行为，封锁或军事力量的使用，暴乱或恐怖行为；④全国性、地区性、城市性或行业性罢工；⑤由于不能归因于乙方的原因引起的公共设施项目供电中断；⑥由于不能归因于乙方的原因造成的公共设施恶化或供应不足。

9）日、月、季度、年。均指公历的日、月份、季度和年。

10）建设期，指从本协议生效日至最终完工日的期间。

11）运营期。指从最终完工日（适用于新建项目）或开始运营日（适用于已经投产项目）起至移交日的期间。

12）移交。指乙方根据本协议的规定向甲方或其指定机构移交公共设施项目。

13）移交日。指特许经营期届满之日（适用于本协议期满终止）或根据本协议规定确定的移交日期（适用于本协议提前终止）。

14）营业日，指中国除法定节、假日之外的日期，若支付到期日为非营业日，则应视支付日为下一个营业日。

15）批准。指乙方为履行本协议需从政府部门获得的许可、执照、同意、批准、核准或备案。

16）法律变更，指中国立法机关或政府部门颁布、修订、修改、废除、变更和解释的任何法律；或者甲方的任何上级政府部门在本协议签署日之后修改任何批准的重要条件或增加任何重要的额外条件，并且上述任何一种情况导致：①适用于乙方或由乙方承担的税收、税收优惠或关税发生任何变化；②对公共设施项目的融资（包括有关外汇兑换和汇出）、设计、建设、运营、维护和移交的要求发生任何变化。

17）建设，指按本协议建设公共设施项目。（适用于包含或将来可能发生的新建项目或项目）

18）环境污染，指公共设施项目、公共设施项目用地或其任何部分之上、之下或周围的空气、土地、水或其他方面的污染，且这些污染违背或不符合有关环境的现行法律或国际惯例的规定。

19）最终完工证书，指根据第_____条颁发或视为颁发的证书。

20）最终完工日，指最终完工证书颁发或视为颁发之日。

21）计划最终完工日，详见附件《项目进度》。

22）最终性能测试，指本协议第_____条所述的确认公共设施项目具有安全、可靠、稳定性能的测试。

23）融资交割，当下述条件具备时，为完成融资交割：①乙方与融资人已签署并递交所有融资文件，融资文件要求的获得首笔资金的每一前提条件已得到满足或被融资人放弃；并且②乙方收到融资文件要求的投资人的认股书或股权出资或其他的文件。

24）融资文件，指经有关政府部门依据现行法律批准的并报甲方备案的、与项目的融资或再融资相关的贷款协议、票据、契约保函、外汇套期保值协议、债券、基金和其他文件，以及担保协议，但不包括：（如乙方的公共服务的价格或提前终止补偿条款与贷款文件有密切联系，则应规定"贷款文件应取得甲方同意"）①与股权投资者的认股书或股权出资相关的任何文件；或②与提供履约保函和维护保函相关的文件；或③其他文件。

25）融资人，指融资文件中的融资人。

26）维护保函，指乙方根据第_____条向甲方提供的维护保函。

27）进度日期，指附件《项目进度》中所述的日期。

28）终止通知，指根据第_____条发出的通知。

29）计划开始运营日，指双方确定的、预计公共设施项目可以开始运营的日期，即_____年_____月_____日。（适用于已经投产的项目，对于新建项目，该日期应与计划最终完工日为同一日期）

30）开始运营日，指乙方根据第_____条向甲方发出公共设施项目已准备就绪，可以开始运营的书面通知中所确定之日（适用于已经投产的项目，对于新建项目，该日期应与最终完工日为同一日期）。

31）履约保函，指乙方按照第_____条向甲方提供的履约保函。

32）前期工作，指第_____条所述的工作。

33）初步完工通知，指根据第_____条发出的通知。

34）初步完工证书，指根据第_____条颁发或视为颁发的证书。

35）初步性能测试，指第_____条所述的确保项目设施达到技术标准、规范和要求及设计标准的测试。

36）谨慎运营惯例，指熟练和有经验的中国公共服务企业在运营类似于本公共设施项目中，所采用或接受的惯例、方法和做法以及国际惯例和方法。

37）担保协议，指由乙方与融资人签订的、有关政府部门依现行法律批准并经甲方同意和向融资人提供的、在乙方股东持有乙方公司股权或乙方拥有任何财产、权利或权益之上设置抵押、质押、债权负担或其他担保权益的任何协议。

38）项目合同，指本协议、融资文件，与本公共设施项目的设计、重要设备的原材料采购、施工建设、监理、运营维护及其他相关的合同。

39）公共设施项目，指乙方根据本协议设计、融资、建设、运营、维护公共设施项目，向用户提供服务并收取费用。

（2）解释。本合同中的标题仅为阅读方便所设，不影响合同条文的解释。以下的规定同样适用于对本合同进行解释，除非其上下文明确显示其不适用。

在本合同中：

1）协议或文件包括经修订、更新、补充或替代后的该协议或文件。

2）"元"，指人民币元。

3）条款或附件，指本合同的条款或附件。

4）一方、各方，指本合同的一方或双方或各方，并且包括经允许的替代该方的人或该方的受让人。

5）除非本合同另有明确约定，"包括"指包括但不限于；除本合同另有明确约定，"以上""以下""以内"或"内"均含本数，"超过"和"以外"不含本数。

6）要求在某一非工作日付款，指该付款应在该日后的第一个工作日支付。

7）本合同中的标题不应视为对本合同的当然解释，本合同的各个组成部分都具有同样的法律效力及同等的重要性。

2. 引言

引言是 PPP 项目合同的一部分内容，一般出现在合同的首部。它用来说明合同签署的时间、签署主体、签署背景等。

（1）示范条款。根据《招标投标法》《合同法》《公司法》《招标投标法实施条例》《政府和社会资本合作项目政府采购管理办法》《政府和社会资本合作模式操作指南（试行）》等法律、法规、文件及国家发展改革委、财政部的通用合同指南等关于"政企合作、互惠互利、合作共赢"的原则，甲方（政府）经过 PPP 的招标投标/邀请招标/竞争性磋商等方式，选择乙方（社会资本）作为本项目的投资者。双方经过协商，达成如下协议：

鉴于：

1）经_____市（县、区）人民政府批准，_____项目采用 PPP 模式（即政府与社会资本合作模式）选择有竞争力的社会资本进行本项目的投资、建设和运营。

2）甲方于_____年_____月_____日至_____年_____月_____日遵循公开、公平、公正和利益共享、风险共担的原则，对项目进行了公开招标/邀请招标/谈判，并履行了相关法定程序，最终确定乙方为本项目的中标社会资本。

3）甲方与乙方签署《_____PPP 项目合同》（以下简称本合同），由甲方授权乙方进行本项目的投资、建设和运营。甲乙双方保证/承诺履行签订的《_____PPP 项目合同》，或

4）根据本合同约定，由甲方与乙方在项目所在地合资成立项目公司。项目公司成立后，_____市（县、区）人民政府授权_____（实施机构）与项目公司签署《_____项目合同》（以下简称《合同》），由项目公司负责对本项目进行投资、融资、建设、运营维护、移交并承担风险。

5）本合同是甲、乙双方合作实施本项目投资、建设、运营的依据，双方应共同维护和遵守。

甲方（政府主体）	乙方/乙方的联合体（社会资本）
（单位全称盖章）：	（单位全称盖章）：
甲方法定代表人：_____	乙方法定代表人：_____
委托代理人：_____	委托代理人：_____
_____年____月____日	_____年____月____日

（2）引言条款解析。

1）项目合同签约主体及签约时间。PPP 项目合同的首页一般应写明签署主体的名称、住所、法定代表人及其注册信息。如果由委托代理人代为签署，应注明委托代理人的姓名、身份和身份证信息。公民的身份证件、法定代表人的身份证明书和授权委托书等文件都是合同的组成部分。在合同签约主体之后，需要写明合同签署的具体日期。

2）签约背景及签约目的。为了合同双方有效地控制履约风险，顺利实现合同的签约目的，

在合同的引言部分需要对合同签署的相关背景、目的等予以说明。

①项目合同背景的介绍。背景的介绍一般应说明某一具体 PPP 项目已经被纳入当地政府的发展规划，经过当地人民政府或行业主管部门的批准，项目实施机构作为项目合同的签约主体已经得到当地政府的授权等情况。此外，还应说明该项目已依照招标投标法或政府采购法或其他相关法律法规的规定，履行了公开竞争程序并确定了社会资本（投资人）。政府和社会资本已经就项目合同的条款进行了谈判，协商一致决定签订此合同。

项目的背景介绍，可对项目签约前的程序、本协议的主要内容及签约后的实施步骤等进行比较具体的描述。这将加深双方对合同的理解，并有助于合同的履行。例如，某路桥 PPP 项目合同的背景介绍如下：根据《财政部、住房城乡建设部关于市政公用领域开展政府和社会资本合作项目推介工作的通知》（2015 年 2 月 13 日财建〔2015〕29 号）的要求，某市人民政府决定采用 PPP 模式建设该路桥项目（以下简称本项目），作为本项目实施机构，甲方通过公开招标的方式选择乙方作为本项目社会资本方。待乙方按照合资协议（详见附件）的约定在某市出资设立项目公司。项目公司设立后，由项目公司与甲方重新签署 PPP 合同（合同内容不变），项目公司全面承继乙方在本合同项下的权利和义务。本项目实行投资、建设、管理养护一体化的运作方式。项目公司是乙方为实施投资、融资、建设、管理养护、移交项目而依法设立的企业法人。

项目的背景介绍也可能比较简短。例如，某高速公路项目合同的背景介绍写道：某市人民政府批准了某高速公路工程采用 PPP 模式建设，并授权甲方代表政府开展 PPP 项目采购，购买社会资本基于项目建设提供的服务，经公开招标，甲方依法向乙方出具了《某市高速公路建设工程 PPP 项目中标通知书》。乙方按相应文件的规定组建并依法注册项目公司，并由项目公司负责本项目的投融资、建设、运营与移交等工作。

项目的合同签约背景可能根据项目的实际作不同的介绍，但一般应说明：经过政府的审批作为 PPP 项目实施者、以公开竞争方式选择了社会资本、双方对项目合同进行了协商并达成一致，以及签约双方经过合法授权等关键环节。这些内容关系到项目的签约是否合法及合同是否具有法律效力等。

②签约目的。项目合同的签约目的，一般应写得比较简短和概括。例如，某垃圾处理 PPP 项目合同约定，为了规范城市生活垃圾处理市场，加强城市生活垃圾处理企业管理，保证按照有关法律、法规和标准和规范的要求实施城市垃圾处理，维护垃圾处理企业的合法权益，根据某市人民政府的授权和履行了有关程序后，双方签署本协议。

3. 声明和保证

声明和保证是指项目合同双方互相承诺其具备签订合同的能力和条件并保证合同履行的条款。发改委《政府和社会资本合作项目通用合同指南》包括了声明和保证条款，而财政部《PPP 项目合同指南》并没有提及此项条款。在实践中，大部分项目合同包括此项条款。

（1）示范条款。

1）甲方的声明。在合同签订时，甲方在此向乙方声明：

①甲方已获得某市人民政府的授权，有权代表政府签署本协议，并将履行本协议项下的各项义务。

②甲方已经获得本协议附件_____列出的应在生效日期前获得的所有批准。

③如果甲方在此所做的声明与实际不符，并严重影响本协议的履行，乙方有权终止本协议。

2）乙方的声明

在合同签订时，乙方在此向甲方声明：

①乙方是依据中华人民共和国法律成立的合法机构，具有签署和履行本协议、其他项目合同和融资文件的权利。

②乙方已经获得本协议附件_____列出的应在生效日期前获得的所有批准。

③乙方确保在特许经营期内，其项目的投资股本金额高于或等于项目投资额的_____%。

④如果乙方在此所做的声明与实际不符，并严重影响本协议的履行，甲方有权终止本协议。

（2）条款解析。

1）声明和保证的法律后果。《民法总则》第一百四十七条规定，基于重大误解实施的民事法律行为，行为人有权请求人民法院或者仲裁机构予以撤销。《合同法》第五十四条也作了类似的规定。根据上述规定，合同一方对项目的背景或签约目的有重大误解的，可以向人民法院或仲裁机构提出撤销合同的请求。签署声明的法律后果是：（1）可能丧失合同重大误解的合同撤销权；（2）如果一方违反其做出的声明和保证，将承担违约责任，相对方享有合同的提前解除权。

在起草和审核合同签署主体具有相应法律资格及履约能力的声明条款时，应注意以下方面：

①签约主体身份。《合同法》第九条明确规定，当事人订立合同，应当具有相应的民事权利能力和民事行为能力。而民事权利能力和行为能力的取得，应当符合法律要求的条件和程序。《民法总则》第五十八条规定，法人应当依法成立。法人应当有自己的名称、组织机构、住所、财产或者经费。法人成立的具体条件和程序，依照法律、行政法规的规定。设立法人，法律、行政法规规定须经有关机关批准的，依照其规定。因此，双方在合同签订时应具备以下条件：

a. 出示表明其合法地位的文件。政府主管部门或组织作为合同签约主体的，应当出示政府批准的文件；如果签约主体是企业，应当出示其法人营业执照。如在高速路项目中，地方政府的交通主管部门（机关法人）或其下属的国有企业经过政府授权（企业法人），可以代表政府签约。

b. 外商投资企业签约的，应当声明其符合国家外商投资准入的规定并提供企业法人营业执照。

c. 境外企业签约的，应声明其已在境外合法注册并提供经我国驻当地使领馆认证的文书等。

②履约能力。普通的民事合同，对合同当事人的履约能力没有具体要求，但由于 PPP 项目提供的是基础设施和公共服务领域的公共产品和服务，依照《基础设施和公用事业特许经营管理办法》第十五条和第十七条的规定，社会资本方应具有相应的管理经验、专业能力、融资实力以及信用状况良好等。关于管理经验，社会资本应声明其承接过相同或类似的项目；关于专业能力，应声明其具备足够的专业技术人员等；关于融资和信用状况，则应声明其资金实力和银行信用。PPP 项目投标人的履约能力，一般在招标文件中有具体的要求。

除了履约能力的声明，社会资本还应就政府招标文件中的具体要求，提供投标 PPP 项目需要的相关资质、行业许可及行业准入等条件的相关证明文件。如工程建设的招标文件可能要求投标企业具有住建部颁发的施工资质，投标企业或其联合体成员应提供资质证书；投标燃气项目的，应出示燃气经营许可证等。

2）合同签署资格授权的声明。政府实施机构代表政府签约的，应当声明其已获得政府的批准和授权。社会资本签约一方，应声明其已获得董事会或股东会的批准。

合同的签订一般由实施机构的负责人或企业的法定代表人或经授权的代理人签订。《民法总则》规定，企业法定代表人可以对外签约；企业法定代表人不能亲自签约的，可以授权其代理人签订。在实践中，无论是法定代表人本人亲自签约或由代理人签约，都应出具合法手续。法定代表人应出具法定代表人证明书；代理人应出示授权委托的手续和身份证明等文件。

3）对所声明内容真实性、准确性、完整性的保证或承诺。

①声明内容真实性保证或承诺，要求声明不得虚假，否则构成民事合同欺诈，应承担赔偿责任，合同相对方有权要求撤销合同。因弄虚作假等欺骗行为中标项目的，按照《招标投标法》和《招标投标法实施条例》的规定，项目合同应予撤销，责任人将被处以罚款、市场禁入等行政处罚，构成犯罪的将被追究刑事责任。

②准确性、完整性的声明和保证，要求 PPP 合同当事人声明的内容没有错误、遗漏或纰漏。合同是双方意思表示一致的结果，如果一方声明的内容不准确，不完整就可能误导对方。如果误导造成对方重大误解的，按照《民法通则》和《合同法》的规定，当事人一方有权请求人民法院或仲裁机构撤销或变更合同。但新公布的《民法总则》仅保留了当事人予以撤销的权利。按照特

别法优于普通法的原理，当事人可以按照《合同法》的规定行使其撤销或变更合同的权利。重大误解造成对方损失的，也应承担赔偿责任。因此 PPP 项目合同的双方当事人，无论是政府还是社会资本都应对其声明内容的准确性和完整性负责，以保证 PPP 项目合同的顺利履行。

4）关于诚信履约、提供持续服务和维护公共利益的保证。诚实信用是合同法的基本原则，合同一经订立，双方就必须严格遵守已订立的条款，而不能随意变更、终止或解除。如果一方违背了其承诺和保证，则应承担违约责任。

提供持续服务和维护公共利益是 PPP 项目合同当事人的法定义务。《基础设施和公用事业特许经营管理办法》第三十条规定，特许经营者应当根据有关法律、行政法规、标准规范和特许经营协议，提供优质、持续、高效、安全的公共产品或者公共服务。

由于 PPP 项目合同提供的公共产品和服务涉及公众利益，因此合同双方不能随意中止合同的履行。即使在发生不可抗力事件期间，合同双方也应尽量减少和降低损失；如果双方发生纠纷，在纠纷期间，双方也不能停止合同的履行。在争议期间政府应继续支付合同约定的费用和补贴；社会资本应当继续提供服务，不得为了自身利益而随意提高公共产品或服务的价格或降低服务质量。任何一方违反提供持续服务和维护公共利益的保证的，都应当承担违约、赔偿和继续履行的责任。

5）其他声明或保证。根据国家法律、法规和规范性文件的规定，以及 PPP 项目招标文件的具体要求，其他的声明或保证一般包括：

①噪声、水、空气质量等环境法要求的义务。如项目合同双方应遵守国家环境保护的法律规定，在项目建设和运营期间应保护周边的环境或尽量降低对环境的损害。

②应遵守国家劳动、保险等方面法律、法规的规定。项目公司也不得克扣、拖欠工人的工资等。

③遵守廉洁从业的规定。合同双方的工作人员不得索贿和受贿。

④遵守消防和安全管理的规定等。

4. 合同生效条件、合同的构成及优先次序

（1）合同的生效条件。合同的生效条件是指合同已经成立，但是否生效取决于合同是否满足双方约定的条件。一般的民事合同自订立之日生效，但 PPP 项目合同一般应在满足双方约定的条件后生效。

1）示范条款。当以下先决条件满足或被另一方书面放弃时，双方开始履行本合同项下义务：

①甲方承担的义务。

a. 甲方就本项目已经获得了政府的审批手续。

b. 甲方办理了项目的用地手续。

c. 甲方协助乙方办理本项目的许可手续。

②乙方承担的义务。

a. 乙方已向甲方提交了符合本协议要求的履约保函。

b. 乙方融资交割完成。

c. 根据有关法律，乙方已获得了项目的批准手续。

d. 乙方已经按甲方的要求购买了项目需要的保险。

e. 乙方为取得本项目的特许经营权，已支付了特许经营费或提交了保证金、担保、质押或其他文件。

f. 乙方已经取得项目依法所需要的所有批准文件。

如果因乙方原因未能在生效日后_____日内满足前述先决条件，则甲方有权提取履约保函项下的所有款项，并有权终止本协议；如果因甲方的原因未满足上述先决条件，乙方可以解除合同，并要求甲方承担违约责任和赔偿损失。

2）条款解析。一般民事合同只要双方协商一致，合同即宣告成立并可以履行。如《合同法》

第四十四条第一款规定，依法成立的合同，自成立时生效。但有些合同需要满足法律和约定的条件后生效。《合同法》第四十四条第二款规定，法律、行政法规定应当办理批准、登记等手续生效的，依照其规定。除了法律规定的合同生效条件外，合同的双方当事人也可以约定合同的生效条件。《合同法》第四十五条规定，当事人对合同的效力可以约定附条件。附生效条件的合同，自条件成熟时生效。

在实践中，PPP 项目合同一般会约定合同的生效条件。项目合同的生效条件一般包括：项目公司已提交履约保证金，购买了项目的保险，完成融资文件的交割；政府方应完成土地的拆迁和准备工作，办理或协助办理项目的有关审批手续、行政许可等。只有满足了上述双方约定的合同生效条件，项目合同才能生效。

（2）合同的构成及各部分的优先次序。合同的构成是指项目合同包括的文件。合同文件的优先次序是指当不同合同文件就同一事项规定的内容出现矛盾时，排序在先的文件优先适用。

1）示范条款。

合同文件优先次序。合同的组成文件是相互说明的。出于解释的需要，文件的优先次序应按下列顺序排列：

①PPP 项目合同。

②中标函。

③投标函。

④附件。

⑤补充协议或变更协议。

⑥政府的要求。

⑦其他文件。

如果发现文件之间有表述模糊或产生歧义之处，应当按照上一顺序的文件做出解释。

2）条款解析。

①合同的构成。PPP 项目合同的文件一般包括合同正文、中标函、投标函、合同附件、补充协议、变更协议及政府的要求等。

a. 合同的正文主要阐述 PPP 项目合同的主要内容和核心条款，如风险分配原则、合同的基本内容和双方的权利义务等。

b. 中标函或中标通知书，是指政府或其招标代理人在确定社会资本中标后，通知其中标的书面凭证。

c. 投标函是指社会资本按照招标文件的条件和要求，向政府或其招标代理人提交的有关报价、质量目标等承诺和说明的函件。

d. 合同附件一般在合同的结尾部分。附件是合同的组成部分，它与合同的其他条款一样具有法律效力。

e. 项目合同签订之后，如果有些内容没有约定而需要补充或虽有约定，但需要变更或修订的，双方可以签订项目合同的补充或变更协议。合同的补充或变更协议一般包括以下内容：（1）甲、乙双方签约主体的基本信息；（2）说明拟定补充或变更协议的理由；（3）协议补充或变更的条款。

f. 政府的要求是指政府对 PPP 项目所应完成的工期、质量或其他事宜的解释和说明。

②合同各部分效力的优先次序。PPP 项目合同应对合同的正文、中标函、投标函、补充协议、附件和政府的要求这些之间的关系加以说明。双方在 PPP 项目合同中可以约定，本协议生效后，中标函、投标函、附件、补充协议、政府的要求将成为项目合同不可分割的组成部分，与合同正文具有同等的法律效力。关于补充或变更协议的效力，在合同中可以约定，对于双方未尽事宜，可以签订补充或变更协议，补充或变更协议与原合同有相互冲突时，以该补充或变更协议为准。

由于 PPP 项目兼具长期性、复杂性，且因项目所处地域、行业、市场环境等情况不同，各参与方合作意愿、风险偏好、谈判能力等方面有差异，造成项目合同条款欠缺或各条款之间出现矛盾或在项目履行中合同条件发生变化等情况下，合同双方应协商签订项目合同的补充或变更协议。因此在双方订立合同时应注意：对合同的构成及各部分的优先次序加以说明，以免双方在项目合同履行中发生争议。

二、PPP 项目合同的内容、合同期限及担保事宜

1. 合作内容

（1）合同条款。

1）项目范围。本项目位于_____市（县）_____，包括_____道路、桥梁和其他事项，共包括_____项目，具体见表 5-2。

表 5-2　PPP 项目合作范围

项目名称	建设内容及规模	估算投资/万元	备注
城北工程	市政道路，长_____米，宽_____米，其中包括道路、交通及综合管线工程等		
市政景观工程	市政景观工程全长_____米，宽_____米，市政管网长_____米。其中，市政桥梁长_____米，宽_____米，建设内容包括道路、桥梁、给排水、燃气、电力、通讯、交通标志、绿化景观工程等		
城南工程	建设总面积_____平方米，其中绿化面积_____平方米，铺装面积_____平方米，水体面积_____平方米、停车位_____个		
项目运营	城北工程、市政景观和城南工程完工后的日常维护和保养、项目周边的停车场、经营性物业、广告的经营和管理		

2）甲方应提供的条件。

①依照本协议及相关规定，甲方依法授予项目公司投资、建设、运营本项目的特许经营权，将项目范围内的停车场、经营性物业、广告位等经营性资产同时授予项目公司，并按约定向项目公司支付一定金额的运营补贴。未经甲方书面同意，项目公司不得将上述资产和权利转让、出租、质押或者与第三方合作、联营等。

②甲方应对项目公司为本项目顺利实施而进行的融资行为，提供相应的协助和支持。

③甲方应协助项目公司取得相关法律、法规和规章规定的，可适用于本项目的各项优惠政策，并协助项目公司取得有关政府部门承诺的与履行本协议相关的行政审批等。

3）项目公司应承担的任务。在合作期限内，项目公司负责本项目投资、建设、运营维护工作，依照约定收取运营补贴和经营性资产的经营收入。在合作期限届满后，根据本协议的规定将本项目全部资产完好无偿地移交给甲方或其指定机构。

4）回报方式。根据本项目的特点，采用"使用者付费＋可行性缺口补助"的回报机制。项目收入包括乙方经营项目周边资产而收取的停车费、物业费和广告费等，以及甲方支付的运营补贴。运营补贴的数额根据乙方建设成本、运营成本、使用者付费数额、合理利润率等因素综合计算。具体的计算和支付方式详见合同附件。

5）项目资产权属。在项目合作期限内，项目公司投资建设本项目所形成资产的所有权归_____方所有，其资产折旧、摊销不计入项目公司成本，由项目公司负责运营，政府不再向项目公司额外支付运营费用，也不向项目公司收取资产使用费用。

6）建设场所取得和使用的权利。本项目所需建设场所或土地由甲方负责提供，所有权属于甲方，项目公司仅在合作期限内享有使用权。

（2）条款解读。PPP项目合同中政府和社会资本合作的主要事项一般包括项目范围、政府提供的条件、社会资本承担的任务、回报方式、项目资产权属、土地获取和使用权利等条款。

1）项目范围。由于项目合作模式的不同，PPP项目的合作范围差别较大。常见的项目模式有BOT、TOT、ROT、BOOT等。BOT项目的合同范围包括项目的投资、设计、采购、建设、运营和移交。TOT项目的合作范围包括移交、运营和移交。ROT项目的合作范围包括扩建/改建、运营和移交等。BOOT的合作范围包括建设、运营、拥有和移交等。

除了项目模式对合作范围的影响，项目的类型和领域不同，项目合作范围也有所不同。例如，公共交通领域和公共设施领域的合作范围主要包括项目设施的投资、建设和运营；项目建成后以项目设施收取服务费，如收费公路的通行费，供电项目、燃气项目政府支付的费用等。而公共服务项目主要依赖专业技术人员提供的咨询和服务，作为收费的来源。如学校教师的授课服务、医院医生提供的诊疗服务、养老机构医护人员对老人的照料等。相对于公共交通和公共设施项目，公共服务项目主要以专业人员提供的服务为主，以设施为辅。

对于公共交通新建项目而言，收费公路项目的合作范围一般包括：

①项目的投资、设计、施工建设、运营维护、管理。

②车辆通行费的收取。

③项目沿线规定区域内服务设施和广告的经营等。

以燃气公共设施项目为例，双方的合作范围一般包括：

①燃气设施的建设，社会资本应根据城市规划和燃气专业规划的要求，承担市政燃气管道和设施的投资建设。

②燃气设施的运营、维修及更新，社会资本需要按照国家标准和地方标准以及相关规定，负责燃气设施运营、维修及更新。

③燃气的供应服务，社会资本需要提供燃气设施和供气的服务。

④保障供气安全，即双方须严格遵守国家和地方有关安全的法律、法规、规章及政策性文件，社会资本承担的燃气供应、运营、质量、安全、服务应符合国家、行业和地方相关标准，依法对特许经营区域内的管道燃气供气安全、公共安全和安全使用宣传负责等。

公共服务项目，以养老、医院、学校项目为例。养老项目的合作范围包括：养老设施的建设和融资；提供老年人住宿、饮食、起居的料理、购物、休闲等服务。医院项目的合作范围主要包括医生对病人提供的医疗服务，以及医疗仪器和其他的设施等提供的服务。学校项目的合作范围主要包括教师对学生知识的传授，以及为学生的实践而设置的实验室及校办工厂等。

由于具体PPP项目本身的不同，双方当事人可以根据项目的实际情况，协商确定合作的具体范围。

2）政府提供的条件。在项目合同中，应明确政府为合作项目提供的主要条件或支持措施。以高速公路项目为例，政府提供的条件包括：

①协助社会资本做好项目前期工作，协助社会资本办理项目核准手续和土地报批手续，以使其获得履行本协议所需的各种批文。

②政府应在其权限和管理范围内协助社会资本获得进行项目设计、建设、运营、养护及管理所必需的批文。

③政府负责运营和养护连接项目的道路和其他基础设施，以保证通往项目的交通高效和安全。

④如果法律、法规、政策的变化导致本项目无法继续履行的，政府应按照协议的约定，对社会资本进行合理的补偿等。

政府提供的条件一般包括授予社会资本特许经营权。如果需要政府向社会资本授予其他相关特定权利的，应明确社会资本获得该项权利的方式和条件，是否需要缴纳费用，以及费用的计算方法、支付时间、支付方式及程序等事项，并明确社会资本对政府授予权利的使用方式及限制性条款。

此外，双方还可以约定，在特许经营期内，非经政府的同意，社会资本不得擅自就本特许经营权及相关权益向任何第三方进行转让、出租、质押或进行与项目用途无关的其他任何处置等。

政府在提供条件的同时，也可能要求社会资本支付一定的费用，如项目前期开发费（如征地拆迁、勘察、设计等）、各种保函及费用等。

3）社会资本承担的任务。社会资本应承担的具体工作，包括：

①关于项目的投资。社会资本除应对项目投入一定比例的自有资金外，其余部分可以通过债权和股权方式融资。融资方式包括银行贷款、票据、基金、资产证券化等。社会资本应与融资方签订融资协议，完成融资交割等。

②关于项目的建设。社会资本应按照政府在招标文件中的要求，完成对项目的设计、组织施工，采购项目所需的原材料和设备，并按期交付工程。

③关于运营和维护。社会资本应按照项目的运营维护手册定期对设备进行维护保养。在高速公路项目运营时，项目公司应对高速公路进行定期的维护，对破损的路面进行修理。在污水项目运营中，项目公司应对设备进行定期的维修。在养老院项目和医疗项目的运营中，项目公司应对养老和医疗服务中老人、病人及家属和社会公众提出的意见做出及时的反馈，并不断地提高服务质量。

4）项目的收入与回报方式。合同双方可以协商投资回报的方式。根据项目的性质和特点不同，项目的收入和回报一般有以下三种方式：

①经营性项目一般采取使用者付费的方式。经营性项目主要是指项目在市场中的竞争比较充分，有足够的使用者付费可以满足社会资本的投资回收。进出城区的高速公路和桥梁项目一般采取使用者付费的模式。我国20世纪八九十年代社会资本投资的高速公路项目，普遍采取使用者付费的BOT模式。

②准经营性项目一般采取使用者付费与政府补贴相结合的方式。准经营性项目的回报主要是指在使用者付费不能满足项目回收投资的情况下，政府给予一定的补贴。2014年年底以来开展的新一轮PPP模式，收费公路项目由过去的单纯使用者付费，转变为以使用者付费为主、政府提供补贴为辅的方式。这可能是因为我国的基础设施比较发达，已经修建的公路、铁路、机场等多种交通设施为使用者出行提供了充分的选择机会。如果项目公司继续将通行费作为项目的唯一收入来源，社会资本可能无法收回成本。例如，北京兴延高速公路PPP项目，通过论证政府认为单纯的使用者付费方式，社会资本将无法收回投资，因此在项目合同中规定了0.88元/标准车/公里的通行费补贴和政府保底车流量补贴的条款，即在车流量不足保底车流量75%的情况下，政府将提供一定的补贴。城市轨道交通项目中的地铁、市政公用事业项目中的燃气、供热、供气和供水等也是比较典型的使用者付费和政府补贴相结合的准经营性项目。

③非经营性项目一般采取政府付费或购买服务的方式。由于非经营项目没有使用者付费或使用者付费较少，社会资本无法收回投资，因而采用了政府付费或政府购买为主的项目投资回报方式。公共服务领域的教育、医疗和养老项目是比较典型的非经营性项目。在这些项目中尽管学生、病人和老人支付一定的费用，但都不足以使社会资本收回项目的投资。

5）项目的资产权属。项目的资产包括项目的固定资产、流动资产和项目的知识产权。固定资产包括土地、房屋、项目设施等；流动资产包括项目的机器设备、交通工具等；知识产权包括项目的技术、资料和技术信息；项目的文件，如项目合同等。

①项目土地的权属。无论是划拨还是出让，土地的所有权属于政府。如果土地是政府划拨的，社会资本可以享有使用权，但不能将其用于抵押、转让、租赁等；如果土地是通过出让方式取得的，为了融资的需要，社会资本可以将其抵押或转让、租赁等，但应事先得到政府的书面同意。

②项目设施和流动资产的权属关系。项目设施的权属按照物权法"谁投资，谁所有"的原则，一般应属于投资项目的社会资本所有。在实践中，许多项目合同都规定项目的资产归甲方即

政府所有，但有的合同规定双方可以协商确定项目资产的权属关系。财政部印发的《政府和社会资本合作项目财政管理暂行办法》第三十二条规定，项目实施机构与社会资本方应当根据法律法规和 PPP 项目合同约定确定项目公司资产权属。

③项目建设、维护期间知识产权的归属。项目使用的技术，如果是在项目建设前形成的，其权属关系不变；如果是项目公司与第三人签订了使用合同，项目公司享有使用权，项目移交时项目公司应当将使用合同转让给政府；如果项目使用的技术是在建设和运营阶段发明的，项目合同的双方需要对其权属予以协商。

④项目中的文件资料。项目文件资料原则上属于政府，项目公司在建设和运营阶段可以使用，但当项目运营结束时应移交给政府。

⑤项目中的其他资产归属。项目中的其他资产可以根据项目的情况，由政府与社会资本协商确定产权关系。

6）土地获取和使用权利。PPP 项目合同应明确合作项目土地的获得方式，并约定社会资本对项目土地的使用权限。PPP 项目中社会资本获得土地的方式有划拨、出让、租赁、政府作价出资或入股等方式。

土地划拨的方式主要集中在城市基础设施和公益事业领域。《土地管理法》第五十四条规定，城市基础设施用地和公益事业用地经市（县）级以上人民政府依法批准，可以通过划拨方式取得。但国土资源部的政策则倾向于减少划拨用地的范围，扩大土地出让为主的取得方式。《节约集约利用土地规定》（2014 年 5 月 22 日国土资源部令第 61 号）第二十一条规定，国家扩大国有土地有偿使用范围，减少非公益性用地划拨。除军事、保障性住房和涉及国家安全和公共秩序的特殊用地可以通过划拨方式供应外，国家机关办公和交通、能源、水利等基础设施（产业）、城市基础设施以及各类社会事业用地中的经营性用地，实行有偿使用。

出让的方式是目前 PPP 项目土地获取的主要途径，常用于经营性的 PPP 项目。划拨仅限于非经营性和准经营性的 PPP 项目。租赁和作价入股则作为以上两种方式的补充。

在目前 PPP 项目的实践中，项目土地获取的方式并不相同，以公益事业土地获取方式为例，有的养老院以划拨方式取得土地；有的以出让方式取得，还有以租赁方式使用工业用地的情况。

2. 合作期限

（1）示范条款。

1）项目合作期限。

①本项目合作期限_____年，其中建设期_____年，运营期_____年。即自本合同生效之日起至正式运营日前_____日（暂定_____年_____月_____日）为建设期，自开始正式运营日至移交日（暂定_____年_____月_____日）为运营期。

②期限的延长。

a. 合作期自本合同生效日起至本合同终止日为止，除非出现本合同约定的延长或提前终止等事由外，本项目合作期不予延长。

b. 如遇一方违约及不可抗力事件导致不能按期运营的，应承担不能按期运营的风险和合同违约责任。

③期限的结束。

导致项目合作期限结束的情形：

a. 项目合作期限届满。

b. 项目提前终止。

关于期限结束后的处理，按本合同有关条款履行。

（2）条款解读。PPP 项目合作的期限，一般可根据项目的行业特点、所提供公共产品/服务需求、项目生命周期、投资回收期等因素综合确定。合作期限一般最长不超过 30 年，但对于投资规模大、回报周期长的基础设施和公用事业特许经营项目（以下简称特许经营项目），可以由政府或者其授权部门与特许经营者根据项目实际情况，协商约定具体的特许经营期限。以养老项目为例，由于项目的收入与回报较低，PPP项目合同的期限可以延长到50年。在实践中，有的BOO养老项目合同约定，项目的合作没有期限，项目的所有权归投资的社会资本。但一般而言，项目合作期限的长短，与项目类型、项目的模式、投资回报方式、项目投入的成本有关。

总之，PPP项目合作双方应当根据项目的具体情况，协商确定项目的期限，以保护双方在项目合同中的利益。

1）项目合作期限的约定。

①项目的合作期限一般在项目前期论证阶段做出评估。评估合作期限时，应综合考虑以下因素：

a. 政府所需要的公共产品/服务的供给期间。

b. 项目资产的经济生命周期。不同项目资产的经济生命周期不同，如公路、桥梁和轨道等项目的经济生命周期较长，项目相对收费时间长。因此，在确定项目合作期限时应考虑项目的经济生命周期。

c. 项目资产的技术生命周期。例如，信息和通信技术发展速度较快，项目的合作期限一般较短；通信光缆等项目的技术更新较快，项目合作的期限较短。

d. 项目的投资回收期。投资回收期一般与项目的收益率紧密相关，经营性项目的收益率比非经营项目的收益率高，所以其投资回收期相对较短；而非经营性项目的收益主要来源于政府的补贴，其收益率较低，因此投资回收期较长。

e. 财政承受能力。财政部印发的《政府和社会资本合作项目财政承受能力论证指引》（2015年4月7日　财金〔2015〕21号）要求："每一年度全部PPP项目需要从预算中安排的支出责任，占一般公共预算支出比例应当不超过10%。"如果政府仅能支付每年10%的财政预算，PPP项目的合作期限会相应延长。

f. 现行法律、法规、规章、规范性文件关于项目合作期限的规定。《基础设施和公用事业特许经营管理办法》规定，合同期限最长不超过30年。《财政部PPP模式操作指南》建议，转让—运营—移交（TOT）、建设—运营—移交（BOT）、改建—运营—移交（ROT）运作方式合同期限一般为20~30年；委托运营（O&M）运作方式合同期限一般不超过8年；管理合同（MC）运作方式合同期限一般不超过3年。建设—拥有—运营（BOO）运作方式由于不涉及合同期限，在该方式下，社会资本或项目公司拥有项目的所有权，一般不涉及项目期满移交问题，但必须在合同中注明保证公益性的约束条款。

PPP项目是政府与社会资本之间的长期合作关系，因此合作期限较长。财政部等二十部委发布的《关于组织开展第三批政府和社会资本合作示范项目申报筛选工作的通知》（2016年6月8日　财金函〔2016〕47号）规定，第三批PPP示范项目的合作期限，原则上不低于10年。

②项目合作期限的不同规定。在PPP项目合同中，项目合作期限的规定一般有以下两种：

a. 自合同生效之日起的一个固定期限，如30年，建设期和运营的时间不加区分。如果建设延长，运营期限将缩短。

b. 建设期间和运营期间分别计算。如果建设期限延长，不影响运营的期限。运营期间为自项目开始运营之日起的一个固定期限。

需要特别注意的是，项目的实际期限还会受到不可抗力、合同双方违约及提前终止的影响。

2）期限的延长。由于PPP项目兼具长期性和复杂性，在项目的建设和运营期间会有各种意外情况发生，因此双方在协商项目合作期限的条款时，需要考虑期限延长的事由。其基本原则是：在法律允许的范围内，对于项目合作期限内发生的非因项目公司的过错而延误了工期的情况，项目公司可以请求延长。常见的延期事由包括：①因政府方过错的延期；②不可抗力的项目延期；③双方规定的其他事由。

3）期限的结束。项目合作期限结束的情况有两种：项目合作按照约定期限届满或者由于各种原因导致项目合同提前终止。

三、 合作履约担保

1. 合同条款

（1）建设履约保证金。根据项目"开工、竣工、验收"的原则收取和退还保证金。保证金按项目合同总额的_____%计收，由项目公司在相应项目开工前_____日内向甲方缴纳，在项目竣工验收合格后_____日后扣除运营维护保证金后无息退还。

（2）运营维护保函或保证金。由甲方在该项目进入运营期时，按该项目对应_____个月运营补贴的金额计收运营维护保函或保证金，在合作期限届满后_____个月内无息退还给项目公司。

（3）移交维修保函。在合作期限届满前_____年，项目公司提供金额为_____万元的移交维修保函，保函担保期限为_____年，自提交之日起计算。若移交设施不能正常运转，甲方有权兑付移交维修保函。

2. 条款解读

为了保证项目合同的顺利履行，双方可以协商履约担保的条款。在项目合同中应对履约担保的定义、担保的类型、担保的提供时间、担保额度、兑取条件和退还等进行详细约定。

（1）履约担保的定义和担保类型。履约担保是指为了防范项目公司的违约，保证项目的顺利实施，政府要求项目公司提供的保证。项目公司的担保有以下三种类型：

1）银行履约保函是由商业银行开具的担保证明。银行履约保函一般由政府同意的具有一定信誉的银行开具。

2）履约担保书是指担保公司或者保险公司以其公司的名义担保项目公司履约或者当项目公司违约时，政府可以要求担保公司或保险公司支付担保金的书面保证。

3）履约担保金可采用保兑支票、银行汇票或现金支票等形式。

（2）担保提供的时间、担保额度。

1）担保提供的时间。项目合同一般要求社会资本在项目合同履约前的一定期间内提交履约保证金。

2）担保额度。在实践中，PPP项目合同的投标担保金一般为项目投标预算金额的2%；履约担保的金额一般是项目投资总额的5%～10%；运营维护的担保金额一般在项目总投资额的5%左右；项目的移交维修保函一般在项目总投资的2%左右。财政部印发的《PPP项目采购办法》规定，参加采购活动的保证金数额不得超过项目预算金额的2%；履约保证金的数额不得超过PPP项目初始投资总额或者资产评估值的10%，无固定资产投资或者投资额不大的服务型PPP项目，履约保证金的数额不得超过平均6个月服务收入额。

（3）保函兑取的条件和退还。

1）履约保函的兑取。在实践中，政府一般要求项目公司出具银行保函并承诺政府可以无条件地提取保函规定数额内的款项而不必出具任何文件，也不必提供项目公司违约的证据，即见索即付。见索即付保函对项目公司而言风险较大。在EPC合同实践中。FIDIC关于保函的推荐条款规定，业主在兑取保函时，应向银行声明承包商违约，并提供相应的证据。根据FIDIC的推荐条款，在谈判时项目公司应注意：

①尽量说服政府按照FIDIC的格式条款设计保函的条款和内容，以限制政府提取保函的随意性。

②合同可以约定，只有在项目公司违约，政府提供相应证据的前提下或构成保函兑取的其他条件时，银行方能向政府支付保函的款项。

2）保函的退还。双方可以协商保函退还的条件和方式，但政府一般会在保函到期时退还或由项目公司以一项保函换取另一项保函。在实践中，项目公司可以用履约保函换取预付款保函，用维修保函换取履约保函。

四、PPP项目承建合同用地条款

1. 土地取得的方式、责任主体及相关费用

（1）条款内容。

土地使用权

在本协议生效后，以_____（视项目具体情况而定）形式由甲方向乙方提供（或由乙方自行取得项目用地的使用权），并确保乙方在特许经营期内独占性地使用土地。

（2）条款释义。条款释义（一）见表5-3。

表5-3　条款释义（一）

类　别		内　容
项目土地取得的方式	无偿取得土地的方式	PPP项目土地的取得一般分为无偿和有偿两种方式。无偿取得主要是以划拨的方式取得土地；有偿取得是指以出让、租赁和作价入股等方式取得土地 根据《土地管理法》第五十四条的规定，无偿取得土地的项目包括： （1）城市基础设施用地和公益事业用地。城市基础设施用地是指城市给水、排水、污水处理用地、供电、通信、煤气、热力、道路、桥涵用地等 （2）国家重点扶持的能源、交通、水利等基础设施用地 （3）法律、行政法规规定的其他用地 但国土资源部发布的《划拨用地目录》（2001年10月18日　国土资源部令第9号）对划拨土地的范围做出限制，对以营利为目的，非国家重点扶持的能源、交通、水利等基础设施用地项目，应以有偿的方式提供土地使用权 在实践中需要注意的是，以划拨方式取得土地使用权的，需要由市（县）级以上人民政府依法批准。《城市房地产管理法》第二十四条对于划拨的方式也作了类似的规定，但强调在确属必需的情况下，政府才能给予批准
	有偿取得土地的方式	《土地管理法》第五十四条规定，建设单位使用国有土地，应当以出让等有偿使用方式取得。根据该规定，项目建设用地以出让方式为主，以租赁和作价为辅 （1）出让取得包括招拍挂和协议出让。以招拍挂方式取得项目用地，主要是针对经营性用地或同一块宗地有两个以上使用者的情况。国土资源部在《招拍挂出让国有土地使用权规定》中提出，经营性用地应当通过招拍挂的方式取得。经营性用地主要指工业用地、仓储用地、商业、旅游、娱乐和商品住宅等各类经营性用地 （2）协议方式取得用地。国土资源部在《协议出让国有土地使用权规范》（试行）（2006年5月31日　国土资发〔2006〕114号）中提出，协议取得包括以下四种情况： ①供应商业、旅游、娱乐和商品住宅等各类经营性用地以外用途的土地，其供地计划公布后同一宗地只有一个意向用地者的 ②原划拨、承租土地使用权人申请办理协议出让，经依法批准的，但《国有土地划拨决定书》《国有土地租赁合同》、法律、法规、行政规定等明确应当收回土地使用权重新公开出让的除外 ③划拨土地使用权转让申请办理协议出让，经依法批准的，但《国有土地划拨决定书》、法律、法规、行政规定等明确应当收回土地使用权重新公开出让的除外 ④出让土地使用权人申请续期，经审查准予续期的 （3）租赁方式取得土地。土地租赁主要是指地方政府将国有土地出租给PPP项目公司或社会资本，双方订立土地租赁合同，项目公司支付租金并取得土地承租权的行为。如果同一宗地有两个以上的使用者，则需要通过招拍挂的方式取得 从现行国土资源部《规范国有土地租赁若干意见》（1999年7月27日　国土资发〔1992〕222号）上看，土地租赁的范围包括： ①土地转让、场地出租、企业改制和改变土地用途后依法应当有偿使用的 ②新增建设用地，租赁作为出让方式的补充。但房地产开发经营用地，则不实行租赁

（续）

类　　别		内　　容
项目土地取得的方式	有偿取得土地的方式	（4）作价出资或入股。土地出资或作价入股是指项目合同中的政府方以土地出资或作价的形式参与 PPP 项目公司 　在实践中，起草和审核项目合同时应注意以下问题 　一是作价出资或入股的应由政府审批。国务院办公厅转发的《关于在公共服务领域推广政府和社会资本合作模式的指导意见》（2015 年 5 月 19 日　国办发〔2015〕42 号）提出，以作价出资或者入股方式取得土地使用权的，应当以市、县人民政府作为出资人，制定作价出资或者入股方案，经市、县人民政府批准后实施 　二是作价或入股的项目范围限制。按照财政部等二十部委发布的《联合公布第三批 PPP 示范项目的通知》规定，目前我国土地出资和入股范围还仅限于公共租赁住房和政府投资建设不以营利为目的、具有公益性质的农产品批发市场用地，其余用途的土地均应以出让或租赁方式供应 　三是作价或入股方式的范围正逐步扩大。随着 PPP 事业在我国的进一步发展，PPP 项目土地作价或入股的范围也进一步扩大。国务院办公厅发布的《关于全面放开养老服务市场提升养老服务质量的若干意见》（2016 年 12 月 7 日　国办发〔2016〕91 号）提出，在养老服务领域采取 PPP 方式的项目，可以国有建设用地使用权作价出资或者入股建设 　在实践中，公共交通和公共设施的 PPP 项目的土地一般通过划拨方式取得。公共服务项目如养老服务、医疗等公益性 PPP 项目土地一般采取出让或租赁的方式取得。但因医疗、养老等公益项目的收益不高，如果采取出让或租赁的方式使用土地，则增加了社会资本的投资成本。在上述意见发布之前，有些地方政府已经采用政府以土地作价出资或入股项目公司等方式支持 PPP 模式的养老服务项目
项目土地取得的责任主体	政府负责项目土地使用权的取得	在实践中，新建、扩建和改建的项目，尤其是公共交通和公共设施的 PPP 项目应解决项目建设的用地问题。因而在 PPP 项目合同中，政府和项目公司应协商土地取得的责任主体 　责任主体确定的一般原则为：比较在项目中政府和项目公司哪一方更有能力、更有优势和便利获取土地的使用权。该原则有利于双方公平、合理地分担项目合同履行中的风险 　在实践中，一般采取以下两种方式： 　（1）主要考虑政府在项目中的优势地位。目前我国土地的所有权为全民和集体所有，土地的使用、规划、征收等都实行政府审批制。除乡（镇）村公共设施和公益事业建设经依法批准可使用农民集体所有的土地外，其他的建设用地均需先由国家征收原属于农民集体所有的土地，将其变为国有土地之后才能出让或划拨。此外，根据《土地管理法》《划拨用地目录》（2001 年 10 月 18 日　国土资源部令第 9 号）及其他有关法律的规定和实践，对于城市基础设施用地、公益事业用地以及国家重点扶持的能源、交通、水利等基础设施用地，主要采用划拨的方式，项目公司无法自行取得该土地的使用权。因此对于项目土地使用权的取得，政府有更多的控制力。如果 PPP 项目合同中的政府方即市（县）级以上政府或政府部门对 PPP 项目的土地直接具有审批权的，项目合同中应当规定该政府主体承担项目土地使用权取得的义务；如果项目合同中的政府方的上级对项目的土地具有审批权的，则该政府也应承担项目土地使用权取得的义务。总之，在 PPP 项目合同履行中，政府方负责项目土地使用权的取得，对于项目的实施更为经济和更有效率 　关于政府方在项目合同中承担获取 PPP 项目土地的责任，也被财政部、国土资源部、中国人民银行等最新发布的《关于规范土地储备和资金管理等相关问题的通知》（2016 年 2 月 2 日　财综〔2016〕4 号）所确认。该通知明确规定，土地储备机构承担依法取得土地、进行前期开发、储存以备供应土地等工作。财政部等二十部委发布的《联合公布第三批 PPP 示范项目的通知》则明令禁止 PPP 项目公司参与土地的储备工作。由此可见，项目土地的取得是政府的责任 　（2）实践中的具体应用。在实践中，如果政府以土地划拨或出让等方式提供项目用地，相关进入场地的道路使用权以及建设需要临时用地的，作为项目合同一方的政府应当办理项目用地的预审手续和土地使用权证，而项目公司负责协助和配合工作。以上项目土地用地，如果需要用地的征收、拆迁和安置的，也应当由政府负责土地的征用补偿、拆迁、场地平整、人员安置等工作，并保证所提供的土地之上没有设定他项权利，

（续）

类　别		内　容
项目土地取得的责任主体	政府负责项目土地使用权的取得	并满足项目的开工条件。项目合同也应当规定，因政府负责的土地拆迁等延误，包括因拆迁受阻造成的项目停工、窝工进而造成项目建设的延误，政府应承担违约责任或对项目公司的工期给予延长 在财政部、国土资源部、中国人民银行、银监会等发布的《关于规范土地储备和资金管理等相关问题的通知》和《联合公布第三批 PPP 示范项目的通知》发布前，一般由政府负责取得项目土地的使用权，但在一些情况下也可能由项目公司负责 如果由项目公司负责更为便利，在项目合同中可以约定由项目公司负责项目土地使用权的取得和办理相关的手续，政府承担必要的协助义务。如企业投资的项目，由于企业在项目立项中已经获得了项目选址、规划等政府的审批，那么企业对于项目用地的取得就比较便利
土地使用权及相关权利的费用	土地使用权及其他权利的费用	项目土地使用权及其他权利的费用包括土地出让金、征地补偿费用、土地恢复平整费用以及临时使用土地补偿费等。征地补偿费一般包括土地补偿费、安置补助费、地上附着物和青苗补偿费、拆迁补偿费等
	项目土地费用的承担	按照《关于规范土地储备和资金管理等相关问题的通知》的要求，地方国土资源主管部门应积极探索政府购买、土地征收、收购、收回涉及的拆迁安置补偿服务。政府将使用土地储备金的方式支付土地使用权及其他权利的费用。根据该通知的要求，PPP 项目土地取得的相关费用应由政府承担 在《关于规范土地储备和资金管理等相关问题的通知》发布之前，实践中一般由政府负责土地使用权取得、征地拆迁等工作或提供以上工作的协助，但项目土地的上述费用由项目公司承担。如果政府已经支付了以上的费用，则在项目公司成立后，由项目公司支付给政府；如果政府尚未支付的，则由项目公司支付给政府有关部门或政府委托的征地、拆迁机构

2. PPP 项目土地使用权及其限制条款

（1）条款内容。

1）项目公司的土地使用权。甲方应在本协议生效后，以_____形式向乙方提供_____PPP 项目用地的土地使用权，并确保乙方在特许经营期内独占性地使用土地。

2）土地使用权的限制。未经甲方事先书面同意，乙方不得将项目土地用于出租、抵押和转让或项目之外的其他任何目的；如因乙方违反现行法律和/或本合同和/或其他有关法律文件的要求使用土地给国家、公共利益或第三人造成损害，乙方应当赔偿因此造成的损失，甲方也有权收回土地，提前终止项目合同。

3）甲方的场地出入权。甲方以及有关政府部门经合理通知项目公司后，有权出入项目场地；有权为了建设进度或检查乙方履行本合同项下的其他义务的目的行使此项出入权；以及本合同规定的其他出入的权利。

（2）条款释义（二）见表5-4。

表5-4　条款释义（二）

类　别		内　容
土地使用权及其限制	项目公司土地的使用权	土地使用权的条款是 PPP 新建、改建、扩建项目合同的必备条款。项目合同应规定，项目公司在项目合同的期限内为了实施项目，可以享有项目土地的使用权 关于项目公司土地使用权的范围，根据我国《土地管理法》的规定，项目公司为了实施项目，可以依法转让、出租、抵押项目土地；如果项目的土地是通过划拨的方式取得的，可以在办理了出让手续并补缴了项目土地使用权出让金后，获得项目土地的转让、出租和抵押的权利

（续）

类　别		内　容
土地使用权及其限制	项目公司土地使用权的限制	项目公司土地的使用权受到一些条件的限制，如划拨的土地不能用于抵押、继承、租赁和转让；以出让、作价、租赁等方式取得土地的抵押、继承、租赁和转让的权利，也仅限于本项目的实施，而不能用于其他的目的 在实践中，项目合同一般要求，如果项目公司需要对项目用地行使以上权利的，还需要得到政府的同意或批准。如果未经政府同意或批准，项目公司不得将该项目土地使用权以任何方式转让给第三方或用于该项目以外的其他用途。此外，项目土地使用的权利，还应受到项目公司与政府签订的土地使用权出让合同或者土地使用权划拨批准文件的约束，同时也要遵守《土地管理法》等相关法律、法规的规定
政府在项目中的场地出入权	政府有权出入项目设施场地	作为项目合同主体，政府项目实施机构有权进入场地，了解项目工程的进展，监督项目公司履行 PPP 项目合同的情况。行使法定监督权的政府有关部门如物价、审计、环保部门，基于法律、法规的规定，有权对项目进行监督和检查。项目公司在施工中造成空气、噪声污染的，环保部门有权进入项目场地，对项目公司的环保违法行为予以监督和检查 为了保证政府对项目的监督权，在 PPP 项目合同中，双方应约定政府方为了实施项目的需要，有出入项目设施场地的权利，但政府在行使该项权利时，应遵守一定的条件
	条件和限制	政府在行使上述出入权时，也应遵守一定的条件： （1）作为项目合同主体的政府，在行使该项权利时应当按照双方在项目合同中的约定，尽合理通知义务后才可入场。享有国家法律、法规赋予的监督权的政府部门在紧急的情况下，则可以直接进入项目现场，项目公司不得无理阻拦，也不得干扰政府部门的正常执法行为 （2）履行必要的通知义务后，政府进入项目场地时应遵守项目场地的有关规定，不得影响项目的正常建设和运营 虽然以上规定多为对项目合同中代表政府方的项目实施机构权利的限制，但行使国家行政执法权的政府部门也应按照法律、法规的要求执法，不能滥用手中的权力

3. 项目的征地、拆迁、安置及用地风险条款

（1）条款。

征地、拆迁和安置

甲方负责项目的征地、拆迁和安置，并协调有关的部门和单位，乙方对甲方的以上工作予以协助。征地拆迁的有关费用包括＿＿＿＿＿＿等由甲方承担。征地标准按照批复的初步设计概算的标准执行。

（2）条款释义。条款释义（三）见表 5-5。

表 5-5　条款释义（三）

类　别	内　容
项目征地、拆迁、安置的合同安排	在项目合同起草和谈判时，双方应对征地、拆迁、安置的范围、进度、实施责任主体及费用负担等条款予以协商。关于项目的拆迁工作，应当由政府负责，项目公司可以提供协助，并承担项目前期的开发工作，如道路、供水、供电、供气、排水、通信、照明、绿化、土地平整等基础设施建设工作。在项目合同中可以约定，如果因政府的过错拖延了征地、拆迁和安置而使开工延期，社会资本或项目公司可以要求适当延长工期，或要求政府承担违约责任、赔偿损失

（续）

类　　别	内　　容
经营项目用地的招拍挂制度，可能使项目投资人中标后面临无法取得项目用地的风险	我国目前土地资源管理有关法律规定，经营性的用地需要通过招标、拍卖、挂牌等方式取得。《招拍挂出让国有土地使用权规定》第二条规定，招标出让国有建设用地使用权，是指市、市（县）人民政府国土资源行政主管部门（以下简称出让人）发布招标公告，邀请特定或者不特定的自然人、法人和其他组织参加国有建设用地使用权投标，根据投标结果确定国有建设用地使用权人的行为；拍卖出让国有建设用地使用权，是指出让人发布拍卖公告，由竞买人在指定时间、地点进行公开竞价，根据出价结果确定国有建设用地使用权人的行为；挂牌出让国有建设用地使用权，是指出让人发布挂牌公告，按公告规定的期限将拟出让宗地的交易条件在指定的土地交易场所挂牌公布，接受竞买人的报价申请并更新挂牌价格，根据挂牌期限截止时的出价结果或者现场竞价结果确定国有建设用地使用权人的行为 因有许多竞争者，招拍挂的程序和规定使项目公司在取得该土地时，面临无法获得项目用地的风险。如果盲目高价获得项目土地，投入的成本将大幅增加，将加大投资风险
准经营或非经营性项目无法与经营用地打包的风险	有些社会公共服务的项目收益率低，无法满足项目的投资回报，因此，社会资本在取得项目用地的同时，希望政府给予有商业开发价值的地产或其他资源作为该项目投资收入的来源。政府在这种情况下可以承诺社会资本在实施 PPP 项目的同时，可以一并开发周边有经济价值的项目，以弥补 PPP 项目投入的损失。但该有经济价值的土地或资源不能以国有土地的出让、协议或划拨的方式取得，造成了实践中的矛盾。我国现行的《招拍挂出让国有土地使用权规定》《招拍挂出让国有土地使用权规范》明确规定，商业、旅游、娱乐和商品住宅等各类经营性用地，必须以招标、拍卖或者挂牌方式出让。上述规定以外用途的土地的供地计划公布后，同一宗地有两个以上意向用地者的，也应当采用招标、拍卖或者挂牌方式出让。因此在实践中，非营利的社会公共服务项目与商业用地打包的模式，将面临无法实现的风险 项目公司如果希望获得项目用地以外的其他经营性用地的使用权，应当尽量避免通过招拍挂的方式取得。如果项目的用地为非商业、旅游、娱乐和商品住宅用地的，可以考虑以协商的方式获得土地或由政府以土地作价入股的方式将其交给项目公司使用。这样可以有效地降低项目公司的投资风险 为了避免 PPP 项目社会资本中标人不能获取项目土地的风险，财政部等部委发布的《联合公布第三批 PPP 示范项目的通知》规定，依法需要以招标、拍卖、挂牌方式供应土地使用权的宗地或地块，在市、县国土资源主管部门编制供地方案、签订宗地出让（出租）合同、开展用地供后监管的前提下，可将通过竞争方式确定项目投资方和用地者的环节合并实施。国土资源部办公厅发布的《产业用地政策实施工作指引》（2016 年 10 月 28 日 国土资厅〔2016〕38 号）也允许采用 PPP 方式实施项目建设，和以招标方式确定新建铁路项目投资主体和土地综合开发权中标人的，通过竞争方式将确定项目中标人与土地招标环节合并。但在实践中，还缺少具体操作的细则 在园区、智慧城市、城镇化、环境综合治理、保障性安居工程等成片综合开发项目中，项目投资人参与土地一级开发的权利和以土地收入作为项目回报的方式将受到进一步的限制。《联合公布第三批 PPP 示范项目的通知》规定，PPP 项目主体或其他社会资本，除通过规范的土地市场取得合法土地权益外，不得违规取得未供应的土地使用权或变相取得土地收益；不得作为项目主体参与土地收储和前期开发等工作；不得借未供应的土地进行融资；PPP 项目的资金来源与未来收益及清偿责任，不得与土地出让收入挂钩。因此园区、智慧城市、城镇化等成片开发项目，应当寻找一些新的经营模式，以避免与国家政策的矛盾，降低项目实施的风险

左侧跨行类别：项目用地过程中法律风险的防范

五、 PPP 项目的建设条款

1. 合同条款

（1）项目建设中乙方的主要义务。乙方应根据现行法律、法规、规章、规范性文件和本合同的约定，承担本项目的工程建设、费用和风险，包括：

1）根据合同规定的开工日期开始工程建设，并按约定的日期竣工。

2）做好施工前的准备，及时提供所有必要的施工设施。

3）根据现行法律法规和基本建设程序、批准的初步设计和施工图设计、所有适用的施工标准和规范及本合同的其他要求，自行承担或依法选择有相应资质的承包商承担项目施工建设。安装的施工设备必须是全新的，使用的所有材料必须是合格产品。

4）依法选择有相应资质的监理公司监理项目施工的全过程，并承担监理费用。

5）项目建设过程中，乙方在签署、取得或完成各种合同、审批等文件后，应于_____个工作日内，将有关项目建设文件的复印件报甲方备案。

6）在项目建设完成后，按照本合同的有关条款交付竣工图纸和技术资料。

（2）项目建设中甲方的主要义务。

1）在建设期间，协助乙方办理有关政府的审批文件。

2）在甲方权限内，批准有关文件。

（3）质量保证和质量控制。开工建设前，乙方应建立健全质量保证体系、安全保证体系，制订和执行工程质量保证和质量控制计划，并在工程建设进度月报表中反映工程质量监控情况。甲方有权对乙方的质量保证和质量监控进行监督。

（4）项目进度计划。

1）项目计划。双方应根据附件规定的进度计划履行其在本协议项下的建设义务。

如果出现下列情况，可以对项目的工期予以延长或修改：①不可抗力事件；②文物发现引起的工期延误；③甲方违约造成的工期延误；④乙方违约造成甲方的工作延误。

2）进度日期的延长。不可抗力事件发生后，一方应在_____个工作日之内，向另一方提出书面的延期请求，并说明其理由。

收到延期请求的一方，应立即与对方协商，并达成书面意见。如延期请求在_____个工作日之内没有得到回复，则视为同意延期。

3）甲方原因导致开始商业运营日的延误。因甲方的违约引起开始商业运营日的任何延误，乙方可以：

①按进度计划日期作适当延长。

②获得延误的经济补偿，使乙方基本上恢复到延误发生前的经济状况。延误补偿的金额为每日_____元。

③延长特许经营期，其期限不少于被延误的商业运营期。

4）乙方导致的竣工延误。乙方原因导致的开始商业运营日延误，则乙方应向甲方支付违约金。每延误一日，乙方应向甲方支付违约金额_____元。甲方可以从履约保函中兑取，直至履约保函全部兑取完。如果履约保函被兑取完毕或者违约金金额累计达到履约保函金额，甲方可以发出合同终止的通知书。

（5）进度报告。乙方每月应向甲方提交工程建设进度月报，月报应反映已完成和在建工程进度和质量、预计完成工程的时间；如果进度和质量发生问题，乙方应提出挽救措施和计划。

（6）甲方的监督和检查。

1）对建设工程的检查。甲方有权在不影响施工的前提下，检查乙方施工进度和项目的质量，以确认工程建设符合本合同规定的进度和质量要求。乙方应派代表陪同检查，提供检查工作的必要条件，若检查工作中涉及专有资料的保密问题，应按有关保密条款执行。

2）不符合质量和安全要求。如果工程建设不符合本合同的质量或安全要求，甲方可以向乙方提出警告。如果乙方在甲方通知后的合理时间内无法或拒绝修正缺陷，甲方有权通知乙方停止施工，责成其进行整改，直到安全得到保证、缺陷得到修补、质量得到控制后恢复施工。由此产生的停工损失由乙方承担。

（7）不可免除。不论甲方是否监督、检查建设工程的任何部分，都不应视为其放弃在本合同项下的任何权利，也不能免除乙方在本合同项下的任何义务。

（8）交付图纸和技术资料。在竣工日之后_____个月内，乙方应向甲方提交下列资料：

1）_____份项目设施的全套施工和竣工图纸、竣工验收记录。

2）_____份所有设备技术资料和图纸的复印件（包括设备平面图、说明书、使用和维护手册、质量保证书、安装记录、测试记录、质量监督和验收记录）。

3）_____份甲方合理要求的与项目有关的其他技术文件或资料。

（9）对考古、地质及历史物品的保护。如果乙方在项目建设、运营和维护过程中，发现文物、化石、古墓遗址及具有考古学、地质学和历史意义的任何物品，乙方应及时通知甲方，并采取适当的保护措施；如果上述发现导致建设工程延误，应按本合同有关条款执行，或双方协商延长特许经营期或予以经济补偿。

2. 条款释义

PPP 项目的建设条款释义见表 5-6。

表 5-6　PPP 项目的建设条款释义

类　别	内　容
政府在项目建设中应承担的义务	政府在 PPP 项目前期承担的义务一般包括为项目提供建设用地、交通条件、市政配套设施等，如项目开工前的"八通一平"，即通水、通电、通路和场地平整等。市政配套包括但不限于水通和电通等条件 在 PPP 项目合同中双方可以约定：①政府为项目建设提供开工条件所需的场地；②政府为项目的建设、运营提供相关手续或必要的协助；③政府为项目建设与运营提供所需的用电、用水、通信等手续或提供必要的协助，但费用由项目公司承担
项目建设的标准和要求	1. 双方在签订合同时，应明确项目建设的具体标准和要求。这些标准和要求包括： （1）设计标准是指设计生产能力、服务能力、使用年限、工艺路线、设备选型的具体条件 （2）施工标准是指施工用料、设备、工序的条件等 （3）验收标准是指验收程序、验收方法、验收标准等 （4）安全生产的要求 （5）环境保护的要求等 以上项目建设标准和要求，应遵守国家建筑法、环境保护法、产品质量法等有关法律、法规，也应遵守项目所在地方的标准和项目所涉及的行业强制性标准和要求 2. 项目工程涉及的国家及行业标准规范也是双方合同的建设标准和要求的重要组成部分，但是这些标准应当与项目有一定的联系。国家和行业的标准与项目工程应当具有相关性。与工程无关的、过期的标准规范应当予以清理，以免延误合同的履行 3. 起草项目合同时，应注意合同语言的表达方式。在合同中双方可以约定：项目合同的标准包括但不限于_____，或在合同的尾部增加其他与项目相关的标准和要求等，其目的是使合同语言更加严谨，防止不必要的纰漏 4. 项目建设依据的设计文件和技术标准可以作为合同的附件。附件可以是文件或表格
项目的工期、进度、质量、安全及管理要求	1. 合同双方应约定项目建设工期、进度、质量、安全及管理的要求等 （1）项目的建设工期。工期一般包括项目的开工时间、建设工期的长短、建设的竣工时间等。例如，北京兴延高速公路项目的建设期为 39 个月，自 2015 年 10 月起，至 2018 年 12 月止 （2）项目的进度是指项目建设期内各阶段的建设任务、工期等。项目合同应明确项目的开工日期、重大里程碑期间、项目的竣工日期、项目的延期、工期延误的补救和惩罚措施等 关于项目工期进度，双方应注意以下问题： ①项目公司应在本合同生效后若干天内向政府申报项目的施工计划。该计划包括详细的项目建设实施方案与计划、施工计划安排和预计的工期。同时应当提出项目阶段性目标的控制点和相应的保证措施

（续）

类　别	内　容
项目的工期、进度、质量、安全及管理要求	②因不可抗力或其他不可归责于项目公司原因产生的工期延误，需要修订或更改项目施工计划时，项目公司应向政府提出申请，并申明理由。对确因不可抗力事件或有正当理由的，政府应当准许项目公司修订或更改施工计划。未经政府的事先书面同意，项目公司不能修改已经批准的施工计划 （3）项目达标投产的标准是指项目的生产能力、技术性能和产品标准等 （4）项目建设标准是指项目的技术标准、工艺路线和质量要求等。项目合同中可以规定项目的质量标准、项目的质量管控体系和项目质量的责任人 （5）项目安全要求是指项目的安全管理目标、安全管理体系和安全事故责任等。项目合同中可以规定项目工程建设的安全、文明施工管理制度和项目安全责任人 （6）工程建设管理要求是指项目的招标投标、施工监理和分包等 2. 为了保证项目建设的进度、质量、安全及管理等合同条款的履行，项目合同应规定项目公司的申报义务和政府的拒绝权 （1）在项目建设交工以前，项目公司应按月向政府方提交一份项目的设计进度、施工进度、资金使用报告。该报告应对项目计划、在建的工程、资金使用情况给予详细说明 （2）项目公司在申报的报告中，可能还需要说明：项目竣工后，社会资本或项目公司应提交的竣工图纸、设计、技术资料、施工记录和其他资料的副本 （3）政府对项目公司申报的拒绝权。为了保障项目的质量，双方可以约定项目交工日之前政府有权拒绝不符合项目要求的任何工程、材料或设备，但政府应以书面形式通知项目公司。政府的通知可以要求项目公司在规定的时间内修改工程的缺陷或更换工程的材料或设备，以符合项目的标准。收到通知后，项目公司应当履行并将履行的情况报政府审查
项目建设期的审批事项和变更工程的管理	1. 项目建设期的政府审批事项。项目合同中的土地、规划、环保等相关事项，一般需要政府的审批。对于以上审批事项，需要确定申报的责任主体，如果合同规定由项目公司负责，政府应提供必要的协助；如果由政府负责，项目公司也应给予密切的配合 2. 变更工程的管理。项目合同应约定项目建设方案的变更，如工程范围、工艺技术方案、设计标准或建设标准变更，工程进度计划的变更，工程变更的条件、变更程序、方法、处置方案及不符合标准的变更的救济方法
项目工程建设的保险和保修	1. 项目工程保险。项目合同双方可以协商项目建设期需要办理的保险。项目的保险包括建筑工程一切险、安装工程一切险、建筑施工人员团体意外伤害保险和其他险种 PPP项目合同中的保险一般由项目公司办理。项目公司在办理保险时应协调保险期限与项目运营期限并尽量投保与项目有关的所有险种 2. 项目工程的保修。项目合同应当约定竣工后项目的质量保修。保修的内容包括： （1）保修的期限和范围 （2）保修期内项目公司的保修责任和义务 （3）工程质保金的设置、使用和退还 （4）保修期保函的设置和使用等
项目建设期的监管	项目合同双方可以协商对项目招标采购、工程投资、工程质量、工程进度和工程建设的档案资料等事项的监管。为此应明确监管主体、内容、方法、程序和费用的承担。合同可以约定： 1. 政府对项目建设招标采购、工程投资、工程质量、工程进度和工程建设档案资料等事项，依法履行行政监督。政府有权随时监测工程建设的实施，在不干扰工程进展的情况下，进行必要的检验和检测。检验和检测费用由项目公司承担。政府需要进场检验的，应提前通知项目公司，项目公司应予配合 2. 政府可以委托监理公司对项目的质量、进度、安全及合同管理，行使监督管理权 3. 政府对项目建设的监督和介入 为了及时了解项目建设进展，确保项目按时运营和满足合同的要求，政府应当对项目建设实施必要的监督或介入，并将政府的监督和介入权写在项目合同中。但政府的监督和介入权应受到一定条件和程序的限制，以防止政府监督和介入权的滥用

（续）

类　　别	内　　容
项目建设期的监管	政府对项目建设的监督和介入权，一般包括： （1）定期获取有关项目计划、进度报告和其他相关资料 （2）在不影响项目正常施工的前提下，进场检查和测试 （3）对建设承包商可以实行有限的监控，如设定资质要求等 （4）在特定情形下，介入项目的建设工作等

六、 PPP 项目的验收条款及释义

1. PPP 项目的验收条款

竣工验收

（1）项目竣工验收。项目竣工完成后，乙方应按合同约定提前_____个工作日向甲方发出竣工验收书面通知，申请项目的竣工验收。

甲方接到通知后于_____日内派代表参加由乙方组织各方参加的竣工验收。如果甲方在收到通知后未参加竣工验收，则竣工验收可在甲方缺席的情况下按预定的时间进行，乙方应将验收结果及时通报甲方。

如果竣工验收部分或全部不合格，乙方应采取必要的措施予以纠正并承担因不合格而导致的费用增加和工期延误的全部责任；乙方可再次组织竣工验收，并提前_____个工作日向甲方发出书面通知。如果再次竣工验收不合格或部分不合格，乙方应承担项目建设不合格的责任。

如果在再次竣工验收结束后_____个工作日内，有关部门未发出项目不合格的书面通知，则视为项目建设竣工。

（2）环保验收。乙方应在开始商业运营日之前，在合理日期内申请环保部门进行环保验收，并及时通知甲方。

（3）申请运营。

1）乙方通过试运营或完成运营的准备工作后，应立即书面通知甲方，申请正式开始运营。

2）甲方应自接到开始运营申请之日起_____个工作日内，通知乙方是否同意开始运营。如不同意需陈述理由。

如果因甲方过错不能及时运营，甲方应在_____日内予以纠正。如_____日内仍未纠正，甲方应及时通知乙方，乙方收到通知后的第_____日视为开始运营日。

2. PPP 项目验收条款释义

PPP 项目验收应当按照国家和项目所在地的验收标准执行。项目验收包括专项验收和竣工验收。项目合同应规定项目验收的计划、标准、费用和工作机制等。PPP 项目竣工验收的标准如下：

（1）竣工验收应根据项目合同、工程施工合同约定的规范、标准、程序和有关行政主管部门的规定执行，并严格遵守相应的法律、法规。

（2）项目建设应当符合项目合同、有关法律法规以及国家和项目所在地的规范和标准。

（3）项目竣工资料齐全、文件齐备。

如有必要，应针对特定环节做出具体安排，如约定项目竣工验收细节的条款：

1）单位工程验收、单项工程验收应当参照工程的进度并按照国家、地方和合同的规定执行。项目竣工后，由项目公司依照设计、施工标准和技术规范的要求初验，初验后由项目公司报政府进行竣工验收。

2）政府收到竣工验收的申请后，应于 15 日内完成竣工验收。如政府认为项目不具备竣工验收的条件，应当给予合理的解释和具体的整改意见。待整改结束后，完成竣工验收。

3）竣工验收后，项目公司应及时向政府提供完整的竣工备案资料。如果竣工验收合格，政府应在验收完成后的 10 日内，向项目公司签发竣工证明。该证明之日即为项目的竣工验收日。

（4）为了项目符合国家环保的标准和要求，项目合同可以约定：

1）按照国家、项目所在地环保法律、法规和项目合同的约定，项目公司应在项目竣工后，向当地环保部门提交项目环境影响报告书、环境影响报告表或者环境影响登记表等文件，申请环境保护设施的竣工验收。

2）项目公司还应根据国家的法律、法规和项目所在地的法规和有关规定以及项目的需要，办理水保、档案等专项验收。

七、 政府移交资产、 移交范围和标准、 移交程序条款及释义

1. 合同条款

（1）移交委员会。PPP 项目运营或经营开始_____个月前，由甲、乙双方共同组成移交委员会，负责和办理移交工作。移交委员会中双方选派的人数相同，移交委员会主任由政府指派。移交委员会负责双方的会议、会谈并协商资产移交的内容和交接方式等具体程序，并将移交的情况在省级媒体上公布。

（2）移交范围。在 PPP 项目运营或经营开始之前的_____日即移交日，甲方应向乙方移交：甲方对污水处理项目资产的经营权利和利益包括：

1）污水处理项目的土地使用权、建筑物、构筑物以及与污水处理项目有关的其他权利。

2）污水处理项目有关的所有机械和设备。

3）项目合同履行所必需的零备件、配件、化学药品以及其他动产。

4）运营和维护项目所必需的技术和技术诀窍、知识产权等无形资产，包括：

各类管理章程和运营手册包括专有技术、生产档案、技术档案、文秘档案、图书资料、设计图纸、文件和其他资料，以保证污水处理项目的正常运营。

以上资产的移交，甲方应保证资产不存在任何留置权、抵押权等担保物权、债权及其他请求权。如果有以上他方权利，则应按照双方协商的债权、债务处理方法执行。污水处理项目在移交日，不应遗留任何环境问题。

甲、乙双方在移交工作日之前，应按照双方商定的员工接收办法，妥善处理员工安置问题。

（3）恢复性大修。

1）在移交日之前_____个月，甲方应根据移交委员会的恢复性大修计划，对污水处理项目设施进行大修，大修工作应当于移交日_____个月之前完成。

2）通过恢复性大修。甲方应确保污水处理厂关键设备的整体完好率达到_____%，其他设备的整体完好率达到_____%，污水处理厂的构筑物不存在重大破损。

3）如果甲方无法完成恢复性大修或无法达到大修标准，甲方可以委托第三方或乙方大修，并支付大修费用。

（4）性能测试。在移交日之前，移交委员会应进行污水处理项目的性能测试。甲方应保证测试各项性能和参数符合技术规范的要求。如果测试参数不符合规范，乙方可以自行或委托第三方维修，费用由甲方支付。

（5）备品备件。

1）在移交日，甲方应向乙方移交污水处理项目设施正常运行所需之消耗性备件和事故抢修零备件及备件清单。

2）乙方应向甲方提交生产、销售污水处理项目设施所需之全部备品备件厂商名单。

（6）保证期。甲方应在移交日后_____个月的保证期内，承担污水设施质量缺陷的保修责任（因乙方使用不当造成的损坏除外）；收到乙方通知后，甲方应尽快维修。

在紧急或甲方无法及时保修的情况下，乙方可以自行维修或委托第三方维修，由甲方支付维修费。

（7）承包商保证的转让。移交时，甲方有义务将所有承包商、制造商和供应商所提供的尚未期满的担保及保证在可转让的范围内分别无偿转让给乙方，并使供应商以相同条件供应设备。移交时，乙方可以选择是否延续合同和承担由此产生的一切责任。

（8）移交效力。除移交协议另有规定外，移交日后，乙方享有污水处理项目相关的所有权利。

（9）风险转移。除非因甲方过错和协议的规定，移交日后，乙方应承担污水处理项目的所有责任和风险。

2. 合同条款释义

合同条款释义见表 5-7。

表 5-7　合同条款释义

类　　别	内　　容
移交准备工作	双方应协商安排以下合同条款： 1. 准备工作内容和进度安排。应设立移交机构，如由双方项目负责人和有关人员组成移交委员会或移交工作组 移交的工作包括： （1）移交资产的清点 （2）移交资产价值评估，必要时可以邀请第三方评估机构参加 （3）拟定移交财产的清单 （4）确定移交的时间和地点 （5）需要移交员工的清单 以上准备工作一般由政府负责，项目公司予以配合。政府负责项目移交前的准备工作，项目公司负责资产的接收工作 2. 明确双方的责任。移交前项目资产的风险由政府承担，移交后由项目公司承担。政府应做出移交资产权利清晰，资产质量符合约定，没有任何隐瞒、虚假的保证或声明。如有违反，应承担相应责任 3. 移交工作的衔接。双方的移交工作人员应当定期召开会议或采用其他沟通方式确定移交的事项，及时讨论和解决移交过程中的问题
项目资产移交合同的内容	资产移交合同应约定如下条款： 1. 移交范围。移交范围包括如资产的种类、明细、资产的证书、技术信息和资料、产权或经营权、项目资产相关的合同文件和移交的员工等 2. 进度安排。进度安排主要是移交的时间、一次性移交还是多次移交等 3. 移交验收程序。移交时间、地点、资产和人员清单、核查交接单和接收人员的签字确认等 4. 移交标准。移交标准是指资产的技术状况和资产权利的性质等。移交的资产是新建、改建、扩建，还是折旧资产；资产是否有瑕疵；资产产权为政府所有还是第三人所有；转移资产的性质为所有权、经营权还是租赁经营权的转移等 5. 移交的责任和费用。移交的责任应规定，政府必须按照约定的时间和地点将资产交付项目公司。项目公司应按照合同约定的时间和地点接收。关于移交费用，原则上移交前的费用由政府承担，移交后的费用由项目公司承担，移交当日的费用由双方各自承担或分担。当然双方也可根据项目的实际情况，约定由项目公司承担并将此费用计入项目公司的经营成本 6. 移交批准和完成确认。移交的资产和人员清单，经双方移交人员清查和确认后，由双方移交人员当场签字和确认，并将确认单提交双方的移交负责人进行最后的签字确认。经双方负责人确认后，移交工作结束 7. 其他事项。其他事项包括项目人员安置方案、项目保险的转让、承包合同和供货合同的转让、技术转让及培训要求等。关于人员安置和接收，项目公司应当与员工签订劳动合同，并为其办理有关的保险

（续）

类　别	内　容
政府移交资产中的一些问题	1. 项目资产移交中的风险预防工作。关于资产移交，双方应讨论并制订详细、具体的交接方案，防止一些资产和文件在交接中的遗漏。对于移交资产的状况，最好在移交前进行一次全面的评估，包括财产的价值、财产的新旧状况、是否存在质量的缺欠等，以免双方发生纠纷 2. 关于 TOT 项目特许经营费的合理计算。对于存量项目，由于政府承担了项目建设和试运营期的风险，因而在移交项目公司经营时，可以考虑政府先期投入的成本，但同时也应考虑项目公司的承受能力和项目未来的收入状况，以确定公平合理的费用数额 3. 分清财产的性质，防止权属关系争议。双方在移交前，应核查移交资产的性质、权利归属及其权利证书和权利状态等。核查的内容包括： （1）项目资产是属于政府所有还是第三方的资产 （2）转移的项目资产是否设定了抵押、质押等他项权益 （3）技术信息和资料是否涉及知识产权及产权的归属 （4）此项财产的转移是否侵犯了第三方的权益等 移交双方应将上述内容作为项目合同移交的必要条款 4. 项目人员安置的风险。政府移交项目资产时，也可能移交项目的工作人员。在移交前应做好移交人员的安置工作。双方应认真协商，拟订具体安置方案，以免发生劳资纠纷，影响项目合同的履行

八、 PPP 项目的运营与维护

1. 合同条款

（1）甲方提供的外部条件。在本项目竣工验收后，甲方为乙方协调解决运营本项目所需的用电、用水及数据通信，电费、水费、数据通信费用由项目公司承担。

（2）正式运营。项目经竣工验收并具备运营条件后，乙方应书面报告甲方，经甲方同意后项目开始正式运营。乙方在正式运营前应编制运营手册，其中包括管理架构、运营标准、运营管理制度等，运营手册在经甲方审定后执行。

（3）运营维护服务标准。运营维护服务范围包括项目所有建筑物、构筑物、设施、设备和系统，运营维护服务标准由甲、乙双方在每个项目计划完工日前 30 日内共同商定。

乙方应如实记录项目运营维护情况，向甲方报送运营维护报表。如运营维护过程中发生异常现象，乙方应立即通知甲方并及时采取应对措施。

甲方应建立健全项目运营维护监测制度，定期对本项目运营情况进行监测。

（4）运营维护服务要求变更。

1）运营维护服务内容调整。在合作期限内，甲方有权根据实际需要，以书面通知的形式要求乙方调整运营维护服务内容。甲、乙双方根据调整后服务内容计算运营补贴；因服务内容调整而增加的投资和运营维护成本，应由甲方承担。

2）紧急暂停服务。因灾害、紧急事故等原因而使项目暂停运营，乙方应立即抢修，向甲方报告突发情况，尽快恢复项目运营。暂停运营不超过 24 小时的，运营补贴照常支付；紧急暂停服务时间超过 24 小时，暂停期间的运营补贴由双方协商确定。

3）甲方要求的停止服务。甲方因紧急或突发情况要求乙方停止项目运营的，乙方应接受并停止服务。

暂停期间，运营补贴照常支付。

（5）改扩建和追加投资。项目运营期间，如因改扩建而发生追加投资的，双方另行协商。

（6）运营期保险。项目运营期间，乙方应按国家、地方和项目的有关规定，购买与项目有关的保险。

（7）运营期政府监管及考核。除本协议另有规定外，甲方应监督、检查乙方合同履行状况，但甲方并不因此承担任何责任，也不免除和减轻乙方的责任和义务。

合同履行期间如因乙方原因，导致项目无法正常运营，甲方可以要求乙方整改，乙方应予执行。

项目正式运营前，双方应制订项目运营维护绩效考核方案，每季度考核结果经乙方确认后，作为运营补贴支付的依据。

（8）项目运营维护。项目运营期间，乙方应建立健全运营维护管理制度，包括：

1）项目日常运营维护的范围和技术标准。

2）项目日常运营维护记录和报告制度。

（9）运营维护支出。乙方承担项目运营维护的相关费用，包含但不限于人工费、修理费、财务费用、保险费、管理费、相关税费等。

2. PPP 项目运营与维护条款释义

PPP 项目运营维护条款释义见表 5-8。

表 5-8　PPP 项目运营维护条款释义

类　　别		内　　容
PPP 项目运营	项目运营期间	PPP 项目合同运营条款涉及运营的期间和条件、运营内容、双方的权利与义务、政府方和公众对项目运营的监督等 对于新建、扩建和改建项目而言，开始运营与项目建设竣工可以为同一时间，竣工日也可以是运营开始日。但也可以约定项目运营日为项目竣工、试运营和测试后的某一时间。以上两种情况考虑的因素包括： （1）项目竣工后，因技术要求需要试运营和测试期才能保证项目设施稳定性的，如火力发电站发电机组需要试运营，以确保各个发电机及设施的互相配合 （2）有些项目在技术上需要大量熟练技术人员，方能符合项目运营和服务的要求，如养老院需要一定经验的医护人员，学校需要一定数量的教师和教学辅助人员 此外，项目合同也可以约定试运营的具体事项： （1）试运营的前提条件和技术标准 （2）试运营的期限 （3）试运营期间的责任安排 （4）试运营的费用和收入处理 （5）正式运营的前提条件 （6）正式运营开始时间和确认方式等 项目合同还可以约定项目竣工验收合格后，项目运营的程序为：项目公司编制包括管理架构、运营标准、运营管理制度等的运营手册并书面向政府申请运营，经政府批准后，项目开始正式运营
	项目运营条件	1. 项目运营的具体条件 合同应约定项目的运营开始时间和项目公司收入与回报的取得方式。一般的运营条件如下： （1）新建、扩建和改建的 PPP 项目，运营时间一般在项目竣工之后的某一时间。对于存量项目，如委托经营、租赁经营、项目的股权转让或采取其他运营模式的项目，运营开始于政府将项目的资产移交项目公司之日或双方约定的日期 （2）新建、扩建和改建项目，应安排试运营和测试，例如，大型的火力发电站，需要试运营以确保项目发电机组的顺利运行 （3）新建、扩建和改建项目，其竣工验收应符合项目验收标准，运营备案已报送，审批手续已办理 委托经营、租赁经营、项目公司股权转让或采取其他模式的 PPP 项目，项目移交资产和其他手续应完备和合法，政府和项目公司已完成交接。例如，政府将建成的养老院委

类　　别	内　　容
项目运营条件	托项目公司经营的，政府应将养老院的土地、房屋、设施、养老院服务经营权利及证书等移交项目公司；高速公路项目的委托运营，项目公司应接收项目设施、高速公司的收费设施和办理收费权利的转让手续等 （4）其他运营条件已具备 2. 项目运营的外部条件 合同应约定项目运营的外部条件，这些外部条件一般包括： （1）项目运营所需的外部设施、服务及其具体内容；由甲方提供还是乙方提供；无偿还是有偿提供：租赁设施及服务的费用的支付标准等 （2）项目生产运营所需的原料来源、数量、质量、提供方式和费用标准等。例如，污水处理项目，原材料包括一定数量、质量的污水；火电项目，则包括用于发电的煤炭等原材料 （3）项目处理的产品或副产品的处理方式及配套条件，如污水处理厂出水、污泥的处理，垃圾焚烧厂飞灰、灰渣的处置等 （4）道路、供水、供电、排水等其他保障条件等 在PPP项目实践中，对于新建、扩建和改建项目而言，合同双方可以协商在项目竣工验收合格后，政府应为项目公司提供项目运营或经营所需的用电、用水、排水、项目配套道路和数据通信等配套设施。至于配套设施应支付的电费、水费、排污费、数据通信费用等由项目公司承担。当然，不同的项目需要不同运营或经营的条件
PPP项目运营 项目无法按期运营的后果	项目如因政府、项目公司过错或其他情况而无法按期运营的，可能出现一些不利后果： 1. 项目公司过错使项目无法正常运营的 （1）项目公司无法得到投资回报，运营期会缩短。一般而言，无论是使用者付费的项目还是政府付费的项目，如果不能按期运营，将直接影响项目公司收回投资。例如，收费公路项目不能按期开通，项目公司就无法收取车辆通行费；燃气公司未按期提供燃气，将无法向用户收费。此外，如果项目建设期和运营期不分，建设期迟延会使运营期缩短，项目公司的收入也将减少 （2）支付逾期违约金。在PPP项目实践中，项目合同中一般应规定违约条款。如果项目公司延迟运营，应支付违约金。在审核合同时。应注意违约金条款是否公平合理，是否约定了违约金的计算方法和违约责任的上限 （3）项目终止。项目合同中也可以约定项目公司延迟运营超过一定期限（如180天）的，政府有权解除合同，提前收回项目 （4）履约担保。如果项目公司违约，延迟了运营期限，政府可以提取项目公司递交的保函，以获得赔偿 2. 政府违约造成的运营延迟 政府违约一般包括政府审批、土地、拆迁和配套设施提供的迟延，以及政府的政治风险、法律变更风险等造成项目运营的延迟 （1）延长运营时间和赔偿费用。政府过错及其承担的风险引起运营延迟的，项目公司可以主张延长运营时间和赔偿损失。对此双方应订立损失赔偿计算方法的条款，以免在损失计算上发生争议 （2）视为已开始运营。有些PPP项目，双方可以约定政府违约的情况下，项目可以视为开始运营的条款。例如，在电厂PPP项目合同履行中，如果发生政府违约、政治不可抗力和政府应承担的风险导致项目运营延迟，双方可以约定"视为已开始运营"。在此种情况下，政府应按原定运营日期支付项目公司费用 3. 其他原因的延迟运营 不可抗力和约定的第三方原因而引起的运营迟延，项目合同双方的任何一方都不被视为违约。此种情况下，受影响的一方可以申请开始运营时间的延迟

（续）

类　　别		内　　容
PPP 项目 运营	项目运营的 具体内容	1. 项目运营的内容 根据不同 PPP 项目的特点，其运营内容也有所差异 公共交通项目的运营内容是高速公路、桥梁、城市轨道交通等设施所提供的通行服务；公共设施项目的运营内容是供水、供热、供气、污水处理、垃圾处理等设施提供的公共服务；公共服务项目的运营内容与以上两类项目不同，它是以医疗、卫生、教育及其他机构的专业人员提供的服务为主，以设施服务为辅的经营方式 一般而言，收费公路项目的运营和维护合同条款应包括： （1）项目公司对道路的运营、维护、管理 （2）项目公司收费公路周围的广告经营、服务区的停车、住宿及其他商业服务 （3）项目公司对通行车辆的收费等 2. PPP 项目运营服务的区域范围 项目合同双方可以约定 PPP 项目服务的区域范围。一般情况下，项目公司仅以公共设施向服务区域内的用户提供服务，不得超出此服务范围，也不得经营其他类型的服务。但在紧急情况下，为了满足公众利益之需要，也可以向服务区以外的社会公众提供服务 3. 项目运营的标准和要求 在 PPP 项目的运营期内，项目公司应根据国家法律、法规、项目所在地的地方法规和项目合同约定的标准运营。这些运营的标准和要求可以作为合同的附件，附件一般包括： （1）服务范围和服务内容 （2）生产规模或服务能力 （3）运营技术标准或规范：运营项目设施的技术标准、环境标准、安全标准和产品标准等 （4）产品或服务质量要求 （5）安全生产要求 （6）环境保护要求 （7）项目的产品或服务的计量方法、标准、计量程序等 4. 运营责任划分 项目的运营责任一般由项目公司承担，但政府也应协助和配合，提供辅助设施、配套设施或服务等。例如，市政污水处理项目中，污水处理由项目公司承担，但政府应提供项目的污水供应；供热项目中，政府可能承担管道的对接等工作 至于项目具体运营责任的划分，合同双方可以根据项目特点予以协商确定。其风险原则上由对运营和风险最有控制力的一方承担 5. 项目运营中政府的权利和义务 政府在项目运营中的权利和义务如下： （1）作为项目合同一方的政府或其授权机构，可以监督项目合同的履行 （2）作为履行法定行政职责的政府部门，应按照法定的职责范围，对项目合同的履行予以监督 （3）因法律、法规、政策的变更，损害项目公司利益的，政府应予补偿。《基础设施和公用事业特许经营管理办法》第三十六条规定，因法律、行政法规修改，或者政策调整损害特许经营者预期利益，或者根据公共利益需要，要求特许经营者提供协议约定以外的产品或服务的，应当给予特许经营者相应补偿 （4）任何单位或者个人不得违反法律、法规及合同的规定提前收回或者限制项目公司对项目的经营权 （5）因公共利益需要，政府提前收回项目、终止项目合同、征用项目的城市基础设施、指令项目公司提供公共产品或者服务的，政府应当给予项目公司补偿 （6）双方协商的其他权利和义务

（续）

类　别		内　容
PPP 项目 运营	项目运营的 具体内容	6. 项目运营中项目公司的权利和义务 项目合同可以约定项目公司具有如下权利和义务： （1）项目公司有权按照法律、法规的规定申请税收优惠，政府有协助的义务 （2）项目公司提供公共服务，有权要求政府给予合同约定的补贴 （3）项目公司按照政府的要求，提供项目合同范围外服务的，政府应当给予补偿 （4）项目公司可以要求政府提供项目合同规定的，项目建设和维护、运营所需的配套设施 （5）在 PPP 项目合同期内，有权要求政府在项目服务的同一地区内，不再批准新建同类竞争项目 （6）按照项目合同提供安全、合格的产品和优质、持续、高效的服务。《基础设施和公用事业特许经营管理办法》第三十条规定，特许经营者应当根据有关法律、行政法规、标准规范和特许经营协议，提供优质、持续、高效、安全的公共产品或者公共服务 （7）以基本相同的条件为所有用户提供服务的义务，即对服务区域内的用户提供普遍的、无歧视的公共产品或者服务 （8）项目服务的收费由政府定价或者执行政府指导价，项目服务收费的调整应履行听证和政府审批的程序，不得擅自变更 （9）有些项目合同应向政府缴纳项目经营使用费，如燃气特许经营合同，项目公司应向政府缴纳燃气特许经营费 （10）未经政府同意，项目公司不得擅自转让、出租、质押、抵押或者以其他方式处分项目资产。在项目经营期限内，项目公司不得将项目的设施、土地用于项目之外的目的 （11）其他双方约定的内容 7. 暂停服务 在项目运营过程中，可能因可预见或不可预见的突发事件而暂停服务。暂停服务包括以下两种情况： （1）计划内的暂停服务。项目运营设施的定期维护或者修复，可能引起项目的暂停运营。对于以上合理的、可预见的计划内暂停服务，项目公司应当提前向政府报送运营维护计划。政府接到后给予书面答复或批准，项目公司应尽力降低暂停服务的影响。计划内的暂停服务，项目公司不承担项目合同的违约责任 （2）计划外的暂停服务。计划外不可预见事件的暂停服务，项目公司应及时通知政府，解释其原因，尽力降低暂停服务的影响并尽快恢复正常服务。对于计划外的暂停服务，风险分担的原则是： ①如因项目公司过错造成的，由项目公司承担责任并赔偿相关损失 ②如因政府过错造成的，由政府承担责任，项目公司可以向政府索赔由此产生的损失，并申请延长项目运营的期限 ③如不可抗力造成的，双方均不构成违约，共同分担该风险 项目合同可以订立如下条款：因发生灾害、紧急事故等原因引起项目暂停运营时，项目公司应当立即组织抢修，尽快恢复项目运营，同时履行向政府报告的义务。紧急暂停服务时间不超过 24 小时的，运营补贴照常支付；紧急暂停服务时间超过 24 小时，暂停期间的运营补贴由双方根据实际情况另行商定。政府因紧急或突发情况要求项目公司停止运营项目的，项目公司应接受政府的指令。政府要求停止服务的期间，运营补贴应照常支付 8. 运营服务的变更 （1）项目合同可以约定运营期间服务标准和要求的变更，包括： ①变更的条件，如因国家法律、法规、政策或外部环境发生重大变化，需要变更运营服务标准等 ②变更程序，包括变更提出、评估、批准、认定等

（续）

类　别		内　容
PPP 项目运营	项目运营的具体内容	③新增投资和运营费用的承担。对于运营期间需要更新改造和追加投资的合作项目，项目合同应对更新改造和追加投资的范围、变更条件、实施方式、投资控制、补偿方案等做出约定 ④各方利益调整方法或处理措施 （2）运营服务内容的调整。在 PPP 项目合同履行中，政府可以根据实际需要，以书面通知的形式要求项目公司调整运营维护服务的内容，双方可以根据调整后的服务内容计算运营补贴，对于因内容调整而增加的投资和运营维护成本，应由政府承担
	政府对项目运营的监督和介入	《基础设施和公用事业特许经营管理办法》第八条规定，县级以上地方人民政府应当建立各有关部门参加的基础设施和公用事业特许经营部门协调机制，负责统筹有关政策措施，并组织协调特许经营项目实施和监督管理工作 政府对于项目的运营有一定的监督和介入权，但其不得妨碍 PPP 项目的正常经营活动。监督、介入权包括： 1. 在不影响项目正常运营情况下的入场检查权 2. 定期获得有关项目运营情况的报告和项目的资料权，如项目运营计划、财务报告、事故报告等 3. 审阅项目公司拟订的运营方案并提出意见 4. 委托第三方机构对项目进行中期评估和项目后评价 5. 在特定情形下，介入项目的运营工作 政府行使对 PPP 项目的监管权力，其目的是防止项目公司的运营失败。例如，墨西哥国家电信公司案：1990 年卡洛斯·埃鲁收购了墨西哥国家电信公司（Telmex）。因 Telmex 控制墨西哥全国 90% 以上的电话业务，埃鲁可以制定高于发达国家的收费标准，而墨西哥的电信用户的利益则受到了垄断价格的侵害。墨西哥政府对埃鲁的垄断收费标准的不加干预，客观上导致了消费者利益的被侵害。可见，政府对 PPP 项目的监管和介入十分必要
	公众监督	为了保障公众的知情权，根据有关法律的规定，PPP 项目合同应规定项目公司对项目信息的公开披露义务 项目公司信息披露的范围一般包括：除了法律明文规定不可以公开的信息，如国家秘密和商业秘密，项目公司和政府对于其他项目信息应当公开披露。在项目合同中，双方可以约定公开披露的具体事项，即项目公司在运营期间公开披露的信息包括项目产出标准、运营绩效等，如医疗收费价格、水质报告等
	PPP 项目运营期间的风险	1. 项目相关配套设施不完善和土地权属不清的风险 项目的配套设施和土地权属直接关系到项目的运营，如果解决不好就会直接影响项目的运营。例如，国内某著名污水处理 PPP 项目，虽然项目已经建成并开始运营，但由于项目相关的通信、供电、供水等配套设施没有解决，项目的外部线路也没有建成，导致该项目无法正常运营；该项目土地使用权因权属不清也发生了纠纷，以上情况为该项目运营带来诸多不确定性风险 2. 因 PPP 项目经营期较长而引起的市场需求变化风险和收益风险等 市场需求变化风险和收益风险直接影响到项目公司的投资回报。例如，在轨道交通、收费公路 PPP 项目运营中，由于项目收费价格的相对固定和票价较低，当物价上涨、员工薪水增加、周边其他交通设施开通或发生其他市场变化时，项目的收益会明显减少 3. 项目公司管理人员运营经验缺乏的风险 部分项目公司缺少专业运营管理人员和维护人员，也是其面临的主要风险。目前承担 PPP 项目的社会资本大多为工程公司和财务公司，这些公司的管理层具有工程建设和财务管理的经验，但缺乏项目运营管理经验和投融资的经验 4. 国家政策法规变化的风险 国家的相关政策法规的变化过快和互相矛盾，也会使项目的运营面临困境。例如，轰

（续）

类　别		内　　容
PPP 项目 运营	PPP 项目运营 期间的风险	动一时的"长春汇津项目"即是一个典型。20 世纪 90 年代初，因当地财政无力支付巨额基础建设资金而引入境外投资者并承诺固定回报。但在项目合同履行期间，国家有关部门发布了一系列文件。这些文件认为，固定承诺违反了中外合资经营企业法规定的风险共担原则并要求地方政府予以清理。长春市政府根据文件的规定，废止了其与外商合作的项目文件《长春汇津污水处理专营管理办法》（长府发〔2000〕42 号），引起双方的法律纠纷，导致项目合同无法继续履行
PPP 项目 维护	项目维护的事项	PPP 项目合同中关于项目维护与设施修理的事项，一般可以作为合同附件： （1）项目日常维护的范围和技术标准 （2）项目日常维护记录和报告制度 （3）大、中修资金的筹措和使用管理等 在 PPP 项目合同中，有关项目维护的权利义务往往与项目运营的有关规定相近，因此，一般将约定项目运营与项目维护的条款合并，但也有单列条款的情况。单列条款的项目合同一般规定项目公司的维护义务和政府的监督权利
	项目维护的 义务和责任	1. 项目维护的责任 在 PPP 项目合同中，项目公司的维护责任一般在维护方案和手册中规定。项目公司将维护责任分包的，不能因此免除其对项目的维护和修理责任 2. 维护方案和手册 （1）维护方案。为了保障项目的维护质量，在 PPP 项目运营开始后，项目公司应编制项目维护方案并提交政府方审核，政府方有权对该方案提出意见。在双方共同商定维护方案后，项目公司做出重大变更的，应重新提交政府审核。维护方案一般包括项目运营期间计划内的维护、修理、更换的时间、费用以及上述维护、修理和更换可能对项目运营产生的影响等内容。项目维护期间，项目公司应健全的维护管理制度包括： ①项目日常维护的范围和技术标准 ②项目日常维护的记录和报告制度 （2）维护手册。对于有技术难度的 PPP 项目，既应编制维护方案也应编制详细的维护手册，以明确日常维护和设备检修的具体内容、程序和频率等 3. 计划外维护 如果发生意外事故或紧急情况，应实施维护方案之外的维护或修复工作，项目公司应及时通知政府，说明理由，并尽最大努力在最短的时间内完成修复工作。对于计划外的维护事项，其责任划分与项目运营暂停服务基本一致： （1）如因项目公司原因造成的，由项目公司承担责任并赔偿相关损失 （2）如因政府原因造成，由政府承担责任，项目公司有权向政府索赔损失和申请项目的延期 （3）如因不可抗力和双方约定情况造成的，双方共同承担风险，双方都不承担违约责任 4. 政府对项目维护的监督和介入 政府对项目维护的监督和介入权，与对项目运营的监督和介入权相近，主要包括： （1）在不影响项目正常运营和维护的情形下，入场检查 （2）定期获得有关项目维护情况的报告和资料 （3）审阅项目公司拟定的维护方案并提供意见 （4）在特定情形下，介入项目的维护工作 （5）除项目合同规定的以上义务外，在遵守现行法律的前提下，政府履行监督、检查项目公司履行项目合同的义务，但不解除或减轻项目公司应承担的任何义务或责任
	PPP 项目 运营维护 的风险防范	在 PPP 项目运营维护阶段，双方应重视项目管理机构的建设，必要的情况下可以设立专门的沟通协调机构，如协调委员会。在项目管理上充分发挥经营管理层和协调委员会的作用，并在合同中约定相关的制度以便及时发现和化解相应风险

（续）

类　　别		内　　容
PPP 项目维护	PPP 项目运营维护的风险防范	1. 项目公司应当精心管理，合理运用各种方法防范运营维护的风险 （1）严格控制运营期限、提高服务质量 （2）建立项目收费价格的动态调整机制 （3）建立最低需求、最低价格风险的承担机制 （4）制订计划，防范运营中无法预料的技术发展风险 2. 政府应严格履行合同的各项约定并为项目提供支持 为项目提供的支持包括： （1）限制同行业的竞争 （2）履行项目税收优惠承诺 （3）落实财政补助和土地出让等优惠政策 （4）负责或协助项目公司获取项目相关土地权利 （5）为项目提供必要的相关连接和配套设施 此外，政府应根据项目合同的约定，对项目外部环境变化所带来的风险，及时调整 PPP 项目付费机制，以保证项目公司的合理盈利预期，确保项目的持续稳定运营。对项目公司的履约状况及时做出绩效考核，评估项目公司风险管控能力。对因项目公司未能有效管控风险而导致的成本增加或利润减少，应由项目公司自行承担损失，以避免 VFM 值的不合理提高

九、　违约条款及释义

1. 条款

（1）合同违约。除法律、法规或合同另有规定外，项目合同一方不履行合同约定义务或履行合同义务不符合约定的，应承担违约责任；或除法律、法规或合同另有规定外，项目合同一方不履行合同约定的义务或履行合同义务不符合约定的，由过错方承担违约责任。

（2）一般违约。

1）甲方一般违约。

在项目合同履行期间发生下列情况的，属甲方一般违约：

①甲方未遵守本合同的约定为乙方办理或协助乙方办理项目的相关手续的。

②甲方没有按照本合同约定的期限和方式支付项目的补贴和服务费的。

③甲方在项目建设、运营中对项目的建设标准、运营质量等做出调整与变更，致使乙方对项目进行设计变更、重新采购主体设备，导致工程中途停建、缓建，使项目建设不能按期完工，使运营不能在预定日期正常进行的。

④甲方未按本合同约定，提供项目的配套设施的。

⑤甲方违反本合同其他义务的。

2）乙方一般违约。在项目合同履行期间发生下列情况的，属乙方一般违约：

①乙方未按本合同约定支付甲方预付的可行性研究、工程可行性研究、各项评估（评价）及甲方为本项目开展的其他相关前期工作费用的。

②乙方的项目资本金未在规定的期限内到位，影响项目开工的。

③由于乙方的过失，不能在预计的交工日期内完成项目施工的。

④乙方未按本合同的约定进行交工验收或竣工验收的。

⑤本项目交工验收或竣工验收确定的工程质量低于本合同约定的质量目标的。

⑥乙方未按照国家规定的技术规范和操作规程进行项目运营维护的，或者虽已按规定进行运

营维护但未能达到本合同约定的运营维护目标或服务质量目标的，或者乙方违反了本合同其他规定的。

⑦乙方未能按本合同约定向甲方交纳或者未足额交纳运营期履约保证金的。

⑧乙方违反本合同其他义务的。

（3）重大违约。

1）甲方重大违约。在项目合同履行期间发生下列情况的，属甲方重大违约行为：

①未按合同约定向项目公司支付费用或未提供补助达到一定的期限或金额，经过催告仍然不履行的。

②甲方没有合法或合同约定的事由，对项目设施或项目公司股份进行征收或提前收回本项目的。

③由于政府可控的法律变更导致 PPP 项目合同无法继续履行的。

④甲方在项目设计完成后的重大调整，造成乙方重大损失或额外支出达到一定的限额的。

⑤甲方在项目运营期间对运营标准做出重大调整，使项目无法正常履行的。

⑥甲方违反合同约定的其他主要义务，经催告后仍然不履行，导致合同无法继续履行的。

2）乙方重大违约。在项目合同履行期间发生下列情况的，属乙方重大违约行为：

①在项目前期乙方作为投资人，融资不能按期交割，项目资本金及其他建设资金不能按计划分期足额到位，造成项目无法按期开工；在项目建设期间资金链中断；在项目建设和运营中抽回、侵占和挪用项目资本金及其他建设资金。

②在项目建设期，乙方对项目工程的放弃行为：

a. 书面通知甲方已经终止项目的设计或施工，并且不再重新开始设计或施工。

b. 在开工日后 90 日内不能在场地内开始工程施工。

c. 在不可抗力结束后 90 日内不能重新开始施工。

d. 在交工日前，乙方擅自停止工程施工，或指示承包人从场地上撤走全部或关键的人员和设备。但如果上述延误或停工是由于不可抗力的发生或甲方违反本合同所致，则不能视为乙方放弃施工。

③乙方违反本合同约定，转让本合同或本合同项下任何权利或义务，或其任何资产，或者改变乙方内部的股权比例未经甲方同意或批准的。

④乙方利用本项目进行欺诈等违法活动的。

⑤乙方不愿或无力继续经营，或发生清算、不能支付到期债务、破产的。

⑥乙方违反本合同约定的其他主要义务。

（4）一般违约向重大违约的转化。视为重大违约条款：项目合同的一方未履行本合同项下的义务，在收到对方书面通知要求其履行该项义务后，在_____日内仍未采取补救措施，又未能提出合理的解释或虽采取了补救措施，但仍达不到合同约定要求的，则该违约行为可以被视为重大违约。

（5）项目合同违约责任及承担方式。项目合同一方违约，另一方有权要求违约方继续履行、采取补救措施、承担实际损失的赔偿和支付违约金等责任。

1）甲方的违约责任。

①甲方违反本合同的约定，对乙方的特许经营权构成妨碍的，应当及时改正，并应赔偿乙方因此而遭受的经济损失。

②甲方违反本合同的有关约定，不将其投资建设的供热设施交付乙方使用或擅自处置其投资建设的供热设施的，应当及时改正，并应赔偿乙方因此而遭受的经济损失。

③甲方违反本合同有关约定，在征用过程中或本合同终止后，拒不按照合同的约定进行补偿的，应当及时按照合同的约定进行补偿，并应按照中国人民银行公布的活期存款利率向乙方支付逾期支付补偿的利息。

④甲方违反有关价格法规及本合同约定的定价、调价程序，给乙方造成经济损失的，应当及时按照有关规定补偿乙方因此受到的经济损失。

2）乙方的违约责任。

①乙方违反本合同约定，擅自处置供热设施的，应当恢复原状，如无法恢复原状的，应当重新投资建设相应的供热设施，并应向甲方或供热管理部门支付_____万元人民币的违约金。

②乙方违反本合同的约定，擅自解散或歇业的，应当及时恢复营业，并应向甲方支付_____万元人民币的违约金。

③乙方违反本合同的约定，对擅自停热负有责任的，应当及时采取措施恢复供热，甲方可根据事态的严重程度要求乙方支付_____万元至_____万元人民币的违约金。

④乙方违反本合同的约定，未经甲方批准，擅自转让、出租、抵押或变更特许经营权，擅自改变主业的，应当及时纠正并恢复主业，应向甲方支付_____万元人民币的违约金。

⑤乙方违反本合同其他约定的，应当及时改正，甲方可酌情要求乙方支付_____万元至_____万元人民币的违约金。

⑥乙方违反或降低本合同及附件规定的技术、质量、安全、服务等标准向用户供热、提供维修服务和供热设施运行管理的，应当及时改正，甲方可根据事态的严重程度要求乙方支付_____万元至_____万元人民币的违约金。

⑦甲方可根据供热用户的投诉对乙方的经营活动进行监管，用户投诉的情况属实，并且确属乙方的责任的，甲方可根据事态的严重程度要求乙方支付_____万元至_____万元人民币的违约金。

⑧乙方未履行本合同的及时报告义务的，应当及时改正。甲方可酌情要求乙方支付_____万元至_____万元人民币的违约金。

（6）项目合同与一般民事合同在违约补救上的区别。违约补救措施：项目合同履行中，如果项目公司不能如期偿还债务，金融机构在与政府协商达成一致的条件下，根据项目合同的约定可以直接或委托第三方对项目进行接管。

2. 条款释义

违约条款释义见表5-9。

表5-9　违约条款释义

类　别	内　容
合同违约 条款释义	违约责任是合同不履行和不适当履行的法律后果或法律责任。为了避免或减少违约纠纷，项目合同当事人应当遵循诚实信用和全面履行的原则，认真履行合同义务。《基础设施和公用事业特许经营管理办法》第二十六条规定，特许经营协议各方当事人应当遵循诚实信用原则，按照约定全面履行义务。诚实信用和全面履行原则要求项目合同双方，既要严格按照合同约定全面履行，也不得擅自变更或解除合同 　　在 PPP 项目合同中，政府承担项目的审批、协助办理项目手续、支付服务费及其他义务。如果政府没有按照约定办理审批或协助项目公司办理项目的必要手续，项目就无法开工或运营；如果政府不能按期支付项目公司费用或补贴，也将严重影响项目合同的履行，特别是准经营性或非经营性项目，政府付费是项目公司收入的主要来源或唯一来源。在污水处理项目中，项目公司一般不能向使用者收费，政府付费往往是项目公司收入的唯一来源，政府应当按期支付约定的污水处理费给项目公司，以保证项目公司维持正常的经营。在提供公共服务的养老项目中，虽然项目公司可以向使用者收费，但较低的收费很难维持养老项目的正常运营，因此作为公共服务产品的管理和监督者，政府的诚信是 PPP 项目合同顺利履行的关键。作为公共产品和公共服务的提供者，项目公司提供公共产品和服务的质量和效率也是 PPP 项目合同能否顺利履行的重要因素 　　从以往项目合同纠纷的情况来看，政府和项目公司都存在一定程度的诚信问题。政府有悖诚信原则的主要情形有：不按照合同约定的期限和数额支付项目的服务费；政府在换届时，单方提前解除合同。而项目公司违约的主要情形有：随意提高项目产品的价格，如供水项目公司擅自提高供水的价格；污水处理公司

（续）

类　别	内　容
合同违约 条款释义	排放的水质违反国家环保法律法规，造成环境污染等问题 　　为了减少和避免当事人的违约问题，在项目招标投标或签约谈判前，双方可以对彼此的诚信进行评估。政府可以要求社会资本提供信誉、财务状况和管理能力等方面的资料，也可以委托律师、会计师出具相关的尽职调查报告；项目公司可以要求政府出具证明财政支付能力的文件和资料，也可以对政府在以往项目合同履行中的诚信状况做出评估等。如果一方发现对方在信誉方面存在重大问题，就应果断地结束谈判，以避免项目投资的重大损失 　　经过诚信评估之后，在项目合同起草和谈判阶段，双方应对违约条款进行认真的协商和讨论。从现行的法律规定上看，项目合同的违约责任分为严格责任和过错责任两种情况。严格责任是指只要合同一方具有不履行或不适当履行的行为，就构成违约并应承担责任。过错责任是指除了具有不履行合同的违约行为之外，违约方主观上的故意或过失也是其承担违约责任的要件。《合同法》第一百零七条规定，当事人一方不履行合同义务或者履行合同义务不符合约定的，应当承担继续履行、采取补救措施或者赔偿损失等违约责任。《基础设施和公用事业特许经营管理办法》第二十六条规定，除法律、行政法规另有规定外，实施机构和特许经营者任何一方不履行特许经营协议约定义务或者履行义务不符合约定要求的，应当根据协议继续履行、采取补救措施或者赔偿损失。由此可见，《合同法》与《基础设施和公用事业特许经营管理办法》都规定了只要一方不履行或履行与合同不符即构成违约，而不考虑违约方主观上是否有过错。而《市政公用事业特许经营管理办法》与以上的规定不同。该办法第二十九条规定："主管部门或者获得特许经营权的企业违反协议的，由过错方承担违约责任，给对方造成损失的，应当承担赔偿责任。"该条规定的违约构成需要两个条件：项目合同一方的不履行和主观上的过错 　　双方在起草合同时，对违约的责任条件既可以选择严格的违约责任，也可以选择过错责任。但两者相比，严格责任违约比较容易判断，当事人主观上是否有过错在双方发生纠纷时较难以举证 　　在实践中，项目合同采用严格责任的较多。例如，某燃气特许经营合同约定，协议任何一方违反本协议的任一约定的行为，均为违约。某公路PPP项目合同也明确规定，甲乙双方应严格遵守本协议的有关规定，任何一方违约都必须承担违约赔偿责任 　　除了违约的构成要件外，双方在起草违约责任条款时，还应考虑违约的免责事由。这包括两方面的规定：①法律、法规的例外规定。《基础设施和公用事业特许经营管理办法》第二十六条规定，在法律、行政法规另有规定的情况下，违约方将不承担违约责任。如《合同法》将不可抗力作为合同违约的免责事由。②合同双方当事人也可以根据项目的具体特点，在不违背国家法律、法规的情况下，协商违约免责的例外情况或事由
一般违约 条款释义	以上是新建（BOT）PPP公路项目合同的一般违约条款，其他项目模式如ROT、TOT或其他领域项目的合同条款会有所不同，但判断一般违约行为的标准是相同的，即一般违约具有轻微和非实质性违约的特点。一般违约可以通过继续履行、采取补救措施或赔偿损失等方式补救，得到补救后，合同订立目的仍然可以实现 　　一般违约的上述特点得到了我国相关法律的确认。《合同法》第一百零七条规定："当事人一方不履行合同义务或者履行合同义务不符合约定的，应当承担继续履行、采取补救措施或者赔偿损失等违约责任。"《基础设施和公用事业特许经营管理办法》第二十六条第二款也作了类似的规定 　　在PPP项目合同履行中，由于政府一般负责或协助办理项目的审批，为项目公司提供资金支持或支付使用费，负责提供项目的配套设施等，因此政府的一般违约主要表现为：①未能按期支付项目公司补贴或费用；②未提供必要的协助；③未提供必要的配套设施及履行其他义务等 　　在PPP项目合同中，项目公司一般负责项目的投资、建设、运营等事项，所以项目公司的责任主要集中在项目投资是否到位，融资交割是否按期完成，建设和运营是否按期进行，建设和运营服务质量是否达到合同约定的标准等。因此项目公司的一般违约行为表现为：项目资金不能按期到位，项目的建设和运营没有按期完成，项目的建设和运营服务不符合约定或遭到投诉等。如某公共交通项目合同约定了项目建设期间，项目公司的一般违约行为包括：①项目公司未能在项目竣工前交工的，政府可以要求项目公司给予解释和说明，并要求项目公司保证在一个新的工期内完成项目的建设，并经政府审批后实施；②项目公司未能在项目规定的竣工日的六个月内完成项目建设的

（续）

类　别	内　容
重大违约条款释义	以上是新建公路 PPP 项目合同的重大违约条款。其他项目模式或不同领域项目合同的条款会有所差异，但判断重大违约行为的标准是相同的，即导致项目合同签约目的无法实现 《合同法》虽然没有使用重大违约的概念，但第九十四条合同解除的事由包括了重大违约行为：①在履行期限届满之前，当事人一方明确表示或者以自己的行为表明不履行主要债务；②当事人一方迟延履行主要债务，经催告后在合理期限内仍未履行；③当事人一方迟延履行债务或者有其他违约行为致使不能实现合同目的；④法律规定的其他情形。《基础设施和公用事业特许经营管理办法》明确地规定了严重违约。该办法第三十八条规定，在特许经营期限内，因特许经营合同一方严重违约或不可抗力等原因，导致特许经营者无法继续履行合同约定义务，或者出现特许经营协议约定的提前终止情形的，在与债权人协商一致后，可以提前终止协议。从以上的规定可以看出，《合同法》规定了重大违约的四种事由，《基础设施和公用事业特许经营管理办法》虽然明确提出了重大违约，但没有具体列举重大违约的具体事由 在起草项目合同时，除了考虑合同法规定的重大违约事由外，双方还应从项目的实际出发，协商确定具体的重大违约事由。例如，某新建 BOT 公路项目合同，对于项目建设期的重大违约行为做出了如下约定，在起草类似项目合同时可以作为参考 项目公司重大违约行为有：①项目公司书面通知政府已经终止项目的设计和施工，并不再恢复设计和施工的；②在开工日期后的 120 日内没有实际开工的；③在施工期间，项目公司擅自停止施工并转移施工设备和撤走施工人员的 政府的重大违约行为主要有：①擅自对工程设计进行重大变更，使项目公司的施工发生重大困难或产生重大损失的；②不按照合同约定的期限和数额支付补贴和费用，使项目的资金链断裂的；③擅自要求项目建设停工或者干扰项目建设，对项目合同的履行造成重大不利影响的 在起草合同时，还应注意一般违约行为和重大违约行为的界限：①两者的违约程度不同。一般违约是指一般的和轻微的违约行为；重大违约是指对合同重要或主要义务的违反。②宽限期不同。一般的违约行为，守约方需要给违约方一定的期限，以挽回违约行为的不利影响；而重大违约行为，守约方一般不需要给违约方宽限期。③违约行为对合同订立目的的影响不同。一般违约行为通过违约救济手段，仍然可以达到合同的目的；而重大违约行为导致合同目的无法实现，即使采取了补救措施，也无法挽回其影响。④法律后果不同。一般违约经过采取补救措施，可以继续履行；而重大违约行为由于无法实现合同目的，守约方有权解除合同。除了以上的区别外，两者也有相似之处，即违约行为发生后，守约方有义务向违约方发出通知，指明违约方的违约行为和告知其违约的后果 为了避免纠纷，双方在合同签约时，可以根据项目的特点，具体协商重大违约的事由、一般违约与重大违约的划分标准。此外，项目合同双方也应注意在一定的情况下，一般违约可能转化为重大违约
一般违约向重大违约转化条款释义	当项目合同一方违约时，守约方应当向违约方发出通知，要求违约方对其违约行为予以纠正或采取补救措施。接到通知后，违约方如果没有纠正违约行为的不利后果或虽然采取了纠正措施，但仍与合同约定不符的，这就构成了重大违约。对于以上情形，《合同法》第九十四条规定，当事人一方迟延履行主要债务，经催告后在合理期限内仍未履行的，守约方有权解除合同 项目合同双方在谈判时，可以订立一般的违约行为转化为重大违约的条款。例如，污水处理项目，双方可以约定：①如果政府没有在合同约定的期限内支付项目公司污水处理服务费，项目公司可以向政府发出通知。如果政府在收到通知的一定期限内，仍然没有支付，也没有给予合理解释的，项目公司有权提出终止项目合同。②项目公司处理后的出水质量不符合合同约定的标准，在接到政府的通知后，项目公司没有采取补救措施或虽然采取了措施但仍然不符合项目合同约定标准的，政府有权提前终止项目合同 在签订项目合同时，应注意掌握以下两种标准：①合同一方延期履行义务达到一定期限，接到对方的通知后仍然没有履行的；②项目的工程质量或运营服务质量不符合标准，违约方不予补救或补救后仍然不符合合同要求的。在实践中，也可以根据项目本身的特点，对相应的条款予以相应的调整 区分一般违约与重大违约的转化，其意义在于明确合同双方在违约时享有的权利和应承担的义务，避免混淆两种违约的界限和处理方法而发生不必要的纠纷

（续）

类　别	内　容
违约责任及承担方式	以上是某供热 PPP 项目合同违约责任的条款。违约责任主要包括对违约行为的纠正、赔偿经济损失、支付逾期利息、恢复原状。如无法恢复原状的，应当重新投资建设相应的供热设施或支付一定数额的违约金等 　　双方在起草项目合同时，可以考虑以下几种责任方式：①对于一般违约行为，可以采取恢复原状，停止违约行为，赔偿实际损失等补救措施；②在采取了补救措施后，违约方应继续履行合同；③为了防止和减少项目合同中的违约行为，双方也可以约定惩罚性的违约金和定金条款。以上几种违约责任方式既可以单独使用，也可以根据具体情况综合使用 　　在实践中，对于违约责任及承担方式，有以下几种条款写法：①在项目合同中专门设立违约责任一章，约定违约的定义、责任形式和违约的具体事由等。财政部《PPP 项目合同指南》采用了该种方法。②在违约一章中概括约定违约的定义、承担方式和违约的处理方法，但在不同的章节中分别约定不同的违约责任。发改委《政府和社会资本合作项目通用合同指南》建议在项目融资、项目前期、项目建设期、项目的移交、项目运营期、项目终止移交等不同阶段，规定不同的违约责任。③在项目合同中不对违约行为的定义和责任方式做出概括式的规定，而是在项目的不同阶段分别列举违约责任的具体事由并规定承担方式。在实践中，第二种写法比较常见。该写法既明确地列举了违约行为在合同不同阶段的具体表现，也对违约责任做出了概括性的规定。这样可以有效防止不必要的分歧，也可以避免遗漏
PPP 项目合同在违约补救上与一般民事合同有以下区别释义	一般合同违约可以采取继续履行、支付违约金或赔偿损失等方式补救，但 PPP 项目合同除了上述的补救措施外，还可以由第三方补救，如项目合同中的金融机构介入权条款。政府、金融机构和项目公司三方可以签署协议，规定金融机构的介入权。该介入权条款允许金融机构或其指定的第三方在项目公司违约的情况下采取补救措施。就我国目前的 PPP 模式而言，金融机构的介入权在立法和有关规范性文件中都没有规定，在实践中也没有具体的案例，因此本书在此不作详细讨论

十、 合同提前终止

1. 条款

（1）合同提前终止。合同提前终止：因合同一方严重违约或不可抗力等原因，导致项目合同无法继续履行或项目合同约定提前终止事由出现时，项目合同可以提前终止。

（2）违约导致的合同提前终止。

1）甲方违约的合同终止。项目合同因甲方的原因，无法达到项目合同履行的目的或无法继续履行的，项目合同的乙方可以向甲方发出通知，提前解除项目合同。因甲方违约终止合同的情形如下：

①甲方在合同中的任何声明被证明在做出时即有严重错误，使甲方履行本合同的能力受到严重不利影响的。

②甲方未能按照本合同约定履行向乙方支付项目服务费的义务，在经过项目公司催告后仍然不履行的。

③甲方未履行其在本合同项下的任何其他义务构成对本合同的重大违约，并且在收到乙方说明其违约并要求补救的书面通知后的＿＿＿＿＿个工作日内仍未能采取补救措施的。

2）乙方违约的合同终止。项目合同因乙方的原因，无法达到项目合同履行的目的或无法继续履行的，项目合同的甲方可以向乙方发出通知，提前解除项目合同。

（3）单方终止项目合同。

1）甲方单方终止合同。在项目合同履行中，因法律、法规或客观情况的变化或为了公共利益的需要，甲方可以单方提出终止项目合同，但应对合同终止后乙方因此所受的损失做出合理的补偿。

2）乙方单方终止合同。在项目合同履行期间，由于某种原因需要提前解除项目合同的，乙方可以在一定的期间内提前向甲方提出申请。在项目合同未解除前，不得擅自终止项目的正常经营和服务。

（4）不可抗力事件结束后的合同终止。如果在不可抗力终止后的＿＿＿＿＿＿＿日内，项目合同仍然不能继续履行的，则甲方或乙方可以根据双方在合同中的约定，书面通知另一方提前终止本合同。

（5）协商提前终止合同。在项目合同履行期间，双方在协商一致的情况下，可以提前终止项目合同。

2. 条款释义

PPP 项目合同提前终止条款释义见表 5-10。

表 5-10　PPP 项目合同提前终止条款释义

类　别	内　容
一般合同提前 终止条款释义	以上条款涉及项目合同一方严重违约、不可抗力和项目合同约定等三种合同提前终止的情形。《基础设施和公用事业特许经营管理办法》第三十八条对合同的提前终止做出了相应的规定，也提出了项目合同终止之前应征求债权人意见的前提条件 项目合同中的债权人一般是指为项目融资的金融机构。如果项目提前终止，可能会损害债权人的利益，因此《基础设施和公用事业特许经营管理办法》要求双方在合同终止之前与债权人达成一致意见，否则不能提前终止项目合同。在实践中，PPP 项目合同的终止，往往也需要报有关政府部门批准或办理合同终止的登记手续 项目合同一方在解除合同时，还应履行一定程序： （1）守约方应尽催告义务。在一方违约的情况下，另一方应向违约方发出催告履行的通知；违约方在接到催告后在规定的期限内仍然不履行的，守约方可以根据双方项目合同的约定或合同法的规定解除合同 （2）发出合同解除通知。守约方应向违约方发出终止合同的通知，通知到达违约方后，合同解除生效 关于约定解除的其他条件和程序，双方可以具体协商决定 《基础设施和公用事业特许经营管理办法》第三十八条规定，项目合同的提前终止包括政府或项目公司违约、不可抗力以及合同约定三种终止情形，但在实践中，也会出现政府或项目公司单方终止合同以及双方协商终止合同等情况
政府重大违约 导致合同提前 终止的情形	在项目合同履行中政府有重大违约行为的，项目公司可以根据法律规定或合同的约定提前终止合同 在实践中政府未履行合同其他义务，项目公司有权终止合同的情形有： （1）政府未办理或协助办理项目的审批手续。即政府未审批或协助办理项目的审批手续，导致项目因没有合法手续而无法建设或运营 （2）政府未提供或协助获得项目用地。如果政府未能协助项目公司获得项目用地或负责申请的政府部门没有批准该项目的用地，则项目合同也无法履行 （3）政府未解决项目的配套措施，使合同无法履行。例如，在电厂 PPP 项目中，政府如果不提供电厂项目的并网设施和输变电设施，电厂发出的电就无法进入电网。政府的以上违约行为均构成重大违约，项目公司有权提前解除合同。但在合同解除前，项目公司应向政府发出书面通知并要求政府限期纠正。例如，某供水项目合同约定：在项目合同履行期间，如甲方严重违反本合同约定，且未在收到乙方通知后 30 日内纠正的，则乙方有权通知甲方提前终止本合同
项目公司重大 违约导致合同 提前终止的情形	项目公司在项目合同履行期间如有重大违约行为，政府有权提前终止项目合同。《基础设施和公用事业特许经营管理办法》第三十八条规定，项目合同一方违约的，在与项目合同债权人协商后，合同可以提前终止。《市政公用事业特许经营管理办法》第十八条也明确规定，项目公司在项目合同履行期间如有重大违约行为，政府可以提前终止合同，并可以实施临时接管。但《市政公用事业特许经营管理办法》并没有规定在合同解除前是否需要听取债权人的意见。由于两个办法的规定不同，笔者建议应按照《基础设施和公用事业特许经营管理办法》的规定执行。因为该办法以国务院

（续）

类　别	内　容
项目公司重大违约导致合同提前终止的情形	六部委的名义发布，又于《市政公用事业特许经营管理办法》之后发布施行，按照新法优于旧法的原则，当两者的规定不一致的情况下应当适用后发布者的规定 　　在实践中，由于项目公司违约而导致项目合同提前终止的，一般有以下七种情况： 　　（1）擅自转让、抵押、出租特许经营权的 　　（2）擅自将所经营的项目财产进行处置或者抵押的 　　（3）因管理不善，发生重大质量、生产安全事故的 　　（4）未根据本合同约定提供、更新、恢复履约保函或维护保函的 　　（5）擅自停业、歇业，严重影响到社会公共利益和安全的 　　（6）乙方出现放弃建设或视为放弃建设的情形 　　（7）乙方严重违反本合同或法律禁止的其他行为 　　在实践中还应注意，当乙方发生重大违约行为，一般情况下甲方在行使解除权时应给予乙方纠正的机会；如果乙方在限期内没有纠正，甲方应当向乙方发出合同解除的通知。在起草 PPP 项目合同时，可以写入如下条款：在项目合同履行期间，乙方在收到甲方通知后 30 日内未纠正其违约行为的，甲方有权通知乙方提前终止本合同 　　在实践中，如果项目公司、融资方或融资方指定的第三方未在约定的期限内投入项目资本金或资本金到位不足的，在政府通知期限内又没有补救的，政府也有权提前终止合同
政府单方终止合同的情形	在项目合同履行期间，政府单方提出解除项目合同主要有以下三种情况： 　　（1）国家法律、法规和上级政府规范性文件的颁布对合同履行产生重大影响的。如国家关于清理外商投资领域"固定回报"等问题的文件，使有些项目因其贯彻、施行而提前终止 　　（2）客观情况的变化。合同履行期间发生了当事人在订立时无法预见的、非不可抗力造成的，也不属于商业风险的重大变化，如果继续履行合同，对于一方当事人明显不公平或者不能实现合同目的，在这种情况下，政府可以单方提出解除合同 　　（3）为了公共利益的需要。由于情况的变化，PPP 项目提供的公共产品或服务已经不合适或者不再需要，或者继续实施项目会影响公共安全和公共利益，政府也可以单方提出解除合同。在某些核能源项目中，如核泄漏危及社会公众安全的，政府可以提前终止合同 　　在起草和审核项目合同时应注意： 　　（1）在项目合同中政府享有单方解除权的，合同应明确公共利益的定义和合同解除的具体条件，以限制政府随意解除合同 　　（2）政府行使合同解除权的同时应补偿项目公司损失 　　（3）对于项目公司补偿的范围和标准，双方应在合同中订立具体的补偿标准和计算公式
项目公司单方终止合同的限制	《市政公用事业特许经营管理办法》第十七条规定，获得特许经营权的企业在合同有效期内单方提出解除合同的，应当提前提出申请，主管部门应当自收到获得特许经营权的企业申请的 3 个月内做出答复。在主管部门同意解除协议前，获得特许经营权的企业必须保证正常的经营与服务。《成都市人民政府特许经营权管理办法》（2009 年 10 月 22 日　成都市人民政府令第 164 号）第二十四条第二款也做出了类似的规定。以上规定确认了项目公司的单方解除权，但该解除权以项目公司履行提前通知义务和政府同意为前提条件 　　根据有关法律、行政法规、标准规范和项目合同的规定，项目公司负有向社会公众提供持续、稳定、安全的公共产品和公共服务的义务，为了保护公共利益，政府方有必要在项目合同中订立项目公司行使合同单方解除权的限制条款
不可抗力事件合同终止条款释义	如果不可抗力事件持续或累计达至双方约定的一定期限，还不能继续履行合同的，则任何一方可以主张终止 PPP 项目合同并对终止后的问题予以协商 　　以下是某供水项目合同的不可抗力终止后的合同终止条款，可以作为起草类似合同条款时的参考。该合同约定： 　　如果不可抗力事件是不可抗力定义中的原水恶化或供应不足，且该不可抗力事件全部或部分阻止乙方按本合同履行义务的时间

（续）

类　别	内　容
不可抗力事件合同终止条款释义	1. 从第一个原水恶化或供应不足之日起计算的连续 _____ 个月期间内连续或累计超过 _____ 日，并且 2. 如在紧接着的 _____ 个月期间该情形再次阻止乙方按本合同履行其义务超过连续或累计 _____ 日，则甲方和乙方应通过协商决定继续履行本合同的条件或双方同意终止本合同 　　如果甲方和乙方不能按上款所述就合同终止条件达成一致，甲方或乙方可在上款 2 所述的情况之后不少于 _____ 日后的任何时间给予另一方书面通知后终止本合同
协商提前终止合同释义	项目合同经过协商提前终止的，双方应在终止协议中对合同终止后的善后事宜做出约定，并应与债权人协商，对项目的债务做出妥善安排。此外，双方还应对项目终止后的通知方式做出具体约定。通知的方式一般包括电报、电传、邮件或者电子邮件等

十一、　合同终止处理条款及释义

1. 条款

（1）合同终止后的处理。项目合同提前终止的，甲方应当收回项目，并根据实际情况和合同约定给予项目公司相应的补偿。

（2）回购义务。由于甲方的原因导致项目合同提前终止的，甲方有回购的义务。

（3）回购的补偿。因一方的原因或不可抗力等原因导致项目合同提前终止的，双方应当协商终止后的补偿范围和方法。在 PPP 项目的实践中，由于提前终止的原因不同，项目终止后的回购补偿范围和标准也有所差异。以下是政府违约、项目公司违约和因不可抗力提前终止合同等情况下的补偿标准。

（4）回购补偿。

1）甲方导致合同提前终止的补偿。在项目合同履行期间，如果因甲方的过错终止本合同的，则乙方有权要求甲方回购本项目。甲方对乙方给予补偿后，乙方应将项目资产和相关权益移交甲方。

甲方对乙方的补偿金额可以根据项目合同履行的年限、乙方已运营的年限、乙方在项目中的总投资、乙方已获取的收益、该项目的预期收益等方面进行综合考虑。

2）乙方导致项目提前终止的补偿。在项目合同履行期间，如果因乙方原因导致项目合同提前终止的，甲方可以不予补偿或根据情况给予适当的补偿。在合同终止后政府不予补偿的，乙方应无偿地将项目资产和权益移交给甲方。

3）自然不可抗力或法律变更导致项目提前终止的补偿。如果因自然的不可抗力或法律变更终止项目合同，甲方应向乙方支付一定数额的补偿。甲方支付该项目的补偿金后，乙方将该项目资产和相关权益转让给甲方。

补偿金额应由甲、乙双方根据不可抗力对项目的实际影响，由甲方分摊一部分损失。

（5）回购补偿的支付。

1）回购补偿的支付方式。甲方可以一次性或分期向乙方支付回购价款。如果分期支付的，可以按一定的比例支付，但应支付相应的利息。

双方达成回购款的支付条件后，甲方可以一次性将全部款项支付至乙方提供的银行账户，乙方在收到款项后向甲方提供相应的票据。

根据双方达成的回购款支付合同，甲方可以分期向乙方支付回购款。甲方可以在 _____ 年内，按一定的比例分 _____ 次支付回购款及相应利息。在项目回购款合同达成一致后的 _____ 目内，甲方向乙方支付回购款的 _____（比例），然后在第 _____ 月后的 _____ 日内支付回购款____（比例），其余的款项将在_____月或季度的_____日内全部付清。对于分期支付的，可以酌定支付利息。

2）回购补偿的支付程序。本合同约定的付款条件达成后，乙方应向甲方发出付款通知，甲方在收到付款通知后的_____个工作日内通知乙方出具相应发票，并在收到乙方相应发票后的_____个工作日内，将相应款项支付至乙方指定账户。

2. 条款释义

合同终止条款释义见表5-11。

表5-11　合同终止条款释义

类　别	内　容
合同终止处理条款释义	在项目合同终止后的处理问题上，合同双方应注意以下几点： （1）如果本协议提前终止，则自一方发出终止通知起至双方商定的提前终止日止，双方应继续履行本协议项下的权利和义务 （2）本协议终止后，双方在本协议项下不再有进一步的义务，但根据项目合同可能到期应付的任何款项，以及本协议到期或终止之前发生的而在本协议到期或终止之日尚未支付的付款义务，应当继续支付 （3）本协议的终止不影响本协议中争议解决条款和任何在本协议终止后仍然有效的其他条款 《基础设施和公用事业特许经营管理办法》第三十八条规定，特许经营合同提前终止的，政府应当收回特许经营项目，并根据实际情况和合同约定给予原特许经营者相应补偿。该办法虽然规定了项目提前终止后的补偿，但对补偿的原则和方法并没有规定。而《市政公用事业特许经营管理办法》第二十九条则明确规定，主管部门或者获得特许经营权的企业违反合同的，由过错方承担违约责任，给对方造成损失的，应当承担赔偿责任。此条规定明确了项目合同提前终止的过错责任和实际损失的赔偿原则 在实践中，项目合同终止后的处理一般包括政府回购和回购补偿等
回购义务条款释义	因政府过错导致项目合同提前终止的，政府应当对项目进行回购。在实践中，一般只有在项目公司违约而使项目终止的，政府才可以免除其回购的义务。但对于一些涉及公共安全和公众利益、需要保障持续供给的PPP项目，也可能在合同中约定即使在项目公司违约导致项目终止的情形下，政府仍有回购的义务
政府原因导致项目合同提前终止的补偿	因政府原因导致项目合同提前终止的，其补偿原则为项目公司的实际损失。实际损失为项目公司已经发生的损失和项目如果继续履行应得的利益。其补偿的范围和方法一般包括： （1）项目公司尚未偿还的所有贷款，其中可能包括剩余贷款本金和利息、逾期偿还的利息及罚息、提前还贷的违约金等 （2）项目公司股东在项目终止之前投资项目的资金总和。为了公平起见，在必要时，项目合同双方可以委托第三方进行审计，以保证赔偿数额的公正和合理。例如，某项目合同约定，甲方、乙方共同委托某资产评估机构对乙方移交的全部固定资产、权利进行评估。政府方应将评估值和乙方从移交日起两年的预期利润补偿给乙方 为了符合补偿的合理性，第三方在评估时，也应考虑乙方已经提取的固定资产折旧等因素 （3）因项目提前终止所产生的第三方费用或其他费用，如支付承包商的违约金、雇员的补偿金等 （4）项目公司的利润损失。双方可以在PPP项目合同中约定利润损失的范围和计算方法 关于项目移交的费用，可以由双方约定承担的方式。由于政府过错提前终止合同的，一般应由政府承担移交费用。在实践中，有的项目合同约定，因甲方违约，乙方行使合同解除权而终止本合同的，办理移交事务需要支付的各项费用由甲方承担
项目公司违约导致项目合同提前终止的补偿	在实践中，由于项目公司违约而发生的项目合同终止，政府有权不予回购和补偿。政府可以要求项目公司将项目的所有资产全部无偿地移交给政府。但如果政府同意回购的，其补偿标准也会比较低。在这种情况下，回购补偿的计算方法有两种，政府可以根据项目的实际情况进行选择 （1）项目市场价值的补偿。它是指按照项目终止时合同的市场价值，即按项目重新采购的市场价

（续）

类　别	内　容
项目公司违约导致项目合同提前终止的补偿	值计算补偿金额。该方法相对比较公平，因为在项目回购后政府必须要在市场中重新进行项目采购 　（2）账面价值方法的补偿。它是指按照项目资产的账面价值计算补偿的金额。与市场价值的补偿方法不同，该方法主要考虑项目资产本身的价值而不是项目合同的价值。该方法比较简单明确，可以减少纠纷，但有时可能导致项目公司获得的补偿与其实际投资和支付的费用不一致 　在 PPP 项目实践中，项目合同可以约定，因乙方违约造成的项目提前终止，政府补偿的标准为：移交资产的账面净值减去项目终止违约金。当然，项目合同双方也可以根据项目终止的具体情况协商解决。为了公平起见，双方也可以邀请独立的第三方对项目的损失进行评估 　关于项目移交的费用，在实践中项目合同可以约定：因乙方违约，甲方行使合同解除权解除本合同的，办理移交事务需要支付的各项费用由乙方承担
自然的不可抗力或法律变更导致的项目合同终止	不可抗力导致项目合同提前终止的，一般由双方协商共同分摊风险。补偿的范围一般包括： 　（1）没有偿还的融资贷款、项目公司股东在项目终止前投入项目的资金以及尚未支付给承包商的款项等 　（2）不可抗力对项目资产造成损害的，补偿一般会扣除保险理赔金额，而且不赔偿项目公司的可得利益损失 　（3）关于移交的费用，可以由双方共同协商各自承担的比例 　在实践中，因不可抗力造成项目的损害，还应考虑项目能否修复：如项目不可修复，双方同意终止本合同时，遵循风险各自承担原则，互不补偿；如项目可以全面修复，但双方同意终止本合同时，乙方将全部资产移交政府（合同终止后甲方另行安排修复）
回购补偿的支付方式	在 PPP 项目合同谈判时，双方可以协商项目提前终止时，政府回购补偿的支付方式。一般的支付方式有以下两种： 　（1）一次性全额支付 　一次性补偿，是指政府将对项目公司的全部补偿一次性地支付给项目公司。在实践中，项目公司也希望获得一次性的全额补偿，但由于地方财力的限制，政府可能会发生支付困难。因此采取一次性支付的，政府需要在财政预算上做出合理的安排，以免发生不必要的纠纷 　（2）分期支付 　分期付款，是指政府在一定的期限内，按月、季、年或其他约定的期限，分次将回购款支付给项目公司。在实践中，政府希望选择此方式，因为它可以在一定程度上缓解政府的资金压力，但是这需要与项目公司及金融机构协商。如果选择分期付款，政府还需要考虑支付延期的利息。关于利息的标准可以考虑中国人民银行的同期利息，也可以参照项目公司从金融机构取得项目融资的利息 　关于支付的时间，双方可以协商在合同终止后的 1 年内支付或其他约定的期限内支付。支付的方法，可以使用银行账户直接支付或约定其他的方式
回购补偿的支付程序	在实践中，项目合同双方需要对付款的程序达成一致。付款前，可以由乙方向甲方发出付款的通知，甲方在接到通知后的一定期限内将款项支付至乙方指定的银行账户，也可以由甲方按照双方商定的时间向乙方银行账户付款。至于收款的票据，可以由乙方在甲方支付前出具，也可以由乙方在收到款项后向甲方出具

十二、　股权变更条款及释义

1. 条款

（1）股权变更的含义与范围。项目公司的股权变更是指项目公司股权直接或间接转让或通过增发、并购等行为或其股东的股权结构变化等，足以影响项目公司股权构成的。

（2）股权变更的限制。

1）股权变更的限制。项目公司及其母公司的股权或股权结构未经过甲方的批准，或不符合本合同规定情形和例外情形，不得擅自变更。

2）锁定期。在本合同生效之日起至运营期_____年之内（含第_____年），乙方不得转让其在项目公司中的全部或部分股权；运营期_____年之后，经甲方事先书面同意，乙方可以转让其在项目公司中的全部或部分股权，但受让方应满足本合同约定的技术能力、财务信用、管理养护经验等基本条件，并以书面形式明确承继乙方在本项目项下的权利及义务。

（3）违反股权变更限制的风险。除本合同规定的情形和例外之外，如乙方违反股权变更限制的约定，则构成违约，乙方应在接到甲方通知后的一定期限内予以纠正；如果乙方没有采取纠正或补救措施的，甲方有权提前终止本合同。

2. 条款释义

PPP项目股权变更条款释义见表5-12。

表5-12　PPP项目股权变更条款释义

类　别	内　容
股权变更的含义和范围	经过项目合同股权变更限制条款的谈判后，政府和投资者应就该条款的具体含义和范围达成一致，并在项目合同中做出相应的约定 （1）以直接或间接方式转让股权 直接股权转让是指项目公司股东的股权在股东内部之间或向股东之外的投资主体转让，从而使项目公司的股权结构发生直接变化或发生控制权的转移。对于项目公司股权的直接转让，政府会对其加以限制或禁止，如住建部制定的《管道燃气特许经营协议示范文本》第3.6条规定，在特许经营期间除非甲、乙双方另有约定，乙方不得将本特许经营权及相关权益转让、出租和质押给任何第三方。住建部制定的《城镇供热特许权经营协议示范文本》第403条也作了类似规定，即在特许经营期间，乙方不得将特许经营权及相关权益进行出租、抵押或质押给任何第三方。如果违反股权转让限制的条款，将承担违约责任。《城镇供热特许权经营协议示范文本》第1802条规定，乙方违反本协议的规定，未经甲方批准，擅自转让、出租、抵押或变更特许经营权，擅自改变主业的，应当及时纠正并恢复主业，并应向甲方或供热管理部门支付_____万元人民币的违约金 如项目公司投资人的母公司或母公司的股份转让则为间接转让。对于这种项目公司股权的间接转让，政府是否对其采取限制，可能视项目的具体情况而定 在国际PPP项目的实践中，投资人为了规避政府对项目公司股份转让的限制，往往在设置项目公司与其母公司的关联关系时，采取比较复杂的交易框架。如某些投资人可能设置一个离岸公司作为项目公司的母公司，投资人作为该离岸公司的母公司或控股公司；抑或投资人设置比上述交易结构更加复杂的公司关联关系，其目的是防止投资人本身的股权变更而导致项目公司股权结构的变化 为了防止项目公司股权的间接变化，政府可能要求订立诸如项目公司及其各层级母公司的股权变更都在股权变更的限制范围内的条款。因此投资人在谈判中应尽量争取减少政府对间接股权转让的限制。必要时也可以以退出投资作为与政府谈判的条件，当然这种谈判条件也应以不导致谈判破裂为前提 （2）以并购、增发股份等其他方式变更项目公司股权结构 除了项目公司股权直接或间接的变更，项目公司的股权构成还可能因项目被收购或项目公司增发新股等其他方式引起变化。对于项目公司股权被收购和项目公司增发新股等情形，政府与项目公司的投资人应在项目合同签订时予以充分的协商，否则在项目合同履行过程中，如果发生此类情形，双方难以达成一致 鉴于目前政府鼓励金融创新，努力拓宽PPP项目融资渠道，如引进基金和资产证券化等融资方式，政府应当对项目公司股权变更予以通盘考虑。如果社会资金进入PPP项目领域，融资方退出机制不畅，也很难吸引大量社会资本投资PPP项目 （3）项目公司股份相关权益的变化 项目公司股权直接、间接的变更，增发新股和项目公司被收购等情况是PPP项目公司股权变更的主要方式。除了上述主要方式之外，有关项目公司股东权利的变化包括普通股、优先股等股份持有权的变化。但对于一些特殊债权，如股东借款、可转换公司债等是否属于项目公司股权的变更，则需要项目合同双方在签订合同时坦诚协商，根据项目的情况决定是否加以限制

（续）

类　　别	内　　容
股权变更的 含义和范围	（4）兜底条款 　　政府为了防止"股权变更"条款所涉及的情况有所遗漏，可能要求制定一个兜底条款，即在项目合同中规定，其他任何可能导致股权变更的情况都属于"项目公司股权的变更"。为了保证在项目履行中顺利退出，项目公司投资人可以要求政府删去此条款
政府批准股权 变更限制条款	对于项目公司股权的转让，在项目合同中一般会规定项目公司股权转让的期限、政府同意或批准等限制条款 　　项目公司股权能否变更及如何变更，项目公司和政府的分歧较大。在项目合同谈判中，双方应从保证项目合同顺利履行，降低项目风险的原则出发，互相妥协，达成一致 　　（1）政府不希望项目公司股权发生重大变化。在谈判中，政府可能提出不允许项目公司的股权部分或全部在项目合同履约过程中的转让；如果允许转让，也可能要求合同规定一定的政府审批程序。如交通部制定的《公路项目投标文件范本》第 9.2 条规定，投资人在项目竣工验收合格之前，不得转让本项目的特许权，或者改变乙方内部的股权比例；在项目竣工验收合格之后，未经甲方同意，乙方亦不能转让本协议或本协议项下任何权利或义务，或其任何资产，或者改变乙方内部的股权比例。该范本表明政府不允许投资人在项目建设期间转让其在 PPP 项目公司的股权。虽然政府允许投资人在运营期转让股权，但对转让条件做出了限制。第 9.2.3 条规定，项目公路权益的转让条件、转让程序、转让收入使用管理、权益转让后续管理及收回等必须遵守《收费公路权益转让办法》（2008 年 8 月 20 日　交通运输部、国家发展改革委、财政部令 2008 年第 11 号）的相关规定。转让项目公路收费权，不得延长收费期限，且不得以此为由提高车辆通行费标准 　　（2）投资者为了打消政府的顾虑，可以同意在项目的建设期内不转让项目公司的股份或对被转让人的条件加以限制。如以被转让人符合政府要求的履行项目合同的能力，以换取政府同意项目公司股权的转让。合同可以约定被转让人的条件，即具备政府要求的融资、信誉和项目经验，并保证其股权的转让不影响项目合同的履行。在达到政府要求的情况下，政府应当同意项目公司或其母公司股权结构发生变化。项目公司也可以同意政府对项目公司股份转让的同意或审批条款，但应争取尽量缩短时间，在项目运营期内尽快转让。对于不涉及项目建设的 TOT 项目，政府可能对项目公司股份转让的限制条件较少
锁定期限制	（1）锁定期的含义 　　财政部《PPP 项目合同指南》明确提出，锁定期是指限制社会资本转让其所直接或间接持有的项目公司股权的期间。PPP 项目合同中一般会规定禁止项目公司股权转让的期限，如项目合同规定，在项目合同履行的一定期间内，未经政府批准，项目公司及其母公司不得发生任何股权变更的情形 　　（2）锁定期的期限 　　关于项目公司股权变更的禁止期限，双方应在合同中明确约定。一般情况下，合同可以约定从项目签订日或合同的生效日至项目开始运营日后的一定期限为锁定期。在实践中，股权的锁定期一般持续到项目运营后的 2 年，通常至少需要在项目缺陷责任期届满后的一定期间。这一规定既有利于政府防止合格的投资者退出项目，保障 PPP 项目的顺利实施，也可以确保投资人在项目建成后的一定期限内，实现退出并收回项目投资 　　在实践中，有些项目合同约定在项目平稳运营的前提下，投资者才能转让其股份。如住建部《城市生活垃圾处理特许经营协议示范文本》第 8 条规定，项目公司股东在项目稳定运营的若干年限后应可以转让股权，前提是不影响项目继续稳定运营 　　为了保证项目的履行，政府也可能加大对股权锁定期限的限制，因此项目合同双方应根据项目的具体情况进行协商 　　（3）项目公司股权变更限制的例外 　　在项目公司股权变更的锁定期内，如果发生了一些特殊的情况，也可以解除对股权变更的限制： 　　1）金融机构作为项目的债权人，在一定情况下享有对项目公司的介入权。如果项目公司破产或不能偿还金融机构的贷款，则金融机构可以根据事前与项目投资人达成的协议，行使其对项目公司接管的权利。当然，金融机构的介入权也应事先取得政府的同意与配合。目前我国尚无金融介入权的法律规定，因此该项权利的行使，需要在融资合同和项目合同中做出详细的规定

（续）

类　别	内　容
锁定期限制	2）项目公司及其母公司的股权可以在其关联公司范围内转让。关联公司之间互相转让股权应当允许，这是因为项目公司、母公司及其他关联公司的项目履约能力比较接近，但是否允许，应由政府与投资人在项目合同中做出明确的约定 3）如果政府转让项目公司的股权，可以不受转让条件的限制。但是政府转让其在项目公司中的股权时，其受让主体也应当符合一定要求。一般而言，受让主体应是与履行 PPP 项目合同相关的政府部门或其他机构，并经政府授权。住建部《城市生活垃圾处理特许经营协议示范文本》第 17.1 规定："变更后的甲方应：①具有承担原甲方对项目的所有权利、义务和责任的能力，并重新得到政府的授权，以及②接受并完全承担原甲方在本协议中的义务。"由此可见，政府股权的转让也需要具备一定的条件，如受让主体需要具有项目履约能力，并履行必要的政府授权程序或经过政府的审批等
其他限制	除锁定期外，在 PPP 项目合同谈判中，政府也可能要求对 PPP 项目公司股权受让人附加一些限制性条件。如政府希望在合同中规定受让人应具有履行该 PPP 项目合同足够的资金、信誉、同样或类似 PPP 项目的实施经验，并承继转让方在项目中的所有权利、义务等。如果政府方不希望某些特定的主体参与到 PPP 项目中，双方可以在合同中做出约定。如财政部《政府和社会资本合作模式操作指南》规定，地方政府的融资平台和控股国有企业不能参与地方政府的 PPP 项目，因此地方政府的融资平台和控股国有企业不能作为项目公司股权的受让人。政府可以对受让人附加其他限制性条件，但政府的限制不应违反公平、公正的原则，也不能有任何地域或其他的歧视 除了规定受让人的限制性条件和锁定期外，政府可能还要求规定项目公司股权转让时，应经过政府的同意或办理相关的审批程序。在实践中，许多特许经营权协议规定了此类条款，如住建部《城市污水处理特许经营协议示范文本》第 13.1 条规定，乙方应在公司章程中做出规定，确保在协议生效日之后若干年内，未经甲方批准任何股东都不得将股权进行转让
违反股权变更限制条款释义	投资人违反了股权变更限制的合同条款一般构成重大违约。政府一般给予投资人纠正错误的机会，投资人应尽量采取补救措施。如果投资人不采取补救措施，政府可以行使合同的解除权。但有的合同并不给投资人一定期限的纠正机会，政府可能提前终止合同。如住建部制定的《城市供热特许经营协议示范文本》第 1202 条规定，乙方擅自转让、出租特许经营权的，甲方（政府方）有权提前终止特许经营协议。因此项目合同双方在谈判时，对于项目公司股权变更的违约条款、政府提前解除合同权利的条款在项目合同中应给予明确的约定。对于项目公司的重大违约行为，政府有权解除合同，但是对于项目公司的轻微或一般违约行为，政府应当给予项目公司纠正的机会，如对项目公司母公司的股权变化或项目公司的股东之间表决权的变化，可以约定不构成重大违约。这样可以减轻或避免项目公司和投资人的合同解除风险

十三、 不可抗力和法律变更条款

1. 条款

（1）不可抗力事件。不可抗力是指甲、乙双方在订立本合同时不可预见，在项目建设、运行过程中不可避免、不能克服的自然灾害和社会性突发事件，不可抗力应包括但不限于下列事件：

1）地震、洪涝灾害、龙卷风、暴风雨、大雾、暴雪。

2）流行病、饥荒或瘟疫。

3）战争行为（无论是宣战的或未宣战的）、入侵、武装冲突或外敌行为、封锁、暴乱、恐怖行为。

4）任何爆炸性核装置或任何核燃料或核燃料燃烧后的核废物、放射性有毒炸药或其他有害物质所引起的放射性污染。

5）全国性、地区性或行业性罢工。

（2）不可抗力事件的认定和评估。发生不可抗力事件后，甲、乙双方共同组成评估小组或由第三方机构认定和评估不可抗力事件的影响和后果。

（3）不可抗力事件发生期间双方的权利和义务。

1）受不可抗力影响而不能履行合同的一方，应在不可抗力发生之后立即以书面形式通知另一方并提供有关证明，说明不可抗力事件及其影响，包括事件发生的时间、预计停止的时间，以及对该方履行合同义务的影响。

2）一方因不可抗力无法履行合同义务的，该方可以中止合同履行。但应在不可抗力结束之后，继续履行其合同义务。

（4）不可抗力事件的处理。

1）不可抗力造成损失的，双方各自承担相应责任；双方均有义务减少或降低损失。

2）一方因不可抗力不能履行合同，在履行合同约定的通知义务并提供有关证明后，可以顺延其合同履行的期间。

3）一方因不可抗力不能履行合同，应尽力减少不可抗力的影响。双方应立即协商并采取合理措施，以减少不可抗力造成的影响。

4）一方因不可抗力不能履行合同，应在不可抗力事件消除之后立即恢复履行合同义务。

5）如果不可抗力的影响超过_____天，双方可以选择继续履行或者终止本合同。如果不可抗力发生后超过_____天，双方就继续履行或终止本合同不能达成一致的，任何一方可以书面通知另一方终止本合同。

6）不可抗力给乙方造成实质性损失，如果该损失无法得到保险赔偿或保险仅赔偿损失_____%以下的，或根据保险赔偿条件本项目或任何单项工程或分项工程被宣告为全部损失的，则乙方不承担继续履行、修复或正常运营和维护的责任。除非双方达成一致，甲方保证乙方得到损失部分的赔偿，但因乙方原因无法得到保险赔偿的情况除外。

（5）法律变更。

1）本协议有效期间，如国家颁布新的法律、法规或对法律、法规进行修订，直接影响项目建设、运营时，甲、乙双方应根据情况及时协商。

2）法律变更引起项目工期延误或建设、运营成本增加的，甲方应予以补偿，并顺延项目合作期限。

3）因法律变更导致项目合同无法继续履行的，由甲方承担相关风险及经济责任。如因甲方（含甲方下级政府）可控的法律变更导致合同无法继续履行，则构成甲方违约事件，乙方有权提前终止项目合同，并要求甲方回购、补偿利润损失及承担其他违约责任等。

4）根据法律，乙方有权享有本合同签订后政府对项目的税收优惠、投资优惠或其他利益。

2. 条款释义

PPP 项目不可抗力和法律变更条款释义见表 5-13。

表5-13　PPP 项目不可抗力和法律变更条款释义

类　　别	内　　容
定义方式	不可抗力是 PPP 项目合同履行的重大风险，因而项目公司和政府在项目合同谈判时，应就不可抗力的定义、特殊分类、不可抗力构成以及不可抗力发生后项目公司或投资人权利保障条款予以协商 不可抗力在 PPP 项目合同中的定义有概括式、列举式和概括加列举式三种 （1）概括式。《合同法》第一百一十七条对不可抗力作了概括式规定：不可抗力是指不能预见、不能避免并不能克服的客观情况。有些项目合同参考了《合同法》第一百一十七条的规定。概括式定义的缺陷在于它虽然规定得比较全面，但不够具体，不能反映项目合同中的实际情况，在项目履行时双方容易发生争议 （2）列举式。列举式定义一般将合同双方可能预见的不可抗力事件在合同中详细地列明，如示范条款所示。列举式定义的问题在于它虽然列举了众多的自然事件和社会突发事件，但也无法将所

（续）

类　别	内　容
定义方式	有事件一一列举，也会有遗漏。就具体项目而言，可能会遗漏一些对本项目有重大影响的事件。例如，在我国境内实施的 PPP 高铁项目，风沙可能并不构成不可抗力事件，但是在境外的中东地区，当地的风沙可能会持续数月，对项目施工造成巨大影响，因此可能构成不抗力事件 （3）概括加列举式。该方式结合了概括式和列举式的优点，在列举具体的不可抗力事件后，一般会作一个兜底性的表述，例如，本合同所称的不可抗力，是指合同一方无法预见、控制且经合理努力仍无法避免或克服的、导致其无法履行合同项下义务的情形，包括但不限于：台风、地震、洪水等自然灾害；战争、罢工、骚乱等社会异常现象；征收征用等政府行为；以及双方不能合理预见和控制的任何其他情形。这样的 PPP 项目合同条款，基本上涵盖了所有的不可抗力事件，因此可以避免或降低投资人在履行 PPP 项目合同中的风险 我国企业在"一带一路"沿线国家投资项目时，为了防止对当地自然和社会环境不了解而发生的纠漏，PPP 项目合同通常采用概述加列举式的不可抗力定义 在 PPP 项目的国际实践中，不可抗力合同条款一般采取概括性和列举并用的方式。合同双方在起草不可抗力条款时，可以参照一些国际工程通用合同条款。FIDIC "银皮书"（1999 年版）第 19.1 条对不可抗力做出了概括式定义加列举式的规定："不可抗力系指某种异常的事件或情况：①一方无法控制的；②该方在签订合同前，不能对之进行合理准备的；③发生后，该方不能合理避免或克服的；及④不能主要归因于他方的。只要满足上述①至④项条件，不可抗力可以包括但不限于下列各种异常事件或情况：①战争、敌对行动（不论宣战与否）、入侵、外敌行为；②叛乱、恐怖主义、革命、暴动、军事政变或篡夺政权、内战；③承包商人员、承包商的分包商及其他雇员以外的人员的骚动、喧闹、混乱、罢工或停工；④战争军火、爆炸物资、电离辐射或放射性污染，但可能因承包商使用此类军火、炸药、辐射或放射性引起的除外；⑤自然灾害，如地震、飓风、台风或火山活动。"该条的推荐条款几乎涵盖了基础设施和工程领域所有不可抗力事件和可能发生的无法预见的事件 项目公司和政府在订立不可抗力 PPP 项目合同条款时，可以参照以上条款，并根据项目的具体情况，予以补充或修改 我国境内的 PPP 项目合同中的不可抗力条款，与 FIDIC 合同中的有关条款相似，如交通部制定的《公路投标文件示范文本》特许权协议第 11.1 规定："不可抗力系指不能预见、不能避免并不能克服的客观情况。不可抗力可包括（但不限于）下列特殊事件或情况：①自然灾害：如地震、飓风、台风、火山爆发或水灾等；②社会异常事件：如战争、武装冲突、社会动乱、骚乱、罢工、恐怖行为等，但乙方或承包人的人员骚乱或罢工除外。" 该范本是根据我国公路 PPP 项目的情况制定的，规定了两种例外情况。如该示范文件的特许权协议格式第 11.2、11.3 条分别规定了不可抗力的例外情况 乙方的例外情况包括： （1）由于乙方的过失而引起的对任何批复的撤销；委托的建设、运营管理单位、承包人或任何分包人的疏忽、违约或责任 （2）材料、设备、机械或部件的任何潜在的缺陷、故障或正常损坏，或由于其交付的延误 （3）纯属乙方原因导致的罢工 甲方的例外情况包括： （1）政府对项目的征用、征收、没收或国有化 （2）法律变动 （3）政府的封锁、禁运、进口限制、配额或配给 以上两种例外的规定，有助于保障 PPP 项目合同双方的利益，项目公司和政府在起草和谈判同类项目合同时，可以参考和借鉴
不可抗力的特殊分类	普通民事合同仅对不可抗力做出概括式规定，列举一些事件并附以兜底式条款，一般对不可抗力的分类并不十分强调。但 2014 年年底我国推广的 PPP 合同关于不可抗力的规定与以往的合同条款有所不同，财政部《PPP 项目合同指南》将不可抗力区分为政治不可抗力和自然不可抗力，并指出由于在 PPP 项目中政府主体的特殊性，两种不可抗力事件的承担主体和法律后果也有所不同

（续）

类　　别	内　　容
不可抗力的 特殊分类	（1）政治不可抗力 政治不可抗力是指 PPP 项目合同中发生的征收征用、法律变更（"政府不可控的法律变更"）、未获审批等政府行为引起的不可抗力事件。但这些事件并非由签约政府方直接责任所引起，实际上也超出了其所能控制的范围 在实践中，PPP 项目用地的审批机构、项目管理有关制度的制定者一般为 PPP 项目合同政府方的上一级政府机构，因此项目合同政府方的上级政府对项目实施的征收行为、对项目土地不予审批、对有关制度做出修改等行为，是签约政府方无法控制的。但考虑到政府方作为 PPP 项目合同的签约主体，对于上述不可抗力事件虽无法控制，但其具有一定的预见和影响能力，因此在一些 PPP 项目合同中对此类风险约定由政府方承担。财政部《PPP 项目合同指南》明确建议政治不可抗力风险由签约政府一方承担 （2）自然不可抗力 自然不可抗力主要是指台风、冰雹、地震、海啸、洪水、火山爆发、山体滑坡等自然灾害；有些合同也将战争、武装冲突、罢工、骚乱、暴动、疫情等社会异常事件视为自然不可抗力
不可抗力的构成、 自然不可抗力 对合同履行的影响	（1）不可抗力的构成 不可抗力的定义和范围在项目合同中明确后，有时会约定不可抗力的构成要件，即只有不可抗力事件发生且其效果持续一定期间以上足以影响合同的正常履行，才构成合同约定的不可抗力。如有的项目合同规定，不可抗力事件发生两个月以上，并实际影响了工程工期的，才构成不可抗力。这里的不可抗力也主要是指自然事件引起的不可抗力，而不是政治不可抗力。自然事件如洪水或飓风，灾害的发生是有一定期限的，不会是永久的；而政治上的不可抗力事件如政府征用、对项目土地不审批、变更某些政府管理制度等，其发生的期限是不确定的，即政府征用行为的改变，或对不审批事项重新审批，或变更政府制度，或对某文件的撤销是合同双方无法预见，也无法掌控的 （2）自然不可抗力事件对项目合同履行的影响 1）合同免于履行 在 PPP 项目合同履行过程中，如发生自然不可抗力并导致一方完全或部分无法履行其合同义务时，根据不可抗力的影响可全部或部分免除该方在合同项下的相应义务。但对于项目公司而言，其项目投资损失却无法得到补偿。一些 PPP 项目，尤其当政府支付是项目公司收入的唯一来源时，项目公司应当与政府协商，在自然不可抗力情况下投资损失的承担问题。在 PPP 项目合同中，可以建议政府方承担全部或部分不可抗力情况下的损失，即在不可抗力影响持续期间，政府仍然有义务履行全部或部分付款义务；或者通过购买商业保险使投资人的利益得到保障 2）延长期限 如果不可抗力发生在建设期或运营期，则社会资本及项目公司有权根据该不可抗力的影响期间申请延长建设期或运营期，延长的期限一般与不可抗力发生的期间相同 3）免除违约责任 不可抗力发生后，项目公司应按项目合同的规定履行通知的义务，并尽量减少不可抗力的影响。其后，项目公司方可以免除其在不可抗力事件存续期间中止履约或履约延误的违约责任 4）费用补偿 对于不可抗力产生的额外费用，原则上由各方自行承担，政府和项目公司互相不承担对方因不可抗力而产生的额外费用的补偿 5）解除合同 如果不可抗力的发生持续超过一定期间（如 12 个月），任何一方均有合同的解除权。在以往 PPP 项目合同履行中，有许多类似的案例。例如，20 世纪 90 年代末，湖南某电厂 BOT 项目由境外某能源投资公司作为投资人。项目合同签订后，在项目公司融资期间，由于外交事件而直接影响了投资人在国际上及在中国的融资。项目公司无法在延长的融资期限内完成融资而被迫解除了该项目合同，并被没收了投标保函。2000 年年初，江苏某污水处理厂的项目，因发生"非典"不可抗力事件，政府解除了与项目公司的合作协议

（续）

类　　别	内　　容
政治不可抗力情况下对投资人权利的保障	《中共中央、国务院关于完善产权保护制度依法保护产权的意见》（2016年11月4日）指出，要完善财产征收征用制度，完善土地、房屋等财产征收征用法律制度，合理界定征收、征用适用的公共利益范围，不将公共利益扩大化，细化规范征收征用法定权限和程序，遵循及时合理补偿原则，完善国家补偿制度，进一步明确补偿的范围、形式和标准，给予被征收征用者公平合理补偿。《最高人民法院关于充分发挥审判职能作用切实加强产权司法保护的意见》进一步强调了人民法院运用司法审判，切实保护投资人利益的必要性。该意见指出，依法公正审理行政协议案件，促进法治政府和政务诚信建设。对因招商引资、政府与社会资本合作等活动引发的纠纷，要认真审查协议不能履行的原因和违约责任，切实维护行政相对人的合法权益。对政府违反承诺，特别是仅因政府换届、领导人员更替等原因违约毁约的，要坚决依法支持行政相对人的合理诉求。对确因国家利益、公共利益或者其他法定事由改变政府承诺的，要依法判令补偿财产损失。以上两个意见的出台，将有效地保护PPP项目投资人的利益 在PPP项目实施中，由于投资人或项目公司承担项目投资、建设和运营的商业风险，如果发生政府征收征用等政治不可抗力，项目公司或投资人将遭受重大的损失。因此建议项目公司或投资人在与政府谈判时，对于政治不可抗力事件。可根据以上两个意见，要求政府对其权益予以保障 （1）因政治不可抗力事件导致项目合同履行延期的，项目公司可以要求政府延长工期，并获得额外补偿或延长项目合作期限 （2）因政治不可抗力事件导致项目合同提前终止的，项目公司可以要求比自然不可抗力事件更多的回购补偿，也可以要求政府赔偿项目的利润损失 目前PPP项目合同一般规定，自然事件引起的不可抗力，项目公司可以要求免于项目的履行、延长期限、免除违约责任、费用补偿、解除合同等，但该类法律后果一般不适用于政治不可抗力。项目公司如在PPP项目中遭遇上述政治不可抗力，其权益往往往往无法获得保障、损失也难以得到补偿。因此建议项目公司与政府谈判时，对政治不可抗力影响项目合同履行的，要求政府保障投资人或项目公司的利益不受侵害，并在合同中详细约定政府补偿投资人损失的具体计算公式和支付方法
作为项目合同术语和解释	财政部《PPP项目合同指南》提出，PPP项目合同是依据法律订立的。发改委《政府和社会资本合作项目通用合同指南》明确提出，PPP项目合同是依据《合同法》及其他法律制定的，因此双方在订立合同时应遵守国家的有关法律，包括： （1）全国人民代表大会及常务委员会制定的法律（狭义的法律） （2）全国人民代表大会常务委员会制定的法律解释（法律解释） （3）国务院制定的行政法规，各省、自治区、直辖市人民代表大会及其常务委员会制定的地方性法规、自治条例、单行条例（行政法规和地方法规） （4）国务院各部、委员会、中国人民银行、审计署和具有行政管理职能的直属机构制定的部门规章（部门规章） （5）省、自治区、直辖市和较大的市的人民政府制定的地方政府规章（地方政府规章） 财政部《PPP项目合同指南》提出，在司法实践中由各级政府和政府部门出台的一些政策性文件，虽然并不属于《立法法》规定的严格意义上的法律范畴，但也具有一定的强制性效力。因此该规范性文件通常也会包含在PPP项目合同"法律"的范围内 在PPP项目合同履行中，政府与项目公司都有遵守"法律"的义务。在项目投资人选择阶段，双方应遵守招标投标法和政府采购法；在项目合同签订时，双方应当遵守合同法、土地管理法、担保法、保险法、建筑法等；在项目合同履行期间，双方应当遵守环境保护、劳动等法律
"法律变更"的定义	在我国法律中，对于"法律变更"并没有明文规定，目前也没有权威的解释。财政部《PPP项目合同指南》提出，在PPP项目合同中法律变更通常会被定义为在PPP项目合同生效日之后颁布的各级人民代表大会或其常务委员会或有关政府部门对任何法律的施行、修订、废止或对其解释或执行的任何变动 在PPP项目合同履行中，由于当事人双方对现行的法律、法规和规范性文件的要求有一定的预见性，因而可以采取一些措施避免、减少、降低违反法律的投资风险。但因PPP项目合同履行的周期较长，PPP项目有关法律的颁布、修订、重新诠释等法律变化和调整，可能导致项目的合法性、市场需求、产品/服务的收入和回报发生变化。对于法律变更对项目履行的影响，双方应在项目合同中给予合理的约定，以化解项目投资的风险

（续）

类　别	内　容
法律变更的类型及后果	按照财政部《PPP 项目合同指南》的规定，法律变更分为政府可控的法律变更和政府不可控的法律变更两种情况 （1）政府方可控的法律变更及后果 在 PPP 项目合同履行中，某些法律变更事件可能是由作为合同签约方的政府直接实施或者在其职权范围内发生的，如由该政府或其内设政府部门或其下级政府所颁行的法律。对于此类法律变更，可认定为政府可控的法律变更，具体后果可能包括： 1）在建设期间，如因政府方可控的法律变更使项目发生额外费用或工期延误的，项目公司有权提出额外费用的索赔或工期的延长；政府付费项目的延误，项目公司可以主张项目被视为已开始运营 2）在运营期间，如发生政府可控的法律变更使项目公司运营成本、费用增加的，项目公司有权向政府方索赔额外费用或申请延长项目合作期限 3）如因发生政府可控的法律变更使合同无法继续履行的，则构成政府违约，项目公司可以要求政府承担违约责任和提前解除合同 （2）政府不可控法律变更的后果 对于超出政府可控范围的法律变更，如由国家或上级政府统一颁行的法律、法规等，应视为不可抗力，按照合同不可抗力条款执行。这种情况下，项目合同可能终止。在以往的 PPP 项目合同的履行中，有许多类似案例可资借鉴。例如，江苏某污水 BOT 项目，原计划于 2002 年开工，但由于 2002 年 9 月《国务院关于妥善处理现有保证外方投资固定回报项目有关问题的通知》（已废止）要求地方政府清理给予外商"固定回报"等优惠政策，项目公司被迫与政府重新就投资回报率进行谈判，但因双方无法达成一致而终止了项目合同。上海的大场水厂和延安东路隧道也发生了同类问题，项目的合同也相继被迫提前终止 为了防止法律变更给投资者带来的风险，在项目合同谈判时，项目公司应争取将此类法律变更直接定义为政治不可抗力，并约定由政府方承担此类风险 在国际 PPP 项目实践中，PPP 项目所在国法律变更风险的责任一般也由项目所在国的政府承担。项目公司可以要求东道国政府承担法律变更风险，并将此作为项目合同条款。例如，某国电站 PPP 项目，项目公司对东道国的国有化、征收等相关法律规定和实践作了调研后，要求东道国政府订立如下合同条款："项目所在国政府承诺非经合法程序不得对项目公司的股本或财产实施没收、强制获取或国有化。如果东道国政府违反上述承诺，将构成东道国政府在 PPP 项目合同下的违约，项目公司有权终止特许权协议并要求东道国政府根据协议规定承担赔偿责任。"该条款的签订可以有效地维护投资者的利益，挽回所在国法律变更而给项目带来的投资损失 此外，如果项目公司无法说服项目所在国政府承诺上述条款，项目公司还可以借助中国与项目所在国之间的投资保护协定来寻求帮助

十四、　PPP 项目移交合同条款

1. 条款

（1）项目移交前的准备。在本项目移交前_____年，乙方应对本项目设施状况进行全面检修，并按甲方有关部门确认的实施方案做好准备工作。应当移交的资产应接受权威质量部门的检测、评估部门及其他有权部门的全面检查，相关费用由乙方承担。

在项目合作期限结束_____个月前，甲方和乙方应成立移交委员会。移交委员会由甲方_____名授权代表和乙方_____名授权代表组成。移交委员会应在双方同意的时间举行会谈并商定项目设施移交的详尽程序、最后恢复性检修计划、按移交规定的移交范围和详细清单。

在项目合作期限结束_____个月前，甲方和乙方应共同达成协议，明确乙方向甲方移交项目和其他相关资产的详细安排，向甲方移交的项目、设备、设施的详细清单，乙方负责移交的代表姓名；同时，甲方应向乙方提供其移交人员的名单和联系方法。

在项目合作期限结束_____个月前，乙方应负责解除和清偿本项目中的任何债务、留置权、抵押、质押及其他请求权（甲方同意保留的除外），做好向甲方移交项目的必要准备。甲方不承担乙方在本项目特许经营期内形成的任何债务、担保及乙方对任何第三方的责任。

（2）移交资产的权属和范围。在合作期限届满当日即移交日，甲方按双方约定的条件支付乙方补偿后，双方办理项目资产的移交，或乙方向甲方或其指定机构无偿移交项目资产，包括但不限于：

1）项目所有设施、设备。

2）设施、设备所附带的各类文件资料、运营维护档案、技术档案、文秘档案、图书资料、设计图纸和其他资料。

3）设施、设备所对应的相关权利证书和凭证。

4）项目涉及的其他相关资料。

（3）项目资产移交办理、移交质量、风险转移和其他事项。

1）移交手续办理。移交相关的资产过户和合同转让等手续由甲方和乙方共同办理。

2）协议转让。在项目资产移交时，乙方应将与项目相关尚未终止的协议同时移交甲方，并协助办理相关的转让手续。

项目设施、设备在移交时应不存在任何留置权、债权、抵押权、担保物权或任何其他请求权。

3）风险转移。除原有设施外，乙方承担移交日之前项目资产毁损、灭失的责任，但因甲方或其指定机构及其人员的责任所致的除外。

4）移交费用。甲方和乙方各自承担其移交所发生的费用和支出。

5）移走乙方相关的物品。除非双方约定，乙方应于移交日期之后_____日内，将其所属物品移走，并承担相关费用。

6）移交质量保证期。乙方应保证项目设施在移交时能够正常运营，并在移交日后_____个月保证期内承担设备设施质量缺陷的维修责任，但因接受移交的单位使用不当造成的损坏除外；在收到质量缺陷的通知后，乙方应尽快予以维修。

在情况紧急或乙方没有及时保修的情况下，甲方可以自行维修，并在维护保函中予以扣除，但应将维修费用的清单转交乙方。

2. 条款释义

PPP项目移交合同条款释义见表5-14。

表5-14　PPP项目移交合同条款释义

类　别	内　容
项目移交前准备条款释义	合同双方对项目的移交准备工作，一般包括以下事项： （1）过渡期的起讫日期、工作内容和进度安排 （2）评估和测试。双方可以约定在移交日前的几个月内，由社会资本或项目公司对项目设施进行一次检修，但此次检修应不迟于移交日之前几个月内完成，检修的具体时间和内容由移交委员会确定。项目设施经过检修后，还应对项目设施和其他资产状况进行评估，并对项目状况能否达到合同约定的移交条件和标准进行测试。实践中，上述评估和测试工作一般由政府方委托的独立专家或者由政府和项目公司共同组成的移交委员会负责 经评估和测试，项目状况不符合约定移交条件和标准的，政府有权提取移交维修保函，并要求社会资本或项目公司对项目设施进行相应的恢复性修理、更新重置，以确保项目在移交时满足约定要求 （3）过渡期间，双方应约定各方的权利和义务。移交期间社会资本或项目公司应保证公共设施及相应设备正常工作，以确保公共利益不受损害；同时还可以约定项目设施相关零配件和备品备件的移交时间、厂商名单、基本价格以及服务项目实施雇员名单等详细资料 （4）明确项目移交的工作机构和工作机制，如移交委员会的设立、人员组成、移交责任划分等。一般情况下，移交委员会由独立专家或双方授权代表组成。移交委员会应在双方约定的时间会谈和商定项目设施移交的详尽程序、相关检修计划及移交范围内的详尽清单

（续）

类　别	内　容
移交资产的权属和范围条款释义	在 PPP 项目资产移交过程中，往往涉及权属与补偿问题。一般而言，项目运营中的资产属于政府所有，项目公司仅享有经营权，在项目结束时，项目资产按要求应无偿移交给政府。但有些因政府责任或不可抗力导致的项目终止，合同双方应协商项目资产的补偿问题。双方应尽量通过谈判达成协议，以免移交过程中的争议 在实践中，对项目资产的权属和补偿有不同的约定和处置方法： （1）谁投资谁所有，有偿移交，资产按评估价值补偿。住建部发布的《管道燃气特许经营协议示范文本》第 4.5 条规定，资产归属与处置原则为谁投资谁所有。资产处置以甲、乙双方认定的中介机构对乙方资产评估的结果为依据；乙方不再拥有特许经营权时，其资产必须进行移交，并按评估结果获得补偿 （2）项目公司在项目中投资的产权移交，双方应达成补偿协议。住建部发布的《城镇供热特许权协议示范文本》第 1302 条规定，乙方因自行投资形成自有产权的移交及补偿问题按照终止补偿规定。因此在移交时，项目合同双方应就项目公司自行投资所形成财产的权属和补偿问题达成一致 　　明确了移交资产的权属和补偿问题后，双方应当对移交资产的范围做出约定。移交的项目资产一般包括动产、不动产、经营权、股权、技术转让、项目相关合同的资料及其他相关资产
移交手续办理、移交费用、权利转移和风险转移	在 PPP 项目资产的移交过程中，双方应协商移交手续办理、移交费用的承担、权利转让、风险转移、移交标准、质量保证等事项，并在合同中给予详细的规定 （1）移交手续办理 　　关于项目资产过户和合同转让的移交手续办理，双方可以在合同中约定。一般情况而言，项目公司应承担此项工作 （2）移交费用（含税费）的承担 双方在移交前，应对费用的承担达成一致。项目移交的相关费用，一般有以下几种承担方式： 1）由项目公司承担相关费用。《公路项目招标文件范本》特许权协议格式第 7.6 条规定，除法律规定应由政府承担的费用外，政府无须向项目公司支付本协议规定的移交和转让的费用。但政府应自费获得所有完成项目移交和转让需要的批复，并使它们有效 2）由政府和项目公司共同承担移交的相关手续费用 3）如因一方违约事件导致项目提前终止而移交的，可以由违约方来承担移交费用 （3）项目资产的移交 1）不动产和动产的移交。PPP 项目的不动产，一般包括土地使用权和项目地上、地下的定着物。如公路项目中的土地、公路及公路周边休息区的停车场、商店、旅馆等营业设施；污水处理项目中的厂房及管线等 　　土地使用权的移交需要办理土地使用权的变更登记。房屋、建筑物、构筑物和地上、地下其他定着物的移交也需要办理所有权变更登记及不动产权利登记簿上其他权利限制的解除。基于对房屋、建筑物、构筑物和地上地下其他定着物工程施工、修缮、添附或其他加工承揽活动而可能存在的加工承揽人工程款的债务也需要予以偿还，或解除加工承揽人的优先受偿权。对不动产移交前有关不动产的占有、使用、收益和处分的税费也应结清，并移交相关缴纳凭证。已设立所有权、使用权不动产的质量、保修和其他保障服务权利的保证凭证，如合同、保修单等也应一并移交 　　PPP 项目的动产，如公路项目中维护与保养的设备（压路机、维护车辆等）；污水处理项目的机器和其他设备。PPP 项目的动产，有权属登记的财产等，需要办理其权属的变更登记。动产权利的限制，如车辆、设备的抵押、质押、留置等应予解除。对特殊动产移交前有关动产的占有、使用、收益和处分的税费应结清，并移交相关缴纳凭证。已取得动产的质量、保修和其他售后服务权利的保证凭证，如合同、保修单也应同时移交 2）经营权的移交。PPP 项目中政府授予的经营权证书，如公路项目中的公路收费证书，城市供水、供热、燃气特许经营权证书需要交回；证书上的抵押、质押等也应予解除。必要时项目公司也应对外发布通知或公告，说明项目公司特许经营已经结束。有金融机构贷款抵押或质押的，双方也应协商并妥善处理

类　　别	内　　容
移交手续办理、移交费用、权利转移和风险转移	3）项目公司的股权移交。项目公司股权的移交表明项目公司已经解散，需要办理必要的手续，如现有股东之间签订协议解散项目公司或同意将项目公司的股权转让给政府继续经营，并在当地工商行政机关办理股权变更手续。在股权上设置质押等权利的也应予解除 4）项目相关合同的转让。在项目移交时，社会资本或项目公司需要将项目建设和运营时期签订的正在履行的合同移交给政府或政府指定的机构，以便继续履行。为了履行上述合同规定的义务，社会资本或项目公司应在签署上述合同时，订立项目合同结束时的合同主体转让条款，例如，在项目的采购、承包、运营合同里明确规定，在项目移交时相关合同主体同意社会资本或项目公司将所涉合同在项目结束时转让给政府或政府指定的其他机构 在实践中，可转让的合同一般包括项目工程承包合同、运营服务合同、原料供应合同、产品或服务购买合同、融资租赁合同、保险合同以及租赁合同等。此外，如果这些合同中包含尚未到期的担保等，也应根据政府的要求全部转让给政府或者政府指定的其他机构 5）项目知识产权和相关技术的转让。在PPP项目实践中，有些项目可能涉及知识产权和相关的技术，如高铁、轨道交通项目中的信号通信技术；污水处理项目中的污水清洁技术；垃圾焚烧项目中的发电技术等。以上这些项目，可能需要项目公司将使用的技术或第三方技术移交政府继续使用。因此项目公司应保障在项目移交之后，政府不会因为继续使用这些技术，而被任何第三方索赔或引起法律纠纷。为此，政府与项目公司在项目合同中，应达成如下协议： ①社会资本或项目公司应在移交时将项目运营和维护所需要的所有技术，全部移交给政府或政府指定的其他机构，并确保政府或政府指定的其他机构不会因使用这些技术而遭受任何侵权索赔 ②如果有关技术为第三方所有，社会资本或项目公司应在与第三方签署技术授权合同时即与第三方约定，同意社会资本或项目公司在项目移交时，将技术授权合同转让给政府或政府指定的其他机构 6）对于移交与项目设施有关的手册、图纸、文件和资料（包括书面文件和电子文档等资料），应明确移交日期，并保持资料的完整 7）移交项目土地使用权及项目用地相关的其他权利时，社会资本或项目公司应按要求提供相关法律文件，办理法律过户和管理权移交手续，并应配合做好项目运营平稳过渡 8）移交与项目设施相关的设备、机器、装置、零部件、备品备件以及其他动产，也应移交保障项目运营所必需的消耗性备品和事故修理备品、备件等 9）关于项目人员问题。社会资本或项目公司应提交一份项目员工名单，包括每位员工的资格、职位和收入的细节。政府有权选择在移交日之后优先继续聘用全部或部分员工 10）关于运营维护项目设施所要求的技术信息。移交协议可以约定社会资本或项目公司应交付运营、维护、修理记录，移交记录和其他资料，以使政府能够直接或通过其指定机构继续本项目的运营维护 11）移交项目所需的其他文件。如向政府移交项目设施或项目资产时，应解除和清偿完毕社会资本或项目公司设置的所有债务、抵押、质押、留置、担保物权，以及源自本项目的建设、运营和维护的，由社会资本或项目公司引起的环境污染及其他性质的请求权 （4）PPP项目合同中有关资产权利证书的延续手续 如果PPP项目中的一些权利证书，如股权证书、经营权证书、收费权证书及商标、专利技术的使用权协议等在移交日前已期满，项目公司也有义务办理以上证书的延续手续，并移交政府 （5）项目合同财产移交的风险转移 移交协议还应对移交过程中的财产转移风险责任做出约定。一般而言，在项目移交日之前的财产责任或风险，由项目公司承担，除非该责任或风险是由政府方的过错造成的：在移交日之后的责任或风险应由政府承担
移交标准	项目资产移交后，项目的设施、设备应达到能够继续运营的状态。为了确保接收的项目资产符合继续运营的要求，双方在PPP项目合同或移交协议中应约定项目移交的条件和标准。特别是在项目移交后政府将By行或者另行选择第三方继续运营该项目的情形下，移交的条件会比较严格 （1）项目资产权利没有瑕疵。项目设施、土地及所涉及的任何资产不存在任何权利瑕疵，资产和

（续）

类　别	内　容
移交标准	权益之上没有设置任何担保及其他第三人的权利。但在合同提前终止移交的情况下，尚未清偿项目贷款的担保除外 　（2）项目设施技术性能完好，具备运营的条件。项目设施应符合双方约定的技术、安全和环保标准，并处于良好的运营状况。在一些 PPP 项目合同中，可约定"良好运营状况"的条款
移交质量保证	为了保证 PPP 项目资产和设施能够继续运营，PPP 项目合同可能会规定关于项目资产和设施移交的质量保证 　（1）在项目移交期间。项目公司应保证本项目设备整体完好率达到 100%；符合本协议所规定的安全和环境标准，符合项目合同中所规定的移交标准 　（2）缺陷责任期。项目公司应保证在移交日期后的一定期间内，修复由原材料、施工、运营或管理等缺陷或合作期内项目公司的任何违约所造成的项目设施任何部分的缺陷或损坏及承担环境污染等责任，但正常磨损的情况除外 　当政府发现移交资产的上述缺陷、损坏或环境污染责任后，应及时通知项目公司。项目公司在保证期结束前，应尽快自费修复缺陷。如果项目公司在收到甲方通知后，在约定时间内没有修复或拒绝修复缺陷，政府有权自己或聘请第三方修复上述缺陷，但项目公司应承担此笔修理费用 　以上的做法，在 PPP 项目的实践中经常被应用。如《公路项目招标文件范本》特许权协议格式第 7.5 条约定，乙方应保证在特许经营期满后 1 年内，项目应：①符合本协议的要求，处于良好的养护状态，甲方支出的养护费用水平与乙方在特许经营期的最后 5 年所提供的运营和服务所需年均费用相一致；②符合本协议所要求的所有安全和环境标准。如项目未达到本款要求，乙方应按甲方要求自费修复。若乙方不履行义务和责任，则甲方可直接委托或通过招标形式选择施工单位对项目进行养护和维修，养护及维修的费用经结算后直接从乙方的运营期履约保证金中扣除，不足部分由乙方或投资人支付
移交维修保函、保险和 PPP 项目供应商对项目设施的质量保证	为了更好地保证项目资产和设施的质量，除了上述的质量保证期外，政府还可以要求项目公司提供维修保函 　（1）维修保函 　在项目合同届满前，项目公司应向政府提供合同约定的移交维修保函。该保函作为项目公司承担项目设施移交后的维修及项目设施质量保证义务的依据。移交维修保函应当符合双方商定的格式。保函可以由政府接受的金融机构出具，其条款应当包括具体的金额和明确的维修责任期等 　如果政府方在移交维修保函担保期限内，根据项目合同的有关规定提取移交维修保函项下的款项，项目公司应确保在政府提取后约定的工作日内，将移交维修保函的数额恢复到约定的数额，但政府应提供移交维修保函提取差额的证据 　（2）保险和承包商保证的转让 　在移交时，应约定项目公司将所有承包商和供应商提供的尚未期满的担保及保证无偿转让给政府，并且将所有保险单、暂保单和保险单批单转让给政府。政府应支付或退还上述单证移交之后保险期间的保险费
项目移交的其他事项	移交的其他事项一般是指移走项目公司相关的物品和项目员工的培训 　（1）项目公司应于移交日期之后的一定期间内，自费从场地移走仅限于项目公司员工的个人用品以及与本项目运营和维护无关的物品，不包括移交清单所列的项目设备、备品备件、技术资料或者项目设施营运和维护的必需物品。如果项目公司在上述时间内没有移走这些物品，政府在通知项目公司之后，可以将物品转运至适当的地点保管。项目公司应承担以上搬移、运输和保管的合理费用和风险 　（2）如果政府需要项目员工培训的，项目公司可以提供并保证受训的员工能够完成项目合同履行的工作需要。在实践中，项目移交人员的培训也是项目移交的一部分工作。如《公路项目招标文件范本》特许权协议格式第 7.4 条规定，在特许经营期满至少 12 个月前，乙方应向甲方报批对甲方人员开展项目运营、养护、维修培训的详细计划。在特许经营期满至少 6 个月前，乙方应按照甲方批准的培训计划完成培训工作，并在特许经营期满前至少 3 个月内，乙方应让甲方指定受训人员共同参与项目的运营养护和维修工作。甲方和乙方应联合对甲方的指定人员的培训结果进行检查，以确认他们能正确运营、养护和维修项目，乙方应负责承担培训费用

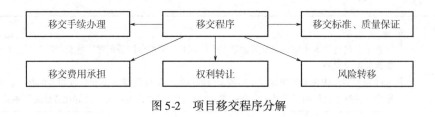

图 5-2　项目移交程序分解

第三节　PPP 项目合同分享

一、 智慧城市 PPP 项目合同分享

《中华人民共和国国民经济和社会发展第十三个五年规划纲要》（2016.3.16）提出："加强现代化信息基础设施建设，推进大数据和物联网发展，建设智慧城市"。

《中共中央国务院关于进一步加强城市规划建设管理工作的若干意见》（2016.2.6）指出："推进城市智慧管理。加强城市管理和服务体系智能化建设，促进大数据、物联网、云计算等现代信息技术与城市管理服务融合，提升城市治理和服务水平。加强市政设施运行管理、交通管理、环境管理、应急管理等城市管理数字化平台建设和功能整合，建设综合性城市管理数据库。推进城市宽带信息基础设施建设，强化网络安全保障。积极发展民生服务智慧应用。到 2020 年，建成一批特色鲜明的智慧城市。通过智慧城市建设和其他一系列城市规划建设管理措施，不断提高城市运行效率。"

现以某地智慧城市 PPP 项目（以下简称"本 PPP 项目"）为案例进行智慧城市 PPP 项目合同（以下简称"PPP 项目合同"）的要点解析分享。

1. 合作内容

本 PPP 项目的合作内容为智慧城市项目的方案设计、投资、建设、运营维护和移交。该城市智慧城市项目的顶层设计分为三期，因二期、三期的建设内容尚未明确，因此本 PPP 项目合作内容仅包含项目一期，一期内容涵盖该城市的智能交通、智慧城管综合平台、综合应急指挥中心、城市综合信息大数据平台、智慧医疗、智慧社区、社会治安综合治理信息平台、智慧文化、智慧气象服务平台、野外文物保护现场环监控系统和生态环境数据中心等。

同时，考虑到项目管理的统一性、安全性、成本集约性，PPP 项目合同中也专门就二期、三期的实施做出了专门约定：在满足以下前提条件时，实施机构将以单一来源采购的方式确定项目公司作为本项目二期、三期的实施主体：①项目公司最近三年的绩效考核评价结果均在 85 分以上，运营期尚未满三年则不满足本条要求；②实施机构以届时其编制的二期、三期可行性研究报告的内容及投资估算及当时的市场合理回报进行财务测算，并编制实施方案、物有所值和财政承受能力报告，分别经财政局和市政府审批；③项目公司愿意根据实施方案的边界条件继续实施二期、三期的内容；④符合单一来源采购的条件，并经审批同意。通过上述约定，一方面增加项目的吸引力，也可以督促项目公司重视并提高运营期的运营效率和服务水平，同时也能满足政府方在合法合规的前提下对节省采购时间、成本并提高效率的希望。

2. 合作期限

考虑到智慧城市项目固定资产折旧年限较低，通常在 3～5 年之间。过长的合作年限，需要社会资本方在合作期限内进行多次的更新投资。因此，在符合 PPP 项目对合作年限要求的前提下，为减少合作年限内社会资本方更新设备的次数，降低双方的投资风险，本 PPP 项目的合作期限约定为 13 年，其中建设期 3 年，运营期 10 年。

另外，由于本 PPP 项目中建设内容较多，且类型不一、建设方式、地点也有所不同，故 PPP 项目合同中约定根据功能将所有建设内容分成 13 个子项目，每个子项目分别设置各自的建设期和运营期，每个子项目的建设期自该子项目开工日至该子项目竣工验收日止；每个子项目的运营期均为 10 年，自竣工验收合格日的次日开始计算 10 年。

3. 项目用地

智慧城市项目通常不新占用土地，设备均装置在已有的办公场所、机房，或装置在其他如路灯等装置上，因此不涉及获取土地使用权的问题，项目总投资中也不包含土地相关费用。

但 PPP 项目合同中需要就项目实施所需要的办公场所、设备维护场所进行必要的约定，通常由政府方免费提供该等场所。

4. 项目建设供应商的选择

由于本 PPP 项目的社会资本方采购采用的是竞争性磋商的方式，且中标社会资本方本身并不具备所有子项目建设所需要的所有资质，因此本 PPP 项目的建设单位需由项目公司另行选择。

对于项目建设供应商的选择，在 PPP 项目合同中约定：项目公司应通过合法方式选择有资质的单位实施各子项目的监理、建设及设备供应。政府方有权审阅监理单位、建设方和设备供应商的采购方案，并参与采购全过程，对采购流程实施监督。

5. 项目总投资的确定

（1）总投资的构成。根据智慧城市项目的特点，总投资通常包含以下内容：设备购置费、设备安装服务费、前期费用、软件开发费用、建设期利息等。

（2）估算总投资。本 PPP 项目的可行性研究报告由政府方聘请第三专业公司进行概念规划和设计，并由经政府方认可的概念规划和设计内容确定可行性研究报告，以此作为本项目初始估算总投资的依据。

（3）预算总投资。值得注意的是，智慧城市项目的建设不同于传统的市政、公路、港口等基础设施的建设工程，并没有相关概算、预算编制办法作为总投资的编制依据。因此，在 PPP 项目合同中约定：项目预算总投资由政府方聘请第三方专业公司进行细化建设方案的设计，根据经政府方认可的细化建设方案，编制本 PPP 项目预算总投资。

（4）总投资的确定。在 PPP 项目合同中约定：本 PPP 项目由政府方聘请第三方机构根据细化建设方案对整个项目进行跟踪审计，并根据竣工审计结果确定项目总投资。

6. 设备更新

智慧城市项目的一个主要特点是设备的使用年限低、更新率高，固定资产的折旧年限通常在 3~5 年之间，而 PPP 项目的合作期限至少在 10 年以上，也就是说即使约定合规范围内最短的合作期限，期间也至少面临一次大范围的设备更新。因此，在智慧城市 PPP 项目中必须约定有关设备更新的条款，且至少包括更新时间、更新率、更新总投资的确定等内容。

由于本 PPP 项目的合作年限为 13 年（建设期 3 年，运营期 10 年），每个子项目独立设置建设期和运营期，故在 PPP 项目合同中关于设备更新做出了如下约定：各子项目在进入运营期后根据各子项目设施的实际运行情况进行一次更新；原则上更新投资比例不超过各子项目初始总投资的 40%；具体的重置方案（包括重置时间、投资金额等）由项目公司编制重置方案提交政府方审议，经政府方同意批准后的重置方案项目公司方可予以实施；更新应由项目公司通过合法程序选择有资质的单位实施建设、监理以及设备供应，政府方有权审阅选择建设方、监理单位和设备供应商的采购方案并参与采购全过程，对采购流程实施监督。

7. 竣工验收

智慧城市项目竣工验收不同于传统的市政工程等土建项目验收，一般不适用环保验收及竣工备案等要求。通常都是由各个主管部门根据事先设定的建设标准和验收标准，组织专家进行验收，并出具验收结论作为项目竣工验收的依据。

就本 PPP 项目而言，因涉及多个主管部门的智慧建设项目，因此在 PPP 项目合同中约定：每个子项目的验收均由项目公司组织，并邀请各自的主管部门及其聘请的专家参与验收工作。

8. 回报机制

本 PPP 项目的回报机制为政府付费。为降低本 PPP 项目中政府方的整体付费额度，同时减轻项目公司的资金压力，本 PPP 项目的政府付费分为两个阶段：建设期和运营期。

（1）建设期：由政府方负责支付建设期实际融资成本和前期费用。

①建设期融资成本。在 PPP 项目合同中约定：本项目初始投资在建设期内所实际发生的融资利息及相关融资费用由政府方按月进行支付。并且二次更新的建设期内同样适用。

②前期费用。在 PPP 项目合同中约定：本项目初始投资中的前期费用应在项目公司全部发生完成后的 5 个工作日内由项目公司提交付费申请。并且二次更新的建设期内同样适用。

在上述约定下，项目的建设期融资成本和前期费用不再计入项目总投资（即可用性付费基数）。

（2）运营期：由政府方负责支付可用性付费和运维绩效服务费。

1）可用性付费。

①付费公式。年金公式，即等额本息的付费方式。

②付费年限。初始投资：5 年；更新投资：剩余合作期限。

在大部分 PPP 项目中，由于固定资产的折旧年限通常在 10～20 年之间，且在运营期内无须进行大范围的更新，为了激励项目公司持续性地提供优质服务，政府方会将项目的可用性付费在整个运营期内分期进行支付，并且将可用性付费与绩效考核相挂钩，以保证项目持续的可用性。

但在智慧城市项目中，考虑到固定资产折旧年限为 3～5 年、合作期内需要进行大范围的设备更新，同时为了降低了过长付费期给政府财政造成的负担（当然与政府短期的财力也有关），我们认为在智慧城市项目中可以分别就初始投资和更新投资的可用性付费周期进行约定，基本和设备更新的期限保持一致，也可长于更新的时间（和设备的使用年限及更新比例有关）。这样的考虑也基于在智慧城的 PPP 项目中，即使约定的初始投资的可用性付费周期短于项目的运营期，投资人在初始投资收回之前就需要进行二次更新，政府方可以继续就更新投资部分的付费在后续的经营期内进行绩效考核，以维持项目的可用性。当然，此种设计必须建立在政府短期财力相对富裕的前提下，且综合考虑项目的整体付费额度。

因此，在本 PPP 项目合同中约定：项目公司初期投资的可用性付费周期为 5 年，更新投资的可用性付费周期剩余合作期限。

③支付方式。本 PPP 项目合同中约定：可用性付费按日历年进行支付，且第一期的可用性付费支付时间为进入运营期后的第 15 个工作日，之后每一期为每个日历年的 1 月 15 日。这样约定是考虑通常银行是按季度付息、半年还本，若政府方在进入运营期一年后才支付可用性付费，则一年中项目公司需要筹集更多的资金用于还本付息及第一年的运营成本，而这样的约定可以降低项目公司一定的资金压力。

2）运维绩效服务费。本项目运维绩效服务费的计费方式为成本加成。本 PPP 项目合同中约定：就各子项目而言，运维绩效服务费根据经审计的实际运营维护成本结合运营维护年回报率按季度进行支付、按年进行结算。也就是各子项目进入运营期后，每个季度按实际发生的运维服务费进行支付，日历年结束以后根据政府方的审计结果以及运维绩效考核结果对当年的支付进行调整：按季度支付的目的同样也是考虑到项目公司的现金流，降低项目公司的资金压力。

9. 绩效考核

（1）绩效考核指标的设定。本 PPP 项目根据国家发展改革委《关于组织开展新型智慧城市评价工作务实推动新型智慧城市健康快速发展的通知》（发改办高技［2016］2476 号）、《新型智慧城市评价指标（2016年）》等文件要求，结合本项目特点在PPP项目合同中约定了绩效考核指标，主要分为惠民服务、精准治理、生态宜居、智能文化、信息资源、网络安全、市民体验及使用部门评价几个部分。着重强调信息更新及时、网络覆盖率、设备完好率、应急及预警处理情况、网络安全事件处理情况、信息安全防护以及市民和使用部门的评价等方面。

（2）绩效考核方式。本PPP项目合同中约定：政府方应当会同各行业主管部门或委托第三方机构根据绩效考核指标对本项目中各子项目进行年度绩效考核。绩效考核应当在日历年结束后的三十日内完成，并且在考核前十日通知项目公司。

（3）绩效考核结果与付费。绩效考核评分结果对应相应的绩效考核系数，与本PPP项目的一定政府付费额进行挂钩，评分结果90分以上全额支付，分数低于90分依次降低付费比例，评分结果50分以下按50%进行支付，连续三年低于60分，政府方有权解除PPP项目合同。

二、海绵城市PPP项目合同分享

《国务院办公厅关于推进海绵城市建设的指导意见》（国办发〔2015〕75号）提出"海绵城市是指通过加强城市规划建设管理，充分发挥建筑、道路和绿地、水系等生态系统对雨水的吸纳、蓄渗和缓释作用，有效控制雨水径流，实现自然积存、自然渗透、自然净化的城市发展方式"，同时明确工作目标"通过海绵城市建设，综合采取'渗、滞、蓄、净、用、排'等措施，最大限度地减少城市开发建设对生态环境的影响，将70%的降雨就地消纳和利用。到2020年，城市建成区20%以上的面积达到目标要求；到2030年，城市建成区80%以上的面积达到目标要求"。

截至2017年7月底，财政部、住建部和水利部已公布了两批国家海绵城市建设试点城市名单。作为第二批14个试点城市之一，三亚市实施的"三亚市海绵城市建设PPP项目"（以下简称"本PPP项目"），对海南省乃至全国其他海绵城市的建设具有一定的借鉴意义。

海绵城市PPP项目具有建设内容广泛、项目类型多、系统性强、边界模糊、投资规模大、参与部门多等特点。本章将以本人所参与的本PPP项目为案例，围绕本案例PPP项目合同（以下简称"项目合同"）的要点进行解析和分享。

1. 合同主体

根据《国务院办公厅关于推进海绵城市建设的指导意见》（国办发〔2015〕75号）规定"城市人民政府是海绵城市建设的责任主体，住房城乡建设部会同发展改革委、财政部、水利部等部门指导督促各地做好海绵城市建设相关工作"，在国家层面，各地市人民政府为海绵城市建设的责任主体，住建部为行业指导部门。

在本PPP项目中，经三亚市人民政府授权，住建局作为本PPP项目的实施机构，通过公开招标的方式选择社会资本方，并作为政府方与中标社会资本方签署项目合同。因本PPP项目合作内容包含污水管网及道路海绵设施、水体修复、水质净化及湿地绿地提升改造3大类23个子项目，项目合同中约定，由住建局委托水务局和园林管理局对具体子项目的建设及运营进行监管、验收和绩效考核。

项目合同约定项目公司由中标社会资本方组成的联合体和政府方出资代表共同出资设立。

2. 合作内容

根据《海绵城市建设技术指南——低影响开发雨水系统构建（试行）》的通知（建城函〔2014〕275号）的规定，海绵城市PPP项目的建设内容非常广泛，包括但不限于排水防涝设施、城镇污水管网建设、雨污分流改造、雨水收集利用设施、污水再生利用、漏损管网改造、绿地广场、湿地公园等各类子项目。

本PPP项目合作内容包括三亚市海绵城市试点区域内和试点区域外污水设施两部分的投融资、建设、运营和移交，估算总投资约38亿元人民币。其中：

（1）试点区域内建设内容主要包括管网建设（包括污水管网整治改造、污水提升泵站扩容及中水回用工程)、湿地与公园海绵化改造、河道综合整治、水质净化厂建设以及其他配套工程。

（2）试点区域外污水设施建设内容主要包括雨污水管网建设、泵站建设以及其他配套工程。

（3）运营维护内容主要包括污水管网、泵站、中水、湿地公园、河道、水质净化厂和道路海绵设施等。

3. 合作期限

本 PPP 项目的合作期限为 23 年，包括建设期 3 年和运营期 20 年。建设期自政府方与社会资本方对建设施工界面的划分、交割完成之日起至项目整体完工验收合格之日止，运营期自项目整体完工验收合格次日起至合作期限届满之日。

因本 PPP 项目中子项目数量众多、各子项目的工程量差别较大且工期长短不一，将导致子项目已完工验收合格，但整体项目暂处于建设期的情形。为此，项目合同特别设置了临时运营维护期，即任一子项目完工验收合格次日起至项目整体开始运营之日止的期间。在临时运营维护期，因社会资本方已开始履行对子项目项目设施的运营维护责任，政府方将向社会资本方支付运营维护服务费。

4. 前期费用

项目合同约定由政府方协调三亚市有关部门成立征拆指导小组，负责协调处理征地、拆迁、补偿及安置、管线迁改及办理与之相关的审批手续等相关事务性工作，确保项目如期开始建设并运营维护。本 PPP 项目的征地、拆迁、补偿及安置、管线迁改费用、工程勘察、设计费、各类报告的编制、论证、评审、评估费用、监理费、采购公证费、审计费等前期费用均列入工程建设其他费用，由社会资本方及时足额向政府方或政府方指定的第三方支付。

5. 项目建设

（1）设计和监理。项目合同约定本 PPP 项目的方案设计、初步设计和施工图设计由社会资本方完成，其中施工图设计只允许由社会资本方中具有相应设计资质的单位承担，不允许外包和转包。如社会资本方无设计资质的，则社会资本方应依法选择具有专业资质的设计单位完成，在确定设计单位前需提前报政府方同意。项目合同同时约定施工图设计文件应经政府方批准，政府方应在收到设计文件后 15 个工作日内做出是否批准的决定。

项目合同约定监理单位由政府方依法选定，而监理费用则由社会资本方支付后计入建设项目总投资。

（2）工程建设和设备采购。项目合同约定本 PPP 项目建设采用施工总承包的形式进行。如社会资本方具有相应的施工总承包资质，则经政府方和有关政府部门审批同意后，社会资本方可直接承担施工任务。否则，社会资本方必须依法通过招标程序选择施工总承包商，并接受政府方和有关政府部门的监督。

项目合同约定社会资本方负责依法采购本 PPP 项目建设所需的一切永久性或临时性的设备、材料及其他物品，选择有资质的机构作为本 PPP 项目的设备供应商。如社会资本方具有生产某种设备的资质、能力，则经政府方和有关政府部门审批同意后，社会资本方可直接作为该种设备的供应商。社会资本方在采购主要材料、设备前应将拟采购的材料、设备的详细资料，包括但不限于材料设备的型号、规格、技术参数、供应商名称及其相关情况以及采购价格等提交政府方审查。政府方可在约定期间（收到上述资料之日起 10 工作日内）对社会资本方提交的上述材料提出异议，逾期未提出异议，则视为政府方审查同意。

（3）验收和审计。鉴于本 PPP 项目中包含多个子项目，项目合同约定任一子项目具备工程完工验收条件后，社会资本方可向政府方和有关政府部门申请完工验收。政府方和有关政府部门应参与任一子项目的完工验收。

项目合同约定了政府方审计部门或由政府方委托的第三方审计单位对任一子项目进行跟踪审计，并在任一子项目完工验收合格后进行结、决算审计，决算审计结果作为确定项目总投资的依据。

6. 项目运营维护

项目合同约定在运营维护期内由社会资本方负责项目设施的运营维护，并需满足绩效考核体系的要求。社会资本方可将运营维护服务外包给第三方，但社会资本选定或更换运营维护承包商须事先取得政府方的书面同意，按照经政府方事先书面认可的遴选方式、资格条件、业绩要求选择，并将选择结果报政府方备案。

此外，项目合同中还约定，政府方对第三方运营维护承包商的认可并不解除社会资本方在合同项下的任何义务，社会资本方仍应对运营维护承包商、代理人或由其直接或间接雇用的任何人的任何作为或不作为对政府方承担完全的责任。

7. 运营维护绩效考核

《海绵城市建设绩效评价与考核办法（试行）》（建办城函［2015］635 号）将海绵城市建设绩效评价与考核指标分为水生态、水环境、水资源、水安全、制度建设及执行情况、显示度六个方面，提出了 6 大类别 18 项考核指标。本 PPP 项目在设置绩效考核指标时，在充分考虑上述规定的指标体系基础上，结合了本 PPP 项目建设和运营的具体内容对绩效考核指标进行了分类细化。

项目合同约定市住建局、水务局和园林管理局分别作为污水管网及道路海绵设施、水体修复及水质净化以及湿地绿地提升改造 3 大类运营维护内容的绩效考核主体，分别组织实施或聘请第三方机构对社会资本方的运营维护情况每季度进行一次常规考核。常规考核结果统一汇总至住建局（即项目合同签约的政府方），由住建局再根据绩效考核结果向市财政局提交运营维护服务费的付费申请。

项目合同约定常规考核结果与运营维护服务费的支付相挂钩，即：实际运营维护服务费 = 应付运营维护服务费 × 绩效考核系数。住建局、水务局和园林管理局采取相同的绩效考核系数，具体标准如下：

常规考核结果	实际的运营维护服务费
考核总分在［85，100］区间	应付运营维护服务费的 100%
考核总分在［80，85）区间	应付运营维护服务费的 90%
考核总分在［70，80）区间	应付运营维护服务费的 80%
考核总分在［60，70）区间	应付运营维护服务费的 70%
考核总分在 60 分以下	应付运营维护服务费的 50%

项目合同设置了"联动考核"的机制，即住建局、水务局和园林管理局的任一常规考核结果 <70 分时，政府方可暂不支付当期所有子项目的运营维护服务费，直至三个绩效考核部门的常规考核结果全部 ≥70 分时再予以一并支付，其中，原运营维护服务费按原考核结果确定，新一期运营维护服务费按最新一期考核结果确定。如连续两次出现三个绩效考核部门中任一常规考核结果 <70 分的情况时，政府方有权提取履约保函或提前终止项目合同。

8. 项目回报机制

项目合同约定政府方在合作期限内向社会资本方支付的服务费包括可用性服务费和运营维护服务费。

（1）可用性服务费。项目合同约定，可用性服务费是指社会资本方为本 PPP 项目建设符合适用法律及合同约定的初步验收标准的公共资产之目的投入的资本性总支出而需要获得的服务收入。

可用性服务费主要包括社会资本方的项目建设总投资和合理回报，具体计算公式为：

$$第 n 年可用性服务补贴支出 = \frac{项目公司的建设总投资 \times (1 + 合理利润率) \times (1 + 年度折现率)}{财政运营补贴周期（年）}$$

其中：①项目公司的建设总投资为建设工程项目总投资减去建设专项资金；②n 代表运营期折现年数；③合理利润率和年度折现率分别不高于某一固定值（以社会资本方投标报价的数值为准）。

（2）运营维护服务费。项目合同约定，运营维护服务费为社会资本方为维持本 PPP 项目可用性之目的提供的符合本 PPP 项目规定的绩效标准的维护管理而需要获得的服务收入，主要包括在项目范围内的维护管理成本、税、费及必要的合理回报。

运营维护服务费采用以下两种方式进行计算：

1）达到正常使用标准的日常运行维护管理的费用，采用"固定综合单价"方式计算，即：

$$运营维护服务费 = \sum 运营维护综合单价 \times 运营维护数量 \times (1 - 运营维护服务费下浮率)$$

其中：运营维护数量根据运营维护对象的不同而不同，如污水、雨水管网、车行道指需运维的公里数，公园绿地景观类指需运维的面积，具体数量由各子项目完工验收合格后由政府方确定，并经政府方批准后可根据实际运营维护内容予以调整；运营维护服务费下浮率为固定值，数值以社会资本方投标报价为准；运营维护综合单价，根据三亚市定额标准就污水管网、雨水管网、车行道、公园绿地景观类、行道树和人行道分别确定，并在项目合同予以明确约定。

2）当年度预计发生的大修或与本 PPP 项目运营有关的重要设施及设备日常维养外的额外维护维修甚至重置方案及费用，则由政府方进行评估并进行书面批准后据实支付。

9. 专项资金支持

《关于开展中央财政支持海绵城市建设试点工作的通知》（财建〔2014〕838 号）规定："财政部、住建部、水利部将推进中央财政支持的海绵城市试点工作，中央财政对海绵城市建设试点给予专项资金补助，一定三年，具体补助数额按城市规模分档确定，直辖市每年 6 亿元，省会城市每年 5 亿元，其他城市每年 4 亿元。对采用 PPP 模式达到一定比例的，将按上述补助基数奖励 10%。"

项目合同约定由政府方负责申请本 PPP 项目的中央财政海绵城市建设专项资金、海南省级配套补助资金以及市级财政资金，并承诺在上述专项资金到位后及时拨付给社会资本方，社会资本方需按相关要求专款专用。如在建设期争取到上述专项资金的，上述专项资金不影响项目总投资的确定，但在计算可用性服务费时应从项目总投资中予以扣减。如在运营期争取到上述专项资金的，则作为支付可用性服务费和运营维护服务费的资金来源。

10. 违约、提前终止及移交

（1）违约。项目合同分别约定了政府方和社会资本方违约的情形及赔偿责任，主要包括：①政府方违约：在本合同中做出的任何声明被证明在做出时不属实或有严重错误、政府方延迟支付可用性服务费和运营维护服务费等；②社会资本方违约：在本合同中所做出的任何声明被证明在做出时不属实或有严重错误、注册资本未按时到位、建设期延误、运营维护绩效考核不达标及逾期移交项目资产等。在上述违约情形下，违约方因自身的违约行为给对方造成损失的，应当予以赔偿。此外，因不可抗力或者一方严重违约，致使合同双方无法继续开展合作，且在合同约定的期限内未能得到纠正或未通过协商得到解决的，则会导致项目合同提前终止。

（2）提前终止。项目合同约定了因双方严重违约或因法律变更、宏观政策、不可抗力等情形导致提前终止的情形，并明确了不同情形下提前终止的补偿标准。同时，项目合同还明确约定，政府方支付提前终止补偿金的前提为社会资本方已经完成债务清理，且需保证相应的项目设施或资产不存在任何权利瑕疵或任何请求权。

（3）移交。项目合同约定的移交主要是指合作期限届满的移交，且上述移交不应附带任何负债或违约、侵权责任，不应设有任何抵押、质押等担保权益或产权约束，亦不得存在任何种类和性质的索赔权。本 PPP 项目合作期届满前的 12 个月作为过渡期，由政府方和社会资本方共同成立移交委员会负责移交的相关事宜。在移交日，社会资本方应保证项目设施处于良好的管理和运营维护状况（正常损耗除外）、处于正常使用状态、符合适用法律和本 PPP 项目合同所规定的安全、质量和环境等有关标准。

　　项目合同还约定在移交日前一年，社会资本方应对项目设施进行一次恢复性大修。恢复性大修应在行业主管部门的监督下，由双方共同组织验收。恢复性大修应不迟于移交日前 6 个月完成，具体时间和内容应于移交日前由移交委员会核准。

第六章 工程总承包合同管理

第一节 工程总承包合同管理简介

一、合同管理定义

EPC 合同管理是指在 EPC 工程总承包实践活动中，总承包商对自身为当事人的合同依法进行订立、履行、变更、解除、转让、终止以及审查、监督、控制一系列行为的总称，其中订立、履行、变更、解除、转让、终止是合同管理的环节，审查、监督、控制是合同管理的手段。"审查"就是按照法律法规以及当事人的约定对合同的内容、格式进行审核，审查是 EPC 工程总承包项目签约前总承包商对合同管理的重要手段；"监督"是指总承包商依照当事人双方约定的合同条款以及法律、行政法规规定，对执行合同过程中的指导、协调、检查；"控制"是指总承包商在经营活动中的检查、了解组织项目活动的进展情况，对实际工作与计划工作所出现的偏差加以纠正，从而确保整个计划及组织目标的实现。监督和控制手段主要用于 EPC 项目履约阶段的合同管理。合同管理必须是全过程的、系统性的、动态性的。合同管理的本质是以合同为依据，保证自己一方的最佳利益，实现项目管理目标，同时尽量考虑和实现双赢或多赢，促进持续发展。

二、合同管理与项目管理的关系

合同管理与项目管理之间有着密切的关系。合同管理是工程项目管理的一个重要组成部分，它必须融于整个工程项目管理之中，要实现工程项目的目标，必须对全部项目、项目实施的全部过程和各个环节、项目的所有活动实践进行有效的合同管理，合同管理与其他管理职能密切结合，共同构成工程项目管理系统。就传统的合同管理理论而言，工程项目合同管理的工作流程与工程项目管理流程有一定的区别，因为承包商的工程项目管理工作范围更为广泛，周期更长，工作内容更为细致和具体，而且该工作流程中尚未有包括招标投标，即合同形成阶段的管理工作，两者的区别有以下几点。

（1）合同管理是项目管理的起点。工程项目管理是以合同管理作为起点的，进入工程项目，如何对项目进行有效的管理？首先要对合同文件进行认真分析、明确合同规定的责任和义务，制定工程项目的进度、质量、费用的控制点，实现合同目标。为此，合同管理控制着整个工程项目管理工作。

（2）合同管理本身具有特定的、独立的管理职能和过程。它由合同策划、合同分析、合同文件解释、合同控制、索赔管理以及争议处理等组成，它们构成了工程项目合同管理的子系统。这些管理职能在传统项目管理理论中是不存在的。

（3）合同管理与其他管理职能的关系。合同管理与计划管理、成本管理、组织和信息管理之间存在密切的联系，两者之间的这种联系既可以看作是工作流程，即工作处理顺序关系；又可以看作是信息流，即信息流通和处理的过程。

当今，合同管理是市场经济条件下现代的工程总承包企业管理的一个核心内容，它不再是简单的要约、承诺，突破了传统合同管理理论，而是一个全过程、全方位、科学的管理。

对市场来说，合同管理的重要性在于：实现总承包企业对市场的承诺，承担社会责任，体现总承包企业的诚信，提升企业的品牌和形象，使总承包企业更牢固地立足于市场，实现可持续发展。对总承包企业而言，合同管理的重要性在于：使总承包企业的生产经营与国内外市场接轨，满足国内外建设市场的需要，提高总承包企业适应市场和参与市场竞争的能力；同时，使总承包企业在履约过程中维护自身的合法权益，避免和减少企业损失，提高总承包企业的经济效益。合同管理在工程建设项目管理过程中正在发挥越来越重要的作用，成为项目管理的灵魂与核心。

三、 合同管理的意义

国际上从 20 世纪 70 年代开始，随着工程项目管理理论的研究和实际经验的积累，人们越来越重视合同管理。80 年代，人们主要是从合同事务管理角度进行研究和探讨。到 20 世纪 80 年代后期，人们开始更多的是从项目管理的角度对合同管理加以研究。进入 21 世纪后，合同管理已成为工程项目领域的重要分支领域和研究热点，它将工程项目管理的理论研究和实践应用推向了新的阶段。

随着经济建设的发展，现在人们越来越清楚地认识到合同管理在项目管理中的特殊地位和作用，认为合同管理对项目的进度控制、质量管理、成本管理有着总控制和总协调的作用。国外许多工程项目管理公司（咨询公司）和大型工程承包企业都十分重视合同管理工作，将合同管理看作是项目管理的灵魂和核心，不但作为工程项目管理中与成本（投资）、工期、组织等管理并列的一大管理职能，而且将其融入项目管理的各项管理职能之中。在市场竞争日趋激烈的今天，投资结构多元化等因素使工程建设合同利润逐渐减少，而合同风险不断增大，合同条件日趋苛刻。EPC 工程总承包商加强合同管理的意义是不言而喻的，承包商要想顺利完成项目，就要加强合同管理。合同管理是承包企业发展战略及生产经营和管理活动的核心内容，企业的一切行为都必须围绕合同来进行。合同如果出现问题而导致风险，必然会影响总承包企业的利润和今后的发展。合同是企业的"利润之舟"，经营企业就是在经营合同，执行合同是经营活动的主线。承包商企业应尽力以合同的方式寻求获得最大利益，同时保障企业尽量少地承受风险。

总之，合同管理的重要意义在于通过全过程的、系统性的、动态性的合同管理以准确、按时、履行自己的责任和义务，保证自身权益；同时监督其他方的履约责任，加强沟通与合作，保证合同顺利完成，达到合同管理目标。

四、 合同管理的内容

按照工程项目的建设过程，合同管理可划分为招标投标阶段的合同管理（合同风险评估、招标文件审核、合同谈判和签订）、履约阶段的合同管理（合同交底、合同管理制度制定、合同索赔、合同变更管理、合同终止索赔等）、收尾阶段的合同管理（文件归档、合同后评价）等。合同管理的范围是很宽泛的，涵盖了承包工程所覆盖的全部领域，包括主合同的各个环节所涉及的单元及子项工程，也包括主合同派生的各分包、采购、运输、保险、融资、劳务、技术服务、知识产权使用许可等各类合同。为此，从 EPC 合同的特点分析，其合同管理还可以划分为两个层次，一是作为项目的总承包商与项目业主之间的合同管理，即主合同管理，这时总承包商为承包人，业主为发包人；二是总承包商与分包单位之间的合同管理，即总承包商对分包的合同管理，这时总承包商是发包人，分包单位是承包人。

五、 合同管理的特点

（1）合同实施风险大。对于国际工程而言，EPC 工程总承包项目，由于项目所在国的经济环境、政治环境、自然环境、法律环境各自不同，承包商承担的不可控和不可预测的风险很多。相对地，业主占有得天独厚的地理、环境优势。因此，承包商在国际工程承包合同的实施过程中困难重重、风险很大。

（2）合同管理工作时间长。一般 EPC 项目建设周期都比较长，加上一些不可预见的因素，合同完工一般都需要两年甚至更长时间。合同管理工作必须从领取标书直到合同关闭，长时间内连续地不间断进行。

（3）合同管理变更、索赔工作量大。对于国际 EPC 总承包工程而言，大多是规模大、工期长、结构复杂的工程项目。在施工过程中，由于受到水文气象、地质条件变化的影响，以及规划设计变更和人为干扰，工程项目的工期、造价等方面都存在着变化的因素。因此，超出合同条件规定的事项可能层出不穷，这就使得合同管理中变更索赔任务很重，工作量很大。

（4）合同管理的全员性。EPC 合同文件一般包括合同协议书及其附件、合同通用条款、合同特殊条款、投标书、中标函、技术规范、图纸、工程量表及其他列入的文件，在项目执行过程中所有工作已被明确定义在合同文件中，这些合同文件是整个工程项目工作中的集合体，同时也是所有管理人员工作中必不可少的指导性文件，是项目管理人员都应充分认识并理解的文件。因此，承包商的合同管理具有全员参与性。

（5）合同管理涉及更多的协调管理。EPC 工程总承包项目往往参与的单位多，通常涉及业主、总承包、合作伙伴、分承包、材料供应商、设备供应商、设计单位、运输单位、保险单位等十几家甚至几十家单位。合同在时间上和空间上的衔接和协调极为重要，总承包商的合同管理必须协调和处理各方面的关系，使相关的各个合同和合同规定的各工程合同之间不相矛盾，在内容、技术、组织、时间上协调一致，形成一个完整、周密、有序的体系，以保证工程有秩序、按计划地实施。

（6）合同实施过程复杂。EPC 工程总承包项目从购买标书到合同结束，从局部完成到整体完成往往要经历几百个甚至几千个合同事件。在这个过程中如果稍有疏忽就可能导致前功尽弃，造成经济损失。所以总承包商必须保证合同在工程的全过程和每个环节上都顺利完成。正是由于总承包工程合同管理具有风险大、任务量大、实施过程复杂、需要全员参与和更多的管理协调的特点，决定了 EPC 工程总承包合同管理要有自己的特点。

六、 合同管理制度发展

本节主要介绍国内合同制度的发展历程。我国工程合同管理制度的创立经过了长期过程，大致分为以下几个阶段。

1. 制度萌芽阶段

新中国成立后，建设工程合同制度的思想较早地体现在国家建设委员会于 1955 年颁布的《建筑安装工程包工暂行办法》之中，办法明确了建设单位发包给国营、地方国营建筑安装企业的建筑、安装工程的发包、承包、施工和竣工工程等结算手续的办法。该暂行办法将包工合同分为全部建筑安装工程量所签订的合同和年度工程签订的合同，规定发包人和承包人在进行建筑、安装工程前必须签订年度合同。对工程预付款也有明确的规定，例如，工期在三个月以上者，预付款不得超过建安工作量的 30%，工期在三个月以内者，不得超过 50%。此外，还规定了施工单位按工程预算成本的 2.5% 收取法定利润等。这个文件为我国第一个五年计划建设中承发包双方协作，搞好工程建设创造了条件，同时也是我国工程建设合同制度的萌芽。文化大革命期间，建筑业的发展遭受严重挫折，之前建立的承发包制度、定额管理制度等被废除，建设工程合同制度不进反退。

2. 制度创建阶段

改革开放以后，1979 年 4 月 20 日国家建委发出《关于试行基本建设合同制的通知》，认为必须坚持按经济规律办事，采取经济方法，充分运用合同来管理基本建设，并于同日发布《建筑安装工程合同试行条例》《勘察设计合同试行条例》。1983 年 8 月 8 日，国务院颁布了《建设工程勘察设计合同条例》，该条例提出了基本建设推行合同制的意见，自此，我国基本建设全面推行合同制。同日，国务院还颁布了《建筑安装工程承包合同条例》，规定了承包合同应当具备的条件。

1987年2月10日城乡建设环境保护部、国家工商行政管理总局印发了《关于加强建筑市场管理的暂行规定》，从市场主体角度制定了相应标准，成为我国较早的市场准入规则。

1992年12月30日建设部颁布了《工程建设招投标管理办法》《建设工程施工合同管理办法》（建建〔1993〕78号）。1996年7月25日原建设部印发关于《建设工程勘察设计合同管理办法》《建设工程勘察合同（示范文本)》《建设工程设计合同（示范文本)》的通知（建设〔1996〕444号）。由此，我国开始建立了较为系统、相对完整的建筑市场管理体系，为建设工程合同管理工作创造了良好的法制环境。

3. 制度成熟阶段

1998年3月1日起实施的《建筑法》，1999年10月1日起实施的《合同法》，2000年1月1日实施的《招标投标法》等法律法规确定了承包企业市场准入制度、施工许可制度、禁止违法分包和转包制度、竣工验收制度、承包人优先受偿权制度等，明确了合同双方当事人的法律地位和权利、义务、责任，建设工程合同制度得到进一步的发展和健全。为了规范承发包双方的合同行为，规范合同条款格式，1999年12月国家工商局与建设部编制了《建设工程施工合同（示范文本)》（GF—1999—0201）、2003年8月12日颁布《建设工程专业分包合同（示范文本)》（GF—2003—0213）、《建设工程劳务分包合同（示范文本)》（GF—2003—0214）。

此后，2005年1月1日施行《最高人民法院关于审理建设工程施工合同纠纷案件适用法律问题的解释》；2005年4月劳动和社会保障部、建设部、全国总工会印发了《关于加强建设等行业农民工劳动合同管理的通知》（劳社部发〔2005〕9号）；这些标准文件以及违法行为记录公告办法，进一步规范了建设工程合同管理，为政府有关部门加强建设市场的监管提供了依据，大大推动了建设工程合同管理制度的健康运行。

此外，国务院以及各部委为保障建设工程质量、安全等工作，还制定了一系列法律、法规和规章，如《建设工程质量管理条例》《建设工程安全生产管理条例》《建设工程发包与承包计价管理办法》《建设工程施工许可管理办法》《建筑师执业资格制度暂行规定》等。上述这些法律法规进一步健全了建设工程合同与管理制度，确立了承包主体必须是具有相应资质等级的勘察单位、设计单位施工单位制度、招标投标制度、建设工程合同应当采用书面形式制度、禁止违法分包和转包制度、竣工验收制度、承包人优先受偿权制度、质量管理制度、安全生产制度、项目经理资质管理制度、劳动用工合同制度等各方当事人的法律地位和权利、义务、责任，对提高建设工程质量起到了极大的推动作用。

4. 制度发展阶段

2014年住房和城乡建设部下发《关于推进建筑业发展和改革的若干意见》（建市〔2014〕92号），提出切实转变政府职能，全面深化建筑业体制和机制改革。其中，在建立统一开放的建筑市场体系和强化工程质量安全管理内容中，分别提出进一步开放建筑市场、推进行政审批制度改革、改革招标投标监管方式、推进建筑市场监管信息化和诚信体系建设、完善监理制度、强化建设单位行为监管、加强勘察设计质量监管、落实各方主体的工程质量责任、完善工程质量检测质量和推进质量安全标准化建设等内容，为全国工程合同管理的长远发展奠定了更加坚实的基础。此前，为了适应建设市场发展的需要，2011年颁布了《建设工程总承包合同示范文本》（GF—2011—0216）以及颁布《标准设计施工总承包招标文件》（2012年版）；2013年修订了《建设工程施工合同示范为本》（GF—2013—0201），并下发对《建设工程分包合同示范文本》《建设工程劳务分包合同示范文本》修订的征询意见稿。2017年住房和城乡建设部发布第1535号公告，批准《建设项目工程总承包管理规范》（GB/T 50358—2017）为国家标准。预示着我国建设工程合同管理工作迈入新阶段。

第二节　合同关系体系

一、主合同的关系体系

从业主的角度，围绕业主有第一层次的合同内容如图6-1所示。在EPC总承包合同模式下，业主通过EPC合同将设计、采购、施工等内容通过交钥匙合同一并交给总承包商，并通过邀请招标文件、投标须知以及最后形成的合同文件明确工作范围、工期、质量、验收、设计施工标准的使用、培训等。工程保障性内容如项目的征地、水电的服务等，也都是通过合同条款和内容予以落实的。业主层面的合同内容和合同体系，构成了第一层总承包合同关系。

二、分合同的关系体系

围绕着总承包商的项目干系人与总承包签署一系列合同就组成了EPC合同体系和EPC总承包行业的价值链体系。总承包商作为EPC合同主要执行者、责任者和风险管控者，为完成工程项目必须与专业分包商分工合作，分包商是通过合同的纽带与EPC总承包商形成经济关系和责任义务关系的。管理这些分包商的平台和依据也是合同。为此，从EPC总承包角度看，围绕着总承包商有第二层次的合同内容即分包合同关系体系如图6-2所示。

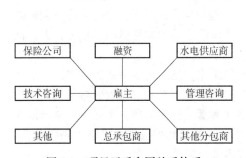

图6-1　项目干系合同关系体系

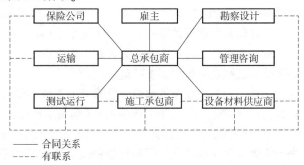

图6-2　分合同的关系体系

EPC工程项目，根据分包合同的内容可以分为以下几类。

（1）设计服务合同：设计服务合同是根据项目要求包括项目前期工程勘察、基本设计、施工图设计、竣工图设计以及现场服务等工作内容。

（2）设备材料采购合同：EPC总承包需要采购工程的永久设备和材料，在某些行业的EPC总承包中，采购合同累计金额约占总合同金额的60%以上。设备采购合同还包括项目进入安装调试阶段后发现和发生设备丢失、损害和漏采购的补漏、补缺合同。

（3）施工合同：施工分包合同内容主要包括土建、安装以及设备调试和分系统调试期间的耗材等。国外EPC总承包施工分包合同较国内工程合同包括的内容更加广泛、合同执行的要求也更高，对施工单位的自身要求也更高。因此，合同范围的界定以及施工合同在分包的审批是合同管理的重点之一。

（4）物流服务合同：EPC总承包项目需要大宗的设备材料，与国内项目相比，国外项目物流服务工作难度更大。大宗的设备材料往往需要海运，如果条件允许，部分设备材料还可以采用空运和陆路运输。物流合同内容包括设备材料的集港、报关、运输、清关和项目所在地的清关、运输和入库等。

（5）保险服务合同：保险是转移风险的有效措施和防火墙，在EPC总承包项目中应按照合同规定投保。如建筑工程一切险、施工机具险、人员保险、车辆保险、设备材料运输险、第三方责任险等。明确保险数额、索赔流程和支撑性文件是此类合同管理的一个重点。

（6）管理服务合同：视 EPC 总承包商自身和项目的需要，需要加强某方面的管理和协调力量，采用管理服务合同方式引入专业队伍，确保管理有效。例如某项目，为确保当地政府和相关部门对消防系统设备和系统安装审查一次通过，通过管理咨询方式邀请项目所在地有经验的消防设计审查咨询公司帮助完成图纸和设备选型的审核工作。

（7）其他服务性合同：调试、性能性试验、运行服务合同是根据 EPC 合同的约定，总承包商通过调试、性能性试验、运行服务合同引进专业公司来完成上述工作的，劳动服务合同是根据现场管理需要，临时邀请项目人员的方式进行的，如邀请翻译、律师。

第三节 工程总承包合同管理存在的问题与对策

通过实际调查与分析发现，单纯从技术对合同要求的相应度看，无论是在国内市场，还是在国外市场，我国 EPC 承包商都是能够胜任 EPC 项目的，部分技术甚至走在世界前列；但若从项目管理水平角度分析，大部分企业则缺乏有效的管理体系及管理措施，和国际主流承包商差距明显。在合同管理方面上存在诸多问题。

一、对主要问题的分析

1. 对 EPC 条款缺乏深入了解

国内工程项目的合同是以发包的形式制定的，在制定过程中一些条款有利于发包方，且存在边执行、边修改合同的情况。虽然 FIDIC 编制的合同条款中对国际 EPC 项目的总承包合同具有标准化、示范性的要求，但实际操作时，我国大部分承包商因急于获得项目，仍参考国内做法，寄希望于执行过程中修改合同，在签约时对于合同条款中隐含的风险没有充分重视或视而不见。虽然我国企业走出去执行国际 EPC 项目多年，也通过执行过程积累了经验，交了学费，但整体水平发展速度仍相对缓慢，无法满足风险管理的要求。当然，FIDIC 编制的合同条款作为国际通用性的范本被大部分业主采用，但也存在一些业主采取自制的、非标准化的合同文本，这就要求 EPC 承包商更要全面了解项目所在国的法律法规，及时发现合同中对承包商不利的条款。

2. 合同管理体系和制度建设尚不完善

在一些工程项目中，由于不重视对合同体系的建设，加之项目的管理部门混乱，合同管理程序不够明确，缺乏必要的审查以及对合同管理的控制与监督不到位，我国承包商在国际 EPC 项目的合同管理中即使存在着明显的不公平也不能及时发现。合同管理制度及管理体系的缺失，在实际执行过程中的风险就表现为重复采购、成本超支、款项超付等。

3. 合同管理信息化滞后

随现代信息技术的高速发展与网络技术的普及，现代信息技术在各行各业中的应用越来越广泛，但对于我国承包商而言，由于缺乏对合同归档的重视、缺乏信息化管理的新理念，合同的管理手段极为落后，特别是对于合同的归档管理更显得乏力、分散，也没有明确的规定与程序化的设计。在合同履约过程中并没有严格进行监督与控制，在合同履约完毕后也没有及时进行总结与评价分析，对合同的粗放式管理使得我国国际 EPC 承包商屡屡在合同中吃大亏，有的企业甚至由此走向破产。

4. 合同管理人才缺失

在国际 EPC 项目合同管理中，我国人才缺失十分严重。EPC 项目合同的内容涉及多方面的知识与理论，专业性极强，一般专业人员也需要特别培训及学习才能胜任 EPC 项目合同管理工作。

而现实是，具有较强的专业知识、法律知识与工程管理知识的人才在我国国际 EPC 项目合同管理中本就极度匮乏，相关企业对这个问题的重视程度存在较大差异，这也就使得我国承包商缺乏对合同管理人才的系统性培养。

二、 解决问题的有效对策

为了尽快提高我国承包商的工程 EPC 项目的合同管理能力，解决我国承包商在合同管理中常见的问题，应努力采取如下措施：

1. 树立较强的合同管理意识

针对我国承包商在工程 EPC 项目合同管理中存在的法律意识缺失的问题，应将合同管理的时点前置到项目签约时，在 EPC 项目履约全过程树立较强的合同风险管理意识。明确项目执行过程中对合同的遵循和履行，简而言之就是 "做工程就是履行合同的过程"。特别是在项目的施工过程中，一定要最大限度遵循合同，承包商一定要熟知合同条款，遇到突发事件或问题，承包商应首先明确事件是否与合同有关，是否是合同中的一个事件，如果这一事件属于合同中的事件，那么该依据合同条款中的哪些约定程序来解决？这些全面的思考可以有效地防止承包商陷入合同纠纷风险中。特别是对任何项目进行决策前，都要从合理性、可行性、经济性、合同效应等方面进行全盘考虑。

2. 在企业内部树立全员参与的合同管理理念

对于合同的全面管理涉及工期、成本、质量、财务、劳务等与工程项目相关的各方面的内容，这就要求企业必须在内部树立全员参与合同管理的新理念，不要将合同管理的责任全部推到合同的管理部门，企业的工程部、财务部、设计部等都必须全员参与，每一名员工都是自身工作职责范围内的合同管理员。

3. 加强对合同实施的过程性管理

对于工程 EPC 项目合同的管理必须重视对其进行过程管理。首先建立清晰的文件管理系统，及时对各项合同文件进行整理与分析，如有必要还必须建立专档，一定要对所有合同事件中的证据准备齐全；其次，加强对合同书面证据的收集，一定要做到有函必回，一定要将所有的与合同相关的承诺落实到书面上，保存证据，以备不时之需；最后，一定要提高相关合同管理人才的引进和培训，帮助本企业尽快建立起一支业务素质过硬、思想素质过硬、理论知识扎实的合同管理人才队伍。

总之，工程 EPC 工程总承包的项目管理已经基本趋于成熟，面对丰富的项目管理经验、成熟的市场条件、规范的合同文本设计、精细化的合同管理等都为我国企业走出国门带来了巨大的挑战与机遇。我国一些承包商在承揽了国际 EPC 项目后由于种种原因出现了亏损，绝大部分都可追溯至 EPC 合同签约阶段缺乏对关键条款的理解，因此必须在签订合同前要审查 EPC 合同的条款，将合同中潜在的风险列出清单，在合同签约时与业主对风险清单中的项目进行商讨，争取在合同条款中属于自己的权利，尽可能地降低合同风险带来的损失，为我国企业走向国际市场奠定基础。

第四节　工程总承包主合同管理

EPC 工程项目中的主合同是总承包商与业主双方在工程中各种经济活动的依据，是工程建设过程中双方的最高行为准则和双方纠纷解决的依据，同时，又是总承包商实施分包计划的纲领性蓝图。为此，加强对主合同的管理至关重要，对于实现 EPC 工程目标具有十分重要的意义。

一、 招标投标阶段的工作

招标投标阶段是工程合同形成阶段，招标投标的行为后果直接影响工程项目的实施，在招标投标阶段实施合同管理有利于总承包商规避风险，有利于选择合适的分包商，有利于总承包商准确地报价和对风险采取有效的对策。在这一阶段，承包商合同管理的主要工作内容是：市场调研风险评估、招标文件审核分析、合同谈判及签订。

1. 市场调研

在投标、承接 EPC 交钥匙工程总承包项目前，首先对项目进行信息追踪、筛选，对业主资质、项目资金来源等进行认真调查、分析、了解，弄清项目立项、业主需求、资金给付等基本情况。在此基础上，总承包商一项重要工作是组织技术人员到项目现场进行实地考察，对工程所需当地主要材料、劳动力供应数量及价格、社会化协作条件和当地物价水平等做到准确了解、掌握。实地考察的另一项重要工作，就是到当地建设主管部门、税务主管部门、会计师事务所进行咨询，对项目所在地的经济、文化、法规等做到更全面的了解。承接 EPC 工程总承包项目前，对以上项目基本信息的收集、整理和分析工作，是决定是否承接该项目的前提，更是规避、防范工程总承包企业风险的第一关。

2. 招标文件的审核

虽然在招标投标安排下，承包商修改招标书的合同条件（含通用条件和专用条件）的机会较小，但是仍然可以在投标书中针对一些关键问题提出澄清、偏差或者要求删除的可能。至于议标项目，承包商与业主谈判修改合同文件的余地较大。无论哪一种情况，通过风险审核至少可以对有关条件和条款做到心中有数，在编写投标书时尽量防范或规避这些风险，并且在商务澄清、技术澄清和合同文件谈判时予以落实。

（1）审核环节。首先，总承包商要对业主制定的招标文件进行细致而深入的研究，对模糊不清的条款要及时誊清，招标单位的誊清文件、会议记录、其他补充文件以及后来的中标通知书等都将成为合同的组成部分，同时要对招标文件条款进行审核与分析，特别是业主针对合同总价风险控制方法、付款方式、结算方式、质保金及保修服务条款等制定的条件进行仔细研究。因为，这将是投标方下一步是否响应业主招标要求，能否中标及中标后 EPC 工程总承包项目合同签订的基础。经分析，一旦决定参与竞争承接项目，以上信息就将成为投标文件编制、工程成本测算的重要依据，同时，也基本框定了下一步合同具体条款及合同总价。作为总承包商的合同管理部门和相关人员，应将此项工作视为合同管理的首要条件来控制，这是总承包合同签署的前提。

其次，总承包商应对施工现场进行详细调查，如地形、地貌、水文地质条件、施工现场、交通、物质供应等条件进行调查。通过对招标文件的研究分析和现场调查所发现的问题进行分类归纳，并做好书面记录，以便在合同管理各个阶段予以高度注意。

最后，应注意的是在一份 EPC 合同中，承包商的风险贯穿了整个合同的每一个条款和每一份附件。在审核合同正文条款以及有关附件时，应该从头到尾仔细审核，不遗漏任何一个潜在的风险。例如，对于档案式的合同文件，在招标文件（含通用条件和专用条件）、投标文件、技术澄清、商务澄清、合同协议书等文件之间，还有一个合同文件构成和合同文件的优先顺序问题，通常规定在具有最高合同文件效力的合同协议书中，应该特别注意对优先顺序的规定是否合理。下面我们对合同的审核重点加以介绍。

（2）审核要点。

1）工程范围。工程范围技术性比较强，必须首先审核合同文件是否规定了明确的工程范围，注意承包商的责任范围与业主的责任范围之间的明确界限划分。有的业主将一个完整的项目分段招标，此时应该特别注意本承包商的工程范围与其他承包商的工程范围之间的界限划分和接口。

2）文件顺序。EPC 合同中要有明确规定合同文件效力优先次序的条款，否则一旦产生纠纷，很难得到合理解决。在一份原油处理厂 EPC 总承包合同中，"工程范围"规定该合同项下的原油处理厂的设计能力为接受原油 150000BPD，但合同协议附件技术规范规定，设计能力为出口量 150000BPD，工艺流程图显示也是 150000BPD。如果按照工艺流程图处理能力设计，与合同协议附件规定的处理量相比，该原油处理厂的处理能力要增大约 1%。整个系统的设备、设施参数都要做相应调整。业主认为设计规范和工艺图都明确表示为处理量 150000BPD，同时项目性能担保也规定为 150000BPD。因此，业主要求承包商按照原油处理厂处理能力为 150000BPD 设计。承包商认为"工程范围"作为合同协议的附件二，而"技术规范"是合同协议的附件四，前者应当优先于后者。因此，该原油处理厂的处理能力应当为接受能力 150000BPD。如果业主要求按照出口能力 150000BPD 规模设计，那么属于合同工作范围变更，业主应当给予变更补偿。为此，双方发生争端。

在本例中，由于合同不同文件，对合同标的规定不一致，导致承包商与业主之间就工程处理量的理解发生分歧。该 EPC 总承包合同对合同文件优先顺序做了规定，即如果合同组成部分相互之间含糊不清或者矛盾，其解释优先顺序按照附件排列顺序，附件二"工程范围"应当优先于附件四"技术规范"和附件七"性能担保"。因此，从合同规定来看，该合同的设计能力应以原油进口量为准。如果业主坚持承包商按照出口量为 150000BPD 规模设计，那么，应当属于合同变更，FIDIC 编制的标准合同都对合同文件的优先次序做了专门性规定。

3）合同价款。EPC 合同的合同价款通常是固定的封顶价款。关于合同价款，重点应审核以下两个方面：

①合同价款的构成和计价货币。此时应注意汇率风险和利率风险，以及承包商和业主对汇率风险和利率风险的分担办法。例如：国际工程中，在一些亚非国家承包项目，合同价款往往分成外汇计价部分和当地货币计价部分。由于这些国家的通货膨胀率通常会高于美元或欧元，应考虑在合同中规定当地货币与美元或欧元之间的固定汇率，并规定超过这一固定汇率如何处理。

②合同价款的调整办法。这里主要涉及两个问题：一是延期开工的费用补偿。有的项目签完合同后并不一定能够马上开工，原因是业主筹措项目资金尚需时间，这时就有必要规定一个调价条款。例如：合同签订后如果 6 个月内不能开工，则价款上调××%；如果 12 个月内不能开工，则价款上调××%；超过 12 个月不能开工，则承包商有权选择放弃合同或者双方重新确定合同价款。投标书中更应该注意对投标价格规定有效期限（如 4 个月，用于业主评标），以防业主开标期限拖延或者在与第一中标人的合同谈判失败后依次选择第二中标人、第三中标人使得实际中标日期顺延、物价上涨造成承包商骑虎难下。二是对于工程变更的费用补偿规定是否合理。至少对于费用补偿有明确的程序性规定，以免日后出现纠纷。有的业主在招标书中规定，业主有权指示工程变更，承包商可以提出工期补偿，但是，不得提出造价补偿，这是不公平的。应该修改为根据具体情况承包商有权提出工期和造价补偿，报业主确认，并规定协商办法和程序。

4）支付方式。

①如果是现汇付款项目（由业主自筹资金加上业主自行解决的银行贷款），应当重点审核业主资金的来源是否可靠，自筹资金和贷款比例是多少，是政府贷款、国际金融机构（如世界银行、亚洲开发银行）贷款还是商业银行贷款。总之，必须审核业主的付款能力，因为业主的付款能力将成为承包商的最大风险。

②如果是延期付款项目（大部分付款是在项目建成后还本付息故需要承包商方面解决卖方信贷），应当重点审核业主对延期付款提供什么样的保证，是否有所在国政府的主权担保、商业银行担保、银行备用信用证或者银行远期信用证，并注意审核这些文件草案的具体条款。上述列举的付款保证可以是并用的（同时采用其中两个），也可以是选用的（只采用其中一个）。当然，对承包商最有利的是并用的方法。例如，既有政府担保又有银行的远期信用证。对于业主付款担保的审核，应该注意是否为无条件的、独立的、见索即付的担保。对于业主信用证的审核，应该注

意开证行是否承担不可撤销的付款义务，并且信用证是否含有不合理的单据要求或者限制付款的条款。此时还应该审核提供担保或者开立远期信用证的银行本身的资信是否可靠。例如，某中国公司曾经试图做一个非洲某国的电站项目，业主提出由非洲进出口银行提供延期付款担保，但是经承包商调查非洲进出口银行的年报，却发现该银行的净资产额不足以开立该项目所需的巨额银行担保。

③审核合同价款的分段支付是否合理。通常，预付款应该不低于10%，质保金（或称"尾款"）应该为5%，或者不高于10%，里程碑付款（按工程进度支付的工程款）的分期划分及支付时间应该保证工程按进度用款，以免承包商垫资过多，既增加风险又增加利息负担。要防止业主将里程碑付款过度押后延付的倾向。还要注意，合同的生效或者开工指令的生效，必须以承包商收到业主的全部预付款为前提，否则承包商承担的风险极大。

④应该审核业主项目的可行性。除了其本身的经济实力外，业主的付款能力关键取决于能否取得融资，如银行贷款、卖方信贷、股东贷款、企业债券等。融资的前提除了技术可行性之外，还有财务可行性。财务可行性的关键则是项目的内部收益率能否保证投资回收和适当利润。在电站建设投资额（主要涉及折旧）确定的前提下，影响电站收入和运行成本的主要因素涉及燃煤电站的上网电量、上网电价和燃煤成本，燃气电站的上网电量、上网电价和燃气成本。水电站虽然没有燃料成本，但需注意它的上网电量可能会受到枯水季节的制约。

⑤尽量不要放弃承包商对项目或已完成工程的优先受偿权。根据我国合同法的规定，承包商对建设工程的价款就该工程折价或者拍卖的价款享有"优先受偿权"。在英国、美国和实行英美法律体系的国家和地区，承包商的这种"优先受偿权"被称为"承包商的留置权"。有的业主在招标文件中规定，承包商必须放弃对项目或已经完成的工程（包括已经交付到工地的机械设备）的"承包商的留置权"。对此，应该提高警惕。因为这往往意味着：业主准备将项目或已经完成的工程（包括已经交付到工地的机械设备）抵押给贷款银行以取得贷款。如果承包商放弃了"承包商的留置权"，势必面临一旦业主破产，就会货款两空的风险。

5）承包商的三个银行保函。通常业主会要求承包商在合同履行的不同阶段提供预付款保函、履约保函和质量保证金的保函等三个银行保函。如果业主只要求提供其中的两个（如省略了履约担保），不要盲目乐观，此时很可能是业主跟你搞了一个文字游戏而已。例如，某中方公司在东南亚某国承包一个电站项目，业主名义上没有要求承包商开具银行履约保函，但是，该项目的预付款保函却规定该预付款保函的全部金额必须在合同项下的工程完成量的价值达到合同价款的90%时才失效，等于是一份预付款保函加一份变相的履约保函。以下按照顺序分别介绍这三个银行保函。

①预付款保函：审核预付款保函的重点有三项：一是预付款保函必须在承包商收到业主全部预付款之时才同时生效，而且生效的金额以实际收到的预付款金额为限；二是应当规定担保金额递减条款，即随着工程的进度用款，预付款金额逐步递减直至为零（递减方法有许多变种可以采用，包括按照预付款占合同价款的同等比例从里程碑付款中逐一扣减；按照设计图纸交付进度以及海运提单证明的已装运设备的发票金额逐一扣减；限定在海运提单证明主要设备已装运之后预付款保函失效等多种方法）；三是预付款保函的失效越早越好，尽量减少与履约保函相重叠的有效期限。应该避免预付款保函与履约保函并行有效直至完工日。如果对预付款保函的有效期作如此规定，则无异于将预付款保函变成了第二个履约保函，增加承包商的担保额度及风险。尤其应当拒绝预付款保函超越完工期，与质保金保函重叠。

②履约保函：审核履约保函的重点有三项：一是履约保函的生效尽量争取以承包商收到业主的全额预付款为前提；二是履约保函的担保金额应该不超过合同价款的一定比例，如10%。此时应注意，通常现汇项目的业主会要求承包商提供较高的履约保函比例，如20%或30%。但是，对延期付款项目，鉴于承包商已经承担了业主延期付款的风险，应该严格将履约保函的比例限制在

10%以下。三是履约保函的失效期应争取在完工日、可靠性试运行完成日或者商业运行日失效之前，并避免与质保金保函发生重叠，否则会增加承包商的风险。也就是说，在质保金保函生效之前，履约保函必须失效。否则，等于在质保期内业主既拿着质保金保函，又拿着履约保函，两个保函的金额相加，会增加承包商被扣保函额度的风险。

③质保金保函；也称"滞留金保函"或"保留金保函"。审核质保金保函的重点有三项：一是质保金保函的生效应该以尾款的支付为前提条件。也就是说，业主支付5%的尾款，承包商就交付5%的质保金保函；业主支付10%的尾款，承包商就交付10%的质保金保函。应该避免在业主还未交付尾款的情况下，承包商的质保金保函却提前生效的规定。二是质保金保函的金额不应该超过工程尾款的金额，通常为合同价款的5%或10%，最多不能超过10%。三是质保金保函的失效应当争取不迟于最终接受证书签发之日。为了避免业主无限期推迟签发最终接受证书，也可以争取规定："本质保金保函在消缺项目完成之日或者最终接受证书签发之日起失效，以早发生者为准，但无论如何不迟于××年××月××日。"

6）误期罚款。对误期罚款，应重点审核以下三个方面：

①工期和罚款的计算方法是否合理。例如，燃煤电站项目应尽量争取从开工日到可靠性试运行的最后一天为工期，逾期则罚款。有的项目规定除了上述工期罚款之外，还另行规定了同期并网的误期罚款。此时应注意：如果有一台以上的机组，应将每台机组的罚款工期分别计算，并争取性能测试不计入工期考核。如果是燃气电站，由于是联合循环，往往是将整个电站的所有机组合并考核工期和性能指标。也有的业主比较苛刻，规定从开工指令发出之日到商业运行日为工期，并对商业运行设定了许多条件，甚至将承包商付清违约罚款（包括误期罚款）作为达到商业运行的先决条件之一。应该尽量避免这种苛刻的规定。

②罚款的费率是否合理，是否过高，是否重复计算。

③罚款是否规定了累计最高限额。为了限制承包商的风险，应争取规定累计最高限额，例如，合同规定"本合同项下对承包商每台机组的累计误期罚款的最高限额不得超过合同价款的5%或者该台机组价款的10%"。

7）性能指标罚款的审核。

①对性能指标的确定和罚款的计算方法是否合理。以电站项目为例，通常应该对每台机组的性能考核缺陷单独计算。

②罚款的费率是否合理，是否过高，是否重复计算。如电站项目，应对机组的出力不足、热耗率超标、厂用电超标、排放量、噪声等考核指标的具体罚款数额或幅度予以审核。

③罚款是否规定了累计最高限额。以某电站项目为例，为了限制承包商的风险，应尽量争取规定对每台机组性能考核缺陷的累计罚款不超过该台机组价格的××%，例如5%。

④要特别注意审核业主对性能指标超标的拒收权。因为拒收对承包商的打击是致命的，所以必须严格审核性能指标超标达到什么数值可以拒收是否合理。以电站项目为例，有的业主规定如果机组的出力低于保证数值的95%或者热耗率超过保证数值的105%，业主有权拒收整个工程。

8）承包商违约的总计最高罚款金额和总计最高责任限额。许多EPC合同并不规定对承包商违约的总计最高罚款金额。这个总计最高罚款金额包括上述误期罚款限额、性能指标罚款限额在内，通常应该低于上述各个分项的罚款限额的合计数额。如有可能，应尽量争取规定一个总计最高罚款金额，如不超过合同价款的20%，以免万一出现严重工期延误、性能指标缺陷的情况，使承包商承担过度的赔偿风险。

总计最高责任限额与上述总计最高罚款金额不同，它通常除了上述合同约定的误期罚款、性能指标罚款之外，还包括缺陷责任期内的责任以及承包商在合同项下的任何其他违约责任。所以，总计最高责任限额要大于总计最高罚款金额。通常，承包商的总计最高责任限额不应超出合同价款的100%。也有的EPC合同并不区分上述两个概念。在约定各个分项的误期罚款限额、性能指标罚款限额之后，不再约定总计最高罚款金额，而是直接规定一个总计最高责任限额，如合同价款的35%。总之，规定一个或数个最高限额以限制承包商的赔偿责任对承包商是有利的，关键是具体限额定得是否合理可行。

9）业主责任条款。

①业主最大的责任是向承包商按时、足额付款。合同条款中应该争取对业主拖延付款规定罚息，并且对业主拖延付款造成的后果规定违约责任。

②在合同中明确规定业主有义务对施工现场提供条件标准，其中包括：施工现场应该具有什么样的道路、施工用电、用水、通信等条件。

③注意规定业主按期完成其本身工程范围内工程的责任，例如，在电站项目的EPC合同项下，业主应该按期完成输变电工程和接入系统，以确保电站的按时并网发电。如果是燃气电站，还应该规定业主应该按期完成天然气的接通，以不延误机组的同步并网、性能测试和可靠性试运行。

④在分标段招标的EPC合同项下，还应争取规定：如果业主聘用的其他承包商施工，干扰了本合同承包商施工，业主应该承担的责任。

⑤业主往往在招标文件中规定，对于招标文件中的信息的准确性业主不负责任，承包商有义务自己解读、分析并核实这些信息。这里有一个区别：例如水文地质情况，承包商可以自己调查并复核有关情况；但是，对于招标文件中有关设计要求的技术参数，应该属于业主的责任范围。

10）税收条款。对税收条款的审核应明确划分承包商承担项目所在国的税收种类，业主承担项目所在国税收种类。如有免税项目，则应明确免税项目的细节，并明确规定万一这些免税项目最终无法免税，承包商应有权从业主那里得到等额的补偿。

11）险条款。

①明确工程保险的范围，目前就境外EPC工程总承包项目主要涉及的险种有建筑（安装）一切险、第三者责任险、货物运输险和雇主责任险。

建筑（安装）一切险及第三者责任险（EAR&TPL）条款属于列明除外的条款，即条款的范围为列明除外责任以外的自然灾害和意外事故造成的损失。该保险责任范围由两部分组成，第一部分主要是针对工程项下的物质损失部分，包括工程标的有形财产的损失和相关费用的损失。第二部分主要是针对被保险人在施工过程中因可能产生的第三者责任而承担经济赔偿责任导致的损失。该保险的被保险人不限于EPC项目所有参与者，包括项目所有者即业主、总承包商、土建和安装的分包商以及材料设备供应商等。

货物运输险承保的是项目建设过程中相关方所面临的材料和设备以及施工机具在运输途中由于自然灾害或意外事故可能遭到的损害或灭失的风险，保险范围是从供货仓库开始装运至项目现场的全程风险，包括运输过程中的临时仓储。雇主责任险承保的是被保险人的雇员在受聘期间从事工作过程中因遭受意外导致伤亡、残疾或患有与职业有关的职业病而依法或根据雇佣合同应当由被保险人承担的经济赔偿责任。

②投保与保险有效性的维续。由于EPC工程总承包项目具有多样性和复杂性，各国保险法不同，项目的实际情况和业主的要求也不尽相同，因此，进行保险合同安排时，需要根据项目的实际情况设计保险方案：（a）一般合同规定，保险合同需要由业主批准，在合同签订前应与业主书面确认相应保险条款，明确保险公司的范围；（b）在项目谈判期间，应争取由中国保险公司承保，原因是我国企业EPC工程所在国大多数属于发展中国家，当地保险公司承保能力有限，出险后理赔无法获得充足的保障，国内保险市场相对稳定，像PICC、平安和太平洋在境外的业务都非常成熟。在EPC工程领域的投保实践中，更多的国家会要求在项目所在国出单，此时可以由当地保险公司出单，通过再保险的方式将尽可能多的份额回分国内，通过采取穿透条款（cut through）的方式，由再保险公司独立承保并承担理赔责任，降低海外保险带来的风险；（c）安装一切险的

保险额一般是合同总额，但在工程建设过程中往往会根据实际情况扩充合同范围，这将导致合同总价的增加，这时应及时通知保险公司增加保额，以免出险后由于投保的额度不足，而无法获得足额赔偿；（d）安装工程保险在保险单上有列明的保险期限，保险公司仅承担列明期限内的保险责任，但是如果在保险到期日无法按时完工时，应及时进行保险延期。值得注意的是，随着完工比例的增加而逐渐上升的过程，在工程项目后期办理安装保险延期的保险费率和难度都将大大增加；（e）货运险投标时应尽量提供运输货物的详细价格。货运保险发生的损失往往是一批货的某几项配件或者主体设备的一部分受损，而货运险是定值保险，受损项目往往由于事前无法提供明细价格而不能获得及时有效的补偿。

对保险条款的审核除了应当注意关于承包商必须投保的险别、保险责任范围、受益人、重置价值、保险赔款的使用等规定是否合理外，还应注意避免在保险公司的选择上受制于人。例如，孟加拉国为了保护本国的保险业，规定凡是政府投资的项目，其工程险必须向本国的国营保险公司投保，而该国的国营保险公司只有一家。一旦受此限制，在保险费的谈判上就会处于非常被动的地位。也有的国家规定本国境内项目的工程险必须向本国保险公司投保。所以，在合同的保险条款内应尽量争取排除这种限制性条款。

如果受所在国法律的限制，工程险必须向所在国的保险公司投保，则退一步，还可以争取在合同中规定，作为投保人的承包商有权自行选择第一层保险公司背后的再保险公司。因为大多数亚非国家的保险公司往往对重大项目的承保能力有限，通常是向国际上具有一定实力的再保险公司（如慕尼黑再保险公司、瑞士再保险公司等）寻求再保险的报价之后才自己报价。如果承包商保留对再保险公司的选择权，那么也可能通过自己选择甚至组织再保险来降低保费。

12）知识产权条款。知识产权条款的类型主要分为三类：一是知识产权权属约定；二是侵权责任约定；三是保密约定。知识产权权属条款指的是合同双方约定合同标的中的知识产权客体（如某某产品、某项目设计方案等）；产生的知识产权类型（如专利权、著作权、版权等）以及各类知识产权的权属和知识产权转让许可的利益分配。有的涉及专利和技术诀窍的知识产权归属，涉及技术后续开发的知识产权归属。侵权责任约定，指的是合同双方在合同中约定，一旦发生合同标的物侵犯第三方知识产权的情况，由何方承担应诉和赔偿责任，以及侵权行为如影响合同履行的相应的违约责任，等等。保密约定是指合同双方约定本合同中需保密的内容、保密期限、保密措施等事项。

①知识产权归属。工程总承包项目包括设计、采购、施工，通常在设计阶段会产生较多的知识产权，如技术诀窍、专利、软件著作权、图纸版权等。业主往往不仅希望得到这些技术成果的使用权，还希望得到知识产权，便于将来在其他项目上的实施。因此，工程总承包合同最常出现争议的知识产权条款是知识产权归属。一些业主通常会在合同中要求享有本项目产生的知识产权，甚至在招标方案中便已写明承包方投标方案的知识产权归发包方所有。在此情况下，承包方不得因短期利益放弃自身合法权利，应根据业主需求分析其要求知识产权权属的目的，采取合理的应对措施，在知识产权保护与利益之间进行平衡，可采取的应对措施有以下三种。

根据我国《专利法》和《著作权法》相关规定，在无约定的情况下，专利和著作权等知识产权归实际完成者所有。因此，若无知识产权权属约定，知识产权由谁创造就归谁所有，承包商可说服业主在合同中不设知识产权归属条款，由国家相关法律规定为准，可以规避知识产权争议。

若业主要求享有知识产权是为了自己将来能够在该项目上自行实施和改进，在此情况下，承包商可以在合同中明确给予业主技术使用许可，约定业主可以在合同项目范围内使用该技术，但不得转让或许可给他人。这样既满足了业主的需要，又保护了承包商的知识产权。

若业主要求享有知识产权不仅是为了在本项目使用，还想在其他项目上推广实施，这时承包方可根据项目实际情况与甲方协商，至少要求共同拥有本项目产生的知识产权，并约定将来该知识产权实施的收益分配比例，以保证自己的市场利益。

②侵权责任。工程总承包项目中，通常也包括该项目所用技术或产品的侵权责任。业主一般会要求承包方所提供的技术和产品，不得侵犯第三人知识产权，一旦发生侵权纠纷由卖方承担一切责任。面对此类条款，承包方为保证自身合法利益可以从以下四方面考虑应对策略。

若引起侵权纠纷的产品或技术，是承包商应业主要求而设计和采纳的，应在合同中约定免除承包商的侵权责任。

若引起侵权纠纷的产品或技术，并非是承包商独家提供的，还包括其他承包商提供的产品或技术，则应约定不能由承包商承担全部责任。

若引起侵权纠纷的产品或技术，并非在合同约定的使用范围内使用，应在合同中约定免除承包商的侵权责任。

一旦发生合同所属侵权行为，对合同执行造成损失，可以赔偿直接损失，但不能视为违约。另外为了降低承包商可能的侵权风险，最好与业主在合同中约定，一旦发生侵权纠纷，在承包商协调解决侵权纠纷时，业主不得做出任何不利于承包商的认错表示或行为。

③保密约定。对于工程总承包合同执行过程中，业主提供给承包商的技术资料，业主通常要求保密，在合同中约定了保密内容和保密期限。这时承包商需考虑以下几个方面的应对策略。

保密责任应当是双向的，不仅承包商需对业主保密，业主也需对承包商提供的技术成果进行保密。

为了业绩宣传的需要，明确保密范围和例外情形。

④其他限制技术进步的条款。在一些工程总承包合同中，业主为保护自身利益，有时会提出一些限制性条款，例如，要求承包商不得在业主提供的技术上进行改进或创新，后续开发的技术知识产权归业主所有等。但《合同法》已有相关规定此类条款属于非法垄断技术、阻碍技术进步，属于无效条款，承包商可引用相关条款说服业主删除此类条款。

工程总承包商在项目合同的审核或谈判过程中，不仅要把眼光放在价格、付款条件、性能考核、罚则等常规的关键条款上，也应将知识产权条款作为一个主线贯串在项目谈判过程中，采取有效合理的知识产权条件制定策略，能够做到既取得既得利益，又保护知识产权，提升整个合同质量，保证项目顺利有序进行。

13) 法律适用条款和争议解决条款。

①法律适用条款。就国际 EPC 工程而言，法律适用条款通常均规定适用项目所在国的法律，这一条几乎没法改变。有的外商在我国内地投资的项目，却在合同条款中规定适用外国法律为合同的准据法，这是不能同意的。因为关于工程项目（如电站等）的许多法律是属地法，只要项目建在中国，就必须受这些法律的约束，如项目的设计规范、质量标准、环保法规、建设法规、消防法规、安全生产标准等，均必须适用所在地的法律。有的业主因为是国际资本，工程项目建在印度，却要求 EPC 合同的准据法规定为英格兰法，这也应尽量避免。

此外，还有两点应该引起注意：一是尽量争取适用所在国法律的同时，更多地适用国际惯例，例如，关于 EPC 合同以及 FIDC 编制的条款、"跟单信用证统一惯例"（国际商会第 500 号出版物）（UCP）、国际商会关于"见索即付担保的统一规则"（国际商会第 458 号出版物）（URDG）等；二是尽量争取如果法规变化导致承包商的工程造价（成本及开支）增加，业主应该予以等额补偿。

②争议解决条款。就国际 EPC 工程而言，关于争议解决条款的审核重点有以下几个方面。

应该避免在项目所在国或业主所在国仲裁，争取在第三国国际仲裁，尤其应该避免在一些对中方怀有偏见的西方国家仲裁机构仲裁。例如，某中国公司在南亚某国的项目，因该项目的股东在美国、迁就了业主的要求，规定在美国仲裁协会仲裁，最终被裁决巨额赔款。更奇怪的是，整个仲裁裁决书才一页，既没有对案情的陈述、分析，也没有判案的理由，只有裁决时间、仲裁员姓名、申请人姓名、被申请人姓名和裁决赔款的金额和支付时间。

应该明确选择仲裁机构和仲裁条款。如果适用联合国国际贸易法委员会仲裁规则等实行的"临时仲裁"规则，则可以不选择仲裁机构，但是，必须明确仲裁庭的组成程序。"临时仲裁"并不是指仲裁裁决是临时的，而是指仲裁庭并不是从属于一个常设的仲裁机构，仲裁庭是"临时"组成的。

必须明确规定仲裁裁决是终局的，对双方均有约束力。任何一方不应试图另行向司法当局寻求其他裁决，但是，任何一方均有权向有适当管辖权的法院申请对仲裁裁决书的强制执行。此外，还应该规定仲裁程序中使用的语言文字，以及仲裁费用的分担办法等。

3. 合同商务谈判及签订

在招标投标的商务谈判中，承包商应注意以下问题：

（1）商务谈判的基本策略。商务谈判是指人们为了实现交易目标而相互协商的活动。"讨价还价"是商务谈判的基本内涵，除此之外，商务谈判还有另外两层意思：一是寻求达成交易的途径，二是进行某种交换。

商务谈判作为以人为主体而进行的一项活动，自然受到商务谈判者的态度、目的及商务谈判双方所采用的商务谈判方法的影响。商务谈判按商务谈判者所采取的态度和方法来区分可分为三种：

1）软式商务谈判：软式商务谈判也称"友好型商务谈判"。商务谈判者尽量避免冲突，随时准备为达成协议而做出让步，希望通过商务谈判签订一个皆大欢喜的合同。软式商务谈判强调建立和维护双方的友好关系，是一种维护关系型的商务谈判。这种商务谈判达成协议的可能性最大，商务谈判速度快、成本低、效率高。但这种方式并不是明智的，一旦遇到强硬的对手，往往步步退让，最终达成的协议自然是不平等的。实际商务谈判中，很少有人采用这种方式，一般只限于在双方的合作非常友好，并有长期业务往来的情况下使用。

2）硬式商务谈判：硬式商务谈判也称"立场型商务谈判"。商务谈判者将商务谈判看作一场意志力的竞争，认为立场越硬的人获得的利益越多。因此，商务谈判者往往将注意力放在维护和加强自己的立场上，处心积虑地要压倒对方。这种方式有时很有效，往往能达成十分有利于自己的协议。

但这种方式同样有其不利的一面。如果双方都采用这种方式进行商务谈判，就容易陷入骑虎难下的境地，使商务谈判旷日持久，这不仅增加了商务谈判的时间和成本，降低了效率，而且还可能导致商务谈判的破裂。即使某一方迫于压力而签订了协议，在协议履行时也会采取消极的行为。因此，硬式商务谈判可能有表面上的赢家，但没有真正的胜利者。

3）原则式商务谈判：原则式商务谈判有四个特点：①主张将人与事区别对待，对人温和，对事强硬；②主张开诚布公，商务谈判中不得采用诡计；③主张在商务谈判中既要达到目的，又不失风度；④主张保持公平公正，同时又不让别人占你的便宜。

原则式商务谈判与软式商务谈判相比，注重了与对方保持良好的关系，同时也没有忽略利益问题。原则式商务谈判要求商务谈判双方尊重对方的基本要求，寻找双方利益的共同点，千方百计使双方各有所获。当双方的利益发生冲突时，根据公平原则寻找共同性利益，各自做出必要的让步，达成双方均可接受的协议，而不是一味退让，以委曲求全来换取协议。原则式商务谈判与硬式商务谈判相比，主要区别在于主张调和双方的利益，而不是在立场上纠缠不清。这种方式致力于寻找双方对立面背后存在的共同利益，以此调解冲突。它既不靠咄咄逼人的压服，也不靠软弱无力的退让，而是强调双方地位的平等性，在平等基础上共同促成协议。这样做的好处是，商务谈判者常常可以找到既符合自己利益，又符合对方利益的替代性方案，使双方由对抗走向合作。

在 EPC 工程项目招标投标阶段，原则式商务谈判策略得到广泛应用。

（2）商务谈判的两种观点。商务谈判是每一笔交易的必经路程。大多数情况下，目的一致（为了盈利）的方式各异的谈判双方最终都要通过商务谈判来达到交易。众所周知，商务谈判实际上是一个艰难的沟通和相互认可的过程，特别是一项 EPC 交钥匙工程的商务谈判中，充满大量的冲突和妥协。在各类商务谈判中，总有一方占上风。这种优势产生于供需关系的不平衡、商务谈判人员能力的差异。商务谈判的结果是否令人满意，取决于商务谈判者是否具备高超的商务谈判技巧、准确的判断力和英明的策略。对于商务谈判有两种完全不同的观点："零和博弈"与"创造附加值"。

1）零和博弈。零和博弈论者认为，商务谈判双方的利益总和是固定的，一方的直接获利就是另一方的损失，一方获利多了，另一方受损就多。"零和博弈"商务谈判的特点是：从一开始，商务谈判就集中在如何分配已经存在的优势、劣势、盈利、损失、责任、义务上，双方的利益取向是相反的。如果一味地运用这种商务谈判方式，容易导致一方认为自己是赢家，另一方认为自己是输家，或双方都认为自己是输家。这种观点认为，"零和博弈"的结果必定有赢有输，所谓"双赢"的结果是不可能存在的。在亲切的微笑、友好的握手、盛情的宴会背后，双方都在为赢得最大利益而针锋相对。典型的例证是，正是认识到"零和博弈"的趋势，许多刚刚开放的发展中国家在制订开放引资政策时，就对外国投资者在本国取得的最大利益做出法律规定，如给予本国投资者以否决权、51%以上的控股权等等。

目前，太多的商务谈判者运用零和博弈方式，这样的商务谈判容易发展成为口角、欺诈、不愿倾听、单方辩论、产生不确定感和不信任感，更糟糕的是没有创造出更多的附加值。这样的商务谈判方式即使成功了，收益也是有限的，或者得不偿失。

2）创造附加值。另一种观点是"创造附加值"，即双方建立长期的合作伙伴关系，达到"双方共赢"的结果。商务谈判要求双方就不同方案对每一方的全部费用和盈利产生的影响进行坦率的、建设性的讨论，提出创造附加值或降低建造成本的办法，并公平地分配其中的利益。这种合作能创造附加值，当一方获得更多时，无须对方受损或减少收益。

创造附加值的方式对商务谈判双方有很高的要求，如果商务谈判者对这种商务谈判方式的好处缺乏远见，他们就不能展开坦率和建设性的对话。

上述两种商务谈判方式都有其存在的依据，这不是孰是孰非的问题，而是为了达到最好的结果，如何使两者有机地结合起来的问题。通过初步的合作，双方可以建立起良好的相互信任的关系，创造出能令双方都受益的附加值。在附加值被创造出来后，双方还可以通过零和博弈方式，有效地分配附加值。对于 EPC 交钥匙工程总承包项目的建设，更应该提倡创造附加值的方式。

①EPC 工程总承包项目的关键问题是保证工程的进度和质量。这方面一旦出现问题，处理的结果绝不是扣除一点违约金那么简单。若能在保证质量的基础上将工期有所提前，就能让业主的投资尽早得到回报。

②EPC 工程总承包项目的工程内容极其复杂，合同条款上难免有考虑不周或说明不清的地方，如果业主和承包商相互不合作、不配合，势必会发生很多的合同争议，双方处理起来既非常棘手，同时也耗费双方大量的时间和精力。

③EPC 工程总承包项目工期一般很长，施工质量的好坏直接影响到项目在运营期的运行质量和成本。而施工质量在建设期的验收阶段是不能完全反映出来的，需要经过运营期的检验方可得出结论。

工程总承包项目为了保证工程按期完成，在国际 EPC 项目中普遍采用的做法是在合同中确立若干个进度里程碑，并根据每个里程碑的重要程度事先设定不同金额的奖金或违约罚金。

工程实施中以这些里程碑来考核进度，实现一个就奖励一次。同样一旦某个里程碑出现延误，业主则扣除该里程碑所对应的违约金作为对承包商的处罚。有的项目甚至约定若最后的竣工目标没有实现，则以前阶段发放的奖金将全部扣除，以鞭策承包商按时完成所有里程碑设定的目标。

具体实践中可以采取更好的做法，即在设定里程碑的同时，一方面按照国际上的通行惯例，从合同价格中提取一部分金额分配到各个里程碑中，作为违约偿金；另一方面，业主还准备了等额的奖金，同样分配到这些里程碑中。承包商如果按时完成了某个里程碑，将会得到双倍的支付，反之若未能按时完成某个里程碑，则不仅得不到合同价格内的违约偿金，同时还将失去一笔数量不菲的奖金。通过各种方式，可以激发了承包商积极合作、保质保量完成工程的热情，使工程进度提前，创造极其可观的附加值，为业主提前运营、提前取得效益、提前偿还贷款利息都带来极大的好处。为此，业主也会额外向承包商增发一笔可观的奖金。这是对"创造附加值"商务谈判思想的运用。

二、 履约阶段的工作

合同履约过程中的合同管理与控制是 EPC 工程总承包项目合同管理的重要环节。EPC 工程总承包项目合同一旦签订，整个工程建设的总目标就已确定，这个目标经分解后落实到项目部、分包商和所有参与项目建设的人员，就构成了目标体系。分解后的目标是围绕总目标进行的，分解后各个小目标的实现及其落实的质量，直接关系到总目标的实现，控制这些目标就是为了保证工程实施按预定的计划进行，顺利地实现预定的目标。

1. 合同交底

EPC 工程总承包项目合同签订后，EPC 的总承包商首先应该明确主合同确定的工作范围和义务，项目的主要管理人员要向项目的具体的执行者进行合同交底，对合同的主要内容和潜在的风险做解释和说明，并根据合同要求分解合同目标，实现目标管理。使项目部所有人员熟悉合同中的主要内容、规定及要求，了解作为总承包商的合同责任、工程范围以及法律责任，并依据合同制订出工程进度节点计划。按照节点计划，项目各部门负责人随即对各自部门人员进行较详细分工，即将每个节点作为一个小目标来管理，当每个小目标都实现的时候，那么总的目标也就实现了。克服在传统工程管理中只注重按图纸来划分工作范围，而忽略了以合同交底的工作。合同交底意义重大，只有明确了合同的范围和义务才能在项目实施过程中不出现或少出现偏差。

做好合同交底，总包商应积极组织相关人员进行 EPC 工程总承包项目的现场管理培训，本着"磨刀不误砍柴工"的精神，聘请专业人员对现场的工程人员进行系统的培训，重点内容是在实施工程管理的过程中，将现场管理与合同实质联系起来，并用工程进度、工程质量、工期等作为评定现场管理的标准，同时与现场项目经理的绩效相挂钩，这就保证工程项目随时处于受控状态，避免工程管理人员依靠经验管理项目的情况出现。

2. 合同控制

合同控制是指双方通过对整个合同实施过程的监督、检查、对比引导和纠正来实现合同管理目标的一系列管理活动。在合同的履行中，通过对合同的分析、对自身和对方的监督、事前控制，提前发现问题并及时解决等方法进行履约控制的做法符合合同双方的根本利益。采用控制论的方法，预先分析目标偏差的可能性并采取各项预防性措施来保证合同履行，具体有以下几项内容。

（1）分析合同，找出漏洞。对合同条款的分析和研究不仅仅是签订合同之前的事，它应贯穿于整个合同履行的始终。不管合同签订得多么完善，都难免存在一些漏洞，而且在工程的实施过程中不可避免会发生一些变更。在合同执行的不同阶段，分析合同中的某些条款可能会有不同的认识。这样可以提前预期发生争议的可能性，提前采取行动，通过双方协商、变更等方式弥补漏洞。

（2）制订计划，随时跟踪。由于计划之间有一定的逻辑关系，比如工程建设中某项里程碑的完成必定要具备一些前提条件，把这些前提条件也做成合同计划，通过分析这些计划事件的准备情况和完成情况，预测后续计划或里程碑完成的可能性和潜在风险。

（3）协调和合同约定的传递。合同的执行需要双方各个部门的组织协调和通力配合，虽然多个部门都在执行合同的某一部分，但不可能都像主管合约部门的人员一样了解和掌握整个合同的内容和约定。因而，合约部门应该根据不同部门的工作特点，有针对性地进行合同内容的讲解，用简单易懂的语言和形式表达各部门的责任和权利、对承包商的监督内容、可能导致对自身不利的行为、哪些情况容易被对方索赔等合同中较为关键的内容进行辅导性讲解，以提高全体人员履行合同的意识和能力。

（4）广泛收集各种数据信息，并分析整理。比如各种材料的国内外市场价格、承包商消耗的人员、机械、台班、变更记录、支付记录、工程量统计等等。准确的数据统计和数据分析，不仅对与对方进行变更、索赔的商务谈判大有裨益，也利于积累工程管理经验，建立数据库，实现合同管理的信息化。

3. 变更管理

（1）工程变更概念。广义上说，变更指任何对原合同内容的修改和变化。但在工程项目中，严格地讲，变更分为合同变更与工程变更，从一般定义上讲，合同变更指任何对原合同的主体或内容的修改和变化。但从我国合同法的第五章的有关规定看，合同变更仅指合同内容的变更，合同主体的变更称为合同的转让。因此，合同变更仅指合同内容的变更。合同的变更不影响当事人要求赔偿的权利。原则上，提出变更的一方当事人对因合同变更所受损失应负赔偿责任。

工程变更则是指在工程项目实施过程中，按照合同约定的程序对部分或全部工程在材料、工艺、功能、构造、尺寸、技术指标、工程数量及施工方法等方面做出的改变。引起工程变更的原因有多种，如设计的变更、更改设备或材料、更改技术标准、更改工程量、变更工期和进度计划、质量标准。频繁的工程变更是 EPC 工程总承包项目的工程合同的显著特点之一。由于大部分工程变更工作给承包商的计划安排、成本支出都会带来一定的影响，重大的变更可能会打乱整个工程部署，同时变更也是容易引起双方争议的主要原因之一，所以工程变更必须引起合同双方的高度重视，是合同管理的重要内容。

EPC 银皮书及 FIDIC 合同条件均规定，业主有权实施工程变更（但当事人任何一方无权擅自修改合同内容。否则承担法律责任），并一般对工程变更的提出与处理都有详细的规定，比如工程变更发生的前提条件、工程变更处理的流程、工程变更的费用确定等。至于具体的操作，则需要双方在工作程序中做出具体的规定。一般情况下，只有变更导致工程量变化达到15%以上，承包商才可停工协商，变更的实施必须由双方代表协商一致后才可以执行。

大多数情况下，国际工程合同尤其是采用 FIDIC 条款为蓝本的合同授予了业主直接签发工程变更令的权力，承包商必须无条件地先执行工程变更令，然后再与业主协商处理因执行该变更令而给承包商带来的费用或工期等问题。这主要是考虑到工程变更发生的频繁性以及避免双方过久的争执而影响工程的工期进度。

（2）工程变更的种类。常见的工程变更类型有两种：工期变更和费用变更。最容易引起双方争议和纠纷的是费用变更，因为无论是工期变更，还是合同条款的变更，最终往往都有可能归结为费用问题。合同中通常会规定合同变更的费用处理方式，双方可以据此计算变更的费用。

（3）工程变更费用。在确定变更工作的费用时，国际工程合同则赋予业主在多种费用计算方法中选择或采用某种计算方式的权利。这种选择权并不代表业主可以随心所欲地一味选择对自己有利的计算方法，其衡量的标准应该是"公平合理"。对于一个有经验的承包商，通过工程变更和索赔是获得成本补偿的重要机会。

对于业主来说，必须尽量避免太多的变更，尤其是因为业主临时改变、增加工程项目功能要求、合同范围界定不清、自身失误等原因引起的返工、停工、窝工。变更导致争议性的问题时，如果承包商按照业主的要求实施了变更，那么，对承包商造成的间接费用是否应给予补偿？对涉及工程量较大的变更，或处于关键路径上的变更，可能影响承包商后续的诸多工作计划，引起承包商部分人员的窝工。对此，业主除了补偿执行该项变更本身可能发生的费用外，对承包商后续施工计划造成的影响所引起的费用或承包商的窝工费用，是否应该给予补偿？我国合同法以及国际工程合同条款中对此均未有明确的规定，只是更多地从"公平合理"的角度做了简单的说明。

这些纠纷就需要合同管理者与业主进行磋商和协调。

4. 索赔管理

（1）索赔动因。EPC 总承包工程建设规模大、周期长、合作单位多，环节繁多，情况复杂。为此，其合同管理是一个动态过程：一方面合同在实施过程中，经常受到外界干扰，出现不可预见事件、地质情况意外、政治局势变化、政府新法令实施、物价上涨等，这些情况将影响工程成本和工期；另一方面，随着工程项目的进展，业主可能会有新的要求，合同本身也在不断变化，绝对不变的合同是不存在的。此外三边工程（边设计、边施工、边修改）在施工过程中的不可预见性、随意性较大，引发的变更较多，这也是合同管理的难点。依据法律和合同的规定，对非承包商过错或疏忽而属于业主及其代表责任的事情，造成损失的，总承包商可以向业主方提出补偿或延期的请求。许多国际工程项目中，成功的索赔成为承包商获取收益的重要途径，很多有经验的承包商常采用"中标靠低价，赢利靠索赔"的策略，因而索赔受到合同双方的高度重视。

索赔必须有合理的动因才能获得支持。一般来说，只要是业主的违约责任造成的工期延长或承包商费用的增加，承包商都可以提出索赔。业主违约包括业主未及时提供设计参数，未提供合格场地，审核设计或图纸的延误，业主指令错误，延迟付款等，因恶劣气候条件导致施工受阻，以及 FIDIC 条款中所列属于承包商"不可抗力"因素导致的延迟均可提出索赔。当然有的业主会在合同的特殊条款中限定可索赔的范围，这时就要看合同的具体规定了。向业主索赔以及业主对承包商的反索赔是合同赋予双方的合法权利。发生索赔事件并不意味着双方一定要诉讼或仲裁。索赔是在合同执行过程中的一项正常的商务管理活动，大多可以通过协商、商务谈判和调解等方式得到解决。

（2）索赔管理中需要注意的一些问题。

1）对于业主无过错的事件，比如恶劣气候条件和不可抗力等给承包商造成的损失，承包商有责任及时予以处理，尽早恢复施工。然后再提交影响报告和证据并提出补偿请求。

2）工期索赔中要注意引起工期变化的事件对关联事件的影响。工程中计算工期索赔的办法是网络分析法，即通过网络图分析各事项的相互关系和影响程度。如对关键路径没有造或影响，则不应提出工期索赔。

3）重视研究反索赔工作。习惯上将业主审核承包商的索赔材料以减少索赔额、业主对承包商的索赔等称为"反索赔"。通过收集必要的工程资料、加强工程的监督和管理，不仅可以减少承包商对业主的索赔，还可以作为业主向承包商提出反索赔的依据。承包商要多研究反索赔的理论与实践，尽量不给业主以反索赔的机会，或者尽量在索赔前就做好应对业主反索赔的工作准备。

综上所述，在合同履行过程中，承包商的合同管理人员要对合同规定的条款了如指掌，随时注意各种索赔事件的发生，一旦发现属于业主责任的索赔事件，应及时发出索赔意向通知书并精心准备索赔报告。总承包商还应尽量保证分包文件的严密性，保证设计质量，尽量减少设计变更，减少分包单位的索赔概率。

5. 保险管理

保险管理是合同管理的重要内容之一，在合同履约阶段，往往发生保险事故，总承包商应积极应对保险索赔事件。保险的基本职能是分散风险和经济补偿，分散风险是前提条件，经济补偿是分散风险的目的。了解保险公司理赔程序，理解相关保险法规和保险原则，是风险事件发生后，充分利用保险的损失补偿职能，及时获得赔偿的重要条件。保险索赔过程中总包商应注意以下的问题。

（1）认定保险责任。保险公司在处理理赔工作时首先要对损失进行定性分析，确定损失原因，认定保险责任范围，工程项目的损失并不总是单一原因造成的，原因经常错综复杂，有些原因有时并不完全是保险责任，对于这种情况，认定责任归属时将使用"近因原则"进行判定，因此，发生风险事件时，应根据"近因原则"充分分析损失原因，掌握发生损失的决定因素。总承包商在这一阶段应做的工作是积极配合保险公司所进行的责任认定，提供真实、可靠的索赔原因分析等有关资料，协助保险公司尽快完成对保险责任的认定，尽快获得索赔款项。

（2）核准损失量。确定保险责任后，保险公司会对损失的工程量和货币量进行确认，并依据保险合同的相关规定核算赔款。保险公司遵循的是"被保险人不可获利原则和赔偿方式由保险人选择原则"。保险公司的赔偿责任是使被保险标的恢复到出险前的状态，这种恢复不能使受损标的状态好于保险事故发生前，主要有三种方式：一种是支付赔款；当被保险人不打算修复或重置受损设备时，根据受损情况，核定准确的损失金额支付给被保险人；第二种是修复：当受损设备遭到部分损失并可以修复的情况下，保险公司支付给被保险人相应的修复费用，这种修复由被保险人完成，也可以由第三人完成；第三种是重置：当设备的损失程度已经达到全部损失或者修复费用已经超过该设备的原价值，保险公司支付相应的费用进行重置。上述三种方式的选择权在保险公司，但作为被保险人的总承包商可提供相应的证据为保险公司的选择提供参考，争取获得更为有利的赔偿方式。

（3）注意核对保险规定。保险事故发生后，并不是所有事故都可以得到索赔，承包商应核对本事件是否符合保险合同要求。例如，我国某公司在国外承包了一项大型工程，按照EPC合同规定业主负责工程一切险的保险，承包商负责雇主责任险、第三方责任险以及施工机具保险。在施工过程中由于突发洪水，将正建的工程冲毁，造成加大损失，承包商向业主提出索赔。业主回复，按照业主保险单，承包商是联合被保人，承包商可以向保险公司直接索赔，业主可以协助安排保险索赔事宜。

在通知保险公司后，保险公司派来了理赔估算师，对损失进行估算，双方认可的损失共计28万美元。在理赔估算师回到保险公司后，承包商与业主接到保险公司信函，通知按保险合同规定，保险公司没有赔偿义务，因为保险合同单免赔额为30万美元。承包商于是向业主提出索赔，业主认为该损失应该由承包商承担。承包商查阅了保险合同文件，原来合同规定："工程一切险保险单免赔额范围的损失由承包商承担"。

（4）应用代位求偿原则。"代位求偿"是指保险公司在向被保险人支付了保险求偿之后，依法取得被保险人享有的向第三方责任人请求赔偿的权利，取代被保险人的位置向第三方责任人进行追偿。发生保险事故时，一旦存在有责任的第三方，被保险人—总承包商就应该注意对求偿权益的保全，并在获得保险赔偿之后将该权利转让给保险公司。

（5）把握索赔时效。被保险人提供的损失原因分析、弥补损失的相应合同、发票以及第三方责任求偿书等文件是保险公司理赔的重要依据。总承包商应保管好此类资料，并积极提交，注意索赔的时效性，索赔期限从损害发生日起，至向保险公司提供上述材料止，不得超过两年。

随着"一带一路"倡议的实施，总承包商企业应与中国保险公司联手，建立长久的关系，不断解决新问题，融入新元素，从民族利益角度出发，将保险利益尽量留在国内，从而促进工程总承包企业和保险公司的双赢。

6. 纠纷处理

EPC项目产生纠纷的原因有很多，双方的行为均可能导致在履约过程中产生实质性纠纷。业主方的因素主要有：未充分考虑项目具体情况和EPC合同特点，对不适用EPC合同的工程项目套用EPC合同格式；采取不适宜的管理方式，过多干涉承包商设计、施工工作，随意变更设计、材料和质量标准等。

承包商的因素主要有违约行为如转包工程；质量保证体系缺位导致质量缺陷；未能及时对业主的不合理要求提出异议，以致工程变更失控，导致工期延误等。如果EPC产生的纠纷不能得到及时、正确的处理，排除对立，就有可能影响整个建设项目的进度甚至质量。为此，纠纷处理是合同管理的重要工作。

承包商可以根据具体情况采用合适的非诉讼方式解决。如当事人双方通过友好协商（双方在不借助外部力量的前提下自行解决)、对抗性谈判、第三人调解方式、ADR 方式来解决双方之间的实质性纠纷。有些纠纷通过上述非诉讼方式仍然不能解决，可以进一步通过仲裁（借助仲裁机构的判定，属于正式的法律程序）和司法诉讼（进入司法程序）进行处理。下面我们仅对仲裁与司法诉讼做一介绍。

仲裁属于法律程序，有法律效力。目前，有 70 多个国家加入了联合国《承认和执行外国仲裁裁决公约》，中国也是成员国。缔约国的法院有强制执行不遵守仲裁决议的当事人的权利。即使未加入该公约，一般国家之间的双边或多边协议也会保证仲裁协议的有效执行。双方有选择仲裁方式的自由。双方当事人可以在合同中约定，或在争议发生后再行约定仲裁条款。

对于仲裁应注意以下事项，仲裁应符合国家法律的规定。大多数国家的法律规定，合同争议采用或裁或审制。如《中华人民共和国仲裁法》规定了两项基本制度：或裁或审制和一裁终局制，以保证仲裁机构决议的权威性。一些国内企业对此在认识上存在误区，认为协商不成可以调解，调解不成可以仲裁，仲裁不服可以起诉（除非有充分的证据证明仲裁机构违反仲裁程序或国家的法律规定，存在受贿舞弊等行为），片面地认为只有诉讼才是最具权威性和最有法律效力的措施，其实这种认识是错误的。最好选择仲裁规则与仲裁地国家的法律相一致的仲裁。合同双方都希望仲裁能够在自己的国家适用本国法律进行，这是不公平的，除非一方的合同地位占据绝对优势。最常见的处理办法是选择第三国并按该国的仲裁规则进行仲裁。这就要求对该国的仲裁规则有清楚的认识。

坚持"能协商就协商，能调解的就调解，能不通过仲裁的就不通过仲裁，能不诉讼的就不诉讼"的原则。不管怎样，走上仲裁庭或法院对合同双方都不是一件好事，除非一方违反了合同的基本原则进行恶意欺诈。不论采用仲裁或诉讼都会劳神费力。尤其是旷日持久的取证、辩论，对公司商誉的影响和对双方的合作关系都是一种伤害。

对有些不接受仲裁的国家或双方当事人不愿意采用仲裁的情况，除了协商、调解之外的唯一解决办法就是诉讼。对国际合同的诉讼，一般应注意以下两点。

（1）合同中尽量写明法律的适用规则以及争议提交某一指定国指定地点的指定法院。如果合同中未指定法院，那么可能会有两个或两个以上国家的法院有资格做出判决，而不同国家法院的判决结果可能是不同的，甚至某些国家不同州的法院的判决结果也是不同的。

（2）合同在选择适用法律时，要考虑合同双方对该法律的了解程度。对该法律的哪些强制性规定会妨碍合同争端的合理解决，该法律的规则变化时如何处理，该法律适用于整个合同还是合同中的某一部分等内容都要进行规定。

作为一个完整的合同管理过程，合同管理还包括合同结算、合同执行结果反馈等后续过程，以及贯穿于整个合同执行过程中的各种程序的编写发布、各种数据的整理分析等等，这里不进行赘述了。

EPC 工程总承包商的合同管理从市场调查、项目分析、工程投标、发标、签约、组织实施直至通过业主验收、质保期满收到最后的质量保证金为止，自始至终贯穿整个过程。它既是项目实施的有力保证，又是企业管理水平的综合体现，EPC 交钥匙总承包上必须紧紧抓住这一主线，在每个 EPC 交钥匙工程总承包项目实施过程中认真总结、不断完善，不断提升自身管理水平，使每一个项目均成为企业的闪光点，从而全面提升企业竞争力，树立企业良好形象。

三、 收尾阶段的工作

1. 收尾的基本概念

收尾是在合同双方当事人按照总承包合同的规定，履行完各自的义务后，应该进行合同收尾工作。就是说，如果总承包商按合同要求为业主所建设的提供工程项目竣工，那么合同可能在工程交付后终止。

在多阶段项目中，合同条款可能仅适用于项目的某个特定阶段。在这些情况下，合同收尾过程只对该项目阶段适用的合同进行收尾。EPC 合同的收尾包括分包合同的收尾工作和总承包合同的收尾工作。在合同收尾后，未解决的争议可能需进入诉讼程序。合同条款和条件可规定合同收尾的具体程序。

工程项目合同提前终止是合同收尾的一项特例，可因双方的协商一致产生或因一方违约产生。双方在提前终止情况下的责任和权利在合同的终止条款中规定。依据 EPC 合同有关条款，业主可根据条款有权终止整个合同或部分项目，承包商也可以根据有关条款，对业主的违约提出终止合同。对于业主原因而造成的合同终止，业主可能需要就此对承包商的工作进行赔偿，并就与被终止部分相关的已经完成和被验收的工作支付报酬。

2. 收尾的管理内容

（1）文件的归档。工程总承包项目建设周期长、涉及专业多、面临的情况复杂，在经过一个长期的建设过程之后，很多具体问题都需要依靠相应的资料予以解决。为此，做好资料整理归档工作，不是一个简单的文档管理问题，应由专人负责到底。在总合同签订后，合同管理人员就应该将合同文件妥善保存，并做好保密工作，在合同进入收尾阶段后，要对合同文件进行逐一清理，主要是清理合同文本和双方来往文件，发现与合同不一致的情况要及时进行沟通，需要进行合同变更的要及时进行合同变更。另外要加快合同管理信息化步伐，及时运用信息化管理手段，改善合同管理条件，提高合同管理水平。

（2）合同后的评价。EPC 总合同在执行过程中可能存在许多问题，执行完毕后要进行合同后评价，及时总结经验教训。在这一阶段进行总结，不仅是促进合同管理人员的业务水平，也是提高总承包企业整体合同管理水平的重要工作。合同后评价主要对以下三个方面进行总结。

1）合同签订过程情况的评价。评价的重点是：①合同目标与完成情况的对比；②投标报价与实际工程价款的对比；③测定的成本目标与实际成本的对比。通过上述对比分析，总结出合同文本选择的优劣、合同条款制定、谈判策略的利弊的评价结论，对以后签订类似合同的重点关注方面进行总结。

2）合同履行情况的评价。评价的重点是：①合同执行中风险与应对能力的高低程度；②合同执行过程中索赔成功效率的高低情况；③合同执行过程中有没有发生特殊情况，按照合同文件无法解决的事项。针对合同在执行过程中所发现的问题进行分析评价，并提出改进的办法。

3）合同管理情况的总评价。EPC 工程项目的合同风险虽然具有客观性、偶然性和可变性，但是项目合同的实施又具有一定的规律性，所以合同风险的出现也具有一定的规律性，通过对上述情况的评价，找出合同管理中的问题和缺陷，对在整个项目过程中合同管理的难题和解决难题的办法进行归纳总结，用以指导今后的合同管理工作。

第五节　分包合同管理

对分包合同的管理是 EPC 工程合同管理中的另一个重要方面，是合同管理的有机组成部分，分包合同管理是 EPC 主合同目标实现的支撑，从工程项目的最终目标来说是实现工期、质量、安全、环境和成本目标的关键要素，也是创造项目效益最大化的保证。对分包合同的管理与对主合同的管理一样，应贯穿于 EPC 工程项目周期的全过程。

一、EPC 分包合同的组成

EPC 工程项目总承包商是对工程项目的设计、采购、施工、试运行、竣工验收等实行全过程或若干阶段的承包，向业主交付具备使用条件的工程，对承包工程的质量、安全、费用和进度负责。在 EPC 工程项目实施全过程中除了总承包商完成自行承担的部分任务外，其他工作必须委托专业化的分包方完成相应的工作或服务。例如，在 EPC 工程中，设计专业工作要由勘察设计分包商（或由总承包商自行）完成；施工安装、土建部分的工作，要由具备安全资质或生产许可证的专业化分包商完成；供应采购工作，要由技术咨询、服务分包商完成；劳务服务工作，要由中介劳务服务分包商来完成等。

面对众多的分包商，形成相应的分包商合同体系，如勘察设计的分包合同、设备和材料采购的分包合同、施工安装的分包合同、土建等专业分包合同、加工定做的分包合同、技术服务分包合同、劳务服务分包合同等。另外，还包括安全合同，HSE 合同等平行合同，如图 3-2 所示。

二、 EPC 分包合同的分类

EPC 分包合同按其性质可分为两类：一类是普通分包商合同，另一类是指定分包合同。

1. 普通分包合同

普通分包合同又称"乙定分包合同"，是指总承包商根据工程项目建设需要自主选择的分包商，由分包商完成部分专业工作或服务。由总承包商与该分包商签订分包合同，分包商直接对总承包商负责，与总承包商具有法律关系，但与业主无直接法律关系，即由总承包商分包部分工程的分包合同。从法律关系上分析，在 EPC 建设工程中，普通分包有两种情况：

（1）分别分包，即各分包商均独立地与总承包商建立合同关系，各分包商之间并不发生法律关系。

（2）联合分包，即分包商相互联合为一体，与总承包商签订分包合同，然后各个分包商之间再签订数个合同，将项目建设中所分包的工作落实到联合体内的每一个分包商身上。

在实践中，这两种分包合同被广泛地使用，但它们的法律效果很不相同。在分别分包中，各个分包商相互单独地对总承包商负责，相互之间不发生任何法律关系；在联合分包中，分包商共同对总承包商负责，分包商之间发生连带之责的法律关系。

2. 指定分包合同

指定分包又称为"甲定分包合同"，是指总承包商根据业主的指令将承包工程中的某些专业部分交由业主选择或指定的分包商来完成。业主指定分包的专业工程包含在总承包商的承包范围之内，指定分包合同由总承包商和指定分包商签订或与业主签订三方合同。现阶段我国法律对指定分包尚没有明确定义。分包商的选择和定价主要是由业主完成的，指定分包商与业主往往有实际的权利义务关系；总承包商虽然名义上与分包商签订分包合同，但总承包商对于指定分包商来说实际上更接近项目管理公司的角色。

指定分包一定程度上可以增强业主对分包工程进度、质量的控制力，降低项目施工的成本。与普通分包相比，指定分包有如下的特征。

（1）选择分包商的权力不同；普通分包由总承包商自主选择，而指定分包商主要由业主选定。

（2）工程款支付的监督力度不同：为了不损害承包商的利益，给指定分包商的付款从暂列金额内开支。而对普通分包商的付款，则从工程量清单中相应工作内容项内支付。普通分包中，业主一般不介入分包合同履行的监督管理。对指定分包商业主往往对工程款有绝对的控制权。

（3）业主与分包商的关系不同。在指定分包中，业主对指定分包商通常有更多的了解，指定分包商与业主往往有实际的权利义务关系。

（4）总承包商所获利益不同。在指定分包中，总承包商的经济利益通常很有限，一般仅限于管理费，实际上承担了接近项目管理公司的角色。

（5）总承包商承担责任的范围不同：除非由于承包商向指定分包商发布了错误的指示要承担责任外，对指定分包商的任何违约行为给业主或第三者造成损害而导致索赔或诉讼，总承包商不承担责任。如果一般分包商有违约行为，业主将其视为承包商的违约行为，按照主合同的规定追究承包商的责任。在总承包商对分包合同的管理中，对指定分包合同的管理是较为复杂的管理。

三、 分包合同管理的意义

EPC 工程项目中，对分合同的管理是项目管理的核心，因为在 EPC 工程总承包中，部分工作是需要分包出去的，项目最终目标的实现要依靠总承包商和分包商的共同合作来完成，分包商工程完成得好坏，直接影响到项目总目标的实现，是为企业争取利润最大化的基础和保障。

总承包商对分包合同管理程序贯穿于 EPC 工程项目管理的全过程，与工程招标投标管理、工程范围管理、质量管理、进度管理、成本管理、信息管理、沟通管理、风险管理等紧密相连。对分包合同的管理是综合性的、全面的、高层次的、高度精确、严密、精细管理工作，在 EPC 实践过程中，总承包商必须认识对分包合同管理的重要性，切实加强对分合同的管理工作。

四、 分包合同过程管理

1. 管理的定位与目标

在 EPC 工程建设项目管理体系中，对分合同的管理工作属于项目经营管理范畴，是 EPC 总承包项目的策划、投标报价、合同谈判、签约等工作的延续，为此，对分包合同的管理应定位于总承包项目合同履行过程中一系列的后续工作。具体工作内容是对拟定分标计划，对分包商的选择，分包合同履行过程的监督、分析、协调和报告，处理分包合同变更和分包合同纠纷、执行分包合同履行期间或合同结束后与顾客的联络、沟通等。从经营思想出发，分合同管理的目标是确保总承包合同的顺利履行，维护在合同条款规定中总承包商的合法权益，保护总承包商的正当利益，维护 EPC 总承包商企业良好的社会声誉。

2. 准备阶段的工作

（1）编制合适的分标计划。根据项目工作内容及项目类型，编制恰当的分标计划，分标太细，单个分包合同工作量较小，单价势必上升，费用较高，接口管理工作量也较大。分标太粗，施工单位较少，但受某个施工单位的影响较大。分标计划的编制可以从管理难度、总承包企业能力、工程工作面、业主指定分包及专业分包的情况等方面加以综合考虑。

拟定项目分包计划，初步确定分包范围、数量、开竣工时间等。确定合同范围，便可对分包工程进行合同内容确定。这里所说"合同范围"不仅指工作内容，而是指"对分包工程合同价格构成影响的所有因素"，包括工作范围、质量标准、技术规范、材料规格、开竣工时间、进度安排、责任和义务、使用设备、技术和管理人员、风险分摊等因素。对多分包商构成的项目，合同管理的关键是厘清各分包商之间的责任和工作界面。若中标，则对分包计划进行修正和细化。制定分包计划的好处：一是可以将项目的工作进行细化管理；二是便于送业主审核和协调指定分包；三是能在前期了解项目成本，分包计划应与项目进度计划紧密结合。

（2）对分包商的选择。对分包商的选择是 EPC 总承包的重要一步，决定着项目质量、投资及进度，所以在满足经济效益的同时，也要考察分包单位的实力，不仅是资质，更重要的是分包商的专业实力，做到真正的强强联手。

1）注重对设计分包商的选择。作为分包的基础，设计是 EPC 项目合同的重要组成部分和关键阶段之一，是项目成本核算及分包结算的依据，设计不仅要考虑实现业主的建设目标，还要考虑项目的实施，要对业主提供的方案和思路进行深化和优化，在实现业主建设功能的同时获取合理的利润，需要发挥设计院的优势，对每个细节考虑周全，以免对总承包的现场施工造成损失，做到"绝不把设计问题留给现场"。

2）选择合适的合同类型。除采取招标形式外，还需严格招标文件的审查，选择合适的合同类型，合同类型决定合同管理的难易，也决定着项目管理成本的高低。选择合同类型可以从项目的复杂程度、项目的设计深度、项目的工期、施工技术的先进程度、施工进度的紧迫程度等方面进行考虑。

通行的合同类型有总价包干、固定综合单价、成本加酬金三种方式，需根据工程特征选择。成本加酬金的方式是按照工程的实际成本再加上一定的酬金的方式进行计算，采用这种合同，承包商不承担任何价格变化或工程量变化的风险，这些风险主要由发包人承担，对发包人的投资控制很不利，从利润及风险共担角度，设计院作为 EPC 总承包项目的分包一般不采用此种合同。固定综合单价合同允许随工程量变化而调整工程总价，若采用单价合同，总承包商需要安排专门力量来核实已经完成的工程量，需要在施工过程中花费不少精力，协调工作量大，对投资控制也不利。总价包干合同分固定总价合同和变动总价合同两种。固定总价合同由承包商承担了全部的工作量和价格的风险。对发包人而言，在合同签订时就可以基本确定项目的分包合同额，对投资控制有利；在双方都无法预测的风险条件下和可能有工程变更的情况下，承担了较大的风险，发包人的风险较小。变动总价合同在合同执行过程中，由于通货膨胀等原因而使所使用的工、料成本增加时，及设计变更、工程量变化和其他工程条件变化所引起的费用变化时，可以按照合同约定对合同总价进行相应的调整。设计变更、工程量变化，设计院可以通过自身的优势，深化设计等加以避免，但通货膨胀等不可预见因素的风险由发包人承担，不利于其进行投资控制，突破投资的风险就增大了。

总价合同对总承包商而言风险较小，EPC 分包合同类型中以总价分合同最佳，容易控制成本支出。但需要详细、周密的设计作为基础，否则合同执行过程中变更调整将非常困难，成本控制也变得被动。

3. 履约阶段的工作

在合同履约过程中，加强对分合同的管理与有效控制，是对主合同实行控制的重要内容。

（1）对工程目标进行强有力的控制。项目承包主合同定义了整个工程建设的总目标，这个目标经分解后落实到各个分包商，这样就形成了分目标体系。分解后的目标是围绕总目标进行的，分目标的实现与否以及其落实的质量，直接关系到总目标的实现与否及其质量。控制这些分目标就是为了保证工程实施按预定的总计划进行，顺利地实现预定的总目标。

工程控制的主要内容包括：合同控制、质量控制、安全控制、进度控制和成本费用控制。其中合同控制有着特殊性，其最大的特点是动态性，一方面在合同的实施过程经常会受到外界的干扰，是呈波动状向合同目标靠拢，这就需要及时发现，并加以调整。另一方面，合同本身也在不断变化，尤其像 EPC 工程建设这种庞大而复杂的工程，更是在时刻变化。作为总承包商的合同控制，不仅是针对与业主之间的主合同，而且也包括与总承包合同相关的其他合同，目前尤其在我国的总承包模式还不尽完善的情况下，沟通和协调总承包商与其他的合同之间关系变得尤为重要。

在当前工程建设市场，EPC 总承包模式因其具有管理层界面统一、上下协调便利、风险承担责任明确等优点，已成为业主与工程公司合同关系的主流方向和首选模式，并逐步完善。但是由于 EPC 工程项目分包单位众多，存在交叉施工，协调难度大，对分包商的管理特别是分包合同的管理成为总承包项目管理的一项重要内容。

（2）对分包合同实施进行跟踪和监督。在工程进行的过程中，由于实际情况千变万化，导致分合同实施与预定目标发生偏离，这就需要对分合同实施进行跟踪，不断找出偏差，调整合同实施。总承包商对分合同的实施要进行有效的控制，就要对其进行跟踪和监督，以保证承包主合同的实施。此外，作为总承包商有责任对分包商工作进行统筹协调，以保证总目标的实现。

（3）对合同实施过程加强信息管理。随着工程建设项目规模的不断扩大，工程难度与质量要求不断提高，工程管理的复杂程度和难度也越来越大。因此信息量也不断扩大，信息交流的频度与速度也在增加，相应地工程管理对信息管理的要求也越来越高。因此，要加强合同实施过程的信息管理，尤其是要加强对分包商的信息管理。总承包商必须从三方面着手：一是明确信息流通的路径；二是建立项目信息管理系统，对有关信息进行链接，做到资源共享，加快信息的流速，降低项目管理费用；三是加强对业主、总承包商、分包商等的信息沟通管理，对信息发出的内容和时间有对方的签字，对对方信息的流入更要及时处理。

（4）对分包工程变更管理。与对主合同管理一样，分包合同管理也包括对分合同的变更管理。分包商工程内容的频繁变更是工程合同的特点之一。分包商的工程变更往往比承包主合同变更更加频繁，这是因为主合同往往采用固定总价合同，而分包合同采用的形式多样，有单价合同、固定总价合同等等。要特别注意的一种现象是，有的分包商在投标时为了获得工程，低价中标，中标后又期望通过增加工程量试图变更合同，提出的变更价格竟然比中标价格高出一倍多。为此，总包商在选择分包商时应始终坚持公开招标确定的原则，认真评审，尽量签订固定总价的分包合同，有效地降低了相关经营风险。

分包工程变更是分包商索赔的重要依据，因此，总承包商对分包工程变更的处理要迅速、全面、系统，分包工程变更指令应立即在工程实施中贯彻并体现出来。总之，在合同变更中，量最大、最频繁的就是工程变更，它在工程索赔中所占的份额也最大，这些变更最终都通过各分合同体现出来。对工程变更的责任分析是工程变更起因与工程变更问题处理、确定索赔与反索赔的重要的、直接的依据。因此，总承包商在对分包工程变更的处理中，要认真做好分包工程变更的责任分析工作。

4. 对分包合同关闭的工作

分包项目合同履行完毕后，应及时签署合同关闭协议，确定双方权利义务已经履行完毕的书面证据。一旦发生纠纷必须要早发现、早处理，避免不必要的诉讼。按照分合同中规定的节点、条件和程序及时准确地关闭分合同是规避潜在或后续分合同风险的重要环节。

（1）分包合同的关闭。分包合同内容完成后，应在最后一笔进度款结清前，对分包商以下工作内容进行全面验收，包括：工作范围、工程质量和 HSE 执行状态；支付或财务往来状态；变更索赔、仲裁诉讼状态等，如发现问题，应及时要求分包商按照整改检查单的内容进行整改，验收合格后，形成合同预关闭报告，释放进度款。

1）对分包商单件设备的退场，应分别签署移交文件，避免因设备损害发生纠纷。

2）质保期满，合同关闭报告上的所有遗留问题全部解决后，当工程没有发生明显质量缺陷，方能出具合同关闭报告，关闭合同，释放质保金。

（2）分合同索赔与反索赔管理。对 EPC 总承包商来说，索赔与合同管理一样有两个关系方面，一是与业主关系，二是与分包商的关系。分合同管理贯穿工程实施的全过程和各个层面，而合同管理的重要组成部分就是工程索赔。工程索赔亦同时贯穿于工程实施的全过程和各个层面。总承包商一方面要根据合同条件的变化，向业主提出索赔的要求，减少工程损失；另一方面利用分包合同中的有关条款，对分包商提出的索赔进行合理合法的分析，尽可能地减少分包商提出的索赔。对分包商自身原因拖延工期和不可弥补的质量缺陷及安全责任事故要按合同罚则进行反索赔。同时，要按合同原则公平对待各方利益，坚持"谁过错，谁赔偿"。在索赔与反索赔过程中要注重客观性、合法性和合理性。

总之，总承包企业的分合同管理从工程投标、发标开始直至质保期满收到最后的质量保证金为止，贯穿于整个工程。它既是项目实施的有力保证，又是总承包商企业管理水平的综合体现，必须认真抓好对分合同管理这项工作。

五、 设计分包合同管理

在 EPC 项目的合同管理中，对设计的分包合同管理难度很大，在项目实施中，承包商与业主之间的许多矛盾、纠纷都与设计密切相关。为此，EPC 总承包商加强对设计的分包合同管理工作至关重要。下面以设计分包为基础，针对 EPC 设计中常发生的一些敏感问题，对 EPC 总承包商如何做好设计分包合同管理做初步探讨。

1. 设计分包合同的管理意义

一般来说，建设项目的设计费用在总建设费用中所占比例不超过 5%，但设计成果对工程造价的影响可达工程总建设费用的 70% 以上，因此，设计控制是项目成本控制的关键与重点，设计成果的好坏直接影响工程造价和建设工期。总承包商工作的重点除了选择符合要求的设计分包商外，就是要做好设计阶段的法律风险防范，以及对工程造价的有效控制。从这个意义上来说，如果一个总承包商不具有足够的设计能力或者没有足够的能力来控制设计分包商的话，是不适合承揽 EPC 工程的。

2. EPC 合同有关设计条款分析

（1）设计义务一般要求的分析。EPC 合同一般都设有设计义务一般要求条款，如 FIDIC 的银皮书第 5.1 条款"设计义务一般要求"规定："承包商应被视为，在基准日期前已仔细审查了雇主要求（包括设计标准和计算，如果有）。承包商应负责工程的设计，并在除下列雇主应负责的部分外，对雇主要求（包括设计标准和计算）的正确性负责。"

除下述情况外，雇主不应对原包括在合同内的雇主要求中的任何错误、不准确或遗漏负责，并不应被认为，对任何数据或资料给出了任何不准确性或完整性的表示。承包商从雇主或其他方面收到任何数据或资料，不应解除承包商对设计和工程施工承担的职责。

但是，雇主应对其要求中的下列部分，以及由雇主（或代表）提供的下列数据和资料的正确性负责：①在合同中规定的由雇主负责的或不可变的部分、数据和资料；②对工程或其任何部分的预期目的的说明；③竣工工程的试验和性能的标准；④除合同另有说明外，承包商不能核实的部分、数据和资料。

业主只承担了极有限的责任，而总承包商则承担了设计阶段绝大部分的责任与风险。业主甚至不需要对自己所提出要求中的任何错误、不准确或遗漏负责，这就要求总承包商在设计前能够完全领会业主的意图、修正业主的错误，并且运用限额和优化设计来实现对工程造价的控制，做到以最少的投资获得最大的经济效益。因此，总承包商在设计阶段，要选择技术先进、经济合理的最优设计，既要保证工程质量、实现工程目的，又要达到控制和降低工程造价的目的。

鉴于总承包商在设计阶段所承担的巨大风险，在以下情况中总承包商不应当选择 EPC 合同条件：①承包商在投标阶段没有足够时间或资料用以仔细研究和证实业主的要求或对设计及将要承担的风险进行评估；②建设内容涉及相当数量的地下工程或承包商未调查区域内的工程；③业主需要对承包商的施工图纸进行严格审核并严密监督或控制承包商的工作进程。

在设计过程中，如果总承包商发现业主所提出的要求有错误，应当及时向业主提出并要求其修正，如业主拒绝修正的，应要求业主以书面形式确认该部分内容为"在合同中规定的由雇主负责的，或不可变的部分、数据和资料"，以此来规避己方可能承担的责任。

另外，EPC 合同要求承包商所提供的设计、文件和工程不仅要符合合同的约定，对于境外工程还要符合工程所在国的法律的规定，此处的"法律"应作广义理解，包括工程所在国的法律、行政法规及各种规章，这就要求总承包商不仅要熟悉合同的各项文件，还要在工程所在国律师的帮助下熟悉该国的各种法律文件，以保证不会因设计内容违反约定或者法律规定而承担责任。

（2）设计风险分担条款。EPC 合同一般都设有设计风险分担条款。如 FIDIC 的银皮书 5.2 条款"承包商文件"规定："……（根据前一段的）任何协议，或（根据本款或其他条款的）任何审核，都不应解除承包商的任何义务或职责。"第 5.8 条款"设计错误"规定："如果在承包商文件中发现有错误、遗漏、含糊、不一致、不适当或其他缺陷，尽管根据本条做出了任何同意或批准，承包商仍应自费对这些缺陷及其带来的工程问题进行改正。"

从以上条款可以看出，业主的批准并不能免除项目总承包商在设计上存在缺陷的责任。因此，总承包商在自行设计时，应确保自己的设计人员所设计的成果符合法律法规、技术标准和合同约定，如果总承包商将该设计工作分包给其他设计单位完成，应当在设计分包合同中约定如果出现此类缺陷时，其责任由设计单位承担，以便总承包商在向业主承担责任后，可以向设计单位进行追偿。

建设工程合同在本质上属于承揽合同，定做人在定做物完成前可根据自己的使用目的要求承揽人进行变更。FIDIC 的银皮书第 13.1 条款 "变更权"，也支持这一法理，其业主可以在颁发工程接收证书前要求对工程进行变更，此时总承包商应当满足业主的要求。但当业主所提出的变更要求导致总承包商难以取得所需要的货物，或者变更将降低工程的安全性或适用性，或者将对履约保证的完成产生不利影响时，总承包商应当及时向雇主发出通知，说明以上原因，并要求业主对以前发出的指示进行取消、确认或者改变。如果业主坚持原指示并进行了确认，则总承包商不需要对以上变更所导致的后果承担责任。

无论业主的变更要求是否存在以上情形，当其变更要求将导致总承包商费用的增加，总承包商都应当要求业主对变更内容及变更所增加的费用和工期进行签证，以作为将来索赔的证据。但如果合同文本中已经对工程总费用约定了调整的范围，比如在总费用的基础上增减 5% 时，合同价款不做调整时，则总承包商只能对超出部分所增加的费用进行合同总价调整，未超出部分无法要求调整。因此，如果总承包商对合同进行当中可能发生的变更和工程量增减没有把握时，建议不作调整范围的约定，而约定当业主要求进行工程变更时，应当据实调整工程费用和所需的工期。

以上为 EPC 总承包商在设计阶段可能遇到的部分法律风险，但 FIDIC 系列合同的内容之复杂及烦琐远远超过了国内总承包合同范本，而且 EPC 合同的各个条款均具有相关性，如果要有效规避总承包商的设计风险，必须对全部合同条款进行研究，并在全面理解通用条款的基础上，利用专用条款及补充协议做出有利于自己的约定和解释。

3. 对 "工作范围" 的管理

明确工程范围是进行设计分包的前提条件，为此我们将对 "工作范围" 的管理问题放在本节中探讨。

(1) 对工作范围的解释。在 EPC 项目中，业主提供的原始资料仅达到初步设计的程度，只满足招标时各投标人能够对项目进行估价的程度。投标人（总承包商）一旦中标，要承担详细的设计工作。在这种情况下，总承包商常常因不能透彻理解合同中对 "工作范围" 的描述而产生合同风险。当然，如果熟悉国际工程管理惯例，并具有一定经验的总承包商，可使风险化为利润，反之则 "遭受损失"。总承包合同中对 "工作范围" 描述的特点是仅对项目的主要部分进行描述，起到定义项目的作用，但未说明这些主要部分所包含的细节内容，这些细节内容总承包商在进行详细设计时应考虑。

对总承包商来讲，由于投标时间短，难以考虑周全而容易产生合同风险，而 EPC 合同中又会列入相关条款，明确地将这种风险转嫁给总承包商。例如，某 EPC 合同中规定："承包商的设计必须满足项目的使用和功能要求，同时应满足未来扩大其生产能力的要求""在设计和施工工艺方面，承包商应保证工程无任缺陷、偏差或遗漏""承包商应保证由承包商或分包商提供的用于永久工程的材料应是新的、符合合同规范的要求，无任何缺陷、偏差和（或）遗漏并且满足预期的目的。"就上述合同条款分析来看，总承包商将很难准确理解其中的 "项目的使用和功能要求"以及 "满足预期的目的"，势必造成承包商和业主对条款理解的不一致，业主会利用上述条款提出一些特殊要求，导致 EPC 承包商的造价提高。而合同中一般规定合同的解释权在业主一方，使得承包商很难提出不同见解。因此，EPC 承包商在投标报价时，应对合同中工作范围的一些模糊描述给予高度重视，从专业角度考虑满足其基本功能要求即可。同时，应尽可能在投标或合同谈判时要求业主对某些表述模糊的内容给予书面澄清。

例如，某工程项目的 EPC 合同中，关于对 "工作范围" 有下述条款："如果在炼油厂附近60km 范围内现有机场存在，则不需要再建新机场，否则应建一个符合国际标准的新机场。"对该条款就存在三种模糊定义：一是 60km 是指陆路距离还是直线距离？二是现有机场是否包括所有类型的机场，如军用机场等？三是采用什么样的国际标准建设机场？为此，EPC 承包商应在投标时要求业主对上述疑问给予书面澄清。EPC 承包商明确认定"工作范围"，才能够做好设计分包合同编制，这是设计分包合同管理的前提和基础。

在履行合同期间，如果业主要求提高使用标准或提出其他任何变更设计内容的要求，承包商应慎重考虑是否超出合同规定的"工作范围"，切不可盲目应允业主的要求，否则承包商有可能给设计分包合同的履行带来麻烦，使 EPC 总承包商遭受经济损失。

（2）对合同"工作范围"的管理。合同"工作范围"管理是指确定项目所要求的全部工作，并且仅仅是工作范围中所要完成的工作，即定义和控制项目中包括哪些工作，不包括哪些工作。具体管理程序为：

1）定义"工作范围"。恰当定义工作范围，对成功实施工程项目是非常关键的，否则将由于某些不可避免的变化，导致费用增加或工期延长。定义"工作范围"就是将项目主要应交付的成果（一个主要的子工程或产品）划分成较小的、便于管理的多个单元。定义"工作范围"后有助于提高对成本、时间和资源估算的准确性，同时也确定了在履行合同义务期间对工程进行测量和控制的基准线，可明确划分各部分的责任。

①定义应考虑的因素包括：a. 限制条件，工作范围只是合同的一部分，定义工作范围时必须考虑合同中的各种限制条件。b. 假定条件，为制定计划而将某些因素设定为真实的、确定的，在具体执行时，有可能发生变化。例如，设备或材料的价格，在计算投标价时只能估算，实际发生的费用是采购时的市场价格，而非投标时设定的价格。假定条件一般会给承包商带来一定程度的风险。c. 承包经验，项目往往具有一定的相似性，EPC 承包商每完成一个项目均应进行总结，用于指导以后的工作。承包商可借鉴先前承担类似项目的经验，考虑如何定义本项目的工作范围。如输油管线上的"阀室"，合同中可能只写明沿整条管线有多少个"阀室"，EPC 承包商只是对整个"阀室"进行报价，至于阀室中所包含的具体设施，由承包商根据自己的经验确定，但前提条件是 EPC 承包商的设计必须满足"阀室"的基本使用功能。

②定义的方法。目前，主要采用工作分解结构 WBS（Work Breakdown Structure）方法对项目的工作范围进行定义。一般地，承包商需在其投标书中运用 WBS 方法编制一个进度计划，而在中标后、开始施工前，提交更详细的进度计划报业主审核批准。WBS 是采用多级（Levels）划分方法将项目分成较小的，便于管理的单元（或工序）。视项目的大小和复杂程度，可分为三级、四级或五级。项目的划分由粗到细，适用于不同的管理层。但要求划分应足够详细以便在实施项目时有效控制各作业活动，即能够对在最低级别列出的各个单元（或工序）进行恰当的费用和时间估算，有利于业主对承包商的支付。列入 WBS 中的工作即属于合同工作范围，反之则不属于承包商的工作范围。在得到业主的书面批准后，如果业主要实施 WBS 之外的工作，就必须向承包商颁发变更令。

2）控制"工作范围"。

①"工作范围"的监控。工作范围的监控是业主正式接受项目工作范围的一个过程。它包括设计监控、现场施工监控和文件监控等。描述项目产品的文件包括计划、规范、技术文件及图纸，必须保证随时能够接受检查。这就要求承包商以及承包商的分包商按一定的标准和方式对正在进行的工作和已完成的部分工作进行检查。这种检查不同于质量控制，工作范围监控着眼于如何使业主接受承包商的工作，而质量控制则着眼于如何保质保量完成工作。

检查（Inspection）是确认和监控承包商工作范围的直接手段，它包括诸如测量、检查及试验等用于确定承包商的工作成果是否满足合同要求的全部活动。

在设计阶段主要是指业主审核和批准。EPC 承包商的设计文件和图纸，对业主批准用于施工（Approved for Construction）的文件和图纸，即可视为业主对承包商工作范围的接受，承包商应严格按图施工，不可随意更改。同时，对已批准的设计图纸，如果由于业主的原因进行修改或导致作废，EPC 承包商均有权提出索赔。

"工作范围"监控的最终结果是业主对 EPC 承包商已竣工工程的最终接受，即业主通过现场检测和检查确认承包商是严格按设计图纸施工，并满足合同规定的全部要求。但这种接受可能是有条件的，即要求承包商在一定期限内，继续履行合同的某些义务，如 EPC 承包商在维修期内的责任和义务等。

②变更控制。在履行合同义务过程中，变更（指对业主批准的所定义的，WBS 工作范围的任何修改）是不可避免的。"工作范围"的变化一般要求对费用、工期或项目的其他方面进行调整。变更可以是口头的或书面的，可能因内部或外部因素而引起的。对业主口头指示的变更，EPC 承包商有义务执行，但应在合同规定的时间内要求业主给予书面确认，这是承包商保护自己利益的最佳选择。

每一个项目应编制一个工作范围变更控制系统，用于描述在变更工作范围时 EPC 承包商和业主应遵循的程序，包括文书工作、跟踪系统和必要的授权变更批准级别等。变更控制系统的编制必须符合合同的有关规定，在 EPC 承包商和业主达成协议的情况下，可作为主合同的一部分。

"工作范围"的变更控制有下面几个难点：一是 EPC 承包商的管理人员应熟悉合同工作范围并具有敏感的合同管理意识；二是具有辨别业主提出的要求或颁发的任何指示是否构成变更的能力。业主提出的要求或颁发的任何指示构成变更时，应要求业主颁发变更令。确定变更工作的费用，有两种做法：一是双方先协商确定变更工作的费用，然后实施变更；二是先开始设计工作，在实施变更工作期间双方协商确定变更工作的费用，前者对承包商较为有利。以下几种情况均可认为构成"工作范围"的变更。

a. 业主指令实施的工作超出合同工作范围，即在 WBS 中未明确列入的工作的。

b. EPC 承包商的设计已满足合同要求，而业主指令的工作可有可无。例如，业主要求增加设备的某些附属设施，但 EPC 承包商已完成的设计而言，没有这些附属设施仍可满足合同规定的功能。

c. EPC 承包商已经完成的某些工作，因业主的变更令而受到直接或间接影响，导致重复实施该项工作的。

③进度计划的调整。每一个项目均是按照事先编制（依据 WBS）的进度计划实施项目。如果工作范围产生较大变化，则必须对原来的工作分解结构（WBS）进行修改。在下列情况下 EPC 承包商应考虑及时修改 WBS，在向业主提交的进度计划报告中反映出当月的变更状态。

由业主的原因造成 WBS 中某些工作拖延，导致整个工程延误。

增加工作内容。

因业主风险或不可抗力造成的工程延误等。

4. 设计标准的选用与成本核算

（1）对规范标准的选用。某些 EPC 项目是跨行业项目，行业不同其标准、规范就有不同。比如电力设计院承建石油公司的自备电厂 EPC 项目，由于电力行业与石油行业都有自己的规范、标准，如某电力设计院进行的。EPC 总承包工程，由于原先从事的大多为设计工作，因此往往只关注明确设计规范，而忽视了验收规范、交工技术文件执行标准等方面。如果在合同中未明确约定应执行的规范、标准，那么在实际合同执行中业主可能会要求承包商按石油规范、标准进行工程的验收、技术资料的整理，从而增加工作难度及各种不确定因素，影响工程进度并造成总承包商不必要的人力、财力损失。因此，在签订合同相关规范条款时，不仅要设计人员参与，也要工程管理人员参与，认真研究合同中的执行规范、标准，才能保证合同条款的全面性及可执行性。

（2）设计标准与成本核算。设计标准与工程成本密切相关，应严格遵守 EPC 合同的有关规定，恰当选择设计标准。对 EPC 合同中没有明确说明采用何种标准的工作项目，则应选择成本低，且满足合同要求的标准。标准提高，势必增加工程成本。因此，EPC 承包商在设计分包合同中对此应有明确的规定。

EPC承包商应按照WBS做较详细的费用分解（Cost Breakdown），一般做出两种分解，分别用于外部和内部费用核算。外部费用核算是指报给业主的费用分解。合同规定承包商必须将所报投标价格按合同所附表格的要求进行分解，此费用分解表是合同的一部分，用于今后对承包商的进度支付和变更估价。在每一分解价格中，包括了承包商完成该部分工程的动员费、设备费、材料费、人工费、施工费、管理费、风险费以及利润等全部费用。

内部费用核算则是EPC承包商用于自己内部核算的费用分解，对业主是保密的，业主也无权过问，例如，分包合同的价格，它也是对设计分包商进行管理的主要依据。承包商将每一工作项目按材料费、设备费、人工费等进行详细分解，只考虑工程成本，不计其他费用；每一工作项目在完成详细设计报业主批准前，估算工程师应立即根据设计文件或图纸对该工作项目进行费用估算，通过对比，确定该工作项目是否超支以及超支的原因。遇超支的情况，应进行超支的合理性分析，此处的合理性分析是指在满足合同要求的前提下，尽可能降低成本，以避免不合理的费用开支，包括确定超支费用是否可以索赔等。

总承包商可将关于设计造成工程成本增加的一些规定列入设计分包合同，以控制设计分包商由于设计经验不足或其他设计方面的原因，盲目或有意增加设计安全度，造成工程成本增加。由于EPC承包商不可以索赔此部分费用，必然造成利润损失。

对业主每次审核设计文件或图纸后提出的修改意见，EPC承包商均应审查是否超出合同工作范围，并进行费用核算和费用支出的合理性分析。为了做好核算工作，可在设计分包合同中写入一个工作程序，达到对设计变更进行完全控制的目的。

六、 采购分包合同管理

1. 采购分包合同管理的意义

在EPC合同下，承包商对设计、采购和施工进行总承包，改变了传统的等待设计完成后，再进行采购和施工的串行工程建设模式，很好地解决了工程项目中进度控制、成本控制等矛盾。企业采取EPC采购方式，变分散采购为集中采购，可以充分发挥EPC项目整体协调优势，提高项目的经济效益。

在EPC合同的大多数项目中，设备采购费用一般占整个工程造价的40%～60%，设备采购在EPC工程项目管理中具有举足轻重的位置，对整个工程的工期、质量和成本都有直接影响。从某种意义上讲，设备采购工作的成败、对采购合同的管理成为决定项目成败的关键之一。由于EPC工程项目设备材料种类多、需求量大，供应商多，合同各式各样，且采购周期长、采购形式多样、采购责任重大以及采购业务涉及的地域广泛，接触面广等特点，更增加了采购合同管理工作的难度。

EPC承包模式的核心问题是施工与设计的整合，这种模式的有效性，取决于项目实施过程中每个环节的协调效率，尤其采购工作在项目实施过程中起着"承上启下"的衔接作用（其逻辑关系，见图6-3）。要搞好EPC项目的采购管理，采购部充当着与其他主要部门相协调的关键角色。由此可见采购合同管理在EPC工程项目合同管理中的重要位置。

图6-3 EPC项目中设计、采购和施工之间的逻辑关系

综上所述，EPC承包商必须对设备采购工作给予高度关注，做好采购策划，编制采购计划，选择供应商、设计好采购合同条款、与供应商谈判并签订采购合同。同时，在采购合同履约阶段，EPC承包商要严格监控采购合同的执行情况，为后续的工程施工做好铺垫，为整个项目的成功奠定良好的物质基础。

2. EPC合同有关采购条款分析

EPC合同对项目采购的相关规定是承包商开展采购工作的前提和基础，也是业主方验收和接受相关材料设备的依据。因此，认真研读和充分理解合同中关于采购的一般规定，对于EPC总承包商来说尤为重要。EPC合同的规定一般包括采购总体责任、物资采购的进度和质量监控、业主方的采购协助与甲方供材。

（1）采购总体责任。EPC涉及采购责任的合同规定一般包括如下方面内容：除非合同另有规定，承包商应负责采购完成工程所需的一切物资，这些物资包括生产设备、材料、备件和其他消耗品。其中备件可分为两类：一类是工程竣工试运行所需的备件，其价格一般包括在EPC价格中；另一类为工程移交后在某固定时间内，工程运行所需的各类备件，这类备件有时要求承包商采购，并在合同价格中单独报价，有时只要求承包商提供备件清单，由业主根据情况自行采购。

上述"合同另有规定"的含义是，在某些EPC项目，业主可能提供某些设备或材料，即"甲方供材"，详见下面的叙述。

总承包商应为采购工作提供完善的组织保障，在项目组织机构中设置采购部，负责工程物资采购的具体开展以及与业主相关部门的协调工作。承包商负责物资采购运输路线的选择，并应根据线路状况合理地分配运输车辆的荷载。如果货物的运输导致其他方提出索赔，承包商应保障业主不会因此受到损失，并自行与索赔方谈判，支付索赔款。承包商应根据合同的要求编制完善的项目采购程序文件，并报送业主，业主以此作为监控承包商采购工作的依据。

（2）采购过程监控规定。采购过程监控指根据业主的项目组织安排和投入的项目管理工作量，对采购过程的进度和质量进行监控。有的EPC合同业主监控较松，只在合同中要求承包商进行监控；有的业主则监控得较严格，除要求承包商具体监控外，业主还会派员直接参与各类采购物资的检查和验收。具体规定如下。

1）承包商应编制总体采购进度计划并报业主，采购计划应符合项目总体计划的要求，并对关键设备给予相应的特别关注。

2）承包商应将即将启运的主设备情况及时通报业主，包括设备名称、启运地、装货港、卸货港、内陆运输、现场接收地。

3）对于约定的主要材料和设备，承包商的采购来源应仅限于合同确定的"供货商名单"以及业主批准的其他供货商。

4）承包商应对采购过程的各个环节对供货商/厂家进行监督管理，包括：厂家选择、制造、催交、检验、装运、清关和现场接收。

5）对于关键设备，承包商应采用驻厂监造方式来控制质量和进度。

6）业主有权对现场以及在制造地的设备和材料在合理时间进行检查，包括制造进度检查、材料数量计量、质量工艺试验等。承包商在此过程中应予合理的配合。

7）合同可以约定对采购的重要设备制造过程的各类检查和检验。当设备就绪可以进行检查和检验时，承包商应通知业主派员参加，但业主承担己方的各类费用，包括旅行和食宿。检查或检验后承包商应向业主提供一份检验报告。

8）业主有权要求承包商向其提供无标价的供货合同，供其查阅。

（3）关于业主方的协助规定。业主方的协助对于物资采购，由于涉及很多法律程序，合同常规定业主在这些方面给予承包商协助，协助的形式通常是提供支持函。对于一些特殊物资，如炸药等，合同常规定由业主负责获得此类特殊物资的进口许可证。

（4）关于"甲方供材"的规定。"甲方供材"在 FIDIC 编制的银皮书中被称为"业主免费提供的材料"。EPC 合同相关规定通常如下。

1）若 EPC 合同规定业主向承包商提供免费材料，则业主应自付费用，自担风险，在合同规定的时间将此类材料提供到指定地点。

2）承包商在接收此类材料前应进行目测，发现数量不足或质量缺陷等问题，应立即通知工程师，在收到通知后，业主应立即将数量补足并更换有缺陷的材料。

3）承包商目测材料之后，此类材料就移交给了承包商，承包商应开始履行看管责任。

4）即使材料移交给承包商看管之后，如果材料数量不足或质量缺陷不明显，目测不能发现，那么业主仍要为之负责。

3. 采购分包合同条款的设置

在 EPC 工程总承包项目中，合同更多的是保证整个项目整体性能和可靠性，因此合同更多的是技术的要求和界定，同时对于合同的违约责任更多的是在技术指标的违约和罚款。另外，对图纸设计的确认会对交货期产生很大的影响，这样合同文本中难免要出现部分商务条款，非常容易出现与商务条款不统一的甚至矛盾的部分，为解决此问题，总承包商在签订采购分包合同时应采取技术、商务一起谈的策略。同时在合同签订后，建立合同执行动态表，作为贯穿合同执行的一条主线，直至合同结算完成。

合同生效、交货期往往是采购合同容易起纠纷的地方，图纸设计是否及时确认？付款是否及时到账？中间付款是否按照合同约定？出厂检查是否及时？船期安排是否满足交货期的要求？这些因素使采购的分合同具有很多不确定性。这就要求总承包商在签订采购分合同前，要设定一些对合同管理与合同结算有利的条款，以达到减少损失的目的。

（1）必须明确合同签字及合同生效的时间。在合同中必须明确合同签字及合同生效的时间，交货期的计算应从合同生效开始，图纸的确认时间和中间付款时间不挂钩，供货商所供货图纸的确认是需要供需双方共同努力合作，才能按照合同约定的时间进行图纸确认的。对图纸的确认不是对图纸所有的信息的确认，有时会出现一些由于业主的要求，导致所供货设备与其他设备的接口不确定，对于设备主体已经可以开始制造，如果由于接口信息没有确认导致的供货延期，显然对总承包商是不合理的。因此，在采购合同中就应该明确两点：①对供货商提供图纸时间的约定；②如果主体图纸已经确认，那么接口信息在一个合理的时间范围内确认，即可确认图纸是满足合同要求的。

（2）明确合同交货期的有关条款。如果总承包商承揽的是国外工程项目合同，合同交货期就受到船期和质检的影响，货物海运出货的时间安排对于合同交货时间无疑是一个重要的影响因素，因此，对于船期安排不但要考虑到施工进度的需要，还要考虑供货分包商的供货能力，最好的办法就是总承包商在项目启动的时候就对总体进度有一个统筹的进度计划，按照这个进度计划来指导项目执行，具体到设备采购，就要统筹考虑，把设备采购顺序和交货顺序做一个合理安排，做到组织有序，这样可以避免出现采购合同交货期与船期不符造成供需双方的意见分歧。

最终出厂质量检验也是影响交货期的另一个重要因素。国内供货商技术水平参差不齐，管理理念也有所不同，再加上地域的差异和产品的不同会导致对总承包商的一些技术要求理解不透彻、不到位、甚至错误。会出现同样的产品，不同的厂家制造出来的质量相差很大。对于有些产品，可能到最终的出厂检验时才会发现存在不满足客户要求的质量问题，而整改这些问题又需要花费时间，一般的厂家都是在发货前 3~5 天要求总承包方做出厂检验，此时一旦发现问题，整改时间肯定不够充裕，势必影响到发货，有的还需要整改后再检验，以上种种现象都要求我们在采购时做到以下几点：①选择质量可靠、信誉好、经验丰富的供货商；②总承包商在合同执行过程中间要不断到厂家去巡检、沟通，通过不断的反复的沟通交流，使厂家充分了解总包商的真实技术要求；③最终的出厂检验要提前做，给整改预留足够的时间；④总承包商最好在采购过程中实行采购项目经理制度，项目经理对合同中涉及的商务、技术、包装、检验、技术资料等负全责，作为与卖方唯一的联系人。总之，合同交货期是买卖双方最容易产生纠纷，也最容易扯不清的地方。

（3）明确现场移交和验收有关条款。设备的移交和签收在合同执行过程中处于一个不清晰的状态。供货商交货到港口，总承包商不可能在港口对设备包装箱内的零部件进行逐一清点，只是对设备的总箱数进行清点，对包装箱的外观质量进行检查。一旦发现包装箱破损或者包装不合理，必须及时通知厂家进行整改、做好行程完整的港口签收记录并把此单据作为合同支付到货款的必需单据。对于大宗货物的集港，供货商必须要派驻集港人员，协助总承包商完成集港工作。设备缺件少件、漏发等问题要到设备安装时才能发现。这就需要双方在合同签订时就要明确此类问题的解决方法，如果厂家有服务工程师在现场，服务工程师必须在开箱验收记录上签字确认，如果厂家没有人员在现场，则需要厂家明确给出设备开箱授权委托同时现场做好设备开箱记录，以便厂家补发和后期的合同结算设备在现场调试和生产过程中存在的质量问题，往往是供需双方扯皮最多的地方，也是法律认定最难的地方，因此，就需要的采购合同中，尽可能地明确现场质量问题的处理方法，最大可能地保护总承包商的利益。

（4）质量事故处理程序有关条款。鉴于总承包项目的特殊性，总承包商对业主担保的是整个项目的进度和性能担保，项目现场经常碰到的问题是，一台很小的设备出了问题而导致整条生产线停止运转，而问题的处理就显得非常的紧迫，如果此时，总承包商再按照质量事故的处理流程处理，就会带来时间上的损失，损失更大。由于项目现场在国外，供货商派遣到现场的技术人员也不是很容易的，办理护照、签证、订机票都需要花费大量的时间。

1）因此，一旦总承包商需要现场技术服务，供货商必须无条件地尽快给予反应，否则有可能给总承包商带来巨大的损失。因此，在采购合同中必须明确：对于项目现场出现的质量事故，总承包商可以自行处理的可以不经供货商的同意先行处理，处理之后必须通知供货商。

2）对于出现的总承包商不能自行处理的问题，总承包商通知供货商2天后，供货商必须按照总承包商的要求，派遣相关技术人员处理，否则视为供货商认可总承包商对该质量问题的原因分析，由此所产生的费用由供货商全额承担。

3）对于现场服务延期的约定，对于设备正常的安装调试，总承包方提前15天通知供货商，供应商在接到通知后三天内向总承包商提交现场服务工程师的护照信息且护照的有效期必须在一年以上。

4）对于现场紧急情况下，供货商必须在24小时内提交服务工程师的护照信息，护照的有效期在一年以上。对于供货商不能满足以上要求的，视为服务延期违约，适用合同延期违约罚则。

关于采购合同条款的签订，还有很多需要注意的地方。总之，一个总承包交钥匙的成功运作，需要项目的组织者、参与者、配合者通力合作，总承包项目实施最主要的三个环节是项目设计、项目采购、项目施工，项目采购在整个项目运作中起到了承上启下的作用，而项目采购的主要工作集中在采购合同的签订和执行上面，为此，总承包商在签订采购分包合同时应对其高度重视，考虑周全，以免由于合同条款模糊或遗漏使整个工程工期延误，造成总承包商不必要的经济损失。

4. 采购分包合同的管理过程

（1）采购分包前期工作。

1）采购合同管理组织设置。由于设备材料采购工作的主要性和特殊性，项目部需要组建专门负责部门，即采购部，设备与材料采购部并安排商务部门人员和技术部门的人员，负责采购设备材料的询价、谈判，与供应商的合同签订、合同监控等工作。

2）研究采购条款。总承包合同条款是业主验收和接受相关设备材料的依据，因此，总承包商要认真研究EPC总包合同条款，尤其是关于采购部分的条款，分析合同风险，商讨对策；尤其是要明确业主对 EPC 总承包项目的关于设备材料的要求、功能、标准、规格、质量等。

3）采购策划。项目开始，总承包商负责部门要对设备采购工作进行详细的策划，包括设备的分类、分工，采购计划，预算，资金的保证等，并做出 WBS 工作图表。

4）筛选采购分包商。选择供货商，要考虑多方面的因素，如品牌、信誉、实力、业绩等。项目采购时本着公平公正的原则，给予所有符合条件的供货商同等的机会。在进行供货商数量的选择时避免单一货源，要寻求多家供应，同时又要保证所选供货商承担的工作量，获取供货商批量供货的优惠政策，降低产品的价格和采购成本。按照产品需求，将供货商可分为高、中、低不同的等级，每个等级中选择 2～4 家供货商。对于关键设备材料不承诺最低价中标，一方面体现市场经济的规则，另一方面也能对采购成本有所控制，提高产品的质量。

（2）签约阶段管理工作。

1）物资采购必须按照技术规格书和设计文件的要求进行，性能参数满足设计图纸、资料的要求，并在合同中规定专门的技术协议，在满足通用要求的前提下，对产品的技术要求进行详细的描述，以免发生偏差。

2）合同签订前，总承包商与分包商对其所提供的设备材料要充分沟通，明确各项具体要求，包括合同中应有专门条款规定分包商提供的资料和清单；明确规定分包商应提交的如材料清册、安装使用说明、合格证书、出厂试验报告、材质证明等。

3）对通用技术规范、标准中规定的内容，具体与设备、材料有关的部分应直接写入分包合同技术规范书中。

（3）履约过程管理工作。

1）保持与分包商的信息沟通及时顺畅。分包商和总承包商直接签订合同后，有时还存在部分产品由外协单位供货的情况，总承包商与分包供货商的沟通和信息传达就显得十分重要。由于分包合同签订时有时会不详细，在执行过程中必然会提出新的要求，或者根据项目的进展，业主又提出新的要求，新要求传达到分包供货商就存在一定的难度。有时分包商对新的变化清楚了，但分包供货商并不见得清楚。因此，总承包商应保证信息一定传达到具体的执行单位。

2）对采购分包商的合同实施全过程进行全面监控，从原材料的进厂检查、产品的加工制造、材料的检验试验、产品的试验测试、货物的发运仓储、设备的安装调试、运行效果等等，记录不良行为和违章记录，建立供应商档案制度，并实行动态考核。

七、 施工分包合同管理

建设工程施工分包合同的管理是 EPC 总承包商完成项目、实现既定项目目标最重要的手段，而恰当的合同模式、完善的施工分包合同条款又是 EPC 总承包商进行合同管理的前提和保障。因此，研究如何签订好施工分包合同及利用分包合同条款对分包商进行约束，是 EPC 合同管理中的十分重要的问题。

1. 施工分包合同模式的选择

如前所述，目前在工程建设中普遍使用的有三种价格模式：固定总价合同、单价合同和单价与包干混合合同。

（1）固定总价合同。适合采用固定总价合同的工程一般具有以下几个特点：

1）工程项目规模较小、工期较短、工程量小、合同执行过程中风险较小。

2）该工程在招标时施工图设计深度完全能满足施工要求。

3）招标人要求投标人自己计算工程量后进行报价，或招标人留给中标人足够时间对工程量进行复核。

由于固定总价合同的这些特点，分包商几乎承担了工程项目的所有风险，除非 EPC 总承包商发出变更令，否则合同价格不能进行调整。总承包商的财务责任理论上很确定，但分包商需要承担市场价格变化等许多不可预见风险，因此，施工分包商报价较高。

对施工分包商采用固定总价合同的，应该在合同中明确固定总价所包括的风险范围，及超过约定风险幅度时的价格调整方法，以及发生工程经济签证及索赔时，工程价款调整的方法。对于不满足条件的工程项目，总承包商的合同主管部门应限制采用固定总价模式或采取其他特殊措施来平衡固定总价所带来的巨大风险。

（2）单价合同。适合采用单价合同的工程一般具有以下特点：

1）招标时，项目的内容和设计指标不能准确确定。

2）项目的工程量可能会发生较大变化。

单价合同一般采用工程量清单的计价方式，是应用得最广泛的合同类型。在单价合同下，如果工作范围不发生变化，EPC总承包商的财务支出较易得到控制；填入单价的工程量清单有利于EPC总承包商评判投标人的报价优劣情况。但是，编制工程量清单十分费时，工程量清单中的工作内容如果描述不清，或清单项划分不合理，会给施工分包合同管理工作带来较大麻烦，对施工分包商应用此种单价合同要求总承包商清单的编制有较高水平。

（3）单价与包干混合合同。在使用单价合同模式时，也可以视项目的具体情况，采用单价与包干的混合式合同，以单价合同为基础，但对其中某些不易计算工程量的分项工程（如小型设备购置与安装调试等）采用包干的方式，对容易计算工程量的，要求报单价，按实际完成工程量及合同中的单价结算。

2. 施工分包合同的关键条款

（1）风险分担条款。一份施工分合同体现的是合同各方责、权、利的划分，而在工程项目的合同中，责、权、利的划分充分体现在两个方面：工程的范围、工程的风险分担。工程范围在招标文件的技术标中有详细的说明，而工程的风险分担则体现在合同条款中。

往往EPC总承包商希望将风险尽可能地转移给施工分包商，以减轻自身所承担的风险，但需要注意的是如果向施工分包商所转移的风险超过了其可承担的限度，这种做法是没有意义的。施工分包商无法承担此风险所带来的后果时，必定以各种方式要求EPC总承包商进行补偿，因此，风险分担应合理。风险分担的原则是风险应由最有能力承担的一方承担。事实上，风险不仅意味着可能的损失，也意味着可能的收益，对于EPC总承包商能够自行应对或完全有能力应对的风险，EPC总承包商可以自留此风险，只要控制好了此风险，就可以获得此风险所带来的收益。

（2）调价条款。虽然订立固定总价或固定单价合同从理论上看，是很好的规避物价上涨风险的方式，但在实际操作上却会出现很多问题，一旦物价上涨过大，施工分包商为了弥补自身的损失，必然想尽办法从其他地方获得补偿，甚至会影响分包商保质保量地履行合同，因此，对于工期较长、执行过程中价格可能会发生较大变化的项目在合同中确定调价条款是有必要的。

合同中的调价条款需要确定可调价格的范围，是单一材料、机械使用费或人工费的调差，还是分项工程的调差。如果是采用分项工程的调差，一般而言，只有当分项工程的价格超过了一定比例后，对超出比例的部分才进行调整，也就是说，施工分包商应承担一定比例内物价上涨的风险。不仅造价增加了需要调整，同时在合同中也应相对地规定，若有费用节省，也应就超出费用节省比例以外的部分进行调整。

（3）奖励或处罚条款。为了鼓励施工分包商更好地履行合同项目，在分包合同中常设奖励或处罚条款，以起到激励或负激励的作用。使用奖励或处罚条款应坚持以下两点原则。

1）奖罚对等，有奖才有罚。如EPC总承包商为了控制进度，往往希望在施工分包合同中设立罚款条款，一旦施工分包商未按时完成节点，则对其进行处罚，但如果其进度超过了计划，对工程起到了良好的效果，施工分包合同中却没有奖励条款，则会影响激励的效果。

2）奖励或处罚比例恰当，不应超过总承包或分承包可承受的程度。尤其对于处罚条款而言，如处罚的比例过大，有可能会影响施工分包商继续履行合同，分包商也很难接受这样的处罚；而处罚比例太小，又起不到惩戒的作用。对于奖励条款，同样如此。

（4）签证工作的计价方式。经济签证在每个项目中都是不可避免的，但在费用的确定上，总承包商和分包商往往存在存在较大分歧。总承包商一般希望采用合同中类似工作的价格，而分包商一般则要求按照其企业定额进行报价。

签证一般仅对小额的零星工程，若此工程为分项工程，是既定目标实现不可或缺的一部分的，为新增工程，应参照合同的单价；对于数额较大的，将此工程从整体中去掉，不影响分项工程的既定目标和用途的，为额外工程，可不采用合同价格，应重新招标或签订补充协议，因此，签证的原则及单价应在合同中确定。对于施工现场的零星用工，最好能够确立一套零星用工标准，每个施工分包商发生零星用工时都可按此标准执行，能极大地减少此类用工的议价工作。

（5）技术规格书与清单项的匹配。如前所述，工程量清单中的工作内容如果描述不清或清单项划分不合理，会给合同执行管理工作造成很大障碍。工程量清单应尽可能地体现合同的工作范围，而目前的工程量清单中，对于各清单项的工作范围描述往往不清，在技术规格书中的许多要求不能反映到清单的描述中，许多有经验的分包商往往会利用这一点，在投标前已发现这些问题，在投标中却不进行澄清。而是在合同执行的过程中，将工程量清单中未体现技术要求的部分作为变更提出，要求 EPC 总承包商进行补偿。

3. 施工分包合同常见缺陷

目前，施工分包合同中常出现的问题可归纳为以下几类。

（1）施工合同签订人员希望把绝大部分风险转嫁给施工分包商，但不合理的风险划分却失去了预定的目的。如在某分包合同中有这样的条款，"在合同执行期间，甲方可以书面指令乙方进行与该工程相关的任何附加工作，其费用均已包括在合同价中，乙方不得在合同执行期间就此提出任何费用补偿的合同"，事实上分包商不可能完全接受总承包商的此类指令。

（2）合同中某些问题没有明确定义，如上例中的"附加工作"没有明确定义工作的范围。又如，某些施工分包合同中关于工期延误的条款中往往缺乏"工期延误"的定义，没有明确只有关键线路上工期延误才能进行工期索赔，由此导致只要工程出现延误，分包商就可以进行工期索赔。

（3）合同中某些问题，缺乏操作细则。大部分的施工分包合同里都有规定，如果由于分包商的原因致使工程不能达到合同中规定的完工日期或关键节点日期，EPC 总承包商有权对施工分包商进行违约处罚。但在合同内不能只确定每天的罚额，还应说明处罚具体是如何操作的；如造成工期拖延合同双方都有责任，需要对各方的责任进行界定。

（4）合同分包范围划分不合理。施工分包合同的工作范围划分需要和施工工艺、整体的施工组织设计紧密联系，并进行合理的接口协调，一旦合同承包的工作范围划分不清，在工程的进展过程中，会给工程带来许多接口问题，造成施工障碍。针对目前施工分包合同条款中常常出现的问题，建议的解决方法主要有以下几种。

1）在施工招标文件编制完成后，成立合同评审小组对合同进行评审并提出意见，小组成员应为各专业经验丰富的专家和人员，对合同范围的划分、技术要求、各分包合同工作接口的处理等方面提出意见，最好能吸纳这些人员参与到分包合同的谈判中。同时需要有经验丰富的商务专家对所有的施工分包合同进行整体把握，处理各分包合同之间的关系。

2）在施工分包合同签订后，合同的签订人员对直接执行合同管理的人员及施工管理的人员及时宣传贯彻，指明合同的范围及风险划分及在施工和管理中容易发生分歧的条款，以便各管理人员及时做好预防措施。

3）加强合同管理人力储备和培养，在合同管理人员的配备中形成人员梯度，由经验丰富的合同管理工程师指导和培养年轻的合同管理人员；同时经常进行合同管理相关培训，以提升合同管理人员的工作经验和技能。

　　一份约束力强的施工分合同必然具有以下几个特点：合同模式选择得当、公平、可操作性强。这些特点的实现需要合同签订人员具有丰富的合同管理经验，不断从合同执行人员处汲取意见反馈及参考同类项目的经验。为使合同条款发挥预期的约束力，实现项目目标，在执行过程中应建立相应的实施细则，对具体的操作进行指导。EPC 总承包商只有将施工分合同的签订与执行结合起来，才能从真正意义上起到分包合同管理强有力的作用。

第七章　全过程工程咨询项目合同管理

第一节　全过程咨询项目合同简介

建设项目的合同管理是指投资人与全过程工程咨询单位通过合同的方式明确各方的权利和义务，并授权全过程工程咨询单位对工程项目建设进行全过程或分阶段的管理和服务活动。同时，全过程工程咨询单位根据投资人委托的管理和服务的内容，承担与工程建设相关的管理工作，协调各承包人、供应商之间的合同关系、合同起草、编制，合同条款解释解决及合同争议与纠纷等。

一、合同管理组织模式

1. 合同管理各责任部门之间的组织关系

在建设项目中，投资人与全过程工程咨询单位签署合同后，全过程工程咨询单位在授权范围内，根据项目立项时招标核准的方式选择勘察单位、设计单位、施工单位、监理单位及材料、设备供应商，同时，根据合同中约定的方式进行项目管理，建设项目的合同模式一般有以下几种：①投资人不直接与项目参与方签署合同，其授权全过程工程咨询单位与各参建单位分别签订合同。在此模式下，由分管管理变为集中管理后，全过程工程咨询单位在具备专业、技术和经验积累的优势下，能对项目进行科学的管理，有利于做好"质量、工期、投资"三大控制；投资人需要对全过程工程咨询单位的信任度很高，管理工作量小但要求其所承担的风险大。此模式一般适用于政府投资项目；②投资人及全过程工程咨询单位共同与各参建单位签订合同，形成三方合同，并在合同中明确全过程工程咨询单位项目管理的权利和义务。适用于此模式的各参建单位缺乏齐全的配备，体现出投资人在管理方面工作量较大，适用于投资人有一定基础；③投资人直接与各参建单位签署合同，在各参建单位的合同中明确全过程工程咨询单位项目管理的权利和义务。这需要投资人有较全面的部门设置、管理能力，全过程工程咨询单位主要在投资人和参建各方中起润色和协助的作用，如图7-1所示。

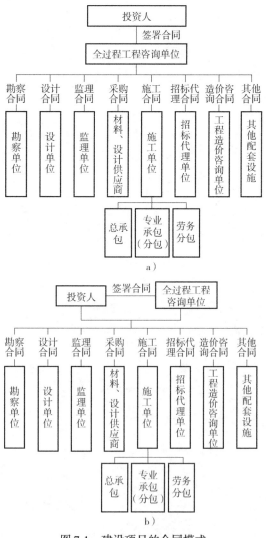

图7-1　建设项目的合同模式

a）模式一　b）模式二

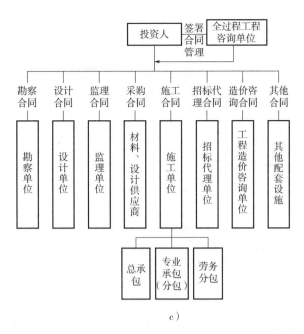

图 7-1　建设项目的合同模式（续）

c）模式三

注：图中专业分包主要指投资人指定的分包商及总承包人分包的一般分包商。

2. 合同管理各参与方之间的工作职责关系

根据图 7-1 的合同关系示意图可以看出，建设项目的合同管理中关键的主体是全过程工程咨询单位，它与投资人签订委托合同，为投资人提供服务，接受投资人的监督，同时，在接受委托后，负责勘察、设计、施工、招标代理、造价咨询、工程监理、采购等合同的协调管理工作。全过程工程咨询单位合同管理过程中各参与方主要职责见表 7-1。

表 7-1　全过程工程咨询单位合同管理过程中各参与方主要职责一览表

序号	工作职责内容	各参与单位职责分工								
		投资人	全过程工程咨询单位	招标代理公司	勘察单位	设计单位	施工单位	监理单位	工程造价咨询单位	设备供应商
1	建设工程合同管理工作计划	审批	编制	参与						
2	建设工程合同结构	审批	编制	参与				参与	参与	
3	建设工程合同评审	审批	负责	参与				参与	参与	
4	建设工程招标工作	监督	管理	负责				参与	参与	
5	建设工程合同谈判	参与	组织	负责	参与	参与	参与	参与	参与	参与
6	建设工程合同签订	参与	负责	参与	参与	参与	参与	参与	参与	参与
7	建设工程合同补充协议签署	审查	负责	参与	参与	参与	参与	参与	参与	参与
8	建设工程合同执行情况检查、分析、总结	监督	组织	参与	参与	参与	负责	参与	参与	
9	建设工程合同履行、文件记录的收集、整理	监督	组织	参与	参与	参与	参与	参与	参与	
10	合同管理总结报告编写	审查	负责	参与	参与	参与	参与	参与	参与	参与

二、 合同管理原则目标

工程合同管理，既包括各级工商行政管理机关、建设行政主管机关、金融机构对工程合同的管理，也包括发包单位、全过程工程咨询单位、承包单位对工程合同的管理。可将这些管理划分为两个层次：第一层次是国家机关及金融机构对工程合同的管理，即合同的外部管理；第二层次则是工程合同的当事人及全过程工程咨询单位对工程合同的管理，即合同的内部管理，如图7-2所示。

其中，外部管理侧重于宏观的管理，而内部管理则是关于合同策划、订立、实施的具体管理，本书所讲述的是投资人、全过程工程咨询单位、承包人对合同的内部管理。

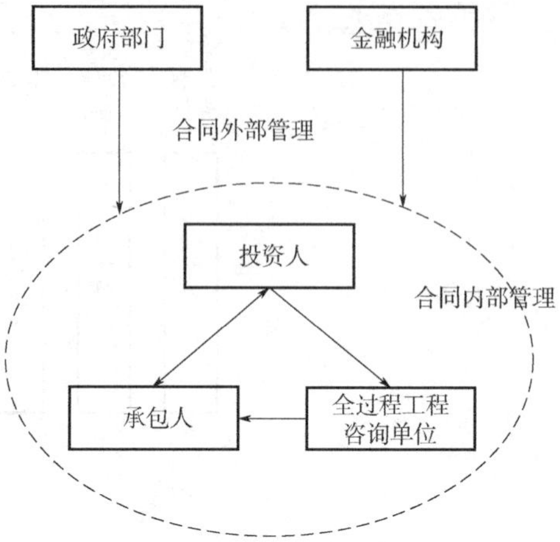

图7-2　工程合同管理层次

1. 合同管理原则

合同管理是法律手段与市场经济调解手段的结合体，是工程项目管理的有效方法。合同管理制自提出、试用到推广，如今已经十分成熟。合同管理具有很强的原则性、权威性和可执行性，这也是合同管理能真正发挥效力的关键。一般说来，合同管理应遵循以下几项基本原则：

（1）合同权威性原则。在市场经济体制下，人们已习惯于用合同的形式来约定各自的权利、义务。在工程建设中，合同更是具有权威性的，是双方的最高行为准则。工程合同规定和协调双方的权利、义务，约束各方的经济行为，确保工程建设的顺利进行；双方出现争端，应首先按合同解决，只有当法律判定合同无效，或争执超过合同范围时才借助于法律途径。

在任何国家，法律只是规定经济活动中各主体行为准则的基本框架，而具体行为的细节则由合同来规定。例如FIDIC合同条件在国际范围内通用，可适用于各类国家，包括法律健全的或不健全的，但对它的解释却比较统一。许多国际工程专家告诫，承包人应注意签订一个有利的和完备的合同，并圆满地执行合同，这无论是对于工程的实施，还是对于各方权益的保护都是很重要的。

（2）合同自由性原则。合同自由性原则是在当合同只涉及当事人利益，不涉及社会公共利益时所运用的原则，它是市场经济运行的基本原则之一，也是一般国家的法律准则。合同自由性体现在以下内容：

1）合同签订前，双方在平等自由的条件下进行商讨。双方自由表达意见，自己决定签订与否，自己对自己的行为负责。任何人不得对对方进行胁迫，利用权力、暴力或其他手段签订违背对方意愿的合同。

2）合同自由构成。合同的形式、内容、范围由双方商定；合同的签订、修改、变更、补充、解除，以及合同争端的解决等由双方商定，只要双方一致同意即可。合同双方各自对自己的行为负责，国家一般不介入，也不允许他人干涉合法合同的签订和实施。

（3）合同合法性原则。合同的合法性原则体现在以下内容。

1）合同不能违反法律，合同不能与法律相抵触，否则无效，这是对合同有效性的控制。合同自由性原则受合同法律原则的限制，所以工程实施和合同管理必须在法律所限定的范围内进行。超越这个范围，触犯法律，会导致合同无效，经济活动失败，甚至会带来承担法律责任的后果。

2）合同不能违反社会公众利益。合同双方不能为了自身利益，而签订损害社会公众利益的合同，例如不能为了降低工程成本而不采取必要的安全防护措施，不设置必要的安全警示标志，不采取降低噪声、防止环境污染的措施等。

3）法律对合法的合同提供充分保护。合同一经依法签订，合同以及双方的权益即受到法律保护。如果合同一方不履行或不正确地履行合同，致使对方受到损害，则必须赔偿对方的经济损失。

（4）诚实信用原则。合同是在双方诚实信用基础上签订的，工程合同目标的实现必须依靠合同双方及相关各方的真诚合作。

1）双方互相了解并尽力让对方了解己方的要求、意图、情况。投资人应尽可能地提供详细的工程资料、信息，并尽可能详细地解答承包人的问题；承包人应提供真实可靠的资格预审文件，各种报价文件、实施方案、技术组织措施文件。

2）提供真实信息，对所提供信息的正确性承担责任，任何一方有权相信对方提供的信息是真实、正确的。

3）不欺许、不误导。承包人按照自己的实际能力和情况正确报价，不盲目斥价，明白投资人的意图和自己的工程责任。

4）双方真诚合作。承包人正确全面完成合同责任，积极施工，遭到干扰应尽力避免投资人损失，防止损失的发生和扩大。

（5）公平合理原则。经济合同调节合同双方经济关系，应不偏不倚，维持合同双方在工程中一种公平合理的关系，这反映在如下几个方面：

1）承包人提供的工程（或服务）与投资人支付的价格之间应体现公平，这种公平通常以当时的市场价格为依据。

2）合同中的权利和义务应平衡，任何一方在享有某一项权利的同时必须履行对应的义务；反之在承担某项义务的同时也应享有对应的权利。应禁止在合同中出现规定单方面权利或单方面义务的条款。

3）风险的分担应合理。由于工程建设中一些客观条件的不可预见性，以及临时出现的特殊情况，不可避免地会产生一些事故或意外事件，使得投资人或承包人遭受损失。工程建设是投资人和承包人合力完成的任务，风险也应由双方合力承担，而且这种风险的分担应尽量保证公平合理，应与双方的责权利相对应。

4）工程合同应体现出工程惯例。工程惯例是指工程中通常采用的做法，一般比较公平合理，如果合同中的规定或条款严重违反惯例，往往就违反了公平合理原则。

2. 合同管理目标

在工程建设中实行合同管理，是为了工程建设的顺利进行。如何衡量顺利进行，主要用质量、工期、成本三个因素来评判，此外使得投资人、承包人、全过程工程咨询工程师保持良好的合作关系，便于日后的继续合作和业务开展，也是合同管理的目标之一。

（1）质量控制。质量控制一向是工程项目管理中的重点，因为质量不合格意味着生产资源的浪费，甚至意味着生产活动的失败，对于建筑产品更是如此。由于建筑活动耗费资金巨大、持续时间长，且出现质量问题，将导致建成物部分或全部失效，造成财力、人力资源的极大浪费。建筑活动中的质量又往往与安全紧密联系在一起，不合格的建筑物可能会对人的生命健康造成危害。

工程合同管理必须将质量控制作为目标之一，并为之制定详细的保证计划。

（2）成本控制。在自由竞争的市场经济中，降低成本是增强企业竞争力的主要措施之一。在成本控制这个问题上，投资人与承包人是既有冲突，又必须协调。合理的工程价款为成本控制奠定基础，是合同中的核心条款。此外，为了成本控制制定具体的方案、措施，也是合同的重要内容。

（3）工期控制。工期是工程项目管理的重要方面，也是工程项目管理的难点。工程项目涉及的流程复杂、消耗人力物力多，再加上一些不可预见因素，都为工期控制增加了难度。

施工组织计划对于工期控制十分重要。承包人应制定详细的施工组织计划，并报投资人备案，一旦出现变更导致工期拖延，应及时与投资人、全过程工程咨询单位协商，各方协调对各个环节、各个工序进行控制，最终圆满完成项目目标。

（4）各方保持良好关系。投资人、承包人和全过程工程咨询单位三方的工作都是为了工程建设的顺利实施，因此三方有共同的目标。但在具体实施过程中，各方又都有自己的利益，不可避免要发生冲突。在这种情况下，各方都应尽量与其他各方协调关系，确保工程建设的顺利进行；即使发生争端，也要本着互谅互让、顾全大局的原则，力争形成对各方都有利的局面。

三、合同管理工作内容

工程合同管理是一个动态的过程，从合同策划、合同订立到合同实施，及实施过程中的索赔，可分为不同的阶段进行管理，如图 7-3 所示。

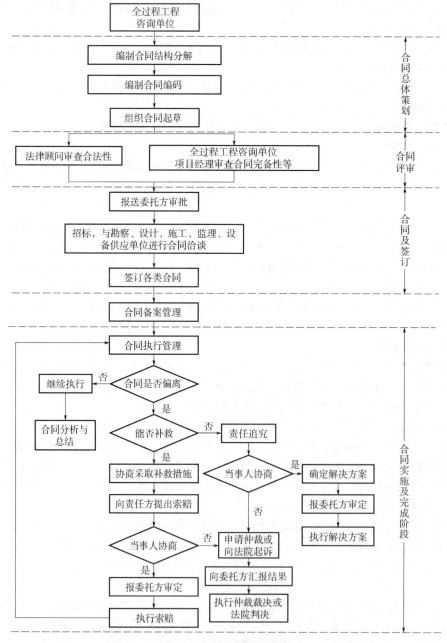

图 7-3　合同管理流程图

1. 合同策划阶段

策划阶段的管理是项目管理的重要组成部分，是在项目实施前对整个项目合同管理方案预先做出科学合理的安排和设计，从合同管理组织、方法、制度、内容等方面预先做出计划的方案，以保证项目所有合同的圆满履行，减少合同争议和纠纷，从而保证整个项目目标的实现。合同策划阶段大致包括以下内容：

（1）项目合同管理组织机构及人员配备。

（2）项目合同管理责任及其分解体系。

（3）项目合同管理方案设计，具体包括以下几个方面：

1）项目发包模式选择。

2）合同类型选择。

3）项目分解结构及编码体系。

4）合同结构体系（合同分解、标段划分）。

5）招标方案设计。

6）招标文件设计。

7）合同文件设计。

8）主要合同管理流程设计，包括投资控制流程、工期控制流程、质量控制流程、设计变更流程、支付与结算管理流程、竣工验收流程、合同索赔流程、合同争议处理流程等。

2. 合同签订阶段

在一般的买卖合同或服务合同中，只要交易双方就权利和义务达成一致，合同便即成立。而建设工程却并非如此。建设工程的合同签订首先要经过招标投标，选定合适的承包人；在确定中标单位之后，还必须通过合同谈判，将双方在招标投标过程中达成的协议具体化或作某些增补或删减，对价格等所有合同条款进行法律认证，最终订立一份对双方均有法律约束力的合同文件，此时，合同签订才算完成。根据我国《工程建设项目施工招标投标办法》，投资人和承包人必须在中标通知书发出之日起 30 日内签订合同。可见，建设工程的合同签订也要遵循严格的程序，不能一蹴而就。

合同签订阶段一般包括四个基本阶段：招标投标、合同审查、合同谈判、合同订立。

3. 合同实施阶段

工程合同的履行，是指工程建设项目的投资人和承包人根据合同规定的时间、地点、方式、内容及标准等要求，各自完成合同义务的行为。

对于投资人来说，履行建设工程合同最主要的义务是按约定支付合同价款，而承包人最主要的义务是按约定交付工作成果。但是，当事人双方的义务都不是单一的最后交付行为，而是一系列义务的总和。例如，对工程设计合同来说，投资人不仅要按约定支付设计报酬，还要及时提供设计所需要的地质勘探等工程资料，并根据约定给设计人员提供必要的工作条件等；而承包人除了按约定提供设计资料外，还要参加图纸会审、地基验槽等工作。对施工合同来说，投资人不仅要按时支付工程备料款、进度款，还要按约定按时提供现场施工条件，及时参加隐蔽工程验收等；而承包人义务的多样性则表现为工程质量必须达到合同约定标准，施工进度不能超过合同工期等。

总之，建设工程合同的实施，内容丰富，持续时间长，是其他合同不能比拟的，因此也可将建设工程合同的实施分为几个方面：合同分析、合同控制、合同变更管理、合同索赔管理、合同信息管理。

4. 合同收尾阶段

建设项目实施完成后，全过程工程咨询单位需要对合同的实施情况，即合同各参与主体在执行过程中的情况进行客观分析和总结，建立评价体系为全过程工程咨询单位后续选择承包人、材料供应商等做好评价工作。

第二节　全过程项目合同管理策划

一、　合同目标策划

合同目标策划是确定对整个工程项目有重大影响的，带根本性和方向性的合同问题，是确定合同的战略问题。它们对整个项目的计划、组织、控制有决定性的影响。在项目的开始阶段，投资人（有时是企业的战略管理层）必须就如下合同问题做出决策：

（1）承发包模式的策划，即将整个项目工作分解成几个独立的合同，并确定每个合同的工程范围。合同的承发包模式决定了工程项目的合同体系。

（2）合同种类和合同条件选择。

（3）合同的主要条款和管理模式的策划。

（4）工程项目相关的各个合同在内容、时间、组织、技术上的协调等。

建设工程的合同管理作为工程管理的一个重要组成部分，在服务于工程整体目标的同时，又具有其自身的独特特点。其目标与特点主要包括以下几个方面：

1. 通过对建设工程合同的管理，达到工程建设预期的理想效果

建设工程由于涉及工程的发包商作为发包主体，将建设工程委托给承包人进行承建，由于主体双方信息的不对称，双方的最终目标可能出现偏差，因此在这种委托—代理关系确立之时，通过签订建设工程合同，约定最终工程的建设目标，通过以合同管理的方式，达到承包人的最终目标与发包商目标的一致性。而同时，具体的承包人又涉及将工程进行再一次分包处理，结果就会导致工程质量出现越来越大的偏离，因此，只有通过以合同管理的形式，事先约定工程的质量标准，这样才可以达到工程建设的预期效果，保证工程的质量，使得建设目标从发包商到最终的承包人均一致的效果。

2. 缩短工程工期、降低工程成本，使投资收益最大化

作为理性的经济人，在建设工程项目中的每一参与主体都会从自身利益最大化的角度出发，因此在项目建设过程中难免会出现诸多问题。而由于建设工程作为一个非常庞大的复杂性系统，其需要管理的内容非常多，只有通过合同管理的形式，明确每一部分、每一环节、每一人员的责任和义务，以及需要达到的目标，这样就可以有效地控制工程建设的各种成本，减少部门之间的沟通协调费用，降低成本，同时通过合同的激励效益可以在保证工程质量的同时，缩减工程周期，使承包人发挥自身最大的效益。也只有通过这种方式，明确了各方的权利和义务，调动各方的积极主动性，扩大受益，降低成本，从而最终达到投资者投资效益的最大化，实现整体社会效益的最优。

3. 以合同管理的形式，明确各方的权利和义务

在工程建设过程中，矛盾与分歧在所难免，如何将这些分歧减少到最少是工程合同管理的一大目标。对于建设工程中，各方签订的合同就是事先以约定的方式来明确自身的责任、权利与义务，当出现问题，协商不能解决的时候，这时就需要按照合同事先约定的事项进行处理，从而达到双方目标的一致性。而对于合同管理还有一大任务，就在于可以在项目一方出现违约的情况下的处理，通过合同的约定，在一方出现违约或者工程质量、进度没有达到事先约定的水平时，受损方可以要求另一方进行赔偿。因此，在对建设工程的合同管理过程中，应该尽可能地服务于这三大目标，使得合同管理的目的性更加明确。

二、　合同策划内容

合同策划是指依据投资人的项目管理模式和组织机构职能，制定工程的整体合同文件体系以

及施工、设计某一类别的合同文件体系，详细分析、研究和确定合同协商、签订、履行和争议中的各项问题，形成合同策划方案，从而指导工程合同的签订实施等。在建设项目的开始阶段，投资人必须对项目建设过程中一些重大合同问题做出决策，工程项目的总目标和实施战略确定后，必须对与工程相关的合同进行总体策划，过程如图7-4所示。

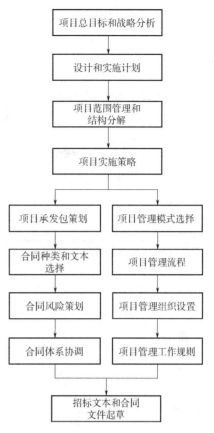

图7-4　建设项目合同总体策划流程图

在工程合同的总体策划中，应对与工程项目相关的各种因素给予考虑。这些因素可分为工程项目特点、投资人信息、承包人信息及项目所处环境四个方面。

建设项目的合同策划，是指在法律许可范围内，根据投资人总的目标要求，通过对合同条款做合理、完善的策划，使项目在建设过程中的时间、资金使用关系中选择最佳结合点，保证项目获得满意的经济效益和社会效益。合同策划就是对建设项目建设过程中有重大影响的合同问题进行研究和决策。通过合同策划，一般要确定以下几个问题：项目结构分解、工程承发包模式、合同类型、招标方式、合同条件、重要合同条款等。

在建设项目建设过程中，开发商通过合同分解项目目标，委托项目任务，并实施对项目的控制。投资人作为工程（或服务）的买方，是工程的需要者（或所有者，或投资者）。投资人根据对工程的需求确定总体战略，确定工程项目的整体目标，这个目标是所有相关的工程合同的灵魂。要实现工程项目的目标，将整个目标任务分为多少包（或标段），以及如何划分这些标段并进行组合，投资人对项目分解结构（WBS）确定工程项目范围内和实施周期内的全部工作，如图7-5所示，通过合同将建筑工程的勘察设计、各专业施工、设备和材料的供应、管理等工作委托出去，由其他单位完成。

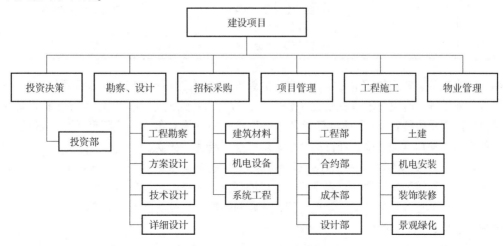

图7-5　建设项目结构分解图

根据项目结构分解结果，投资人须签订下列合同：咨询（监理）合同、勘察设计合同、工程施工合同、物资采购合同、贷款合同等。由投资人与工程承包人签订工程施工合同，由一个或几个承包人负责或分别负责工程土建、机械、电器、通信、装饰等工程的施工。与投资人签订的合同通常称为主合同，按照工程承发包模式和范围不同，投资人可能订立几十份合同，例如将各专业工程分别甚至分阶段委托，将材料和设备供应分别委托，也可能将上述委托以各种形式合并，例如将土建、安装委托给一个承包人，将整个设备和材料委托给一个成套设备供应企业，甚至可以将整个工程的勘察设计、供应、工程施工、管理一并委托给一个承包人，签订一个总承包合同。所以一份合同的工程范围和内容也有很大的差别。

三、 合同类型选择

针对项目的应用范围和特点选择工程项目合同类型，采用不同合同形式实施工程建设，与招标前已完成的设计文件详细程度有关，不同设计深度与选择合同类型的关系见表7-2。

表7-2　不同设计深度的合同类型适用表

合同类型	设计阶段	设计文件主要内容	设计深度要求
总价合同	施工详图设计阶段	(1) 详细设备清单 (2) 详细材料清单 (3) 施工详图 (4) 施工图预算 (5) 施工组织设计	(1) 设备材料的安排 (2) 非标准设备的制造 (3) 施工图预算的编制 (4) 施工组织设计的编制 (5) 其他施工要求
单价合同	技术设计阶段	(1) 较详细的设备清单 (2) 较详细的材料清单 (3) 工程所需的设计文件 (4) 修正总概算	(1) 设计方案中重大技术问题的要求 (2) 有关试验方面的要求 (3) 有关设备制造方面的要求
成本补偿合同	初步设计阶段	(1) 总概算 (2) 设计依据、指导思想 (3) 建设规模、产品方案 (4) 主要设备选型和配置 (5) 主要材料需要数量 (6) 主要建筑物、构筑物 (7) 公用辅助设施 (8) 主要技术经济指标	(1) 主要材料设备订货 (2) 项目总造价控制 (3) 技术设计的编制 (4) 施工组织设计的编制

由于建设项目有较高的成本要求，投资人的管理和控制工作比较细致，建设项目一般多采用分阶段分专业工程平行发包的模式。这种模式下，投资人将面对众多的承包人（包括设计单位、供应单位、施工单位等），一个项目可能多达上百份合同签约对象，管理跨度较大，容易造成项目协调的困难，使用这种形式，项目的计划必须周全、准确、细致。

作为建设项目成本的载体——合同，其合同形成前的合同策划对整个建设项目合同实施有着重大的影响，合同策划是工程项目建设目标实现的保障。正确的合同策划不仅能够签订一个完备有利的合同，而且可以保证圆满地履行合同，以顺利地实现工程项目的根本目标。

国内外主要的标准工程合同条件：

（1）我国建设工程合同范本。近20多年来，我国在工程合同的标准化方面做了许多工作，颁布了一些合同范本。其中最重要，也最典型的是2017年颁布的《建设工程施工合同（示范文本）》GF—2017—0201。它作为在我国国内工程中使用最广的施工合同标准文本，经过多年的使用并修改，人们已积累了丰富的经验。在此基础上经过修改，于1999年以后我国陆续颁布了《建设工程施工合同（示范文本）》《建设工程施工专业分包合同（示范文本）》《建设工程施工劳务分包合同（示范文本）》等合同文本。这些文本反映我国建设工程合同法律制度和工程惯例，更符合我国的国情。

（2）FIDIC 合同条件。

1）"FIDIC" 词义解释。"FIDIC" 是国际咨询工程师联合会的缩写。在国际工程中普遍采用的标准文本是 FIDIC 合同条件。FIDIC 合同条件是在长期的国际工程实践中形成并逐渐发展和成熟起来的国际工程惯例。它是国际工程中通用的、标准化的、典型的合同文件。任何要进入国际承包市场，参加国际投标竞争的承包人和工程师，以及面向国际招标的工程的投资人，都必须精通和掌握 FIDIC 合同条件。

2）FIDIC 条件的特点。FIDIC 条件经过数十年的使用和几次修改，已逐渐形成了一个非常科学的、严密的体系。它有如下特点：

①科学地反映了国际工程中的一些普遍做法，反映了最新的工程管理程序和方法，有普遍的适应性。所以，许多国家起草自己的合同条件通常都以 FIDIC 合同作为蓝本。

②条款齐全，内容完整，对工程施工中可能遇到的各种情况都做了描述和规定。对一些问题的处理方法都规定得非常具体和详细，如保函的出具和批准，风险的分配，工程量计算程序，工程进度款支付程序，完工结算和最终结算程序，索赔程序，争执解决程序等。

③它所确定的工作程序和方法已十分严密和科学；文本条理清楚、详细和实用；语言更加现代化，更容易被工程人员理解。

3）适用范围广。FIDIC 作为国际工程惯例，具有普遍的适用性。它不仅适用于国际工程，稍加修改后即可适用于国内工程。在许多工程中，投资人即使不使用标准的合同条件，自己按需要起草合同文本，但在起草过程中通常都以 FIDIC 作为参照本。

4）公正、合理。比较科学地公正地反映合同双方的经济责权利关系：合理地分配合同范围内工程施工的工作和责任，使合同双方能公平地运用合同有效地、有力地协调，这样能高效率地完成工程任务，能提高工程的整体效益；合理地分配工程风险和义务，例如明确规定了投资人和承包人各自的风险范围，投资人和承包人各自的违约责任等，承包人的索赔权等。

（3）ICE 文本。ICE 为英国土木工程师学会的缩写，它是设于英国的国际性组织，拥有英国及 140 多个国家和地区的会员，创立于 1818 年。1945 年 ICE 和土木工程承包人联合会颁布 ICE 合同条件第一版。它主要在英国和其他英联邦以及历史上与英国关系密切的国家的土木工程中使用，特别适用于大型的比较复杂的工程，特别是土方工程以及需要大量设备和临时设施的工程。

该文本虽在 1954 年正式颁布，但它的风险分摊的原则和大部分的条款在 19 世纪 60 年代就出现，并一直在一些公共工程中应用。到 1956 年已经修改 3 次，作为 FIDIC 合同条件编制的依据。ICE 合同使用的要求：

1）有工程量表。

2）咨询工程师的作用。

3）承包人不承担主要设计。

4）承包人投标时要求价格固定不变。

（4）NEC 合同。1993 年由英国土木工程师学会颁布 NEC 合同，它是一个形式、内容和结构都很新颖的工程合同。它在工程合同的形式的变更方面又向前进了一步。它在全面研究目前工程中的一些主要合同类型的结构基础上，将它们相同的部分提取出来，构成核心条款，将各个类型的合同的独特的部分保留作为主要选项条款和次要选项条款。合同报价的依据由成本组成表及组成简表等组成。它的结构形式见表 7-3。

表 7-3　合同报价结构形式一览表

核心条款	主要选项	次要选项
（1）总则		（1）履约保函
（2）承包人主要责任		（2）母公司担保
（3）工期	（1）有分项工程表的标价合同	（3）预付款
（4）测试与缺陷	（2）有工程量清单的标价合同	（4）多种货币
（5）付款	（3）目标合同	（5）价格调整
（6）补偿事件	（4）成本补偿合同	（6）保留金
（7）所有权	（5）管理合同	（7）提前奖与误期罚款
（8）风险和保险		（8）功能欠佳罚款
（9）争端和合同终止		（9）法律的变化

这种结构形式像搭积木，通过不同部分的组合形成不同种类的合同，使 NEC 合同有非常广泛的适应面。它能够实现用一个统一的文本表示不同的合同类型。

1）按计价方式可适用单价、总价、成本加酬金、目标合同。

2）按照专业和承包范围不同可适用工程施工、安装、EPC 总承包、管理承包。

3）可以由承包人编制工程量表或由投资人提出工程量清单。

（5）其他常用的合同条件。

1）JCT 合同条件。JCT 合同条件为英国合同联合仲裁委员会制定的标准合同文本。它主要在英联邦国家的私人工程和一些地方政府工程中使用，主要适用于房屋建筑工程的施工。

2）AIA 合同条件。美国建筑师学会作为建筑师的专业社团，已有近 140 年的历史。该机构致力于提高建筑师的专业水平，促进其事业的成功并通过改善其居住环境提高大众的生活水准。AIA 出版的系列合同文件在美国建筑业界及国际工程承包界，特别在美洲地区具有较高的权威性。

四、合同内容

建设工程合同内容包括中标通知书、投标书及其附件、标准、规范及有关技术文件、图纸、工程量清单、工程报价单或预算书等，与合同条件共同组成完整的工程合同。建设工程合同内容策划就是建设工程合同条件的编写策划，包括工程合同条件制定、标准合同条件选择、主要合同条款的确定等。

建设工程合同条件是指书面的合同条件，包括合同双方当事人的权利和义务关系、工程价款、工期、质量标准、合同违约责任和争议的解决等内容，是工程合同的核心文件。简单工程合同条件可能只是一份简单的合同。目前国际工程和国内工程普遍采用标准合同或者示范文本。合同大部分内容已经标准化，只有部分空白条款需要由合同当事人双方确定。如果存在通用合同条件和专用合同条件，则通用合同条件一般不变，合同主要条款通过专用条件的有关条款由双方协调确定。

在建设工程实践中，建设工程合同一般选用标准合同条件。投资人在合同策划时应对一些重要的合同条款进行研究和确定，从《合同法》的角度就合同的实质性条款，即合同标的，数量，质量，价款或者报酬，履约的期限、地点和方式，违约责任，解决争议的办法等内容，合同主要条款有：

（1）工程承包范围，包括工作内容具体描述和工作界面的明确划分等。

（2）合同工期，包括开工时间、竣工时间、工期延误及工期违约处理等。

（3）各方一般权利和义务，包括投资人、咨询人、承包人和设计人的一般权利和义务，以及投资人对咨询人的授权约定等。

（4）限额设计，包括限额设计的范围、设计标准、限额设计指标、奖惩等。

（5）质量与检验，包括工程质量执行和验收的规范和标准，验收的程序，以及质量争议的处理等。

（6）安全施工，包括安全施工与检查，安全风险防范，事故处理及争议解决等。

（7）合同价款与支付，包括合同价款、变更调整条件和方式，价格风险分配，价款支付，结算审计及履约保证等。

（8）材料设备供应，包括承发包双方供应的材料设备划分，检验、保管责任及材料设备价格的确定等。

（9）竣工验收及结算，包括竣工验收及结算方式，以及工程保修的约定等。

（10）违约及索赔，包括承发包双方的违约责任及处理方式，以及激励措施等。

（11）争议解决方式、地点，适用于合同关系的法律及转包、分包的约定等。

项目管理的控制是通过合同来实现的，合同条款的表达应清晰、细致、严密，不能自相矛盾或有二义性，合同条件应与双方管理水平相配套，过于严密、完善的合同没有可执行性；最好选用双方都熟悉的合同条件，便于执行。投资人应理性地对待合同，合同条件要求合理但不苛刻，应通过合同来制约承包人，但不是捆住承包人。同时为使承包人投标时能充分考虑合同条件、责任范围和风险分配，合理地降低承包人报价中的不可预见风险费用，宜在招标文件中给出合同的全部内容。由于投资人起草招标文件和草拟合同文本，居于合同的主体地位，应确定的主要合同条款包括适用于合同关系的法律及争执仲裁地点、程序；付款方式，合同价格的调整条件、范围、调整方法；合同双方风险的分担，即将风险在投资人与承包人之间合理分配；对承包人的激励措施，恰当地采取激励措施可激励承包人缩短工期、提高质量、降低成本、提高管理积极性；保函、保留金和其他担保措施，对违约行为的处罚规定和仲裁条款等。

五、 合同策划流程

合同总体策划流程如下：

（1）研究企业和项目战略，确定企业和项目对合同的要求，一个项目采用不同的组织形式和项目管理体制，则有不同的任务分解形式和合同类型。

（2）确定合同总体原则和目标，建立全面合同管理结构体系。

（3）分层次、分对象对不同合同的投资人式、招标方式、合同类型、主要合同条件等重要问题进行研究并逐一做出决策和安排，提出合同措施。

（4）在项目过程中，开始准备每一项合同招标和合同签订时都要进行一次合同策划评价。

六、 策划注意事项

由于建设工程合同的管理具有专业性、协调性、风险性和动态性的特点，因此对于建设工程合同的管理人员而言，应该把握住工程合同的管理要点，努力降低合同管理风险。

1. 合同的签订主体

由于建设工程是比较复杂的工程项目，因此，对于合同的签订而言，会存在不同的签订主体，因此，在对建设工程合同的管理过程中，应该明确合同的签订主体，明确签订主体才能有效防范和控制风险。

2. 合同文本的规定事项

在对建设工程合同进行管理时，首先应该明确合同签订所适用的法律法规，这在国际工程项目中尤其重要，其次，应该对合同签订时的中标书、建设协议书、工程图纸、工程的预结算资料加强管理，明确合同中的相关事项条款，对其中的特别事项规定应该引起注意。

3. 合同约定的建设工程价款

工程价款作为建设工程合同管理的重要方面，是指建设工程在正常完工的情况下，投资人需要付给承包人的总款项，对于建设工程合同价款的管理一般是事前由承包人和投资人共同商议决定的，但是最终的价款则需要在该协议价款上进行适当修改，以弥补对工程质量、完工期限等方面的问题。

4. 工程进度约定

工程进度对于建设工程企业来说是非常关键的，这关系到承包人能否按照投资人的要求及时交付工程，从而也涉及最终承包人能够具体获得多少工程价款，因此对于工期，在建设工程合同中一般都会加以明确。同时在工程进度中，双方也会约定一旦工程出现不能按时交付的责任归属和赔偿与免责情形。

5. 建设工程的验收

建设工程的交付与验收，是工程得以完工的最终标志，也是承包人与投资人权利和义务即将得到终结的标志。工程的验收一般经由投资人或者有投资人委托代理的监理方进行确定，如果工程在规定期限内得到顺利验收，标志工程的完结，但是如果工程的验收质量不合格，则需要承包人按照投资人的要求，再重新进行确定，保证工程质量，同时承包人在工程完工后的一定期限内还承担有工程的保修责任。

6. 工程风险

建设工程由于其特殊性，影响工程进度、质量的风险因素比较多，受到外部环境的影响较大，因此对于建设工程而言，不确定性增强。因此，在建设工程合同中，应该尽可能地将预知的风险详细描述，同时对于规避风险的措施以及发生风险之后的处理措施都应该给予详细说明，这样才能在工程施工过程中减少各方的矛盾纠纷。而且，在各方签订工程项目合同时，应该对于提供的材料进行详细审核与说明，合理预知风险，对于未知的风险应该尽可能协商处理，共同承担相应的风险损失。

7. 索赔

索赔是建设工程合同中非常重要的一项，建设工程因为其复杂与专业性，而且在施工的过程中，工程很容易受到外部环境的干扰，导致工程出现许多问题。因此，当自身的利益受损之后，而且确定是由于对方的过失导致的自身利益损失，这时就可以按照合同里的相关条款规定，向责任方进行索赔，如果双方对于责任的归属问题不能详细划分的话，则在合同中也应该做出规定，由独立、公正的第三方机构进行仲裁确认，一经确认，责任方应该立即做出赔偿。

8. 违约责任

一般违约责任和合同的赔偿条款是联系在一起的，违约责任是指合同的一方因为自身的失误或者由于客观环境等因素造成，但责任归结于自身，给合同另一方造成了损失、伤害时，需要确定自身的责任行为。在建设工程合同中，应该具体规定违约情形，并根据不同情形确定相应的违约责任，同时，合同中也应该对于当违约发生时，确定责任归属之后，具体的赔偿方案的选择，这些都需要在建设工程合同中做出明文规定。

第三节　全过程工程咨询项目合同体系与内容确定

建设工程招标投标属于建设工程合同的谈判和订立的阶段，招标投标是合同管理的基础之一，也是合同管理的首要步骤之一。招标投标更强调竞争性条款的成果，招标人预想以最小的运作成本，建成质量符合规范的建设工程；投标人意图以最小的施工管理成本，按照相关规范要求，完成建设工程的施工任务，获取最大的利润。在这一阶段，全过程工程咨询单位根据投资人委托的管理和服务的内容，为达到招标投标双方最佳经济利益的博弈，负责招标采购阶段各个合同的协调与控制。

一、 合同体系确定

1. 依据

（1）工程方面。工程项目的类型、总目标、工程项目的范围和分解结构（WBS），工程规模、特点，技术复杂程度，工程技术设计准确程度，工程质量要求和工程范围的确定性、计划程度，招标时间和工期的限制，项目的营利性，工程风险程度，工程资源（如资金、材料、设备等）供应及限制条件等。

（2）承包人方面。承包人的能力、资信、企业规模、管理风格和水平，在建设项目中的目标与动机，目前经营状况、过去同类工程经验、企业经营战略、长期动机，承包人承受和抵御风险的能力等。

（3）环境方面。工程所处的自然环境，建筑市场竞争激烈程度，物价的稳定性，地质、气候、自然、现场条件的确定性，资源供应的保证程度，获得额外资源的可能性，工程的市场方式（即流行的工程承发包模式和交易习惯），工程惯例等。

2. 内容

全过程工程咨询单位在合同策划中的管理工作主要是合同管理策划及合同结构策划。

（1）合同管理策划。合同管理策划的内容包括制定合同管理原则、组织结构和合同管理制度。

1）制定合同管理的原则。

①所有建设内容必须以合同为依据。

②所有合同都闭口。

③与组织结构相联系。

④与承包模式相联系。

⑤尽量减少合同界面。

⑥动态管理合同。

2）制定合同管理组织结构。合同管理任务必须由一定的组织机构和人员来完成。要提高合同管理水平，必须使合同管理工作专门化和专业化。全过程工程咨询单位应设立专门机构或人员负责合同管理工作。

对不同的组织和工程项目组织形式及合同管理组织的形式不一样，通常有如下几种情况：

①全过程工程咨询单位的合同管理部门（或科室），应派专人专门负责与该项目有关的合同管理工作。

②对于大型的工程项目，设立项目的合同管理小组，专门负责与该项目有关的合同管理工作，合同管理小组一般由设计经理、采购经理和施工的项目经理等组成，分别负责设计合同、采购合同和施工合同的履行、管理或控制，并指定其中一人为合同管理负责人，合同管理负责人在该系统中负责所承担项目的合同管理日常工作，向项目经理或合同其他执行人员提供合同管理信息，对合同履行提出意见和建议。

③对一般的项目，较小的工程，可设合同管理员。

而对于全过程工程咨询单位指定分包的，且工作量不大、不复杂的工程，可不设专门的合同管理人员，而将合同管理任务分解下达给各职能人员。

3）制定合同管理制度。主要包括制定合同体系、合同管理办法以及合同审批制度。使合同管理人员明确项目合同体系、合同管理要求、执行合同审批流程。

（2）合同结构策划。合同结构策划主要包括合同结构分解和合同界面协调。

1）合同结构分解。

①结构分解。工程项目的合同体系是由项目的结构分解决定的，将项目结构分解确定的项目

活动，通过合同方式委托出去，形成项目的合同体系。一般建设项目中，全过程工程咨询单位首先应决定对项目结构分解中的活动如何进行组合，以形成一个个合同。如在某建设项目中，合同的部分结构分解见表7-4。

表7-4　某项目合同的部分结构分解

序号	合同类别	合同名称
1	勘察、设计类	(1) 工程地质勘察合同 (2) 建筑设计合同 (3) 深基坑支护设计合同 (4) 室内装饰装修设计合同 (5) 总坪绿化景观设计合同 (6) 弱电深化设计合同 (7) 人防工程设计合同 (8) 工艺及流程设计合同 (9) 施工图审查合同
2	咨询类	(1) 建设工程项目管理合同 (2) 建设工程监理合同 (3) 建设工程招标代理合同 (4) 建设工程造价咨询合同 (5) 工程及周边建（构）筑物沉降观测合同 (6) 环境影响评价合同 (7) 土壤氡气浓度检测合同 (8) 房产面积测绘合同 (9) 二次供水给水产品检测合同 (10) 室内环境检测合同
3	施工类	(1) 临时用水施工合同 (2) 临时用电施工合同 (3) 临时围墙修建合同 (4) 深基坑支护施工合同 (5) 施工总承包施工合同 (6) 专业承（分）包合同 (7) 劳务分包合同 (8) 电梯采购及安装施工合同 (9) 弱电工程施工合同 (10) 变配电工程施工合同 (11) 室内装饰装修施工合同 (12) 外墙装饰工程合同 (13) 总坪绿化景观施工合同 (14) 工艺设备采购及安装合同 (15) 燃气工程施工合同 (16) 正式用水施工合同
4	采购类	甲供设备、材料采购合同

注：此表应根据不同的项目结构分解进行调整。

②合同结构分解的编码设置。全过程工程咨询单位在结构分解以后，为便于管理应建立相应的合同编码体系。合同的编码设计直接与 WBS 的结构有关，一般采用"父码＋子码"的方法编制。合同结构分解在第一级表示某一合同体系，为了表示合同特征以及与其他合同的区别，可用

1~2 位数字或字母表示,或英文缩写,或汉语拼音缩写,方便识别。第二级代表合同体系中的主要合同,同样可采用 1~2 位的数字或英文缩写,汉语拼音缩写等表示。以此类推,一般编到各个承包合同。根据合同分解结构从高层向低层对每个合同进行编码,要求每个合同有唯一的编码。如某项目建设工程合同编码体系如图 7-6 所示。

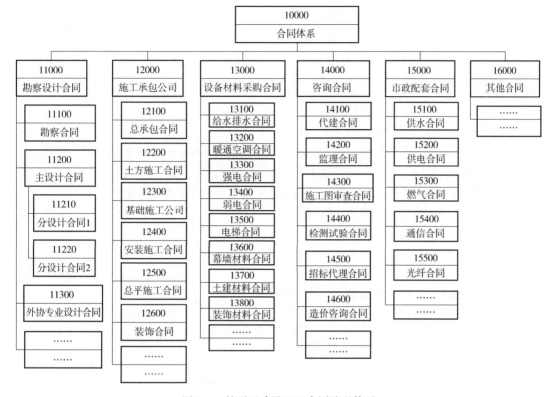

图 7-6 某项目建设工程合同编码体系

合同编码应具有以下特征:

a. 统一性、包容性。在建设工程项目的合同中,有许多合同,如勘察设计合同、施工合同、监理合同、保险合同、技术合同、材料合同等,为了方便管理,所有合同的编码必须统一,且编码适合于所有的合同文件。

b. 编码的唯一性。在各种类型合同中存在多种合同,比如技术合同中有咨询合同、质量检测合同等,为了区分这些合同,合同编码必须保持唯一性。

c. 能区分合同的种类和特征。

d. 编码的可扩充性。合同编码应反映该项目的对象系统,但该项目的组成十分复杂,在项目实施过程中可能会增加、减少或调整。因此,合同编码系统应当能适应这种变更需要。一旦对象系统发生变化,在保证其编码的规则和方法不变的情况下,能够适合描述变化了的对象系统。

e. 便于查询、检索和汇总。编码体系应尽可能便于管理人员识别和记忆,从合同编码中能够"读出"对应的合同,同时适合计算机对其进行处理。

2)合同界面协调。合同界面按照合同技术、价格、时间、组织协调进行统一布置。

①技术上的协调。主要包括以下几个内容:

a. 各合同之间设计标准的一致性,如土建、设备、材料、安装等应有统一的质量、技术标准和要求。

b. 分包合同必须依据总承包合同的条件订立,全面反映总分包合同相关内容,并使各个合同保持条款的一致,不能出现矛盾。

c. 各合同所定义的专业工程应有明确的界面和合理的搭接，明确这些工作相应的责任主体。

②价格上的协调。在工程项目合同总体策划时必须将项目的总投资分解到各个合同上，作为合同招标和实施控制的依据。

a. 对大的单位工程或专业分项（或供应）工程尽量采用招标方式，通过竞争降低价格。

b. 对全过程工程咨询单位来说，通过以前的合作及对合同进行的后评价，建立信誉良好的合作伙伴，可以有效减少管理过程的磨合和提高管理效率，也可以确定一些合作原则和价格水准，这样可以保证总承包和分包价格的相对稳定性。

③时间上的协调。

a. 按照项目的总进度目标和实施计划确定各个合同的实施时间安排，在相应的招标文件上提出合同工期要求，并使每个合同相互吻合和制约，满足总工期要求。

b. 按照每个合同的实施计划（开工要求）安排该合同的招标工作。

c. 项目相关的配套工作的安排。例如某项目，存在甲供材料和生产设备的供应，现场的配合等工作，则必须系统的安排这些配套工作计划，使之不得影响后续施工。

d. 有些配套工作计划是通过其他合同安排的，对这些合同也必须做出相应的计划。

④组织上的协调。组织上的协调在合同签约阶段和在工程施工阶段都要重视，不仅是合同内容的协调，而且是合同管理过程的协调。

合同界面划分的成果文件见表7-5。

3. 程序

全过程工程咨询单位合同体系策划的程序如图7-7所示。

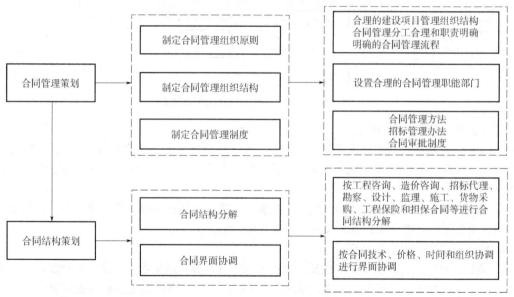

图7-7 合同体系策划工作程序图

4. 注意事项

合同体系策划应注意以下问题：

（1）合同体系策划要符合合同的基本原则，不仅要保证合法性、公正性，而且要促使各方面的互利合作，确保高效率地完成项目目标。

（2）合同体系策划应保证项目实施过程的系统性和协调性。

（3）全过程工程咨询单位在合同体系策划时要追求工程项目最终总体的综合效率的内在动力，应该理性地决定工期、质量、价格的三者关系，追求三者的平衡，应公平地分配项目的风险。

（4）合同体系策划的可行性和有效性应在工程的实施中体现出来。

（5）合同体系策划时应进行合同的结构分解，并应遵循以下规则：

1）保证合同的系统性和完整性。

2）保证各分解单元间界限清晰、意义完整、内容大体上相当。

3）易于理解和接受，便于应用，充分尊重人们已形成的概念、习惯，只有在根本违背施工合同原则的情况下才做出更改。

4）便于按照项目的组织分工落实合同工作和合同责任。

5）考虑不可预见因素。

5. 成果范例

合同界面划分见表 7-5。

表 7-5　合同界面划分

序号	××合同（主合同）	相关合同	合同主要内容	与主合同的界面	备注
1	（合同主要工作内容）	××合同			
2		××合同			
3		××合同			

二、合同内容确定

1. 依据

（1）《中华人民共和国合同法》（主席令第 15 号）。

（2）各类合同的管理办法，如《建筑工程施工发包与承包计价管理办法》（建设部令第 107 号）、《建设工程价款结算暂行办法》（财建〔2004〕369 号）等。

（3）勘察、设计类合同的示范文本，如《建设工程勘察合同（示范文本一）》GF—2016—0203、《建设工程设计合同（示范文本）》（房屋建筑工程）GF—2015—0209 等。

（4）施工类合同的示范文本，如《建设工程施工合同（示范文本）》GF—2017—0201、《建设工程施工专业分包合同（示范文本）》GF—2003—0213、《建设工程施工劳务分包合同（示范文本）》GF—2003—0214 等。

（5）服务类合同的示范文本，如《建设工程招标代理合同（示范本文）》GF—2005—0215、《建设工程造价咨询合同（示范文本）》GF—2015—0212、《建设工程委托监理合同（示范文本）》GF—2000—0202 等。

（6）项目的特征，包含项目的风险、项目的具体情况等。

（7）其他相关资料，如委托方的需求。

2. 内容

合同内容的策划主要包括合同条件的起草、合同中重要合同条款的确定以及合同计价类型的选择。

（1）合同条件的起草。合同条件中应当包含以下条款：

1）合同当事人的名称（或姓名）和地址。合同中记载的当事人的姓名或者名称是确定合同当事人的标志，而地址则对确定合同债务履行地、法院对案件的管辖等方面具有重要的法律意义。

2）标的。标的即合同法律关系的客体。合同中的标的条款应当标明标的的名称，以使其特定化，并能够确定权利和义务的范围。合同的标的因合同类型的不同而变化，总体来说，合同标的包括有形财务、行为和智力成果。标的是合同的核心，是双方当事人权利和义务的焦点。没有标的或者标的不明确的，合同将无法履行。

3）数量。合同标的的数量是衡量合同当事人权利和义务大小。它将标的定量化，以便计算价格和酬金。合同如果标的没有数量，就无法确定当事人双方权利和义务的大小。双方当事人在订立合同时，必须使用国家法定计量单位，做到计量标准化、规范化。

4）质量。合同标的质量是指检验标的内在素质和外观形态优劣的标准，是不同标的物之间差异的具体特征，它是标的物价值和使用价值的集中体现。在确定标的的质量标准时，应当采用国家标准或者行业标准，或有地方标准的按地方标准签订。如果当事人对合同标的的质量有特别约定时，在不违反国家标准和行业标准的前提下，双方可约定标的的质量要求。

5）价款和报酬。价款和报酬是指取得利益的一方当事人作为取得利益的代价而应向对方支付的金钱。价款通常是指当事人一方为取得对方转让的标的物，而支付给对方一定数额的货币。报酬通常是指当事人一方为对方提供劳务、服务而获得一定数额的货币报酬。根据市场定价机制确定合同价款，如招标竞价等。

6）履行期限、地点和方式。履行的期限是指当事人交付标的和支付价款和报酬的日期；履行地点是指当事人交付标的和支付价款和报酬的地点；履行方式是合同当事人履行合同和接受履行的方式，即约定以何种具体方式转移标的物和结算价款和报酬。

7）违约责任。违约责任是指合同当事人一方或双方不履行或不完全履行合同义务时，必须承担的法律责任。违约责任包括支付违约金、赔偿金、继续履行合同等方式。法律有规定责任范围的按规定处理，法律没有规定范围的按当事人双方协商约定办理。

8）解决争议的方法。解决争议的方法是指合同当事人解决合同纠纷的手段、地点，即合同订立、履行中一旦产生争议，合同双方是通过协商、仲裁还是通过诉讼解决其争议。

（2）合同中重要条款的确定。重点需要在各个合同中明确各责任主体相关的责任和义务，保证各个合同条款的统一性和一致性，主要包括但不限于以下内容：

1）全过程工程咨询单位义务。

①全过程工程咨询单位根据投资人的要求，应在规定的时间内向施工单位移交现场，并向其提供施工场地内地下管线和地下设施等有关资料，保证资料的真实、准确和完整。

②全过程工程咨询单位应按合同的有关规定在开工前向承包人进行设计交底、制定相关管理制度，并负责全过程合同管理，支付工程价款的义务。

③按照有关规定及时协助办理工程质量、安全监督手续。

④其他的义务。

2）监理单位义务。监理单位根据《监理规范》及监理合同的约定，可以对项目前期、设计、施工及质量保修期全过程监理，包括质量、进度、投资控制、组织协调、安全、文明施工等，如，发布开工令、暂停施工或复工令等；工期延误的签认和处理等；施工方案认可、设计变更、施工技术标准变更等，并配合全过程工程咨询单位进行工程结算和审计工作。

3）总承包人的义务。

①除按一般通用合同条款的约定外，在专用合同条款中约定由投资人提供的材料和工程设备等除外，总承包人应负责提供为完成工作所需的材料、施工设备、工程设备和其他物品等，并按合同约定负责临时设施的统一设计、维护、管理和拆除等。

②总承包人应当对在施工场地或者附近实施与合同工程有关的其他工作的独立承包人履行管理、协调、配合、照管和服务义务，并在合同中约定清楚由此发生的费用是否包含在承包人的签约合同价中。

③总承包人还应按监理单位指示为独立承包人以外的他人在施工场地或者附近实施与合同工

程有关的其他工作提供可能的条件，并在合同中约定清楚由此发生的费用是否包含在承包人的签约合同价中。

④其他义务。总承包人应遵从投资人关于工程技术、经济管理（含技术核定、经济签证、设计变更、材料核价、进度款支付、索赔及竣工结算等）、现场管理而制定的制度、流程、表格及程序等规定，并负责管理与项目有关的各分包商，统一协调进度要求、质量标准、工程款支付、安全文明施工等。

4）分包商。除按一般通用合同条款的约定，还应在专用条款作如下约定：

①除在投标函附录中约定的分包内容外，经过投资人、全过程工程咨询单位和监理单位同意，承包人可以将其他非主体、非关键性工作分包给第三人，但分包人应当符合相关资质要求并事先经过投资人、全过程工程咨询单位和监理单位审批，投资人、全过程工程咨询单位和监理单位有权拒绝总承包人的分包请求和总承包人选择的分包商。

②在相关分包合同签订并报送有关行政主管部门备案后规定时间内，总承包人应将副本提交给监理单位，总承包人应保障分包工作不得再次分包。

③未经投资人、全过程工程咨询单位和监理单位审批同意的分包工程和分包商，投资人有权拒绝验收分包工程和支付相应款项，由此引起的总承包人费用增加和（或）延误的工期由总承包人承担。

5）付款方式。

①一次性付款。此种付款方式简单、明确，受到的外力影响因素较少，手续相对单一。即投资人在约定的时间一次履行付款义务。该方式适用于造价低、工期短、内容简单的合同。

②分期付款。一般分为按期付款和按节点付款。在总承包施工合同实施中，如按月度付款、按季度付款，即当月、当季完成的产值乘以付款比例进行支付；按节点付款，如根据工程实施节点、主体、二次结构、竣工等，完成相应进度才给予支付对应的进度款。

③其他方式付款。主要依据合同约定付款形式。如设计单位先行付款方式。

④特殊的付款方式，如PPP项目中向使用者收费模式，比如建设桥梁，收取一定期限的过桥费等。

6）合同价格调整。合同中应明确约定合同价格调整条件、范围、调整方法，特别是由于物价、汇率、法律、规税、关税等的变化对合同价格调整的规定。

7）对承包人的激励措施。如：对提前竣工，提出新设计，使用新技术、新工艺使建设项目在工期、投资等方面受益，可以按合同约定进行奖励，奖励包括质量奖、进度奖、安全文明奖等。

（3）合同计价类型选择。按照计价方式可以分为单价合同、总价合同和成本加酬金合同。

1）单价合同。单价合同是最常见的合同种类，适用范围广。如实行工程量清单计价的工程，应采用单价合同，FIDIC施工合同条件也属这样的合同，在这种合同中，承包人仅按合同规定承担报价的风险，即对报价（主要为单价）的正确性和适宜性承担责任，而工程量变化的风险由投资人承担。由于风险分配比较合理，能够适应大多数工程，能调动承包人和投资人双方的管理积极性。单价合同又可分为固定单价合同和可调单价合同两种形式。

①固定单价合同。签订合同双方在合同中约定综合单价包含的风险范围，在约定的风险范围内综合单价不再调整。风险范围以外的综合单价调整方法，在合同中约定。

②可调单价合同。一般在招标文件中规定合同单价是可调的，合同签订的单价根据合同约定的条款如在工程实施过程中物价发生变化等，可作调整。

2）总价合同。完成项目合同内容后，以合同总价款支付工程费用。合同总价款在合同签订时确定并固定，不随工程的实际变化而变化。总价合同以一次包死的总价格委托给承包人。在这类合同中承包人承担了工作量增加和价格上涨的风险，除非设计有重大变更，一般不允许调整合同价格。总价合同可分为固定总价合同和可调总价合同两种类型。

①固定总价合同，建设规模较小，技术难度较低，承包人的报价以审查完备详细的施工图设计图纸及计算为基础，并考虑到一些费用的上升因素，如施工图及工程要求不变动则总价固定，但施工中图纸或工程质量要求有变更或工期要求提前时，则总价也应随之改变。适用于工期较短（一般不超过1年），对工程项目要求十分明确的项目，由于承包人将为许多不可预见的因素付出代价，一般报价较高。

②可调总价合同。在报价及签订合同时，以招标文件的要求及当时的物价计算总价合同。但在合同条款中约定：如果在执行合同中由于市场变化引起工程成本增加达市场变化到某一限度时，合同总价应相应调整。这种合同投资人承担市场变化这一不可预见的费用因素的风险，承包人承担其他风险。一般工期较长的项目，采用此种合同。

3）成本加酬金合同。成本加酬金合同也称为成本补偿合同，是指工程施工的最终合同价格是按照工程的实际成本再加上一定的酬金计算的：在合同签订时，工程实际成本往往不能确定，只能确定酬金的取值比例或者计算原则。

在这类合同中，承包人不承担任何风险，而投资人承担了全部工程量和工程价格风险，所以在这种合同体系中，承包人在工程中没有成本控制的积极性，不仅不愿意降低成本，还有可能期望提高成本以提高工程经济效益。一般在以下情况下使用：投标阶段依据不准无法准确估价，缺少工程的详细说明；工程特别复杂，工程技术、结构方案不能预先确定；时间特别紧急，如抢险、救灾以及施工技术特别复杂的建设工程，双方无法详细的计划和商讨。

3. 程序

全过程工程咨询单位合同内容策划的程序如图7-8所示。

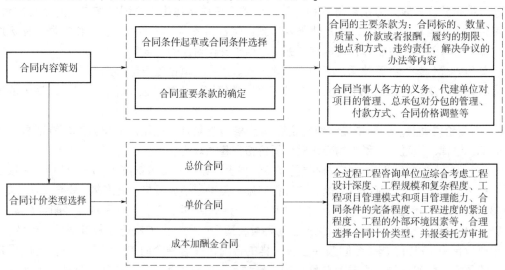

图7-8 合同内容策划工作程序图

4. 注意事项

（1）应根据项目的特点选择合适的合同示范文本。

（2）对在标前会议上和合同签订前的澄清会议上的说明、允诺、解释和一些合同外要求，都应以书面的形式确认，即在合同条款中加以体现。

（3）新确定的、经过修改或补充的合同条文与原来合同条款之间是否有矛盾或不一致，或是否存在漏洞和不确定性。

（4）应当确保合同的条款准确、无歧义，合同双方对合同条款的理解一致。合同中规定了招标投标的方式只有公开招标和邀请招标两种：

1）公开招标，又称无限竞标，是由招标人以招标公告的方式邀请不特定的法人或其他组织投标。其优点是投标的承包人多、范围广、竞争激烈，投资人有较大的选择余地，有利于降低工程造价，提高工程质量；缺点是组织工作复杂，投入资源较多，工作量大。

2）邀请招标，也称有限招标，是指由招标人以投标邀请书的方式邀请特定的法人或其他组织参与投标竞争的方式。其优点是目标集中，招标的组织工作较容易，工作量较小；但投资人的选择余地较小，有可能失去发现最合适该项目承包人的机会。

目前，工程项目招标投标程序比较规范，按照招标人和投标人的参与程度，可将其划分为三个阶段：招标准备阶段、招标投标阶段和决标阶段。其中，招标准备阶段的主要工作是招标资格与备案、选择招标方式，编制招标文件、发布招标公告或投标邀请书；招标投标阶段的主要工作是资格预审、发布招标文件，考察现场并答疑、送达与签收招标文件；决标阶段的主要工作是开标、评标、定标。最后招标人向中标人发出中标通知书，并向未中标人发出中标结果。招标投标基本流程如图7-9所示。

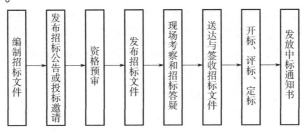

图7-9　招标投标基本流程

第四节　全过程咨询项目合同全过程评审、谈判、签约

一、合同评审

合同评审是指在签订正式合同前对施工合同的审查，包括招标投标阶段对招标文件中的合同文本进行审查以及合同正式签订前对形成合同草稿的审查。合同审查的一般内容包括对合同进行结构分析，检查合同内容的完整性及一致性，分析评价合同风险。

施工合同审查方法是结合施工合同示范文本，以及具体工程项目背景和实际情况，对比分析拟定施工合同条款，重点审查施工合同与示范文本之间的偏差，具体如下：

1. 工作内容

工作内容是指承包人所承担的工作范围。如施工承包人应完成的工作一般包括施工、材料和设备的供应、工程量的确定、质量要求等，应审查这些内容是否与招标投标文件内容一致，工作内容的范围是否清楚，责任是否明确，合同描述是否清晰。

2. 合同当事人的权利和义务

由于施工合同的复杂性，合同当事人应仔细、全面审查施工合同，重点分析各当事人及参与者的权利和义务，为防止以后发生纠纷。

3. 价款

价款是施工合同双方关注的焦点，是合同的核心条款。合同价款包括单价、总价、工资、加班费和其他各项费用，以及付款方式和付款条件等。在审查价款时，主要分析计价方式及可能的风险、合同履行期间商品价格可能波动风险、价款支付风险等。

4. 工期

工期也是施工合同的关键条款。工期条款直接影响合同价格结算及违约罚款等。施工合同工期审查重点要坚持科学合理的态度，合理确定合同工期。审查时还应注意工期延误责任的划分，如投资人、承包人、不可抗力、其他原因等造成的工期延长。

5. 质量

工程质量标准直接影响价格、实施进度以及工程验收等，有关质量条款的审查重点是技术规范、质量标准、中间验收和竣工验收标准等。

6. 违约责任

违约责任是施工合同的必备条款。通过违约责任条款明确不履行合同的责任。如合同未能按期完工或工程质量不符合要求，不按期付款等的责任。

二、 合同谈判与签约

1. 谈判的目的

从承包人的角度看，其谈判的目的是协商和确定施工合同的合理价格，调整完善施工合同条款，修改不合理的合同条款，以最大化收益。

投资人通过谈判分析投标者报价的构成，审核投标价格组成的合理性和价格风险，并进一步了解和审查投标者的施工技术措施是否合理，以及负责项目实施的班子力量是否足够雄厚，能否保证工程的质量和进度。通过谈判还可以更好地听取中标人的建议和要求，吸收其合理建议，最后保证项目的顺利完工。

通常需要谈判的内容非常多，而且双方均以维护自身利益为核心进行谈判，更增加了谈判的难度和复杂性。由于受项目的特点，不同的谈判的客观条件等因素影响，在谈判内容上通常是有所侧重，需谈判小组认真仔细地研究，具体谋划。

2. 施工合同的签订

在正式签订施工合同前，合同双方当事人应该制定规范的合同管理制度和审批流程，并严格按照制度流程办事。为了降低施工合同风险，在施工合同签订过程中应坚持以下原则：

（1）未经审查的合同不签。

（2）不合法的合同不签。

（3）低于成本价的合同不签。

（4）有失公平的合同不签。

（5）不符合招标程序或手续不全的合同不签。

（6）承包人资质不符合要求的合同不签。

第五节　全过程工程咨询项目合同履行阶段的合同管理

一、 工程合同履行原则

1. 工程合同履行的含义

工程合同履行是指工程建设项目的投资人和承包人根据合同规定的时间、地点、方式、内容及标准等要求，各自完成合同义务的行为。根据当事人履行合同义务的程度，合同履行可分为全部履行、部分履行和不履行。

2. 合同分析的作用

（1）分析合同漏洞，解释争议内容。工程的合同状态是静止的，而工程施工的实际情况千变万化，一份再完备的合同也不可能将所有问题都考虑在内，难免会有漏洞。同时，有些工程的合同是由投资人起草的，条款较简单，诸多合同条款的内容规定得不够详细、合理。在这种情况下，通过分析这些合同漏洞，并将分析的结果作为合同的履行依据是非常必要的。

当合同中出现错误、矛盾和多义性解释，以及施工中出现合同未做出明确约定的情况，在合同实施过程中双方会有许多争执。要解决这些争执，首先必须作合同分析，按合同条款，分析它的意思，以判定争执的性质。其次，双方必须就合同条款的解释达成一致。特别是在索赔中，合同分析为索赔提供了理由和根据。

（2）分析合同风险，制定风险对策。工程承包是高风险的行业，存在诸多风险因素，这些风险有的可能在合同签订阶段已经经过合理分摊，但仍有相当的风险并未落实或分摊不合理。因此，在合同实施前有必要作进一步的全面分析，以落实风险责任，并对自己承担的风险制定和落实风险防范措施。

（3）分解合同工作，落实合同责任。合同事件和工程活动的具体要求（如工期、质量、技术、费用等）、合同双方的责任关系之间的逻辑关系极为复杂，要使工程按计划有条理地进行，必须在工程开始前将它们落实下来，这都需要进行合同分析分解合同，以落实合同责任。

（4）进行合同交底，简化合同管理工作。在实际工作中，由于许多工程小组、项目管理职能人员所涉及活动和问题并不涵盖整个合同文件，而仅涉及小部分合同内容，因此他们没有必要花费大量的时间和精力全面把握合同，而只需要了解自己所涉及的部分合同内容。为此，可采用由合同管理人员先作全面的合同分析，再向各职能人员和工程小组进行合同交底的方法。

另一方面，由于合同条款往往不直观明了，一些法律语言不容易理解，使得合同内容较难准确地把握。只有由合同管理人员通过合同分析，将合同约定用最简单易懂的语言和形式表达出来，使大家了解自己的合同责任，从而使日常合同管理工作简单、方便。

二、　勘察设计合同管理

1. 依据

签订建设项目勘察设计合同主要遵循建设项目勘察设计相关的法律法规的约束和规范，主要如下：

（1）《中华人民共和国合同法》（主席令第 15 号）。

（2）《中华人民共和国建筑法》（主席令第 46 号）。

（3）《建设工程勘察设计管理条例》（国务院令第 662 号）。

（4）《建设工程勘察设计资质管理规定》（建设部令第 160 号）。

（5）《中华人民共和国招标投标法》（主席令第 21 号）。

（6）《中华人民共和国招标投标法实施条例》（国务院令第 613 号）。

（7）本地区的地方性法规和建设工程勘察设计管理办法。

2. 内容

（1）编制勘察设计招标文件。

（2）组织并参与评选方案或评标。

（3）起草勘察设计合同条款及协议书。

（4）跟踪和监督勘察设计合同的履行情况。

（5）审查、批准勘察设计阶段的方案和结果。

（6）勘察设计合同变更管理。

3. 程序

（1）建设工程勘察、设计任务通过招标或设计方案的竞投，确定勘察、设计单位后，应遵循工程项目建设程序，签订勘察、设计合同。

（2）签订勘察合同：由投资人、设计单位或有关单位提出委托，经双方协商同意，即可签订。

（3）签订设计合同：除双方协商同意外，还必须具有上级机关批准的设计任务书。小型单项工程必须具有上级机关批准的设计文件。

4. 注意事项

（1）全过程工程咨询单位应当设专门的合同管理机构对建设工程勘察设计合同的订立全面负责，实施控制。承包人在订立合同时，应当深入研究合同内容，明确合同双方当事人的权利和义务，分析合同风险。

（2）在合同的履行过程中，无论是合同签订、合同条款分析、合同的跟踪与监督、合同的变更与索赔等，都是以合同资料为依据的。因此，承包人应有专人负责，做好现场记录。保存记录是十分重要的，这有利于保护好自己的合同权益及成功地索赔。设计中的主要合同资料包括：设计招标投标文件；中标通知书；设计合同及附件；委托方的各种指令、变更中和变更记录等；各种检测、试验和鉴定报告等；政府部门和上级机构的批文、文件和签证等。

（3）合同的跟踪和监督就是对合同实施情况进行跟踪，将实际情况与合同资料进行对比，及时发现存在的偏差。合同管理人员应当及时将合同的偏差信息及原因分析结果和建议提供给项目人员，以便及早采取措施，调整偏差。同时，合同管理人员应当及时将投资人的变更指令传达到本方设计项目负责人或直接传达给各专业设计部门和人员。具体而言，合同跟踪的对象主要有勘察设计工作的质量、勘察设计任务的工作量的变化、勘察设计的进度情况及项目的概预算。

三、 施工过程合同管理

1. 合同管理

（1）合同实施控制。工程项目的实施过程实质上是与项目相关的各个合同的履行过程。要确保项目正常、按计划、高效率的实施，必须正确地执行各个合同。为此在项目施工现场需全过程工程咨询单位负责各个合同的协调与控制。

1）依据。在建设项目施工阶段，全过程工程咨询单位对合同控制的依据如下：①合同协议书；②中标通知书；③投标书及附件；④施工合同专用条款；⑤施工合同通用条款；⑥标准、规范及现有有关技术文件；⑦图纸；⑧工程量清单；⑨招标文件及相关文件；⑩施工项目合同管理制度；⑪其他相关文件。

2）内容。全过程工程咨询单位或其发包的造价部门应协助投资人采用适当的管理方式，建立健全合同管理体系以实施全面合同管理，确保建设项目有序进行。全面合同管理应做到：①建立标准合同管理程序；②明确合同相关各方的工作职责、权限和工作流程；③明确合同工期、造价、质量、安全等事项的管理流程与时限等。

合同实施控制主要包括合同交底、合同跟踪、合同实施诊断、合同调整以及补充协议的管理：

①合同交底。在合同实施前，全过程工程咨询单位应进行合同交底。合同交底应包括合同的主要内容、合同实施的主要风险、合同签订过程中的特殊问题、合同实施计划和合同实施责任分配等内容。

②合同跟踪。在工程项目实施过程中，由于实际情况千变万化，导致合同实施与预订目标（计划和设计）的偏差。如果不采取措施，这种偏差常常由小到大，逐渐积累，最终会导致合同无法按约定完成。这就需要对工程项目合同实施的情况进行跟踪，以便提早发现偏差，采取措施纠偏。主要内容包括：

a. 跟踪具体的合同事件。对照合同事件的具体内容，分析该事件实际完成情况。

b. 注意各工程标段或分包商的工程和工作。一个工程标段或分包商可能承担许多专业相同、工艺相近的分项工程或许多合同事件，所以必须对其实施的总情况进行检查分析。

c. 总承包人必须对各分包合同的实施进行有效的控制，这是总承包人合同管理的重要任务之一。全过程工程咨询单位应督促监理单位加强总承包方对分包合同的督促，以达到如下目的：控制分包商的工作，严格监督他们按分包合同完成工程责任。分包合同是总承包人履职的一部分，如果分包商完不成他的合同责任，则总承包人就不能顺利完成总包合同责任；对分包商的工程和工作，总承包人负有协调和管理的责任，并承担由此造成的损失，所以分包商的工程和工作必须纳入总承包工程的计划和控制中，防止因对分包商工程管理失误而影响全局。

d. 为一切索赔和反索赔做准备。全过程工程咨询单位与总承包人、总承包人和分包商之间利益是不一致的，双方之间常常会有尖锐的利益争执，在合同实施中，双方都在进行合同管理，都在寻找向对方索赔的机会，所以双方都有索赔和反索赔的任务。

e. 在合同跟踪过程中，全过程工程咨询单位的主要工作是对重点事件及关键工作进行监督和跟踪。如：及时提醒委托方提供各种工程实施条件，如及时发布图纸，提供场地，及时下达指令、做出答复，及时支付工程款等，这常常是承包人推卸责任的托词，所以应特别重视；要求设计部门按照合同规定的进度提交质量合格的设计资料，并应保护其知识产权，不得向第三人泄露、转让；督促监理单位与施工单位必须正确、及时地履行合同责任，与监理单位和施工单位多沟通，尽量做到使监理单位和承包人积极主动地做好工作，如提前催要图纸、材料，对工作事先通知等；出现问题时及时与委托方沟通；及时收集各种工程资料，对各种活动、双方的交流做出记录；对有恶意的承包人提前防范，并及时采取措施。

③合同实施诊断。合同实施诊断是在合同跟踪的基础上进行的，是指对合同实施偏差情况的分析。合同实施偏差的分析，主要是评价合同实施情况及其偏差，预测偏差的影响及发展的趋势，并分析偏差产生的原因，以便对该偏差采取调整措施。合同实施诊断的主要内容如下：

a. 合同执行差异的原因分析。通过对不同监督和跟踪对象的计划和实际的对比分析，不仅可以得到差异，而且可以探索引起这个差异的原因。原因分析可以采用鱼刺图，因果关系分析图（表），成本量差、价差分析等方法定性或定量地进行。

b. 合同差异责任分析。即这些原因由谁引起，该由谁承担责任，这常常是索赔的理由。一般只要原因分析详细，有根有据，则责任自然清楚。责任分析必须以合同为依据，按合同规定落实双方的责任。

c. 合同实施趋向预测。分别考虑不采取调控措施和采取调控措施以及采取不同的调控措施情况下，合同的最终执行结果：最终的工程状况包括总工期的延误，总成本的超支，质量标准，所能达到的生产能力（或功能要求）等；承包人将承担什么样的后果，如被罚款，被清算，甚至被起诉，对承包人资信、企业形象、经营战略造成的影响等；最终工程经济效益（利润）水平。

④采取调整措施。经过合同诊断之后，应当按照合同约定调整合同价款的因素主要有以下几类：

a. 法律法规变化。

b. 工程变更。

c. 项目特征不符。

d. 工程量清单缺项。

e. 工程量偏差。

f. 计日工。

g. 物价变化。

h. 暂估价。

i. 不可抗力。

j. 提前竣工（赶工补偿）。

k. 误期赔偿。

l. 索赔。

m. 现场签证。

n. 暂列金额。

o. 承发包双方约定的其他调整事项。

通过合同诊断，根据合同实施偏差分析的结果，督促承包人应采取相应的调整措施。主要有以下几类：

a. 组织措施，例如增加人员投入，重新计划或调整计划，派遣得力的管理人员。

b. 技术措施，例如变更技术方案，采用新的更高效率的施工方案。

c. 经济措施，例如增加投入，对工作人员进行经济激励等。

d. 合同措施，例如进行合同变更，签订新的附加协议、备忘录，通过索赔解决费用超支问题等。

⑤补充协议的管理。项目建设期间拟与各单位签订的各种补充合同、协议的，应在合同、协议签订前，按照备案、审核程序，将拟签订合同、协议交监理公司，对其合法性和合理性以及与施工合同有关条款的一致性进行审核。

在收集整理监理单位意见的基础上，出具审核意见上报投资人，投资人应及时进行审核，并将审核意见反馈至全过程工程咨询单位。全过程工程咨询单位在一定时间内将修改结果以书面形式向投资人报告。各种补充合同、协议经上述程序修改完后方可签署，签署完成的合同、协议应及时归档，并做好合同文件签发记录。

（2）程序。通过合同跟踪、收集、整理能反映工程实施状况的各种资料和实际数据，如各种质量报告、实际进度报表、各种成本和费用开支报表及其分析报告。将其与项目目标进行对比分析可以发现差异。根据差异情况确定纠偏措施，制定下一阶段工作计划。合同控制流程如图 7-10 所示。

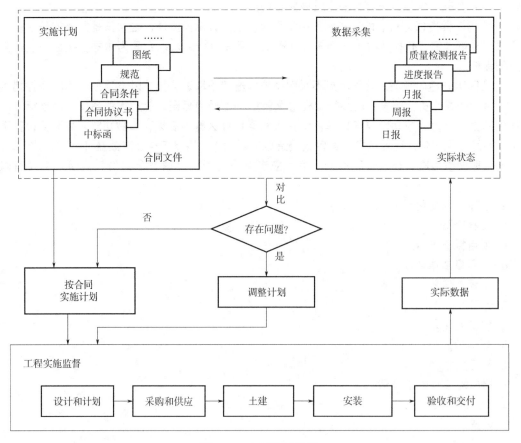

图 7-10 合同控制流程

合同控制方法如下：

1）建立合同支付台账，对合同进行跟踪管理。

2）主持合同争议的协调，配合合同争议的仲裁或诉讼。

3）采用统一指挥，分散管理的方式。由全过程工程咨询单位负责并牵头，现场管理工程师、合同管理人员参与的管理模式。由全过程工程咨询单位组织制定合同管理制度；对于各类合同，现场管理工程师应跟踪合同执行情况，并及时向合同管理人员反映有关情况的变化，合同管理人员采集信息后应及时集成信息，最终向施工单位报告，以便做出是否按合同执行的判断，报投资人审批后做出是否继续执行合同或修改合同内容，签订补充协议的决定。

4）合同管理各种工作的流程，如图7-11所示。

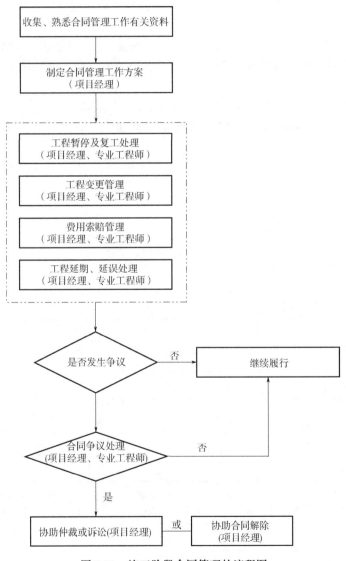

图7-11　施工阶段合同管理的流程图

5）动态跟踪合同内容的执行。根据合同实施中各种反馈的信息形成总控信息，比较合同规定的质量要求与实际的工程质量、比较合同进度与工程实际进度、比较合同计划投资与实际支出等，并将有关偏差的信息反馈到全过程工程咨询单位，并向投资人汇报，及时调整和采取措施进行控制。

6）根据合同和工程建设实际情况提供月度资金需求报告。

7）报请投资人批准月支付进度，并根据进度表对费用支出进行控制。

8）审查各项合同的预算、进度付款和结算，报投资人批准支付。

9）确认由于变更引起的影响工程正常进度的承包人工程量的增减，并就其有效性向投资人提出建议。

10）要求承包人必须提供风险转移措施，包括合同履约保证金、担保和保险等手段，保证能够消除不可抗力外的干扰因素对工程目标所产生的影响。

11）合同实施完成后，需填写工程合同竣工确认流程表。

（3）注意事项。

1）合同文本采用国家签订的合同示范文本，合同的专用条款必须是双方协商一致的，不应提出单方面的不合理要求。

2）合同价格实行闭口，严格按照承包人的投标价格执行，不任意压价或增加附带条件。

3）不接受任何标后的优惠条件，严格按照承包人在投标文件中提出的竞争措施和优惠条件执行。

4）必须明确所有的合同专用条款内容，所有合同内容同样实行闭口。

5）明确所有工程范围内的设计变更（除设计内容增加外），避免承包人提出索赔（包括费用索赔和进度索赔）。

6）为了确保合同管理有效性，由全过程工程咨询单位应负责管理合同事宜，并对各类合同指定专人管理。

（4）成果范例。

1）合同文件签发记录见表7-6。

表7-6　合同文件签发记录

项目名称：

序号	日期	合同名称	监理	咨询	合同缔约方	备注
1						
2						

2）合同支付台账见表7-7。

表7-7　合同支付台账

项目名称：×××合同支付台账

序号	合同名称	合同编号	合同金额	申请支付单位	支付约定	申请时间	期数	申请金额	支付金额（跟踪）	累计金额	备注
1											
2											

3）工程合同竣工确认流程见表7-8。

表7-8　工程合同竣工确认流程表

编号：

合同名称：		合同金额：
合同编号：		
施工单位：		
开工时间：		竣工时间：
验收项目	验收情况	
工作情况	合格不合格	
1. 施工内容		
2. 施工质量		
3. 施工进度		
4. 文明施工		
5. 其他	项目部经理签字：	
资料归档情况说明	齐全，一般，差	
	对工程部提交的资料进行汇总填写此栏，从以下几方面控制： 1. 造价主管提供原存档合同，结算报告书，竣工结算申请书 2. 项目资料员提供实体竣工的资料，如：竣工报告、质量保证资料、工程保修资料等 3. 其他资料 项目经营管理部：	
合同总金额	一审结算总价： 一审结算说明： 造价主管签字：	
	二审结算总价： 二审结算说明： 审计部经理签字：	
全过程工程咨询单位意见： 　　　　　　　　　　　　　　　　　　　　　　　　　　　　年　月　日		
投资人批复： 　　　　　　　　　　　　　　　　　　　　　　　　　　　　年　月　日		

2. 对施工单位与材料供应商的合同管理

（1）依据。全过程工程咨询单位对各参与主体合同管理的依据除了国家和地方相关的法律法规、政策性文件，主要是双方在招标投标以及合同履行过程中签署的文件，包括中标通知书、双方签订的合同协议书、专用条款、通用条款、补充协议、合同管理制度、总承包管理制度等。

（2）内容。

1）采购合同管理。

①协助配合投资人检验采购的材料、设备。全过程工程咨询单位应对材料、设备供应商提供的货物进行检验，保证提供符合合同规定的货物，以及商业发票或相等的电讯单证。

②保证供应进度满足施工进度要求。全过程工程咨询单位应对材料、设备供应商的供应时间

进行监督，防止因材料、设备不到位导致的施工进度拖延、窝工等情况。

③甲供材料、设备采购合同管理。全过程工程咨询单位中应注意对甲供材料、设备供应合同的管理，在梳理合同结构时，首先需要明确甲供材料、设备范围，并根据总进度要求，及时完成甲供材料、设备的招标、供应工作，不能因甲供材料、设备供应的滞后影响施工进度。

2）施工合同管理。项目施工合同管理包括全过程工程咨询单位协助投资人对总承包人的管理以及总承包人对分包商的管理两层意义。全过程工程咨询单位对施工合同的管理主要是指协助配合投资人对总承包人的管理；对分包商的管理一般是通过总承包人实施管理，总分包管理职责划分应在合同体系策划时就提前界定。分包商不仅是指总承包人按合同约定自行选择的分包商，也指投资人（或委托方）通过招标投标等方式选择的分包商。

3）全过程工程咨询单位对一般分包合同的管理。项目中主要存在两类承包人，一类是总承包人，一类是分包商，全过程工程咨询单位通过监理单位主要对总承包人的质量、进度、投资等进行管理，任何分包商的管理均应纳入总承包管理中，包括进度的统一、质量的检查、投资的管理、安全文明施工管理、现场协调等方面，对此，应要求总承包人完成相应的分包管理制度。

一般分包商是指与总承包人签订合同的施工单位。全过程工程咨询单位不是该分包合同的当事人，对分包合同权利和义务如何约定也不参与意见，与分包商没有任何合同关系，但作为工程项目的管理方和施工合同的当事人，对分包合同的管理主要表现为对分包工程的批准。

（3）程序。全过程工程咨询单位对总承包合同的管理主要体现在对总承包人和指定分包商的管理程序上：

1）明确总承包人的义务。投资人与全过程工程咨询单位应监督总承包人按照合同约定的承包人义务完成工作，并督促承包人在产生变更、索赔等事件时，及时、合格地完成施工工作。

2）监督承包人工作的履行情况。全过程工程咨询单位应对承包人施工情况进行监督，保证其按照合同约定的质量、工期、成本等要求完成工作内容，并及时对变更、索赔等事件进行审核和处理。

3）总承包人对指定分包商的管理。全过程工程咨询单位应协助配合投资人要求承包人需指定专人对分包商的施工进行监督、管理和协调，承担如同主合同履行过程中监督的职责。承包人的管理工作主要通过发布一系列指示来实现。接到监理就分包工程发布的指示后，应将其要求列入自己的管理工作内容，并及时以书面确认的形式转发给分包商令其遵守执行，也可以根据现场的实际情况自主的发布有关的协调、管理指令。

全过程工程咨询单位应要求分包商参加工地会议，加强分包商对工程情况的了解，提高其实施工程计划的主动性和自觉性。

（4）注意事项。

1）分包合同对总承包合同有依附性，因此，总承包合同修改，分包合同也应做相应的修改。

2）分包合同保持了与总承包合同在内容上、程序上的相容性和一致性，分包合同在管理程序的时间定义上应比施工合同更为严格。

3）分包商不仅应掌握分包合同，而且还应了解总承包合同中与分包合同工程范围相关的内容。

3. 合同争议处理

（1）依据。

1）当事人双方认定的各相关专业工程设计图、设计变更、现场签证、技术联系单、图纸会审记录。

2）当事人双方签订的施工合同、各种补充协议。

3）当事人双方认定的主要材料、设备采购发票、加工订货合同及甲供材料的清单。

4）工程预（结）算书。

5）招标投标项目要提供中标通知书及有关的招标投标文件。

6）经投资人批准的施工组织设计、年度形象进度记录。

7）当事人双方认定的其他有关资料。

8）合同执行过程中的其他有效文件。

（2）内容。由于诸多不确定因素的影响，在合同执行过程中难免会出现合同争议问题。合同争议又称合同纠纷，合同常见的纠纷及处理方法见表7-9。

表7-9　合同常见纠纷及处理方法

合同纠纷种类	合同纠纷的成因	相应的防范措施
合同主体纠纷	（1）投资人存在主体资格问题 （2）承包人无资质或资质不够 （3）因联合体承包导致的纠纷 （4）因"挂靠"问题产生的纠纷 （5）因无权（表见）代理导致的纠纷	（1）加强对投资人主体资格的审查 （2）加强对承包人资质和相关人员资格的审查 （3）联合体承包应合法、规范、自愿 （4）避免"挂靠" （5）加强对授权委托书和合同专用章的管理
合同工程款纠纷	（1）建筑市场竞争过分激烈 （2）合同存在缺陷 （3）工程量计算不正确及工程量增减 （4）单价和总价不匹配 （5）因工程变更导致的纠纷 （6）因施工索赔导致的纠纷 （7）因价格调整导致的纠纷 （8）工程款恶意拖欠	（1）加强风险预防和管理能力 （2）签订权责利清晰的书面合同 （3）加强工程量的计算和审核，避免合同缺项 （4）避免总价和分项工程单价之和的不符 （5）加强工程变更管理 （6）科学规范地进行施工索赔 （7）正确约定调价原则，签订和处理调价条款 （8）利用法律手段保护自身合法利益
施工合同质量及保修纠纷	（1）违反建设程序进行项目建设 （2）不合理压价和缩短工期 （3）设计施工中提出违反质量和安全标准的不合理要求 （4）将工程肢解发包或发包给无资质单位 （5）施工图设计文件未经审查 （6）使用不合格的建筑材料、构配件和设备 （7）未按设计图、技术规范施工以及施工中偷工减料 （8）不履行质量保修责任 （9）监理制度不严格，监理不规范、不到位	（1）严格按照建设程序进行项目建设 （2）对造价和工期的要求应符合客观规律 （3）遵守法律、法规和工程质量、安全标准要求 （4）合理划分标段，不能随意肢解发包工程 （5）施工图设计文件必须按规定进行审查 （6）加强对建筑材料、构配件和设备的管理 （7）应当按设计图和技术规范等要求进行施工 （8）完善质量保修责任制度 （9）严格监理制度，加强质量监督管理
合同工期纠纷	（1）合同工期约定不合理 （2）工程进度计划有缺陷 （3）施工现场不具备施工条件 （4）工程变更频繁和工程量增减 （5）不可抗力影响 （6）征地、拆迁遗留问题及周围相邻关系影响工期	（1）合同工期约定应符合客观规律 （2）加强进度计划管理 （3）施工现场应具备通水、电、气等施工条件 （4）加强工程变更管理 （5）避免、减少和控制不可抗力的不利影响 （6）加强外部关系的协调和处理
合同分包与转包纠纷	（1）因资质问题导致的纠纷 （2）因承包范围不清产生的纠纷 （3）因转包导致的纠纷 （4）因对分包管理不严产生的纠纷 （5）因配合和协调问题产生的纠纷 （6）因违约和罚款问题产生的纠纷	（1）加强对分包商资质的审查和管理 （2）明确分包范围和履约范围 （3）严格禁止转包 （4）加强对分包的管理 （5）加强有关各方的配合和协调 （6）避免违约和罚款

（续）

合同纠纷种类	合同纠纷的成因	相应的防范措施
合同变更和解除纠纷	（1）合同存在缺陷 （2）工程本身存在不可预见性 （3）设计与施工存在脱节 （4）"三边工程"导致大量变更 （5）因口头变更导致纠纷 （6）单方解除合同	（1）避免合同缺陷 （2）做好工程的预见性和计划性 （3）避免设计和施工的脱节 （4）避免"三边工程" （5）规范变更管理，变口头为书面指令 （6）规范解除合同的约定
施工合同竣工验收纠纷	（1）因验收标准、范围和程序等问题导致的纠纷 （2）隐蔽工程验收产生的纠纷 （3）未经竣工验收而提前使用导致的纠纷	（1）明确验收标准、范围和程序 （2）严格按规范和合同约定对隐蔽工程进行验收，注意验收当事各方签字确认 （3）避免工程未经竣工验收而提前使用
施工合同审计和审价纠纷	（1）有关各方对审计监督权的认识偏差 （2）审计机关的独立性得不到保证 （3）因工程造价的技术性问题导致的纠纷 （4）因审计范围、时间、结果和责任承担而产生的纠纷	（1）正确认识审计监督权 （2）确保审计机关的独立性 （3）确保审计的科学和合理 （4）规范审计工作

4. 程序

（1）造价或监理工程师对合同价款争议的暂定。

1）若投资人和承包人之间就工程质量、进度、价款支付与扣除、工期延期、索赔、价款调整等发生任何法律上、经济上或技术上的争议，首先应根据已签约合同的规定，提交合同约定职责范围内的总监理工程师或造价工程师解决，并抄送另一方。总监理工程师或造价工程师在收到此提交件后14天内应将暂定结果通知投资人和承包人。承发包双方对暂定结果认可的，应以书面形式予以确认，暂定结果成为最终决定。

2）承发包双方在收到总监理工程师或造价工程师的暂定结果通知之后的14天内，未对暂定结果予以确认也未提出不同意见的，视为承发包双方已认可该暂定结果。

3）承发包双方或一方不同意暂定结果的，应以书面形式向总监理工程师或造价工程师提出，说明自己认为正确的结果，同时抄送另一方，此时该暂定结果成为争议。在暂定结果不实质影响承发包双方当事人履约的前提下，承发包双方应实施该结果，直到其按照承发包双方认可的争议解决办法被改变为止。

（2）管理机构的解释或认定。

1）合同价款争议发生后，承发包双方可就工程计价依据的争议以书面形式提请工程造价管理机构对争议以书面文件进行解释或认定。

2）工程造价管理机构应在收到申请的10个工作日内就承发包双方提请的争议问题进行解释或认定。

3）承发包双方或一方在收到工程造价管理机构书面解释或认定后仍可按照合同约定的争议解决方式提请仲裁或诉讼。除工程造价管理机构的上级管理部门做出了不同的解释或认定，或在仲裁裁决或法院判决中不予采信的外，第（2）条规定的工程造价管理机构做出的书面解释或认定是最终结果，对承发包双方均有约束力。

全过程工程咨询单位在处理建设工程施工合同争议时应进行下列工作：①了解合同争议情况；②及时与合同争议双方进行协商；③提出处理方案后，由总监理工程师进行协调；④当双方未能达成一致时，总监理工程师应独立、公平地提出处理合同争议的意见。

在建设工程施工合同争议处理过程中，对未达到建设工程施工合同约定的暂停履行合同条件的，项目监理机构应要求建设工程施工合同双方继续履行合同。

在建设工程施工合同争议的仲裁或诉讼过程中，项目监理机构应按仲裁机关或法院要求提供与争议有关的证据。

合同争议有四种解决途径：协议和解、调解、仲裁及诉讼。当合同争议产生以后。合同法提倡当事人首先采用的和解或调解的方式，这种方式省时省力不伤和气，若和解或调解的方式都无法解决争议则采用仲裁或诉讼的方式。争议处理的程序如图 7-12 所示。

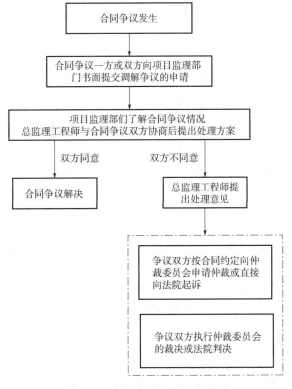

图 7-12　合同争议处理的程序图

①协商和解。

a. 合同价款争议发生后，承发包双方任何时候都可以进行协商。协商达成一致的，双方应签订书面和解协议，和解协议对承发包双方均有约束力。

b. 如果协商不能达成一致协议，投资人或承包人都可以按合同约定的其他方式解决争议。

②调解。

a. 承发包双方应在合同中约定或在合同签订后共同约定争议调解人，负责双方在合同履行过程中发生争议的调解。

b. 合同履行期间，承发包双方可以协议调换或终止任何调解人，但投资人或承包人都不能单独采取行动。除非双方另有协议，在最终结清支付证书生效后，调解人的任期即终止。

c. 如果承发包双方发生了争议，任何一方可以将该争议以书面形式提交调解人，并将副本抄送另一方，委托调解人调解。

d. 承发包双方应按照调解人提出的要求，给调解人提供所需要的资料、现场进入权及相应的设施。调解人应被视为不是在进行仲裁人的工作。

e. 调解人应在收到调解委托后 28 天内，或由调解人建议并经承发包双方认可的其他期限内，提出调解书，承发包双方接受调解书的，经双方签字后作为合同的补充文件，对承发包双方具有约束力，双方都应立即遵照执行。

f. 如果承发包任一方对调解人的调解书有异议，应在收到调解书后 28 天内，向另一方发出异议通知，并说明争议的事项和理由。但除非并直到调解书在协商和解或仲裁裁决、诉讼判决中做出修改，或合同已经解除，承包人应继续按照合同实施工程。

g. 如果调解人已就争议事项向承发包双方提交了调解书，而任一方在收到调解书后 28 天内，均未发出表示异议的通知，则调解书对承发包双方均具有约束力。

③仲裁、诉讼。

a. 如果承发包双方的协商和解或调解均未达成一致意见，其中的一方已就此争议事项根据合同约定的仲裁协议申请仲裁，应同时通知另一方。

b. 仲裁可在竣工之前或之后进行，但投资人、承包人、调解人各自的义务不得因在工程实施期间进行仲裁而有所改变。如果仲裁是在仲裁机构要求停止施工的情况下进行，承包人应对合同工程采取保护措施，由此增加的费用由败诉方承担。

c. 上述有关的暂定或和解协议或调解书已经有约束力的情况下，如果承发包中一方未能遵守暂定或和解协议或调解书，则另一方可在不损害他可能具有的任何其他权利的情况下，将未能遵守暂定或不执行和解协议或调解书达成的事项提交仲裁。

d. 投资人、承包人在履行合同时发生争议，双方不愿和解、调解或者和解、调解不成，又没有达成仲裁协议的，可依法向人民法院提起诉讼。

5. 注意事项

（1）合同争议产生后，合同双方当事人应当做到有利有理有节，尽量争取和解或调解。

（2）通过仲裁、诉讼的方式解决工程合同争议的，应当特别注意有关仲裁时效与诉讼时效，及时主张权利。

（3）合同当事人应全面收集证据，确保客观充分。

（4）合同当事人当遇到情况复杂、难以准确判断的争议时，应尽早聘请专业律师，尽早介入争议处理。

6. 合同解除处理

（1）依据。

1）现行法律、法规。

2）达到合同解除的事实及证据。

3）解除合同的法定条件、解除合同的法定要件、解除合同的法定情形。

（2）内容。

因投资人原因导致施工合同解除时。全过程工程咨询单位或其发包的监理单位应按施工合同约定与投资人和施工单位按下列款项协商确定施工单位应得款项，并应签发工程款支付证书：

1）施工单位按施工合同约定已完成的工作应得款项。

2）施工单位按批准的采购计划订购工程材料、构配件、设备的款项。

3）施工单位撤离施工设备至原基地或其他目的地的合理费用。

4）施工单位人员的合理遣返费用。

5）施工单位合理的利润补偿。

6）施工合同约定的投资人应支付的违约金。

因施工单位原因导致施工合同解除时，项目监理单位应按施工合同约定，从下列款项中确定施工单位应得款项或偿还投资人的款项，并应与投资人和施工单位协商后，书面提交施工单位应得款项或偿还投资人款项的证明：

1）施工单位已按施工合同约定实际完成的工作应得款项和已给付的款项。

2）施工单位已提供的材料、构配件、设备和临时工程等的价值。

3）对已完工程进行检查和验收、移交工程资料、修复已完工程质量缺陷等所需的费用。

4）施工合同约定的施工单位应支付的违约金。

因非投资人、施工单位原因导致施工合同解除时，项目监理单位应按施工合同约定处理合同解除后的有关事宜。

7. 合同风险管理与防范

（1）依据。

1）合同各方当事人签订的合同、补充协议等。

2）风险防范的管理制度及措施。

3）以往实施的类似项目。

4）风险分担的基本原则：即由最有控制力的一方承担风险。

（2）内容。

1）合同风险类型。建设项目的合同风险，按照来源可分为设计风险、施工风险、环境风险、经济风险、财务风险、自然风险、政策风险、合同风险、市场风险等（图7-13）。这些风险中，有的是因无法控制、无法回避的客观情况导致的即客观性风险，包括自然风险、政策风险和环境风险等，有的则主要是由人的主观原因造成。建设项目合同风险是建设项目各类合同从签订到履行过程中所面临的各种风险，其中既有客观原因带来的风险，也有人为因素造成的风险。

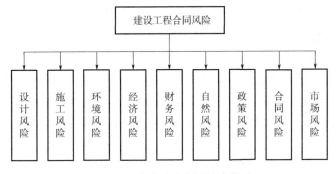

图7-13　建设项目合同风险类型

2）合同的风险型条款。无论何种合同形式，一般都有明确规定合同双方应承担的风险条款。常见的有：

①工程变更的补偿范围和补偿条件。

②合同价格的调整条件。

③对合同条件中赋予的投资人（或工程师）的认可权和检查权必须有一定的限制和条件。

④按照合同条款进行工期、费用索赔的机制。

⑤其他形式的风险条款。

（3）程序。建设项目合同风险管理是对建设项目合同存在的风险因素进行识别、度量和评价，并且制订、选择和实施风险处理方案，从而达到风险管理目的的过程。建设项目合同风险管理全过程分为两个主要阶段：风险分析阶段和风险控制阶段。风险分析阶段主要包括风险识别与风险评价两大内容，而风险控制阶段则是在风险分析的基础上，对风险因素制定控制计划，并对控制机制本身进行监督以确保其成功。风险分析阶段和风险控制阶段是一个连续不断的循环过程，贯穿于整个项目运行的全过程，其整个流程如图7-14所示。

项目实施完成后，应当根据产生的风险和制定的相应措施，形成风险管理表。

（4）方法。建设项目合同风险基本防范对策主要有四种形式，即风险回避、风险监控、风险转移和风险自留。

1）风险回避对策。风险回避是指管理者预测到项目可能发生的风险，为避免风险带来的损失，主动放弃项目或改变项目目标。风险回避的方法应在项目初期采用，否则到了项目施工阶段

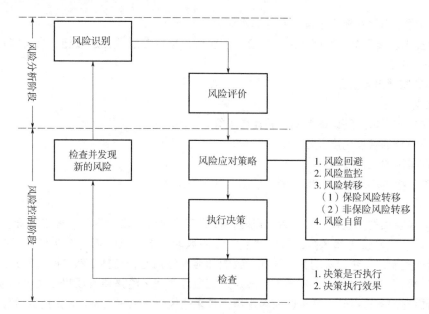

图 7-14　建设项目合同风险管理流程图

时再采用会给项目造成不可估量的损失。风险回避能使项目避免可能发生的风险，但项目也失去了从风险中获利的可能性。

2）风险监控对策。风险监控是在项目实施过程中对风险进行监测和实施控制措施的工作。风险监控工作有两方面内容：①实施风险监控计划中预定规避措施对项目风险进行有效的控制，妥善处理风险事件造成的不利后果；②监测项目变量的变化，及时做出反馈与调整。当项目变量发生的变化超出原先预计或出现未预料的风险事件，必须重新进行风险识别和风险评估，并制订规避措施。

采用此对策时，可以对项目建设全过程风险进行分析和识别，并制定相应控制措施，形成项目风险管理表。

3）风险转移对策。风险转移是指将风险有意识地转给项目其他参与者或项目以外的第三方，这是风险管理中经常采用的方法。愿意接受风险的人或组织往往是有专业技术特长和专业经验，能降低风险发生的概率、减少风险造成的损失。风险转移主要有两种方式：保险风险转移和非保险风险转移。

保险风险转移是指通过购买保险的方法将风险转移给保险公司。非保险风险转移是指通过签订合作或分包协议的方式将风险转移出去。通过合同条款的约定，在投资人与承包人之间进行分配。一般投资人在风险分配中处于主宰地位。任何工程建设中都存在着不确定因素，因此会产生风险并影响造价，风险无论由谁承担，最终都会影响投资人的投资效益，合理的风险分配可以充分发挥发包、承包双方的积极性，降低工程成本，提高投资效益，达到双赢的结果。

4）风险自留。风险自留是一种财务性管理技术，由自己承担风险所造成的损失，对既不能转移又不能分散的工程风险，由风险承担人自留。采用这种风险处理方式，往往是因为风险是实施特定项目无法避免的。但特定项目所带来的收益远远大于风险所造成的损失；或处理风险的成本远远大于风险发生后给项目造成的损失。

（5）注意事项。

1）工程开工前，应监督相应单位对项目风险和重大风险源进行评估，制定相应的防范措施和应急预案，并经审核。

2）在项目实施过程中，要不断收集和分析各种信息和动态，捕捉风险的前奏信号，以便更好地准备和采取有效的风险对策，以抵抗可能发生的风险，并且把相关的情况及时向保险人反映。

3）在风险发生后应尽力保证工程的顺利实施，迅速恢复生产，按原计划保证完成预定的目标，防止工程中断和成本超支。

4）全过程工程咨询单位应定期以书面形式向投资人上报风险管理情况专项报告。

（6）成果文件。项目风险管理见表7-10。

表 7-10 风险管理表

阶段	风险识别	主要风险	风险程度			控制措施	风险管理记录	过程记录	责任人
			高	中	低				
项目前期	报建								
	设计								
	……								
项目实施	安全文明								
	质量								
	……								
……	……								
项目保修	……								

全过程工程咨询单位风险管理负责人：

参 考 文 献

［1］ 谷学良．建设工程招标投标与合同管理［M］．北京：中国建材工业出版社，2013.

［2］ 方自虎．建设工程合同管理实务［M］．北京：中国水利水电出版社，2003.

［3］ 中国监理协会．建设工程合同管理［M］．北京：知识产权出版社，2003.

［4］ 陈正．工程招投标与合同管理［M］．南京：东南大学出版社，2005.

［5］ 刘玉珂．建设项目工程总承包合同示范文本（试行）组成、结构与条款解读（上）［J］．中国勘察设计，2011（11）：7-16.

［6］ 刘玉珂．建设项目工程总承包合同示范文本（试行）组成、结构与条款解读（下）［J］．中国勘察设计，2012（2）：12-31.

［7］ 牛田青．EPC 工程总承包项目的合同管理研究［J］．工程技术（引用版），2016（2）：80，82.

［8］ 张军．LPS 市综合管廊项目 PPP 融资风险管理研究［D］．合肥：安徽大学，2017.

［9］ 赵佳．城市地下综合管廊 PPP 模式融资风险管理研究［D］．青岛：青岛理工大学，2016.

［10］ 齐娜娜．PPP 模式下综合管廊项目风险评价研究［D］．济南：山东大学，2016.

［11］ 胡海虹．城市轨道交通 PPP 项目风险管理研究［D］．上海：复旦大学，2012.

［12］ 刘振亚．企业资产全寿命周期管理［M］．北京：中国电力出版社，2015.

［13］ 吴颖．浅谈 EPC 总承包项目中索赔的类型和处理方法［J］．现代经济信息，2012（19）.

［14］ 耿德全．基于 EPC 模式承包商的索赔管理［J］．山西建筑，2016，36（12）：242-243.

［15］ 黄遥，吴世铭．国际工程项目工期索赔计算方法探讨［J］．项目管理技术，2011，9（6）：49-52.

［16］ 孟宪海．全寿命周期成本管理与价值管理［J］．国际经济合作，2007（5）：59-61.